Tiefbohrgeräte

mit besonderer Berücksichtigung der Rotary-Bohranlagen

Von

Gottfried Prikel

Dipl.-Ing., o. Professor für Tiefbohr- und Erdölkunde
an der Montanistischen Hochschule Leoben

Mit 322 Textabbildungen

Wien
Springer-Verlag
1957

ISBN-13: 978-3-7091-7875-1 e-ISBN-13: 978-3-7091-7874-4
DOI: 10.1007/978-3-7091-7874-4

Softcover reprint of the hardcover 1st edition 1957

Vorwort

Die ohnehin spärliche deutschsprachige Literatur über die gebräuchlichen Tiefbohrgeräte ist zum größten Teil heute veraltet oder unvollständig.

In den verschiedenen Fachzeitschriften erscheinen zwar laufend sehr wertvolle Abhandlungen über gewisse Teilgebiete des Tiefbohrwesens; es fehlte aber eine zusammenhängende, umfassende Veröffentlichung über die heute in Verwendung stehenden Bohranlagen, Hilfswerkzeuge und Einrichtungen.

Das vorliegende Buch soll nun diese Lücke — soweit dies heute möglich ist — schließen und dem Studierenden und dem jungen Ingenieur ein Handbuch sein, aus dem Aufbau, Konstruktion und Arbeitsweise moderner Tiefbohrgeräte zu ersehen sind.

Das Buch kann und will aber nicht den Anspruch erheben, dieses sehr weite Fachgebiet mit den verschiedensten Typen der Tiefbohrgeräte in allen Details zu behandeln. Es bietet jedoch eine gute Übersicht über die seit dem zweiten Weltkrieg gefertigten und verwendeten Tiefbohrgeräte und behandelt in knapper Form ihre Konstruktion und Verwendungsmöglichkeiten. Auch ältere Typen, aus denen sich die modernen Geräte entwickelten, werden kurz besprochen.

Entsprechend der überragenden Bedeutung des Rotary-Bohrens wird die Rotary-Bohranlage eingehender behandelt. Dagegen konnte auf das Turbinenbohrgerät nur im Hinblick auf die damit erzielten Erfolge kurz hingewiesen werden, da eingehendere Unterlagen darüber noch fehlen.

Aus dem Umstand, daß eine Firma genannt oder nicht genannt ist, kann selbstverständlich kein Werturteil abgeleitet werden, da es unmöglich ist, sämtliche Erzeugnisse ohne Ausnahme zu berücksichtigen. Die Angaben sind in derjenigen Vollständigkeit oder Unvollständigkeit gemacht worden, wie sie durch die Mitteilungen der befragten Erzeugerfirmen, bzw. durch Anzeigen und Prospekte zugänglich waren. Bei dieser Gelegenheit danke ich den verschiedenen Firmen, die mir bereitwilligst Photos und Unterlagen überlassen haben.

Die Bohrtechnik selbst wird einem weiteren, schon in Vorbereitung befindlichen Buche vorbehalten bleiben.

Meinem Assistenten, Herrn Dipl.-Ing. K. Schönberger, danke ich für seine Unterstützung bei der Auswahl und Überprüfung der zahlreichen Abbildungen und Tabellen.

Dem Springer-Verlag in Wien sei für sein Entgegenkommen bei der Ausstattung des Buches bestens gedankt.

Leoben, im Oktober 1956

Gottfried Prikel

Inhaltsverzeichnis

Seite

I. Einleitung ... 1

A. Allgemeines über das Tiefbohrwesen ... 1

B. Bohrtechnisches über die zu durchteufenden Gesteinsschichten ... 2

II. Die Tiefbohrgeräte ... 4

A. Zweck und Arten der Bohrungen ... 4

B. Kurze geschichtliche Übersicht über die Entwicklung der Tiefbohrgeräte ... 5

III. Geräte und Werkzeuge für Handbohrungen ... 7

Das drehende Handbohren 7. — Besondere Handbohrwerkzeuge 8. — Spülbohren mit Schappe 10. — Vorgang beim drehenden Handbohren 10. — Ein englisch-amerikanisches Handbohrverfahren (Empire drill) 11. — Schußbohrungen für seismische Untersuchungen 12. — Handbohreinrichtungen für stoßendes (schlagendes) Bohren 13.

IV. Rotations-Schurfbohrgeräte mit maschinellem Antrieb ... 16

A. Allgemeines ... 16

B. Bestandteile der Bohranlage ... 16

1. Der Rotationsantrieb mit Hohlspindel ... 16
2. Die Hebewinde mit dem Vorgelege ... 20
3. Die Spülpumpe ... 20
4. Die Antriebsmaschine ... 21
   Anlage-Typen 22.
5. Der Bohrmast ... 22
6. Die Hebeeinrichtung ... 24
7. Die Bohrgarnitur ... 24
   Die Kernapparate ... 24
   a) Das Einfachkernrohr 25. — b) Das Doppelkernrohr mit mitdrehendem Innenrohr 28. — c) Das Doppelkernrohr mit feststehendem Innenrohr 29.
   Das Bohrgestänge ... 29

V. Bohrkronen-Typen ... 30

A. Bohrkronen mit Industriediamanten ... 30

Industriediamantsorten ... 30
Härte der Industriediamanten 31.
Setzmethoden der Industriediamanten ... 31
Das Einsetzen der Diamanten in die Bohrkrone von Hand ... 31
Mechanische Setzmethoden ... 33
a) Die Vergußmethode 33. — b) Die Sintermethode 33. — c) Das Imprägnieren von Kronen mit Diamantsplittern 33.
Umbesetzung von Diamantkronen ... 33
Zahl der Diamanten auf der Bohrkrone ... 33
Klassifizierung von Bohrdiamanten ... 34
Die Kronenform ... 34
Die Wasserwege bei den Diamantkronen ... 35
Bohrdruck ... 36
Drehzahl ... 37
Bohrleistungen und Karatverbrauch ... 37
Bohrregeln beim Bohren mit Diamantkronen ... 38

B. Bohrwerkzeuge mit Hartmetall-Besetzung ... 39

Allgemeines ... 39
Kurze geschichtliche Übersicht über die Entwicklung der Hartmetalle ... 39

Seite

Anwendungsgebiete ... 42
1. Hartstiftkronen, gepanzerte Zahnbohrkronen ... 42
2. Stahlzahnkronen, mit Hartmetall gepanzert ... 43
3. Hartmetallbesetzung bei Schlagmeißeln ... 43
4. Hartmetallbesetzung bei Rotary-Blatt-Meißeln ... 43
5. Hartmetallbesetzung bei Rollenmeißeln ... 44

C. Das Bohren mit Schrot ... 45
Die Schrot-Bohrkrone ... 45
Das Bohrprinzip ... 45
Die Schroteinbringung ... 47
Das Kernziehen beim Schrotbohren ... 47
Die Wirtschaftlichkeit der Bohrarbeit mit den besprochenen Bohrkronen-Typen 48

D. Großkalibrige Schrotbohranlage „Calyx" ... 48

E. Die Arbeitszyklen beim Bohren mit Rotations-Schurfbohranlagen ... 48
1. Der Einbau der Bohrgarnitur ... 49
2. Das Bohren ... 49
3. Der Ausbau der Bohrgarnitur ... 51

VI. Tiefbohrgeräte für stoßendes Trockenbohren ... 52

A. Der pennsylvanische Bohrkran ... 52
Bestandteile der Bohranlage ... 52
1. Die Hauptwelle ... 53
2. Die Bohrtrommel ... 53
3. Die Fördertrommel ... 54
4. Die Schmanttrommel ... 54
5. Die Schlageinrichtung ... 54
6. Die Antriebsmaschine ... 55
Die Dampfmaschine 55. — Elektromotoren 56. — Dieselantrieb 56.
7. Der Bohrturm ... 57
8. Die Bohrgarnitur ... 57
Meißel 57. — Die Meißelbehandlung 59. — Die Schwerstange 59. — Die Rutschschere 59. — Die obere Schwerstange 60. — Die Seilflasche 60. — Die Bohrseile 60. — Details über die Verbindung zwischen Bohrseil und Bohrschwengel 62. — Die Nachlaßvorrichtung 62.
Arbeitszyklen beim Bohren mit dem pennsylvanischen Bohrkran ... 63
1. Der Ein- und Ausbau der Bohrgarnitur und Beanspruchung des Bohrseiles ... 63
2. Das Bohren ... 66
Die Schlaghöhe = Hubhöhe und mögliche Hubzahl/Min. 67.
3. Das Schmanten der Bohrlochsohle ... 70
4. Der Einbau und das Bewegen der Futterrohre ... 70
Die Fangarbeiten beim Bohren mit dem Pennsylvankran ... 72
Die Bohrmannschaft ... 74
Allgemeines über den heutigen Einsatz von Seil-Schlagbohranlagen ... 74
Generelle Beurteilung der Pennsylvan-Bohranlagen ... 75

B. Der kanadische Bohrkran ... 75
Die Bestandteile ... 75
Der Bohrvorgang ... 76
Bohranlage-Typen nach dem Prinzip des kanadischen Bohrkranes ... 76

VII. Schnell-Schlagbohrkran für spülendes Bohren ... 77

A. Die Bohranlage ... 77

B. Der Bohrbetrieb ... 80
Die Belegschaft 81. — Die Verrohrung 81.

VIII. Der Bohrwagen ... 82

IX. Die Gegenstrom-Bohranlage (Counter flush) ... 82
Vorgeschichte ... 82
Beschreibung der Anlage und der Bohrgarnitur ... 83
Der Bohrloch-Abschluß ober Tage 85. — Der Bohrvorgang mit der Gegenstrom-Bohranlage 85. — Die Gegenstrom-Bohranlage der Firma Haniel & Lueg, Düsseldorf 85. — Die Bohrgarnitur 90. — Die Belegschaft 91.

Seite

X. Gegenstrom-Anlagen für großkalibrige Bohrbrunnen 91

Die Anlage nach Firma Winter-Weiss Co. 91. — Aufbau der Bohranlage 91. — Die Bohrgarnitur 93. — Arbeitsweise 95. — Bohranlagen der Firma Salzgitter und der Westdeutschen Bohrgesellschaft 95. — Gegenstrom-Brunnenbohrgerät mit Druckluft 97. — Die Verrohrung der großkalibrigen Bohrungen 100.

XI. Die Rotary-Bohranlage 100

A. Allgemeines 100

B. Die Hauptbestandteile einer Rotary-Bohranlage 100

1. Der Bohrturm 101
   a) Rotary-Bohrtürme aus Holz 101
   b) Rotary-Bohrtürme aus Stahl 102
   Standardmaße der Türme 102. — Verwendete Stahlsorten 102. — Wahl der Turmtype 104. — Tragfähigkeit des Turmes 105. — Der Turmunterbau 106.
   c) Stahlrohrtürme 109
   d) Bohrmaste 109
   Maste mit tragender Verankerung 110. — Freistehende Maste 111. — Unterbau der Maste 113.
2. Das Rotary-Hebewerk 114
   Kurze geschichtliche Übersicht 114. — Anforderungen, die an die Anlagen gestellt werden 117.
   Die Hauptbestandteile des Rotary-Hebewerkes 120
   Die Hebewerkstrommel 122. — Die Bremseinrichtung 123. — Kupplungen an der Trommelwelle 131. — Die Spillwelle (Cat shaft) 131. — Die Vorgelegewelle 135. — Die Rotaryketten 136. — Die Keilriementriebe 140. — Die Getriebehebewerke 140.
3. Die Hebeeinrichtung im Turm 141
   Zusammensetzung 141. — Der Turmrollenblock 141. — Die Einstock-Konstruktion 141. — Die Zweistock-Konstruktion 143. — Der Flaschenzugsblock 144. — Das Flaschenzugseil für Rotaryanlagen 145. — Seilaufbau 146. — Seiltypen 150. — Lieferlängen 151. — Sicherheitsfaktor und Unterhalt des Flaschenzugseiles 152. — Das Seilfassungsvermögen der Hebewerkstrommeln bei Rotary-Hebewerksanlagen 153. — Einscheren des Seiles in den Flaschenzug 153. — Der Wirkungsgrad des Flaschenzuges 155. — Der Zugfaktor 155. — Einrichtung zur Dämpfung der Schwingungen am schnellen Seil 156. — Der Flaschenzugshaken 157. — Der Bohrgestänge- und Futterrohr-Elevator 158.
4. Der Rotary- oder Drehtisch 162
   Funktionen 162. — Hauptbestandteile 162. — Einbau des Drehtisches 163. — Maße der Drehtische 164. — Das Mitnehmerstück 165. — Die Abfangkeile für Bohrgestänge und Schwerstangen 165.
5. Antriebsmaschinen für Rotary-Bohranlagen 168
   a) Der Dampfantrieb 169
   Dampfkessel 169. — Leistung der Kessel 169. — Brennstoff- und Wasserbedarf 169. — Die Aufstellung der Kessel 170. — Dampfleitungen und ihre Bemessung 170. — Dampfmaschinen für Rotary-Bohranlagen 171.
   b) Verbrennungskraftmaschinen für Rotary-Bohranlagen 174
   Dieselmotor-Typen 174. — Betriebsstoffe für Dieselmotoren 177. — Die Kraftübertragung vom Antrieb zur Bohranlage 178. — Strömungsgetriebe als Kupplungen beim Antrieb von Rotary-Bohranlagen mit Verbrennungskraftmaschinen 178. — Die Föttinger-Kupplung oder Strömungskupplung 178. — Das Föttinger-Getriebe oder Drehmomentwandler 180. — Anordnung der Dieselmotoren bei Rotary-Bohranlagen 185.
   c) Elektromotoren als Antriebsmaschinen von Rotary-Bohranlagen...... 186
   Motor-Typen 186. — Gesichtspunkte beim Antrieb mit Elektromotoren 188.
6. Die Spülpumpen bei Rotary-Bohranlagen 190
   Allgemeines 190. — Generelle Beschreibung der verwendeten Pumpentypen 190. — Unterschiedliche Verhältnisse bei Dampf- und Getriebepumpen 193. — Stoßdämpfer 203. — Anordnung der Spülpumpen 204. — Leitungsverbindungen der Spülpumpen 205 — Die Spülbecken und Spülrinnen 206. — Wirtschaftlichkeit 207.

Seite

7. Die Rotary-Bohrgarnitur ... 207
   a) Der Rotarymeißel ... 207
      Die verschiedenen Blattmeißel-Typen 207. — Der Disk-Meißel 209. — Die Rollenmeißel 209. — Detailbesprechung der Rollenmeißel 211. — Neue Meißeltypen 213. — Das Meißelmaterial 214.
   b) Rotary-Schwerstangen (Drill collar — Drill stem) ... 215
   c) Das Bohrgestänge (Drill pipe) ... 219
      Allgemeines 219. — Gütegrade 219. — Gewindekonstruktion 222. — Die Spezialverbinder 226. — Aufschrauben der Verbinder 227. — Besondere Gestängeverbinder 228. — Evidenz der Bohrgestänge 233.
   d) Mitnehmerstange ... 234
   e) Der Spülkopf ... 234
   f) Die Spülschläuche ... 238
   g) Rotary-Gestänge- und Futterrohrzangen ... 239
8. Nebenanlagen bei Rotary-Bohrungen ... 241
9. Die Bohrmannschaft ... 245

C. Gesichtspunkte bei der Beurteilung von Rotary-Bohranlagen ... 245

Allgemeines ... 245

1. Der Leistungsbedarf bei der effektiven Bohrarbeit ... 247
   Faustregeln 247.
   a) Leistungsbedarf am Rotarytisch ... 247
   b) Leistungsbedarf der Spülpumpe ... 252
2. Der Leistungsbedarf beim Aus- und Einbauzyklus ... 258
   Analyse dieses Arbeitszyklus 258. — Allgemeines über die Zeitdauer der einzelnen Arbeitsphasen 258. — Verhältnis des Trommel- und Seil-Durchmessers 262. — Beschleunigung der Last beim Ausbau der Bohrgarnitur 265. — Höhe des Seilzuges an der Trommel 267. — Berechnung der Beschleunigungswerte 269. — Der Seilzug und der Sicherheitsfaktor in der Beschleunigungsspitze 270. — Ausbauzeit mit dem Rotary-Hebewerk Type 110 der National Supply Co. 271. — Ausbauzeit mit Drehmomentwandler 274. — Der totale Zeitaufwand für den Ausbau-Zyklus 275. — Zeitverhältnisse beim Einbau der gegebenen Bohrgarnitur 276. — Hilfseinrichtungen für einen möglichst zeitsparenden Aus- und Einbau 276. — Schlußfolgerung 277.
3. Bemerkungen über die Höchstgeschwindigkeiten am schnellen Seil ... 277
4. Leistungsbedarf am Hebewerk ... 277
   Vergleich des Leistungsbedarfes am Drehtisch: Spülpumpe: Hebewerk 279.

D. Bohranlagen für seismische Untersuchungsbohrungen mit maschinellem Antrieb 281

1. Der Drehtisch ... 282
2. Die Hebeeinrichtung ... 283
3. Die Spülpumpe ... 283
4. Die Antriebsmaschine ... 284
5. Der Bohrmast ... 285
6. Einrichtung zur Übermittlung des erforderlichen Bohrdruckes (Pull down) 285
7. Die Bohrgarnitur ... 286

E. Bestimmung der geleisteten Arbeit von Rotary-Flaschenzugseilen ... 286

Allgemeines 286. — Reihenfolge der Arbeitsgänge, die für die Arbeit beim Bohren und Kernen berücksichtigt werden muß 287. — Arbeit in Tonnenkilometern bei einem Ein- und Ausbau aus gegebener Teufe 287. — Tonnenkilometer beim Bohren 289. — Tonnenkilometer für das Kernbohren 290. — Empfehlungen, um die Lebensdauer des Flaschenzugseiles, bzw. seine wirtschaftliche Ausnützung zu erhöhen 291. — Das Durchziehen und Schneiden des Flaschenzugseiles 291.

XII. Schlußfolgerung ... 293

Literaturverzeichnis ... 296

Firmenverzeichnis ... 298

Namen- und Sachverzeichnis ... 300

I. Einleitung

A. Allgemeines über das Tiefbohrwesen

Es ist schwer zu sagen, wie alt das Tiefbohrwesen eigentlich ist. Jedenfalls kann angenommen werden, daß der Mensch schon im grauesten Altertum das Bestreben hatte, in die Erdrinde einzudringen. Die Beweggründe hiezu waren dabei mannigfaltiger Art, wohl vor allem das Schürfen nach Wasser in wasserarmen Gebieten, später das Schürfen nach nutzbaren Mineralien.

Dem ursprünglichen Tiefbau mit primitiven Handwerkzeugen waren bald Grenzen gesetzt, denn die Herstellung von Schächten und Stollen auf größere Teufen für reine Schurfzwecke war zeitraubend und mitunter undurchführbar. Erst die Entwicklung von besonderen Geräten, Werkzeugen und Vorrichtungen ermöglichte ein rascheres und billigeres Durchteufen der Erdrinde auf früher nie geahnte Tiefen und gab darüber hinaus wichtige Aufschlüsse über die Art und Charakteristik der durchteuften Schichten.

Das im 19. Jahrhundert einsetzende Schürfen nach Erdöl und Erdgasen, vor allem in den Vereinigten Staaten von Amerika, wirkte sich auf die Tiefbohrtechnik revolutionierend aus.

Die zunehmenden Teufen erhöhten zwangsläufig die Anforderungen, die man an die Geräte und Werkzeuge stellen mußte. Hand in Hand gingen damit auch die Bestrebungen, den Bohrfortschritt zu steigern und möglichst wirtschaftlich zu gestalten; gerade diese Momente sind heute und in Zukunft die treibenden Kräfte für die Vervollkommnung der einschlägigen Geräte, Werkzeuge und Vorrichtungen.

Bei Besprechung der heute in Verwendung stehenden Bohrgeräte und Einrichtungen sollen auch, zum besseren Verständnis, die wichtigsten, heute schon überholten Bohranlagetypen eine Erwähnung finden, weil sich aus ihnen, durch Verwertung der gewonnenen Erkenntnisse, die modernen Typen systematisch entwickelt haben.

Für den Bohringenieur ist es vor allem wichtig, beurteilen zu lernen, welche der heute am Markt angebotenen Geräte für eine bestimmte Aufgabe technisch und wirtschaftlich am besten geeignet sind. Um ein solches Urteil fällen zu können, muß man mit ihrem Aufbau und ihrer Arbeitsweise vertraut sein.

Vom Bohringenieur müssen schließlich auch dem Konstrukteur und Maschinenbauer die notwendigen Anregungen für eine laufende Verbesserung, gegebenenfalls Neugestaltung der bisherigen Konstruktionen gegeben werden, um die notwendigen Arbeitsgänge zeitlich zu verkürzen, ohne das Bohrpersonal zu überlasten.

Vor Besprechung der einzelnen Tiefbohrgeräte soll zunächst eine allgemeine Übersicht darüber gegeben werden, wie die zu durchteufenden Gesteinsschichten, vom bohrtechnischen Standpunkt aus gesehen, derzeit klassifiziert werden.

B. Bohrtechnisches über die zu durchteufenden Gesteinsschichten

In der Tiefbohrtechnik sind in erster Linie die Stand- und Bohrfestigkeit der zu durchteufenden Gesteinsschichten die maßgebenden Faktoren.

Es sind zu unterscheiden die unkonsolidierten, das heißt nicht standfesten, und die konsolidierten oder standfesten Schichten.

Zur ersteren Art gehören vor allem die Schichten des Quartärs, also im allgemeinen jene des Deckgebirges, das vornehmlich aus Schottern und Sanden zusammengesetzt ist. Schotter und Sande werden üblicherweise nach ihrer Korngröße eingeteilt und bezeichnet (s. Tab. 1).

Tabelle 1. *Korngrößenbezeichnungen für Schotter und Sande*

Korngröße	Bezeichnung	Vergleichsgröße
größer als 70 mm	Steine	
30 bis 70 mm	Grobkies	
15 bis 30 mm	Mittelkies	Walnuß
5 bis 15 mm	Mittelkies	Haselnuß
2 bis 5 mm	Feinkies	Erbse
1 bis 2 mm	Grobsand	Grobgrieß
0,2 bis 1 mm	Mittelsand	Feingrieß
0,2 bis 0,1 mm	Feinsand	nur mit Lupe wahrnehmbar
0,02 bis 0,1 mm	Mehlsand	nur mit Lupe wahrnehmbar
0,002 bis 0,02 mm	Schluff	nur mit Lupe wahrnehmbar

Tabelle 2. *Vergleichsziffern über Druck-, Scher- und Bohrfestigkeit verschiedener Gesteine*

Schichtenhärte	Druckfestigkeit kg/cm^2	Scherfestigkeit kg/cm^2	Bohrfestigkeit kgm/cm^3
Weiche Schichten: loser Sand, Lehm, Mergel, Ton	0 bis 400	0 bis 40	etwa 20
Mittelharte Schichten: Mergel, Kohle, Salz, Kalk, Sandstein	600 bis 1500	60 bis 150	35 bis 80
Harte Gesteine: harte Kalk- und Sandsteine, Dolomite, Grauwacken, Gneise, Syenite, Konglomerate, Granite	bis 2000	bis 200	80 bis 120
Sehr harte Gesteine: Quarzite, Quarzporphyr, Melaphyr, Basalt	bis 3000	bis 300	bis 700

In den Sandschichten können Korngrößen aller obigen Kategorien nebeneinander vorkommen, gegebenenfalls auch mit Humus und Lehm gemengt.

Diese unkonsolidierten Schichten bereiten mitunter beim Durchteufen insofern Schwierigkeiten, als die Bohrlochwände leicht einfallen, falls nicht rechtzeitig besondere Maßnahmen getroffen werden, wie z. B. Auskleidung mit Holz (Handschächte), Verrohrung mit Stahlrohren, Verschlämmen mit Tonspülung.

In unseren Alpen und im Alpenvorland finden wir in diesen Deckschichten sehr häufig Geröllstücke bis zur Größe von 1 m³ und mehr, die sowohl den Gesteinen der Zentralalpen (Granite, Gneise usw.), als auch jenen der Kalkalpen (verschiedene Kalksteine, Dolomite usw.) angehören und das Durchteufen infolge ihrer unkonsolidierten Lagerung und Härte sehr erschweren.

Mit zunehmender Teufe werden die Gesteinslagen meist verfestigter und damit auch die Bohrlochwände standfester, vorausgesetzt, daß keine zum Nachfall neigenden, tektonisch gestörten Schichten durchteuft werden müssen. In Tab. 2 wird eine allgemeine Übersicht dieser Schichten, vom bohrtechnischen Standpunkt aus gesehen, gegeben.

In den Vereinigten Staaten von Amerika wurden in Laboratorien Bohrversuche an verschiedenen Gesteinen durchgeführt, um die Beziehungen zwischen Gesteinshärte und Bohrzeit zu ermitteln. Als Verhältniseinheit wurde die Zeitspanne angenommen, innerhalb der eine Diamantkrone mit einem Außendurchmesser von etwa 38 mm, bei gleichbleibendem Bohrdruck von 417 lbs. = 189 kg und einer Drehzahl von 110 U/Min., eine Strecke von 1/16 Zoll = 1,587 mm bohren konnte.

Ein Teil dieser Versuche ist aus Tab. 3 ersichtlich.

Tabelle 3. *Verhältnis zwischen Bohrzeit und Gesteinshärte nach Laborversuchen in USA*

Gesteinsart	Bohrzeit Sek.	Härte nach KNOOP[1]	Entsprechende MOHS-Härte
Harter Sandstein	1,9	813	größer als 7
Harter Kalkstein	2,0	630	zwischen 6 und 7
Anhydrit	3,4	127	etwa 3
Harter Tonschiefer	4,3	176	etwa 4
Sehr harter Sandstein	37,3	988	etwa 7
Hornstein	45,8	745	größer als 7
Sehr harter quarzitischer Sandstein	555,7	1118	etwa 8

Diese Ergebnisse lassen darauf schließen, daß für die Bohrzeit und damit auch für die Bohrfestigkeit weniger die Härte des Gesteins, als die Art der Bindung der einzelnen Mineralkörner maßgebend ist.

Im allgemeinen wurden diese Laborresultate in der Praxis bestätigt.

Bei dieser Gelegenheit soll hervorgehoben werden, daß sich jedes Gestein leichter durchbohren läßt, wenn es eine gleichmäßige und nichtgebrochene Struktur aufweist.

Zerklüftete Gesteinsschichten sowie Konglomerate mit sehr verschiedener Körnung und verhältnismäßig lockerer Bindung sind in der Regel viel schwieriger zu durchteufen, da hier die Schneiden des Bohrwerkzeuges oft verklemmt werden (insbesondere bei Rollenmeißeln), bzw. bei Konglomeraten die harten Bruchstücke mit dem Bohrwerkzeug mitrollen und sich daher schwierig zertrümmern lassen.

[1] Die KNOOPsche Härte wird mit dem Tukon-Mikrometerprüfer bestimmt. Ein Diamantpyramidenstumpf mit einem Diagonalverhältnis der Basisflächen von 1 : 7 wird mit 25 bis 3600 g gegen das zu prüfende Gestein gepreßt.

II. Die Tiefbohrgeräte

Sie dienen zur Herstellung von Bohrlöchern mit mehr oder weniger kreisförmigem Querschnitt, die je nach dem Zweck und der Art der Bohrung verschiedene Durchmesser haben und auf verschiedene Teufen abgestoßen werden können.

A. Zweck und Arten der Bohrungen

1. *Schurfbohrungen* zum Aufsuchen von nutzbaren Mineralien, wie Kohle, Erze, seltene Erden, Erdöl, Erdgas, sowie Heilquellen, Trinkwasser usw.

2. *Förderbohrungen* auf Erdöl, Erdgas, Trinkwasser und Heilwässer. Der Durchmesser wird der Förderung entsprechend angepaßt und wird im allgemeinen größer sein als bei Schurfbohrungen.

3. Bohrungen zur *Erforschung der Gesteinsschichten* für rein technische Zwecke, wie Baugrunduntersuchungen; der Durchmesser wird groß gewählt, um Festigkeitsprüfungen an den erbohrten Kernen anstellen zu können.

4. Bohrungen für *rein geologische Aufschlüsse*, sogenannte Strukturbohrungen. Ihr Durchmesser wird möglichst klein gewählt.

5. Schußbohrungen für *seismische Untersuchungen* mit einem Durchschnittsdurchmesser von etwa 120 mm.

6. *Hilfsbohrungen* zur Bildung von Frostmauern beim Schachtabteufen mit Gefrierverfahren, wie auch zur Entwässerung der Deckgebirgsschichten usw. Der Durchmesser kann in diesen Fällen verhältnismäßig groß sein.

7. *Wetterschächte* im Bergbau mit ziemlich großem Durchmesser von etwa 0,5 m und mehr.

Die bei den genannten Bohrungen verwendeten Bohrwerkzeuge können stoßend (schlagend) oder drehend arbeiten.

Die stoßende (schlagende) oder drehende Bewegung des Bohrwerkzeuges kann durch eine meist ober Tage befindliche Menschen-, Tier- oder Maschinenkraft hervorgerufen werden. Zur Kraftübertragung zu dem auf Sohle arbeitenden Bohrwerkzeug dient je nach Bohrmethode ein Seil (Hanf- oder Stahlseil), ein volles oder ein hohles Stahlgestänge. Das drehende wie auch das stoßende Bohren kann trocken oder spülend vorgenommen werden.

Beim Trockenbohren wird das erbohrte Gesteinsmaterial entweder durch das Bohrwerkzeug selbst zu Tage gefördert (Schappe), oder es werden hiezu eigene Geräte wie z. B. Schmantlöffel, Kiesbüchsen, Sandpumpen verwendet, die, nach Ausbau des Bohrmeißels mittels Seil eingelassen, den Bohrschmant zu Tage fördern.

Beim spülenden Bohren wird der Bohrschmant durch einen Spülstrom, der in der Regel seinen Weg durch das Hohlgestänge zur Sohle und im Ringraum zwischen Bohrlochwand und Gestänge zu Tage nimmt, laufend gefördert.

Mit menschlicher Kraft betriebene Bohrungen nennen wir im allgemeinen Handbohrungen. Derartige Bohrungen sind heute nur noch bis zu einer Teufe von etwa 70 m wirtschaftlich vertretbar, während man früher Handbohrungen bis etwa 300 m durchführte.

B. Kurze geschichtliche Übersicht über die Entwicklung der Tiefbohrgeräte

Nach der heutigen Forschung soll das Abteufen von tiefen Bohrlöchern den Chinesen schon lange vor unserer Zeitrechnung bekannt gewesen sein, vermutlich war es ein stoßendes Bohren mit Hanfseilen und Bambusstangen. Im Jahre 1826 fand der Missionär IMBERT im Bezirk Szetschuan ein Bohrfeld, das etwa 2000 sehr alte Bohrungen erkennen ließ. In den dort vorhandenen, sehr weichen Gebirgsschichten sollen nach Überlieferung Bohrungen bis auf etwa 1000 m, teils mit Hand, teils mittels Pferdegöpel abgestoßen worden sein. Gebohrt wurde hier nach Salzsolen, Erdöl und Erdgas.

Bei den Ausgrabungen der ägyptischen Königsgräber wurden Bohrwerkzeuge gefunden, bei denen es sich um kleine Handbohrer, die wahrscheinlich zur Bearbeitung der Bausteine dienten, handelte. Von besonderem Interesse war die Feststellung, daß man auch Bohrkronen fand, die mit Edelsteinen besetzt waren, wahrscheinlich um die Schnittleistung des Werkzeuges zu erhöhen, also eigentlich eine Vorstufe der heutigen Diamantkronen.

Um das Jahr 1420 erschien in der Münchner Bilderhandschrift des GIOVANNI FONTANA eine Abbildung eines Erdbohrers. Es war eine Art Glocke, an einem Seil hängend. Über die Arbeitsweise wurde allerdings nichts bekannt, es wurde aber darauf hingewiesen, daß das Gerät zum Erbohren von Wasserbrunnen Verwendung fand.

In Europa und Amerika soll das eigentliche Tiefbohren erst viel später eingeführt worden sein.

Wahrscheinlich war hier der Franzose PALLISY der erste, der eine uns unbekannte Bohrmethode zur Erbohrung von Wasser benützte.

Seine um 1640 in Artois und Modena abgeteuften Bohrungen erbrachten freifließendes Wasser. Nach dieser Grafschaft Artois wurden freifließende Wasserbohrungen fortan als artesische Brunnen bezeichnet.

Genauere Nachrichten über Bohrungen in Amerika, wie auch in Europa, haben wir eigentlich erst ab Beginn des 19. Jahrhunderts. Es war ein schlagendes Bohren mit steifem Vollgestänge, das anfangs aus Holz, später aus Eisen hergestellt wurde. Sehr wahrscheinlich ist, daß diese Bohrmethode auch schon zur Erbohrung der artesischen Brunnen in Frankreich Verwendung gefunden hat, worüber allerdings genaue Aufzeichnungen fehlen.

Das anfangs verwendete steife Gestänge, an das der Bohrmeißel angeschraubt war, konnte beim schlagenden Bohren keine großen Teufen erreichen lassen. Gestänge und besonders die Gestängeverbindungen gingen infolge der brüsken Stöße bei größeren Teufen (über etwa 300 m) leicht zu Bruch.

Im Jahre 1834 führte der Berghauptmann OEYENHAUSEN die Rutschschere ein. Durch dieses lose Bindeglied zwischen der über dem Bohrmeißel eingesetzten Schwerstange und dem Gestänge wurde die Bruchgefahr vermindert und das Erreichen größerer Teufen ermöglicht.

Der deutsche Bohrmeister KIND entwickelte im Jahre 1844 die Freifallvorrichtung, die in sinnvoller Art den eigentlichen Stoß des Bohrwerkzeuges auf die Sohle vom Gestänge unabhängig machte.

Die erste Bohrung mit Wasserspülung wird 1845 bei Verwendung von hohlem Gestänge durch den Franzosen FAUVELLE abgeteuft.

Im Jahre 1864 machte der Schweizer Ingenieur LESCHOT die ersten erfolgreichen Versuche mit Bohrmeißeln, die mit Industriediamanten besetzt waren, und zwar beim Bau des Mont-Cenis-Tunnels, mit dem Ergebnis, daß die Bohrkosten wesentlich herabgesetzt werden konnten. Dieses Bohrverfahren wurde anfangs nur für das Bohren von Sprenglöchern verwendet, fand aber auch bald in der Tiefbohrtechnik Eingang.

Der Kölner Ingenieur PRZIBILLA baute im Jahre 1875 das FAUVELLEsche Spülbohrverfahren weiter aus und führte damit Bohrungen in Deutschland, Holland, Belgien, Spanien und Rußland aus.

Oberinspektor ZOBEL verbesserte im Jahre 1875 das Spülverfahren weiter und wendete zum ersten Mal auch die Gegenstrom-Spülung an.

Der Bohrinspektor KÖBRICH-SCHÖNEBECK vervollkommnete 1876 die von den Engländern inzwischen entwickelte Diamantbohrmaschine des Majors BAUMONT. Gleichzeitig war er an der Weiterentwicklung des Stoßbohrverfahrens maßgebend beteiligt und erzielte in den Jahren 1880 bis 1886 die damals tiefste Bohrung in Schladebach mit einer Teufe von 1784 m und im Jahre 1909 die Bohrung in Czuchow (Schlesien), welche mit der Teufe von 2204 m lange Jahre hindurch die tiefste Bohrung blieb.

ALBERT FAUCK wurde 1877 durch verschiedene Verbesserungen und Neuerungen an Bohrgeräten bekannt. Hervorzuheben ist das von ihm entwickelte Freifallbohren mit Wasserspülung. Sein Spülbohrgerät mit Vollgestänge und Hinterspülen der mitgeführten Futterrohre sei hier besonders erwähnt. Er entwickelte auch das Gegenstromspülen mit Erfolg weiter, das später von der Bataafschen Petroleum Maatschappij zum Counter-flush-Bohren vervollkommnet wurde.

Direktor RAKY, Leiter der internationalen Bohrgesellschaft in Deutschland, baute 1894 einen Schnell-Schlagbohrkran, der gegenüber den bisher bekannten Schlagbohranlagen einen wesentlich besseren Bohrfortschritt erzielte.

Im Jahre 1901 wurde in Spindletop-Feld, an der Golfküste in USA, durch Kapitän LUKAS (eingewanderter Österreicher) die erste Rotarybohrung niedergebracht.

Der Pole WOLSKI konstruierte 1909 ein neues Bohrgerät, den hydraulischen Widder, bei dem der Antrieb des Bohrwerkzeuges direkt auf der Sohle, also vor Ort angeordnet war.

Das treibende Medium war der Spülstrom. Da zu dieser Zeit kein geeigneter Werkstoff für diesen hydraulischen Antrieb gefunden werden konnte, blieb der Erfolg aus.

Das gleiche Problem, die Verlegung des Bohrantriebes vor Ort, wurde von WESTINGHOUSE, SHARPENBERG, PERKINS, KAPELYUSCHNIKOFF, SHUMILOFF, JOANNESYAN, TAGIJEV, GUSMAN, NIENHAUS, PARSONS, BASSINGER, BROWN, McCASLIN behandelt; von ihnen wurden auch entsprechende Apparaturen in ähnlicher Richtung entwickelt.

Hervorzuheben wäre hier der Turbinenantrieb, der auf der Konstruktion KAPELYUSCHNIKOFF basiert und sich in den russischen und in letzter Zeit auch in den österreichischen Erdölfeldern gut bewährt.

Endlich sei auf verschiedene Versuche mit einem Vibrationsbohrverfahren hingewiesen, einer in USA patentierten Apparatur von BODINE.

Wir sind heute noch lange nicht am Ende der Entwicklung des Tiefbohrwesens, denn die Kraftübertragung durch ein mitunter mehrere tausend Meter langes Bohrgestänge stellt, vom maschinentechnischen Standpunkt aus gesehen, keine Ideallösung dar.

III. Geräte und Werkzeuge für Handbohrungen

Das drehende Handbohren. Das wichtigste Bohrwerkzeug ist hier die *Schappe* (s. Abb. 1 und 2). Sie ist ein seitlich geschlitztes Stahlrohrstück, dessen untere, etwas eingebogene, schaufelförmige Schneide in das Gestein eindringt. Die Schappe kann in weichen und mittelharten Deckschichten, gleichgültig welcher Formation sie angehören, für geologische und Baugrunduntersuchungsbohrungen Verwendung finden. Mitunter werden auch bei Schurfbohrungen, die maschinell gebohrt werden, zur Durchteufung der ersten Deckschichtenmeter Schappen verwendet. Mit der Schappe wurden Teufen von mehr als 200 m erzielt. Sie arbeitet sowohl in trockenen als auch in feuchten Gesteinsschichten. Das Wesentliche an der Schappe sind die Größe der Schlitzöffnung und der Schneidewinkel des unten etwas schaufelförmig vorspringenden Schneidestückes. Bei Sanden, stark sandigen Tonen, ist der Schappenschlitz enger, der untere Schneidewinkel — Winkel zwischen Schneideblatt und Schappenwand — nur wenig größer als 90°. Bei weichen Schichten, wie Letten, Torf und weicher Braunkohle, wird der Schlitz weiter gewählt, der untere Schneidewinkel ist erheblich größer.

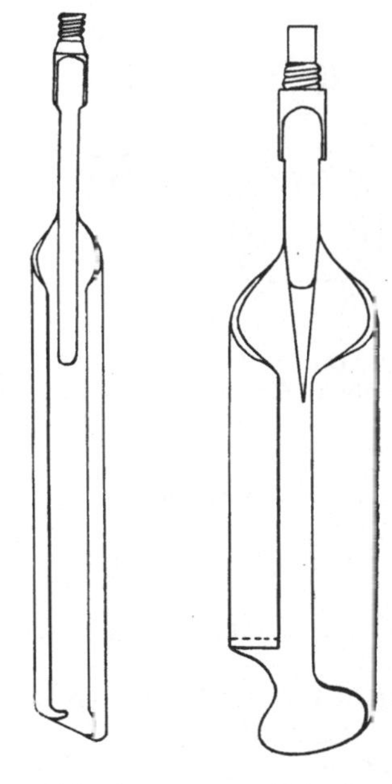

Abb. 1. Offene Schappe

Abb. 2. Geschlossene Schappe

Der Durchmesser der Schappe variiert zwischen 20 und 400 mm. Ihre Länge beträgt je nach ihrem Durchmesser etwa 0,3 bis 1,0 m.

Die Schappen haben an ihrem oberen Ende einen kurzen Stiel mit einem Anschlußzapfen oder einer Muffe zum Anschrauben an das Bohrgestänge. Die hier verwendeten Bohrstangen (s. Abb. 3 und 4) können vierkantig oder rund sein. Ihr Durchmesser, bzw. ihre Kantenlänge variieren zwischen 20 und 40 mm, sie werden normalerweise in Längen von 1,0 m, 1,5 m und 3,0 m, ausnahmsweise auch in Längen bis 10 m geliefert.

Die Schappe und ihr Gestänge sind aus Eisen oder Stahl hergestellt. Am obersten Gestängeende wird ein sogenanntes Wirbelstück (s. Abb. 5, 6 und 7) angeschraubt. In seinem Tragbügel ist das Tragseil (meist ein Hanfseil) verknotet, welches über eine Seilrolle eines Holzdreifußes zu einer Handwinde führt.

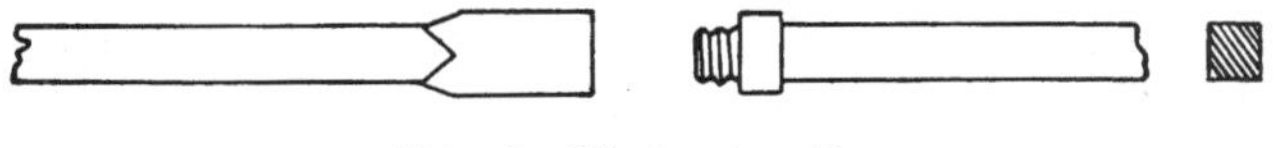

Abb. 3. Vierkantgestänge

Das die Bohrgarnitur tragende Wirbelstück gestattet die drehende Bewegung des Gestänges und damit auch der Schappe. Unterhalb des Wirbelstückes wird am Gestänge ober Tage das sogenannte Krückelstück (s. Abb. 8 und 9), im Prinzip eine zweiarmige Schelle, angesetzt. Bei großen Schappendurchmessern können auch zwei derartige Krückelstücke Verwendung finden. An den Hebelarmen dieser Krückelstücke drehen nun ein, zwei, ja mitunter vier Mann.

Um die in das Bohrloch einzubauenden Gestänge am Bohrlochmund abzufangen, wird eine eigene Abfanggabel auf das kurze Standrohr aufgesetzt

(s. Abb. 10 und 11). Das Verschrauben der vierkantigen Bohrstangen aneinander erfolgt mittels eigener Gestängezangen (s. Abb. 12).

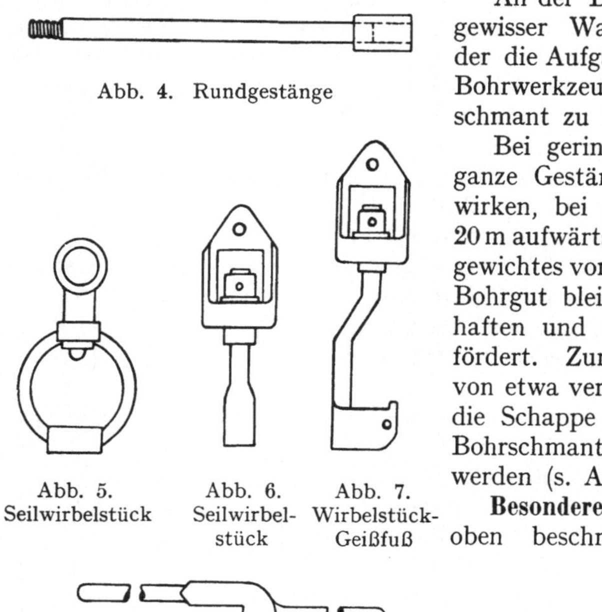
Abb. 4. Rundgestänge

Abb. 5. Seilwirbelstück

Abb. 6. Seilwirbelstück

Abb. 7. Wirbelstück-Geißfuß

An der Bohrlochsohle soll immer ein gewisser Wasserstand gehalten werden, der die Aufgabe hat, die Schneiden des Bohrwerkzeuges zu kühlen und den Bohrschmant zu lockern.

Bei geringen Teufen läßt man das ganze Gestängegewicht auf die Schappe wirken, bei größeren Teufen, etwa von 20 m aufwärts, wird ein Teil des Gestängegewichtes vom Tragseil übernommen. Das Bohrgut bleibt im Inneren der Schappe haften und wird mit ihr zu Tage gefördert. Zum Reinigen des Bohrloches von etwa verbliebenen Bohrbrocken muß die Schappe ausgebaut und ein eigener Bohrschmantlöffel zur Sohle eingebaut werden (s. Abb. 13 und 14).

Besondere Handbohrwerkzeuge. Die oben beschriebene Schappenform ist nicht für alle Arten von Deckschichten das geeignetste Bohrwerkzeug. Es wurden im Laufe der Zeit, dem Charakter dieser Deckschichten angepaßt, auch andere entsprechende Schappenformen und Bohrer entwickelt, die im nachfolgenden kurz besprochen werden sollen.

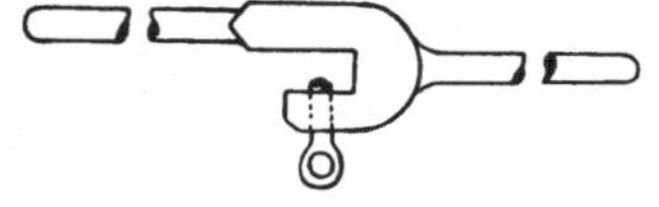
Abb. 8. Krückelstück

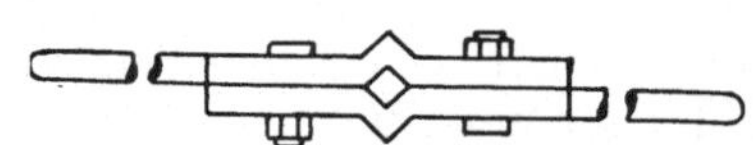
Abb. 9. Krückelstück

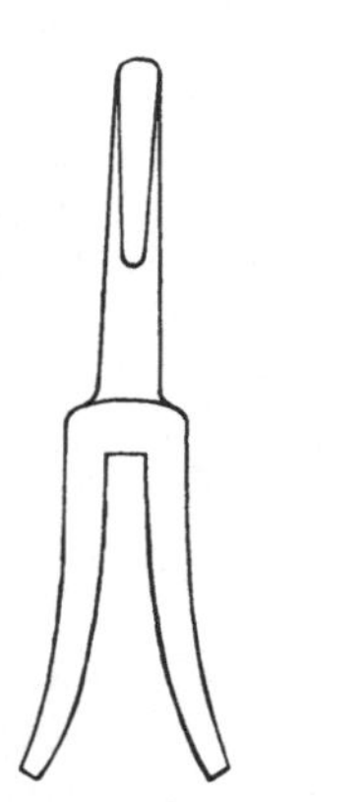
Abb. 10. Abfanggabel für Gestänge

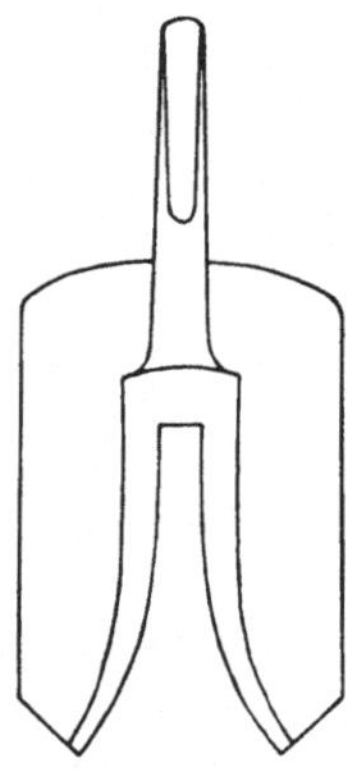
Abb. 11. Abfanggabel für Gestänge

Abb. 12. Gestängezange

Der *Hohl- oder Spitzbohrer mit gerader Spitze* (s. Abb. 15) ist nichts anderes als eine nach unten konisch zulaufende Schappe, die für sehr kleine Teufen gut geeignet ist. Das Abteufen erfolgt durch Niederstoßen und Drehen.

Der *Hohlbohrer mit gewundener Spitze* (s. Abb. 16) wird zum Auflockern von einzelnen festen Einlagerungen verwendet. Er arbeitet ebenfalls stoßend und drehend.

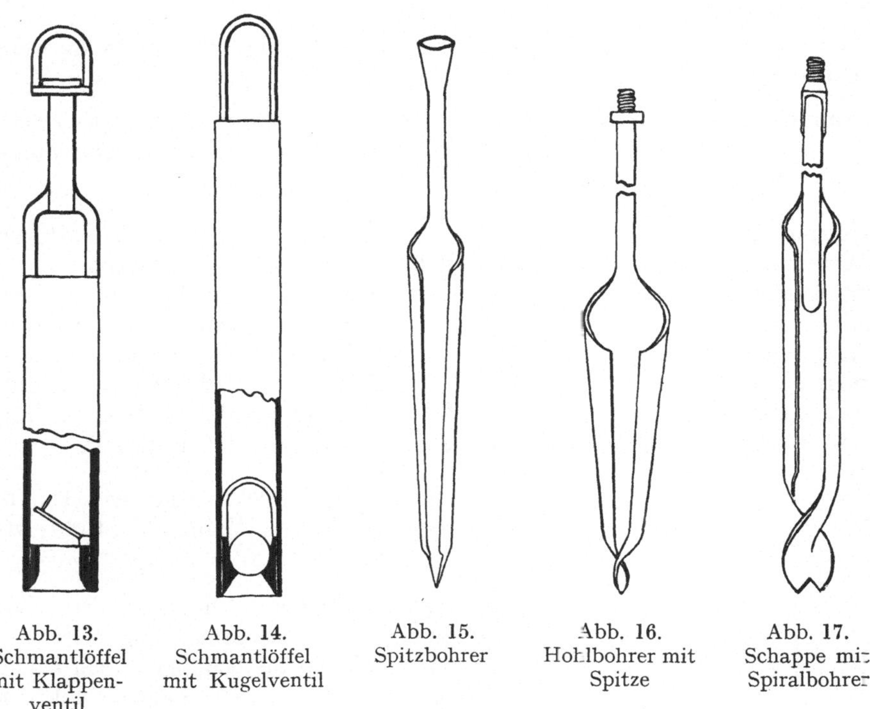

Abb. 13. Schmantlöffel mit Klappenventil

Abb. 14. Schmantlöffel mit Kugelventil

Abb. 15. Spitzbohrer

Abb. 16. Hohlbohrer mit Spitze

Abb. 17. Schappe mit Spiralbohrer

Die *Schappe mit Spiralbohrer* (s. Abb. 17) ist für sehr harte Schichten und größere Teufen gut geeignet. Sie arbeitet lediglich drehend.

Der *Schotter- und Kiesbohrer* (s. Abb. 18) hat einen starken, unten zugespitzten Schaft, an den die Schneideschaufeln geschmiedet sind. Der Schaft ist mit einem Tragbügel in einem Schappenrohr zentrisch befestigt. Der Bohrer findet für lockere Kiesschichten zum Vorbohren Verwendung.

Die *Ventil-Drehschappe* (s. Abb. 19) unterscheidet sich von der gewöhnlichen Schappe dadurch, daß sie keine seitlichen Schlitze aufweist, sondern oberhalb der unteren Schneide eine Ventilklappe eingebaut hat. Sie wird zum Durchbohren von lockeren Kies- und Sandschichten verwendet.

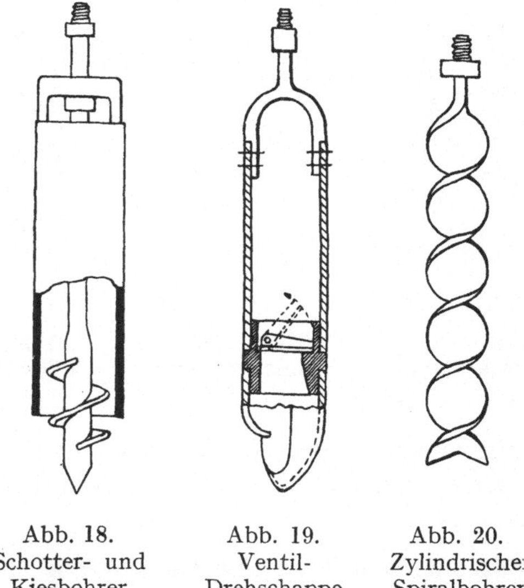

Abb. 18. Schotter- und Kiesbohrer

Abb. 19. Ventil-Drehschappe

Abb. 20. Zylindrischer Spiralbohrer

Der *zylindrische Spiralbohrer* (s. Abb. 20) dient zur Auflockerung zäher Tone und Letten.

Der *Schneckenbohrer* (s. Abb. 21 und 22), mit einem nach unten zu konisch verlaufenden Bohrgewinde, wird ebenfalls zur Auflockerung härterer Deckschichten eingesetzt, so daß sodann das Bohrloch mit der Schappe weiter abgeteuft werden kann.

Tellerbohrer, Tellerkastenbohrer und Sackbohrer (s. Abb. 23, 24 und 25) werden zum Durchteufen sehr lockerer Schichten verwendet.

Die *Bedienungsmannschaft* bei Handbohrungen besteht meist aus zwei, in größeren Teufen aus drei Mann. Die Bohrfortschritte bei einem Durchmesser von 50 mm sind in:

Sand und Schotter	2 Mann	0,48 bis 0,7 m/Stunde
Schotter und Ton	2 bis 3 Mann	0,8 m/Stunde
Ton, Sandstein, Kiesel	2 Mann	1,0 bis 1,1 m/Stunde
Ton	2 Mann	0,5 bis 1,8 m/Stunde
Ton und Erz	2 Mann	1,0 bis 1,3 m/Stunde
Sandstein, Ton, Erz	2 Mann	0,6 bis 0,7 m/Stunde
Kiesel, Sand, Sandstein, Ton	2 bis 3 Mann	0,8 bis 0,85 m/Stunde
Sand, Sandstein, Ton, Erz, Kiesel	2 bis 3 Mann	0,6 m/Stunde

Im weichen Deckgebirge, wie Ton und Letten, erreicht ein Mann pro Stunde etwa 2 bis 3 m.

Spülbohren mit Schappe. Diese Bohrmethode wird verhältnismäßig selten verwendet. Hier ist die Schappe an ein Hohlgestänge angeschlossen und so ausgebildet, daß zu ihren Schneiden ein Spülstrom gepumpt

Abb. 21. Schneckenbohrer

Abb. 22. Schneckenbohrer

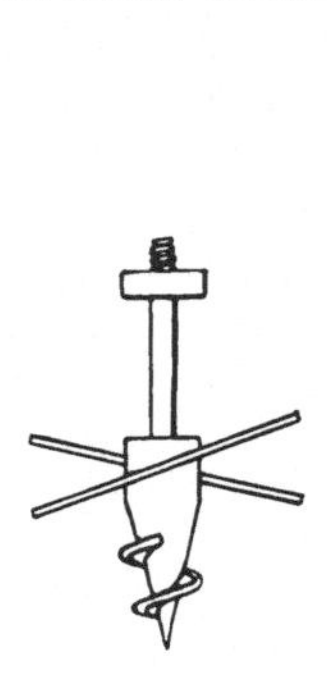

Abb. 23. Tellerbohrer

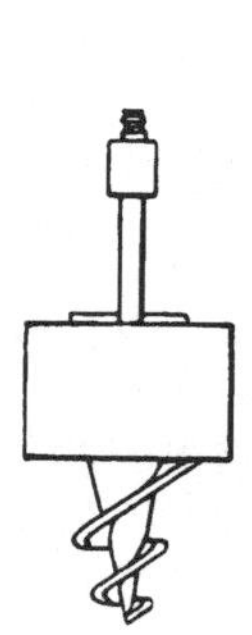

Abb. 24. Tellerkastenbohrer

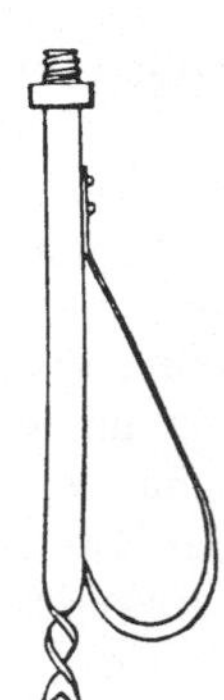

Abb. 25. Sackbohrer

werden kann, der auch den Bohrschmant zu Tage fördert. Für das Durchteufen von harten sandigen Schichten wird allerdings meist ein Spülmeißel am Gestänge eingebaut.

Vorgang beim drehenden Handbohren. Für geringe Teufen wird die Schappe oder der Bohrer mit einem Gestängestück verbunden und mit dem am Gestängekopf fix angebrachten zweiarmigen Kopf-Krückelstück gedreht (s. Abb. 26). Der Ein- und Ausbau erfolgt in diesem Falle mit der Hand.

Bei größeren Teufen, etwa über 10 m, wird über der Bohrstelle ein hölzerner Drei- oder Vierfuß aufgestellt, der eine Seilrolle trägt. Neben dem Dreifuß, oder an diesen direkt angebaut, ist eine Handwinde vorgesehen.

Je nach der Art der Deckschichten kann ein 1 bis 2 m tiefer Handschacht von ober Tage abgeteuft und mit Holz verkleidet werden, oder aber die Schappenbohrung beginnt direkt an der Erdoberfläche. Auf 1 bis 2 m Teufe wird meist ein Standrohr (Durchmesser je nach Teufe von 4 Zoll aufwärts) in das Bohrloch eingebaut und mit Lehm oder Ton hinterfüllt.

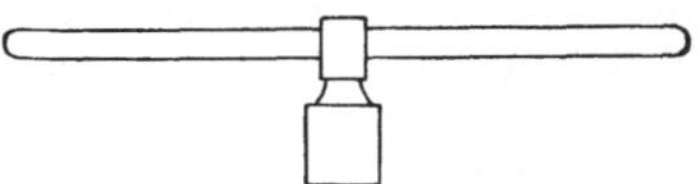

Abb. 26. Kopf-Krückelstück

Die Schappe oder der Bohrer werden mit dem ersten Gestängestück verschraubt, an dessen oberes Ende (falls das Gestänge einen Bund aufweist) ein Förderstuhl angesetzt oder eine Hebekappe mit Öse angeschraubt wird (s. Abb. 27). Im Bügel des Förderstuhles (oder in die Hebekappenöse) ist der Seilhaken eingehängt. Das Tragseil führt über die Turmrolle zur Hebewinde. Ist die Schappe mit der ersten Stange in das Bohrloch eingebaut, so wird unterhalb des Gestängebundes am Vierkant eine Abfanggabel angesetzt. Falls kein Bund vorhanden ist, wird das Gestängeende mit einer eigenen Gestänge-Fußklemme festgehalten (s. Abb. 28). Weitere Gestängestücke werden ebenfalls mittels des Fahrstuhles im Turm hochgezogen und an die schon eingebauten angeschraubt.

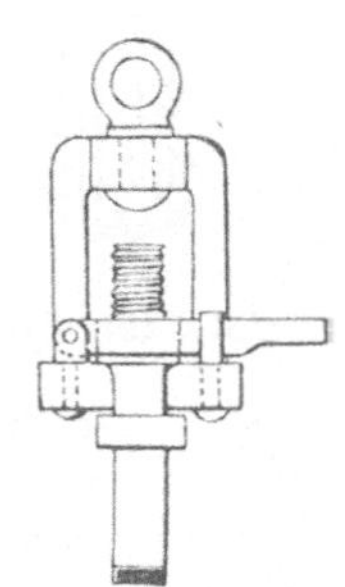

Abb. 27. Fahrstuhl

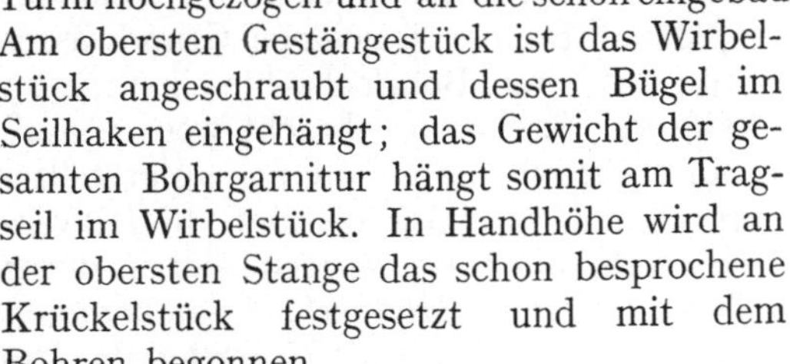

Am obersten Gestängestück ist das Wirbelstück angeschraubt und dessen Bügel im Seilhaken eingehängt; das Gewicht der gesamten Bohrgarnitur hängt somit am Tragseil im Wirbelstück. In Handhöhe wird an der obersten Stange das schon besprochene Krückelstück festgesetzt und mit dem Bohren begonnen.

In der umgekehrten Reihenfolge erfolgt der Ausbau der Bohrgarnitur. Um beim Aus- und Einbau Zeit zu sparen, wird das Gestänge nicht Stück für Stück, sondern in Zügen zu zwei oder drei Stangen abgeschraubt. Dementsprechend muß auch die erforderliche Turmhöhe berechnet sein. Bei größeren Teufen spielt diese Turmhöhe, wie wir später hören werden, eine wichtige Rolle.

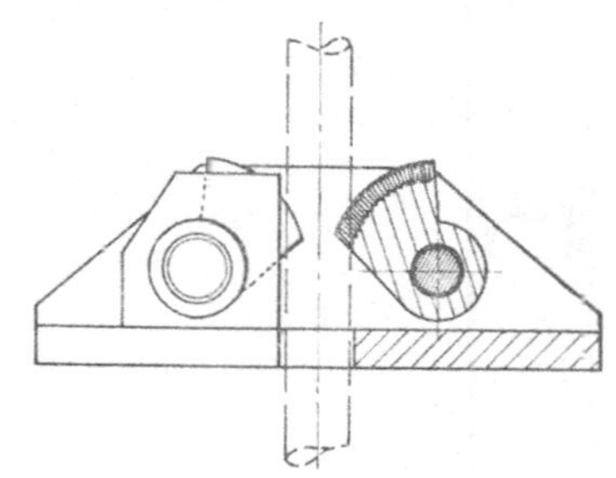

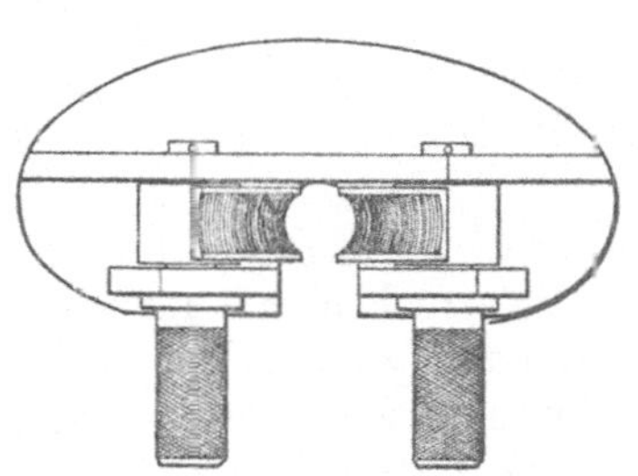

Abb. 28. Gestängefußklemme

Ein englisch-amerikanisches Handbohrverfahren (Empire drill). Es ist eine Kombination von drehendem Bohren und Bohren mit Bohrschmantpumpe (s. Abb. 29). Ein entsprechend starkwandiges Rohr hat am unteren Ende einen gezahnten Rohrschuh. Die Zähne sind abwechselnd nach außen und innen gebogen, so daß der von ihnen geschnittene Durchmesser größer, bzw. kleiner ist als der Außen- und Innendurchmesser des Rohres. Am oberen Ende des Rohres ist eine Flanschenverbindung angeschraubt, auf der eine Holzplattform errichtet wird. Im unteren Teil dieser Plattform ist ein Drehschwengel angebracht, dessen Ende mit einer Bodenrolle verbunden ist. An diesem Drehschwengel kann nun mit menschlicher oder tierischer Kraft gezogen werden, wodurch auch das gezahnte Rohr gedreht wird. Auf der Plattform stehen zwei bis vier Mann, deren Körpergewicht den hier benötigten Bohrdruck ergibt. Im Inneren des Rohres wird an einem Gestänge eine Bohrschmant- oder Sandpumpe eingebaut, die mit einem Klappen- oder Kugelventil ausgestattet ist (s. Abb. 30). Während der Drehbewegung heben und senken die Männer das Gestänge und damit den Kolben in der Sandpumpe, die den Bohrschmant aufnimmt und nach erfolgter Füllung ausgebaut wird. Wird die Teufe größer als etwa 10 m, können die Männer die Betätigung des Kolbens nicht mehr allein besorgen. Es wird in diesem Falle das Gestänge durch eine eigene starke Spiralfeder, die sich gegen die Plattform und eine am Gestänge angebrachte Schelle stützt, entlastet. Bei einem Bohrlochdurchmesser von 100 mm kann mit dieser Einrichtung, je nach Gesteinshärte, ein Bohrfortschritt von 40 bis 60 cm/Stunde erzielt werden. Dieses Verfahren wird besonders beim Durchteufen von lockeren, sedimentären Ablagerungen in Südafrika eingesetzt.

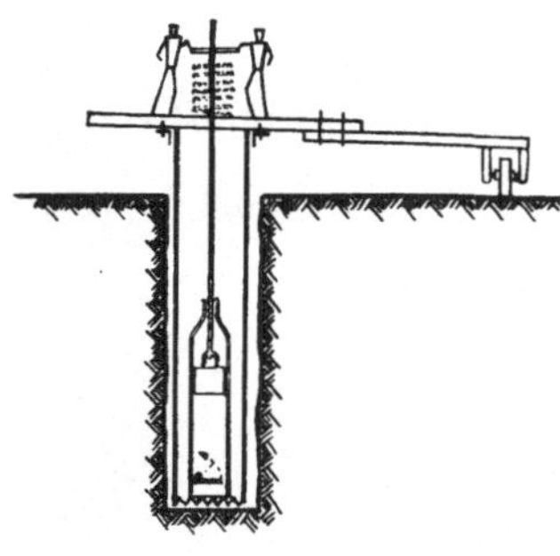
Abb. 29. Empire drill

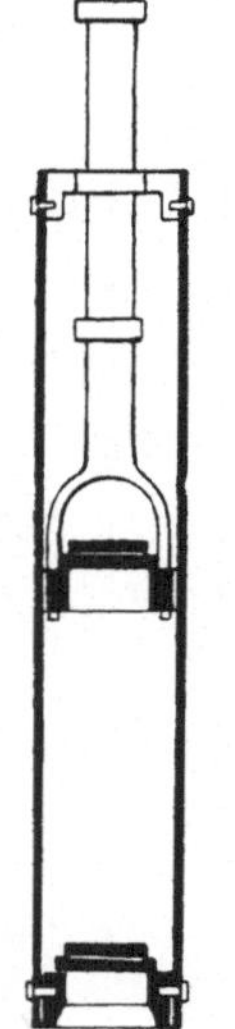
Abb. 30. Sandpumpe

Schußbohrungen für seismische Untersuchungen. Es handelt sich dabei um Bohrungen, die unter den jeweiligen Grundwasserspiegel abgeteuft werden und auf deren Bohrlochsohle eine Sprengladung von etwa 20 bis 30 kg zur Explosion gebracht werden muß. Die im weiten Umkreis um diesen Sprengpunkt aufgestellten Geoskope nehmen die Laufzeiten der Schallwellen auf, die teilweise von den verschiedenen Schichten reflektiert werden oder in diesen weiterlaufen, um schließlich wieder an die Erdoberfläche zu kommen. Aus den aufgezeichneten Laufzeiten kann auf die Untertagestruktur geschlossen werden.

Die dabei verwendeten Bohrgeräte werden je nach Härte der Gesteinsschichten und Teufe entweder mit der Hand oder maschinell betrieben.

Bei Handbohrungen im weichen Gestein ist der Bohrfortschritt in erster Linie von der Pumpenleistung (hohe Geschwindigkeit des Spülstrahles auf Sohle) abhängig. Es werden daher Spülpumpen — meist Zentrifugalpumpen — mit einer Kapazität von etwa 500 l/Min. bei etwa 10 Atü Arbeitsdruck gewählt. Die Bohrgarnitur besteht aus Bohrgestängestücken mit einem Durchmesser von 70 × 60 mm oder 70 × 55 mm und einer Länge von etwa 2 m. Das eine Gestängeende ist im Durchmesser eingezogen als Gewindezapfen, das andere geweitet und als Muffengewinde ausgebildet. An das untere gewindelose Rohrende sind außen, über das Gestängeende vorstehend, Hartmetallplättchen aufgeschweißt, so daß der Außendurchmesser dieser Bohrkrone etwa 110 mm beträgt. Am letzten, also obersten Gestänge ist ein Spülkopf aufgeschraubt, der zum Unterschied von dem in Abb. 49 ersichtlichen den Anschlußnippel für den zur Pumpe führenden Spülschlauch seitlich angeordnet hat und am oberen Ende mit einer eigenen Verschlußschraube abgeschlossen ist.

Es wird mit Schaufel und Krampen zunächst ein kleiner Handschacht von etwa 0,5 m Tiefe ausgehoben und sodann das erste mit Hartmetallplättchen besetzte Rohrstück eingesetzt, das am oberen Ende den Spülkopf trägt. Um das Rohr wird in entsprechender Höhe über dem Erdboden ein langarmiges Schellenpaar mit Schrauben fixiert, an welchem zwei bis drei Mann drehen. Gleichzeitig spült der von der Pumpe erzeugte Spülstrahl die Bohrlochsohle rein und bringt das erbohrte Gesteinsmaterial im Ringraum zwischen Rohraußendurchmesser und Bohrlochwand zu Tage. Die Mannschaft drückt beim Drehen das Rohr nach abwärts, mitunter stellt sich ein Mann auf die Schellen, um den erforderlichen Bohrdruck zu erzielen. Das mit Bohrschmant beladene Wasser fließt zu einem kleinen Klärbecken, wo sich der Bohrschmant absetzt, so daß das geklärte Wasser wieder verwendet werden kann. Falls genügend Wasser in Zisternen bereitgestellt werden kann, wird auf das Klären und Wiederverwenden des Wassers verzichtet und laufend mit Frischwasser gespült. Ist das erste Gestängestück abgebohrt, wird der Spülkopf abgeschraubt und ein zweites Gestängestück von 2 m Länge freihändig angeschraubt, an dessen oberem Ende wieder der Spülkopf angesetzt wird. So erfolgt das Abteufen bis zur verlangten Teufe. Das Ziehen des Gestänges geschieht ebenfalls von Hand aus, wobei der jeweils im Bohrloch noch verbleibende Teil des Gestänges mit Schellen am Bohrlochmund abgefangen wird. Bei Teufen bis etwa 20 m wird zum Ein- und Ausbau der Bohrgarnitur kein eigener Bohrmast benötigt.

Wird beim Abbohren ein Findling angetroffen, der mit dem Bohrwerkzeug nicht zu durchbohren ist, kann er gesprengt werden. Durch die am Spülkopf vorgesehene, mit einem Stopfen abgedichtete Öffnung wird eine Ladung von $\frac{1}{2}$ bis 1 kg frei fallend eingelassen und nach Schließen der Öffnung mit Wasser heruntergepumpt. Sodann werden die Gestänge von der Bohrlochsohle um etwa 1 bis 2 m angehoben; nun wird wieder durch den Spülkopf eine Sprengpatrone mit elektrischem Zündkabel eingelassen und die Ladung zur Explosion gebracht.

Nach Ausbau des Kabels wird die Bohrarbeit wieder fortgesetzt. Diese Sprengungen sind nicht immer erwünscht, weil sie nach Ansicht mancher Fachleute eine Lockerung der nächsten Umgebung hervorrufen und damit die Auswirkungen der Hauptsprengung beeinflussen können. In diesem Falle müssen die harten Findlinge mit entsprechend gepanzerten Rollenmeißeln durchbohrt werden.

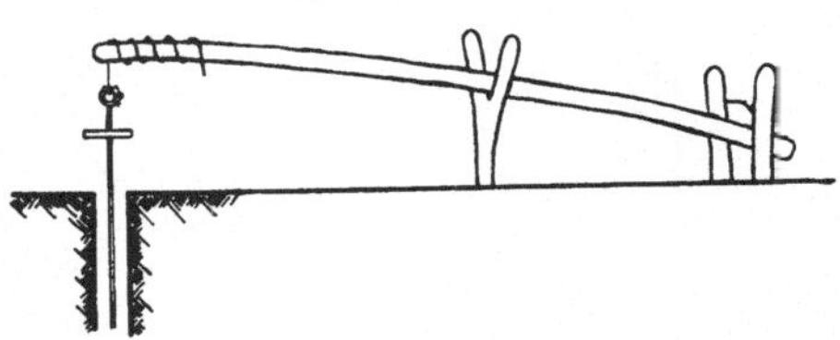

Abb. 31. Stoßendes Bohren mit Schlagbaum

Bei größeren Teufen wird zum Ein- und Ausbauen ein Holz-Dreimast mit einer Seilrolle und eine Handwinde vorgesehen.

Diese Anlagen müssen leicht transportierbar sein, um das Abteufen von möglichst viel Bohrlöchern zu ermöglichen (bis etwa 20/Tag). Das Pumpaggregat z. B. ist auf einer Art Tragbahre aus 1-Zoll-Rohren aufgebaut und kann durch zwei Mann leicht getragen werden.

Die *Bohrmannschaft* setzt sich aus einem Schichtführer und zwei bis drei Mann pro Schicht zusammen.

Über die maschinell betriebenen Schußbohranlagen wird im Kapitel XI/D berichtet.

Handbohreinrichtungen für stoßendes (schlagendes) Bohren. In schwer zugänglichen Gebieten (Dschungel) hat sich die Bohreinrichtung mit Schlagbaum, die an Ort und Stelle mit primitiven Mitteln aufgestellt werden kann, gut bewährt.

Die Einrichtung ist in Abb. 31 schematisch dargestellt. Der mit einem Ende im Erdboden verankerte Schlagbaum wird in eine Holzgabel eingelegt, und zwar so, daß das Längenverhältnis der beiden Teile etwa 1 : 3 bis 1 : 5 beträgt, wobei das frei hochstehende Teilstück das längere ist.

Die Bohrgarnitur, bestehend aus einem Blattmeißel (s. Abb. 32 und 33) und einem Vollgestänge von etwa 20 bis 40 mm Durchmesser, hängt an einem Hanfseil, das um das hochstehende Ende des Schlagbaumes geschlungen wird.

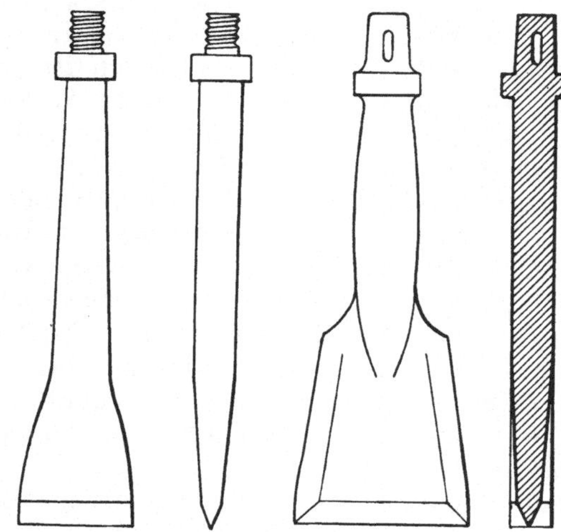

Abb. 32. Blattmeißel mit geraden Schneiden

Abb. 33. Blattmeißel mit geraden Schneiden

Am obersten Gestängeende ist das Seilwirbelstück angeschraubt, in dessen Öse das oben erwähnte Hanfseil verknotet ist.

Ein Krückelstück wird in Brusthöhe an der letzten Bohrstange angesetzt. Der Bohrvorgang erfolgt in der Weise, daß zwei Mann am Krückelstück ein Auf- und Abwärtswippen des Schlagbaumes vollführen und dabei gleichzeitig das Gestänge drehen, so daß die Meißelbacken das Bohrloch rund gestalten können.

Über dem Bohrlochmund kann ein einfacher Holzdreifuß aufgestellt werden, der eine Seilrolle trägt, so daß bei größeren Teufen, etwa über 10 m, die Bohrgarnitur mit einem auf einer Seilwinde aufgespulten Hanfseil ein- und ausgebaut werden kann.

Wird der Schlag durch die dämpfende Wirkung des dick gewordenen Wasser-Bohrschmantbreies unbefriedigend, so wird die Bohrgarnitur gezogen und das Bohrloch mittels eines Schmantlöffels, der ebenfalls am Hanfseil eingelassen wird, gereinigt. Schmantlöffel sind in den Abb. 13 und 14 ersichtlich.

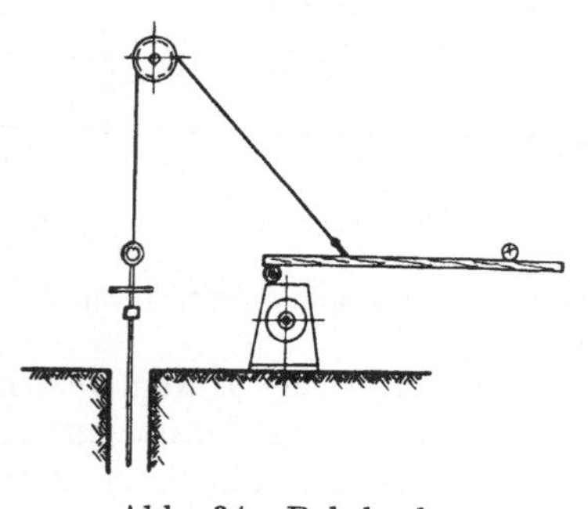

Abb. 34. Bohrbock

Mit dieser einfachen Bohreinrichtung wurden Bohrfortschritte von 1,0 bis 2,5 m/Stunde, je nach der Härte des zu durchteufenden Gesteins, erzielt.

Ganz ähnlich ist die Handbohreinrichtung mit einem Bohrbock (s. Abb. 34).

Ein Holzbalken ist an einem Ende am Rahmenteil einer Bauwinde als einarmige Schwinge drehbar gelagert und hat am anderen Ende entsprechende Gegengewichte aufgelegt. Die Bohrgarnitur ist die gleiche wie beim Bohren mit Schlagbaum. Das am oberen Gestängeende angesetzte Seilwirbelstück hat in seiner Öse ebenfalls ein Hanfseil verknotet, das über die Seilrolle eines Holzdreifußes geführt und an der Balkenschwinge befestigt ist. Zwei Mann besorgen durch Heben und Senken der Schwinge die stoßende Bewegung.

Auch hier muß gleichzeitig an einem Krückelstück die Bohrgarnitur gedreht werden.

Beim Ein-, bzw. Ausbau der Bohrgarnitur wird ein anderes Hanfseil, das auf der Bauwinde aufgespult ist, mit dem Wirbelstück verbunden und das Gestänge Stück für Stück ausgebaut. Die Abfangvorrichtung des im Bohrloch hängenden Gestänges beim Ein- und Ausbau ist die gleiche, wie sie schon beim Bohren mit der Schappe besprochen wurde.

An Stelle der eben genannten Bohrgarnitur für stoßendes Handbohren kann bei weichen Gesteinsschichten mit dem Bohrlöffel gebohrt werden, der in Abb. 35 dargestellt ist. Er ist 1 bis 3 m lang, hat unten einen zentrisch angeordneten Blattmeißel und unmittelbar oberhalb davon ein Ventil, das bei kleinen Durchmessern 2 bis 3 Zoll als Kugel-, bei größeren als Klappenventil ausgebildet ist. Der Bohrlöffel wird mit Gestänge oder Seil eingebaut. Durch wiederholtes Fallenlassen und Anheben erfolgt seine Füllung mit Bohrschmant. Nach erfolgtem Ausbau wird er durch Aufsetzen auf einen Bolzen entleert.

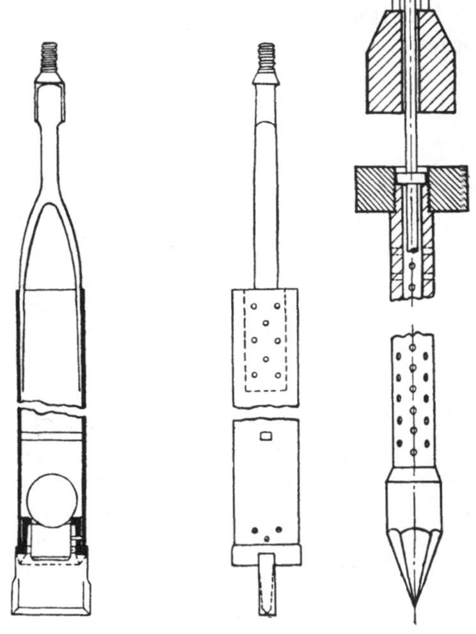

Abb. 35. Bohrlöffel mit Kugelventil und Meißel

Abb. 36. Rammbohrer

In Sand- und Kiesschichten werden sogenannte Sand- oder Kiespumpen verwendet (s. Abb. 30). In einem wie oben beschriebenen Löffel ist ein Hartholzkolben eingebaut, der mit dem Bohrgestänge verbunden ist. Durch Auf- und Abwärtsbewegen des Gestänges ober Tage wird das lockere Gesteinsmaterial in den Löffel gesaugt.

Eine besondere Bohrmethode ist das *Rammbohren* (s. Abb. 36) zur Herstellung von kleinkalibrigen Wasserbrunnen. Die Rammspitze hat einen Durchmesser von etwa 25 bis 75 mm und ist mit einem 3 bis 5 m langen Stahlrohr verschraubt, das — wenn notwendig — durch ein weiteres Gestänge verlängert werden kann. Mit einem Rammgewicht von etwa 30 bis 40 kg wird nun dieses Stahlrohr in das Deckgebirge eingetrieben. Die Rammspitze ist im Durchmesser um etwa 10 bis 15 mm größer als der Außendurchmesser des Rammrohres, das mit Löchern von 4 bis 5 mm Durchmesser perforiert und mitunter auch mit einem dünnen Stahldraht umwunden ist, um den Sand der wasserführenden Schichte beim Pumpen zurückzuhalten.

Mit den eben besprochenen Bohreinrichtungen und Werkzeugen (Schappen, Löffel und Blattmeißelbohrungen) können wohl Bodenproben gewonnen werden, sie sind jedoch stark zerbröckelt und somit im heutigen Sinne nicht als Bohrkerne zu bezeichnen.

Die *Bohrmannschaft* besteht aus einem Schichtführer und zwei bis drei Gehilfen pro Schicht.

Es sollen nun jene Schurfbohrgeräte besprochen werden, welche die Gewinnung ungestörter Kerne, das sind kompakte Gesteinszylinder, und zwar auch aus größeren Teufen, ermöglichen.

IV. Rotations-Schurfbohrgeräte mit maschinellem Antrieb

A. Allgemeines

Etwa vor 70 Jahren wurde vom schwedischen Ingenieur Craelius ein Schurfbohrgerät entwickelt und im weiteren Verlauf der Jahre von verschiedenen Firmen weiter vervollkommnet. Es ist heute die am meisten verwendete Gerätetype für kleinkalibrige Kernbohrungen. Das Hauptgewicht ist hier auf eine gute Kerngewinnung gelegt, so daß mit diesem Gerät ungestörte Gesteinsproben erhalten werden. Bei diesem drehenden Spülbohrverfahren werden Hohlgestänge verwendet, durch die Wasser oder eine Tonspülung zur Bohrkrone gepumpt wird, um diese zu kühlen und den Bohrschmant mittels der spülenden Flüssigkeit im Ringraum, zwischen dem Bohrgestänge und der Bohrlochwand, zu Tage zu fördern.

B. Bestandteile der Bohranlage

Die einfachste Type besteht aus den folgenden Hauptbestandteilen (s. Abb. 37 und 38):

1. dem Rotationsantrieb mit der Hohlspindel,
2. der Hebewinde mit dem Vorgelege,
3. der Spülpumpe,
4. der Antriebsmaschine,
5. dem Bohrmast,
6. der Trag-, bzw. der Hebeeinrichtung,
7. der Bohrgarnitur.

Die älteren Modelle haben die Teile 1 bis 4 hintereinander auf einem hölzernen oder Profileisenrahmen aufgebaut. Die Kraftübertragung von der Antriebsmaschine zur Hohlspindel, Spülpumpe und Hebewinde erfolgt dabei durch einen Riementrieb. Die neueren Modelle sind mit Zahnradgetrieben ausgestattet und viel gedrungener konstruiert. Sie beanspruchen daher zu ihrer Aufstellung viel weniger Flächenraum (s. Abb. 39, 40 und 41).

1. Der Rotationsantrieb mit Hohlspindel

Das Charakteristische dieser Rotations-Bohranlage ist die rotierende Hohlspindel, durch die das Bohrgestänge geführt, in ihr festgeklemmt und dieser Art die drehende Bewegung der auf Sohle arbeitenden Bohrkrone übermittelt wird. Die Hohlspindel kann in jede Richtung gedreht werden, so daß Bohrungen lotrecht abwärts und aufwärts, wie auch in jedem beliebigen Winkel abgeteuft werden können. Eine Anlage unter Tage für horizontales Bohren ist in Abb. 42 ersichtlich.

Die Kraftübertragung der sich hier kreuzenden Wellen, nämlich der horizontal liegenden Antriebswelle und der senkrecht zu ihr stehenden Hohlspindel, erfolgt bei leichten Konstruktionen mittels eines Schraubenrades, bei schweren mittels Kegelrädern (s. Abb. 43 und 44). Durch die Hohlspindel wird nun das Hohlgestänge geführt und an einem oder beiden Enden derselben in eigenen Mitnehmerschalen durch Schrauben oder Klemmbacken festgehalten. Das Gehäuse, in dem die Hohlspindel geführt ist, ruht auf einem eisernen Untergestell. Auf diesem lagert auch die horizontal gelegene Antriebswelle, die bei Handantrieben auf beiden Seiten Schwungräder mit Handgriffen aufgekeilt hat, bei maschinellem

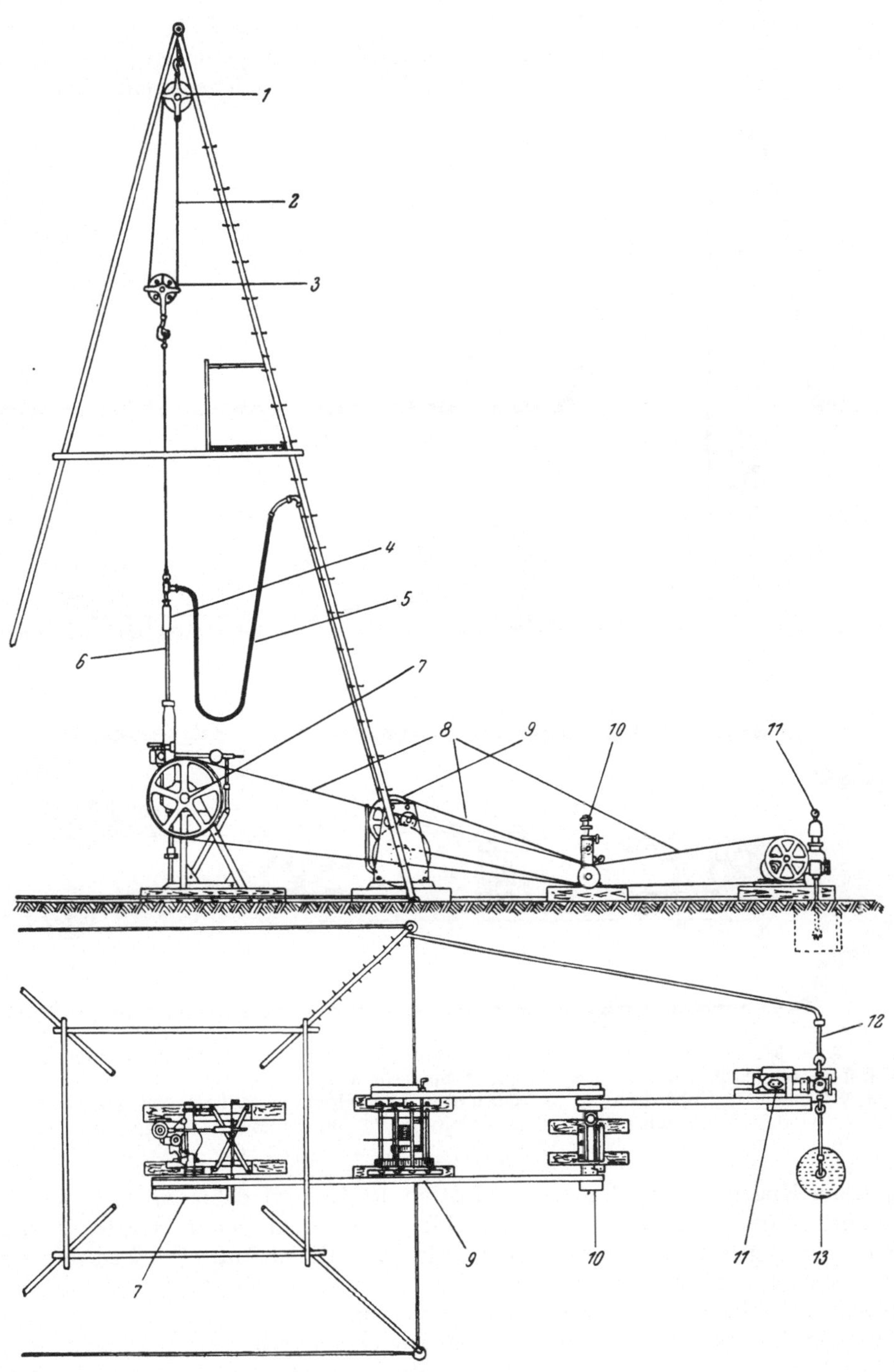

Abb. 37. Rotations-Schurfbohranlage (ältere Bauart) mit Bohrmast.
1 Seilrolle, *2* Förderseil, *3* Einrolliger Flaschenzug mit Haken, *4* Spülkopf, *5* Spülschlauch, *6* Bohrgestänge, *7* Rotations-Antrieb, *8* Riementriebe, *9* Hebewinde, *10* Antriebsmotor, *11* Spülpumpe, *12* Druckleitung, *13* Saugbecken

Antrieb — allerdings bloß auf einer Seite — mit Riemenscheiben ausgestattet ist (Voll- und Leerscheibe). In der Mitte dieser Antriebswelle befindet sich das Schraubenrad, bzw. an den beiden Antriebswellenenden je ein Kegelrad, das in ein korrespondierendes kegelförmiges Ritzel der Hohlspindel eingreift. Letzteres

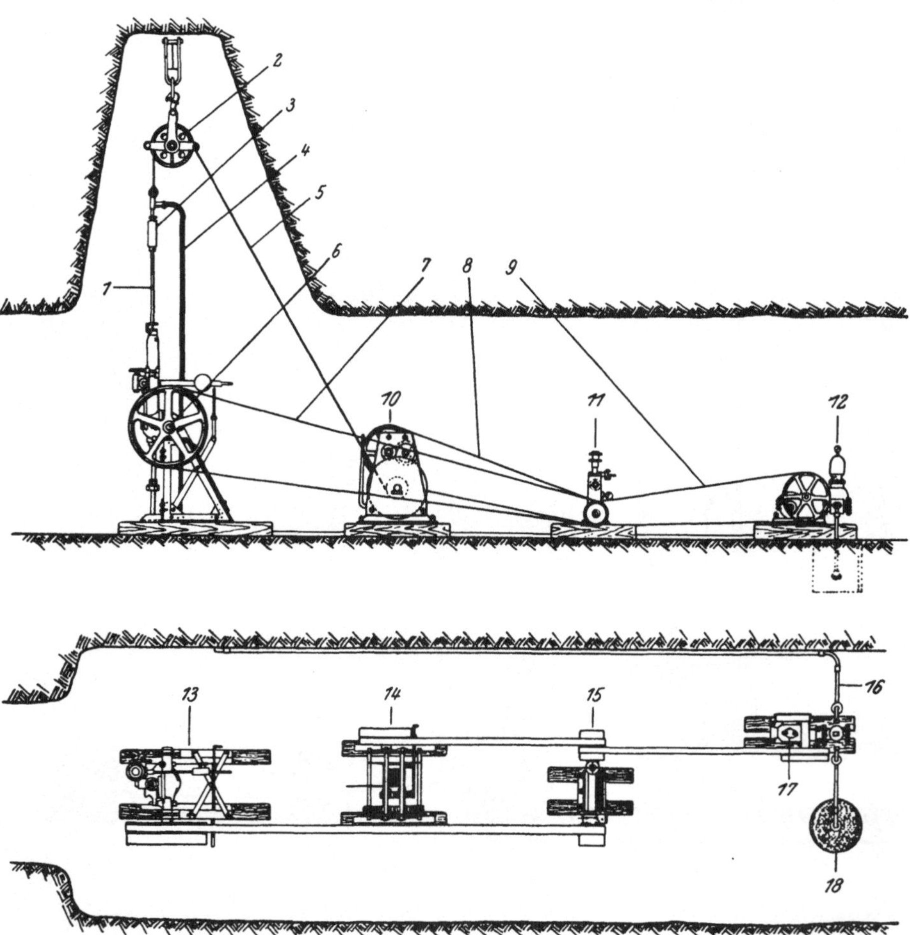

Abb. 38. Rotations-Schurfbohranlage unter Tage bei lotrechter Bohrrichtung. *1* Bohrgestänge, *2* Seilrolle, *3* Spülkopf, *4* Spülschlauch, *5* Förderseil, *6* Dreh-Antrieb, *7, 8, 9* Riemen, *10* Hebewinde, *11* Antriebsmotor, *12* Spülpumpe, *13* Dreh-Antrieb, *14* Hebewinde, *15* Antriebsmotor, *16* Druckleitung, *17* Spülpumpe, *18* Saugbecken

ruht auf Kugellagern im Gehäuse und ist an der Hohlspindel in einem Federkeil geführt, so daß es stets in der gleichen Höhe bleibt, wenn sich die Höhenlage der Hohlspindel gegenüber der Antriebswelle ändert. Dieser Antriebsteil ist mit der Hohlspindel in einem meistens zweiteiligen Gehäuse eingebaut. Die eine Hälfte desselben ist fix mit dem Wellengehäuse verbunden, die andere hingegen wird durch ein Klapplager und Schrauben mit dem ersten verbunden. Dadurch kann dieser letztere Teil mit der Hohlspindel seitlich ausgeschwenkt werden, um den Bohrlochmund für Gestänge- Aus- und Einbau freizugeben. Am oberen Ende der Hohlspindel (s. Abb. **43**, **44** und **45**) ist an ihrer Außenfläche eine Zahnstange zwischen zwei Kugellagern angeordnet. In diese Zahnstange greift ein Zahnrad ein. Die kurze Zahnradwelle ist im Hohlspindelgehäuse gelagert und mit einem Gewichtshebel starr verbunden. Durch Heben und Senken dieses Hebels erfolgt auch ein Heben und Senken der Hohlspindel. Mittels dieser Einrichtung kann der Bohrdruck, über den wir noch näher sprechen werden, geregelt und

Abb. 39. Standard-Rotations-Schurfbohranlage der Fa. Longyear für Teufen bis 1200 m. Antriebsleistung 45 PS

Abb. 40. Rotations-Schurfbohranlage der Schwedischen Diamantbohrgesellschaft A.G.

darüber hinaus das Gestänge mit fortschreitendem Bohrfortschritt mit der Hohlspindel gesenkt werden. Die Nachlaßhöhe beträgt je nach Gerätetype etwa 0,4 bis 0,7 m.

2. Die Hebewinde mit dem Vorgelege

Bei den älteren Konstruktionen ist eine Bauwinde mit zwei Geschwindigkeitsstufen vorgesehen, die unmittelbar hinter der Rotationsanlage auf Holzbalken ruht. Der Riementrieb zu dieser Winde führt über ein Vorgelege zur Antriebsmaschine. Bei kleinen Teufen wird die Winde von Hand aus betätigt. Bei modernen Anlagen ist die Hebetrommel auf einem Profileisenrahmen aufgesetzt und wird mittels Kupplung über ein Zahnradgetriebe geschaltet.

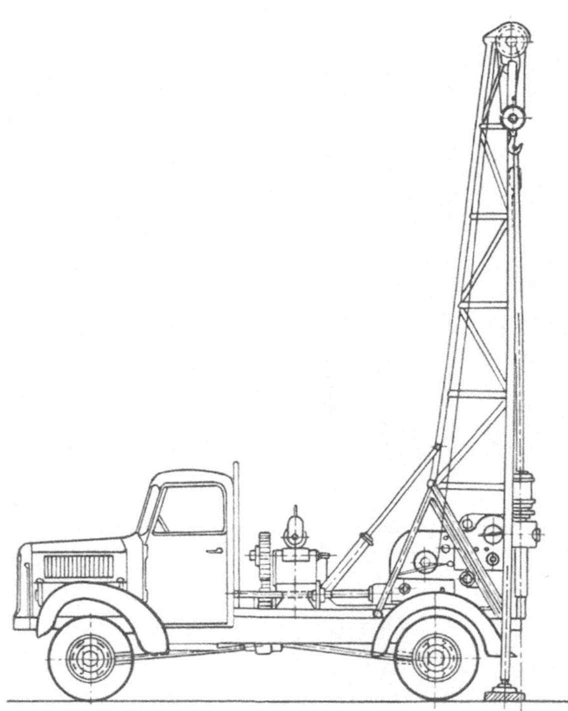

Abb. 41. Drehbohrmaschine Type H5-51/4 mit Klappmast und Spülpumpe auf Lkw. mit Allrad-Antrieb der Fa. Wirth & Co., Erkelenz (Rhld.)

3. Die Spülpumpe

Die Spülpumpe (s. Abb. 46 und 47) ist meistens eine einfachwirkende Kolbenpumpe stehender oder liegender Bauart, mit einer Liefermenge, die je nach Type der Bohranlage zwischen 8 und 200 l/Min., bei Drücken von 5 bis 35 Atü, variiert und den Kreislauf des Spülwassers oder einer Tonspülung besorgt. Ihr Antrieb erfolgt bei den älteren Typen für kleine

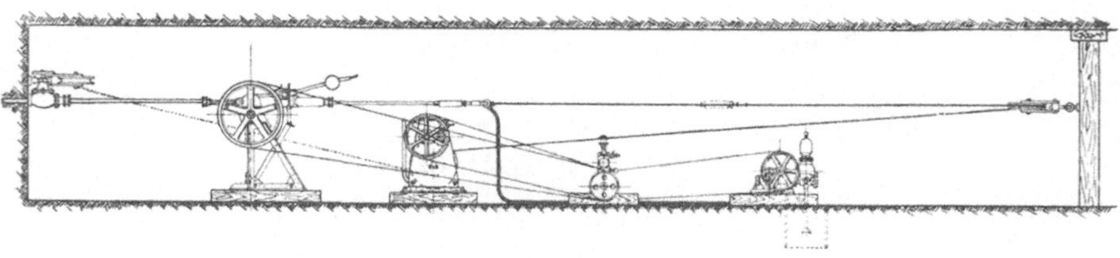

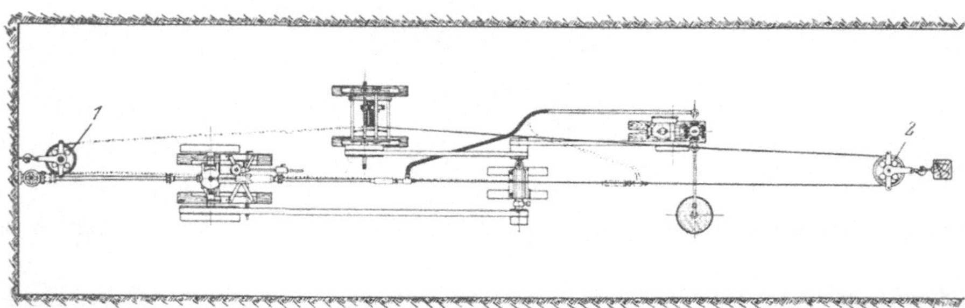

Abb. 42. Rotations-Schurfbohranlage unter Tage bei horizontaler Bohrrichtung. *1* Einbaurolle vor Ort, *2* Ausbaurolle

Teufen mit einem Hebelarm von Hand aus, für größere hingegen mittels Riementrieb über ein Vorgelege.

Bei modernen Anlagen ist sie über ein Zahnradgetriebe mit der Antriebsmaschine durch eine Kupplung einzuschalten.

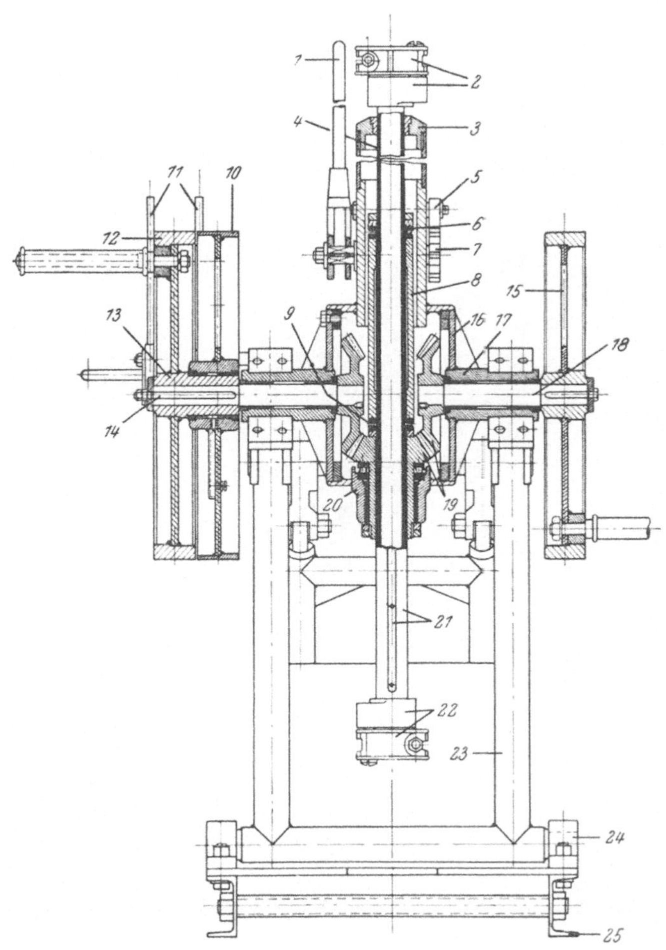

Abb. 43. Hohlspindelantrieb einer Rotations-Schurfbohranlage (Frontansicht). *1* Gewichtshebel, *2* Obere Mitnehmerschale, *3* Hohlspindelgehäuse, *4* Hohlspindel, *5* Sperrklappe, *6* Oberes Kugellager der Zahnstange, *7* Zahnrad, *8* Zahnstange, *9* Unteres Kugellager der Zahnstange, *10* Leerscheibe, *11* Riemen-Gabel, *12* Vollscheibe, *13* Vollscheiben-Naben, *14* Keil für Vollscheiben-Nabe, *15* Antriebsscheibe, *16* Getriebe-Kapsel, *17* Wellengehäuse und Lager, *18* Antriebswelle, *19* Kegelräder, *20* Gehäuse für Kegelrad und Hohlspindel, *21* Hohlspindel mit Federkeil, *22* Untere Mitnehmerschale, *23* Viergelenkiger Bock *24* Bocklager, *25* U-Eisen-Rahmen

4. Die Antriebsmaschine

Die Antriebsmaschine kann entweder ein Benzin-, Diesel-, Elektro- oder Druckluftmotor sein. Die PS-Leistung variiert je nach Anlage zwischen 3,5 und 75 PS. Bei den neueren Modellen sind auch die Antriebsmaschinen mit der gesamten Bohranlage auf demselben Eisenrahmen aufgebaut.

Anlage-Typen. Tab. 4 gibt eine Übersicht von verschiedenen Rotationsschurfbohr-Modellen, und zwar einer führenden amerikanischen und zweier europäischer Gerätefirmen, aus der auch die dabei eingebauten Antriebsmaschinen zu ersehen sind.

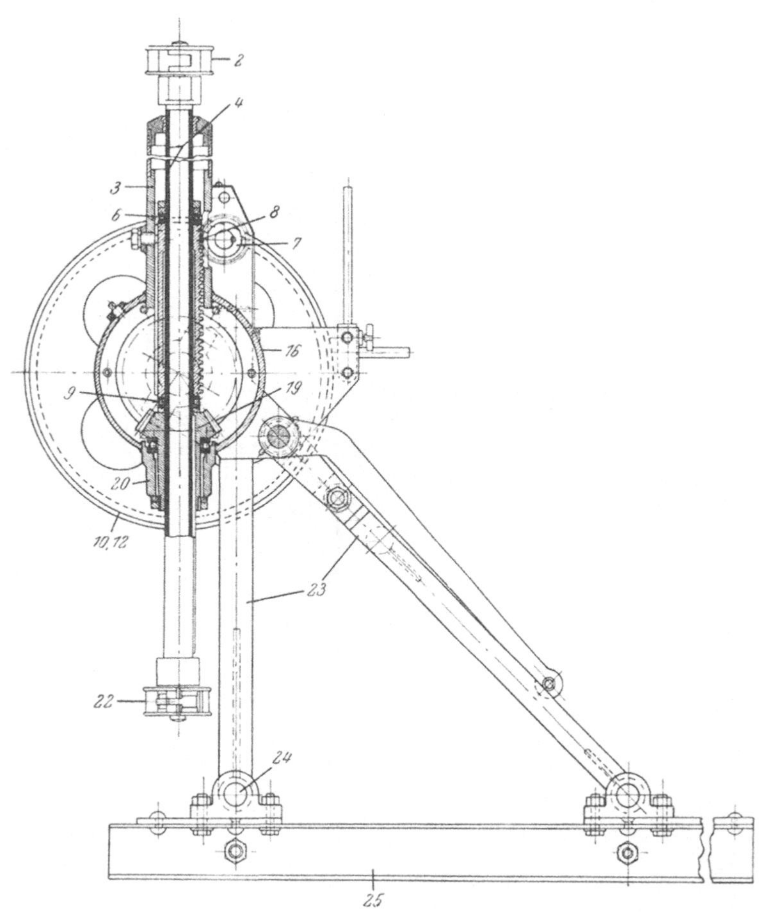

Abb. 44. Hohlspindelantrieb einer Rotations-Schurfbohranlage (Seitenansicht). Legende wie Abb. 43

Ähnliche Geräte werden u. a. von den Firmen Sullivan, Lange & Lorcke, Haniel & Lueg und Trauzl gebaut.

Obige Geräte sind auf einem gemeinsamen Profileisenrahmen aufgebaut. Für unter Tage werden solche Anlagen auf Säulen gesetzt, die gegen Sohle und Firste abgestützt sind. Der Antrieb erfolgt unter Tage fast ausschließlich mit Preßluft.

5. Der Bohrmast

Der drei- oder vierfüßige Bohrmast, aus Rundhölzern oder Stahlrohren gefertigt, ist in seiner Höhe so bemessen, daß womöglich zwei Bohrstangen à 3,0 m mit aufgesetztem Spülkopf und Seilhaken, weiters die Turmseilrolle und aus Sicherheitsgründen noch eine gewisse freie Höhe von etwa 0,5 m, oberhalb des Bohrlochmundes, Platz finden.

Die Tragstiele (Tragfüße) sind in ihrer Mitte durch horizontale Gurten versteift. Eine Leiter führt vom Erdboden zur oberen Arbeitsbühne, an welche die Gestänge beim Ausbau gelehnt werden, und weiter zur Turmkrone.

Tabelle 4. *Typen von Rotations-Schurfbohranlagen*

Erzeugnisse der amerikanischen Firma Longyear

Teufe m	Antriebsart und PS	Gestänge-∅ mm	Bohrloch-∅ mm	Kern-∅ mm	Maximale Drehzahl pro Min.
45	Benzinmotor 3,5	33,5	38	22	1250
90	Benzinmotor 7,5	33,5	38	22	1000
270	Benzinmotor 14,0	33,5	38	22	2100
525	Benzinmotor, Elektromotor, Preßluft 25,0	33,5 bis 42	45	35,9	100 bis 1800
1270	Benzinmotor, Elektromotor, Preßluft 45,0	42 bis 50	47,5	35,9	1500
2550	Benzinmotor, Elektromotor, Preßluft 75,5	50	60,32	41,3	1500

Erzeugnisse der Schwedischen Diamantbohrgesellschaft A.G.

Teufe m	Antriebsart und PS	Gestänge-∅ mm	Bohrloch-∅ mm	Kern-∅ mm	Maximale Drehzahl pro Min.
100	Preßluft 10	33,5	36 bis 46	22 bis 32	450
200	Benzinmotor, Elektromotor, Preßluft 10	33,5	36 bis 46	22 bis 32	750
300	Benzinmotor, Elektromotor, Preßluft 10	33,5 bis 42	36 bis 86	22 bis 72	225
600	Benzinmotor, Diesel, Elektromotor 25	33,5 bis 50	36 bis 146	22 bis 120	150 bis 600
1200	Benzinmotor, Diesel, Elektromotor 50	50 bis 60	56 bis 146	34 bis 120	75 bis 300
2000	Benzinmotor, Diesel, Elektromotor 75	50 bis 60	56 bis 146	34 bis 120	93 bis 490

Fortsetzung der Tabelle 4

Rotationsbohranlagen der Firma Wirth & Co., Erkelenz (Rhld.)

Type	Teufe m	Antriebsart und PS	Gestänge-⌀ mm	Bohrloch-⌀ mm	Drehzahl pro Min.
E B W	100	Elektromotor, Benzin, Diesel, Preßluft 5 bis 6 PS	33,5	38,0	100 bis 180
HS-51/4	400 bis 600	Elektromotor, Benzin, Diesel, Preßluft 15 bis 18 PS	42,0 bis 51,0	54,0 bis 73,0	100 bis 450
HS-63/5	500 bis 750	Elektromotor, Benzin, Diesel, Preßluft 20 bis 24 PS	51,0 bis 63,5	73,0 bis 92,0	80 bis 385
ED-63/10	1000 bis 1200	Elektromotor, Benzin, Diesel 34 bis 38 PS	51,0 bis 63,5	73,0 bis 92,0	90 bis 220

6. Die Hebeeinrichtung

Die Hebeeinrichtung im Turm ist aus Abb. 37 und 38 zu ersehen.

Bei kleinen Teufen ist ein einfacher Rollenzug vorgesehen, der aus einer im Turmkopf hängenden Seilrolle und dem über diese Rolle geführten Hanfseil besteht. Das eine Seilende trägt den Seilhaken, das andere ist auf der Hebewinde aufgespult. Bei größeren Teufen werden Drahtseile verwendet und an Stelle des einfachen Rollenzuges können die Seile, der jeweiligen Last entsprechend, in ein- oder zweirollige Flaschenzüge eingeschert werden. (Über die Durchmesser und Festigkeit der Drahtseile s. die entsprechenden Vorschriften nach ÖNORM, DIN und A.P.I.)

7. Die Bohrgarnitur

Die Bohrgarnitur (s. Abb. 48) besteht im Prinzip aus einem speziellen *Kernapparat* und dem Bohrgestänge. An die oberste Bohrstange ist der Spülkopf (s. Abb. 49 und 50) angeschlossen, der über den Spülschlauch die Verbindung zur Spülpumpe herstellt. Der Spülkopf ist mit seinem Tragbügel im Flaschenzughaken eingehängt. Normalerweise wird mit diesem Gerät gekernt. Wo auf eine Kerngewinnung — für gewisse Teufenstrecken — verzichtet wird, kann auch mit einem Meißel gebohrt werden.

Im nachstehenden sollen die einzelnen Teile der Bohrgarnitur im Detail besprochen werden.

Die Kernapparate

Man unterscheidet bei diesem Bohrverfahren folgende Kernapparat-Typen:

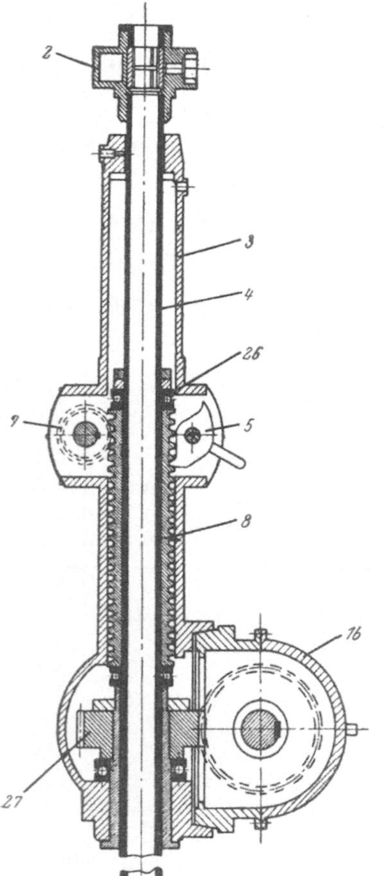

Abb. 45. Hohlspindel einer Rotations-Schurfbohranlage. *1* bis *25* wie Abb. 43, *26* Zahnstangen-Kugellager, *27* Schraubenrad auf Kugellagern

a) Das Einfachkernrohr,
b) das Doppelkernrohr mit mitdrehendem Innenrohr,
c) das Doppelkernrohr mit feststehendem Innenrohr.

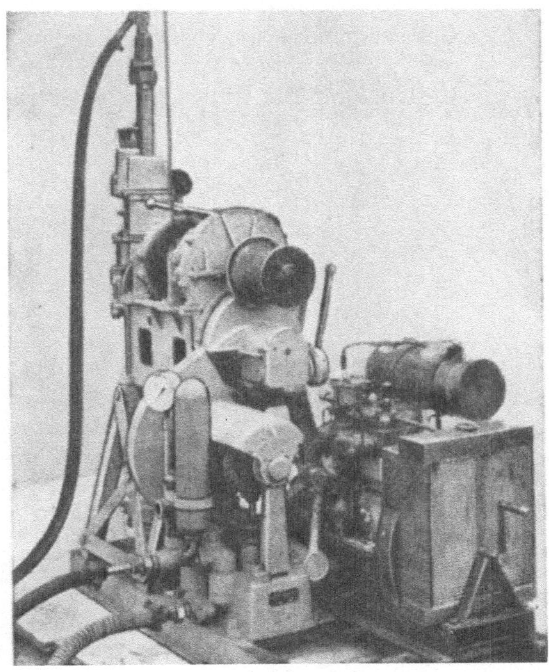

Abb. 46. Rotations-Schurfbohranlage mit Spülpumpe der Schwedischen Diamantbohrgesellschaft A.G.

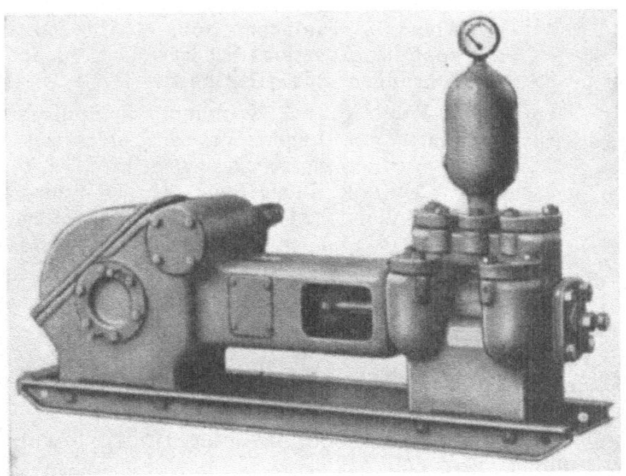

Abb. 47. Doppeltwirkende Kolbenpumpe der Fa. Wirth & Co., Erkelenz (Rhld.)

a) Das Einfachkernrohr (s. Abb. 51). Das unterste Teilstück des Einfachkernrohres ist die Bohrkrone. Diese Krone kann mit Industriediamanten oder mit Hartmetallstiften besetzt sein, sie kann aber auch als gezahnte Stahlkrone ausgebildet sein, deren Zähne mit einem Hartmetall gepanzert werden, und schließlich kann es eine Schrotkrone sein. Der Durchmesser dieser Kronen variiert von etwa 30 bis 150 mm. Der Durchmesser des erbohrten Kernes beträgt dabei etwa 19 bis 120 mm. Der mit diesen Kronen erbohrte Bohrlochdurchmesser ist auch im harten und standfesten Gestein immer etwas größer als der äußere Kronendurchmesser, und zwar um etwa 1/32 Zoll = 0,8 mm. Im weichen Gestein kann der Unterschied noch erheblich größer sein.

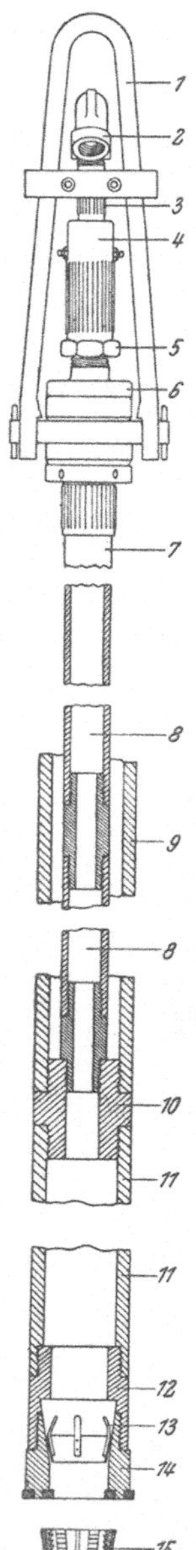

Abb. 48. Einfach-Kernrohr für Rotations-Schurfbohranlagen mit Bohrgestänge und Spülkopf.
1 Tragbügel, *2* Krümmer, *3* Spülrohr, *4* Stopfbüchsenmutter, *5* Sperrmutter, *6* Spülkopfkörper, *7* Verbindungsstück, *8* Gestänge, *9* Schlamm- oder Sedimentrohr, *10* Kernrohr-Nippel, *11* Kernrohr, *12* Kernfangmuffe, *13* Kernfänger, *14* Bohrkrone, *15* Kernfänger für harte Formationen

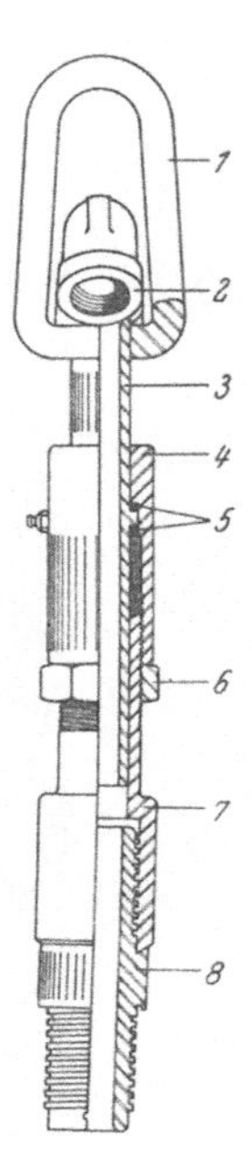

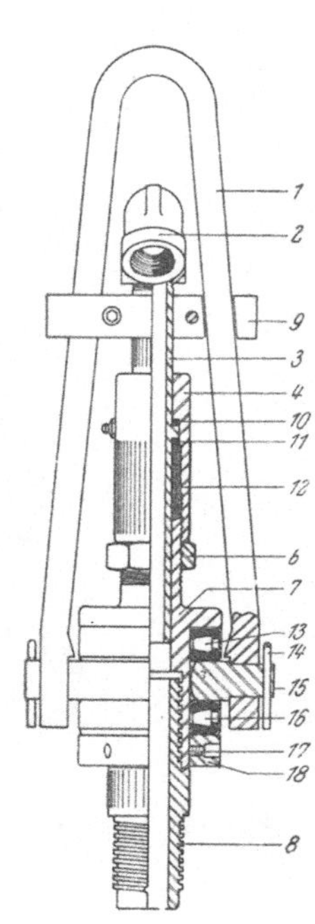

Abb. 49. Einfacher Spülkopf für Rotations-Schurfbohrungen mit Gleitlager.

Abb. 50. Spülkopf für Rotations-Schurfbohrungen mit Kugellager.

1 Tragbügel, *2* Krümmer, *3* Spülrohr, *4* Stopfbüchsenmutter, *5* Lagerringe, *6* Sperrmutter, *7* Spülkopfkörper, *8* Verbindungsstück, *9* Schelle, *10* Oberer Lagerring, *11* Unterer Lagerring, *12* Gummiringe, *13* Rollenlager, *14* Splint, *15* Tragzapfen, *16* Rollenlager, *17* Gehäuse-Schrauben, *18* Gehäuse

Alle über der Bohrkrone befindlichen Teile des Kernapparates und des Bohrgestänges weisen einen kleineren Durchmesser auf. Die Größe des frei zu haltenden Ringraumes zwischen dem Kernrohraußendurchmesser und der Bohrlochwand hängt von der Größe der anfallenden Bohrschmantteilchen und von der Standfestigkeit des zu durchteufenden Gesteins ab. Bei sehr feinem Bohrschmant und standfestem Gestein wird der Ringraum etwa 2 mm weit gewählt, bei lockeren Schichten kann er auch das Zehnfache betragen.

Über die verschiedenen Bohrkronentypen soll im nächsten Kapitel eingehend gesprochen werden.

An die Bohrkrone schließt in der Regel die sogenannte Kernfangmuffe an, wie dies aus der Abb. 48 zu ersehen ist. Sie hat innen eine konische Bohrung (nach oben erweitert), in die der Kernfänger eingebaut ist.

Dieser ist ein etwa 20 bis 50 mm hoher, gespaltener Blattfederring, ebenfalls schwach konisch geformt, und hat innen kurze Stahlblattfedern oder gezahnte Backen angenietet. Wenn der Kern in die Kernfangmuffe einzutreten beginnt, wird der Fänger in der konischen Bohrung der Kernfangmuffe hochgeschoben und läßt den Kern in das Kernrohr hochsteigen. Nach erfolgter Kernarbeit gleitet beim Anheben der Kerngarnitur der Fänger nach abwärts, hält den Kern auf diese Art fest und bricht ihn von der Sohle los. An die Kernfangmuffe schließt das eigentliche Kernrohr an, in das der Kern beim Bohren allmählich eintritt. Der Innendurchmesser des Kernrohres muß größer sein als der Außendurchmesser des Kernes. Der dadurch freibleibende Ringraum ermöglicht den Durchfluß der Spülflüssigkeit zur Bohrkrone, darüber hinaus trägt er dem Umstand Rechnung, daß auch bei quellendem Gestein ein möglichst leichtes Einschieben des Kernes gewährleistet wird. Am oberen Ende des Kernrohres ist der Kernrohrnippel mit gleichem Außendurchmesser angesetzt. Er hat beiderseits Zapfengewinde und innen ein Muffengewinde zum Einschrauben der ersten Bohrstange. Das untere Zapfengewinde greift in das Muffengewinde des Kernrohres ein, wohingegen das obere zum Ansetzen des sogenannten Schlamm- oder Sedimentrohres bestimmt ist.

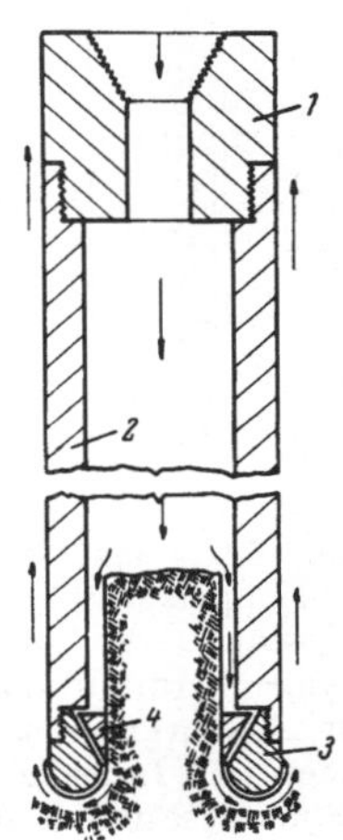

Abb. 51. Schema eines Einfach-Kernrohres. 1 Gestänge-Anschlußstück, 2 Kernrohr, 3 Bohrkrone mit 4 Kernfänger

Dieses Sedimentrohr dient dem folgenden Zweck: Der Ringraum zwischen dem Kernrohr und der Bohrlochwand ist viel enger als jener zwischen letzterer und dem Bohrgestänge. Der von der Sohle nach oben steigende Spülstrom, der mit Bohrschmantteilchen beladen ist, hat im engeren Ringraum eine verhältnismäßig hohe Fließgeschwindigkeit und kann daher auch den Bohrschmant gut hochtragen. Im viel größeren Ringraum oberhalb des Kernrohres fällt die Geschwindigkeit des Spülstromes stark ab. Hier würde daher der Bohrschmant absinken. Das Sedimentrohr ist nun dazu bestimmt, den absinkenden Bohrschmant aufzunehmen, der nach erfolgtem Ausbau aus diesem Rohr entfernt werden muß.

Die oben beschriebene klassische Kernapparaturtype ist heute nicht mehr die einzige, die in Verwendung steht. Auf Anregung der Bohrfachleute werden verschiedene Abarten gebaut und verwendet. So wird z. B. der Kernfänger nicht überall in die konische Bohrung der Kernfangmuffe eingebaut, sondern sitzt bei manchen Konstruktionen im konisch geformten Innenteil der Bohrkrone. An Stelle der Kernfangmuffe ist zwischen der Bohrkrone und dem Kernrohr ein besonderes Verbindungsstück (Muffe und Zapfen) eingebaut, das außen im unteren Teil, der an die Krone anschließt, zylindrisch, im oberen schwach konisch geformt ist. Am zylindrischen Teil sind in gleichen Abständen Industriediamanten eingesetzt und bilden auf diese Art einen Kaliberring, der das Bohrloch auf den gewünschten Durchmesser nachschneidet. Bei genügend großem Spülvolumen, also entsprechender Pumpleistung, kann auch auf das Sedimentrohr verzichtet werden.

Bei diesem Einfachkernrohr steigt der Bohrkern im gleichen Rohre hoch, in dem der Spülstrom zur Bohrkrone fließt. Der Spülstrom wird daher bei weichem und lockerem Gestein den Kern leicht auswaschen und damit wird auch die Kerngewinnung recht dürftig sein. Für solche Verhältnisse ist daher dieses Kernrohr nicht geeignet.

b) Das Doppelkernrohr mit mitdrehendem Innenrohr (s. Abb. 52 und 53). Es besteht aus zwei konzentrisch ineinandergesetzten Rohren, wobei lediglich das Außenrohr mit der Bohrkrone verbunden ist. Das Innenrohr kann am unteren Ende in ein Gewinde der Bohrkrone eingeschraubt sein; in diesem Falle sind in dem hier verdickten Teil der Krone einzelne Bohrungen vorgesehen, um den Spülstrom zur Sohle zu leiten. Der Kernfänger ist in der konisch geformten Bohrung der Bohrkrone eingebaut.

In den meisten Fällen ist bei diesem Kernrohr, das ohne Sedimentrohr eingebaut wird, das innere Rohr im sogenannten Kopfstück des Außenrohres, also oben angeschraubt und unten bis zur Kernfangmuffe geführt. Bei dieser Konstruktion schließt das Bohrgestänge direkt an das Kopfstück an. Der Spülstrom nimmt hier seinen Weg zwischen den beiden Rohren, kommt also nur im untersten Teil des Kernapparates mit dem Kern in Berührung. Die Kerngewinnung ist daher besser als mit dem Einfachkernrohr. Nachteilig ist allerdings, daß beide Rohre die

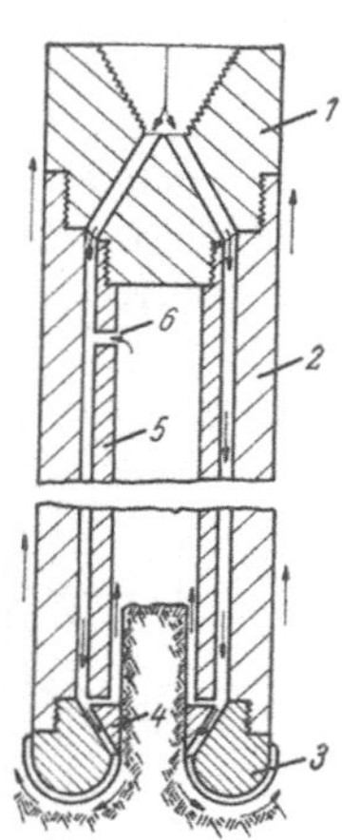

Abb. 52. Schema eines Doppelkernrohres.
1 Gestänge-Anschlußstück, *2* Außenkernrohr-Mantelrohr, *3* Bohrkrone, *4* Kernfänger, *5* Innenkernrohr, *6* Spülungsöffnung in den Ringkanal zwischen den Kernrohren

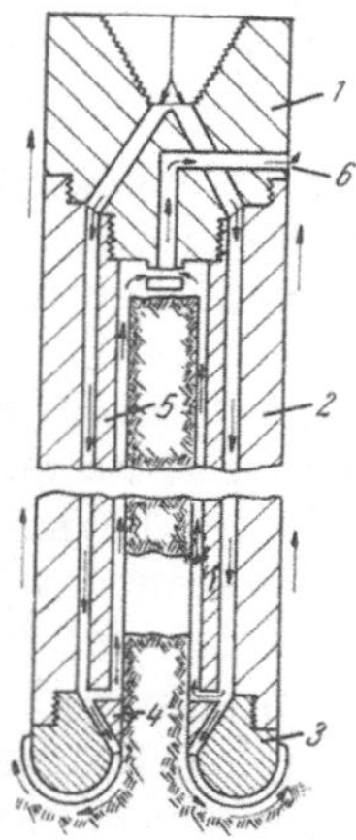

Abb. 53. Schema eines Doppel-Kernrohres.
1 Gestänge-Anschlußstück, *2* Außenkernrohr-Mantelrohr, *3* Bohrkrone, *4* Kernfänger, *5* Innenkernrohr, *6* Spülungsaustrittskanal durch das Anschlußstück

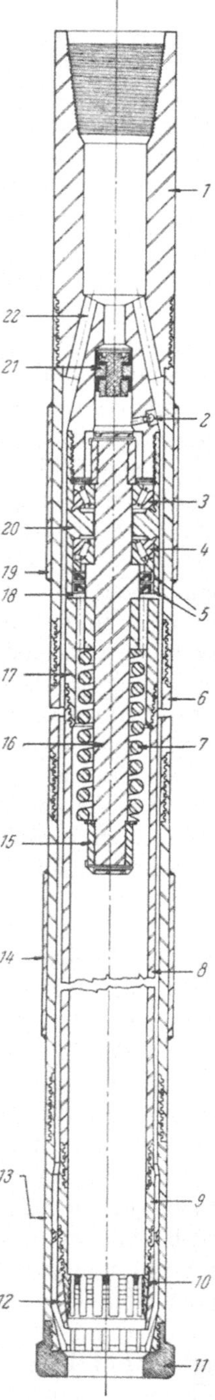

Abb. 54. Doppelkernrohr mit feststehendem Innenrohr und Sicherheitsgewinde beim Gestängeanschluß.
1 Gestänge-Anschlußstück mit Spezialgewinde, *2* Schmierkanal für Kugellager, *3, 4* Kugellager, *5* Kugellagerdichtung, *6* Außenkernrohr, *7* Spiralfeder, *8* Innenkernrohr, *9* Innenkernrohr – unteres Verbindungsstück, *10* Kernfangfeder, *11* Bohrkrone, *12* Kernfanghülse, *13* Anschlußstück vom Außenkernrohr zur Bohrkrone, *14* Verbindungsmuffe für Außenkernrohr, *15* Abschlußmutter, *16* Tragbolzen mit Abschlußmutter, *17* Innenkernrohr-Anschlußstück, *18* Spülkanäle, *19* Verbindungsmuffe für Außenkernrohr, *20* Kugellager-Gehäuse, *21* Druckausgleich-Kolben, *22* Spülkanäle

Drehbewegung mitmachen und zerklüftetes und lockeres Gestein dabei leicht zerbröckelt wird.

c) Das Doppelkernrohr mit feststehendem Innenrohr (s. Abb. 54, 55, 56, 57, 58 und 59). Der Unterschied gegenüber dem vorher besprochenen Kernapparat liegt darin, daß das Innenrohr im Kopfstück des Außenrohres auf einem Kugellager aufgesetzt ist und sein unteres Ende lose in der Kernfangmuffe oder einem Verbindungsstück zur Krone hängt.

Bei dieser Konstruktion dreht sich beim Bohren lediglich das Außenrohr mit der Bohrkrone, wohingegen das Innenrohr, in das der Bohrkern eintritt, stillsteht.

Auch hier ist normalerweise der Kernfänger im inneren konischen Teil der Krone angeordnet.

Dieser Kernapparat eignet sich praktisch für jedes Gestein. Eine weitere Vervollkommnung des obigen Apparates zur besten Kerngewinnung wurde wie folgt getroffen: Das Innenrohr erhält unten ein besonderes Verlängerungsstück, das tiefer in die Bohrkrone reicht und in seiner konisch geformten Bohrung den Kernfänger eingebaut hat.

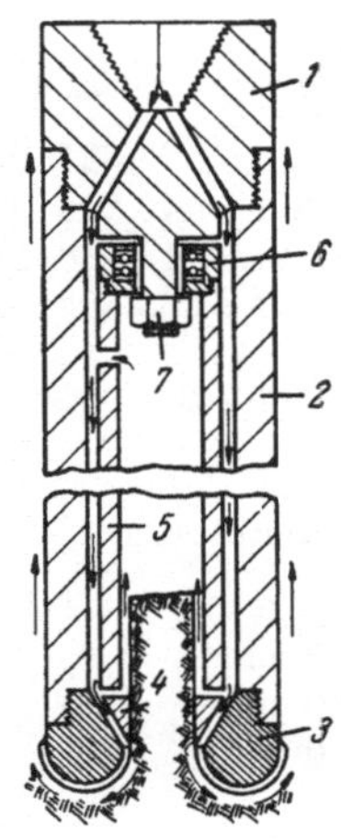

Abb. 55. Schema eines Doppelkernrohres mit feststehendem Innenrohr. *1* Gestänge-Anschlußstück mit Schraubenbolzen, *2* Außenkernrohr = Mantelrohr, *3* Bohrkrone, *4* Kernfänger, *5* Innenkernrohr, *6* Abschlußstück des Innenkernrohres mit Kugellager, *7* Tragbolzen

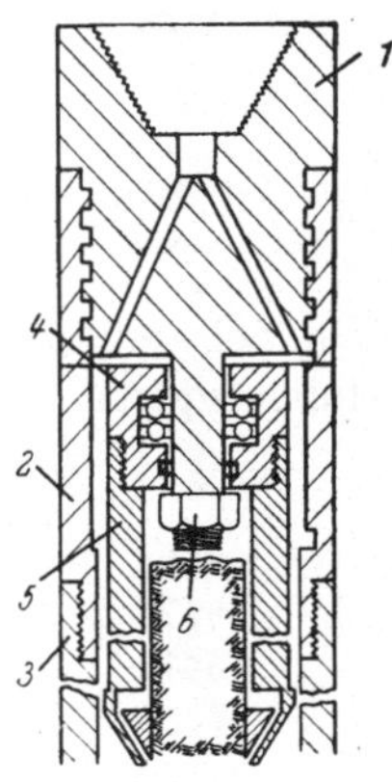

Abb. 56. Sicherheitsverbinderkopf für Doppelkernrohr mit feststehendem Innenrohr. *1* Gestänge-Anschlußstück, *2* Kernrohrverbindungsstück, *3* Außenkernrohr, *4* Kugellagergehäuse, *5* Innenkernrohr, *6* Tragbolzen

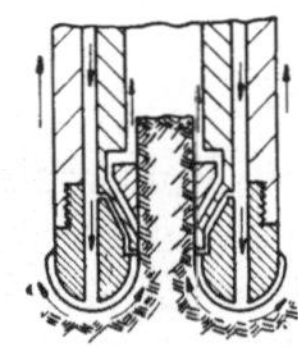

Abb. 57. Spülkanäle an der Bohrkrone beim Doppelkernrohr

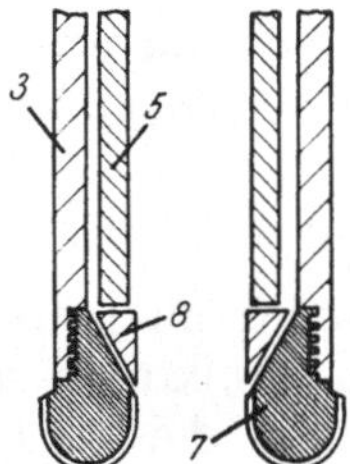

Abb. 58. Lage des Kernfängers beim Doppelkernrohr. *3* Außenkernrohr, *5* Innenkernrohr, *7* Bohrkrone, *8* Kernfänger

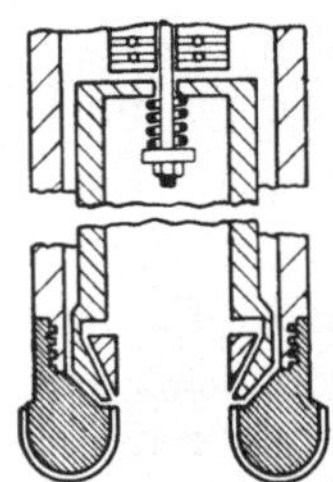

Abb. 59. Lage des Kernfängers bei feststehendem Innenrohr

Das Bohrgestänge

Die einzelnen hohlen Bohrstangen (s. Abb. 48) haben beiderseits Muffengewinde, die durch eigene Hohlnippeln mit Zapfengewinden untereinander verbunden werden. Es sind nahtlos gezogene Stahlrohre mit einer Zugfestigkeit von 40 bis 50 kg/mm². Die normale Stangenlänge beträgt 3,0 m. Es werden allerdings auch Stangenlängen von 1,0 und 1,5 m geliefert und verwendet, um beim Bohren, dem Bohrspindelhub entsprechend, kürzere Stücke ansetzen zu können.

Die Bohrung des Verbindungsnippels hat einen kleineren Innendurchmesser als die Bohrstange.

Nach amerikanischem Standard werden heute die folgenden Gestängeserien geliefert:

Gestängetype:	Außendurchmesser:	Innendurchmesser:
E	$1\,^{5}/_{16}$ Zoll = 33,337 mm	$^{27}/_{32}$ Zoll = 21,431 mm
A	$1\,^{5}/_{8}$ Zoll = 41,275 mm	$1\,^{1}/_{8}$ Zoll = 28,575 mm
B	$1\,^{29}/_{32}$ Zoll = 48,418 mm	$1\,^{13}/_{32}$ Zoll = 35,718 mm
N	$2\,^{3}/_{8}$ Zoll = 60.325 mm	2 Zoll = 50,8 mm

Die Schwedische Diamantbohrgesellschaft verwendet und liefert die folgenden Gestängetypen:

Nr.:	Außendurchmesser:	Innendurchmesser:
2668	33,5 mm	25 mm
5173	42,0 mm	33 mm
3474	50,0 mm	38 mm
7586	60,0 mm	48 mm

V. Bohrkronen-Typen

Wir unterscheiden die folgenden Bohrkronen-Typen:

A. *Bohrkronen mit Industriediamanten.* Sie erweisen sich heute für sehr harte, harte und sogar weiche Gesteine gegenüber den anderen Kronentypen am wirtschaftlichsten.

B. *Kronen mit Hartstiften* können mit Diamantkronen eigentlich nur für mittelharte und weiche Gesteine unter günstigen Verhältnissen konkurrieren.

C. *Gezahnte Bohrkronen*, deren Zähne mit Hartmetall gepanzert werden, sind nur für mittelharte und weiche Gesteine unter günstigen Bedingungen noch wirtschaftlich.

D. *Schrotkronen* eignen sich nur für besondere Gesteinsverhältnisse und werden in den letzten Jahren vornehmlich für spezielle Zwecke, wie großkalibrige Bohrungen im homogenen Gestein, verwendet.

A. Bohrkronen mit Industriediamanten

Beim Bau des Mont-Cenis-Tunnels im Jahre 1845 wurden die Bohrkosten für Sprenglöcher mit den damaligen Stahlkronen sehr hoch. Ing. Leschot machte hier die ersten Versuche mit Kronen, die mit Industriediamanten besetzt waren und erzielte damit gute Erfolge. In USA wurden diese Kronen etwa um 1860, in Australien im Jahre 1878 mit Erfolg eingeführt. Eine allgemeine Verwendung fand das Diamantbohren eigentlich erst in den letzten Jahren des vergangenen Jahrhunderts. Das Kernen mit Diamantkronen findet in letzter Zeit auch in der Tiefbohrtechnik bei Erdöl- und Erdgasbohrungen zusehends mehr Anklang.

Industriediamantsorten

Wir unterscheiden die folgenden Sorten von Industriediamanten:

a) *Boarts.* Es sind dies weniger reine Diamanten, und zwar Einzelkristalle von hohem Glanz, spaltbar (Zwillings- und Vierlingskristalle), deren Kanten und Flächen leicht gekrümmt sind. Ihr spez. Gewicht beträgt etwa 3,5 bis 3,52.

Eine Abart kommt unter dem Namen *Congo* in den Handel (Ursprung Belgisch-Kongo). Boarts sind sehr hart und verhältnismäßig billig.

b) *Carbone oder Carbonado*, auch schwarze Diamanten genannt. Es sind abgerundete unregelmäßige Brocken, welche aus lauter kleinen Kristallen bestehen. Die Poren zwischen diesen Kristallen sind mit Graphit oder Kohlenstoff gefüllt. Ihre Farbe ist dunkelgrau, grau-grün, bis schwarz. Sie sind weicher, aber zäher als die Boarts.

c) *Ballas*. Diese porenfreien, kugelförmigen Diamanten sind aus einer Vielzahl kleiner Diamanten zusammengesetzt.

Härte der Industriediamanten. Wenn auch nach MOHS die Härte der Diamanten allgemein mit 10 angenommen wird, so weisen sie untereinander doch gewisse Unterschiede auf. WOODELL definiert die Härte als relativen Widerstand gegen Abscheuern und das Maß der Härte als die relative Eindringtiefe, das ist jene Tiefe, bis zu welcher der Diamant bei einem bestimmten Druck in ein Gestein eindringen kann.

Dementsprechend gibt WOODELL die folgende Härteskala an:

Südamerikanische Boarts, braun	Härte	10,00
Südamerikanische Ballas	Härte	9,99
Belgisch-Kongo, gelbe Boarts (Congo)	Härte	9,96
Belgisch-Kongo, weiße Boarts	Härte	9,95
Belgisch-Kongo, graue Boarts	Härte	9,89
Südamerikanische Carbone	Härte	9,82
Quarz	Härte	8,94
Gewisse Hartmetallegierungen erreichen	Härte	9,5

Bei Versuchen zeigte es sich allerdings, daß die Abscheuerfestigkeit der Diamanten unvergleichlich höher liegt als jene dieser Stahllegierungen. Auch Quarz weist nur 1/6 der Zähigkeit der Diamanten auf.

Setzmethoden der Industriediamanten

Anfangs wurden vorwiegend hochwertige und verhältnismäßig große Carbone, später große Boarts aus Brasilien und Südafrika zur Besetzung der Bohrkronen verwendet. Die Besetzung der Krone erfolgte damals lediglich von Hand. Diese Setzmethode hat sich zum Teil noch bis zum heutigen Tag erhalten.

Das Einsetzen der Diamanten in die Bohrkrone von Hand (Schema s. Abb. 60)

Dieses Verfahren erforderte besondere Hilfsmittel und vor allem eine große Erfahrung und wird von Spezialfirmen durchgeführt. Die Krone selbst wurde und wird auch heute noch aus mittelhartem Stahl hergestellt. Beim Einsetzen der Diamanten müssen folgende Momente beachtet werden:

1. Die Diamanten müssen auf der Schneide der Bohrkrone so verteilt sein, daß die gesamte Schneidefläche beim Bohren von den Diamanten bestrichen wird.

2. Die am Außenrand der Krone sitzenden Diamanten haben über den metallischen Teil der Krone herauszuragen (etwa 0,6 mm), um einen freien Ringraum zwischen Bohrlochwand und der Bohrkrone zu schneiden, in dem der Spülstrom den Bohrschmant hochtragen kann.

3. Die am Innenrand der Krone sitzenden Diamanten müssen wiederum nach innen vorragen (etwa 0,4 mm), um auch hier einen entsprechenden Durchflußquerschnitt für die Spülung freizuschneiden.

4. Es ist ferner erforderlich, daß alle Diamanten, die gegen die Sohle gerichtet sind, in ein und derselben Ebene liegen, damit sich der Bohrdruck auf alle Steine gleichmäßig verteilt.

5. Alle Diamanten, die den äußeren und inneren Umfang schneiden, sollen gleichfalls auf konzentrischen Zylinderflächen liegen, um auch hier ein gleichmäßiges Eingreifen aller Steine zu ermöglichen.

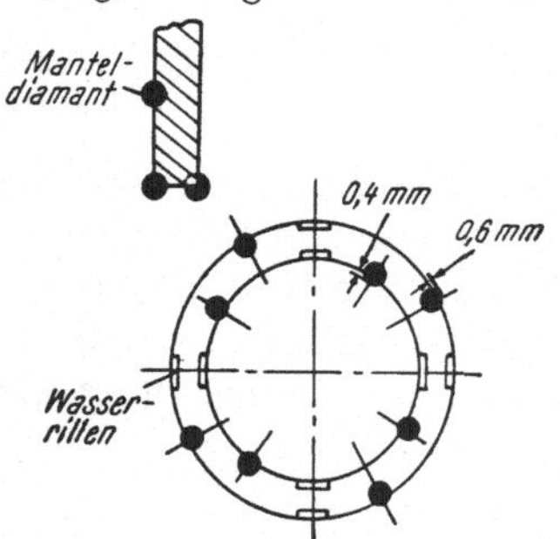

Abb. 60. Schematische Darstellung einer handbesetzten Diamantbohrkrone

Meist werden die über der Bohrkrone angesetzten Kernfangmuffen, bzw. Verbindungsnippel als Kaliberringe ausgebildet, das heißt sie werden in Abständen von 90° mit einer Anzahl von Diamanten besetzt, die ebenfalls auf einem konzentrischen Zylindermantel liegen und den äußeren Durchmesser des Bohrloches nacharbeiten.

Eine früher häufig angewendete Setzmethode ist folgende:

Die metallische Bohrkrone hatte auf ihrer Basisfläche zylindrische Bohrungen. Von der Lieferfirma wurden Stahlzylinder gleichen Kalibers wie obige Bohrungen geliefert, die auf der Basisfläche Diamanten eingesetzt hatten. Diese Stahlzylinder wurden außen schwach verzinnt und konnten vom Bohrmeister an Ort und Stelle in die Bohrungen der Krone eingesetzt werden.

Die Diamanten, die nur wenig aus dem metallischen Teil herausragen, arbeiten sich beim Bohren frei, der metallische Teil wird abgescheuert.

Bei gewissen Gesteinen, die einen feinen, verklebenden Bohrschmant liefern, wie z. B. Marmor, Kalkstein, Anhydrit usw., sollen von Haus aus größere Steine zum Besetzen gewählt werden und aus dem metallischen Teil auch weiter hervorragen.

Durch die fortschreitende Verteuerung der großen Steine war man veranlaßt, die Kronenbesetzung mit kleinen, erheblich billigeren Steinen zu versuchen. Dabei ergab es sich, daß mit letzteren in den meisten Fällen bessere Bohrresultate erzielt werden konnten als mit den großen. Heute werden hauptsächlich kleine Steine, und zwar vorwiegend Boarts, zum Besetzen der Kronen gewählt.

Auf Kronen, die früher mit vier bis acht großen Carbonen besetzt waren, werden heute 180 bis 200, allerdings viel kleinere Boarts eingesetzt und es werden dabei bessere und wirtschaftlichere Bohrfortschritte erzielt.

Nach A. F. Raney war die durchschnittliche Bohrleistung im Jahre 1930 etwa 3 m/Schicht, wobei sich der Bohrmeterpreis auf etwa $ 12,29 stellte. Die Bohrkronen waren mit Carbonen handbesetzt.

1949 war die durchschnittliche Bohrleistung 9,0 m/Schicht und der Preis pro gebohrtem Meter stellte sich auf $ 5,76. Die Kronen waren mit kleinen Boarts besetzt.

Zum Besetzen mit solch kleinen Steinen mußten allerdings andere, und zwar mechanische Setzmethoden gefunden werden.

Es sind dies: a) Die Vergußmethode,

b) die Sintermethode,

c) das Imprägnieren von Kronen mit Diamantsplittern.

Mechanische Setzmethoden

a) Die Vergußmethode. Auf der Krone werden untiefe Bettungen für die einzelnen Steine vorgebohrt, in welche die Steine eingesetzt und mit einem schnellbindenden Zement provisorisch gehalten werden. Sodann erfolgt ihr Vergießen mit geschmolzenem Spezialmetall. Dies müssen Metalle sein, die einen niedrigen Schmelzpunkt haben, wie z. B. Messing, Bronze, Beryllium und Kupferlegierungen, da bei einer Temperatur von über 980° C der Diamant in amorphen Kohlenstoff übergeht. Das Vergießen erfolgt in einer entsprechenden Vergußform. Das überflüssige Metall wird nach dem Erstarren von der Krone entfernt. Diese Kronen sind hart, aber spröde, das die Diamanten bettende Metall wird verhältnismäßig leicht abgescheuert.

b) Die Sintermethode. Als Sintermetalle werden meist Wolfram, Kobalt, Nickel, Eisen, Aluminium und Molybdänlegierungen verwendet.

Die Diamanten werden auf der Krone in das Sintermetallpulver gebettet, diese Masse auf etwa 950° C erhitzt und gleichzeitig gepreßt. Es erfolgt ein Zusammenbacken des Metallpulvers, das eine solide und auch gegen Abscheuern sehr widerstandsfähige Bettung für die Diamanten ergibt.

Es ist heute die führende Setzmethode.

c) Das Imprägnieren von Kronen mit Diamantsplittern. Hier werden sehr kleine Splitter mit Sintermetall gemischt und unter Druck gesintert. Dabei bildet sich eine Art Schleifscheibe, wobei sich die härteren Diamanten beim Bohren von selbst freiarbeiten. Auch hier werden hauptsächlich Wolfram-Kobalt-Legierungen als Sintermetall verwendet.

Diese imprägnierten Kronen sollen nur für hohe Drehzahlen, etwa 1500 U/Min., und mit geringem Bohrdruck Verwendung finden (hauptsächlich für Sprenglöcher). Nicht geeignet sind sie für das Bohren in Gesteinen, die einen breiigen, klebrigen Bohrschmant bilden, wie Kalk, Marmor, Serpentin usw.

Umbesetzung von Diamantkronen

Die abgenützten Kronen (nach Verguß- und Sintermethode) werden von den Lieferfirmen zur Umbesetzung übernommen.

Das Metall wird ausgesäuert und die Diamanten aus ihrer Bettung gelöst.

Das Aussäuern erfolgt um so leichter, je mehr Kobalt in der Sintermetalllegierung vertreten ist.

Je nach dem Grade der Abscheuerung werden die Diamanten sortiert. Die stark abgenützten, die keine entsprechenden Schneidekanten mehr aufweisen, werden dem Auftraggeber zu einem vereinbarten Preis gutgeschrieben und durch neue Diamanten ersetzt.

Zahl der Diamanten auf der Bohrkrone

Im Prinzip sollen die Steine auf der ganzen Schneidefläche möglichst gleichmäßig verteilt sein.

In Canada wurden mit EX-Kronen, die einen Außendurchmesser von 36,5 mm haben und mit 18 bis 40 Steinen/Karat besetzt waren, in hartem und mittelhartem Gestein die wirtschaftlichsten Erfolge erzielt.

Kleine Steine, 60 bis 90/Karat, bewährten sich in sehr hartem, aber gut gebundenem Gestein, wohingegen große Steine mit 8 bis 18/Karat in gebrochenem und weichem Gestein gute Erfolge zeitigten.

Andere, voneinander unabhängige Versuche ergaben, daß z. B. mit den oben genannten EX-Kronen, die mit 100 Steinen besetzt waren, der Bohrfortschritt um etwa 54 bis 58% höher lag als bei der gleichen Krone, die nur eine Besetzung von 40 Steinen aufwies.

Klassifizierung von Bohrdiamanten

Nach praktischen Erfahrungen werden für die verschiedenen Gesteine die in Tab. 5 angegebenen Diamantgrößen und deren Anzahl für eine EX-Bohrkrone empfohlen.

Tabelle 5. *Klassifizierung von Bohrdiamanten*

(nach „Diamond Drill Handbook" der Firma Smit & Sons of Canada, Ltd., Toronto, Ontario)

Diamant-sorte	Approximative Anzahl der Steine/Karat	Approximative Anzahl der Steine für Bohrkrone EX ⌀ 36,512 × 22,225 mm	Haupt-quelle	Normal zu verwenden für folgendes Gestein
Boarts	8 bis 125	60 bis 350	S.-Afrika, W.-Afrika, Brasilien	Für alle Gesteine inklusive harte
Carbone (Carbonado, schwarze Diamanten)	2 bis 3	4 bis 40	Brasilien	Für sehr hartes gebrochenes und klüftiges Gestein
Boarts-splitter	Sehr klein maximale Größe 20/Karat	Zur Imprägnierung von Kronen	Bruch-splitter aus Belg.-Kongo	Für Sprenglöcher und sehr hartes, feinkörniges Gestein (Erze)

Der wirtschaftliche Bohrfortschritt hängt allerdings auch von dem jeweiligen kritischen Bohrdruck ab, der berücksichtigt werden muß.

Je größer die Anzahl der Steine, um so größer kann auch dieser Druck werden. Über diese Zusammenhänge, Zahl der Diamanten, Bohrdruck und Drehzahl, soll noch später gesprochen werden.

Die Kronenform

Die ersten Diamantkronen hatten eine ebene Schneidefläche, also scharfe Kanten. Die an den Kanten angesetzten Diamanten hatten daher eine ungenügende Bettung. Bei kleinen Steinen erwies sich diese Bettung vielfach als unzulänglich, man hat daher die Kronenkanten abgerundet. Heute ist man sich in Fachkreisen allerdings noch nicht darüber einig, welche Kronenform jeweils die günstigste ist (s. Abb. 61).

Es kommen sowohl scharfkantige als auch außen oder beiderseits auf der Basis gerundete Kronen auf den Markt. Bei den gerundeten Kronen beträgt der Radius der Rundung etwa die Hälfte der Kronenwandstärke.

Die Wasserwege bei den Diamantkronen

Die Diamantkrone muß während der Bohrarbeit gut gekühlt werden, um die beim Bohren erzeugte Wärme abzuführen, da sonst ein Aufweichen des Bettungsmaterials eintreten würde. Die Wärmeabfuhr erfolgt durch einen entsprechenden Spülstrom, der auch die Aufgabe hat, die Sohle vom Bohrschmant frei zu spülen, so daß die Diamanten im nackten Gestein schneidend arbeiten können und nicht

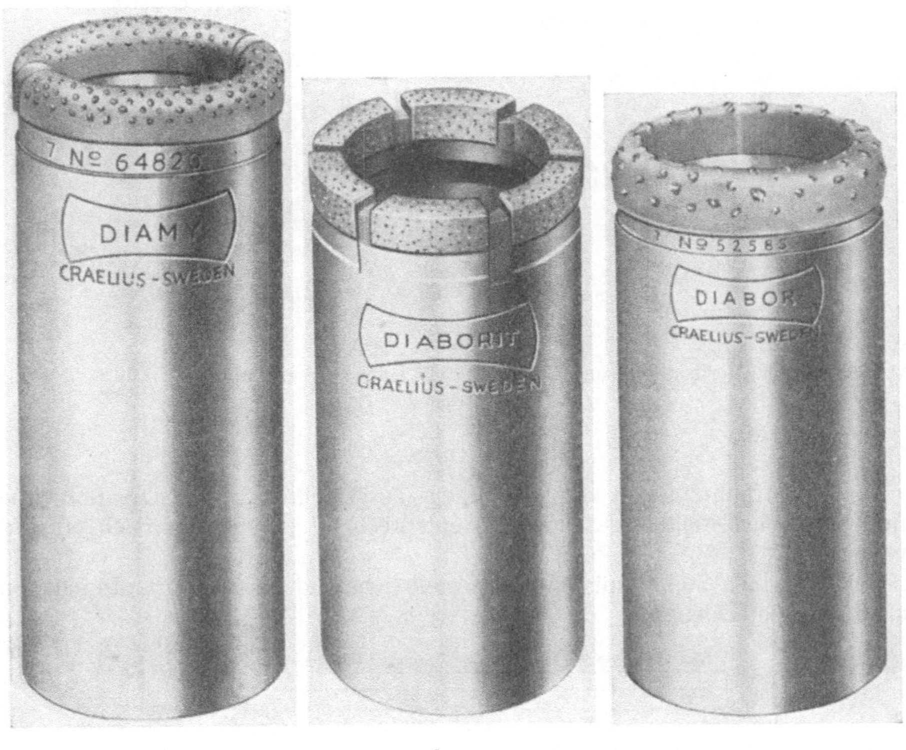

a *b* *c*

Abb. 61 *a* bis *c*. Diamantkronenformen der Schwedischen Diamantbohrgesellschaft A.G.

im Bohrschmant abgescheuert werden. Die Diamantkronen weisen mit wenigen Ausnahmen mindestens zwei Wasserwege auf, welche die Schneidefläche rillenförmig unterbrechen und auch seitlich am Kronenmantel als Rillen ausgebildet sind.

Als spülende Flüssigkeit wird beim Diamantbohren meist reines Wasser, manchmal auch eine entsprechende Tonwasserspülung verwendet. Das Spülvolumen soll so gewählt werden, daß die Sohle vom Bohrschmant reingespült und letzterer auch gut ausgetragen werden kann. Die Steiggeschwindigkeit des Spülstroms im Ringraum variiert etwa zwischen 0,3 und 0,45 m/Sek.

Empfohlen werden für die nach USA-Standard gebauten Kronen folgende minimale Spülwassermengen:

EX	450	l/Stunde
AX	760	l/Stunde
BX	1630	l/Stunde
NX	2750	l/Stunde

Im allgemeinen kann gesagt werden, daß ein starkes Spülen wohl den Bohrfortschritt steigert, aber den Prozentsatz an Kerngewinnung bei weichem und gebrochenem Gestein herabsetzt.

Der Pumpdruck ist in erster Linie von der Teufe und dem spez. Gewicht des spülenden Mediums abhängig. Hierüber Näheres in der „Tiefbohrtechnik"[1].

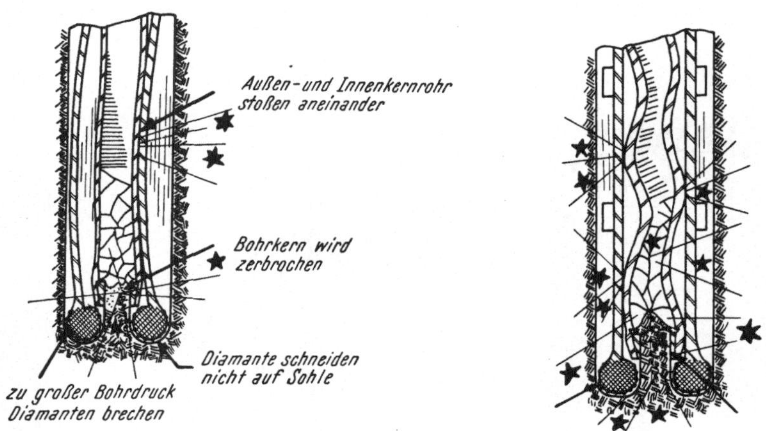

Abb. 62 und 63. Verformung eines Kernrohres mit einer Diamantbohrkrone infolge zu großen Bohrdruckes

Bohrdruck

Eine bestimmte Regel kann hier nicht aufgestellt werden. Der Bohrdruck muß der Bohrfestigkeit des Gesteins entsprechend jeweils empirisch ermittelt werden.

Die einzelnen Steine müssen das Gestein scherend bearbeiten und nicht bloß auf der Sohle schleifen.

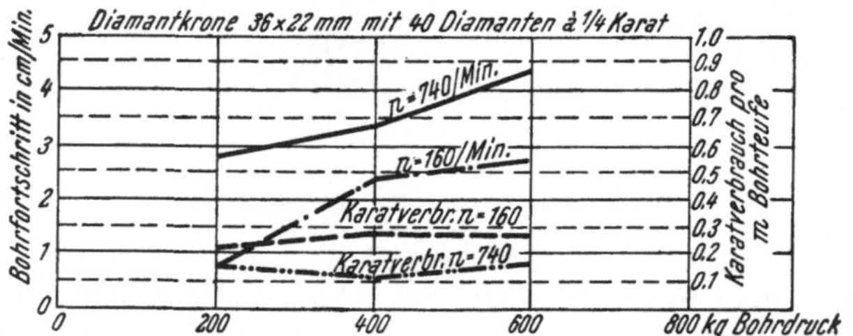

Abb. 64. Bohrfortschritt und Karatverbrauch einer Diamantbohrkrone bei verschiedenen Bohrdrücken und Drehzahlen/Min. (nach K. Sundberg und O. Lindquist)

Der Bohrdruck ist im allgemeinen abhängig vom Kronendurchmesser, der Anzahl der schneidenden Steine, der Art des Gesteins, ferner von der Strömungsgeschwindigkeit des spülenden Mediums und schließlich von der Drehzahl. Auf dieses Kapitel wird in der „Tiefbohrtechnik" näher eingegangen werden. Hier soll

[1] In dem geplanten Buch „Tiefbohrtechnik" des gleichen Verfassers werden die Arbeitsweise des Bohrwerkzeuges, Beanspruchung des Bohrstranges, die verschiedenen Spülungsmedien, der Spülungskreislauf, Bohrlochabweichungen, Meßgeräte zu deren Bestimmung, erzwungenes Abweichen von Bohrlöchern, Futterrohre für Tiefbohrungen, deren Beanspruchung, Verrohrungsprogramme, Zemente für Wassersperrarbeiten, Zementierungen von Futterrohren, Fangarbeiten bei Rotary-Bohrungen behandelt.

vorweggenommen werden, daß ein zu großer Bohrdruck leicht zu starken Abweichungen des Bohrloches von der Lotrechten führt und darüber hinaus die Bohrkrone und die Kernapparatur beschädigen kann (s. Abb. 62 und 63).

Bei EX-Kronen wird im Durchschnitt ein Bohrdruck von etwa 400 kg, das sind rund 110 kg/cm Kronendurchmesser, als entsprechend angesehen.

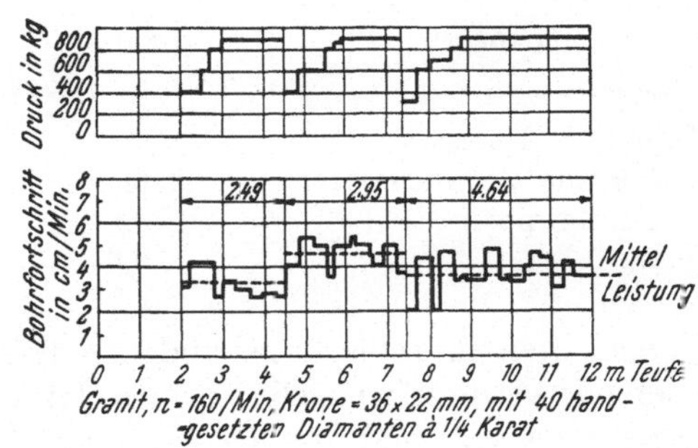

Abb. 65. Bohrfortschritt mit einer Diamantbohrkrone bei verschiedenen Bohrdrücken und Drehzahlen/Min. (nach K. SUNDBERG und O. LINDQUIST)

Drehzahl

Die Drehzahlen variieren zwischen 100 und 2000 U/Min., für Sprenglöcher können sie sich bis auf 4000 U/Min. steigern. Aus vielen praktischen Versuchen wurde ermittelt, daß die Abnützung der Krone geringer wird, je mehr man sich der Drehzahl 700 U/Min. nähert. Bei weiterer Steigerung der Drehzahl bleibt die Abnützung ziemlich konstant (s. Diagramm Abb. 64, 65 und 66).

Bohrleistungen und Karatverbrauch

Allgemeine Angaben über mögliche Bohrfortschritte mit einer Diamantkrone sind aus den Tab. 6 bis 8 zu entnehmen.

Tabelle 6. *Durchschnittliche Bohrleistungen, die mit einer mit Boarts besetzten Bohrkrone EX erzielt werden können*
(nach „Diamond Drill Handbook“ der Firma Smit & Sons of Canada, Ltd., Toronto, Ontario)

Gesteinsart	Erzielbare Bohrfortschritte pro Krone
Gebrochener Hornstein	3 bis 15 m
Ungebrochener Hornstein	15 bis 60 m
Quarz, Quarzite	30 und mehr m
Harter Sandstein	150 und mehr m
Weicher Sand- und Kalkstein	150 und mehr m
Harter Kalk und Dolomit	60 und mehr m
Schiefer	60 und mehr m
Konglomerat gebunden	60 und mehr m
Konglomerat lose, schlecht gebunden	12 und mehr m

Tabelle 7. *Bohrleistungen mit Bohrkronen, die mechanisch mit Boarts besetzt wurden*
(nach „Diamond Drill Handbook“ der Firma Smit & Sons of Canada, Ltd., Toronto, Ontario)

Gesteinsart	Total gekernte m/Krone	Approximativer Karatverbrauch pro m
Grünstein, Diorit	61,0	0,0245
Gebundene Sedimente	30,5	0,0491
Diabas	18,5	0,0810
Syenit, Porphyr	7,6	0,19
Quarz	3,05	0,491

Tabelle 8. *Bohrleistungen von Bohrkronen, die mit Carbonen*[1] *handbesetzt wurden* (nach „Diamond Drill Handbook" der Firma Smit & Sons of Canada, Ltd., Toronto, Ontario)

Gesteinsart	m/Karat	Approximativer Karatverbrauch pro m
Grünstein, Diorit	120,0	0,0075
Gebundene Sedimente	256,5	0,0035
Quarz, Porphyr	75,0	0,012
Quarz	9,0	0,100

Schichten mit schlecht gebundenem Gestein können Schäden an der Diamantbesetzung verursachen. Die losen Gesteinsbruchstücke rollen mit der Krone mit, verzwängen sich und können leicht ein Ausbrechen der Diamanten zur Folge haben.

Das Diamantbohren erfordert viel Erfahrung, es ist daher zu empfehlen, mit der Einschulung des eigenen Personals einen erfahrenen Spezialisten zu betrauen.

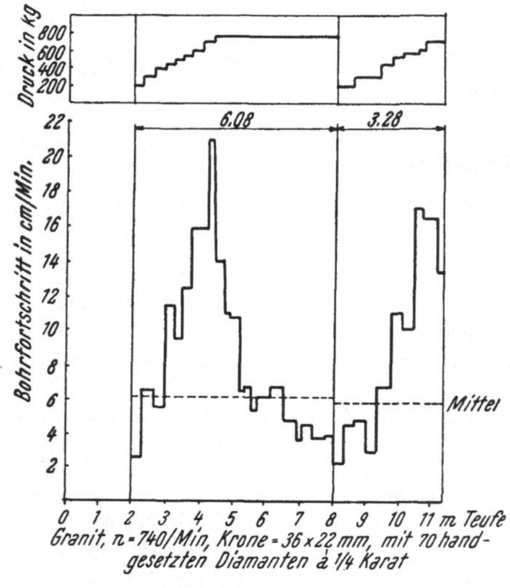

Abb. 66. Bohrfortschritt mit einer Diamantbohrkrone bei verschiedenen Bohrdrücken und Drehzahlen/Min. (nach K. Sundberg und O. Lindquist)

Bohrregeln beim Bohren mit Diamantkronen

1. Vor Einbau ist die Bohrgarnitur gründlich zu überprüfen.

2. Vor Beginn der eigentlichen Bohrarbeit muß der Spülstrom zirkulieren und die Bohrlochsohle vom Bohrschmant reingespült werden. Anfangs soll mit einem nur geringen Bohrdruck gearbeitet werden, der allmählich zu steigern ist.

3. Der Spülstrom muß der jeweiligen Gesteinshärte angepaßt sein, bei gröberem Gestein ist schärfer zu spülen als bei feinkörnigem.

4. Wenn eine neue Krone beim Einbau über der Bohrlochsohle klemmt, ist hochzuziehen und das Bohrloch nachzubohren, wobei nur ein geringer Bohrdruck anzuwenden ist.

5. Der Bohrkern muß in das Kernrohr leicht eintreten können.

6. Falls beim Kernen der Bohrfortschritt sehr stark abfällt, kann die Ursache darin liegen, daß sich ein Bruchstück des Kernes im Kernrohr verklemmt hat. In diesem Falle ist der Bohrstrang um wenige Zentimeter hochzuziehen und das Bohren fortzusetzen. Sollte auch dann der Bohrfortschritt ein verhältnismäßig geringer bleiben, muß ausgebaut und die Bohrkrone kontrolliert werden.

7. Die Diamantkrone muß rechtzeitig ausgebaut werden. Eine zu starke Abnützung kann sehr nachteilige Folgen haben. Beim Bohren scheuert sich in erster Linie das Bettungsmaterial stark ab, einzelne nicht mehr festsitzende

[1] Carbone weisen einen erheblich geringeren Karatverbrauch auf als Boarts, sind aber auch viel teurer. Laut Cumming waren die Preise 1950 folgende: Carbone etwa $ 72,0/Karat, Boarts etwa $ 5,0/Karat.

Diamanten können herausgewuchtet und dadurch auch die noch gut gebetteten gesplittert werden.

8. Der Bohrkern ist mit einem Hartholzzylinder aus dem Kernrohr zu treiben; Hilfswerkzeuge aus Eisen sollen bei diesen Arbeiten nicht verwendet werden, da die Diamanten bei harten Schlägen leicht splittern.

Diamantkronen werden heute in aller Welt sowohl für Sprenglöcher als auch für Untersuchungsbohrungen aller Art, ja in zunehmendem Maße auch bei Erdölbohrungen verwendet.

Die Herstellerfirmen beraten bei Angabe des Gesteinscharakters den Käufer betreffs Type und Qualität der zu wählenden Bohrkrone.

Der Preis der Diamantkronen wird nach der eingesetzten Karatzahl, zuzüglich gewisser Kosten für die Fassung, berechnet. 1953 schwankte er etwa zwischen 32 und 38 Holland-Gulden/Karat.

Die meisten Hersteller sind Mitglieder der „Diamand Core Drill Manufacturers Association" — Vereinigung der Diamantkronenhersteller — und haben eine einheitliche Normung festgesetzt, so daß die gleichen Typen von Diamantkronen von allen Mitgliedern dieser Vereinigung bezogen werden können.

B. Bohrwerkzeuge mit Hartmetall-Besetzung

Allgemeines

Bei dem recht hohen Preis, den die Rohölprodukte früher erzielten, und den im Durchschnitt verhältnismäßig untiefen Erdöllagerstätten spielten die Bohrkosten keine wesentliche Rolle. Die Gewinnspanne war sehr zufriedenstellend.

Die seit dem ersten Weltkrieg stark steigende Konkurrenz auf dem Weltmarkt und die zunehmenden Teufen der neu zu erschließenden Lagerstätten setzten die Gewinnspanne immer mehr herab. Die Technik war daher vor die Aufgabe gestellt, die Gewinnungskosten so weit als möglich zu senken.

Ebenso, wie man daranging, die Bohranlagen bezüglich ihres Wirkungsgrades ständig zu verbessern, war man auch bestrebt, die Bohrleistung der verwendeten Bohrwerkzeuge zu erhöhen.

Der einfache Fischschwanzmeißel wurde zunächst durch andere Meißelformen ersetzt. Es waren die verschiedensten Formen der Mehrblattmeißel und Rollenmeißel. Die Bohrkronen wurden mit Industriediamanten besetzt, die eine bedeutend bessere Bohrleistung in hartem Gestein ergaben.

Der aus gehärtetem Kohlenstoffstahl gefertigte Meißel wurde schließlich mit inzwischen entwickelten Hartmetallen besetzt, da sich eine Besetzung mit Industriediamanten zu teuer gestellt hätte.

Die Besetzung der Bohrwerkzeuge mit Hartmetallen steigerte die Bohrleistung um ein Vielfaches und steuerte auch wesentlich dazu bei, daß Lagerstätten in früher nicht zu erreichenden Teufen wirtschaftlich erschlossen werden konnten.

Kurze geschichtliche Übersicht über die Entwicklung der Hartmetalle

Im Jahre 1907 entwickelte der Amerikaner Hayes eine Chrom-Kobalt-Wolfram-Legierung, die unter dem Namen „Stellit" in den Handel kam.

H. Voigtländer und H. Lohmann gelingt es 1914, in einem Kohlerohr-Kurzschlußofen Ziehsteine aus geschmolzenem Wolfram-Karbid herzustellen.

Darauf basierend erzeugte die Firma Wallram, vorm. Meutsch-Voigtländer & Co., Schmelz-Karbidformstücke nach dem Schleudergußverfahren.

H. LOHMANN zerkleinerte das geschmolzene Wolfram-Karbid und verpreßte es bei einer Temperatur, die unter dessen Schmelzpunkt lag.

Dieses pulvermetallurgische Erzeugnis sollte für die Bohrtechnik größte Bedeutung gewinnen.

Die Patente LOHMANNS kamen in den Besitz der Firma Friedrich Krupp.

G. FUCHS und A. KOPIETZ setzten dem Wolfram-Karbid Eisen, Chrom und Titan zu. Sie erzielten durch Schmelzen und Drucksintern eine sehr zähe, allerdings weniger harte Hartmetall-Legierung. Es sind die sogenannten „Tizite". Die Patente gingen in den Besitz der Metallwerk Plansee Ges. m. b. H., Reutte/Tirol, und später an die Deutsche Edelstahlwerke A.G., Krefeld, über.

Eine sehr maßgebende Entwicklung erfolgte durch K. SCHRÖTER, welcher dem Wolfram-Karbid Metalle der Eisengruppe, vornehmlich Kobalt, in Pulverform zusetzte, die Mischung verpreßte und bis nahe an den Schmelzpunkt erhitzte.

In weiterer Folge wurde nach diesem Verfahren das WIDIA (*wie Diamant*) entwickelt. Es ist in Anlehnung an keramische Verfahren eine Doppelsinterung, die bis heute angewendet wird. Die Reihenfolge der Arbeitsgänge ist: Pressen, Vorsintern, Formgeben, Hochsintern.

K. SCHRÖTERS Patente wurden von der Firma Krupp, in USA von der Carboloy Co., einer Tochtergesellschaft der General Electric Co., und in England von mehreren Firmen übernommen. Die Erzeugnisse kamen unter den Markennamen Widia, Carboloy, Wimet und Ardoloy in den Handel.

P. SCHWARZKOPF und J. HIRSCHL entwickelten ein Hartmetall ohne Wolfram, das sogenannte „Titanit", das von den Deutschen Edelstahlwerken in Krefeld und auch von amerikanischen und englischen Firmen übernommen wurde und unter dem Namen „Cutanit" in den Handel kam. In USA wurde ebenfalls ein Wolfram-Karbid-freies Hartmetall entwickelt, das den Marktnamen „Ramet" erhielt.

Die Stoody Co. in Whittier, Californien, bringt unter anderen das in der Tiefbohrtechnik bekannte Hartmetall „Borium" in verschiedenen Formen in den Handel. Es handelt sich hier sowohl um gegossenes als auch gesintertes Wolfram-Karbid, ohne und mit einem gewissen Kobaltzusatz.

In der Tiefbohrtechnik werden heute sowohl Guß- als auch Sinterhartmetalle zum Besetzen der Bohrwerkzeuge angewendet.

Beim Gußverfahren wird das Wolfram in feiner Pulverform mit reinem Kohlenstoff auf etwa 3000° C erhitzt und in Graphit- oder Metallformen gegossen. Diese Hartmetalle sind wohl sehr hart, aber spröder als die gesinterten.

Sie kommen sowohl als Splitt verschiedenster Körnung, in Stahl oder Eisenröhrchen gefüllt, in den Handel, als auch in unterschiedlich geformten Stücken.

Bei der Herstellung von Sinterhartmetallen wird Wolframpulver von höchster Feinheit mit Kohlenstoff in einem bestimmten Verhältnis gemischt und in einem Hochfrequenz- oder Kohlenrohr-Durchsatzofen bei einer Temperatur von 1500 bis 1800° C zu Wolfram-Karbid gebrannt. Nach Abkühlung wird das Material in zwei Stufen gemahlen und dabei Kobalt in verschiedenen Prozentsätzen — je nach Zweck von etwa 8 bis 15% — als Bindemittel zugesetzt. Die Korngröße bei der Mahlung ist für die Härte und Zähigkeit von maßgebender Bedeutung. Zu feines Korn hat eine hohe Härte, aber geringere Zähigkeit, grobes Korn die gegenteiligen Eigenschaften.

Bei der folgenden Vorsinterung, etwa 900° C, wird Kobalt flüssig und Teile des Wolfram-Karbids in dieser Flüssigphase gelöst. Es bilden sich dabei Mischkristalle. Nach der Vorsinterung erfolgt die Formgebung und schließlich die Fertigstellung bei etwa 1400 bis 1600° C.

Auch dieses gesinterte Hartmetall kommt in verschiedenen Formstücken, wie auch als Splitt verschiedener Körnung, in vernickelten Eisen- oder Stahlröhrchen (mitunter auch Kupferröhrchen) in den Handel.

Gebräuchliche Handelsmarken, die für Bohrwerkzeuge Verwendung finden, sind in Tab. 9 zu ersehen.

Tabelle 9. *Handelsmarken von Hartmetallen für Bohrwerkzeuge*

Marktbezeichnung	Form und Eigenschaften
Percit, Celsit, Stellit	Gußstäbe, Durchmesser 4 bis 10 mm, spez. Gewicht 8 bis 9, Brinell-Härte bis 700,0, Bruchfestigkeit 150 kg/mm², Schlagfestigkeit 35 kg/mm², Schmelztemperatur 1300° C Zusammensetzung: C = 3 bis 4%, Cr = bis 30%, W = bis 25%, Co = bis 60%, Fe = bis 10%
Widia, Wallramit, Hartal, Borium und Haystellite	Gegossenes Wolfram-Karbid in Bruch- und Formstücken, spez. Gewicht 15 bis 16, Brinell-Härte 2000, Bruchfestigkeit 35 kg/mm², Schlagfestigkeit 10 bis 20 kg/mm², Schmelztemperatur 2600° C Zusammensetzung: W = 96%, C = 4%, Haystellite mit 10% Co und weniger W
Widia, Böhlerit, Tizit, Titanit, Cobalt-Borium, Carboloy	Gesintertes Wolfram-Karbid in Bruch und Formstücken, spez. Gewicht 14 bis 15, Brinell-Härte 1400 bis 1800, Bruchfestigkeit 120 bis 200 kg/mm², Schlagfestigkeit 60 bis 180 kg/mm², Schmelztemperatur 2500° C Zusammensetzung: W = 82 bis 92%, C = 5 bis 6%, Co = 2 bis 12%
Carbon, Blackor	Wolfram-Karbid-Pulver, spez. Gewicht 15, Schmelztemperatur 2500° C Zusammensetzung: W = 96%, C = 4%
Verdur, Triamant, Geodurit, Pea oder Tube Borium	Wolfram-Karbid-Splitt verschiedener Körnung (Bruchteile von Millimetern bis 7 mm) in Stahl oder Kupferröhrchen mit einem Außendurchmesser von 3,5 bis 12 mm und einer Länge von 350 mm, spez. Gewicht 11 bis 13, Schmelztemperatur 1800° C Zusammensetzung: Wolfram-Karbid = 50 bis 70%, Rest Fe
Diaweld B., Composite-Rods	Verbund-Schweißstäbe mit Wolfram-Karbid-Korn, spez. Gewicht 11 bis 13, Schmelztemperatur 1300° C Zusammensetzung: Wolfram-Karbid 30 bis 50%, Rest Fe, Co, Mn, C

Wie schon eingangs erwähnt wurde, werden Bohrmeißel und Bohrkronen aller heute gebräuchlichen Tiefbohrsysteme, zur Erzielung eines wirtschaftlichen Bohrfortschrittes, mit Hartmetallen besetzt. Es soll daher in diesem Kapitel nicht nur die Besetzung von Bohrkronen bei Rotations-Schurfbohranlagen besprochen werden, sondern auch die Hartmetallbesetzung von verschiedenen anderen Meißeltypen, die bei Tiefbohrgeräten für schlagendes und drehendes Bohren Verwendung finden.

Anwendungsgebiete

1. Hartstiftkronen, gepanzerte Zahnbohrkronen

Bei den Hartstiftkronen werden runde sechs- oder achteckige, gesinterte Hartmetallformstücke in entsprechende Bohrungen der Basisfläche der Bohrkrone eingesetzt und mit Kupfer-, Messing- oder Silberlot verlötet (s. Abb. 67 *a*).

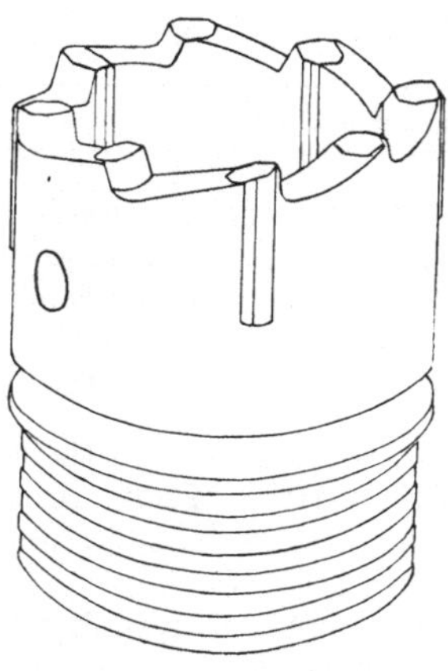

Abb. 67 *a*. Hartstiftkrone

Die Bohrstifte müssen so angeordnet sein, daß sie sowohl die ganze Basisfläche bestreichen als auch außen und innen die Kronenmantelfläche freischneiden können. Die schneidenden Außen- und Innenkanten ragen um Bruchteile von Millimetern (abhängig von der Gesteinsfestigkeit etwa 0,5 mm) vor, so daß sowohl der außen als auch der innen geschnittene Zylindermantel zur Kronenmantelfläche konzentrisch liegt.

Vor dem Einsetzen und Verlöten sind die Bohrungen der Krone und auch die Stifte selbst gründlichst von Fett, Öl usw. zu reinigen, um ein sicheres Haften bei der Lötung zu gewährleisten.

Die Bohrspitzen sind nach der Verlötung der Gesteinshärte entsprechend zu hinterschleifen, und zwar bei weichem bis mittelhartem Gestein mit etwa 10°, bei hartem und sehr hartem mit 5 bis 6°. Dieses Hinterschleifen muß auf Silicium-Karbidscheiben mit harter Bindung, und zwar möglichst mit Wasserkühlung, erfolgen. Durch letztere werden Rißbildungen der Hartstifte verhütet.

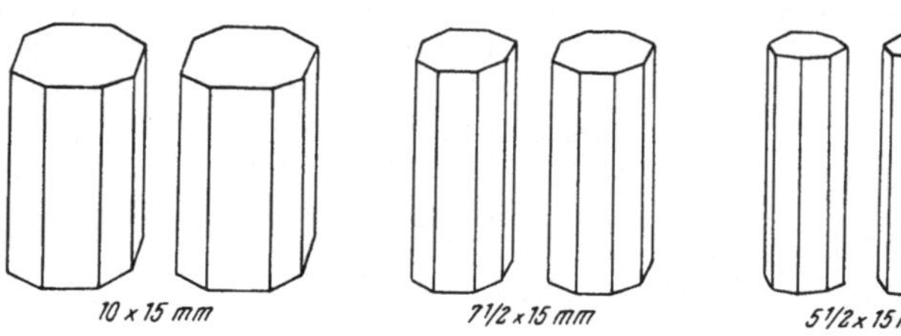

Abb. 67 *b*. Hartstifte

Die Dimensionen dieser Hartstifte sind unterschiedlich (siehe Abb. 67 *b*). Bei den achtkantigen sind z. B. folgende Größen gebräuchlich:

Durchmesser des umschriebenen Kreises:	5,	5,5,	7,5,	7,5,	7,5,	10,	10,5,	10,5 mm
Stifthöhe:	10,	15,	10,	15,	22,	15,	16,	22 mm

Bei gezahnten Bohrkronen werden gesinterte Hartmetallplättchen an die schneidenden Zahnkanten aufgelötet. Auch hier müssen sich die Plättchen freischneiden können, das heißt, sie müssen außen und innen um Bruchteile von Millimetern gleich weit über den äußeren und inneren Kronenmantel vorragen.

Diese Stifte und Plättchen vertragen keinerlei Schläge, der Bohrdruck darf nur allmählich gesteigert und muß sodann möglichst gleichgehalten werden.

Splitterung eines Hartstiftes verursacht oft das Splittern sämtlicher Stifte der Bohrkrone.

Der Spülstrom muß regelmäßig und in genügendem Volumen zirkulieren werden, um das Bohrklein von der Sohle hochzutragen, so daß die Bohrstifte immer im gewachsenen Boden arbeiten können und darüber hinaus auch eine entsprechende Abfuhr der beim Bohren erzeugten Wärme erfolgen kann.

2. Stahlzahnkronen, mit Hartmetall gepanzert

Es handelt sich hier um eine Bohrkrone aus mittelhartem Stahl, die gezahnt ausgebildet ist und deren Zähne mit einem Hartmetallpulver an den Schneideflächen gepanzert werden (s. Abb. 68).

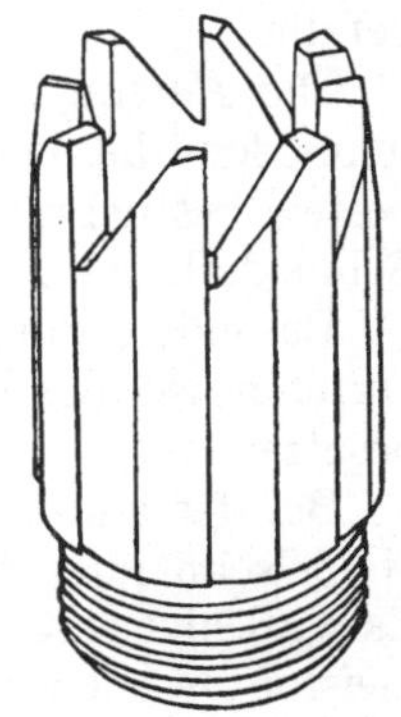
Abb. 68. Stahlzahnbohrkrone

Bei mittelhartem Gestein können diese Zähne auf die gerade Basisfläche der Krone direkt mit Hartmetall aufgetragen werden. Bei hartem und gebrochenem Gestein empfiehlt sich allerdings dieses Verfahren nicht.

Das Auftragsmaterial sind gesinterte oder gegossene Wolfram-Karbid-Körner in entsprechenden Stahlröhrchen. Das Auftragen erfolgt autogen oder elektrisch, wobei vorher die Grundmasse, das heißt der Bohrkronenkörper sorgfältig gereinigt werden muß, um ein verläßliches Haften zu sichern.

Bevor das Auftragen des Hartmetallpulvers begonnen wird, muß die zu panzernde Fläche örtlich auf etwa 700° C vorerhitzt werden. Die Körnung ist um so kleiner zu wählen, je genauer das Formmaß der Panzerung sein muß. Ein Nachschleifen soll möglichst vermieden werden. Auch hier muß die Panzerung so erfolgen, daß ein gutes Freischneiden außen und innen möglich ist.

Es wird empfohlen, bei Verwendung unterschiedlicher Marken sich vom Fachmann bezüglich Art und Einstellung der Flamme beraten zu lassen. Auch betreffend der Nachbehandlung — Abkühlung — sind Instruktionen einzuholen.

3. Hartmetallbesetzung bei Schlagmeißeln

Beim Bohren mit diesen Meißeln muß bedacht werden, daß die Beanspruchung hier recht hoch ist und, falls der Meißel nicht die entsprechende Festigkeit aufweist, leicht Verformungen auftreten können, die zur Folge hätten, daß das aufgetragene Hartmetall abblättert. Daher sollen diese Meißel aus einem Stahl mit einem Kohlenstoffgehalt von etwa 0,33 bis 0,5% und mit einem Mangangehalt von etwa 1 bis 2% gefertigt werden. Die Panzerung erfolgt ebenfalls mit Hartmetallkörnern in Röhrchen, und zwar mit einer Körnung von etwa 1 bis 3 mm.

Es wird auch nur die in der Umsetzrichtung des Meißels befindliche untere Schneidekante mit dem Hartmetall gepanzert, so daß sich durch die Abnützung der rückwärtigen Kante beim Bohren der Meißel von selbst schärft.

Der abgenützte Meißel wird zunächst autogen vom alten Hartmetall gereinigt und in der Schmiede neu geformt. Dann wird das neue Metall aufgetragen.

4. Hartmetallbesetzung bei Rotary-Blatt-Meißeln

Auch bei diesem Meißel spielt die Festigkeit des Grundmaterials eine wesentliche Rolle, um ein Abblättern des Hartmetalles zu vermeiden. Sie werden heute aus Siemens-Martin-Stahl mit einer Festigkeit bis zu 70 kg/mm² gepreßt oder geschmiedet. Eine Härtung ist bei Verwendung von Hartmetall überflüssig, allerdings muß auf ein langsames Abkühlen des geschmiedeten Meißels geachtet werden.

Das Besetzen kann in verschiedener Weise durchgeführt werden. Entweder es werden Hartmetallstücke, meist unregelmäßige, kantige Formen, in das Meißelmaterial eingebettet, oder aber die Panzerung erfolgt mit grobem Splitt aus gesintertem Hartmetall.

Im ersten Falle werden mit dem Brenner die entsprechenden Vertiefungen im Meißelmaterial ausgeschmolzen und die vorgewärmten Bohrstücke mit gewöhnlichem Schweißdraht geheftet. Die Zwischenräume zwischen den einzelnen Bohrstücken werden mit geschmolzenen Stäbchen aus Kohlenstoffstahl, einer Chrom-Mangan-Eisenlegierung, Stellit oder Hartmetallsplitt in Röhrchen ausgefüllt.

Die Auftragung der Bohrstücke hat dabei so zu erfolgen, daß die Außenschneiden, die den längsten Weg beim Drehen des Meißels beschreiben, auch am besten bestückt werden, im Gegensatz zu den mehr in der Mitte liegenden Schneideflächen.

Besonders die in der Drehrichtung liegenden Außenschneidekanten, die den Durchmesser des Bohrloches bestimmen, sind am dichtesten mit Bohrstücken zu besetzen.

Bei der anderen Methode, die zusehends mehr angewendet wird, werden die Meißelschneiden mit grobkörnigem Hartmetallsplitt in Röhrchen gepanzert. Es wird hier eine Korngröße von 1 bis 5 mm verwendet. Die Panzerung der am meisten gescheuerten Außenteile der Schneiden erfolgt in zwei bis drei Lagen, wobei die erste Lage mit dem gröberen Korn, die weiteren Lagen mit feinerem Korn belegt werden. Die Panzerung soll möglichst so erfolgen, daß ein Ausgleich der Meißelform durch Nachschleifen nicht nötig wird (unwirtschaftlich und Gefahr von Rißbildung).

Auch hier wird beim abgenützten Meißel zunächst das alte Hartmetall mit Schweißbrennern abgenommen und der Meißel in der Schmiede neu geformt und sodann neu mit Hartmetall besetzt.

Vielfach wird der alte Meißel mit entsprechendem Stahl neu aufgebaut und das Schmieden gespart. Die erstere Methode wird aber im allgemeinen vorgezogen.

5. Hartmetallbesetzung bei Rollenmeißeln

Wie in einem späteren Kapitel (s. S. 214) noch näher ausgeführt wird, haben diese Meißel gezahnte, mehr oder weniger kegelförmige Rollen, die je nach Gesteinshärte geformt sind. Durch den Bohrdruck werden die Zähne in das Gestein gepreßt und stemmen das plastisch verformte Gesteinsmaterial von der Sohle ab.

Um eine möglichst hohe Bohrleistung zu erzielen, werden auch diese Zähne der Rollen mit körnigem, gesintertem Hartmetall gepanzert. Auch hier erfolgt die Panzerung an den Außenkanten, die den Bohrlochdurchmesser bestimmen, stärker als an den gegen die Mitte zu liegenden Schneidekanten. Die einzelnen Zähne werden ebenfalls in der Drehrichtung, also dort, wo der erste Kontakt mit dem Gestein erfolgt, besser gepanzert.

Beim Panzern der gezahnten Rollen muß darauf geachtet werden, daß deren Lagerung durch die beim Aufschweißen entwickelte Wärme nicht leidet.

Um die Wärme abzuführen, wird der Meißel in ein entsprechendes Wasserbad gesetzt, so daß die Lagerung unter Wasser liegt und lediglich die zu besetzende Rolle über den Wasserspiegel herausragt.

C. Das Bohren mit Schrot

Es wurde vom Australier Davis um die Jahrhundertwende entwickelt. Dieses Bohrverfahren wird ebenfalls mit einer Rotations-Schurfbohranlage durchgeführt.

Die Bohrgarnitur beim Schrotbohren unterscheidet sich von den bisher besprochenen lediglich durch die abweichende Formgebung der Schrotkrone und das Fehlen einer Kernfangeinrichtung (s. Abb. 69, 70 und 71).

Die Schrot-Bohrkrone

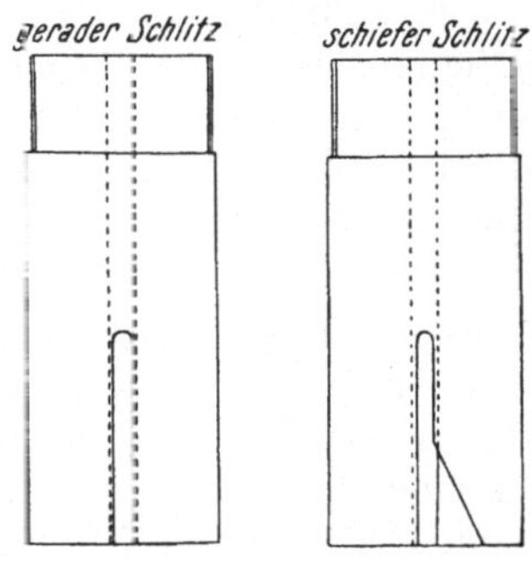

Abb. 69 und 70. Schrotkronen

An der Innenwand der Stahlkrone (Festigkeit 55 bis 60 kg/mm²) sind zwei diametral gegenüberliegende Spülkanäle eingefräst. In der Verlängerung eines dieser Kanäle ist die Krone in einer Länge von 100 bis 150 mm schlitzartig durchbrochen. Wie in den Abb. 69 und 70 ersichtlich, ist die Schlitzform in zwei, mitunter in drei verschiedenen Ausführungen gebräuchlich. An die Krone schließt sich das Kernrohr an, in weiterer Folge der Kernnippel und das Schlammrohr. Die Spülkanäle in der Schrotkrone sind so bemessen, daß mehrere Schrotkörner nebeneinander Platz finden. Gestänge und Spülkopf sind die gleichen wie beim Bohren mit Diamantkronen.

Das Bohrprinzip

Die Schrotkrone ist ausschließlich für hartes, homogenes und nicht zerklüftetes Gestein wirtschaftlich geeignet.

Die Schrotkörner, die hier Verwendung finden, haben einen Durchmesser von 0,2 bis 5 mm. Je härter das Gestein, um so kleiner wird der Schrotkorndurchmesser gewählt.

Die Schrotkörner lagern nun auf der rauhen Bohrlochsohle, in die sie durch die glatte und ebene Stirnfläche der Schrotkrone gedrückt werden.

Eine Anzahl der Schrotkörner schiebt sich am Außenumfang der Bohrkrone hoch und scheuert so eine gewisse lichte Weite im Bohrloch seitlich aus.

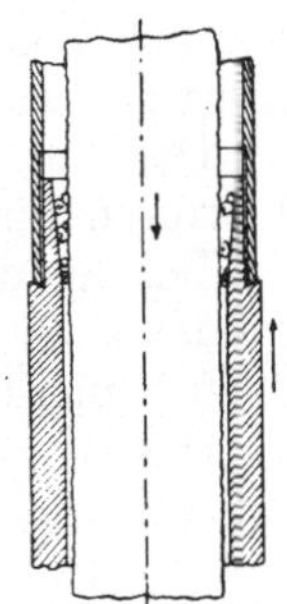
Abb. 71. Kernziehen beim Bohren mit Schrotkronen

Der Bohrfortschritt ergibt sich aus der folgenden Überlegung. Wenn man ein einzelnes Schrotkorn ins Auge faßt, so wird dieses das Bestreben haben, zwischen Sohle und Bohrkrone im Sinne der Drehrichtung zu rollen. Der Rollwiderstand der dabei entstehenden Reibung ist bekanntlich durch die Gleichung

$$M = P \cdot 2r = Q \cdot f,$$

ausgedrückt, wobei Q = Last, f = Koeffizient der rollenden Reibung ist, dessen Wert vom Flächendruck und der Gesteinsart abhängig ist und etwa zwischen 0,5 und 0,05 liegen wird. Beim Schrotbohren haben wir es nicht mit einem einzelnen Schrotkorn zu tun, sondern mit einer Vielzahl von diesen Körnern, die sich in der von der Bohrkrone im Gestein anfangs gebohrten, ringförmigen Mulde ansammeln und eben den Bohrfortschritt erzielen lassen.

Die einzelnen Körner reiben auch gleitend aneinander. Die Größe dieser gleitenden Reibung wird durch die Gleichung $T = \mu \cdot N$ ausgedrückt; sie ist abhängig vom Reibungskoeffizienten μ und dem hier auftretenden Normaldruck N.

Die einzelnen Schrotkörner haben als Unterlage Gesteinspartikelchen verschiedener Druckfestigkeit, bzw. verschiedener Quetschgrenze. Durch den Bohrdruck, den die Schrotkrone auf die Schrotkörner ausübt, wird ein verschieden tiefes Einpressen und Quetschen auf der Bohrlochsohle erfolgen. Die aus ihrer ursprünglichen Bettung verquetschten, also hochgepreßten Gesteinspartikelchen werden durch die nachrollenden Schrotkörner und durch den Spülstrom von ihrer Bettung gelöst.

Die Schrotkörner sind im Durchmesser niemals gleich groß, wie auch die Sohle niemals völlig eben ist. Es wird sich daher der Bohrdruck vor allem nur auf eine gewisse Anzahl der Schrotkörner voll auswirken, die infolge ihrer verhältnismäßig sehr geringen Kontaktfläche mit der Sohle auf diese einen derart hohen Druck ausüben, daß die Quetschgrenze des Gesteines weit überschritten wird, was die folgende Rechnung am besten veranschaulicht:

Es sei angenommen, daß sich ein Bohrdruck von 200 kg auf bloß 10 Schrotkörner verteilt. Jedes dieser 10 Schrotkörner wird demnach mit 20 kg belastet. Bei der Annahme, ein Schrotkorn habe einen Durchmesser von 0,5 mm, ergibt sich eine Oberfläche mit 0,78 $mm^2 = 0{,}0078\ cm^2$. Das Schrotkorn läge nun mit einem Drittel seiner Fläche auf, also mit $0{,}0029 = 0{,}003\ cm^2$. Die horizontale Projektion dieser Kugelkalotte hat eine Fläche von 0,0018 cm^2. Der Druck von 20 kg auf das Schrotkorn ergibt einen Flächendruck von $20 : 0{,}0018 = 11{,}111\ kg/cm^2$. Die härtesten Gesteine haben eine Druckfestigkeit von etwa 3000 kg/cm^2.

Die Schrotkörner behindern sich ferner in ihrer rollenden Bewegung untereinander und verklemmen sich auch zum Teil durch die dazwischen lagernden Bohrschmantbrocken. Dadurch wird die Druckbelastung einzelner Schrotkörner derart erhöht, daß sie splittern werden. Ein Teil dieser Splitter wird im weiteren Verlauf mit den scharfen Kanten in die Sohle gedrückt und von den nachfolgenden Schrotkörnern herausgewuchtet. Ein anderer Teil, der gegen die Bohrkronenbasis gepreßt wurde, verursacht wiederum ein starkes Abscheuern der Krone.

Der Vorgang ist jedenfalls sehr kompliziert, um so mehr, als noch folgende Faktoren hinzutreten:

Bei der drehenden Bewegung entstehen Schwingungen im Gestänge, im besonderen bei größeren Teufen, und dadurch tritt eine, wenn auch schwache, so doch bemerkbare, stoßende Wirkung auf.

Das Spülwasser und der Bohrschmant bilden gerade auf der Sohle einen ziemlich dicken körnigen Brei, der sich zwischen die einzelnen Schrotkörner einbettet. In diesem Brei, der nun auch von Schrotkornbrocken teilweise durchsetzt ist, gleiten und rollen die noch ungebrochenen Schrotkörner.

Der tatsächlich erzielbare gute Bohrfortschritt kann somit in der Hauptsache auf die folgenden Umstände zurückgeführt werden:

1. Ein Überdruck einzelner Schrotkörner auf eine verhältnismäßig kleine Unterlagsfläche auf der Bohrsohle bewirkt ein plastisches Verformen des Gesteins und ein darauffolgendes Abscheren von der innegehabten Bettung.

2. Die scharfen Kanten der zerspanten Schrotkörner sind am Bohrfortschritt sicher mitbeteiligt.

Die Schrotkrone arbeitet somit mit ihrer Stirnseite teils auf noch ganzen, rollenden, teils auf zerspanten, schleifenden Schrotkörnern und in einem Brei von Wasser mit Bohrschmant, also einer Schmirgelmasse, welche die Hohlräume zwischen den Schrotkörnern ausfüllt. Die Bohrkrone erleidet dadurch eine erhebliche Abscheuerung, die im harten Gestein pro Meter Bohrlochteufe zwischen 50 und 70 mm beträgt.

Auch der Schrotbedarf ist verhältnismäßig groß, er schwankt zwischen 1,0 und 1,3 kg/m Teufe. Je härter das Gestein, um so größer ist auch der Schrotbedarf.

Der Wasserbedarf ist ungefähr derselbe wie beim Diamantbohren, falls nicht besondere Wasserverluste durch saugende Schichten auftreten. Die Geschwindigkeit des Spülstromes an der Sohle darf beim Schrotbohren nicht zu groß sein, um ein Hochspülen der Schrotkörner auszuschließen. Die übliche Pumpleistung ist beim Schrotbohren etwa 5 bis 6 l/Min.

Die Schroteinbringung

Während der Bohrarbeit müssen neue Schrotkörner in gewissen Zeitabständen zur Sohle gepumpt werden, um die zerspanten zu ersetzen. Hierzu dienen eigene Schrotschleusen, die z. B. über einen Dreiweghahn an die normale Druckspülleitung angeschlossen sind (s. Abb. 72). Von der Schrotschleuse führt ein halbzölliger Schlauch zum Spülkopf, so daß die Schrotladung mit normalem Spülvolumen wie ein Kolben hochgetragen werden kann. Im normalen Spülschlauch, der meist einzöllig bemessen ist, kann die Fallgeschwindigkeit der Körner bei der sehr geringen Wasserlieferung der Pumpe nicht überwunden werden.

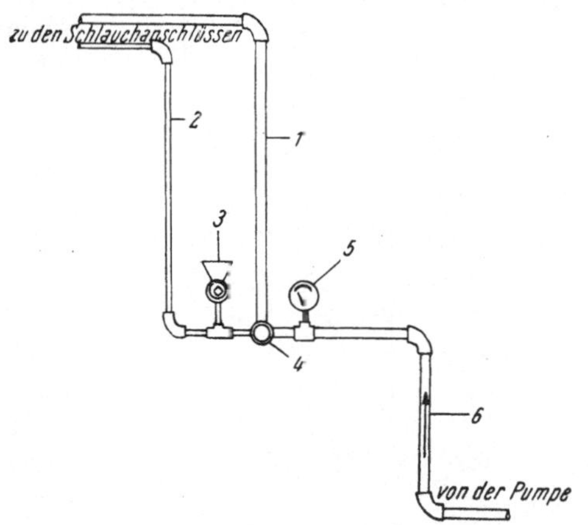

Abb. 72. Schrotschleuse.
1 Normal-Spülschlauch, *2* Spülschlauch für Schroteinbringung, *3* Schrotschleuse, *4* Dreiweghahn, *5* Manometer, *6* Spülleitung von Spülpumpe

Es wird daher beim Schrotbohren außer der normalen Spülleitung mit etwa 1 Zoll Durchmesser eine zweite Schrotzuleitung mit $^1/_2$ Zoll Durchmesser angeordnet.

Bei größeren Anlagen, das heißt größerem Bohrkronendurchmesser als etwa 70 mm, werden diese Leitungen entsprechend größer dimensioniert, da in diesem Falle auch das Spülvolumen größer sein muß.

Die Drehzahl wird auch beim Bohren mit Schrot der Härte des Gesteins angepaßt, sie liegt etwa bei 150 bis 200 U/Min.

Das Kernziehen beim Schrotbohren

Beim Schrotbohren ist, wie schon eingangs gesagt wurde, kein eigener Kernfänger im Kernrohr vorgesehen. Beim Kernziehen wird wie folgt vorgegangen (s. Abb. 71): Zunächst wird das Nachfüllen des Schrotes eingestellt; sodann werden kleine Glas- oder gesplitterte Kiesbrocken eingefüllt und bei stillstehender Bohrgarnitur ihr Absetzen im Ringraum zwischen Kern und Kernrohr abgewartet. Nach diesem Absetzen wird mit einer Drehzahl von etwa 10 U/Min. die Bohrgarnitur gedreht und auf diese Art der Kern von der Sohle gebrochen und sodann ausgebaut.

Die Wirtschaftlichkeit der Bohrarbeit mit den besprochenen Bohrkronen-Typen

Früher war das Schrotbohren gegenüber dem Bohren mit handgesetzten Diamantkronen billiger. Das Verhältnis der Bohrkosten war pro Bohrmeter etwa das folgende: Schrot : Diamant = 1 : 3, Schrot : Hartmetall = 1 : 10. Heute dürfte sich das Verhältnis wesentlich zu Gunsten der Diamantkronen und Hartstiftkronen geändert haben. Genaue Vergleichsdaten für gleiche Gesteinsverhältnisse sind leider nicht verfügbar.

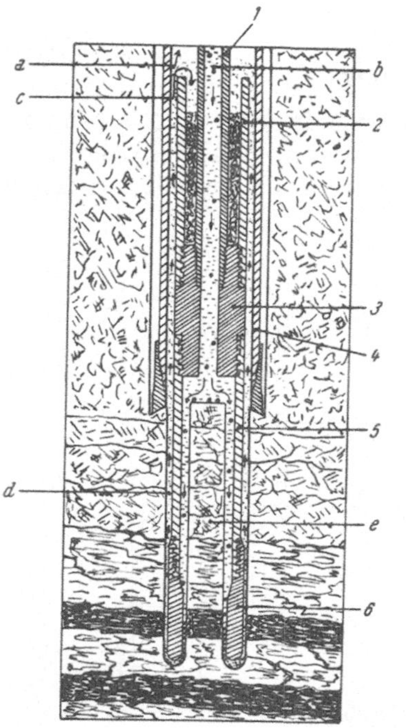

Abb. 73. Bohrgarnitur zum Schrotbohren für großkalibrige Bohrungen nach Fa. Ingersoll-Rand.
1 Bohrgestänge (oben mit Mitnehmerstange verbunden), *2* Schlamm- oder Sedimentrohr, *3* Kernrohrnippel, *4* Futterrohre, *5* Kernrohr, *6* Schrotkrone, *a* hochsteigender Spülstrom, *b* Spülwasser mit Schrotkörnern, *c* Bohrschmant-Absatz, *d* Spülwasser mit Bohrschmant hochsteigend, *e* erbohrter Gesteinskern

D. Großkalibrige Schrotbohranlage „Calyx"

Die amerikanische Firma Ingersoll-Rand brachte in den letzten Jahren eine Schrotbohranlage unter dem Namen „Calyx core drilling device" auf den Markt, die Bohrkerne von 65 mm bis 1218 mm erbohren kann. Das Gerät, nach dem Prinzip der Rotations - Schurfbohranlagen (CRAELIUS-Prinzip) konstruiert, ist auf einem Lkw. aufgebaut. Die Antriebsleistungen liegen zwischen 10 und 35 PS.

Die Bohrgarnitur besteht, wie aus Abb. 73 ersichtlich ist, aus der innen schwach konischen Schrotkrone des entsprechenden Durchmessers, an die das Kernrohr mit Kernrohrnippel, weiters das Schlammrohr und das Bohrgestänge anschließen. Die Bohrstangen werden in Längen von 1,5, 3,0 bis 6,0 m und einem Durchmesser von 2 bis 5 Zoll geliefert. Die Gestängeverbindungen sind entweder Muffen oder Nippelverbindungen.

Die Schrotkorngröße ist hier etwa 2,4 mm, der Schrotbedarf etwa 1 bis 6 kg/m je nach Durchmesser und Gesteinshärte.

Man verwendet diese Anlage hauptsächlich für Baugrunduntersuchungen beim Bau von Staumauern, ferner auch zur Erbohrung von Wetterschächten im festen homogenen Gestein.

E. Die Arbeitszyklen beim Bohren mit Rotations-Schurfbohranlagen

Wir können hier die folgenden Arbeitszyklen unterscheiden:

1. Einbau der Bohrgarnitur,
2. die reine Bohr-, bzw. Kernarbeit,
3. Ausbau der Bohrgarnitur, zwecks Kernziehen oder Wechsel der abgenützten Bohrkrone oder des Bohrmeißels.

1. und 3. sind nicht als produktive, aber erforderliche Arbeitszyklen zu werten.

Vor Beginn der Bohrarbeit muß am Ansatzpunkt ein 2 bis 4 m langes Standrohr in einem Handschacht oder in einem mittels Schappe oder Meißel vorgebohrten Bohrloch lotrecht eingesetzt und mit Letten hinterfüllt werden.

Es gibt allerdings auch die Möglichkeit, das mit einem geschärften Rohrschuh ausgestattete Standrohr in den Erdboden einzurammen.

Der Standrohrdurchmesser variiert je nach vorzusehender Teufe zwischen 4 und 6 Zoll.

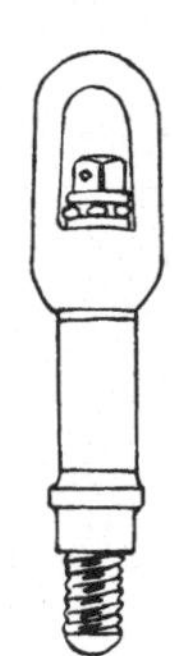

Abb. 74. Hebekappe

1. Der Einbau der Bohrgarnitur

Vor Beginn des Einbaues erfolgt auf der Bühne der Zusammenbau der Bohrgarnitur, bestehend aus dem Kernrohr mit der Bohrkrone, dem Sedimentrohr sowie dem ersten Gestängestück. In die am oberen Gestängeende angeschraubte Hebekappe nach Abb. 74 wird der am Hebeseil befestigte Seilhaken eingehängt, die Bohrgarnitur in den Turm hochgezogen und in das Bohrloch so weit eingelassen, daß das obere Gestängeende am Bohrlochmund in einer eigenen Abfangklemme (s. Abb. 28) festgehalten werden kann. Sodann wird die Hebekappe abgeschraubt und an das nächste Gestängestück angesetzt. Auf diese Weise wird Stange nach Stange angeschraubt und in das Bohrloch eingebaut. Die letzte Stange hat am oberen Ende einen Spülkopf angeschraubt, wie er in den Abb. 49 und 50 dargestellt ist. Der Spülkopf ist das Verbindungsglied zwischen dem beim Bohren sich drehenden hohlen Bohrgestänge und der durch einen Spülschlauch gebildeten Verbindungsleitung zur Spülpumpe.

Am Tragbügel des Spülkopfes hängt nun das Gewicht der gesamten Bohrgarnitur. Um die Drehbewegung der Bohrgarnitur zu ermöglichen, hat der Spülkopf in seinem Gehäuse bei kleineren Teufen ein Bronze-, bei Anlagen für größere Teufen ein Kugellager eingebaut, auf welchem die hohle Tragspindel aufgesetzt ist. An diese Spindel schließen oben das Spülrohr und ein Krümmer an, der mit dem Spülschlauch verbunden ist. Das Spülrohr ist gegenüber der Verlagerung im Gehäuse mit einer Stopfbüchse abgedichtet.

Das letzte Gestängestück mit dem Spülkopf ist normalerweise in der Hohlspindel festgeklemmt und kann mit letzterer während des Gestänge-Ein- und Ausbaues im Klapplager seitlich ausgeschwenkt werden. Nach beendetem Einbau der Bohrgarnitur wird die Hohlspindel mit dem obigen Gestängestück zum Bohrlochmund eingeschwenkt, im Klapplager fixiert und das Gestängestück durch Betätigung des Zahnstangenhebels mit der Hohlspindel so weit nach abwärts gesetzt, daß es an das obere Ende der schon eingebauten Bohrgarnitur angeschraubt werden kann. Nach Anheben der Bohrgarnitur und Lösen der Klemmbacken am Bohrlochmund wird sie zur Sohle gelassen und nach Kontaktnahme etwa 5 cm angehoben.

Die Hohlspindel wird nun mittels des Zahnstangenhebels in ihre höchste Stellung gebracht und die oberste Bohrstange in den Mitnehmerschalen festgeklemmt.

2. Das Bohren

Bevor mit der Drehbewegung der Bohrgarnitur begonnen wird, muß die Spülpumpe in Gang gesetzt werden, die den Kreislauf des Spülstromes zu besorgen hat. Ist dieser geschlossen, kann durch Einschalten der Rotationsanlage mit der Bohrarbeit begonnen werden.

Bei den älteren Anlagen erfolgt dieses Einschalten durch Verschieben des Riemens von der Leer- auf die Vollscheibe, bei den neueren Anlagen durch Schaltung des entsprechenden Getriebeganges.

Bei der reinen Bohrarbeit übermittelt die Antriebsmaschine der Hohlspindel die Drehbewegung und treibt gleichzeitig die Spülpumpe an. Es ist der produktive Arbeitszyklus, der womöglich den größten Prozentsatz der Zeitspanne vom Abstoßen bis zur Beendigung der Bohrung ausfüllen soll.

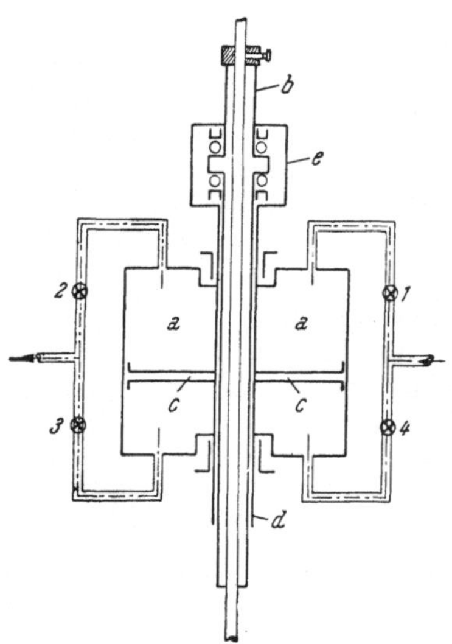

Abb. 75. Prinzipskizze der hydraulischen Druckregelung einer Rotations-Schurfbohranlage.
a Zylinder, *b* Hohlspindel, *c* Kolben, *d* Kolbenstange, *e* Gehäuse mit Kugellager, an der Hohlspindel befestigt

Um einen entsprechenden Bohrfortschritt zu erhalten, muß die Bohrkrone gegen die Bohrlochsohle gedrückt werden. Ein übermäßiger Druck kann sich allerdings sehr nachteilig auswirken. Die Gestänge werden sich verbiegen, bzw. knicken, scheuern in diesem Falle an der Bohrlochwand, vergrößern in lockeren Schichten den Bohrlochdurchmesser und verursachen damit oft ein Einfallen des Hangenden. Das Scheuern der Gestänge schwächt ihre Wandstärke und kann zu Gestängebrüchen und damit zu Fangarbeiten führen. Darüber hinaus hat, wie schon früher gesagt wurde, ein zu großer Bohrdruck ein starkes Abweichen des Bohrloches von der Lotrechten zur Folge.

Um den notwendigen Bohrdruck ohne eine übermäßige Druckbeanspruchung des Bohrgestänges zu erreichen, sollen daher oberhalb des Kernrohres starkwandige Gestänge (Schwerstangen) angesetzt werden.

Der Bohrdruck kann von Hand aus mit dem schon beschriebenen Gewichtshebel geregelt werden. Bei neueren Geräten für größere Teufen wird der Druck meist hydraulisch geregelt.

Weniger gebräuchlich ist der Differentialvorschub, der darauf beruht, daß bei geringem Widerstand auf der Sohle die Drehzahl der Hohlspindel und gleichermaßen auch der Vorschub sich automatisch erhöht und im Gegenfalle erniedrigt.

Das Prinzip der hydraulischen Regelung ist in Abb. 75 ersichtlich. Ein Zylindergehäuse *a* umschließt einen Teil der Bohrspindel *b*. In diesem Zylinder bewegt sich der Kolben *c*, der entlang der Hohlspindel auf- und abwärts gleiten kann. Die Kolbenstange ist oben an das Gehäuse *e* angeschlossen, welches die Verlängerung der Hohlspindel umschließt. Zum Zylinder führen Druckleitungen, welche mit Ventilen gesteuert werden können, und zwar je eine zu den beiden Stirnseiten. Auf der Gegenseite sind die Ablaufleitungen ebenfalls durch Ventile absperrbar angeordnet. Die Druckseite ist mit einer Wasserleitung verbunden. Durch Öffnen der Ventile *1* und *3*, sowie Schließen von *2* und *4* erhält der Kolben Druck von oben und bewegt somit auch die Hohlspindel nach abwärts. Beim Öffnen der Ventile *2* und *4* und gleichzeitigen Schließen der Ventile *1* und *3* wird die Hohlspindel angehoben. Auf diese Art kann der Bohrdruck beliebig eingestellt werden.

Der jeweils bestmögliche Bohrfortschritt muß für jedes Gestein durch systematische Versuche ermittelt werden. Dies erfolgt durch Variierung:

1. der Besetzungsart der Bohrkrone,
2. des Bohrdruckes,
3. der Drehzahl,
4. des Spülvolumens.

In den Aufzeichnungen soll der Bohrfortschritt nicht als lineare Größe, sondern unter Hinzufügung des Bohrlochdurchmessers, der Kronentype, des Bohrdruckes, der Drehzahl und des Spülvolumens angeführt werden. Obwohl bei einem kleineren Durchmesser der Bohrfortschritt nicht gerade größer sein muß als unter den gleichen Bedingungen bei einem großen, so ist das Verhältnis Bohrdruck : Durchmesser ein maßgebender Faktor zur Beurteilung des Bohrfortschrittes.

Von Wichtigkeit ist ferner die richtige Wahl des Anfangsdurchmessers des Bohrloches, wie auch jene des zweckentsprechenden Bohrkerndurchmessers.

Über die Details des Bohrvorganges wird in der „Tiefbohrtechnik" noch ausführlicher gesprochen werden.

Werden Kerne für eine nur allgemeine Orientierung über die geologischen und stratigraphischen Verhältnisse gefordert, so genügt ein verhältnismäßig kleiner Kerndurchmesser von etwa 20 bis 24 mm.

Sollen die Kerne zur Untersuchung der Porosität, Durchlässigkeit, Sättigungsverhältnisse dienen, sind größere Kerndurchmesser erwünscht. Beim Bohren dringt die Bohrspülung auf eine gewisse Tiefe in den Kern ein und verfälscht die ursprünglichen Sättigungsverhältnisse. Es muß daher ein gewisser Mantelteil des Kernes vor der Untersuchung abgedreht werden.

Verlangt man Kerne, die über die Tragfähigkeitsverhältnisse des Untergrundes Aufschluß geben sollen, werden mitunter Durchmesser bis zu 500 mm gefordert.

Was den Anfangsdurchmesser betrifft, muß berücksichtigt werden, daß etwaige lockere Horizonte durch Futterrohre gesichert werden müssen und durch diese Rohre eine Kerngarnitur eingebaut werden muß, die noch einen erwünschten Kerndurchmesser erreichen läßt.

In völlig unbekannten Gebieten wird man daher mit verhältnismäßig großem Anfangsdurchmesser beginnen, da man sonst Gefahr läuft, daß die erste Bohrung nicht die gewünschte Teufe erreicht, in welchem Falle eine zweite Bohrung mit größerem Anfangsdurchmesser abgestoßen werden müßte.

3. Der Ausbau der Bohrgarnitur

Auch dieser Arbeitsgang ist, wie schon gesagt, unproduktiv. Besonders bei großen Teufen ist daher eine hohe Ausbaugeschwindigkeit an der Hebetrommel erwünscht, zu welchem Zweck mindestens zwei Geschwindigkeitsstufen im Hebewerk vorgesehen werden.

Vor Ausbau der Bohrgarnitur wird zunächst das Tragseil gespannt, so daß ihr ganzes Gewicht vom Seil übernommen wird. Die Schrauben der Mitnehmerschale an der Hohlspindel werden gelöst; nun wird die Bohrgarnitur so weit hochgezogen, bis die erste Gewindeverbindung des Gestänges sich oberhalb der am Bohrlochmund aufzusetzenden Abfangklemme befindet. Nachdem die oberste Bohrstange mit dem Spülkopf abgeschraubt wurde, wird sie wieder in den Mitnehmerschalen fixiert, die Schrauben des Klapplagers werden gelöst und nun wird die Hohlspindel mit der in ihr geklemmten Bohrstange samt Spülkopf seitlich ausgeschwenkt. Damit ist der Bohrlochmund für den Ausbau freigegeben.

Die *Bohrmannschaft* setzt sich aus einem Schichtführer und zwei bis drei Gehilfen pro Schicht zusammen.

VI. Tiefbohrgeräte für stoßendes Trockenbohren

A. Der pennsylvanische Bohrkran

Bis zur Jahrhundertwende war der pennsylvanische Bohrkran für Tiefbohrungen in USA fast ausschließlich in Gebrauch. Auch heute sind etwa 18% der in USA arbeitenden Bohranlagen pennsylvanischer Bauart — ,,Cable tool outfits". Die Kraftübertragung vom Obertageantrieb zum Meißel auf Sohle erfolgt mittels eines Seiles, und zwar kann es ein Hanf- oder Stahlseil sein.

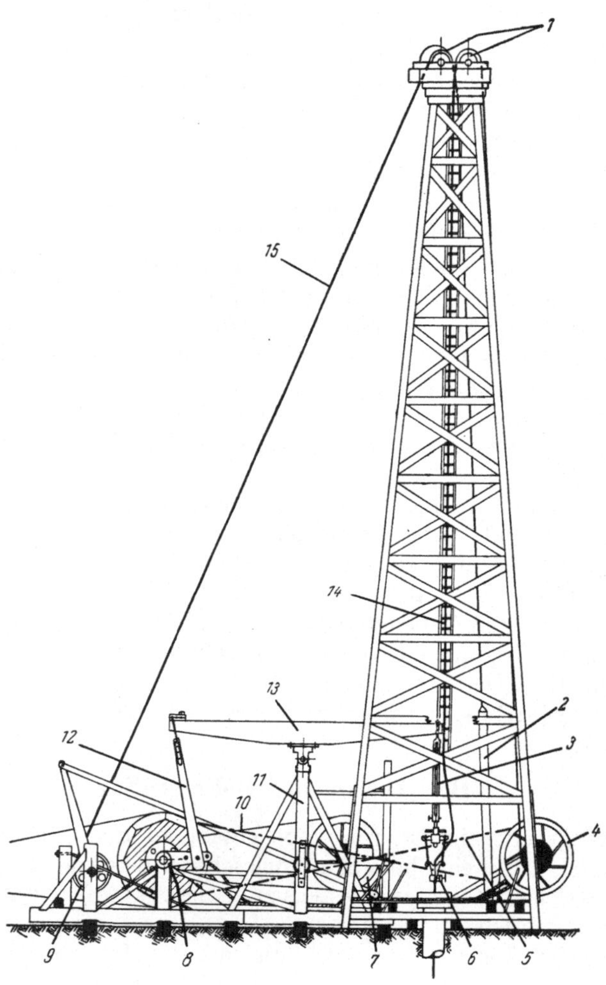

Abb. 76. Pennsylvanischer Bohrkran. *1* Turmrollen (Crown block), *2* Schmantlöffel (Bailer), *3* Nachlaßvorrichtung (Temper screw), *4* Bohrtrommel (Bull wheel), *5* Hanfseil (Manila cable), *6* Seilklemme (Rope clamp), *7* Fördertrommel (Calf wheel), *8* Hauptwelle mit Kurbel (Band wheel), *9* Schmanttrommel (Sand reel), *10* Riemen (Belt), *11* Schwengelbock (Sampson post), *12* Zugstange (Pitman), *13* Bohrschwengel (Walking beam), *14* Bohrseil (Drilling cable), *15* Schmantseil (Sand line)

Bestandteile der Bohranlage

Die Obertage-Anlage setzt sich, wie aus der Abb. 76 ersichtlich ist, aus den folgenden Teilen zusammen:

1. Der Hauptwelle (Band wheel),
2. der Bohrtrommel (Bull wheel),
3. der Fördertrommel (Calf wheel),
4. der Schmanttrommel (Sand reel),
5. der Schlageinrichtung (Sampson post, walking beam with pitman),
6. der Antriebsmaschine (Engine),
7. dem Bohrturm (Derrick),
8. der Bohrgarnitur (Bit with drill collar, oder Bit with stem).

1. Die Hauptwelle

Die Hauptwelle mit einem Durchmesser von 5 bis 6 Zoll (etwa 150 mm) ist in Kugel-Wälzlagern oder Tonnenlagern auf hölzernen oder gußeisernen Böcken verlagert und hat eine Anzahl von Riemenscheiben aufgekeilt. Über eine dieser Riemenscheiben erfolgt der Antrieb der Hauptwelle, die weiteren drei übertragen je nach Bedarf die Antriebskraft zur Bohr-, Förder- und Schmanttrommel. Auf einem Ende der Hauptwelle ist fliegend eine Stirnkurbel zum Antrieb der Schlageinrichtung aufgekeilt.

Die Riemenscheibendurchmesser sind entsprechend den nötigen Drehzahlen der einzelnen Trommeln gewählt. Die Kraftübertragung von der Hauptwelle zur Bohrtrommel erfolgt mittels eines Hanfseiles. Von den für diesen Trieb vorgesehenen Seilscheiben ist die auf der Hauptwelle mit einer Klauenkupplung einzuschalten, jene der Trommelwelle fix verkeilt.

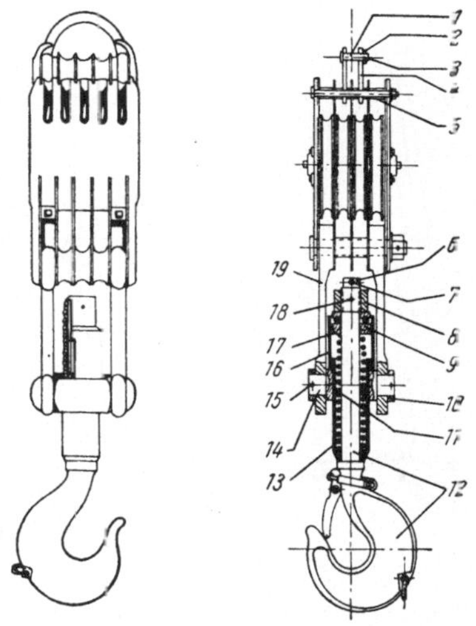

Abb. 77. Kombinierter Flaschenzugskloben mit Haken.
1 Bolzen, *2* Stellring, *3* Splint, *4* Lasche, *5* Distanzrohre, *6* Schraube, Feder, Kugel, *7* Sperrstift, Kette, Kettenring, Öse, *8* Mutter, *9* Längslager, *10* Stellringe, *11* Zwischenring, *12* Haken, *13* Federn, *14* Tragbolzen, *15* Zylindrischer Stift, *16* Rohrstück, *17* Scheibe, *18* Kegelstift, *19* Schäkelarme

2. Die Bohrtrommel

Die Bohrtrommel, auf den der Hauptwelle gegenüberliegenden Teil des Turmes aufgebaut, hat einen Durchmesser von etwa 500 mm, eine Länge von 2000 bis 2500 mm und einen Wellendurchmesser von etwa 6 Zoll = 150 mm. Den Abschluß der Trommel bildet auf einer Seite die schon besprochene gerillte Seilscheibe, auf der Gegenseite die Bremsscheibe für die Bandbremse. Die Scheiben haben je nach Anlagetype einen Durchmesser von 2200 bis 3000 mm.

Bei älteren Konstruktionen war die Seilscheibe mit Handgriffen ausgestattet, um die Bohrtrommel gegebenenfalls von Hand aus zu drehen.

Die Rollenlager der Welle sind auf zwei Eichen- oder Profileisenstempeln aufgesetzt, die ihrerseits auf der durch Holzbalken verstärkten Turmwand verschraubt sind. Das auf der Bohrtrommel aufgespulte Bohrseil führt über eine Turmrolle zur Seilflasche, in welche die Bohrgarnitur eingeschraubt wird. Um das Bohrseil in bezug auf die Bohrlochachse in möglichst geringer Breitenausdehnung aufspulen zu können, wird die Bohrtrommel mit eigenen, vertikal stehenden Schildern aufgeteilt. Mit der schon besprochenen Bandbremse, bzw.

durch entsprechendes Beschleunigen der Antriebsmaschine wird der Ein- und Ausbau der Bohrgarnitur geregelt.

3. Die Fördertrommel

Die Fördertrommel ist unmittelbar vor der Hauptantriebswelle auf eisernen Böcken in Rollenlagern eingebaut, die Bockfüße sind mittels Schraubenbolzen in entsprechenden Betonfundamenten verankert. Der Durchmesser der Trommel variiert zwischen 500 und 600 mm, die freie Trommellänge zwischen 800 und 1000 mm. Die ebenfalls mit einer Bandbremse ausgestattete Fördertrommel wird mittels einer Klauen- oder Friktionskupplung eingeschaltet. Auf der Fördertrommel ist das Flaschenzugseil, ein Stahldrahtseil, aufgespult, mit dem die Verrohrung eingebaut, bzw. bewegt wird. Es wird über fixe Rollen am Turmkopf geführt und in den Rollen des mobilen Flaschenzugsblockes eingeschert.

Die zum Rohreinbau dienenden Elevatoren sind mit ihren Hängebügeln im Traghaken des Flaschenzugsklobens eingehängt (s. Abb. 77 und 78).

Der Durchmesser des Flaschenzugseiles variiert je nach dem Futterrohrgewicht zwischen 3/4 und 1 1/8 Zoll. (Näheres über Flaschenzugseile und deren Beanspruchung s. S. 145.)

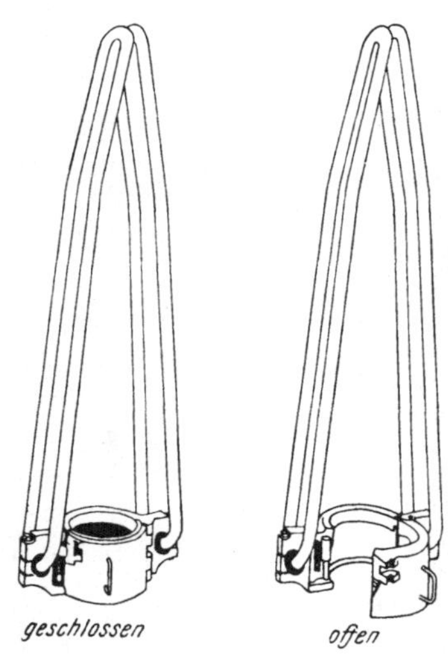

Abb. 78. Futterrohr-Elevator für Muffenrohre

4. Die Schmanttrommel

Die Schmanttrommel dient, wie schon der Name sagt, zum Schmanten des Bohrloches. Die etwa 20 m hohe Wassersäule im Bohrloch kühlt den Meißel bei der Bohrarbeit und sättigt sich allmählich mit dem erbohrten Gesteinsschmant. Mit zunehmender Sättigung wird die stoßende Wirkung des Meißels immer geringer, der Bohrfortschritt fällt. Die Bohrgarnitur muß daher in gewissen Zeitabschnitten ausgebaut und der Schmantlöffel mit dem auf der Schmanttrommel aufgespulten Drahtseil zum Reinigen des Bohrloches eingebaut werden. Die Konstruktion dieses Löffels ist die gleiche, wie sie schon bei den Handbohrgeräten besprochen wurde.

Durch mehrmaliges Anheben und Senken füllt sich der Löffel mit dem breiigen Bohrschmant, der nach Ausbau ober Tage entleert wird. Dieser Arbeitszyklus muß so lange wiederholt werden, bis das Bohrloch völlig gereinigt ist und das Bohren nach dem Nachfüllen mit Frischwasser wieder beginnen kann.

Die Schmanttrommel hat einen Durchmesser von etwa 500 mm, eine freie Länge von etwa 1000 mm und ist ebenfalls mit einer Bandbremse ausgestattet. Ihr Antrieb erfolgt bei älteren Konstruktionen mittels eines Reibradgetriebes, und zwar durch Anpressen der Reibscheibe der Schmanttrommel an die korrespondierende Scheibe der Hauptwelle, bei neuen Konstruktionen von letzterer durch Riemen- oder Kettenantrieb.

5. Die Schlageinrichtung

Sie besteht (s. Abb. 79) aus dem Bohrbock, dem Bohrschwengel und der Zugstange (Sampson post, walking beam and pitman). Die Hauptwelle hat, wie schon eingangs erwähnt, an einem Ende fliegend eine Stirnkurbel aufgekeilt. In der

Verbindungslinie zwischen der Mitte des in dieser Kurbel fixierten Kurbelzapfens und dem Bohrlochmittelpunkt ist der entsprechend abgestrebte und etwa 2,5 bis 5,0 m hohe Bohrbock, eine Holz- oder Eisenkonstruktion, aufgestellt, auf dem der 7 bis 8,0 m lange Bohrschwengel gelagert ist.

Auf dem der Bohrlochmitte zugekehrten Ende des Bohrschwengels wird das Bohrseil mit der daran hängenden Bohrgarnitur in besonderen Verbindungsstücken während der Bohrarbeit festgeklemmt.

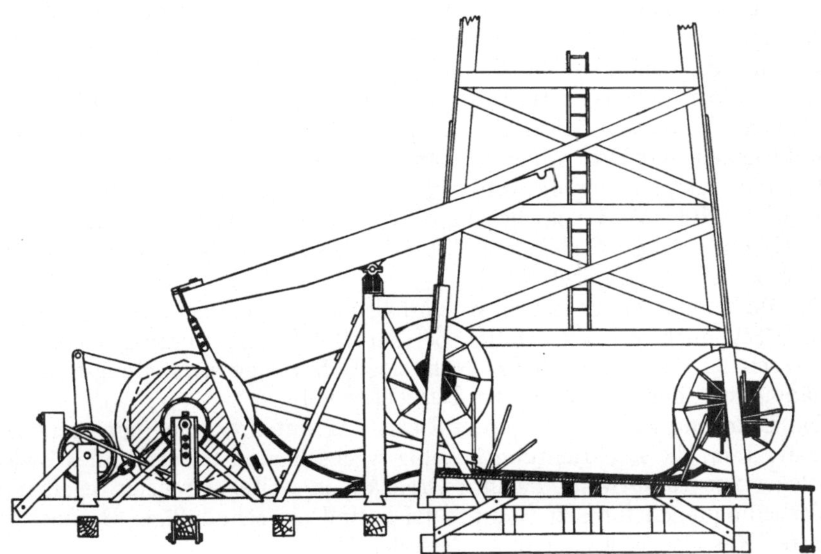

Abb. 79. Pennsylvanischer Bohrkran, Ansicht

Am entgegengesetzten Ende hat der Schwengel eine Art Halblager, in das der Bügel der Zugstange eingelegt ist, die das beiderseits gelenkartig gelagerte Verbindungsglied zwischen dem Schwengel und der Kurbel der Hauptwelle bildet (s. Abb. 79).

Die oben erwähnten Verbindungsstücke zwischen dem Bohrschwengel und der Bohrgarnitur, über die noch Näheres ausgeführt wird, sind die Nachlaßeinrichtung und das Seilschloß (Temper screw and wire line clamps).

6. Die Antriebsmaschine

Die wichtigsten Bedingungen, die der Bohrbetrieb stellt, sind folgende:

Die Antriebsmaschine soll wenig Raum einnehmen, ihr Gewicht soll möglichst klein, ihre Bedienung einfach und die Betriebskosten gering sein. Ferner soll sie sich den schwankenden Erfordernissen des Bohrbetriebes gut anpassen und schließlich sollen auch ihre Anschaffungskosten niedrig, ihre Lebensdauer möglichst hoch sein.

Die jeweiligen lokalen Verhältnisse sind für ihre Wahl mitbestimmend.

Als Antriebsmaschinen werden Dampfmaschinen, Elektromotoren und Verbrennungskraftmaschinen eingesetzt.

Die Dampfmaschine. Sie wird in USA beim pennsylvanischen Bohrkran im allgemeinen den anderen Antriebsarten vorgezogen, weil sie sich den mannigfaltigen Anforderungen des Bohrbetriebes am besten anpaßt und sehr einfach zu bedienen ist.

Es sind hier die verschiedensten Typen in Gebrauch. Für kleine Teufen bis etwa 500, maximal 1000 m, werden Einzylinder-Auspuffmaschinen 11 × 11, 12 × 12 Zoll (Zylinderbohrung mal Kolbenhub), für Tiefen über 1000 m Zweizylinder-Dampfmaschinen 12 × 12 Zoll vorgesehen. Die Leistungen variieren je nach Dampfdruck etwa zwischen 50 und 250 PS. Die Einzylindermaschinen sind mit einem Schwungrad und einer Riemenscheibe ausgestattet. Bei den Zweizylindermaschinen, die ohne Schwungrad gebaut sind, ist die Riemenscheibe auf der Kurbelwelle zwischen den beiden Zylindern aufgekeilt. Die Maschinenfundamente waren früher Balkenroste, die im Erdboden verankert wurden; heute sind es ausschließlich Betonfundamente. Die Steuerung der Dampfmaschine erfolgt mittels eines eigenen Spezialeinlaßventiles, das vom Bohrmeisterstand bedient werden kann. (Dampfmaschinen-Leistung bei verschiedenen Dampfdrücken und Drehzahlen s. Kapitel XI/B/5.)

Für die Dampferzeugung werden je nach Teufe 2 bis 3 Lokomobilkessel mit je 60 m^2 bis 100 m^2 Heizfläche aufgestellt. Die gemittelte Verdampfungsziffer liegt bei rund 14 kg/m^2 Heizfläche/Stunde. (Näheres über Dampfkesselanlagen für Bohrzwecke s. Kapitel XI/B/5.)

Die Bedienung dieser Kessel ist verhältnismäßig einfach. Der Kesselwärter ist in USA auch vielfach Helfer bei der Bohrarbeit, vorausgesetzt, daß die Heizkesselanlage in unmittelbarer Nähe der Bohranlage Aufstellung finden kann. (Abhängig von der Vorschrift der Bergbehörde.)

Die Dampfmaschine kann unter Belastung anfahren, hat ein gutes Anzugmoment, kann die Drehrichtung beliebig wechseln und bedarf keines Zwischenvorgeleges zur Hauptwelle, da ihre Drehzahl in weiten Grenzen regelbar ist.

Vorbedingungen für den Dampfbetrieb sind ein sehr billiger Brennstoff und ein gutes Kesselspeisewasser in genügender Menge.

Elektromotoren. Sie können dort eingesetzt werden, wo Starkstrom billig ist, bzw. wo auch in Anbetracht notwendiger Investitionen für Starkstromleitungen und Umspannstationen die Betriebskosten geringer sind als für Dampf- und Dieselantrieb. Schleifringmotoren, in letzter Zeit auch vielfach polumschaltbare Kurzschlußmotoren, werden hier bevorzugt. Für Elektromotoren gelten besonders bergbehördliche Vorschriften, um Entzündungen bei mit Gas und Öl geschwängerter Luft durch Funkenstrecken zu verhüten. (Näheres s. Kapitel XI/B/5.)

Dieselantrieb. Dieselmotoren werden bei Bohrungen erst seit etwa 25 Jahren eingesetzt. Dort, wo günstige Voraussetzungen für einen Dampfantrieb fehlen und elektrischer Kraftstrom nicht wirtschaftlich tragbar zur Verfügung steht, sind Dieselmotoren die gegebenen Antriebsmaschinen.

Ihr Vorteil liegt in der großen Unabhängigkeit von Zuleitungen für Brennstoff, dem geringen Wasserbedarf, geringen Betriebskosten — der Treibstoffverbrauch pro PS und Stunde beträgt etwa 180 bis 220 g Dieselöl — und der Ungefährlichkeit der Brennstofflagerung.

Als Nachteile wären anzuführen: Ihr größerer Raumbedarf für ihre Aufstellung, ein Anfahren unter Last ist nicht möglich, die Drehrichtung kann ohne Wendegetriebe nicht geändert werden, die Umdrehungszahlen sind nur beschränkt zu variieren und schließlich ist ihre Wartung immerhin schwieriger als bei Dampfmaschinen oder Elektromotoren.

Im Bohrbetrieb finden heute vorwiegend Viertaktmotoren stehender Bauart mit vier, sechs oder acht Zylindern Verwendung. Die Drehzahlen liegen etwa zwischen 800 und 1800 U/Min. Zwischen dem Dieselmotor und der Hauptantriebswelle wird ein Zwischenvorgelege mit Wendegetriebe eingeschaltet. (Näheres s. Kapitel XI/B/5.)

7. Der Bohrturm

Er ist ein stehendes Fachwerk aus Holz oder Stahl, in letzterem Falle aus Rohr- oder Winkelstahl hergestellt. Die vier Turmfüße stehen entweder auf eigenen Betonsockeln oder haben einen entsprechenden Stahlunterbau, der auf Betonfundamenten oder einem Bohlenrost ruht. Die Türme sind nach dem A.P.I.-Standard genormt. Für die pennsylvanische Bohranlage variiert ihre Höhe zwischen 19 und 37 m, mit einer Turmbasis von 6 × 6 bis 9 × 9 m. Die Tragfähigkeit schwankt je nach der Konstruktion zwischen 58 und 300 t, das Eigengewicht liegt dementsprechend zwischen 4,8 und 23 t (ohne Unterbau).

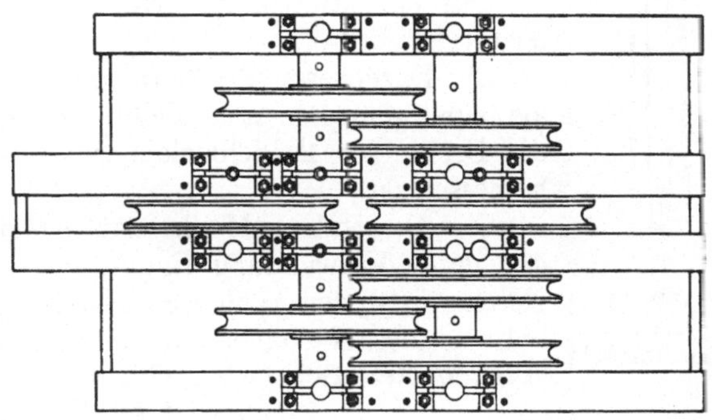

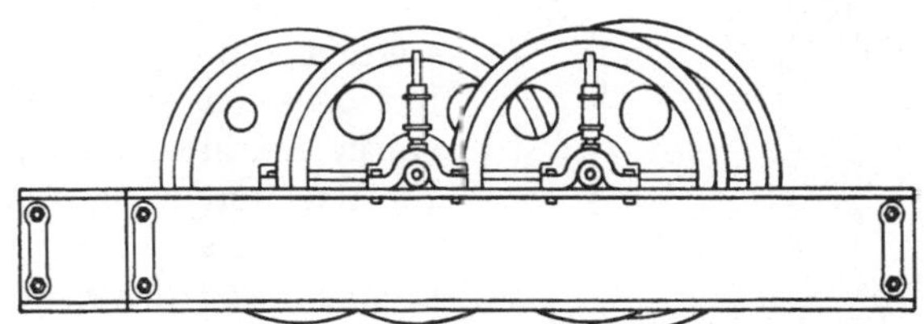

Abb. 80. Turmrollenverlagerung

Auf dem Turmkopf sind die notwendigen Seilrollen verlagert, und zwar dient eine Rolle für das Bohrseil, eine weitere für das Schmantseil, ferner die erforderlichen Seilrollen für das Flaschenzugseil. Für letzteres werden vier bis sechs Rollen vorgesehen, und zwar entweder auf einer Achse oder in zwei Stockwerken angeordnet. Die Wellen oder Achsen obiger Seilrollen sind mit ihren Lagern auf Profileisenträgern aufgesetzt, die auf dem obersten horizontalen Turmabschlußgurt aufliegen (s. Abb. 80).

Der Durchmesser der Rollen ist entsprechend dem Seildurchmesser gewählt, er beträgt etwa 600 bis 920 mm. (Näheres darüber s. Kapitel XI/B/3.)

Die um diese Turmrollen aus Bohlen gezimmerte Bühne ist über eine Leiter, die an einer Turm-Außenwand geführt ist, vom Erdboden zu erreichen.

Auf die Details und Berechnungsgrundlage der Bohrtürme wird ebenfalls im Kapitel XI/B/1 näher eingegangen werden.

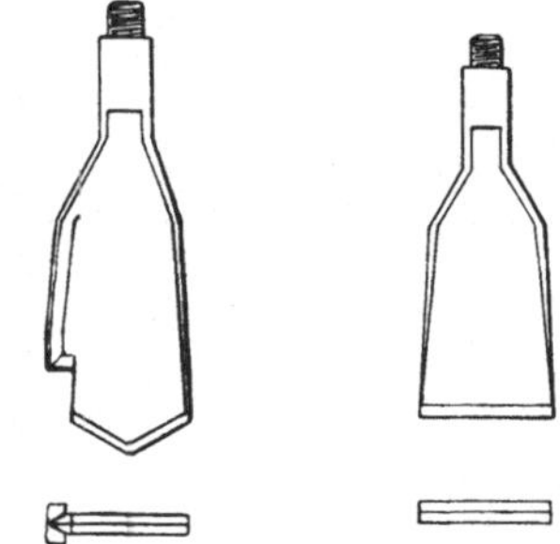

Abb. 81. Exzenter-Backenmeißel   Abb. 82. Gerader Flachmeißel

8. Die Bohrgarnitur

Sie besteht aus dem *Meißel* (Bit), der *Schwerstange* (Drill collar oder drill stem), eventuell einer *Rutschschere* (Jar) und über dieser mitunter einer zweiten Schwerstange, an welche die *Seilflasche* (Rope socket) mit dem *Bohrseil* (Wire rope) anschließt.

Meißel. Die hier gebräuchlichen *Bohrmeißel* sind Exzenter- und Backenmeißel (s. Abb. 81 und 82). Die beiderseitigen Hohlkehlen des Meißelblattes sind bei Meißeln für weiches Gestein breiter, für hartes Gestein schmäler geformt. Der Schneidewinkel des Meißels ist der Gesteinshärte entsprechend angepaßt. Je weicher das Gestein, desto spitzer kann auch der Schneidewinkel sein.

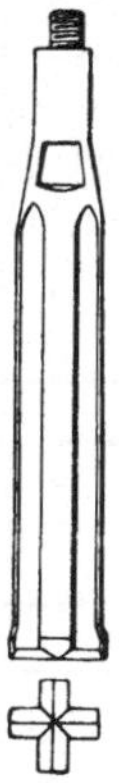

Um beim Ausbau der Bohrgarnitur ein Einschneiden der Meißelschultern in Unebenheiten der Bohrlochwand zu vermeiden, ferner um leichter den darüber befindlichen scharfkantigen Futterrohrschuh zu passieren, sind die Meißelschultern nach unten abgeschrägt.

Die seitlichen Backenschneiden des Meißels sind konkav gerundet, so daß ein kreisrundes Nachschneiden des Bohrloches gewährleistet ist.

Der Exzentermeißel kann einen größeren Durchmesser schneiden, als seiner gemessenen Meißelbreite entspricht, weil bei diesem Meißel die Breite der Meißelbacken beiderseits der Schwerachse ungleich bemessen ist.

Eine besondere Meißelform ist der Kreuzmeißel (s. Abb. 83), der dann Verwendung findet, wenn z. B. die Gefahr eines Abgleitens in steilen Schichten besteht, ferner wird er auch zum Nachbohren, also Nacharbeiten des vom Exzenter- oder Backenmeißel vorgebohrten Bohrloches eingesetzt.

Abb. 83. Kreuz-Bohrmeißel

Ein weiterer Spezialmeißel ist der Nachschneidemeißel, mit dem der durch den Exzenter- oder Backenmeißel vorgebohrte Bohrlochdurchmesser erweitert werden kann (s. Abb. 84, 85 und 86). Der Meißel hat zwei eigene Schneidebacken, die durch eine starke Spiralfeder nach außen gedrückt werden. Die Backen werden in geschlossener Stellung durch die Verrohrung eingebaut und nach Passieren des Rohrschuhs durch die Feder nach außen gepreßt; in der geöffneten Stellung wird das Bohrloch auf das gewünschte Maß erweitert.

Abb. 84 und 85. Nachschneider (Erweiterungsbohrer) für Bohren mit Pennsylvankran

Abb. 86. Nachschneide-Meißel

Zur Entnahme von Bohrkernen, die hier allerdings viel kürzer sind als etwa bei Craelius und, wie wir später sehen werden, auch beim Kernen mit Rotary-Bohranlagen, werden eigene Kernapparate verwendet, die schlagend eine Kerngewinnung ermöglichen (s. Abb. 87).

Sie bestehen aus zwei konzentrisch ineinandergeschobenen Kernrohren. Das Außenrohr hat eine Art Bohrkrone mit geschärften Schlagschneiden angesetzt, das Innenrohr hat am unteren Ende eine scharfe Schneide und ist hier auch mit einem Kernfänger ausgestattet.

Das nach innen vorstehende und mit dem äußeren Kernrohr verbundene Kernrohrkopfstück schlägt beim Bohren auf das Kopfende des Innenkernrohres auf, so daß letzteres, auf diese Art dem Bohrfortschritt entsprechend, über den Kern geschlagen wird. Durch die Kernfangeinrichtung wird der Kern im Innenrohr festgehalten.

Um der Bohrflüssigkeit im Innenrohr beim Eintreten des Kernes einen Austritt zu ermöglichen, ist oben ein eigenes Auslaßventil (Rückschlagventil) vorgesehen.

Die durch dieses Ventil vom Kern verdrängte Spülung strömt durch den Ringraum zwischen den beiden konzentrischen Rohren zur Bohrkrone. Im oberen Teil des Kernrohrkopfstückes befindet sich ein zweites Rückschlagventil, das sich nach unten öffnet. Beim Aufhub des Außenrohres tritt durch die oberhalb des Ventiles befindlichen Bohrungen Spülflüssigkeit ein, wobei gleichzeitig das untere Ventil geschlossen wird. Beim Aufwärtshub wird auch das obere Ventil gesperrt und die zwischen den beiden Ventilen befindliche Flüssigkeit im Ringraum zur Bohrkrone gedrückt, die sie auf diese Weise vom Bohrschmant reinigt.

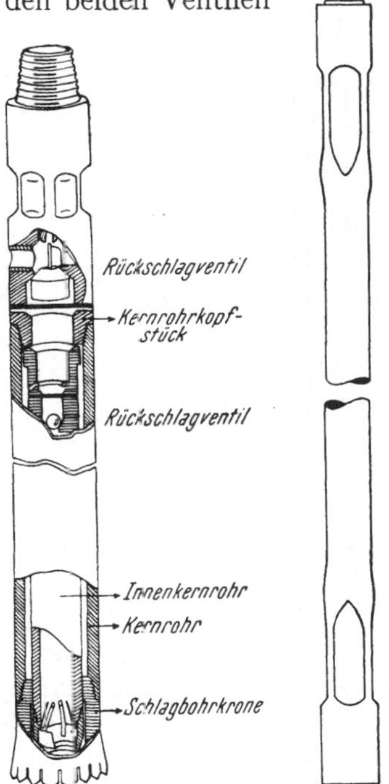

Abb. 87. Kernbohrmeißel für Kernen mit pennsylvanischem Bohrkran

Abb. 88. Schwerstange

Die Meißelbehandlung. Die Bohrmeißel werden aus einem Spezialmeißelstahl mit einem Kohlenstoffgehalt von 0,35 bis 0,5 und 1 bis 2% Mangan geschmiedet. Der abgenützte Meißel wird zunächst im Schmiedefeuer erhitzt und sodann in der Schmiede auf seine frühere, diesmal allerdings etwas kürzere Form gebracht. Die Erhitzung des Meißels darf sich nicht auf die Meißelschneide allein beschränken, sondern muß auf eine größere Länge erfolgen, da sonst gefährliche Spannungen und Risse entstehen können. Die Schmiedetemperatur liegt bei neuen Meißeln bei etwa 900° C, die Farbe wird dabei kirschrot, bei älteren Meißeln, die schon des öfteren bearbeitet wurden, orangerot. Sobald der Meißel aus der Esse gezogen wird, muß unmittelbar sein Schmieden erfolgen. Nach dem Schmieden soll er zunächst allmählich auf etwa 470° an der Luft abgekühlt und erst dann in kaltes Wasser so eingetaucht werden, daß die Schneiden vom Wasser völlig bedeckt werden. Bevor der Meißel zur Bohrung geht, muß er bezüglich seines Durchmessers, seiner Symmetrie und auf etwaige Haarrisse untersucht werden. Heute werden diese Bohrmeißel nach der Schmiedearbeit, wie schon im Kapitel Hartmetalle besprochen wurde, an ihren Schneidekanten mit Hartmetall gepanzert.

Die Meißelgewichte beim pennsylvanischen Bohren sind normalerweise folgende: Bei Durchmesser von 160 mm = etwa 160 kg, Durchmesser 210 mm = = 290 kg, Durchmesser 254 mm = 450 kg, Durchmesser 320 mm = 610 kg, Durchmesser 410 mm = 890 kg, Durchmesser 460 mm = 1125 kg.

Die Schwerstange (s. Abb. 88). Sie schließt mit einer Gewindeverbindung — Muffe — an den Meißelzapfen an. Der Durchmesser der Schwerstange variiert je nach dem Meißeldurchmesser zwischen 4 und 8 Zoll, also etwa 100 bis 200 mm, die Länge zwischen 6,0 und 12,0 m.

Die Schwerstangen sind meist aus speziellen Stahllegierungen hergestellt. Sie ergeben das Schlaggewicht, mit dem der Meißel auf die Sohle stößt.

Die Rutschschere. Am oberen Ende der Schwerstange ist die Rutschschere angeschraubt (s. Abb. 89). Sie besteht aus zwei lose ineinandergreifenden Teilstücken, die langgestreckten, ineinandergreifenden Kettengliedern vergleichbar sind. Der Durchmesser der Rutschschere beträgt 4 bis 6 Zoll. Das Spiel der offenen und geschlossenen Rutschschere ist etwa 22,5 cm. Die Rutschschere bezweckt vor allem ein leichteres Loslösen des Meißels bei etwaigem Festwerden auf der Bohrlochsohle. Bei einer Hubhöhe des Schwengels von z. B. 50 cm soll der Anriß beim Aufhub in der Wegstrecke von 10 cm erfolgen. Das obere Scherenglied steigt hier bis auf 10 cm des Spielraumes frei hoch und erst dann wird das untere Scherenglied mit der Schwerstange und dem Meißel hochgerissen.

Die obere Schwerstange. Sie ist bloß 3 bis 4 m lang und dient lediglich zum besseren Freischlagen des Meißels von der Sohle für den Hub nach aufwärts, also zur Vergrößerung der Schlagmasse.

Die Seilflasche (s. Abb. 90). In der Seilflasche ist das Bohrseilende verkeilt oder mit Leichtmetall vergossen. Das untere Ende der Seilflasche hat ein Muffengewinde, das in ein entsprechendes Zapfengewinde der oberen Schwerstange oder der Rutschschere paßt.

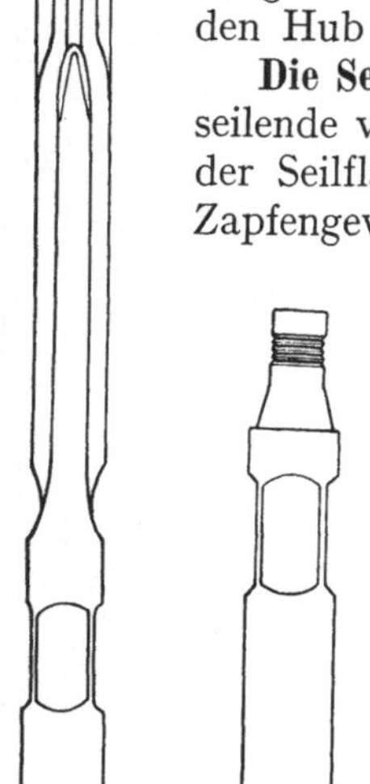

Abb. 89. Rutschschere

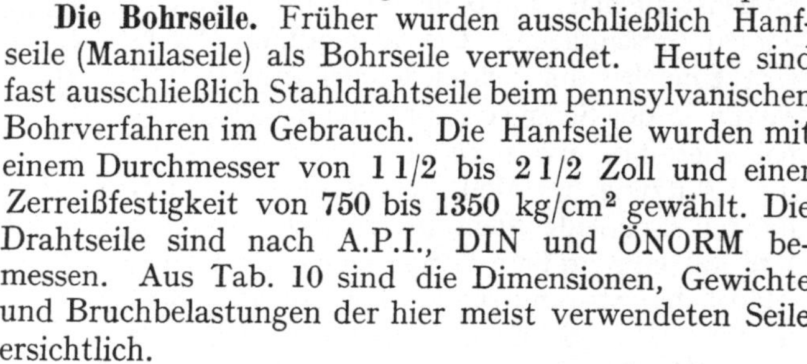

Abb. 90. Seilflasche

Die Bohrseile. Früher wurden ausschließlich Hanfseile (Manilaseile) als Bohrseile verwendet. Heute sind fast ausschließlich Stahldrahtseile beim pennsylvanischen Bohrverfahren im Gebrauch. Die Hanfseile wurden mit einem Durchmesser von 1 1/2 bis 2 1/2 Zoll und einer Zerreißfestigkeit von 750 bis 1350 kg/cm² gewählt. Die Drahtseile sind nach A.P.I., DIN und ÖNORM bemessen. Aus Tab. 10 sind die Dimensionen, Gewichte und Bruchbelastungen der hier meist verwendeten Seile ersichtlich.

Über die beim Bohrbetrieb gebräuchlichen Drahtseile wird im Kapitel XI/B/3 noch ausführlicher gesprochen werden. Hier sei vorweggenommen, daß es sogenannte Längs- oder Gleichschlag- und Kreuzschlagseile gibt, je nachdem, ob die Drähte in den einzelnen Litzen und diese untereinander in der gleichen oder entgegengesetzten Richtung geschlagen sind.

Mit zunehmender Teufe des Bohrloches wird auch die Belastung im obersten Querschnitt infolge des Seileigengewichtes ansteigen. Hier wird sich der Litzenschlag zu dehnen trachten, das heißt die Litzen werden aus ihrer gewundenen

Tabelle 10. *Drahtseile für schlagendes Bohren nach A.P.I. und DIN*

a) *Nach A.P.I.* Drahtseile Machart 6 × 19, Drähte, blank mit Hanffaserseele

Nenn-⌀	Gewicht kg/m	Nenn-Bruchfestigkeit des ganzen Querschnittes kg		
		weicher (140 kg/mm²)	normaler (161,5 kg/mm²)	verbesserter (186,0 kg/mm²)
		Pflugstahl		
5/8 = 15,875	0,938	11,431	13,154	15,150
3/4 = 19,09	1,339	16,329	18,779	21,591
7/8 = 22,225	1,84	22,045	25,401	29,211
1 = 25,40	2,381	28,667	33,022	37,920
1 1/8 = 28,575	3,021	36,106	41,458	47,718

Fortsetzung der Tabelle 10

b) *Nach DIN.* Fülldraht-Machart 6 × 19, Drähte mit Fasereinlage

Nenn-⌀	Gewicht kg/m	Metall-querschnitt mm²	Bruchbelastung bei einer Zugfestigkeit von		
			130	160	180 kg/mm²
16	0,97	96,4	12,500	15,400	17,350
18	1,18	115,9	15,050	18,500	20,850
22	1,87	185,0	24,050	29,600	33,300
26	2,54	251,6	32,700	40,250	45,256

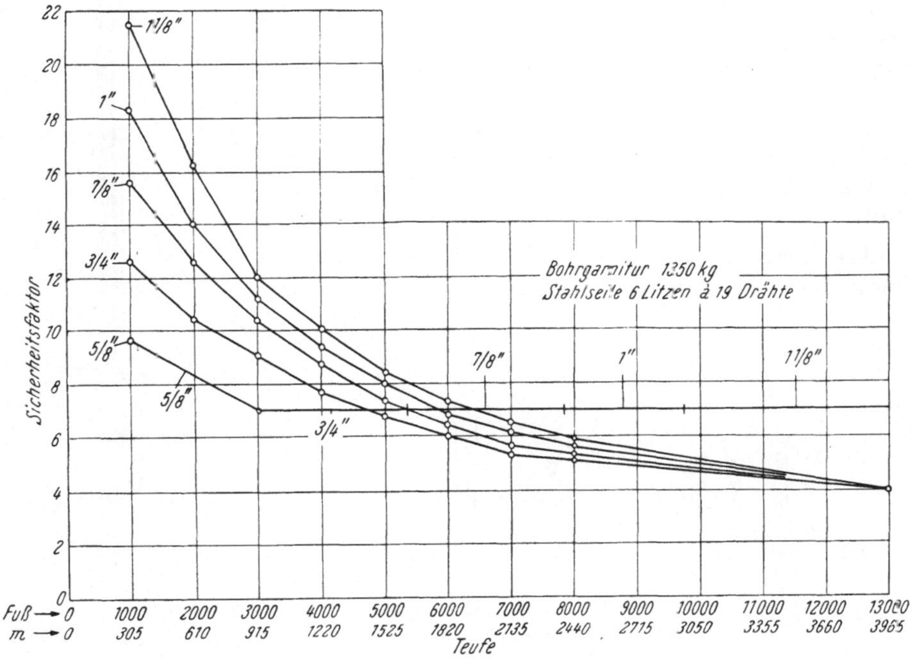

Abb. 91. Verhältnis der möglichen Einbauteufen von Drahtseilen beim pennsylvanischen Bohren in Gegenüberstellung mit dem Sicherheitsfaktor, unter Berücksichtigung des Drahtseildurchmessers

Stellung den geraden Verlauf anstreben. Dadurch erfolgt eine zusätzliche Pressung der Drahtseilseele.

Es muß daher angestrebt werden, den metallischen Querschnitt in allen Teufenlagen so zu wählen, daß die Beanspruchung pro metallischer Flächeneinheit des Seiles in jedem Querschnitt möglichst die gleiche ist. Durch diese Maßnahme kann auch an Seilgewicht gespart werden.

Normalerweise soll das Bohrseil beim Seilschlagbohren mit siebenfacher Sicherheit berechnet werden. Die folgenden Teufen können bei den gebräuchlichsten Seildurchmessern bei dieser Seilschlagmethode und bei obigem Sicherheitsfaktor erreicht werden.

3/4 Zoll = 4,280 Fuß = 1,284 m Teufe,
7/8 Zoll = 5,000 Fuß = 1,500 m Teufe,
1 Zoll = 5,700 Fuß = 1,710 m Teufe,
1 1/8 Zoll = 6,000 Fuß = 1,800 m Teufe.

Bis zu diesen Teufen sind wenig Seilbrüche zu gewärtigen. Größere Teufen können nur durch abgestufte Seildurchmesser erzielt werden. In der ersten Zeit wurden die verschiedenen Durchmesser aneinander gespleißt (Spleißlänge war 15 bis 45 m). Diese Verbindungsart hat sich aber für die hier auftretende Beanspruchung nicht bewährt. Heute können von gewissen Lieferfirmen Bohrseile mit gestuftem Durchmesser bezogen werden. Mit solchen Seilen ist die Erzielung von Teufen bis 3400 m möglich.

Über die Stufenanordnung von verschiedenen Durchmessern bei gegebenen Teufen gibt das Diagramm Abb. 91 Aufschluß.

Details über die Verbindung zwischen Bohrseil und Bohrschwengel. Das aus dem Bohrloch führende Seil ist in einer Klemmvorrichtung, dem Seilschloß (s. Abb. 92) festgehalten, das mit Bügeln in der Nachlaßvorrichtung eingehängt wird. Die Nachlaßvorrichtung ist das Verbindungsglied zwischen Seilschloß und dem Bohrschwengel. Vom Seilschloß nach abwärts ist das Seil, die Bohrgarnitur tragend, gespannt, wohingegen es nach aufwärts lose über eine Turmrolle zur Bohrtrommel führt.

Die Nachlaßvorrichtung (s. Abb. 93). Sie hat die Form einer starkwandigen, langgestreckten, zweiteiligen

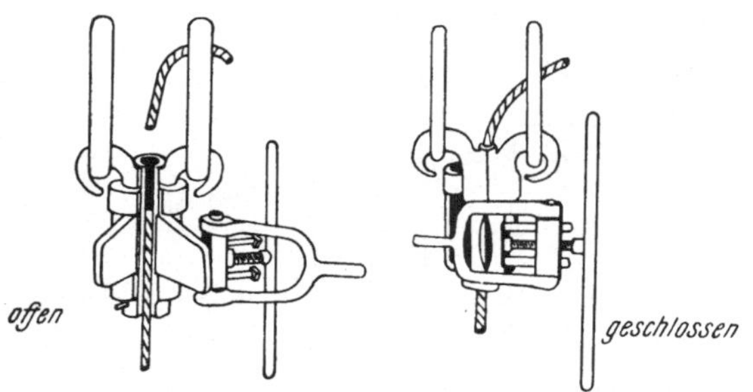

Abb. 92. Seilschloß

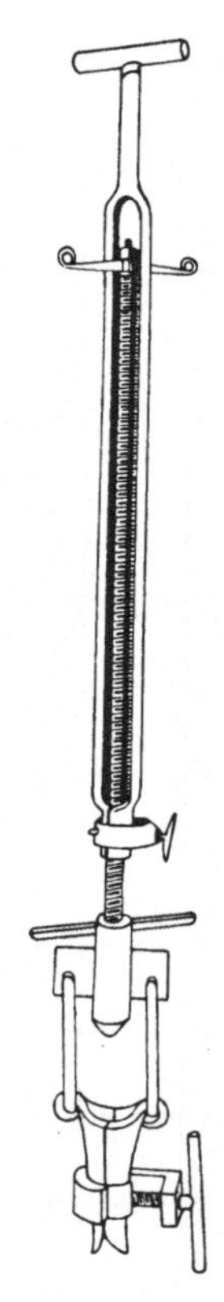

Abb. 93. Nachlaßschraube mit Seilschloß

Gabel, deren oberer starker Stiel mit einem Quersteg in einem Halblager am vorderen Schwengelkopf aufliegt. Die Gabel läuft unten in eine starkwandige, gespaltene Hülse aus, die innen ein flachgängiges Muffengewinde geschnitten hat. Die gespaltene Hülse wird durch einen Schließring und eine Klemmschraube geschlossen gehalten.

In dieses Hülsenstück ist die Nachlaßspindel mit ihrem Vatergewinde eingeschraubt und hat an ihrem oberen Ende lose einen Quersteg als Führungsarm angesetzt. Das untere Ende der Spindel läuft in einen Abschlußkopf aus, der oben zwei Handgriffe hat, mit denen die Spindel im Hülsengewinde gedreht und dadurch die Bohrgarnitur nachgelassen werden kann. Der Abschlußkopf ist ferner mit zwei seitlichen Stegen ausgestattet, in welche die Hängebügel des Seilschlosses eingesetzt sind.

Die Maße dieser Nachlaßvorrichtungen variieren im Außendurchmesser zwischen 50 und 76 mm, in ihrer Länge zwischen 900 und 2100 mm. Der Spindeldurchmesser variiert zwischen $1\frac{3}{8}$ und 2 Zoll, das sind 34,9 bis 50,8 mm. Die maximale Belastung beträgt 7000 bis 13 000 kg. Zwei Umdrehungen der Spindel entsprechen durchschnittlich einer vertikalen Höhe von 25 mm. Die Länge der Nachlaßspindel selbst wird zwischen 500 und 1650 mm gewählt.

Arbeitszyklen beim Bohren mit dem pennsylvanischen Bohrkran

Bevor auf die Arbeitszyklen eingegangen wird, muß die Gestaltung des Bohrlochmundes erläutert werden.

Am Anschlagpunkt der Bohrung wird ein Handschacht von 4 bis 6 m (je nach Grundwasser) abgeteuft, in dem ein großkalibriges Standrohr zentriert und lotrecht eingebaut und mit Letten hinterfüllt wird.

Früher wurden hiezu genietete Rohre mit einem Durchmesser von etwa 500 mm verwendet; heute sind es nahtlos gezogene Rohre mit einem Durchmesser von 16 bis $18\frac{5}{8}$ Zoll.

Das Standrohr ragt etwa 50 bis 60 cm über die Arbeitsbühne und ist mit Rohrschellen, die auf Querbalken liegen, gehalten. Auf diesem so geformten Bohrlochmund werden während der Bohr- und Verrohrungsarbeiten die nötigen Hilfsgeräte, bzw. Werkzeuge aufgesetzt, die für die nachstehenden Arbeitszyklen erforderlich sind.

1. Das Ein- und Ausbauen der Bohrgarnitur zwecks Meißeleinbau, sowie Wechsel des abgenützten Meißels, als unproduktiven Arbeitsgang.
2. Das Bohren des Meißels auf Sohle als den produktiven Arbeitsgang.
3. Das Schmanten, also Reinigen der Bohrlochsohle vom Bohrschmant mittels des Schmantlöffels, ebenfalls als produktiven Arbeitsgang.
4. Das Verrohren und Bewegen der Futterrohre als notwendigen und bedingten Arbeitsgang.

1. Der Ein- und Ausbau der Bohrgarnitur und Beanspruchung des Bohrseiles

Die eigentliche Bohrgarnitur, bestehend aus dem Meißel, der Schwerstange, eventuell einer Rutschschere und oberen Schwerstange, wird bei jedem Ausbau im Bohrturm seitlich abgestellt. Nach erfolgtem Ersatz des abgenützten Meißels durch einen neuen wird die Bohrgarnitur mittels der Bohrtrommel wieder in das Bohrloch eingelassen. Beim ersten Einbau, also bei Beginn der Bohrarbeit, wird zunächst die einfache Bohrgarnitur, bestehend aus Meißel und der Schwerstange, am Turmpodium zusammengesetzt, die Seilflasche angeschraubt, sodann diese Bohrgarnitur mittels der Seiltrommel in den Turm gezogen, über dem Bohrlochmund zentriert und zur Sohle gelassen. Nach Kontaktnahme mit der Sohle wird die Bohrgarnitur um die Schwengelhubhöhe und eine entsprechende Dehnungslänge des Seiles beim Bohren angehoben, der Schwengelkopf mit der Nachlaßvorrichtung und dem Seilschloß in die tiefste Lage gesenkt und das Seil festgeklemmt. Damit übernimmt der Schwengel, der am anderen Ende durch die Zugstange mit der Kurbel an der Hauptwelle verbunden wurde, die gesamte Last; die Bohrtrommel kann nun nachgelassen werden, so daß das Bohrseil von letzterer bis zum Seilschloß locker hängt.

Beim Ausbau übernimmt wieder die Bohrtrommel das gesamte Gewicht, das Seilschloß wird geöffnet und der Ausbau kann mittels der Bohrtrommel beginnen.

Vor dem Ausbau hängt die Bohrgarnitur frei am Bohrseil (der Schwengel steht in der höchsten Stellung), das durch diese ruhende Belastung elastisch gedehnt wird. Beim Beginn des Hochziehens der Bohrgarnitur muß deren Masse durch die an der Hebetrommel verfügbare Antriebskraft aus der Ruhelage auf eine bestimmte Geschwindigkeit beschleunigt werden. Dadurch erfährt das Bohrseil in dieser Beschleunigungsperiode eine zusätzliche Belastung, die beim

Maximum der Beschleunigung auch ihr Maximum erreichen wird. Diese Mehrbelastung, die wir als Massendruck bezeichnen können, muß auch eine zusätzliche Seildehnung zur Folge haben, die allerdings nur in der Beschleunigungsperiode auftritt und ihren größten Wert beim Beschleunigungsmaximum erreicht. Diese zusätzliche Dehnung kann annähernd jener Wegstrecke gleichgesetzt werden, innerhalb der beschleunigt wird.

Die zusätzliche Seildehnung sowie der dabei auftretende Massendruck ergibt sich demnach wie folgt:

Es bedeuten:

Δl = zusätzliche Seildehnung cm,
t = Beschleunigungszeit Sek.,
v = Seilgeschwindigkeit cm/Sek.,
b = Beschleunigung cm/Sek.^{2},
g = Erdbeschleunigung cm/Sek.^{2},
F = metall. Querschnittsfläche des Seiles cm^2,
L = dehnbare Seillänge cm,
E = Elastizitätsmodul kg/cm^2,
Q_s = statische Last kg,
Q_b = Massendruck kg,
Q_t = totale Last kg $= Q_s + Q_b$

$$\Delta l = \frac{Q_b}{F} \cdot \frac{L}{E}; \tag{1}$$

$$t = \frac{\Delta l}{v}; \qquad t^2 = \frac{\Delta l^2}{v^2}, \tag{2}$$

$$\Delta l = \frac{b \cdot t^2}{2}; \quad \text{hier } t^2 \text{ von Gl. (2) eingesetzt ergibt} \tag{3}$$

$$\Delta l = \frac{b \cdot \Delta l^2}{2 \cdot v^2}, \tag{4}$$

$$b = \frac{2 \cdot \Delta l \cdot v^2}{\Delta l^2} = \frac{2 \cdot v^2}{\Delta l}, \tag{5}$$

$$Q_b = \frac{Q_s}{g} \cdot b = \frac{Q_s \cdot 2 \cdot v^2}{g \cdot \Delta l}. \tag{6}$$

Δl aus Gl. (1) eingesetzt:

$$Q_b = \frac{Q_s \cdot 2 \cdot v^2 \cdot E \cdot F}{g \cdot Q_b \cdot L}; \tag{7}$$

$$Q_b{}^2 = \frac{Q_s \cdot 2\, v^2 \cdot E \cdot F}{g \cdot L}; \tag{8}$$

$$Q_b = \sqrt{\frac{Q_s \cdot 2\, v^2 \cdot E \cdot F}{g \cdot L}}; \tag{9}$$

$$Q_t = Q_s + Q_b. \tag{10}$$

Ein Beispiel:

Die dehnbare Bohrseillänge von der Bohrtrommel bis zur Seilflasche sei **1000** m,
die Bohrgarnitur (Meißel + Schwerstange usw.) wiege **1670** kg,
das Drahtseil habe einen Durchmesser von 22,225 mm, einen metallischen Querschnitt von **185** mm^2 und ein Eigengewicht von 1,83 kg/m,
die Bohrtrommel habe einen Durchmesser von **500** mm, eine nutzbare Länge von 1500 mm,
die Drehzahl an der Trommel $n = 30$ U/Min.

Gefragt wird nach dem Drehmoment und dem PS-Bedarf beim Ausbau der Bohrgarnitur, wobei der Wirkungsgrad der Maschine und des Antriebes bis zur Seiltrommel mit 0,8 anzunehmen ist.

Die statische Last ist nach obigen Angaben folgende:

Bohrgarnitur	1670 kg
1000 m Seil	1830 kg
total	3500 kg

Der Auftrieb ist sehr gering und kann vernachlässigt werden.

Nach Gl. (9) ist

$$Q_b = \sqrt{\frac{Q_s \cdot 2\,v^2 \cdot F \cdot E}{g \cdot L}},$$

$$Q_s = 3500 \text{ kg}, \; v \text{ in der ersten Seillage} = \frac{d \cdot \pi \cdot n}{60}$$

bei einem Trommeldurchmesser $d = 50$ cm ist

$$v = \frac{50 \cdot 3{,}14 \cdot 30}{60} = 78{,}5 \text{ cm/Sek.}$$

Es ist somit gegeben:

$$v^2 = 6162{,}25 \text{ cm}^2/\text{Sek.}^2,$$
$$F = 1{,}85 \text{ cm}^2,$$
$$E = 2\,100\,000 \text{ kg/cm}^2,$$
$$g = 981 \text{ cm/Sek.}^2,$$
$$L = 100\,000 \text{ cm.}$$

Demnach ergibt sich eine zusätzliche Beschleunigungslast von:

$$Q_b = \sqrt{\frac{3500 \cdot 2 \cdot 6162{,}25 \cdot 1{,}85 \cdot 2\,100\,000}{981 \cdot 100\,000}} = 1300 \text{ kg},$$

und eine Totallast von:

$$Q_t = 3500 + 1300 = 4800 \text{ kg.}$$

Diese Totallast tritt somit beim Beginn der Aufwärtsbewegung an der Bohrtrommel in der Beschleunigungszeit auf.

Das Drehmoment $M_d = Q_t \cdot \frac{D_1}{2} = 4800 \cdot \frac{50 + 2{,}22}{2}$

$$= 125\,328 \cdot \text{kg} \cdot \text{cm} = 1253{,}28 \text{ kgm.}$$

Die notwendige Leistung $N = M_d \cdot \omega$; $\quad \omega = \frac{\pi \cdot n}{30} = \frac{3{,}14 \cdot 30}{30} = 3{,}14/\text{Sek.}$

$$N = \frac{1253{,}28 \cdot 3{,}14}{0{,}8} = 4920 \text{ kg} \cdot \text{m/Sek.}$$

$$N_{PS} = 65{,}6 \text{ PS.}$$

Im weiteren Ausbau wird die Last aber immer kleiner, und obwohl der Trommeldurchmesser infolge der übereinandergespulten Seillagen größer wird, verkleinern sich das Drehmoment und die erforderliche PS-Leistung, wie dies aus der folgenden überschlägigen Rechnung hervorgeht. Nach drei Seillagen ist eine Seillänge von 348,5 m auf der Trommel aufgespult. Daher ergibt sich die Seillast: $1670 + (1000 - 348{,}5) \cdot 1{,}83 = 2862{,}0$ kg. Die Last greift in der Mitte der dritten Seillage an

$$D/_2 = 25 + 2{,}5 \cdot 2{,}22 = 30{,}55 \text{ cm}, \qquad M_d = 874{,}3 \text{ kg m.}$$

2. Das Bohren

Das eigentliche schlagende Bohren beginnt erst ab Sohle des mit dem Standrohr verkleideten Handschachtes.

Da die Länge der Bohrgarnitur, bestehend aus dem Meißel, der Schwerstange, Rutschschere und Seilflasche meist größer ist als der Abstand der von Hand abgeteuften Schachtsohle vom Schwengelkopf, wird für die ersten Bohrmeter eine besondere Anordnung getroffen, wie sie in Abb. 94 ersichtlich ist. Die Bohrgarnitur besteht hier aus dem Bohrmeißel und einer entsprechend kürzeren Schwerstange. Bei Bohrbeginn wird diese Garnitur mit dem Bohrseil in das Bohrloch eingehängt. Die schlagende Bohrarbeit kommt dadurch zustande, daß der Kurbelzapfen mit dem von der Bohrtrommel zur Turmrolle führenden Bohrseil durch ein besonderes Zugseil verbunden wird, so daß bei jeder Kurbeldrehung ein Anziehen und Nachlassen des Bohrseiles erfolgt. Das Zugseil ist an einem Ende mittels einer Seilbüchse mit dem Kurbelzapfen, am anderen mit einem durch ein Schellenpaar gehaltenen Seilsattel verbunden, der um das Bohrseil gelegt wird.

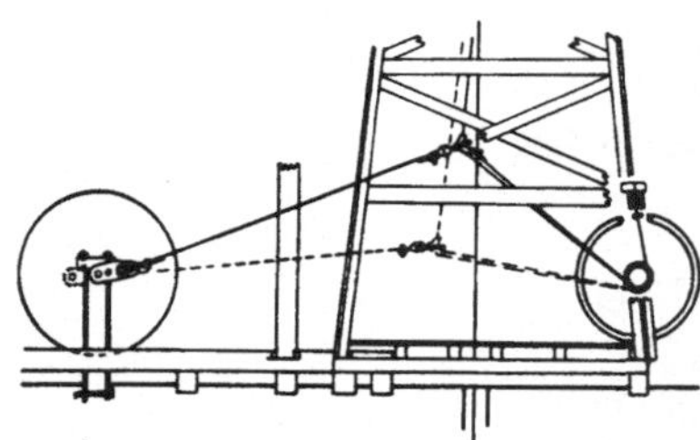

Abb. 94. Pennsylvanischer Bohrkran, Anordnung bei Beginn der Bohrarbeit

Ist das Bohrloch genügend vertieft, wird mit dem Bohrschwengel weitergebohrt.

Der Bohrvorgang und die Meißelwirkung beim pennsylvanischen Bohren sind durch den folgenden Vergleich am besten veranschaulicht. Ein Gewicht, das an einem elastischen Faden aufgehängt ist, wird durch eine stets gleichmäßige Auf- und Abwärtsbewegung des Aufhängepunktes in vertikale Schwingungen versetzt. Die Wegstrecke, die das Gewicht durchläuft, wird gegenüber jener stetigen des Aufhängepunktes immer größer werden, bis ein maximaler Ausschlag erreicht ist. Die Auf- und Abwärtsbewegung des Aufhängepunktes hat demnach erzwungene Schwingungen zur Folge. Die elastische Dehnung des Fadens erreicht dann einen maximalen Wert, wenn die erregende Frequenz der Eigenfrequenz des Seiles gleich ist, also Resonanz vorhanden ist, das heißt mit anderen Worten, wenn die Frequenz der erzwungenen Schwingungen, hervorgerufen durch eine bestimmte Hubzahl des Schwengels, die gleiche ist wie die Eigenfrequenz des sich elastisch dehnenden und zusammenziehenden Bohrseiles.

Beim Seilschlagbohren haben wir es aber nicht nur mit erzwungenen, sondern teilweise auch mit gedämpften Schwingungen zu tun. Die Ursachen der Dämpfung sind einmal der innere Widerstand des Seilmaterials (Hysterese), weiters die Widerstände der Bohrgarnitur in der Bohrlochflüssigkeit, die im Verlaufe des Bohrvorganges eine verschiedene Konsistenz haben wird (verschiedene Sättigung durch Bohrschmant), und nicht zuletzt die Reibungswiderstände des Seiles und der Bohrgarnitur an der Bohrlochwand.

Die rein theoretische Erfassung all dieser Vorgänge ist infolge der vielen variablen Faktoren eine äußerst komplizierte und für die Praxis von geringer Bedeutung.

Es sollen hier nur ganz allgemein die Bewegungsvorgänge behandelt werden, wobei von Dämpfung und Reibung, die stark variieren, abgesehen wird. Die Kurbel vollführt eine drehende Bewegung mit einer bestimmten Drehzahl pro Minute. Der mit ihr verbundene Schwengel hingegen eine Auf- und Abwärtsbewegung, wobei die Hubhöhe des Schwengelendes dem doppelten Kurbelradius entspricht. In der höchsten und tiefsten Schwengelstellung ist seine Geschwindigkeit im Prinzip gleich Null, wohingegen bei 90, bzw. 270° der Kurbel die Geschwindigkeit ihr Maximum erreicht. Anders verhält es sich mit der Beschleunigung, welche bei 0° ihr Maximum und bei 90° gleich Null wird. Im weiteren Verlauf wird bei 180° das Maximum der Verzögerung erreicht, die bei 270° wieder Null wird.

Es stellt sich die Frage, wie groß die Beschleunigungswerte bei verschiedenen Kurbelradien und Drehzahlen werden.

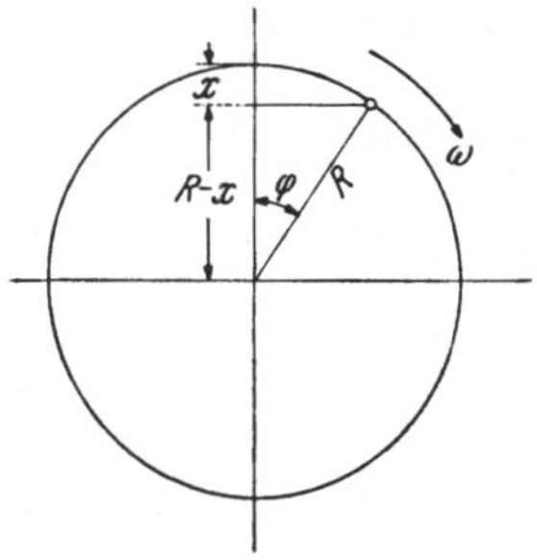

Aus der nebenstehenden Abbildung ergibt sich

$$X = R - (R - X), \quad R - X = R \cdot \cos(\omega \cdot t),$$
$$X = R[1 - \cos(\omega \cdot t)].$$

Dies ist der Weg, den das Schwengelende, bzw. das Bohrseil ober Tage infolge der Kurbeldrehung um den Winkel $\varphi = \omega \cdot t$ in der Zeit t zurücklegt. Daraus resultiert in weiterer Folge die Geschwindigkeit:

$$v = \frac{dx}{dt} = R \cdot \omega \cdot \sin(\omega \cdot t) \quad \text{und die Beschleunigung,}$$

$$b = \frac{d^2x}{dt^2} = R \cdot \omega^2 \cdot \cos(\omega \cdot t); \qquad \omega = \frac{\pi \cdot n}{30}; \qquad b = R \cdot \left(\frac{\pi \cdot n}{30}\right)^2 \cdot \cos(\omega \cdot t);$$

b ist Maximum, wenn $\omega \cdot t = 0^0$; dann $\cos 0^0 = 1$; somit ist

$$b_{max} = \left(\frac{\pi \cdot n}{30}\right)^2 \cdot R = 0{,}010\,95 \cdot R \cdot n^2,$$
$$b_{max} = 0{,}010\,95 \cdot R \cdot n^2 \cdot f,$$

f = ein Koeffizient, der vom Längenverhältnis der Zugstange zum Kurbelradius abhängig ist und die Beschleunigung beeinflußt.

Für die gebräuchlichsten Verhältnisse ergeben sich die nachstehenden Werte für den Koeffizienten f:

$\frac{\text{Zugstange}}{\text{Kurbelradius}} =$	3,5	4,0	4,5	5,0	5,5	6,0	7,0
$f =$	1,286	1,25	1,222	1,20	1,182	1,167	1,143

Die Beschleunigung am Seilende ober Tage pflanzt sich im Stahlseil mit der Geschwindigkeit von etwa 2500 m/Sek. nach unten fort. Zwischen den beiden Seilenden besteht somit eine gewisse Phasendifferenz, die vorwiegend von der Seillänge abhängig ist.

Die Schlaghöhe = Hubhöhe und mögliche Hubzahl/Min. Ist der Schwengel in seiner höchsten Stellung und beginnt gerade der Abwärtshub, so erfährt die Bohrgarnitur eine Beschleunigung (kleiner als beim freien Fall, da Widerstand im Bohrschmant). Ist der Schwengel in der tiefsten Lage angelangt, also am unteren Umkehrpunkt, so hat die elastische Dehnung des Seiles noch nicht das Maximum erreicht.

Bei dieser Bohrmethode wird die elastische Seildehnung für die Meißelarbeit weitestgehend ausgenützt. Es ist somit nicht allein die Hubhöhe des Schwengels als Fallhöhe in Rechnung zu stellen, sondern auch das zusätzliche elastische Ausschwingen des Bohrseiles.

Wie groß ist nun diese zusätzliche elastische Seildehnung, unter der Voraussetzung, daß von jeder Dämpfung und Reibung abgesehen wird?

Die zusätzliche Seildehnung ergibt sich aus folgender Rechnung:
Es bedeuten:

Δl_2 = zusätzliche Seildehnung am Ende des Abwärtshubes,

Q_{bo} = durch die Verzögerung der Masse $\frac{Q_s}{g}$ am Ende des Abwärtshubes sich ergebende zusätzliche Last = Massendruck.

$$\Delta l_2 = \frac{Q_{bo}}{F} \cdot \frac{L}{E}; \tag{1}$$

$$Q_{bo} = \frac{Q_s}{g} \cdot b_{max}; \tag{2}$$

$$b_{max} = 0{,}010\,95 \cdot R \cdot n^2 f; \tag{3}$$

$$Q_{bo} = \frac{Q_s}{9{,}81} \cdot 0{,}1095 \cdot R \cdot n^2 \cdot f; \tag{4}$$

$$Q_{bo} = Q_s \cdot 0{,}001\,116 \cdot R \cdot n^2 \cdot f; \tag{5}$$

$$\Delta l_2 = \frac{Q_s \cdot 0{,}001\,116 \cdot R \cdot n^2 \cdot f}{F} \cdot \frac{L}{E}. \tag{6}$$

Wenn der Meißel beim Beginn des Abwärtshubes von der Sohle $h_0 + \Delta l_2$, das ist die Schwengelhubhöhe und die zusätzliche Seildehnung, entfernt ist, wird er die Sohle gerade noch berühren, aber noch keine Bohrarbeit leisten. Erst wenn der Bohrmeister an der Nachlaßvorrichtung nachläßt und die Bohrgarnitur weiter absenkt, wird der Meißel auf die Sohle aufstoßen können und das Gestein zerspanen. Um einen entsprechend starken Aufschlag zu erzielen, wird die so hervorgerufene Eigenschwingung des Seiles nicht zur vollen Entfaltung kommen dürfen. Die Schwingung muß vor Erreichung der maximalen Amplitude durch die Bohrlochsohle begrenzt werden (siehe Abb. 95).

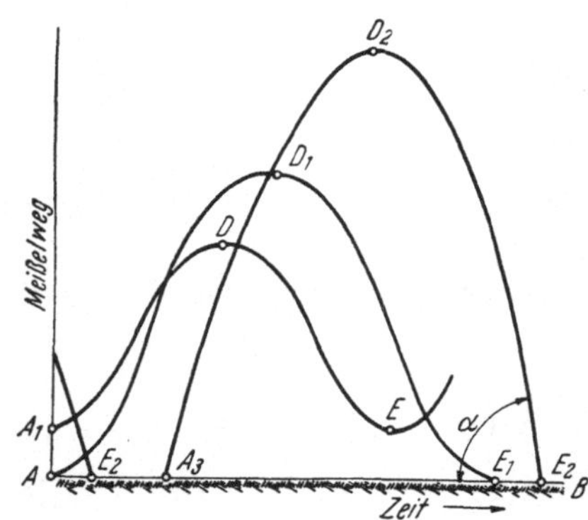

Abb. 95. Elastische Schwingungen der am Bohrseil hängenden Bohrgarnitur beim Bohren mit dem Pennsylvan-Bohrkran.
$A_1 - D - E$ = Anfangsschwingung des Meißels, $A - D_1 - E_1$ = Meißelschwingung erreicht die Bohrlochsohle, $A_3 - D_2 - E_2$ = Meißel stößt mit $v = \text{tg}\,\alpha$ auf die Bohrlochsohle

Wie weit nachgelassen werden soll, bzw. wie lange der Meißel auf der Sohle verharren soll, hängt in erster Linie vom Charakter des zu durchteufenden Gesteins ab. Bei harten, aber auch bei steilen Gesteinsschichten soll der Aufschlag möglichst kurz erfolgen, also die Eigenschwingungen weitestgehend ausgenützt werden. Bei weichen Schichten hingegen wird die Seilschwingung nur begrenzt ausgenützt.

Beim Auftreffen des Meißels auf die Sohle wird das Seil vorzeitig entspannt und beim Aufhub durch den inzwischen hochgehenden Schwengel mit der Bohrgarnitur hochgerissen. Dabei tritt eine zusätzliche Beanspruchung des Bohrseiles auf, da die ruhende Last der Bohrgarnitur auf die maximale Hubgeschwindigkeit beschleunigt werden muß. Die gesamte hier auftretende Last, also das statische Gewicht + Massendruck, muß der jeweils zulässigen Seilbeanspruchung entsprechen. Je höher die Drehzahl der Kurbel ist, um so größer wird die Beschleunigung und damit auch der Massendruck werden. Die zulässige maximale Drehzahl an der Kurbel ergibt sich aus folgender Überlegung: Die hier auftretende Gesamtlast muß gleich sein der metallischen Querschnittsfläche, multipliziert mit der zulässigen Beanspruchung pro Flächeneinheit.

Es bedeuten:

σ_z = zulässige Zugbeanspruchung des Seiles in kg/cm²,

h_0 = Hubhöhe am Schwengel,

R = Kurbelradius = $h_0/2$.

$$Q_s + \frac{Q_s}{g} \cdot b = \sigma_z \cdot F; \tag{7}$$

$$b = \frac{(\sigma_z \cdot F - Q_s) \cdot g}{Q_s}, \tag{8}$$

$$b = R \cdot \left(\frac{\pi \cdot n}{30}\right)^2 \cdot \cos(\omega \cdot t) \cdot f;$$

b wird ein Maximum, wenn $\omega \cdot t = 0°$ oder 180°, dann ist (9)

$$\cos \omega \cdot t = 1.$$

Wird der Koeffizient f gleich 1,25 gewählt bei einem Verhältnis

$$\frac{\text{Zugstangenlänge}}{\text{Kurbelradius}} = 4{,}0, \text{ so ergibt sich:}$$

$$b = \left(\frac{\pi \cdot n}{30}\right)^2 \cdot R \cdot 1 \cdot f; \tag{9 a}$$

$$b = 0{,}010\,95 \cdot R \cdot n^2 \cdot f; \tag{10}$$

$$b = 0{,}010\,95 \cdot R \cdot n^2 \cdot 1{,}25 = \frac{(\sigma_z \cdot F - Q_s) \cdot g}{Q_s}; \tag{11}$$

$$n = \sqrt{\frac{(\sigma_z \cdot F - Q_s) \cdot g}{Q_s \cdot 0{,}010\,95 \cdot R \cdot 1{,}25}}; \tag{12}$$

Es ist dies theoretisch die maximale Hubzahl für ein gegebenes σ_z; für Dauerbeanspruchungen, wie dies hier der Fall ist, wird in der Praxis das maximale n mit nur 50 bis 60% des oben errechneten Wertes angenommen.

Bei Verwendung der Rutschschere, die in der Regel nur bei weicherem Gestein an die Schwerstange angeschlossen wird, eilt ihr Oberteil mit dem Seil der Bohrgarnitur voraus, so daß die Schwerstange mit dem Meißel freifallend die Sohle trifft.

Der geschulte Meister wird Hubhöhe und Hubzahl pro Minute sowohl der jeweiligen Teufe als auch der Gesteinshärte anzupassen wissen, um ein Optimum an Meißelarbeit zu erzielen und dabei Seilbrüche zu vermeiden. Die bei der Bohrarbeit wechselnden Seilspannungen können ober Tage vom Fachmann erkannt werden. Sie wirken sich auf den Gang sowohl der Schwengelbewegung als auch der Arbeitsmaschine deutlich aus.

Aus praktischen Erfahrungen können für die verschiedenen Teufen und Hubhöhen die folgenden Schlagzahlen pro Minute empfohlen werden:

Teufe	Schlagzahlen/Min. 500 m	1000 m	1500 m
Hubhöhe			
50 cm	35 bis 40	25 bis 30	20 bis 22
75 cm	32 bis 35	20 bis 25	15 bis 17
100 cm	25 bis 30	16 bis 20	12 bis 15
150 cm	20 bis 25	12 bis 16	8 bis 10

3. Das Schmanten der Bohrlochsohle

In gewissen Zeitabschnitten, wenn der Bohrschmant die Sohlflüssigkeit zu stark verdickt hat, muß die Bohrgarnitur ausgebaut und der Schmantlöffel zum Reinigen des Bohrloches eingebaut werden. Der Schmantlöffel ist mittels einer Seilflasche mit dem Schmantseil verbunden, das über eine Turmrolle geführt und auf der Schmanttrommel aufgespult ist. Die Schmantseile erfahren eine bedeutend geringere Belastung als die Bohrseile und werden daher auch im Durchmesser entsprechend schwächer, etwa zwischen 12 und 18 mm, gewählt.

Die Ausbaugeschwindigkeit variiert je nach Bauart der Anlage zwischen 2 und 5, die Einbaugeschwindigkeit etwa zwischen 5 und 8 m/Sek.

4. Der Einbau und das Bewegen der Futterrohre

Für diesen Arbeitsgang ist die Fördertrommel und das auf ihr aufgespulte Flaschenzugseil vorgesehen.

Aus der zu erwartenden Futterrohrlast, dem gewählten Seildurchmesser und der zulässigen Beanspruchung des Seiles ergibt sich die Anzahl der vorzusehenden Flaschenzugsrollen. (Näheres hierüber s. S. 155.)

Beim Bohren mit dem Pennsylvankran ist das Bohrloch nur auf wenige Meter auf Sohle mit Wasser gefüllt. Es besteht somit die Gefahr, daß durch den Gebirgsdruck und das Schlagen des Bohrseiles bei der Bohrarbeit die Bohrlochwand nach einiger Zeit einfällt. Zu ihrer Sicherung müssen daher bei diesem Bohrverfahren laufend Futterrohre nachgesetzt werden.

Der Bohrmeißel kann folglich nur eine gewisse Teufenstrecke, etwa 1 bis 2 Rohrlängen, bohren, und zwar mit einem Durchmesser, der um wenige Millimeter kleiner ist als der Innendurchmesser der schon eingebauten Rohre. Um nun diese im Bohrloch frei hängenden Rohre tiefer einzubauen, muß das Bohrloch zunächst auf den Außendurchmesser dieser Rohre, plus einem gewissen Spielraum von etwa 20 bis 50 mm (je nach Standfestigkeit der Bohrlochwand), mit dem Nachschneidemeißel erweitert werden.

Damit die schon eingebauten Futterrohre nicht vorzeitig im Bohrloch fest werden, müssen sie in gewissen Zeitabständen während der Bohrarbeit manövriert werden; ein Vorgang, der noch näher erklärt wird.

Eine Futterrohr-Kolonne kann allerdings nur auf eine beschränkte Teufe im unverrohrten Bohrloch eingebaut werden. Der Grund hierfür ist darin zu suchen, daß die Rohre durch teilweisen Nachfall der Bohrlochwand in einer gewissen Teufe festgeklemmt werden und damit auch nicht tiefer einzubauen sind.

Um die erwünschte Endteufe zu erreichen, müssen daher mehrere, vier bis acht, teleskopisch ineinander passende Futterrohre vorgesehen werden.

Das Verrohren der Futterrohre spielt sich wie folgt ab: Die einzelnen Rohre sind auf der Turmbrücke bereitgestellt und in ihrer Länge vermessen (die Rohrlänge reicht vom Muffenende bis zum Beginn des Zapfengewindes, also exklusive des Gewindezapfens).

Am ersten zum Einbau gelangenden Rohr ist der Rohrschuh, ein kurzes starkwandiges Rohrstück (s. Abb. 96), eingeschraubt.

Unterhalb der Muffe des ersten Rohres wird ein Rohrelevator angesetzt, dessen Hängebügel in den Flaschenzugshaken eingelegt werden.

Am Bohrlochmund ist der Keiltopf auf dem Standrohr aufgesetzt (s. Abb. 97 und 98).

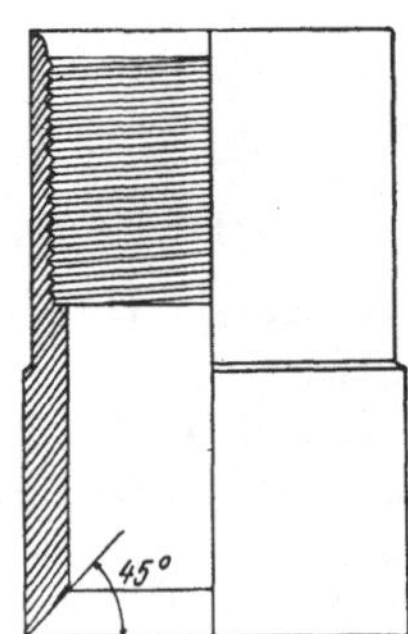

Abb. 96. Futterrohrschuh für Trockenbohrungen

Mittels der Fördertrommel und des Flaschenzuges wird das erste Rohr mit dem Rohrschuh in den Turm gezogen, über dem Bohrlochmund zentriert und in das Bohrloch eingelassen. Unterhalb des Elevators wird das eingebaute Rohrende mit Keilen im Keiltopf abgefangen.

Anstatt eines Elevators können auch Rohrschellen (s. Abb. 99) beim Einbau verwendet werden, wobei zwei Seilschlingen die Verbindung mit dem Flaschenzugshaken bilden.

Der Keiltopf ist in diesem Falle überflüssig, die Rohrschellen können direkt, das heißt durch Bohlen unterlegt, auf das Standrohr aufgesetzt werden.

In der gleichen Art erfolgt der Einbau der restlichen Rohre.

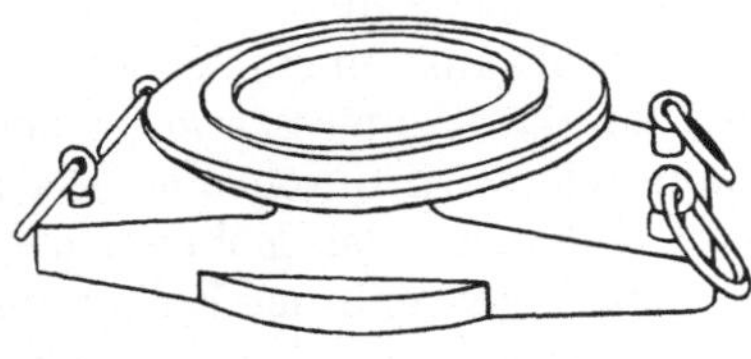

Abb. 97. Keiltopf

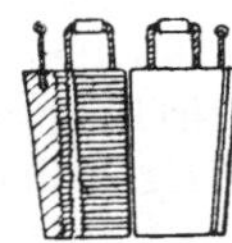

Abb. 98. Keile

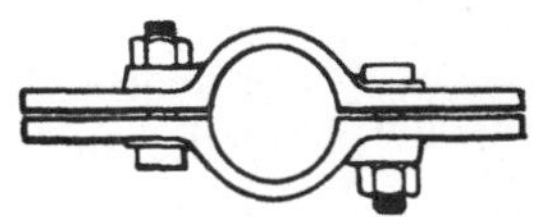

Abb. 99. Bohrrohrklemme

Das Manövrieren der eingebauten Futterrohre spielt sich folgendermaßen ab: Das Bohren wird eingestellt und der Bohrmeißel mit der Bohrtrommel einige Meter vor der Bohrlochsohle angehoben und sodann das Bohrseil am Bohrlochmund in einer eigenen Seilklemme fixiert.

Der Bohrschwengel wurde vorher in die höchste Stellung gebracht, um den Weg für den Flaschenzug frei zu geben.

Nachdem der am Flaschenzug hängende Elevator unter der Rohrmuffe eingelegt wurde, kann der ganze Rohrstrang mit der Fördertrommel etwa eine Rohrlänge angehoben und wieder gesenkt werden. Während dieses Anhebens und Senkens werden die Rohre von der Bohrmannschaft mit Kettenzangen gedreht. Das Manöver muß so lange wiederholt werden, bis sich die Rohre sehr leicht, das heißt ohne besonderen Widerstand bewegen lassen.

Nach dieser Operation kann die Bohrarbeit wieder fortgesetzt werden.

Über die gebräuchlichen Futterrohrtypen, die Rohrverbindungen, ihre Beanspruchung und Zementierung zwecks Sperren der Wässer wird in der „Tiefbohrtechnik" ausführlich berichtet werden.

Im folgenden sind zwei Verrohrungsbeispiele aus USA angeführt:

Bohrung A.	1.	Futterrohrtour	15 1/2	Zoll	bis	120	m	Teufe
	2.	,,	12 1/2	Zoll	,,	270	m	,,
	3.	,,	10	Zoll	,,	480	m	,,
	4.	,,	8 1/4	Zoll	,,	600	m	,,
	5.	,,	6 5/8	Zoll	,,	750	m	,,
	6.	,,	5 3/16	Zoll	,,	900	m	,,
Bohrung B.	1.	Futterrohrtour	10	Zoll	bis	170	m	Teufe
	2.	,,	8 1/4	Zoll	,,	375	m	,,
	3.	,,	6 5/8	Zoll	,,	480	m	,,
	4.	,,	5 3/16	Zoll	,,	780	m	,,

Die Fangarbeiten beim Bohren mit dem Pennsylvankran

Folgende Unfälle während der Bohrarbeit können Fangarbeiten zur Folge haben:

1. Der Meißel kann sich an der Sohle verklemmen, z. B. im Schwimmsand oder plastischen Ton fest werden. Der Grund ist meist ein zu rasches Nachlassen, was insbesondere bei einem zu spät bemerkten Wechsel der Gesteinshärte vorkommen kann.

2. Das Bohrseil kann zu Bruch gehen, wenn es an und für sich schon schadhaft war oder durch zu große Hubzahl und unsachgemäßes Nachlassen überbeansprucht wurde.

Abb. 100. Seilmesser für Drahtseile

Für diese Arbeiten sind eigene Fanggeräte vorgesehen. Falls der Meißel auf Sohle fest wird und trotz wiederholtem Manöver, wie Spannen und Lockern des Bohrseiles, nicht zu ziehen ist, muß das Bohrseil oberhalb der Seilflasche mit einem Seilmesser geschnitten werden (s. Abb. 100).

Der Stiel und die beiden, am unteren Ende in Gabelform ausgebildeten Backen dieses Gerätes sind aus einem Stück geschmiedet. Zwischen den Backen ist das Seilmesser auf einem lösbaren Bolzen drehbar eingebaut und wird durch eine Blattfeder nach abwärts gedrückt. Vor Einbau ist das Bohrseil nach Lösung des Bolzens in die Backen einzulegen und der Bolzen mit dem Messer wieder einzubauen. Der Stielkopf wird mit seiner Gewindeverbindung an ein Voll- oder Hohlgestänge angeschlossen und auf diese Art das Seilmesser entlang des mäßig gespannten Bohrseiles in das Bohrloch eingebaut.

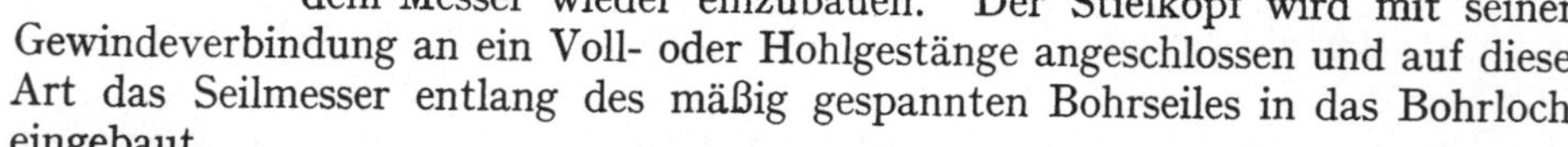

Oberhalb der Seilflasche angelangt, wird durch Anheben und Spannen des Gestänges das Seil geschnitten, sodann wird zunächst das Bohrseil mittels der Bohrtrommel und dann das Gestänge mit dem Seilmesser mittels der Fördertrommel ausgebaut.

Als Gestänge wird in diesem Falle meist ein einzölliges Pump- oder kanadisches Gestänge gewählt.

Der Ausbau der im Bohrloch verbliebenen Bohrgarnitur erfolgt mit einer Fangkrone (s. Abb. 101), die ebenfalls an einem entsprechend starken Rettungsgestänge eingebaut wird.

Die Bohrgarnitur, bestehend aus Meißel und Schwerstange (eventuell auch Rutschschere) und Seilflasche, wird mit der Fangkrone unterhalb der letzteren gefaßt und mit dem Gestänge gezogen.

Über Fangarbeiten besonderer Art, bei denen der im Bohrloch verbliebene Teil der Bohrgarnitur nicht ohne weiteres gezogen werden kann, wird in der „Tiefbohrtechnik" berichtet.

Ist das Bohrseil weit oberhalb der Seilflasche gerissen, so muß mit einem eigenen Seilhaken, der ebenfalls an einem Rettungsgestänge eingebaut wird, gearbeitet werden (s. Abb. 102, 103 und 104). Diese Seilhaken werden ein-, zwei- und dreistielig konstruiert. Sie haben eine Reihe oben gezahnter, nach aufwärts gerichteter Fanghaken an ihren Stielen angesetzt, in denen sich das Seil durch Drehen des Gestänges verfängt.

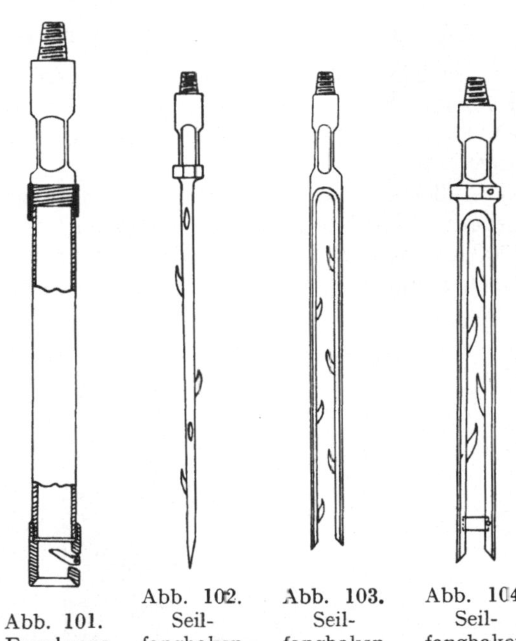

Abb. 101. Fangkrone — Abb. 102. Seilfanghaken — Abb. 103. Seilfanghaken — Abb. 104. Seilfanghaken

Am oberen Ende des Seilhakens ist eine Eisenplatte in Tellerform angebracht, mit deren Hilfe man das Auftreffen des Fanggerätes auf das gerissene Seilende ober Tage gut beobachten kann und vor allem verhindert, daß dieses zu tief in die Seilschlingen eindringt, die sich beim Hochziehen im Futterrohr verkeilen können. An dieser Stelle wird mit der Fangoperation begonnen, das heißt das Fanggerät wird mit dem Rettungsgestänge gedreht und hochgezogen. Zu tiefes Einlassen des Seilhakens, was ohne den Eisenteller leicht vorkommen könnte, führt meist zu Knotenbildungen und Stauungen oberhalb des Seilendes und erschwert ganz wesentlich die Fangoperation. Es wird fast niemals das ganze Seil bei der ersten Fangarbeit zu ziehen sein, sondern es werden immer nur einzelne Teilstücke abgerissen werden.

Erst nachdem das gesamte im Bohrloch gebliebene Bohrseil gezogen ist, wird die Fangkrone mit dem Rettungsgestänge zum Ausbau der Bohrgarnitur eingebaut.

Die Fangarbeiten nach Seilen gehören zu den unangenehmsten und oft auch langwierigsten.

Um festzustellen, in welcher Teufe sich das gerissene Seilende befindet, wird der vorsichtige Bohrmann immer zunächst ein Modell einbauen (s. Abb. 105). Es ist ein Rohrstutzen, der einen Holzpfropfen enthält, auf den ein Drahtgeflecht genagelt und mit Paraffin oder Blei vergossen wird.

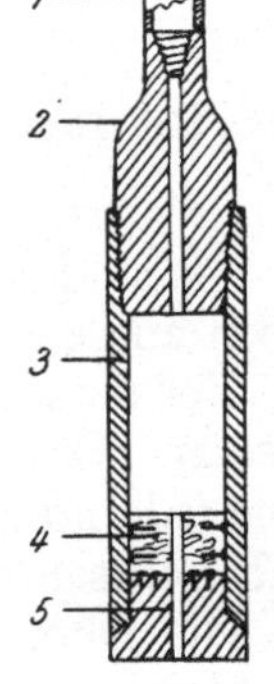

Abb. 105. Modell. *1* Gestänge, *2* Übergang, *3* Rohrstutzen, *4* Holzpfropfen mit Draht und Nägeln, *5* Paraffin (Blei)

Das Modell wird mit einem beliebigen Gestänge in das Bohrloch eingebaut, sein Aufsetzen am Seilende ober Tage (Gewichtsentlastung) beobachtet und beim Ausbau die Teufe am Gestänge vermessen.

Auch wenn Teile der Bohrgarnitur im Bohrloch zu Bruch gehen, gibt das Modell vor Beginn der eigentlichen Fangarbeiten einen wertvollen Hinweis über Lage und Formgestaltung der Bruchstelle. Nach dem Abdruck am Modell wird das für den speziellen Fall geeignete Fanggerät gewählt.

Die Bohrmannschaft

Sie setzt sich pro Schicht aus einem Meister und drei, mitunter vier Mann zusammen, von denen der eine auch als Heizer die nahegelegene Kesselbatterie gleichzeitig bedienen kann.

Allgemeines über den heutigen Einsatz von Seil-Schlagbohranlagen

Der Einsatz der Seil-Schlagbohranlagen — „Cable tool outfits" — ist im Jahre 1952 in USA. stark zurückgegangen. Von der Gesamtzahl der abgestoßenen 45 885 Bohrungen wurden nur 8030, also bloß 17,5%, mit diesen Bohranlagen abgeteuft.

Außer der hier besprochenen Pennsylvan-Bohranlage sind heute kompakter gebaute Konstruktionen im Gebrauch, die insbesondere bei kleineren Teufen (500 m) den Vorteil haben, daß die Umstellung von einem Bohrpunkt zum anderen rascher und billiger bewerkstelligt werden kann.

Abb. 106. Brunnenbohrgerät für schlagendes Bohren, Type BG der Fa. Bade & Co., G. m. b. H.

Sie sind entweder auf Lkws., Lkw.-Anhängern oder Schlittenkufen aus Profileisen aufgebaut und können daher als Einheit transportiert werden.

Bei manchen Konstruktionen ist der Schwengel durch eine Doppelschwinge ersetzt. Das Bohrseil führt von der im Bohrloch hängenden Bohrgarnitur über eine federnd gelagerte Turmrolle, von hier über eine Seilrolle der Doppelschwinge zur Bohrseiltrommel.

Die Doppelschwinge ist durch eine Zugstange mit einem Kurbeltrieb verbunden und wird bei der Kurbeldrehung in eine auf- und abwippende Bewegung versetzt; auf diese Weise wird die schlagende Wirkung des Meißels erzielt.

Diese Gerätetype wird unter anderen auch von der deutschen Firma Bade & Co., Hannover-Lehrte, gebaut (s. Abb. 106).

Amerikanische Gerätefirmen bringen Bohranlagen auf den Markt, die sowohl nach dem Prinzip der Pennsylvan-Anlage schlagend als auch drehend, nach dem Rotarysystem, arbeiten können.

Eine der führenden Firmen für Pennsylvan-Bohranlagen in USA ist die Cardwell Mfg. Co. Inc. in Wichita, Kansas. Sie baut vorwiegend die folgenden drei Bohranlagen-Modelle:

Modell H Teufe für Seilschlag bis 1000 m für Rotary 750 m,
Modell K Teufe für Seilschlag bis 1500 m für Rotary 1150 m,
Modell R Teufe für Seilschlag bis 2200 m für Rotary 1350 m.

Generelle Beurteilung der Pennsylvan-Bohranlagen

Mit diesen Bohranlagen kann ein Bohrfortschritt erzielt werden, der je nach Härte der durchteuften Schichten etwa 0,5 bis 40 m/Tag beträgt. Über die Bohrzeiten bei verschiedenen Teufen gibt das Diagramm Abb. 107 Aufschluß.

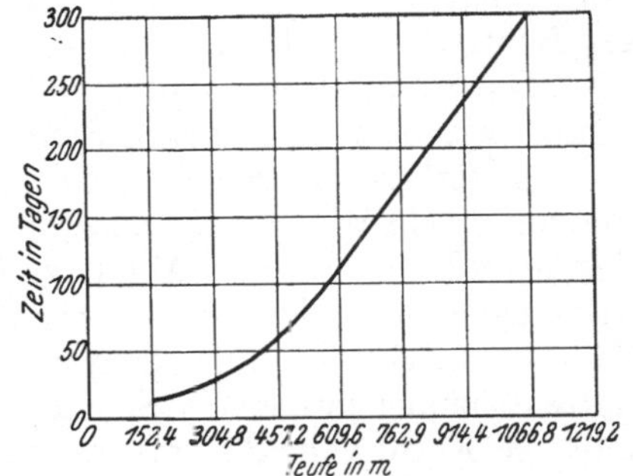

Abb. 107. Durchschnittliches Verhältnis von Teufe und Bohrzeit beim Bohren mit dem Pennsylvan-Bohrkran

Vorteilhaft sind die geringen Anschaffungs- und Betriebskosten. Die Schichtenfolge ist beim Bohren gut festzustellen. Öl- und Gasschichten geringen Druckes können bei entsprechender Aufmerksamkeit schwerlich überbohrt werden. Das Bohrloch bleibt praktisch lotrecht.

Nachteilig ist, daß der Bohrfortschritt bei größeren Teufen, etwa ab 1000 m, verhältnismäßig gering wird, die Verrohrungskosten sich sehr hoch stellen und Schichten hohen Druckes nicht durchteuft werden können.

B. Der kanadische Bohrkran

Er hat heute eigentlich nur noch historische Bedeutung und soll nur kurz Erwähnung finden.

Bis zum Jahre 1924 war dieser Bohrkran für Erdölbohrungen in Rumänien, Polen und Rußland fast ausschließlich im Gebrauch. Heute ist er durch moderne Gerätetypen völlig verdrängt. Das Bohren mit dem kanadischen Bohrkran ist gleichfalls ein trockenes Schlagbohren. Das Verbindungsglied zwischen dem Meißel und dem Obertage-Antrieb war hier allerdings ein Vollgestänge.

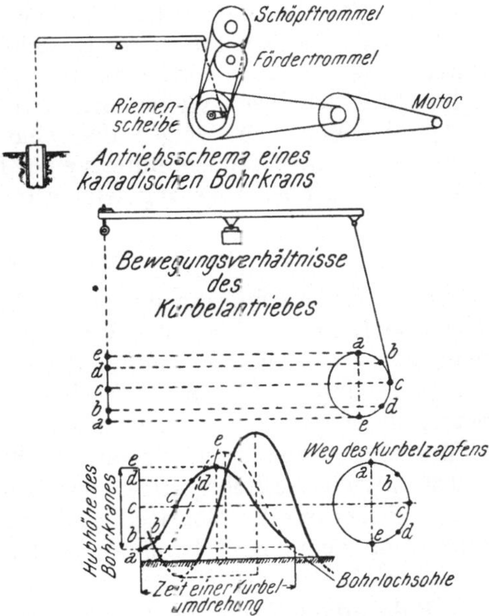

Abb. 108. Zeit-Weg-Kurve des Meißels beim kanadischen Bohrkran

Die Bestandteile

Die Bestandteile der kanadischen Bohranlage sind (s. Abb. 108) folgende:

1. Die *Hauptantriebswelle* mit drei Riemenscheiben und einer Stirnkurbel, die auf einem soliden, im Erdboden verankerten Holzgerüst gelagert war.
2. Die *Fördertrommel*, auf der sowohl das Seil zum Aus- und Einbau des Bohrgestänges als auch das Flaschenzugseil zum Einbau der Futterrohre abwechselnd

aufgespult werden konnte. Die Trommelwelle war auf einem Holzgerüst oberhalb der Hauptantriebswelle verlagert. Ihr Antrieb erfolgte durch Riemen mit Spannrolle von der Hauptantriebswelle aus.

3. Die *Schmanttrommel* für das Schmantseil zum Einbau des Schmantlöffels war auf dem gleichen Holzgerüst wie die Fördertrommel, und zwar oberhalb dieser, gelagert. Auch hier war ein Riementrieb mit Spannrolle von der Hauptantriebswelle vorgesehen. Die Spannrollen und Bandbremsen der Förder- und Schmanttrommel wurden durch entsprechende Gestänge und Hebelarme vom Bohrmeisterstand bedient, der sich unmittelbar vor der Hauptwelle, unterhalb des Bohrbockes, befand.

4. Die *Schlageinrichtung* bestand aus dem Bohrbock mit einem Bohrschwengel, ähnlich wie beim Pennsylvan-Bohrkran.

Das Verbindungsglied zwischen dem Schwengel und der Bohrgarnitur war eine mit einem Wirbelstück ausgestattete Kette. Um eine lotrechte Führung des Gestänges beim Auf- und Abhub zu gewährleisten, hatte der Schwengel einen als Kreisausschnitt geformten eisernen Bohrkopf, in dessen Rille die Kette zur Nachlaßvorrichtung in der Schwengelmitte führte. Die Nachlaßvorrichtung, als Kettentrommel mit einem Schraubenrad ausgebildet, konnte durch eine kleinkalibrige Kette vom Bohrmeisterstand betätigt werden.

5. Als *Antriebsmaschine* diente meist eine Einzylinder-Auspuffmaschine von 15 bis 50 PS (je nach Teufe), seltener ein Elektromotor. Bei elektrischem Antrieb wurde ein Vorgelege zur Herabsetzung der Drehzahl vorgeschaltet.

6. Der *Bohrturm*, vorwiegend eine Holzkonstruktion mit einer Basis von 6 auf 6 m, einer Höhe von 18 bis 25 m, hatte am Turmkopf die entsprechenden Seilrollen für den einrolligen Flaschenzug zum Gestänge-Ein- und -Ausbau, den mehrrolligen Flaschenzug für den Einbau der Futterrohre und schließlich eine Seilrolle für das Schmantseil eingebaut.

7. Die *Bohrgarnitur* bestand aus dem Schlagmeißel (Exzenter- oder Blattmeißel), einer Schwerstange, der Rutschschere und dem Vollgestänge mit einem Durchmesser von 22 oder 32 mm. Die Arbeitsgänge waren die gleichen wie beim Bohren mit dem pennsylvanischen Bohrkran.

Um den Meißel zu zwingen, die Sohle gleichmäßig rund zu bearbeiten, wurde beim Bohren das Gestänge mittels eines Krückelstückes gedreht, das am letzten Gestängestück ober Tage angesetzt war.

Der Bohrvorgang

Der Bohrvorgang ähnelte jenem beim pennsylvanischen Bohrkran, die elastische Dehnung des vollen Gestänges war jedoch naturgemäß geringer als beim Bohrseil. Auch hier mußten die Hubzahl und die Hublänge der Teufe des Bohrloches angepaßt werden. Die Hubhöhen waren im allgemeinen geringer als beim Bohren mit dem Pennsylvankran. Die Hubzahlen überschritten fast nie 40/Min. und verminderten sich mit zunehmender Teufe.

Das ausgebaute Bohrgestänge wurde im Turm seitlich abgestellt.

Zur Sicherung der Bohrlochwand mußte auch hier das Bohrloch, wie beim Bohren mit dem Pennsylvankran, laufend verrohrt werden.

Bohranlage-Typen nach dem Prinzip des kanadischen Bohrkranes

Das ständige Bestreben der Bohrfachleute, den Bohrfortschritt zu erhöhen, brachte es mit sich, daß um die Jahrhundertwende verschiedene verbesserte Konstruktionen von Schlagbohrkränen entwickelt wurden, die heute allerdings auch nur noch historische Bedeutung haben.

Es sollen hier lediglich die markantesten angeführt werden.

Der Raky-Schnellschlagkran hatte z. B. einen federnd gelagerten Bohrschwengel, wodurch der Schlag elastischer wurde und die Schlagzahl erhöht werden konnte.

Der Schwengelkran der Deutschen Tiefbohrgesellschaft, Nordhausen, hatte einen eisernen, zurückschlagbaren Schwengelkopf, die Verbindung der Zugstange mit dem Schwengel war durch eine Spiralfeder elastisch gestaltet, der Schwengel war federnd gelagert.

Beim Rapidkran Trauzl hing das Gestänge an einem Stahlbandseil, das über eine Schwengelkopfseilrolle zur Nachlaßtrommel führte.

Der FAUCKsche Expreßkran war dem Rapidkran ähnlich konstruiert, das Verbindungsglied zwischen dem Bohrgestänge und dem Schwengel war ebenfalls ein Stahlbandseil.

VII. Schnell-Schlagbohrkran für spülendes Bohren

Diese Bohranlagen wurden vor etwa 30 Jahren vorwiegend von deutschen Gerätefirmen entwickelt und hauptsächlich in den deutschen, rumänischen, polnischen, indischen und südamerikanischen Erdölfeldern für Tiefbohrungen eingesetzt. Allerdings wurden sie nach wenigen Jahren durch die Rotary-Bohranlagen fast völlig verdrängt.

Heute werden diese Bohrkräne vornehmlich zum Niederbringen von Bohrungen für das Schachtabteufen mit Gefrierverfahren verwendet.

Die Kraftübertragung von Obertage zum Bohrmeißel erfolgt durch ein Hohlgestänge (s. Abb. 109, 110 und 111).

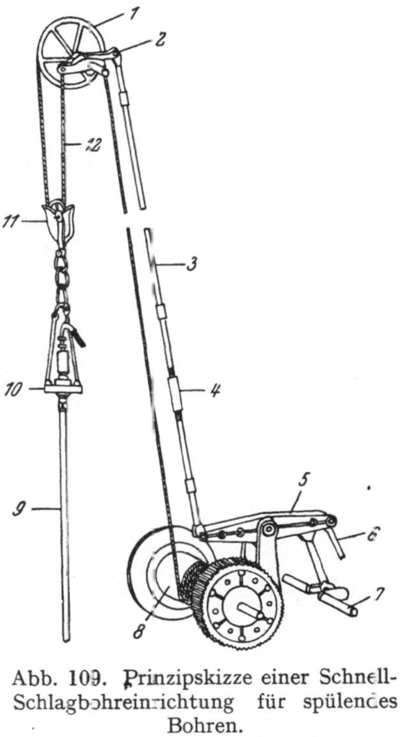

Abb. 109. Prinzipskizze einer Schnell-Schlagbohreinrichtung für spülendes Bohren.

1 Seilrolle, *2* Turmschwinge, *3* Schwinggestänge, *4* Spannschraube, *5* Schwinge, *6* Stange zum Preßluftzylinder, *7* Kurbelwelle, *8* Seiltrommel, *9* Bohrgestänge, *10* Spülkopf, *11* Hampelmannrolle, *12* Bohrseil

A. Die Bohranlage

Die Bohranlage setzt sich aus folgenden Hauptteilen zusammen:

1. Dem eigentlichen Bohrgerät mit der Fördertrommel und dem Schlagwerk,
2. einem Zwischenvorgelege,
3. der Spülpumpe,
4. der Antriebsmaschine,
5. dem Bohrturm mit Förder- und Schlageinrichtung,
6. der Bohrgarnitur.

1. Die *Fördertrommel und das Schlagwerk* sind in einem massiven eisernen Profil-Kastenrahmen untergebracht, der auf einem Betonsockel aufgesetzt und hier verankert wird. Die Fördertrommel, auf der sowohl das Bohrseil als auch das Flaschenzugseil abwechselnd aufgespult werden können, ist im vordersten Teil des Kastenrahmens gelagert und mit einer Bandbremse ausgestattet.

Die Kraftübertragung von der Antriebsmaschine zur Hauptantriebswelle des Bohrgerätes erfolgt mittels Riementrieb; jene innerhalb der Bohranlage selbst, also innerhalb der einzelnen im Kastenrahmen eingebauten Zwischenwellen, durch Zahnradgetriebe.

Abb. 110. Schnell-Schlagbohrkran für spülendes Bohren, Type 31 der Fa. Wirth & Co., Erkelenz (Rhld.)

Sowohl für die Fördertrommel als auch für das Schlagwerk sind zwei Geschwindigkeitsstufen schaltbar. Die Schaltung der einzelnen Geschwindigkeitsstufen, die durch entsprechende Gestänge vom Bohrmeisterstand aus getätigt wird, erfolgt durch Verschieben der einzelnen Ritzeln entlang Federkeilen.

Abb. 111. Schnell-Schlagbohrkran für spülendes Bohren, Type Sato II der Fa. Trauzlwerk, Wien

An der mittels Kupplung einschaltbaren Hauptantriebswelle ist weiters ein Wendegetriebe zur Änderung der Drehrichtung angebaut, ferner ist hier zur Stillsetzung dieser Welle auch eine Handbremse vorgesehen.

Das Schlagwerk wurde in zwei voneinander etwas abweichenden Ausführungen gebaut.

Bei einer Ausführungsform hatte die Schlagwerkswelle beiderseits fliegend Stirnkurbeln aufgekeilt. Eine dieser Kurbeln hatte drei bis vier Bohrungen zum Einsatz des Kurbelzapfens, es konnten somit drei bis vier verschiedene Hubhöhen erzielt werden. In den Kurbelzapfen griff die Zugstange ein, die zu einer einarmigen Schwinge führte, die in etwa 6 m Höhe an der Turmwand gelagert war. Von dieser einarmigen Schwinge ging eine weitere, lange Zugstange zum zweiarmigen Schwinghebel am Turmkopf.

Die zweite Kurbel war mittels Kurbelzapfen und Pleuelstange mit dem Kolben eines Druckluftzylinders verbunden. Diese letztere Einrichtung verfolgte den Zweck, den viel schwereren Aufwärtshub gegenüber dem Abwärtshub auszugleichen. Beim Abwärtshub wurde die Luft komprimiert, beim Aufwärtshub expandierte sie, wodurch eine Entlastung der Antriebsmaschine und vor allem eine gleichmäßigere Umfangsgeschwindigkeit der Kurbel erzielt wurde.

Die zweite Ausführung hatte unmittelbar am Kastenrahmen eine auf einem Bock aufgesetzte zweiarmige, an beiden Enden gegabelte Schwinge. Ein Hebelarm dieser Schwinge war durch eine Zugstange mit der Kröpfung der Schlagwerkwelle verbunden. Diese Schwinge hatte für den Zugstangenbolzen ebenfalls mehrere Bohrungen, so daß auch hier verschiedene Hubhöhen möglich waren. Am äußersten Ende war auch diese Schwinge mittels einer Pleuelstange mit dem Kolben eines Druckluftzylinders verbunden.

Das andere Ende der Schwinge war durch einen Bolzen an einer langen Zugstange angeschlossen, die bis zu einer Schwinge am Turmkopf führte.

2. Das auf einem Betonfundament aufgesetzte *Zwischenvorgelege* diente zur Verteilung der Antriebsleistung auf die Bohranlage und die Spülpumpe, mitunter auch zum Antrieb einer eigenen Schmanttrommel. Letztere war sowohl zur Entnahme von kurzen Bohrkernen als auch für kurze Produktionsproben vorgesehen.

Bei manchen Konstruktionen war die Schmanttrommel direkt in den Kastenrahmen der Bohranlage eingebaut.

Das Zwischenvorgelege hatte die diversen Riemenscheiben aufgekeilt, die für die Riementriebe der obigen Anlageteile erforderlich waren.

3. Eine liegende oder stehende *Kolbenpumpe* besorgte den Spülungskreislauf. Ihre Kapazität variierte zwischen 200 und 500 l/Min., bei einem Druck von etwa 30 Atü. Bei manchen Anlagen war für die Spülpumpe eine eigene Antriebsmaschine vorgesehen. Die Saugleitung der Pumpe wurde meist vierzöllig, die Druckleitung zwei- bis dreizöllig gewählt.

Der am Spülkopf anschließende und mit der Druckleitung verbundene Spülschlauch hatte eine lichte Weite von 2 Zoll.

4. Als *Antriebsmaschinen* wurden vorwiegend Dampfmaschinen der gleichen Type wie bei der Pennsylvan-Bohranlage verwendet, seltener Elektro- und Dieselmotoren. Die Antriebsleistung war je nach Teufe etwa 50 bis 100 PS.

5. Der *Bohrturm*, eine Holz- oder Profilstahlkonstruktion, wurde mit den Eckfüßen in Betonfundamenten verankert. Beiderseits des Turmtores, das der Bohranlage gegenüber lag, waren im Turm in mehreren Stockwerken Arbeitsbühnen vorgesehen. Ein entsprechend bemessenes Turmpodium vor dem Turmtor diente zur Lagerung von Reservegestängen, Futterrohren usw. Der Turmkopfaufbau bestand aus den auf Profileisenträgern aufgesetzten Seilrollen für das Bohr-, Schmant- und Flaschenzugseil und der Turmschwinge, einem zweiarmigen, auf einer Welle drehbar gelagerten Waagebalken, der an einem Ende mit der zur Schwinge der Bohranlage führenden Zugstange, am anderen mit dem Bohrseil gelenkig verbunden war.

Von der Turmschwinge führte das Bohrseil über eine lose Seilrolle, auch Hampelmann genannt, in deren Hängebügel der Spülkopf als oberstes Glied der Bohrgarnitur eingehängt war (s. Abb. 109).

Durch die Zugstange, die das untere Schlagwerk mit der Turmschwinge verband, wurde die Auf- und Abwärtsbewegung der Bohrgarnitur übermittelt.

Zur Vermeidung der beim Bohren auftretenden seitlichen Schwingungen der losen Seilrolle hatte man diese in Schellenarme aus Kantholz eingefaßt, deren beide Enden in vertikal gestellten, an den Arbeitsbühnen befestigten Holzführungen gleiten konnten.

6. Die *Bohrgarnitur* bestand aus dem Meißel, der Schwerstange, einem Übergangsstück und dem Bohrgestänge. Es wurden Exzenter- und Backenmeißel gleich jenen beim Bohren mit der Pennsylvan-Anlage verwendet, nur daß sie hier mit Spülbohrungen ausgestattet waren. Der Meißeldurchmesser variierte zwischen 120 und 680 mm, das Meißelgewicht betrug dem Durchmesser entsprechend etwa 20 bis 1000 kg. Der Spülkanal endete etwa in halber Höhe des Meißelblattes.

Die Meißelblätter wurden mit Hartmetall gepanzert.

Die Schwerstange war ein starkwandiges Stahlrohr mit einem Außendurchmesser von 90 bis 250 mm, einer Bohrung von 30 bis 50 mm und einer Länge von 4 bis 6 m. Ihr Gewicht variierte dem Durchmesser entsprechend zwischen 450 und 3700 kg. Beide Enden der Schwerstange hatten Muffengewinde und nahe den beiden Enden einen kantigen Bund zum Ansetzen des Kantschlüssels beim An- und Abschrauben der Schwerstange.

War der Durchmesser der Schwerstange erheblich größer als jener der anschließenden Gestänge, wurde ein Übergangsstück mit entsprechenden Bohrungen zwischengeschaltet, dessen Länge je nach dem Durchmesserverhältnis der beiden etwa zwischen 0,5 und 1,5 m bemessen war.

Das Bohrgestänge war ein Stahlhohlgestänge mit einer Festigkeit von etwa 65 kg/cm^2. Die üblichen Nenndurchmesser waren 2 und $2\frac{1}{2}$ Zoll mit einer Wandstärke von 5 bis 6 mm. Die Stangenlänge betrug im Durchschnitt 7,5 m. Jede Stange hatte auf beiden, nach außen angestauchten Enden ein schwach konisches Zapfengewinde.

Die Verbindung der einzelnen Stangen erfolgte mit entsprechenden Muffen. Unterhalb des Gewindezapfens hatte das Gestänge im angestauchten Teil zwei gegenüberliegende Angriffsflächen für den Gestängeschlüssel.

Durch das stoßende Bohren wurden die Muffen im Laufe der Zeit leicht aufgestaucht, die Folge waren recht häufige Gestängebrüche.

Der Spülkopf war ähnlich den schon besprochenen Spülköpfen ausgeführt. Auf einem Bronze- oder Rollenlager ruhte das ganze Gewicht der Bohrgarnitur.

Bei diesem schlagenden Bohrvorgang wurde das Gestänge ober Tage, wie beim kanadischen Bohren, mit einem Krückelstück von einem oder zwei Mann gedreht, um ein rundes Bearbeiten des Bohrloches zu erzwingen.

Der Spülkopf, mit Hängebügeln im Haken des einrolligen Flaschenzugsklobens eingehängt, machte somit die Auf- und Abwärtsbewegung beim Bohren mit. Am Spülkopfkrümmer war als mobiles Verbindungsglied zur Druckleitung der Spülpumpe der Spülschlauch angeschlossen, der, wie schon erwähnt, meist eine lichte Weite von 2 Zoll = 50 mm aufwies.

B. Der Bohrbetrieb

Zunächst wurde ein kleiner Handschacht von 4 bis 6 m ausgehoben, mit einem entsprechenden Standrohr verrohrt und hinterfüllt. An das Standrohr wurde unterhalb der Arbeitsbühne ein Ablaufstutzen als Spülungsablaß angeschweißt, von dem der Spülstrom in einer Holzrinne zum Klär- und Saugbecken geführt wurde. Die Bohrgarnitur, bestehend aus Meißel, Schwerstange und einem kurzen

Gestänge, wurde mit der Fördertrommel in das Standrohr eingebaut, die Spülpumpe eingeschaltet und nach Herstellung des Spülungskreislaufes mit dem Bohren begonnen. Die Hubhöhe beim Bohren betrug 10 bis 20 cm, die Hubzahl 40 bis 90/Min. Auch hier erfolgte eine elastische Dehnung sowohl des Bohrseiles als auch des Gestänges, ähnlich jener beim kanadischen Bohren, was beim Nachlassen, bzw. Vorschub berücksichtigt werden mußte. Der Bohrmeister stand an der Hebetrommel und ließ an der Handbremse, dem Bohrfortschritt entsprechend, nach.

Beim Ein- und Ausbau wurde das Gestänge am Bohrlochmund, das heißt am Kopfende des Standrohres, das etwa 0,8 m über der Arbeitsbühne herausragte, mit einer Abfanggabel des kantigen Bundes abgefangen und mit der Gestängezange ab- oder angeschraubt. Das ausgebaute Gestänge wurde im Turm, an die diversen Arbeitsbühnen angelehnt, abgestellt.

Die Spülflüssigkeit war eine Ton-Wassermischung mit einem spezifischen Gewicht von 1,15 bis 1,2. (Hierüber Näheres in der „Tiefbohrtechnik".)

In der Regel wurde mit einem Exzentermeißel gebohrt und nach Erreichen der Verrohrungsteufe mit einem geraden Blattmeißel die Bohrlochwand nachgearbeitet.

Der Bohrfortschritt lag je nach Härte der zu durchteufenden Gesteinsschichten etwa zwischen 1 und 50 m/Tag. Bei Teufen über 800 m war der Bohrfortschritt verhältnismäßig gering, vor allem wegen der Dämpfung des Schlages durch die Widerstände des mit Spülung gefüllten Bohrloches.

Die Belegschaft einer Bohrung besteht aus einem Bohrmeister und vier Mann/pro Schicht.

Die Verrohrung. Die oberen Schotterschichten wurden meist mit einem großen Durchmesser von etwa 16 Zoll und mehr verrohrt. Die nächste Verrohrung wurde erst dann eingebaut, wenn sich Schwierigkeiten beim Bohren, z. B. durch Nachfall, ergaben oder Futterrohre zwecks Wassersperre eingebaut werden mußten.

Nachstehend zwei Verrohrungsbeispiele:

Bohrung in Deutschland

Rohr-⌀	Teufe m
16 Zoll	15,0
14 Zoll	200,0
11 Zoll	450,0
8 Zoll	500,0

Bohrung in Rumänien

Rohr-⌀	Teufe m
675 mm+	35,0
500 mm+	120,0
17 Zoll	330,0
13 Zoll	560,0
11 Zoll	750,0
9 Zoll	1100,0

Als Vorteile dieser Bohranlage wären anzuführen: Der verhältnismäßig befriedigende Bohrfortschritt in hartem Schotter und Konglomeratschichten bis zu einer Teufe von etwa 800,0 m, die sehr geringe Abweichung des Bohrloches von der Lotrechten und schließlich die geringeren Futterrohrkosten im Vergleich zu Bohrungen, die mit dem Pennsylvankran abgeteuft werden.

Nachteilig waren die recht hohen Anschaffungs-, Transport- und Aufbaukosten, das große Gewicht der Anlage und nicht zuletzt die recht hohe Beanspruchung der Bohrgestänge bei Teufen über 800 m, die häufige Gestängebrüche zur Folge hatte.

VIII. Der Bohrwagen

Die Gewinnung von Bohrkernen ist beim spülenden Schnellschlagbohren nicht befriedigend. Um einen guten Kerngewinn zu gewährleisten, wurde bei diesen Anlagen ein eigener Bohrwagen verwendet.

Seine Bauart ist aus Abb. 112 zu ersehen. Er wurde im Turm der Schnellschlaganlage in etwa 3 m Höhe über dem Bohrlochmund zentriert auf einem Balkenrost aufgestellt.

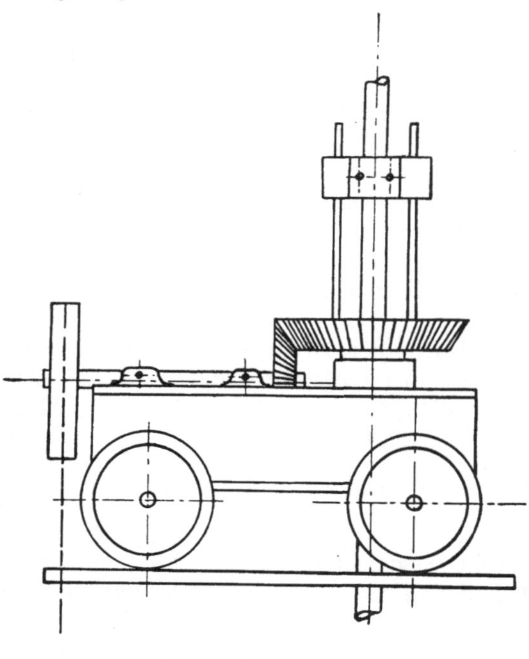

Abb. 112. Bohrwagen

Der Antrieb erfolgte von einem auf der Trommelwelle aufgesetzten Kettenrad mittels Kettentrieb oder von einer Riemenscheibe mittels Riementrieb.

Ein Einfach- oder Doppelkernrohr wurde mit dem hohlen Schlaggestänge durch die Bohrung des Bohrwagens in das Bohrloch eingebaut.

Nach erfolgtem Einbau werden am Gestänge oberhalb des Drehkörpers langarmige Schellen festgeklemmt, deren Enden die beiden Mitnehmerbolzen des Drehkörpers umfassen, entlang denen sie gleiten können. Auf diese Weise wird die Drehbewegung der Bohrgarnitur, bzw. dem Kernapparat auf Sohle übertragen.

IX. Die Gegenstrom-Bohranlage (Counter flush)

„Counter flush" bedeutet, ins Deutsche übersetzt, soviel wie Gegenstrom. Bei allen anderen Spülbohrverfahren geht der Spülstrom durch das Hohlgestänge zum bohrenden Werkzeug und steigt im Ringraum mit Bohrschmant beladen zu Tage.

Beim Counter-flush-Verfahren geht der Spülstrom den umgekehrten Weg, im Ringraum, der am Bohrlochmund abgedichtet ist, nach abwärts und kommt im Hohlgestänge zu Tage.

Vorgeschichte

Um das Jahr 1900 führte der österreichische Ingenieur Fauck dieses Gegenstromverfahren bei seinen Perkussionsbohrgeräten als erster ein. Ein besonders gebauter Backenmeißel mit einer zentrisch angeordneten Spülungsöffnung von etwa $1\frac{1}{4}$ Zoll ließ den Bohrschmant in größeren Brocken durch diese Öffnung eintreten, der dann im angeschlossenen Hohlgestänge mit etwa $1\frac{1}{2}$ Zoll bis 2 Zoll Innendurchmesser durch die Bohrspülung zu Tage gefördert wurde.

Dieses Verfahren erwies sich für die damaligen Verhältnisse insofern besonders vorteilhaft, als hier laufend Gesteinsproben der durchteuften Schichten in verhältnismäßig kurzer Zeit vom Spülstrom hochgetragen wurden, man somit über die durchteufte Gesteinsformation laufend gut orientiert war. Alle anderen Kerngewinnungsmethoden, mit Ausnahme einer Spezialkonstruktion der amerikanischen Firma Reed, bedingen ein wiederholtes, unproduktives und damit kostspieliges Ein- und Ausbauen der Bohrgarnitur. Allerdings ist die Qualität des mit Counter flush gewonnenen Kernes dem mit normalen Kernrohren gewonnenen nicht ganz gleichwertig.

Beim direkten Spülverfahren kommt der Bohrschmant infolge der geringen Geschwindigkeit im Ringraum verspätet und durch das schwingende Gestänge und den Spülstrom zerkleinert zu Tage.

Da der Ringraum im allgemeinen einen größeren Durchflußquerschnitt hat als das Hohlgestänge, ist im letzteren auch die Fließgeschwindigkeit eine größere und es können daher auch längere Gesteinskerne durch den Spülstrom zu Tage gefördert werden. (Auf dieses Austragen des Bohrschmantes wird in der „Tiefbohrtechnik“ noch näher eingegangen.)

Das FAUCKsche Verfahren wurde später von den Firmen Trauzl und Raky übernommen.

Auf Grund der guten Resultate ließ die Shell-Gruppe durch den österreichischen Ingenieur WITTIG eine Counter-flush-Anlage für drehendes Bohren entwerfen, die dann auch von der holländischen Maschinenfabrik Werf-Conrad in Haarlem gebaut wurde.

Die leitenden Hauptgedanken bei dieser Anlage waren folgende:

1. Eine laufende und möglichst vollkommene Kerngewinnung.
2. Ein guter wirtschaftlicher Bohrfortschritt.
3. Geringes Gewicht der Anlage (wichtig für Transporte in schwer zugänglichem Gebiet).
4. Möglichst einfacher Zusammenbau und einfache Bedienung.

Nach verschiedenen Umgestaltungen der ersten Konstruktion, die sich aus praktischen Erfahrungen ergaben, wurde eine Anlage entwickelt, wie sie auch heute noch, für Strukturbohrungen bis etwa 500 m, in Verwendung steht (s. Abb. 113).

Beschreibung der Anlage und der Bohrgarnitur

Ein 15 PS Diesel- oder Benzinmotor treibt mittels einer Kette die Hauptantriebswelle. Von dieser Welle führt ein Kettentrieb zur Spülpumpe und zwei Kettentriebe zur Vorgelegewelle. Vom Vorgelege geht je ein Kettentrieb zur Trommelwelle und zum Drehtisch. Die einzelnen Kettentriebe sind durch Klauenkupplungen auf der Hauptantriebs- und Vorgelegewelle einzuschalten. Die Fördertrommel kann somit auf zwei Geschwindigkeiten geschaltet werden.

Der Drehtisch hat auf seinem Drehkranz zwei symmetrisch angeordnete, etwa 80 cm hohe Mitnehmerbolzen aufgesetzt. Die Übertragung der Drehbewegung erfolgt in der gleichen Weise wie beim Bohrwagen.

Ist die Höhe des Mitnehmerbolzens abgebohrt, wird das Drehen eingestellt, die Bohrgarnitur wenig, etwa 10 cm, angehoben und die Schellen am Gestänge wieder hochgesetzt.

Für den Spülungskreislauf ist eine stehende Triplex- oder eine liegende doppeltwirkende Kolbenpumpe mit einer Liefermenge von etwa 100 l/Min. bei einem maximalen Druck von 40 Atm. vorgesehen.

Der Bohrturm ist ein vierfüßiger Stahlrohrmast von 12 bis 14 m Höhe, so daß Gestängelängen von 6 bis 7 m eingebaut werden können. An den beiden der Bohranlage zugekehrten Turmfüßen, die enger gestellt sind als die gegenüberliegenden, sind die drei Wellen verlagert.

Die Bohrgarnitur besteht aus einer Bohrkrone und den Bohrrohren.

Die Bohrkrone ist ein kurzes, gezahntes Rohrmuffenstück, dessen Zähne mit Hartmetall gepanzert werden. Die Zähnezahl soll klein sein, um einen großen Flächendruck und guten Bohrspülungsdurchgang zu ermöglichen. Als Bohr-

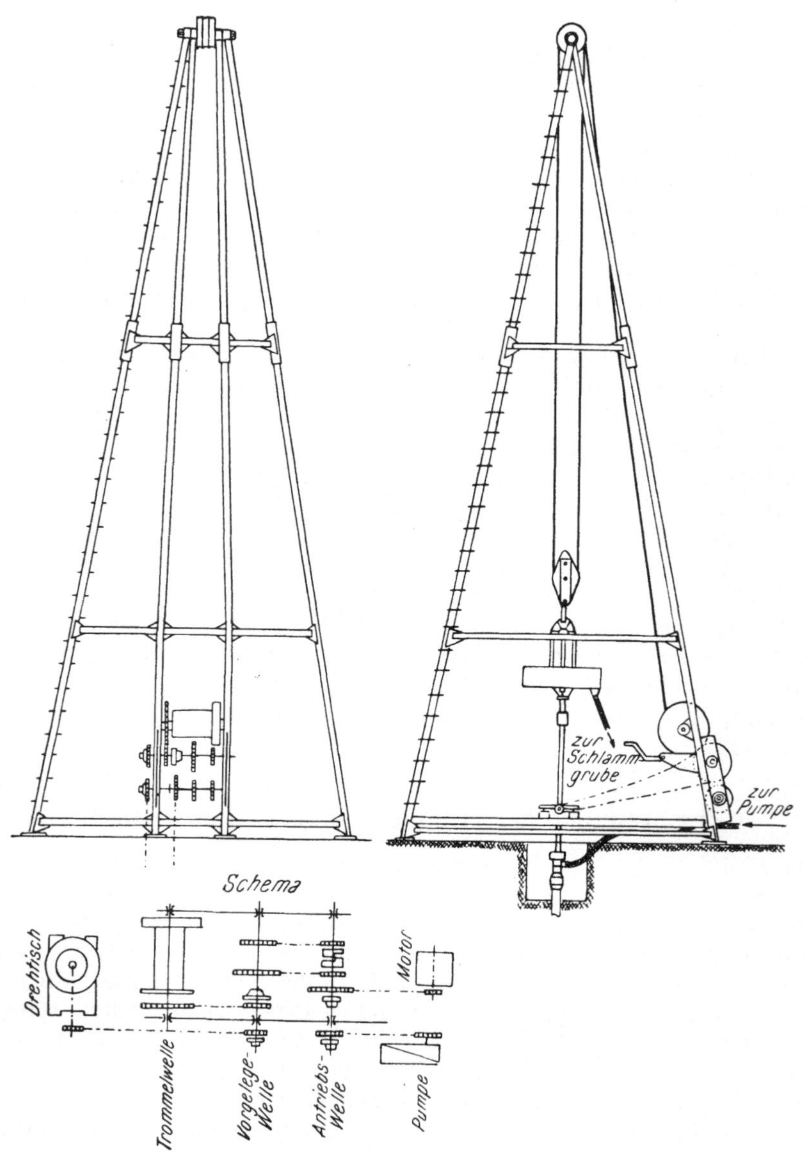

Abb. 113. Schema einer leichten Counter-flush-Bohranlage (ältere Bauart)

rohre wurden und werden vielfach noch heute Leitungsrohre mit einem Außendurchmesser von 1 bis $1\frac{1}{4}$ Zoll gewählt. Am obersten Rohr ist mit einem linksgängigen Übergangsstück der Spülkopf angeschraubt, in dessen Tragbügel der Förderhaken des Flaschenzuges eingehängt wird. Bei den früheren Konstruktionen mündete das Krümmerrohr des Spülkopfes, mit einem Radius von etwa 30 cm, in ein unmittelbar darunter liegendes, mit einem engmaschigen Sieb ausgestattetes Spülbecken, in dem die Kernstücke und das Bohrklein aufgefangen wurden.

Die Spülflüssigkeit wurde von diesem Behälter mittels eines Spülschlauches zum Saugbecken der Pumpe geleitet.

Bei den heute verwendeten Typen wird der Spülstrom vom Krümmerrohr des Spülkopfes durch einen Spülschlauch zu einem ebenfalls mit einem Sieb versehenen und unmittelbar neben dem Saugbecken aufgestelltem Auffangbehälter geführt. Die Druckspülleitung ist so ausgelegt, daß sowohl mit Gegenstrom als auch mit direktem Spülstrom gebohrt werden kann. Wenn sich beim Bohren Kerne im Gestänge verklemmen, kann diese Stockung durch Umschaltung auf direkten Spülstrom behoben werden.

Der Bohrloch-Abschluß ober Tage. Vor Beginn der eigentlichen Bohrarbeit wird zunächst ein Handschacht von 1,0 bis 1,5 m Teufe ausgehoben, in den sodann mit einer Schappe oder mit einem Bohrmeißel 4 bis 10 m vorgebohrt werden. Unter Umständen kann auf das Ausheben des Schachtes verzichtet werden. In dieses Bohrloch wird das Standrohr mit einem Durchmesser von 4 bis 6 Zoll eingesetzt und hinterfüllt.

Um nun beim Weiterbohren nach der Counter-flush-Methode den Spülstrom zu zwingen, im Ringraum zur Bohrlochsohle zu fließen, wird am obigen Standrohr eine eigene Stopfbüchse eingebaut, die den Ringraum zwischen diesem und dem Bohrgestänge abdichtet (s. Abb. 114).

Unterhalb derselben wird ein Rohrstutzen zum Anschluß an die Spülleitung angeschweißt.

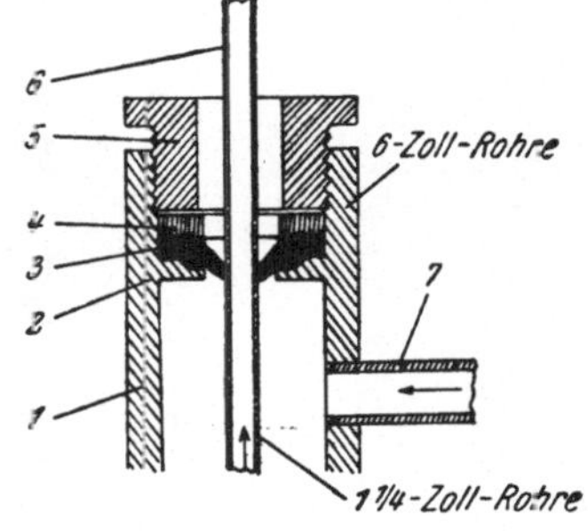

Abb. 114. Schema des Bohrloch-Abschlusses einer Counterflush-Bohranlage älterer Bauart. *1* Standrohr-Kopfstück, *2* Auflagerring, *3* Gummiring, *4* Druckring, *5* Drucknippel, *6* Bohrgestänge, *7* Einlaufleitung

Der Bohrvorgang mit der Gegenstrom-Bohranlage. Nach Festsetzung und Ausstattung des Standrohres mit der Stopfbüchse, wie oben beschrieben, erfolgt der Einbau der Bohrgarnitur in das Bohrloch. Mit der Bohrarbeit darf erst nach dem Reinspülen der Bohrlochsohle durch den Spülstrom begonnen werden, wobei der Bohrdruck nur allmählich zu steigern ist. In gewissen Zeitabständen, etwa nach einem Bohrfortschritt von 1 bis 2 m (je nach der Gesteinshärte), wird die Bohrgarnitur für kurze Zeit (etwa 1 Minute) etwa 4 bis 5 cm angehoben, wodurch der Bohrkern von der Sohle abgerissen und durch den Spülstrom zu Tage gefördert wird.

Auf diese Weise kann in verhältnismäßig kurzer Zeit ein beachtlicher Bohrfortschritt mit befriedigender Kerngewinnung (etwa 60%) erzielt werden, wobei in erster Linie die Härte des Gesteins und die Güte des Hartmetalles, mit dem die Krone besetzt ist, maßgebend sind. Kann die gewünschte Endteufe infolge nachfallender Schichten oder sonstigen Störungen nicht erreicht werden, muß die Bohrlochwand mit einer Futterrohr-Kolonne gesichert werden. Vorher muß das kleinkalibrige Bohrloch für die hier vorzusehende Rohrtour, also etwa 2 oder 3 Zoll, mit einem Stufenmeißel im direkten Spülverfahren nachgebohrt werden. In dieser Rohrtour, durch welche die nachfallende Schichte gesichert wurde, wird das Bohren nach dem Counter-flush-Verfahren bis zur Endteufe fortgesetzt. Nach beendigter Bohrung werden sämtliche eingebauten Rohre wieder gezogen.

Die Gegenstrom-Bohranlage der Firma Haniel & Lueg, Düsseldorf. Schon vor dem letzten Weltkrieg wurden von den Bohrfachleuten bei dieser Bohranlage aus den nachstehenden Gründen Verbesserungen angeregt: Für größere Teufen als etwa 400 m war die bisherige Antriebsleistung und Konstruktion der Bohranlage zu schwach und die Liefermenge der Spülpumpe zu gering. Die Stopfbüchseneinrichtung zum Abdichten des Ringraumes am Bohrlochmund war für höhere Drücke unzulänglich und das aus Leitungsrohren bestehende Bohrgestänge, vor allem in den Gewindeverbindungen, zu schwach.

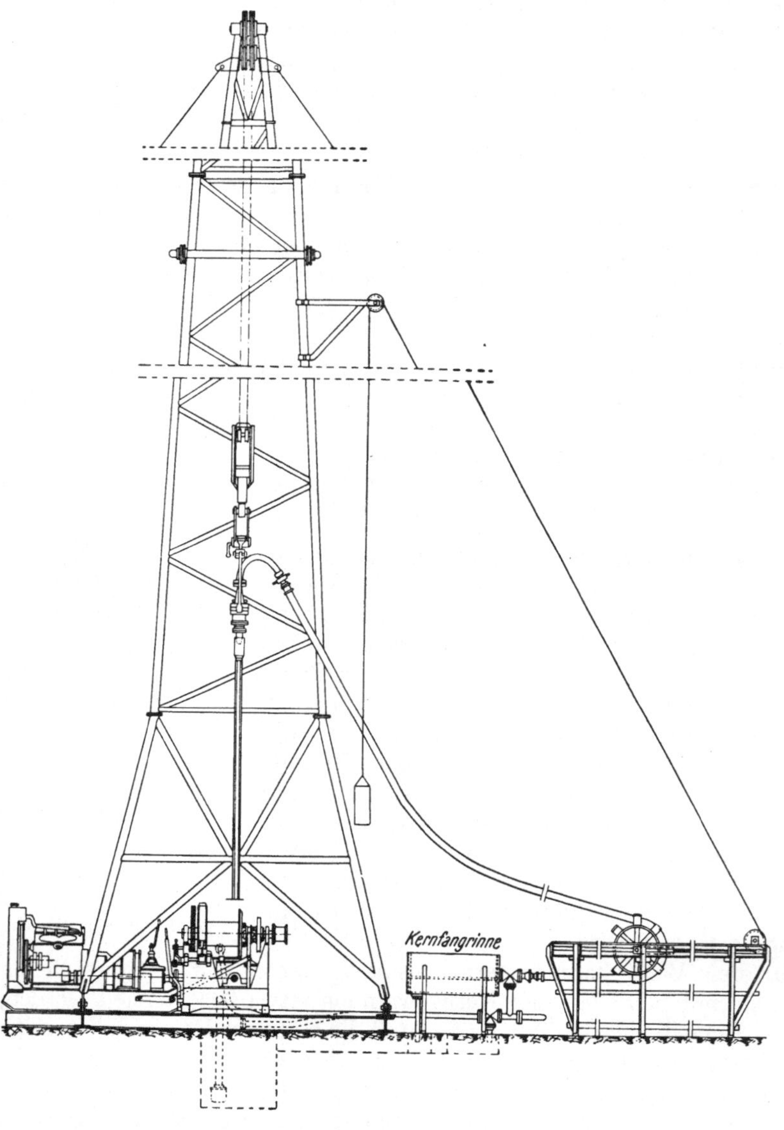

Abb. 115. Gegenstrom-Bohranlage (Counter flush) der Fa. Haniel & Lueg, Düsseldorf, mit Bohrmast, Aufriß

Ferner bedeutete das Nachsetzen der Mitnehmerschellen am Drehtisch einen unerwünschten Zeitverlust.

Die Firma Haniel & Lueg (Düsseldorf) hat nach dem zweiten Weltkrieg eine neue Anlage entwickelt, die den gestellten Anforderungen weitestgehend Rechnung trägt und bei Bohrungen bis zu einer Teufe von etwa 700 m einen sehr befriedigenden Kerngewinn (fast 100%) erzielte.

An die Abtriebswelle der Antriebsmaschine, einen Dieselmotor mit 37 PS bei 1200 U/Min., ist ein Vorschaltgetriebe nach Art schwerer Lastwagen angeschlossen. Vom Vorschaltgetriebe erfolgt die weitere Kraftübertragung über zwei Wellen. Die eine davon kann über eine Kupplung und Kettentrieb zur Spülpumpe geschaltet werden, während die andere die Kraftübertragung sowohl zum Drehtisch als auch zum Hebewerk besorgt.

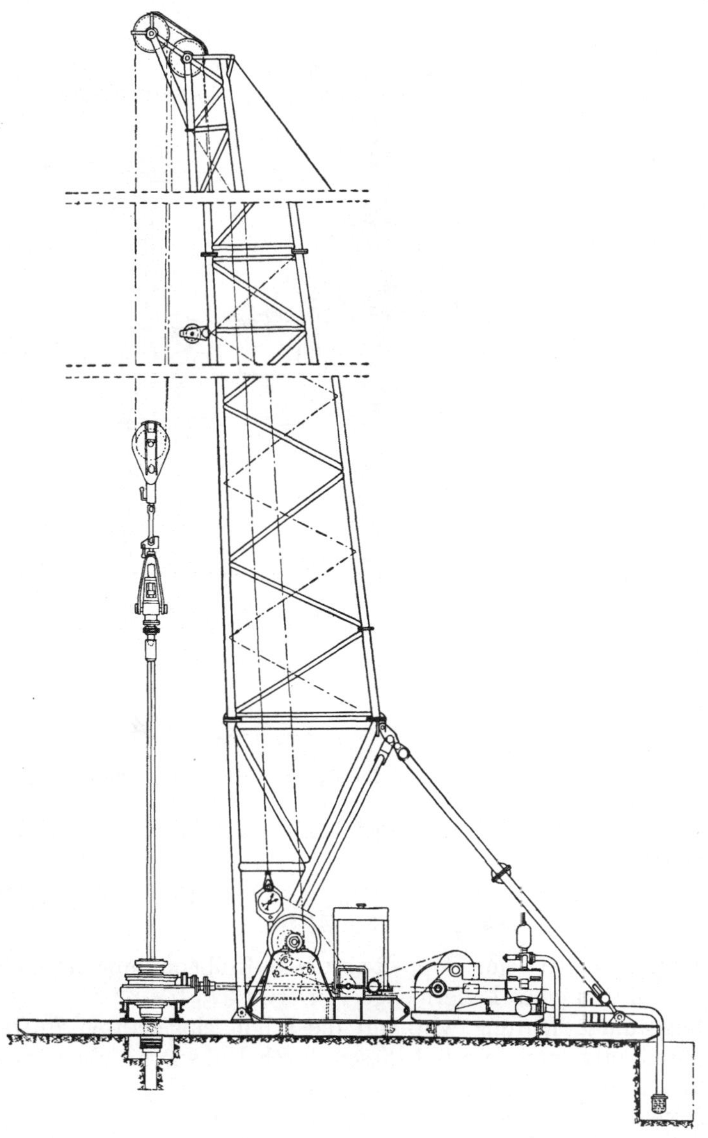

Abb. 116. Gegenstrom-Bohranlage (Counter flush) der Fa. Haniel & Lueg, Düsseldorf, mit Bohrmast, Seitenansicht

Vom Drehtisch führt eine Kardanwelle zu einer Kegelradübersetzung, die an das eben beschriebene zweite Wellenende angeschlossen ist. Für das Hebewerk ist auf der gleichen Welle ein Kettentrieb mit einer Kupplung vorgesehen. Die einzelnen Triebe und Geschwindigkeitsstufen können vom Bohrmeisterstand geschaltet werden (Details s. Abb. 115, 116 und 117).

Bei normaler Drehzahl des Motors können am Hebewerk die nachstehenden Geschwindigkeitsstufen geschaltet werden:

Im Vorwärtsgang 62, 106,5 360, im Rückwärtsgang 53,5 U/Min.

Die Hebewerks-, bzw. Seiltrommelmaße sind folgende: Trommeldurchmesser = 300 mm, Trommellänge = 425 mm, Bremsscheibendurchmesser = 700 mm, Breite 100 mm, Wellendurchmesser = 90 mm, der in den Lagern auf 80 mm abgesetzt ist.

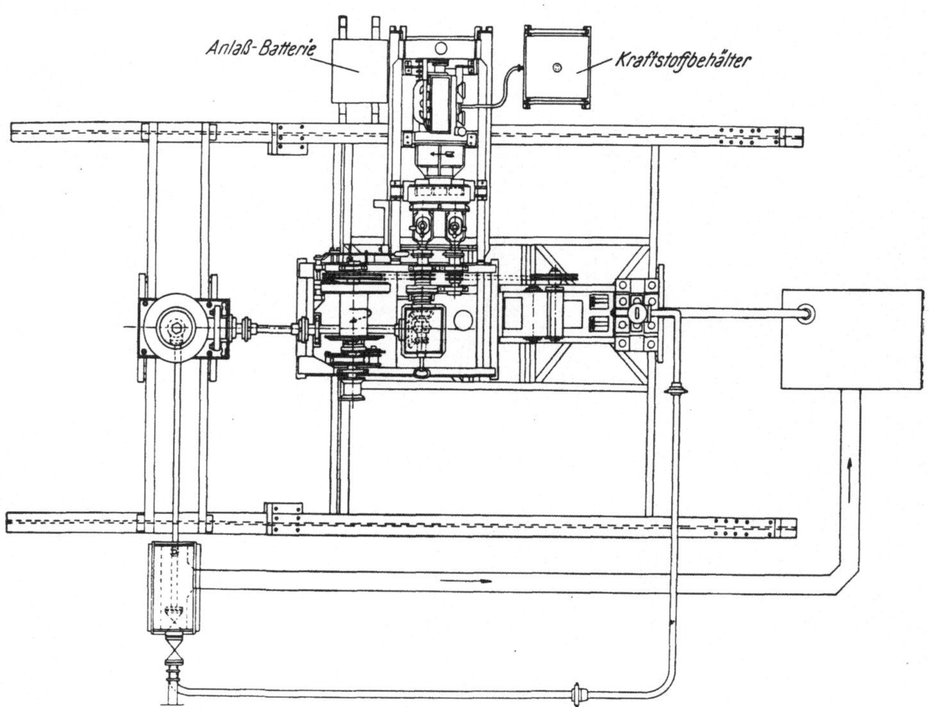

Abb. 117. Counter-flush-Bohranlage der Fa. Haniel & Lueg, Düsseldorf, Grundriß

Die Drehzahlen des Tisches können bei Nenn-Drehzahl des Motors wie folgt variiert werden:

Im Vorwärtsgang:	34,5	59	103	200 U/Min.
Im Rückwärtsgang:	30 U/Min.			

Die Spülpumpe ist eine doppeltwirkende Kolbenpumpe liegender Bauart, 4 Zoll × 6 Zoll und einer Liefermenge von etwa 375 l/Min.

Die Ringraumabdichtung wird auf die schon eingebauten Futterrohre am Bohrlochmund aufgesetzt und mit diesen durch Hakenschrauben verbunden.

Nach Lösen dieser Schrauben beim Ausbau der Bohrgarnitur wird sie durch die Mitnehmerstange angehoben und mit ihr ausgebaut. Wie aus den Abb. 118 und 119 zu ersehen ist, besteht diese Ringraumabdichtung aus folgenden Teilen (s. Abb. 119): Dem Außengehäuse *10*, das am unteren Ende einen Flanschenanschluß hat und mit den Hakenschrauben *18* am Flansch des Standrohres befestigt wird.

Dem Wälzlager-Abschlußring *4*, der am obigen Außengehäuse verschraubt und an seinem oberen Ende mit eigenen Nuten (Labyrinthdichtung) ausgebildet ist, um ein Eindringen von Verunreinigungen (Spülung usw.) zum Wälzlager zu verhüten.

Die Überwurfmutter *3* mit der Sicherungsmutter *2* schließen an den Abschlußring an und stellen die Verbindung zum oberen Innengehäuse *5* her.

Zwischen dem unteren Innengehäuse *14* und dem Außengehäuse *10* ist im unteren Teil eine V-förmige Dichtung *16* vorgesehen. *15* und *17* sind Bronzebüchsen mit Schmierbohrungen. Das sind Gleitflächen für das Innengehäuse, das beim Bohren die Drehbewegung mitmacht.

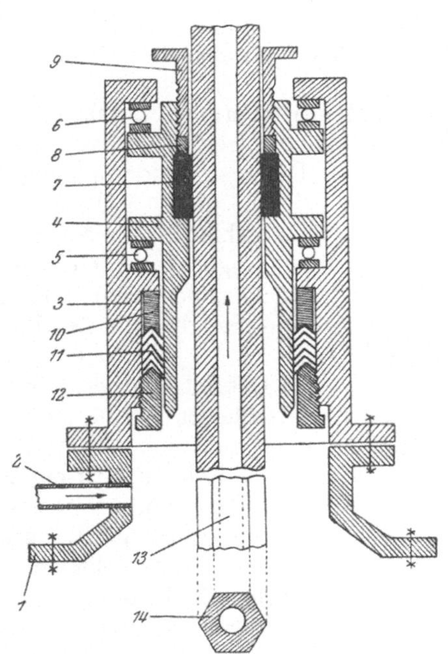

Abb. 118. Schema des Bohrloch-Abschlusses der Counter-flush-Bohranlage der Fa. Haniel & Lueg, Düsseldorf.
1 Verbindungsflansch, *2* Druckleitung, *3* Außenhülse der Stopfbüchse, *4* Innenhülse, *5* Traglager, *6* Drucklager, *7* Gummigarnitur, *8* Druckring, *9* Stopfbüchsenbrille, *10* Deckring für V-Packung, *11* V-Packung, *12* V-Packungs-Brille, *13*, *14* Mitnehmerstange

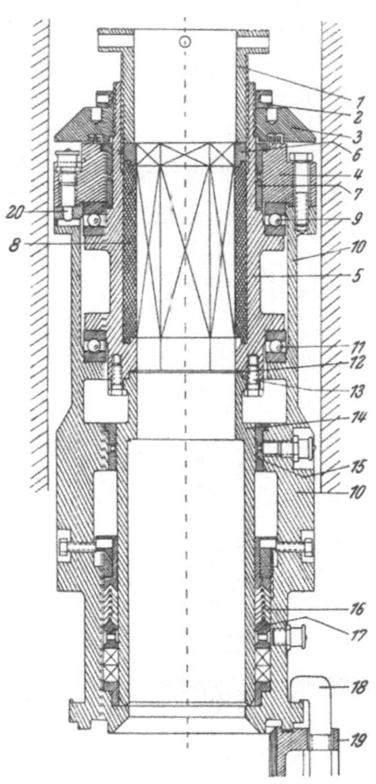

Abb. 119. Bohrloch-Abschluß der Counterflush-Bohranlage der Fa. Haniel & Lueg, Düsseldorf.
1 Stopfbüchsenbrille, *2* Sicherungsmutter, *3* Überwurfmutter, *4* Wälzlager-Abschlußring, *5* Oberes Innengehäuse, *6* Druckring, *7* Bronzebüchse, *8* Gummi-Dichtungsmantel, *9* Wälzlager, *10* Außengehäuse, *11* Wälzlager, *12* Dichtung, *13* Verbindungsschraube, *14* Unteres Innengehäuse, *15* Bronzebüchse, *16* V-Dichtung, *17* Bronzebüchse, *18* Hakenschrauben, *19* Rohrflansch, *20* Schmierkanäle

Das obere Innengehäuse *5* trägt in seinem flanschenförmigen Ansatz die Wälzlager *11* und *9*, die durch die Schmierkanäle *20* mit Schmieröl versorgt werden. Die Innenwand dieses oberen Innengehäuses ist mit einem Gummi-Dichtungsmantel *8* ausgekleidet, der sechskantig ausgebildet ist und den Ringraum zwischen der beim Bohren hier eingebauten sechskantigen Mitnehmerstange und dem oberen Innengehäuse abdichtet. Auf das obere Ende des Gummimantels ist der Druckring *6* aufgelegt, der durch die Stopfbüchsenbrille *1* an den Gummimantel gepreßt wird, um ein gutes Abdichten zu gewährleisten.

Zwischen *5* und *4* ist die Bronzebüchse eingebaut, deren Gleitflächen durch eigene Schmierkanäle geschmiert werden.

An der Stoßfläche zwischen unterem und oberem Innengehäuse ist ein Dichtungsring *12* eingelegt, die beiden Innengehäuse sind durch die Schrauben *13* miteinander verbunden.

Die drehende Bewegung der Mitnehmerstange wird somit von den Teilen *1*, *2*, *3*, *5* und *14* mitgemacht. Das gesamte Gewicht der Stopfbüchseneinrichtung wird vom Wälzlager *11* aufgenommen. Das Wälzlager *9* erfährt nur dann eine Druckbelastung, wenn der Spülungsdruck im Ringraum hoch wird und das Bestreben hat, die Dichtung anzuheben.

Der Spülungseintritt erfolgt durch eine am Standrohr seitlich angeschweißte Rohrverbindung.

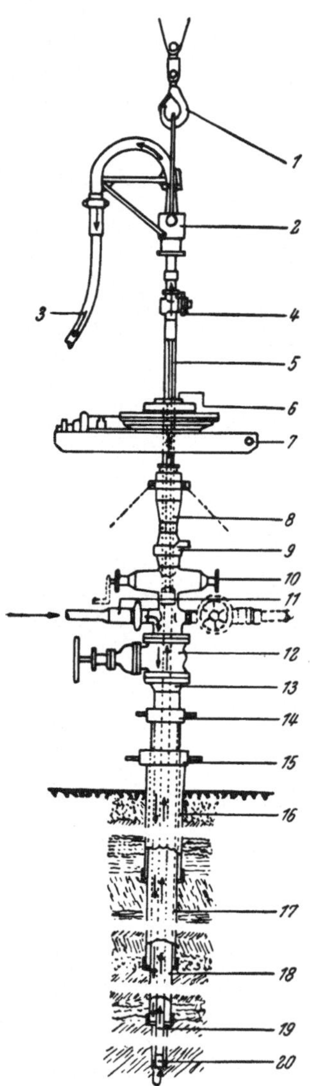

Abb. 120. Obertage-Bohrloch-Abschluß der Counter-flush-Bohranlage der Fa. Haniel & Lueg, Düsseldorf.
1 Flaschenzugshaken, *2* Spülkopf, *3* Spülschlauch, *4* Absperrhahn, *5* Mitnehmerstange, *6* Einsatzstücke, *7* Drehtisch, *8* Spezial-Stopfbüchse, *9* Rohrverbindung, *10* Ringraum-Sperrschieber (blow-out preventer), *11* Spülungs-Einlauf, *12* Haupt-Sperrschieber, *13* Futterrohr-Flansch, *14*, *15* Futterrohr-Stopfbüchse, *16* Standrohr, *17*, *18* Futterrohre, *19* Bohrgestänge, *20* Bohrkrone

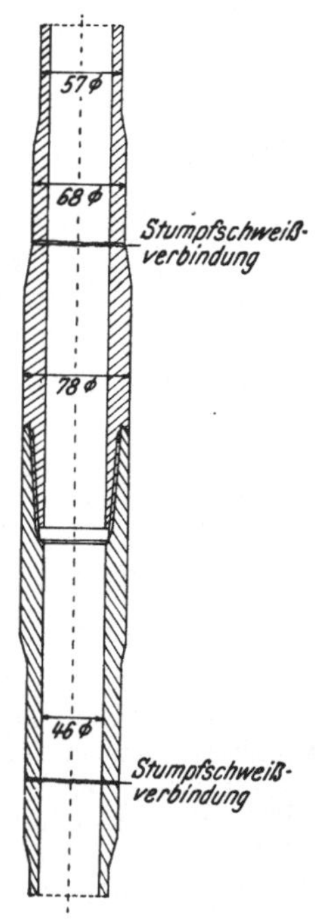

Abb. 121. Spezialgestänge für Counter-flush-Bohrungen (Gestängestahl mit 55 bis 65 kg/mm² Festigkeit, Tool joint aus Spezialstahl mit 100 kg/mm² Festigkeit, elektrisch verschweißt)

Die austretende Spülung geht durch den Spülkopf und Spülschlauch zunächst zum Auffangbecken für die Kernstücke und fließt von hier zum Saugbecken der Pumpe ab.

Das Schema des Bohrloch-Abschlusses ist in Abb. 120 dargestellt.

Als Bohrturm ist ein 20 m hoher Klappmast vorgesehen. Er ruht auf einem Stahlprofilrahmen mit Querträgern, welche die Unterlage sowohl für den Drehtisch als auch für die gesamte Hebewerksanlage und Spülpumpe bilden. Die einzelnen Maschinenteile sind mit Schrauben an diesem Rahmen fixiert. Die Profileisenrahmen sind mit entsprechenden Bohlenmatten unterlegt.

Neben dem Antriebsmotor sind die Anlaßbatterie und der Kraftstoffbehälter aufgestellt.

Vor der Pumpe ist ein Klärbecken mit Sieb und ein Saugbecken für die Bohrspülung vorgesehen.

Die Bohrgarnitur besteht aus der Bohrkrone, dem Bohrgestänge und der Mitnehmerstange.

Die Bohrkrone ist mit drei bis vier Schneidezähnen ausgestattet, die mit Hartmetall gepanzert sind. Der Durchmesser der Krone muß innen so gewählt sein, daß der Kernaußendurchmesser kleiner ist als der engste Innendurchmesser des Gestänges. Die Differenz zwischen dem Kernaußendurchmesser, der durch den inneren Durchmesser der Zahnschneiden gegeben ist, und dem engsten Gestänge-Innendurchmesser soll mindestens 6 mm betragen. Je größer dieser Spielraum ist, um so größer muß auch die Spülwassermenge sein, um den Bohrkern hoch zu tragen.

Das Gestänge nach Abb. 121 ist nahtlos gezogen, an den Enden außen aufgestaucht und hier das Gewindeverbindungsstück — Tool joint — stumpf elektrisch angeschweißt. Es hat eine Festigkeit von 55 bis 65 kg/mm², die Tool joints sind aus Spezialstahl mit einer Festigkeit von etwa 100 kg/mm² hergestellt. Der Außendurchmesser der Gestänge im nichtverstärkten Teil beträgt 78, der Innendurchmesser 46 mm.

Im allgemeinen beobachtete man, daß beim indirekten Spülen das Bohrwerkzeug seltener gewechselt werden muß und damit auch einen besseren Bohrfortschritt erzielen läßt. Schwierigkeiten bereitet dieses Bohrverfahren bei quellenden Schichten, wie z. B. bei Gips, Anhydrid, sowie bei jedem sehr plastischen Material. In USA wurde dieses Verfahren erst in den letzten Jahren für Strukturbohrungen und Spezialarbeiten eingeführt.

Das starke Quellen solcher Kerne verursacht im Gestänge hohe Reibungswiderstände und damit auch recht hohe Pumpdrücke, für welche die Anlage normalerweise nicht ausgelegt ist.

Hohe Pumpdrücke könnten je nach Art des durchteuften Gesteins sowohl Spülungsverluste als auch Nachfall verursachen.

Die Belegschaft der Bohranlage setzt sich aus einem Bohrmeister (Schichtführer) und drei Mann pro Schicht zusammen.

X. Gegenstrom-Anlagen für großkalibrige Bohrbrunnen

Die Anlage nach Firma Winter-Weiss Co. Die amerikanische Firma Winter-Weiss Co. entwickelte nach dem zweiten Weltkrieg ein Counter-flush-Gerät, womit Bohrlöcher mit einem Durchmesser von 1000 mm auf etwa 100 m Teufe abgeteuft werden können. Hier ist allerdings der folgende prinzipielle Unterschied gegenüber den eben besprochenen Counter-flush-Geräten hervorzuheben.

Die Spülflüssigkeit wird während der Bohrarbeit nicht in den Ringraum gedrückt, sondern mittels einer Spezialpumpe mit dem Bohrschmant aus dem Bohrgestänge gesaugt. Ein Abdichten des Ringraumes am Bohrlochmund ist daher überflüssig.

Das Gerät wird in erster Linie zum Bohren von Entwässerungsbrunnen eingesetzt.

Wie aus der Abb. 122 ersichtlich, ist die Bohranlage auf einem vierrädrigen Kraftwagen-Anhänger aufgebaut und wiegt mit letzterem etwa 9 t.

An der Bohrstelle wird das Fahrgestell mit einer Hebe- und Stabilisierungseinrichtung abgestützt, so daß Belastungen bis zu 20 t aufgenommen werden können.

Aufbau der Bohranlage. Das Hebewerk besteht aus zwei symmetrisch angeordneten Hebetrommeln, die mit Scheibenkupplungen einzuschalten sind. Eine Trommel dient zum Bewegen der Mitnehmerstange während der Bohrarbeit, die andere zum Ein- und Ausbau der Gestänge und Futterrohre. Beide sind mit Handbremsen ausgestattet.

Auf einer Schmanttrommel, die hinter dem Hebewerk aufgebaut ist, wird das Schmantseil für den Polypgreifer (eine Art Kabelbagger) aufgespult. Mit dieser

Einrichtung können Gesteinsstücke, die durch den Spülstrom nicht hochzutragen sind, zu Tage gefördert werden. Der Antrieb dieser Trommel erfolgt mittels einer Scheibenkupplung von der Hauptantriebswelle aus.

Der Drehtisch mit einer Öffnung von 30 Zoll (762 mm) kann in vier Geschwindigkeitsstufen geschaltet werden, die bei der normalen Drehzahl des Antriebsmotors von 1300 U/Min. zwischen 8,5 und $55^1/_3$ U/Min. liegen. Die Kraftübertragung zum Drehtisch erfolgt mittels einer Kardanwelle.

Abb. 122. Gegenstrom-Bohranlage für Bohrbrunnen der Fa. Winter-Weiss Co., USA

Müssen größere Futterrohre eingebaut werden, als es der Durchgang des Tisches (30 Zoll) erlaubt, kann er abgehoben werden, um den Bohrlochmund völlig frei zu geben.

Eine Zentrifugalpumpe liefert bei einer Drehzahl von 500 U/Min. etwa 3800 l/Min. und gestattet einen Durchgang von Gesteinsstücken mit einem maximalen Durchmesser von 150 mm. Der Antrieb der Pumpe erfolgt mit Keilriemen von der Hauptwelle. Ein eigenes Vakuumaggregat, bestehend aus einer Vakuumpumpe und einem Vakuumtank, ist an die Saugleitung der Pumpe angeschlossen. Es dient zum Beschleunigen der aus den Bohrrohren anzusaugenden Bohrflüssigkeit beim Bohrbeginn.

Der Antriebsmotor ist ein Dieselmotor mit einer Leistung von etwa 40 PS. Ein eigenes Lichtaggregat versorgt die Anlage mit Lichtstrom.

Der Bohrturm ist als Klappmast ausgebildet, mit einer lichten Höhe von 8,2 m, er ist hydraulisch aufstellbar und hat eine Tragfähigkeit von 15 t.

Die Konstruktion des Spülkopfes ist mit Rücksicht darauf, daß bei diesem Bohrgerät der Spülungskreislauf durch das Ansaugen der Bohrflüssigkeit aus dem Gestänge bewerkstelligt wird, besonderer Art.

Die Spülpumpe ist durch eine kurze Schlauchverbindung mit der an einem Mastfuß befestigten Steigleitung verbunden, die oben durch zwei 90grädige Kniestücke an das Waschrohr anschließt.

Letzteres ist so bemessen, daß es sowohl durch den Spülkopf als auch durch die anschließende Mitnehmerstange, und zwar in ihrer ganzen Länge von 3,5 m, hindurchgeht.

Im Spülkopfgehäuse ist ein Kugellager eingebaut, auf dem ein Übergangsstück der Mitnehmerstange mit einem ringförmigen Ansatz aufliegt, das sowohl das Gewicht der gesamten Bohrgarnitur trägt als auch ihre Drehbewegung ermöglicht.

Die Mitnehmerstange hat außen einen quadratischen Querschnitt mit einer Seitenlänge von 8 Zoll. Der innere Durchmesser, sowohl des Wasch- als auch des Steigrohres und des Anschlußschlauches zur Pumpe, beträgt 6 Zoll.

Das Spülkopfgehäuse ist mit einem Schellenpaar ausgestattet, dessen lange Arme entlang zweier, beiderseits der Mitnehmerstange im Turm vertikal angeordneter Führungsschienen gleiten können und eine Drehbewegung des Spülkopfes ausschließen.

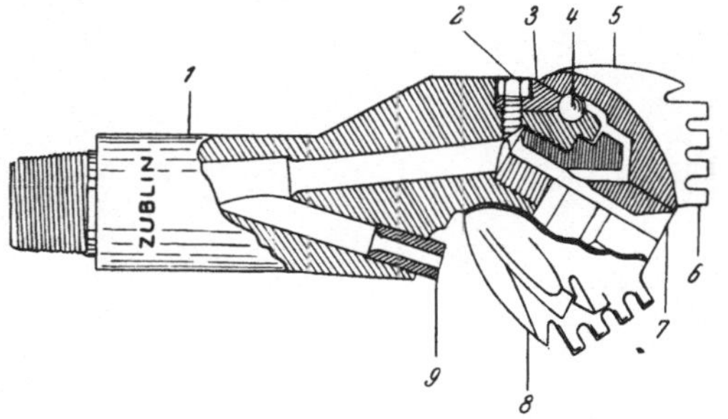

Abb. 123. Zublinmeißel.
1 Meißelschaft, 2 Verschlußschraube, 3 Kugellagerverschluß, 4 Kugeln, 5 Schneidekopf, 6 Schneidezähne, 7 Spurzapfen, 8 Nachschneidezähne, 9 Spüldüse

Mit den beiden Schellenarmen ist je ein Ende einer Seilschlinge verbunden, die in einer am Bohrseil hängenden Seilrolle liegt. Dieses Seil ist über eine Turmrolle eingeschert und auf der Hebetrommel aufgespult.

Beim Bohren wird somit lediglich die vierkantige Mitnehmerstange durch den Rotarytisch gedreht und überträgt damit diese Bewegung der angeschlossenen Bohrgarnitur, wohingegen der Spülkopf stillsteht.

Beim Nachlassen, entsprechend dem Bohrfortschritt, wird der Spülkopf mit dem Bohrseil, bzw. der Hebetrommel gesenkt und gleitet dabei entlang des feststehenden Waschrohres nach abwärts.

Das Nachlassen kann naturgemäß nur auf die Länge der Mitnehmerstange, also 3,5 m, erfolgen.

Ist die Länge der Mitnehmerstange abgebohrt, wird die Bohrgarnitur auf die gleiche Länge hochgezogen, das erste Gestängeende im Drehtisch abgefangen und die Verbindung mit der Mitnehmerstange gelöst. Letztere wird darauf mit Spülkopf und Waschrohr seitlich ausgeschwenkt, so daß der Bohrlochmund für den nächsten Gestängeeinbau frei wird.

Der Drehpunkt ist dabei das Kniestück, das an das Steigrohr anschließt und mit einem Drehlager ausgestattet ist.

In der gleichen Weise erfolgt das Einschwenken der Mitnehmerstange, wenn die Bohrarbeit nach dem Ansetzen des nächsten Gestängerohres fortgesetzt werden soll.

Die Bohrgarnitur. Sie besteht aus einem besonderen, mit Hartmetall gepanzerten Meißelmodell, einer kurzen, exzentrisch gekrümmten Schwerstange und dem Bohrgestänge. Das besondere, hier verwendete Meißelmodell ist ein „Zublinmeißel“ (s. Abb. 123), der für diese Anlagen in Größen von 27 bis 40 Zoll Durchmesser geliefert werden kann.

Mit der exzentrisch gekrümmten Schwerstange ist es möglich, einen entsprechend größeren Bohrlochdurchmesser zu erzielen.

Abb. 125. Gegenstrom-Bohranlage für Bohrbrunnen mit ausgebautem Zublinmeißel der Fa. Salzgitter Maschinen-A.G.

Abb. 124. Gegenstrom-Bohranlage für Bohrbrunnen der Fa. Salzgitter Maschinen-A.G.

Die anschließenden Bohrrohre haben einen Außendurchmesser von 150 mm (6 Zoll), eine Länge von 3,05 m (10 Fuß) und werden mittels Flanschen (vier Dreh- und vier Tragbolzen, Durchmesser $\frac{3}{4}$ Zoll) miteinander verbunden.

Der Polypgreifer mit kugelausschnittartigen Schaufeln dient, wie schon erwähnt wurde, zum Austragen besonders großer Gesteinsstücke von der Bohrlochsohle.

Arbeitsweise. Das Bohrloch muß stets mit Wasser oder Spülung gefüllt bleiben. Beim Absinken des Wasserspiegels besteht bei diesem verhältnismäßig sehr großen Bohrloch in lockeren Schichten Einsturzgefahr. Sind Spülwasserverluste in saugenden Gesteinsschichten zu erwarten, so ist eine rechtzeitige und entsprechende Wasserbeschaffung für den Bestand der Bohrung von größter Wichtigkeit.

Beim Bohren fließt die Spülflüssigkeit vom Spülbecken frei in den Ringraum zwischen Gestänge und Bohrlochwand und wird, durch die saugende Wirkung der Pumpe mit Bohrschmant und Gesteinsstücken bis zu 15 cm Durchmesser beladen, zu Tage gefördert.

Das normale Bohren erfolgt, wie schon gesagt, mit dem Zublinmeißel. Soll ein größerer Bohrlochdurchmesser erbohrt werden, als dies mit obigem Meißel möglich ist, muß das Bohrloch mit einem Erweiterungsbohrer nachgeschnitten werden. Auf diese Art kann eine Erweiterung des Bohrloches bis auf einen Durchmesser von 1520 mm (60 Zoll) erreicht werden.

Abb. 126. Gegenstrom-Bohranlage für Bohrbrunnen der Fa. Salzgitter Maschinen-A.G. während der Bohrarbeit

Bohranlagen der Firma Salzgitter und der Westdeutschen Bohrgesellschaft. Ganz ähnliche Konstruktionen haben deutsche Firmen in den letzten Jahren entwickelt, und zwar die A.G. für Bergbau und Hüttenbedarf in Salzgitter und die Westdeutsche Bohrgesellschaft.

Der Aufbau der Anlagen ist im Prinzip der gleiche wie bei der amerikanischen.

Die Salzgitter-Bohranlage nach Abb. 124, 125 und 126 hat ein Gewicht von 14 t, der Bohrturm, ein Klappmast mit einer Tragfähigkeit von 20 t, ist 12 m hoch und hydraulisch aufstellbar.

Der Antriebsmotor ist ein luftgekühlter Deutz-Dieselmotor mit einer Leistung von 50 PS bei einer Nenndrehzahl von 1500 U/Min.

Für den Spülungskreislauf ist eine Einkanalradpumpe mit vier Schaufeln und einer Leistung von 6000 l/Min. vorgesehen. Pumpe, Degenrohr, Spülkopf

Abb. 127. Fahrbare Bohranlage GHF 3 mit direkter Spülung und indirekter Spülung nach dem Lufthebesystem der Fa. Wirth & Co., Erkelenz (Rhld.)

und Gestänge gestatten das Hochtragen von Bohrschmantstücken bis zu einem Durchmesser von 200 mm.

Die Westdeutsche Bohrgesellschaft hat als Antriebskraft zwei Dieselmotoren mit je 30 PS und ebenfalls eine Einkanalpumpe mit der gleichen Liefermenge.

Wie aus Tab. 11 zu ersehen ist, haben die deutschen Konstruktionen, die allerdings über eine größere Antriebskraft verfügen, höhere Bohrleistungen erzielen können als die beschriebene Konstruktion der amerikanischen Firma Winter-Weiss Co.

Tabelle 11. *Vergleich der Bohrleistungen der Schachtbohrgeräte Winter-Weiss Co., USA, der A.G. für Bergbau und Hüttenbedarf Salzgitter und der Westdeutschen Bohrgesellschaft (1950)*

Winter-Weiss Co.

Brunnen Nr.	Teufe	Bohrleistung m/Bohrschicht	m/Gesamtschicht
2	53	2,65	1,00
3	117	3,20	2,00
6	136	6,50	2,40
11	106	4,50	1,70
12	88	3,95	1,70

Das Maximum wurde mit 15 m/Schicht erreicht, maximale Teufe 136 m.

Salzgitter

Brunnen Nr.	Teufe	Bohrleistung m/Bohrschicht	m/Gesamtschicht
13	192	2,10	1,50
12	207	2,40	1,80
18	147	6,10	nicht fertiggestellt
18 a	224	8,40	4,40
24	301	9,40	4,40
25	212	11,80	4,70
26	230	10,50	4,70

Maximale Bohrleistung 21 m/Schicht, maximale Teufe 300 m.

Westdeutsche Bohrgesellschaft

Brunnen Nr.	Teufe	Bohrleistung m/Bohrschicht	m/Gesamtschicht
14	217	2,50	2,50
15	155	5,10	2,90
19	195	7,10	3,10
20	194	7,70	unvollendet
20 a	247	8,20	3,50
21	248	11,80	5,50
22	238	12,50	4,70
23	234	15,60	6,50

Maximale Bohrleistung 28 m/Schicht, maximale Teufe nicht angegeben.

Gegenstrom-Brunnenbohrgerät mit Druckluft. Besondere Brunnenbohrgeräte, bei denen der Flüssigkeitskreislauf, und zwar auch nach dem Gegenstromprinzip, durch ein Lufthebeverfahren bewerkstelligt wird, baut die Firma Alfred Wirth & Co., Erkelenz (Rhld.) (s. Abb. 127 und 128).

Das Charakteristische ist dabei die spezielle Gestaltung des Bohrstranges. An einem besonders ausgebildeten Spülkopf ist eine Vierkant-Mitnehmerstange angeschlossen, die als Doppelmantelrohr ausgebildet ist. An die Mitnehmerstange werden mittels Flanschen die einzelnen Doppel-Mantelgestänge-Stücke angesetzt.

Der lichte Gestängedurchgang wird bei den drei Typen wie folgt angegeben:

Type Nr.	Gestänge-Durchgang mm
G H 2 L	120
G H 3 L	150
G H 4 L	200

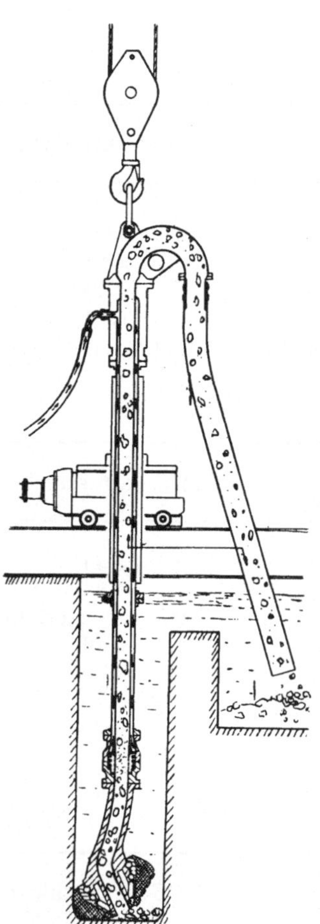

Abb. 128. Schematische Darstellung des Spülungskreislaufes bei indirekter Spülung nach dem Lufthebesystem der Bohranlage GHF 3 der Fa. Wirth & Co., Erkelenz (Rhld.)

Zwischen der letzten Bohrstange und dem Bohrwerkzeug, einem Zublinmeißel, ist ein eigenes Übergangsstück, mit einem Rückschlagventil ausgestattet, eingeschaltet.

Das Bohrloch sowie das Innenrohr des Doppelmantel-Gestänges sind bis zu Tage mit Wasser gefüllt.

Der Flüssigkeitskreislauf wird in der Weise erzielt, daß Druckluft in den Ringraum zwischen den inneren und äußeren Mantelrohren einströmt.

Durch das Rückschlagventil im obengenannten Übergangsstück tritt die Druckluft in das innere Rohr ein, expandiert hier, wobei eine Saugwirkung von der Sohle erzielt und auf diese Weise die mit Bohrschmant beladene Flüssigkeit zu Tage gefördert wird.

Nach dem Absetzen des Bohrschmantes in einem Klärbecken fließt das Wasser frei wieder dem Bohrloch zu, wie dies in der Abb. 128 ersichtlich ist.

Nach den bisherigen Erfahrungen dauert das Abteufen eines 100 m tiefen Brunnens etwa 1 1/2 Tage, wobei Schotter, Kies- und Sandschichten durchteuft werden. Das innere Mantelrohr gestattet ein Austragen von Bohrschmantstücken bis zu etwa 150 mm Durchmesser.

Die Bohranlage ist auf einem Lkw. oder Lkw.-Anhänger aufgebaut, hat zwei Hebetrommeln (eine davon für den Polypgreifer), einen Dieselmotor mit einer Leistung je nach Type von 60, 90 und 150 PS, einen Kompressor mit einer Leistung von 4,5 bis 10 m³/Min. bei 20 bis 40 Atü Arbeitsdruck und einen 12 m hohen Klappmast, der hydraulisch auf einem Grundrahmen aufgestellt wird.

Der Rotarytisch mit Kettenantrieb ist während des Transportes auf Konsolenträgern des Lkw. gelagert und wird während der Bohrarbeit auf dem Grundrahmen des Klappmastes aufgesetzt.

Detail-Angaben dieser drei Bohranlage-Typen sind folgende:

	GH 2 L	GH 3 L	GH 4 L
Bohrloch-⌀ max. mm	500	1000	1500
Bohrtiefe max. m	200	300	400
lichter Gestänge-⌀ mm	120	150	200
Anzahl der Trommeln	2	2+1 Hilfstrommel	2+1 Hilfstrommel
Seilzug			
kg bei 1,0 m/Sek.	4000	4500	5000
kg bei 1,5 m/Sek.	2750	3000	3300
kg bei 3,0 m/Sek.	1350	1500	1700
Seilfassung bei der Trommel je	250 m × 20 mm ⌀	350 m × 20 mm ⌀	350 m × 20 mm ⌀
Drehtisch			
lichter Durchgang mm	510	1020	1520
Drehzahlen vorwärts		20, 30, 60 U/Min.	
Drehzahl rückwärts		35 U/Min.	
Kompressorleistung m³/Min.	4,5	6,0	10,0
Antriebsleistung PS	60,0	90,0	150,0
Gesamtgewicht mit Fahrgestell kg	12500	14800	22800

Da im Brunnenbau die Bohrtiefen beschränkt sind und eine Bohrung von etwa 100 m Tiefe unter günstigen Voraussetzungen in 24 Stunden abgebohrt wird, legt man bei diesen Anlagen Wert darauf, daß sie sich schnell von einer Bohrstelle zur anderen transportieren lassen.

Die Lieferfirma Wirth & Co., Erkelenz (Rhld.), gibt über den ersten Einsatz folgendes bekannt:

Der Aufbau der Bohranlage und die Vorbereitung der Bohrung erfolgten am 5. und 6. April 1954. Die Bohrung selbst begann am 7. April in der zweiten Schicht und endete bei 102 m am 8. April zu Beginn der dritten Schicht. Hierbei ist zu berücksichtigen, daß es sich für das ausführende Bohrunternehmen um die erste Bohrung nach diesem Bohrverfahren handelte; aus diesem Grunde nahmen die Vorarbeiten längere Zeit in Anspruch.

Zur Sicherheit wurde eine kurze Verrohrung als Standrohr eingebaut, die natürlich bei weiteren Bohrungen wegfiel.

Es wurden Ton, Braunkohle, feiner und grober Sand, feiner und grober Kies und Geröll durchbohrt, mit Steinen, die teilweise mit dem Meißel zerschlagen werden mußten, um durch das Gestänge mit 150 mm Durchmesser hindurch zu Tage gespült zu werden. Die Bohrung hatte eine artesische Wasserader erbohrt und wurde deshalb nicht tiefer geführt.

Durch diese erste Bohrung wurde die Leistungsfähigkeit des Lufthebeverfahrens erwiesen, die bei etwa 100 m natürlich noch lange nicht die erreichbare Tiefe erbohrt hatte.

Die Verrohrung der großkalibrigen Bohrungen. Je nach dem Zweck der Bohrungen wird eine perforierte Verrohrung mit Kiesfilter oder eine Vollwandverrohrung mit Zementhinterfüllung zu wählen sein[1].

Für Entwässerungsbrunnen werden perforierte Rohre mit einer Wandstärke von 4,5 bis 6,5 mm gewählt, die in Stücken zu etwa 2 m aneinandergeschweißt werden. An der Außenwand der Rohre sind schmale Längsrippen parallel zur Rohrachse angeschweißt, über die ein Drahtnetz gelegt wird. Innerhalb dieses Drahtnetzes wird gewaschener Kies (maximal Haselnußgröße) eingefüllt.

Für Fluchtschächte werden unperforierte Rohre eingebaut und der Ringraum zwischen Bohrloch- und Rohraußenwand mit einem Zementbrei hinterfüllt. Um eine möglichst konzentrische Führung der Rohre zu gewährleisten, werden an der Außenwand dieser Rohre eigene Zentrierfedern angesetzt.

XI. Die Rotary-Bohranlage

A. Allgemeines

Im Jahre 1901 wurde durch Kapitän LUKAS die erste Rotary-Bohranlage für eine Tiefbohrung auf Erdöl im „Spindletop-Feld“ (Golfküste) eingesetzt.

Das Rotarybohren ist ein drehendes und spülendes Bohrverfahren. Die Kraftübertragung vom Obertage-Antrieb zum Bohrmeißel erfolgt, ähnlich wie bei den Rotations-Schurfbohranlagen, mittels eines Hohlgestänges, durch das eine Spülflüssigkeit laufend zur Bohrlochsohle gepumpt wird und den vom Meißel erzeugten Bohrschmant im Ringraum, zwischen Gestänge und Bohrlochwand, zu Tage fördert.

Wie jedes Bohrverfahren hatte auch dieses anfangs die verschiedensten Schwierigkeiten zu überwinden, hat sich aber in den letzten Jahrzehnten trotz heftiger Gegnerschaft der Anhänger des Schlagbohrens in der ganzen Welt durchgesetzt. Keine andere Bohranlage kann heute auch nur annähernd die Teufen erzielen, die mit Rotary-Bohranlagen erreicht werden können.

1949 erzielte die Superior Oil Co. of California mit einer Bohrung in der Pacific Creek Area, Sublette County, die damalige Rekordteufe von 6254 m.

1953 wurde diese Teufe durch eine Bohrung der Ohio Oil Co., am Palomafield, Kern County, Californien, die 6551,0 m erreichte und im Januar 1954 noch nicht abgeschlossen war, neuerdings überboten.

B. Die Hauptbestandteile einer Rotary-Bohranlage

1. Der Bohrturm oder Mast (Derrick or mast),
2. das Hebewerk (Draw work),
3. die Hebeeinrichtung im Turm (Crown and travelling block),
4. der Dreh- oder Rotarytisch, der die Drehbewegung der Bohrgarnitur vermittelt, mit seinen Einrichtungen zum Ein- und Ausbau der letzteren (Rotary table),
5. die Antriebsmaschinen (Engines),
6. die Spülpumpen, sowie Einrichtungen zum Spülungskreislauf (Slush pump),
7. die Bohrgarnitur (Drillstem with bit),
8. die Nebenanlagen ober Tage (Accessories).

[1] S. a. BIESKE, E.: Bohrbrunnen, 5. Aufl. München: R. Oldenbourg. 1953.

1. Der Bohrturm

Er ist in seiner äußeren Form ein schlanker Pyramidenstutz, dessen Seitenwände als Fachwerk ausgebildet sind. Seine Maße und Tragfähigkeit sind nach A.P.I. und DIN festgelegt.

Die am Turm angreifenden vertikalen Kräfte, einschließlich des Eigengewichtes, werden von den Eckstielen (Turmfüßen), die horizontalen Kräfte, die sich aus dem Winddruck, der Horizontalkomponente der im Turm abgestellten Gestänge, sowie jenen der Seilzüge zusammensetzen, werden von den Fachwerksgliedern aufgenommen.

Die Standfestigkeit des Turmes ist gleichzusetzen der Summe der Standmomente (Momente der horizontalen Kräfte), bezogen auf die jeweilige Kippkante.

Nach DIN wird für den Lastfall „Außer Betrieb" eine Sicherheit von mindestens 1,5, nach A.P.I. kein Nachweis gefordert.

Nähere Details der Festigkeitsberechnung siehe die jeweils geltenden Normen (A.P.I., DIN, ÖNORM).

Zur allgemeinen Orientierung sei gesagt, daß die Eckstiele (Turmfüße) auf Knickung, für Knicklängen zwischen zwei räumlich festgehaltenen Knoten, zu berechnen sind.

Nach A.P.I. gilt als „Safe load capacity" = zulässige Belastung, die Tragfähigkeit der Eckstiele. Letztere ergibt sich aus ihren Querschnittsflächen, der Knicklänge und der zulässigen Beanspruchung des für diese Eckstiele verwendeten Baustoffes.

Demgegenüber wird nach europäischen Normen die Tragfähigkeit des Bohrturmes für verschiedene Lastfälle jeweils gesondert berechnet, wobei der ungünstigste Fall der maßgebende ist.

a) Rotary-Bohrtürme aus Holz

Bis vor etwa 20 Jahren wurden in vielen Erdölländern die Bohrtürme aus Holz gebaut, wobei die einzelnen, aus starken Bohlen bestehenden Bauelemente mit Nägeln miteinander verbunden wurden.

Die Tragfüße waren Bohlen von etwa 7 cm Dicke und 20 bis 25 cm Breite.

Die Horizontalgurten und Diagonalen waren ebenfalls Bohlen mit etwa 5 cm Dicke und 20 cm Breite. Die Bohlen der Turmfüße konnten je nach erforderlicher Traglast in zwei bis drei Lagen übereinander genagelt werden, wobei sich die einzelnen Bohlenlängen immer in ihrer Mitte übergriffen.

Die Turmfüße wurden auf einem Rahmen von 40 × 40 cm starken Balken aufgesetzt. Als Tragkonstruktion für den in der Turmmitte aufzustellenden Rotarytisch, das im Turm abzustellende Bohrgestänge und die mit Bohlen belegte Arbeitsbühne war ein Balkenrost vorgesehen, der auf obigem Rahmen und entsprechenden Beton- und Holzstützen ruhte.

Der Turmkopf wurde durch einen mehrteiligen Bohlenkranz abgeschlossen, auf dem die Träger für die Turmseilrollen des Flaschenzuges aufzuliegen kamen.

Die Holztürme haben im Vergleich zu Stahltürmen, die für dieselbe Belastung gebaut sind, den Nachteil, daß sie um etwa 25 bis 30% schwerer sind, ihre Tragfähigkeit von der Güte der Zimmermannsarbeit abhängt, daß sie ferner dem Winddruck eine etwa dreimal größere Angriffsfläche bieten und schließlich ihre Lebensdauer geringer ist.

Das Zerlegen eines Holzturmes, um ihn auf einem neuen Bohrpunkt wieder aufzustellen, war mit erheblichen Materialverlusten verbunden (Splitterung der

Bohlen beim Lösen der Nagelverbindung). Er wurde daher, wo es die Terrainverhältnisse gestatteten, zum neuen Bohrpunkt verrollt.

b) Rotary-Bohrtürme aus Stahl

Obwohl die normale Turmform (s. Abb. 129), die aus einzelnen Teilstücken an der Bohrstelle zusammengesetzt werden muß, immer mehr durch leicht aufstellbare Stahlmaste verdrängt wird, findet sie dennoch vielfach Verwendung. So z. B. bei marinen Bohrungen, wo sie auf eigenen Schleppbooten aufgebaut und mit der gesamten Bohreinrichtung von einem Bohrpunkt zum anderen transportiert wird.

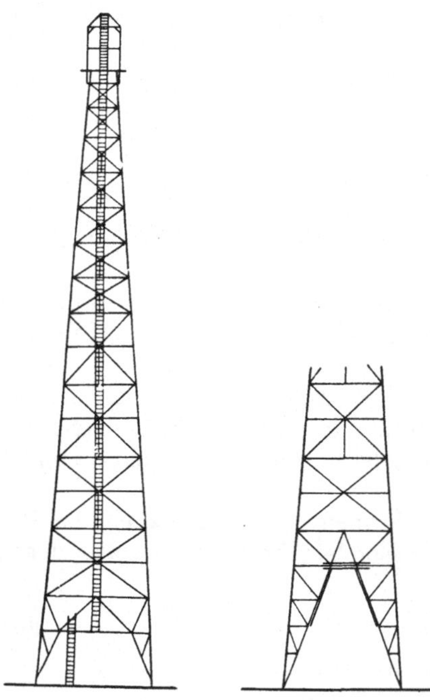

Abb. 129 *a*. Rotary-Bohrturm aus Profilstahl

Auch für Schurfbohrungen auf größere Teufen (über 3000 m), wo die Aufbauzeit eines solchen Turmes gegenüber der Bohrzeit nicht ins Gewicht fällt, oder aber auch dort, wo ein Verrollen von einem Bohrpunkt zum anderen ohne Schwierigkeiten durchführbar ist, wird diese Turmkonstruktion noch häufig eingesetzt.

Standardmaße der Türme. In Tab. 12 sind die gebräuchlichen Typen nach A.P.I. angeführt.

Die in Tab. 12 angegebenen Turmhöhen sind die Längen der Mittelachse der geneigten Turmwände, und zwar zwischen der Oberkante der Turmbühnen und Unterkante der Turmkronen-Träger.

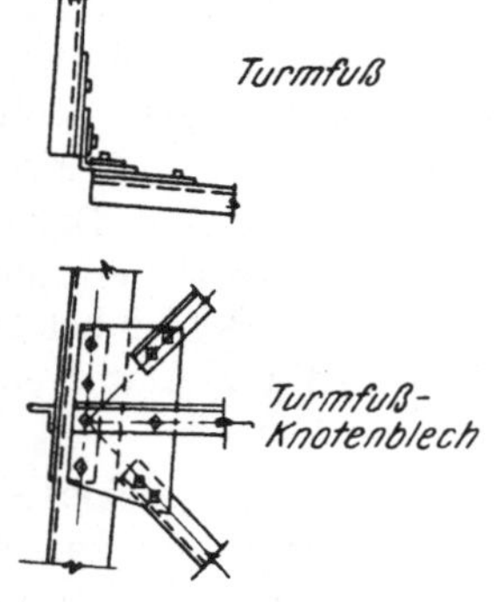

Abb. 129 *b*. Details eines Rotary-Bohrturmes

Die Weite der Turmbasis wird auf der Innenseite der Turmfüße auf der Arbeitsbühne und die lichte Weite der Turmkrone zwischen ihren Abschlußwinkeln gemessen.

Je nach der Turmhöhe ist die Entfernung der ersten Horizontalgurte von der Trägeroberkante der Arbeitsbühne an zwei Turmwänden, weiters die Breite der Öffnung für das Hebewerk an der dritten und die Höhe der Toröffnung an der vierten Bohrturmwand verschieden, wie dies aus Tab. 13 ersichtlich ist.

Verwendete Stahlsorten. Als Stahlsorten werden, wie schon aus Tab. 12 hervorgeht, entweder der Baustahl ASTM-A-7 oder der Siliziumstahl ASTM-A-94 verwendet.

Tabelle 12. *Rotary-Stahlbohrtürme nach A.P.I.*

Type Nr.		10	11	12	16	18	18 a	18 h	19	25
Höhe m		24,40	26,53	28,67	37,21	41,48	41,48	42,7	44,83	57,64
Toleranz cm		± 15,24 cm								
Basis m × m		6,1 mal 6,1	6,1 mal 6,1	7,32 mal 7,32	7,32 mal 7,32	7,93 mal 7,93	9,15 mal 9,15	9,15 mal 9,15	9,15 mal 9,15	11,28 mal 11,28
Toleranz		± 12,7 cm								
Turmkronen Lichtweite m × m		1,7 mal 1,7	1,7 mal 1,7	1,7 mal 1,7	1,7 mal 1,7	1,7 mal 1,7	1,7 mal 1,7	2,29 mal 2,29	1,98 mal 1,98	2,29 mal 2,29
Toleranz		± 5,80 cm								
Neigung der Tragfüße mm/m		88	88	88	73	73	88	78	78	78
Maximale Belastung in Tonnen S.F. = 2,0	Stahl ASTM A-7	39 bis 57	39 bis 57	39 bis 57	84 bis 111	111 bis 151	181 bis 243	211 bis 292	262 bis 362	262 bis 362
	ASTM A-94	147 bis 198	147 bis 198	181 bis 243	262 bis 362	312 bis 432	312 bis 432	312 bis 632	312 bis 632	312 bis 632

Tabelle 13. *Höhe der ersten Horizontalgurte, Höhe der Toröffnung und Weite der freien Wand für das Hebewerk*

Turmhöhe m	Entfernung der Horizontalgurte von Arbeitsbühne m	Toröffnungshöhe über Arbeitsbühne m	Breite der Wandöffnung für das Hebewerk m
bis 42,7	3,00	7,20	2,28
über 42,7	4,27	7,93	volle Wand frei

In Tab. 14 sind die Festigkeiten dieser Stähle angegeben.

Es bedeuten: λ = Schlankheitsgrad,
L = Längenmaß zwischen zwei räumlich festgehaltenen Knoten,
i = Trägheitshalbmesser $= \sqrt{\frac{J}{F}}$.

Bei der Berechnung der Tragfähigkeit der Stahltürme soll ein Sicherheitsfaktor 2 zugrunde gelegt werden.

Die bei diesen Türmen hauptsächlich verwendeten Winkelstahlprofile sind folgende:

a) Für die Eckstiele oder Turmfüße:

$6 \cdot 6 \cdot 3/8$ Zoll $= 152{,}4 \cdot 152{,}4 \cdot 9{,}5$ mm

und $5 \cdot 6 \cdot 3/8$ Zoll $= 127{,}0 \cdot 127{,}0 \cdot 9{,}5$ mm.

b) Für die Horizontalgurten:

5 · 5 · 3/8 Zoll = 127,0 · 127,0 · 9,5 mm,
2 1/2 · 2 1/2 · 3/16 Zoll = 63,0 · 63,0 · 4,7 mm.

c) Für die Diagonalen oder den K-Verband:

2 · 2 · 1/8 Zoll = 50,8 · 50,8 · 3,2 mm,
2 · 2 · 3/16 Zoll = 50,8 · 50,8 · 4,6 mm.

Tabelle 14. *Festigkeit der Baustähle ASTM-A-7 und ASTM-A-94*

Zulässige Zug- und Biegefestigkeit	ASTM-A-7 1400,0 kg/cm²	ASTM-A-94 1911,0 kg/cm²
Zulässige Knickfestigkeit, und zwar bei einem Schlankheitsgrad: $\lambda = \frac{L}{i} \geqslant 60$	1050,0 kg/cm²	1456,0 kg/cm²
$\lambda = \frac{L}{i} \leqslant 60$	1260,0 kg/cm²	1890,0 kg/cm²
Streckgrenze	2300,0 kg/cm²	3150,0 kg/cm²

Wird die Belastung unvorhergesehen höher, als dies bei der vorhandenen Turmtype zulässig wäre, kann der Turm durch Einbau von Rohren in den Eckstielen (Turmfüßen) verstärkt werden. Für diese Zwecke werden Rohre mit einer Mindeststreckgrenze von 2100 kg/cm² eingebaut und mit Schellen an den Eckstielen befestigt.

Wahl der Turmtype. Bei der Wahl der Turmtype müssen folgende Fragen geklärt sein:

1. Welche maximale Last muß die Turmkonstruktion mit genügender Sicherheit aufnehmen?

Es ist dies in den meisten Fällen die Last der schwersten Futterrohre, die in das Bohrloch eingebaut werden und die auch im Bohrloch zu manövrieren sind, wobei mit einer zusätzlichen Reibung im Anhub gerechnet werden muß.

2. Bei welcher Belastung würde ein Abstreifen der Gewindeverbindung der Futterrohre erfolgen?

In lockeren oder zum Nachfall neigenden Gesteinsschichten, ungünstigen Abweichungen des Bohrloches von der Lotrechten, muß mit vielfachem Manöver beim Verrohren gerechnet werden, was, außer dem Eigengewicht in Spülung, noch einen zusätzlichen axialen Zug zur Folge haben kann.

Es muß daher die Tragfähigkeit des Turmes höher sein als die Abstreiffestigkeit der Futterrohr-Gewinde-Verbindungen.

3. Wie hoch ist die Festigkeit des vorgesehenen Flaschenzugseiles, wie hoch soll der Sicherheitsfaktor sein, wieviel Seile werden in den Flaschenzug maximal eingeschert?

Die Bruchfestigkeit hängt von der Seilqualität und dem Seildurchmesser ab. Der Seildurchmesser ist andererseits durch den Trommeldurchmesser gegeben, der mindestens den zwanzigfachen Seildurchmesser betragen soll.

Der Sicherheitsfaktor des Flaschenzugseiles soll mindestens 3, womöglich aber 5 betragen.

Je größer die eingescherte Seilzahl, um so günstiger ist auch die Lastverteilung im Turm, um so kleiner die zusätzliche Last in der Beschleunigungsperiode.

Eine Faustformel besagt, daß die Turmkonstruktion eine höhere Belastung aufnehmen muß als die im Flaschenzug eingescherten Seile.

4. Welche maximale Windgeschwindigkeit ist zu erwarten?

Was den Winddruck betrifft, macht A.P.I. die folgenden Angaben: Für Türme mit einer Höhe bis 42,7 m soll ein Winddruck von 57,0 kg/m², bei höheren Türmen ein solcher von 113,0 kg/m² in Rechnung gestellt werden. Dies entspricht einer Windgeschwindigkeit von etwa 86, bzw. 120 km/Stunde.

Als Faustformel gilt: $P = 0{,}0076 \cdot v^2$;
wobei P = Winddruck in kg/m² und
v = Windgeschwindigkeit km/Stunde bedeuten.

Ist die maximale Hakenlast bestimmt, so ergibt sich die Belastung an der Turmkrone aus der Hakenlast + Last am schnellen + Last am toten Seilende.

Da der Verankerungspunkt des toten Seilendes die Richtung der resultierenden Last und damit naturgemäß auch die Größe der Belastung der einzelnen Turmfüße bestimmt, muß dieser jeweils berücksichtigt werden.

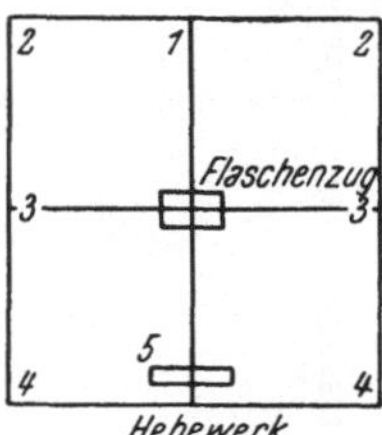

Tragfähigkeit des Turmes. In Tab. 15 und der dazugehörigen schematischen Darstellung der möglichen Verankerungspunkte des toten Seilendes im Turm ist die entsprechende Tragfähigkeit des Bohrturmes in Prozenten ersichtlich.

Tabelle 15. *Prozentuelle Tragfähigkeit des Turmes, abhängig von der Position des toten Seilendes*

Seilzahl Flaschenzug	Total Seilzahl	Position des toten Seilendes siehe Skizze				
		1	2	3	4	5
2	4	100%	66,7%	66,7%	50,0%	66,7%
4	6	100%	75,0%	75,0%	60,0%	75,0%
6	8	100%	80,0%	80,0%	66,7%	80,0%
8	10	100%	83,3%	83,3%	71,5%	83,3%
10	12	100%	85,7%	85,7%	75,0%	85,7%

Wie aus Tab. 15 zu ersehen ist, liegt der günstigste Ort zur Verankerung des toten Seilendes direkt gegenüber der Hebewerkstrommel, wohingegen die Position 4 am ungünstigsten ist.

Die Turmhöhe ist ausschließlich eine Frage der Wirtschaftlichkeit. Der hohe Turm hat den Vorteil, daß längere Gestängezüge, aus mehr Einzelstangen bestehend, aus- und eingebaut werden können, wodurch eine gewisse Zeitersparnis bei diesen Arbeitsgängen erzielt wird.

Bis zu Teufen von etwa 4000 m genügen im allgemeinen die Turmhöhen von 41,48 m. Türme von 57,64 m und mehr haben nur dann einen gewissen Vorteil, wenn in großen Teufen sehr oft Meißelwechsel durchzuführen sind (zu durchteufendes Gebirge ist sehr hart), oder aber, falls sehr viel Kernarbeit gefordert wird, die ebenfalls mit sehr häufigen Aus- und Einbauarbeiten verbunden ist.

Allerdings muß dabei bedacht werden, daß sowohl die Anschaffungs- als auch die Transport-, Auf- und Abbaukosten solcher Türme höher sind und ferner, daß in diesem Falle ein zusätzlicher Bohrarbeiter als zweiter Turmsteiger zur Handhabung der langen Gestängezüge erforderlich wird.

Man wird jener Turmkonstruktion den Vorzug geben,

1. die ein möglichst günstiges Verhältnis zwischen der zulässigen Tragfähigkeit und ihrem Eigengewicht ergibt,

2. deren prozentueller Kostenanteil an den gesamten Bohrkosten, der aus der Amortisation, dem Turmunterhalt und dem Umbau hervorgeht, am geringsten ist, und schließlich

3. die den sehr variierenden Anforderungen des Bohrbetriebes in jeder Hinsicht gerecht wird (z. B. die Möglichkeit, zusätzliche Arbeitsbühnen im Turm einzurichten usw.).

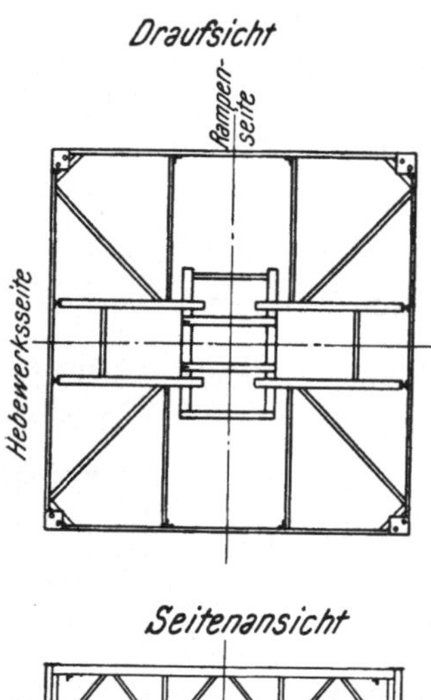

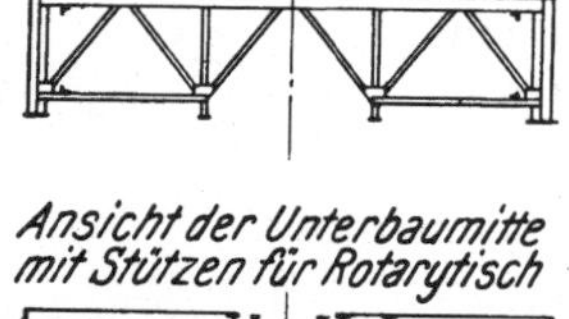

Abb. 130. Unterbau eines Rotary-Bohrturmes

Der Turmunterbau. Die Turmfüße wurden früher auf Betonsockel gesetzt, die anfangs etwa 1,0 m hoch waren. Bei Erdöl- und Erdgas-Bohrungen auf Schichten hohen Druckes müssen eigene Sicherheitseinrichtungen am Bohrlochmund vorgesehen werden, um das Bohrloch gegebenenfalls zu sperren, bzw. wenn ein Ausbruch droht und das Gestänge sich noch im Bohrloch befindet, den Ringraum zwischen der schon eingebauten Futterrohr-Kolonne und dem Gestänge abzudichten.

Sowohl diese Einrichtungen als auch die Rohrverbindungsflanschen der eingebauten Futterrohre erfordern einen bestimmten Lichtraum unterhalb der Arbeitsbühne.

Da die Betonsockelhöhe nicht genügte, wurden zunächst eigene betonierte Keller um das Bohrloch unterhalb der Arbeitsbühne ausgebaut, die durch eine betonierte Tonlage zugänglich waren. Diese Bauweise hatte sich nicht bewährt und wurde bald aufgegeben. Man stellte die Türme auf höhere Betonsockel, so daß zwischen dem Erdboden und der Unterkante der Arbeitsbühne genügend Lichtraum geschaffen wurde.

Die oft kostspieligen Betonsockel wurden nach Beendigung der Bohrarbeit in den seltensten Fällen für die viel längere Förderperiode benötigt, ja, sie waren oft ein Hindernis für die obertägigen Fördereinrichtungen. Sie wurden schließlich durch einen Stahlunterbau ersetzt, der mit dem Bohrturm verrollt werden kann und nur niedrige Betonsockel erfordert (s. Abb. 130).

Die Profilstahlstützen dieses Unterbaues sind auf eigene Längsträger mit Profilen von 300 bis 350 mm aufgesetzt und durch Winkeleisen miteinander verbunden.

Der freie Lichtraum, vom Erdboden bis zur Unterkante der Turmträger, variiert etwa zwischen 2,80 m und 5,0 m.

Es ist von besonderer Wichtigkeit, daß sowohl ein völlig freier und genügend breiter Zugang zum Bohrlochmund als auch genügend freier Raum um diesen unter allen Umständen gewährleistet ist, um dort erforderlich werdende Reparaturen, Abbau und Ersatz des Bohrloch-Abschlusses durchführen zu können.

Der Stahlunterbau wird heute sehr häufig auf Bohlen- oder Balkenrosten aufgebaut, die auf dem planierten Erdboden verlegt werden und je nach ihrer Tragfähigkeit bemessen sind.

Für die Anordnung der Stützen und deren Zahl wurden nach A.P.I. zwei Typen genormt, und zwar:

Type A: 4 Tragstützen für die Turmecken,
4 weitere für den Rotarytisch und
2 für die Gestängebühne.

Type B: Sie hat außer den vier Tragstützen für den Turm bloß vier Innenstützen, die sowohl den Rotarytisch als auch die Last der Gestängebühne aufnehmen.

Bei nicht tragfähigem Boden werden mitunter auch acht Innenstützen eingebaut.

Eine hauptsächlich in Kalifornien eingeführte Konstruktion sieht Stahlunterbauten vor, die, voneinander unabhängig, den Bohrturm, den Rotarytisch und das Hebewerk tragen. Dieser Art werden Erschütterungen, z. B. am Rotarytisch während der Bohrarbeit, nicht auf alle obigen Teile übertragen.

Eine besondere Unterbautype, die allerdings erst in USA erprobt wird, lehnt sich stark an die Einrichtungen an, die für die marinen Bohrungen verwendet werden.

Die letztgenannten Bohrungen werden von Bohranlagen durchgeführt, die auf speziell gebauten Schleppbooten aufgebaut sind, deren Bordwandhöhe so bemessen ist, daß sie am Bohrpunkt, durch Fluten von hiefür vorgesehenen Schotten, auf den nur 1,5 bis 2,0 m tiefen Meeresgrund gesetzt werden können. Durch eine eigene Hebe- und Stabilisierungseinrichtung wird die horizontale Lage des Bootes erreicht.

Jener Teil des Bootes, auf dem sich der Turm befindet, ist zweiteilig gestaltet. Die Breite des zwischen diesen beiden Bootteilen offenen Raumes für den Bohrlochmund beträgt etwa 2,5 m. Nach Beendigung der Bohrung und Auspumpen der gefluteten Schotten kann das Boot durch einen Schlepper vom Bohrloch abgezogen und zum neuen Bohrpunkt transportiert werden.

Die neuesten Schleppboote dieser Art machen die Bohranlage vielfach von der Außenwelt unabhängig. In zwei, ja auch drei übereinander angeordneten Decks sind die gesamte Bohranlage, Räumlichkeiten für Reservematerialien und Mannschaftsunterkünfte vorgesehen.

So werden z. B. im untersten Deck die Spülpumpen, Spülungsbehälter, eine Spülungsaufbereitungsanlage, ein Spülungslaboratorium, ein Handmagazin, Diesel- und Schmieröle, sowie Frischwasser untergebracht.

Im zweiten Deck befindet sich die Arbeitsbühne mit dem Rotarytisch, Hebewerk, den Antriebsmaschinen, dem Lichtaggregat, Trinkwasserbehälter, Ankleideräume und Materialmagazine.

Im dritten Deck, das nur über einen Teil des Bootes errichtet ist, sind Büroräume, Schlafräume usw. eingebaut. Das Büro hat Radio und Telephonverbindung mit dem Festlande.

Bei voller Belastung hat das Boot einen Tiefgang von etwa 1,2 m.

Für das Festland wurde seitens einer Bohrgesellschaft nun der Versuch unternommen, den Unterbau ebenfalls in Pontonform zu konstruieren und in diesem Ponton die Spülpumpen, Spülbecken, Wasserbehälter, Handmagazine und Umkleideräume für die Belegschaft einzubauen. Der Stahlboden ist mit zwei starken, als Schlittenkufen ausgebildeten Längsträgern unterlegt. Die mit Stahlblech ausgekleideten Wände sind entsprechend mit Winkeleisen versteift.

Diese Konstruktion macht es möglich, die gesamte Bohranlage mit Raupenschleppern von einem Bohrpunkt zum anderen zu verschieben. Die ersten Versuche verliefen zufriedenstellend. Das Verschieben der Anlage auf eine Distanz von 600 m dauerte im Durchschnitt 9 Stunden.

Abb. 131. Teleskop-Klappmast der Fa. Eisenwerke Wülfel

Zum Verrollen der Bohrtürme wurden früher kurze Rohrstutzen auf einer Bohlenbahn unter die Längsträger des Turmunterbaues verlegt und der Turm auf diese Art mit einem oder mehreren Raupenschleppern verschoben.

Heute wird jede Turmecke, das heißt ihr Unterbau, mit hydraulischen Winden auf ein Fahrgestell gehoben, das mit breiten Raupenbändern ausgestattet ist, so daß sich hier eine Bohlenbahn erübrigt und das Verrollen rascher vonstatten geht.

Im Bohrturm einer Rotaryanlage sind folgende Arbeitsbühnen eingebaut:

1. Die schon besprochene untere Arbeitsbühne, auf der sämtliche Operationen durchgeführt werden.

2. Die Gestängebühne, auf welcher der Turmsteiger beim Ein- und Ausbau des Gestänges arbeitet und an welcher der Gestängefinger als Lehnstütze des Gestänges befestigt ist.

3. Unterhalb dieser Gestängebühne ist in der Höhe der Mitnehmerstangenlänge häufig noch eine weitere Bühne für eventuelle Reparaturen am Spülkopf vorgesehen.

4. Die Turmkronenbühne, die um die Turmkronenrollen geführt und mit einem Geländer ausgestattet ist.

5. Der Kellerraum, das ist der Raum unterhalb der Arbeitsbühne, in welchem die Futterrohrflanschen, der Spülungsabfluß und alle Sicherheitsvorrichtungen eingebaut sind. (Kleiner, 0,5 m tiefer Betonschacht direkt um das Bohrloch errichtet, mit einem Ablaufkanal zum Spülbecken.)

Vor dem Bohrturm zur ebenen Erde befindet sich das Turmpodium. Eine aus Holzbalken, Röhren oder Profileisen bestehende schiefe Gleitbahn verbindet die untere Arbeitsbühne mit dem Turmpodium. Letzteres besteht meist aus einem Balkenrost, auf dem die Bohrgestänge und Futterrohre gestapelt sind die von hier über die Gleitbahn in den Turm gezogen werden. In der Mitte des Turmpodiums ist ein Laufsteg aus Bohlen errichtet, auf dem die Enden der Gestänge und Rohre auf einem kleinen, zweirolligen, niedrigen Karren aufgesetzt und beim Einholen derselben mittels der Spille vorgerollt werden können.

Ferner dient dieser Laufsteg zum Zusammenbau von Kernrohren, Fangwerkzeugen usw.

Vielfach werden heute diese Turmpodien aus niedrigen Rohrböcken und einlegbaren Rohrträgern gebaut (Materialersparnis beim wiederholten Umbau).

An der Außenwand des Turmes geht eine Leiter von der unteren Arbeitsbühne zur Turmkrone. Sie ist meistens in mehreren Teilstrecken, mit dazwischen eingebauten Rasten, ausgeführt.

Von der Rast in der Höhe der Gestängebühne geht ein starkes Hanfseil schwach geneigt zu einer Verankerung am Erdboden, die etwa 1 1/2 Turmhöhen von der Turmbasis entfernt ist. Entlang dieses Rettungsseiles kann sich der Turmsteiger im Notfalle — Ausbruch der Bohrung — mittels einer eigenen Sesselrutsche zu Boden gleiten lassen.

Die Türme werden nach Wunsch entweder galvanisiert oder mit einem Ölanstrich versehen von den Erzeugerfirmen geliefert.

Abb. 132. Klappmast Ideco 96′ der Fa. National Supply Co., USA

c) Stahlrohrtürme

Sie haben sich nur teilweise eingeführt, und zwar hauptsächlich für Förderbohrungen, soweit hier noch permanente Türme erforderlich erscheinen. Die Turmfüße sind aus Stahlrohren von 3 bis 4 Zoll mit einer Wandstärke von 5 bis 8 mm zusammengesetzt. Die horizontalen Gurten und Diagonalen sind ebenfalls Rohre von 2 bis 2 1/2 Zoll. Die Verbindungen der Horizontalgurte und Diagonalen mit den Turmfüßen werden durch entsprechende Rohrschellen hergestellt.

d) Bohrmaste

Seit etwa 1937 werden insbesondere in USA für Bohrungen bis etwa 1500 m vornehmlich leicht aufstellbare Maste verwendet. Der Mast hat den großen Vorteil, daß er bei einer Umstellung als Einheit oder in nur wenigen Teilstücken transportiert und in ganz kurzer Zeit (etwa in einer Stunde) am Bohrpunkt aufgestellt werden kann.

In den letzten Jahren verdrängt der Mast immer mehr den normalen Bohrturm, auch bei Bohranlagen für große Teufen.

Abb. 133. Zweifuß-Teleskopmast der Fa. Eisenwerke Wülfel

Wir haben hier zwei Konstruktionstypen zu unterscheiden: Maste mit einer tragenden Verankerung und freistehende Maste.

Als Höhe gilt bei diesen Masten, zum Unterschied von der Norm-Höhe beim normalen Bohrturm, der lotrechte Abstand vom Tragschuh des Mastes bis zur tiefsten Konstruktion der Turmkrone, unterhalb der Turmrollen.

Die Tragfähigkeit des Mastes wird nach den gleichen Gesichtspunkten ermittelt wie die des Bohrturmes.

Auch hier ist die Position des toten Seilendes wie beim normalen Bohrturm zu berücksichtigen.

Maste mit tragender Verankerung (s. Abb. 131, 132, 133 und 134). 1. Teleskopische Gittermaste, bei denen der obere Teil aus dem unteren hochgeschoben wird. (In USA z. B. Ideco, Cardwell, Franks, in Deutschland Wülfel und Salzgitter.)

2. Gittermaste als Klappmaste ("Jack knife mast"), hier wird der obere Teil gelenkig auf dem unteren hochgeklappt. (In USA vornehmlich Lee C. Moore, in Deutschland Salzgitter.)

3. Zweifuß-Teleskopmaste, die sogenannten A-Maste.

4. Einfuß-Teleskopmaste.

5. Nicht teleskopische Gittermaste.

Die Höhe dieser Maste variiert etwa zwischen 15 und 18,5 m. Ein- und Zweifuß-Teleskopmaste werden vornehmlich für verschiedene Arbeiten an Förderbohrungen sowie für Struktur- und seismische Bohrungen eingesetzt.

Abb. 134. Einfuß-Teleskopmast der Fa. Eisenwerke Wülfel

Diese Maste sind sehr häufig mit dem Hebewerk auf Lkw. oder Lkw.-Anhänger aufgebaut, oder aber sie werden auf einem mit Schlittenkufen ausgestatteten Unterbau aus Profileisen aufgesetzt.

Freistehende Maste (s. Abb. 135, 136 und 137 *a*, 137 *b*). 1. Zweiseitig offene Maste, die an der Hebewerks- und gegenüberliegenden Seite des Hebewerkes keinen Windverband aufweisen, also hier völlig offen sind. Hier hervorzuheben der Salzgitter-Großraummast.

2. Geschlossene Maste, die lediglich eine Toröffnung offen haben.

3. Gittermaste, die mit einer eigenen Hebekonstruktion aufgestellt werden.

4. Zweifuß-Gittermaste, die durch zwei Hebestempel aufgestellt und durch diese in der Position gehalten werden.

Die Aufstellung der Maste 1 und 2 erfolgt meist mit Benützung des schon eingescherten Flaschenzuges durch das Hebewerk der Bohranlage.

Das Hauptaugenmerk muß auch bei der Mastkonstruktion auf ein möglichst günstiges Verhältnis zwischen Eigengewicht und Tragfähigkeit gerichtet sein. Die Maste werden hauptsächlich aus gezogenen Rohren mit einer Streckgrenze von etwa 4500 kg/cm² oder auch aus Profilstahl hergestellt. Die einzelnen Konstruktionsteile werden aneinandergeschweißt.

Abb. 135. Offener Klappmast der Fa. National Supply Co., USA

Die A.G. für Bergbau und Hüttenbedarf in Salzgitter entwickelte in den Jahren nach dem letzten Weltkrieg Maste, deren Tragfüße im Abkantprofil ausgebildet sind.

Diese Konstruktion soll bei geringem Eigengewicht eine verhältnismäßig hohe Belastung zulassen.

Höhenmaße und Tragfähigkeit der heute höchsten Mastkonstruktionen sind folgende:

Höhe:	Tragfähigkeit:
40,56	163,0 t
42,09	170,0 t
43,61	294,0 t

Mit der letzteren schwersten Konstruktion können Teufen bis zu 5000 m erbohrt werden.

Die Klappmastkonstruktion wird heute am häufigsten eingesetzt. Die hauptsächlichsten Lieferfirmen für diese Typen sind: In USA die Firma Lee C. Moore, die allein etwa 70% der dort erforderlichen Maste liefert, in Deutschland die Firmen Wülfel für Fördermaste und Salzgitter sowohl für Förder- als auch Bohrmaste.

Was die tragende Verankerung betrifft, werden aus der Praxis die folgenden Empfehlungen gegeben: Bei Hakenlasten bis etwa 50 t sollen Ankerseile mit einem Mindestdurchmesser von 1/2 Zoll, bei höheren Hakenlasten ein Mindestdurchmesser von 3/4 Zoll gewählt werden.

Abb. 136. Großraum-Mast A 300/40 der Fa. Salzgitter Maschinen-A.G.

Jedenfalls soll der Sicherheitsfaktor für diese Seile nicht unterhalb 2,5 liegen. Die Entfernung der rückwärtigen tragenden Verankerung vom Mastfuß soll etwa 60% der Masthöhe betragen, die Neigung dieses Seiles keinesfalls 45° übersteigen. Die vorderen Verankerungspunkte sollen wenigstens auf einer Distanz von 35% der Turmhöhe vom Mastfuß entfernt liegen.

Die Verankerung im gewachsenen Boden muß sehr solide durchgeführt werden. An den Verankerungspunkten sind entsprechend starke Spannschlösser vorzusehen.

Unterbau der Maste. Im allgemeinen sind hier zwei Typen zu unterscheiden, und zwar ein Unterbau, der die gesamte Anlage trägt und hauptsächlich bei den freistehenden Masten üblich ist, sowie ein Unterbau, der lediglich den Rotarytisch und eventuell auch noch die Gestängeabsatzbühne trägt.

Die erste Type wird vielfach vorgezogen, da sie bei relativ flachem Gelände ein Verrollen der ganzen Anlage möglich macht.

Abb. 137 *a*. Klappmast der Fa. Lee C. Moore, USA, auf Lkw., Höhe 29,5 m

Auch hier muß ein freier Lichtraum zwischen dem Erdboden und der unteren Arbeitsbühne, ähnlich wie beim normalen Bohrturm, vorgesehen werden.

Die zweite Unterbautype wird bei den Masten mit tragender Verankerung verwendet.

2. Das Rotary-Hebewerk

Kurze geschichtliche Übersicht. Die ersten Rotary-Bohranlagen bestanden lediglich aus zwei übereinander angeordneten Wellen, und zwar einer Trommelwelle mit der auf ihr aufgesetzten Seil- oder Hebewerkstrommel und einer darüberliegenden Vorgelegewelle. Die Weichmetallager dieser Wellen waren an aufrechtgestellten Eichenbalken oder Profileisen-Trägern aufgesetzt, die mit der

Turmwandkonstruktion mit Ankerschrauben verbunden waren. Da die Antriebsmaschine auf einem knapp über dem Erdboden errichteten Holz- oder Betonfundament aufgestellt wurde, ergab sich zur Vorgelegewelle ein langer und steiler Kettentrieb. Vom Vorgelege führten zwei oder drei Kettentriebe zur

Abb. 137 *b*. Klappmast der Fa. Lee C. Moore, USA, Höhe 43,3 m

Trommelwelle und ein weiterer Kettentrieb zum Rotarytisch. Ausrückbare Klauenkupplungen waren auf der Trommelwelle und auf der Vorgelegewelle für den Kettentrieb zum Drehtisch vorgesehen. Während der eigentlichen Bohrarbeiten waren sämtliche Kettentriebe an der Drehbewegung beteiligt, obwohl lediglich der Kettentrieb von der Antriebsmaschine zur Vorgelegewelle und von dieser zum Rotarytisch für eine Kraftübertragung erforderlich gewesen wäre.

Der Kettentrieb von der hochliegenden Vorgelegewelle zum Rotarytisch mit seiner Schutzhülle engte den Arbeitsraum ganz wesentlich ein.

Bei jeder Umstellung der Anlage von einem Bohrpunkt zum anderen mußte die Bohreinrichtung in ihre Einzelteile zerlegt und beim Aufbau am nächsten Bohrpunkt wieder Stück für Stück zusammengesetzt werden.

Die Folge war eine lange und kostspielige Umbauzeit.

Diese Nachteile wurden durch die Entwicklung des turmfreien Hebewerkes behoben. In einem Profileisenrahmen mit schlittenkufenartiger Basis, der im Unterbau des Turmes verankert wurde, waren sämtliche Hebewerkswellen in Rollenlagern eingebaut. Das Hebewerk konnte somit als ganze Einheit bei jeder Umstellung transportiert, ein- und ausgebaut werden.

Die frühere Wellenzahl von zwei wurde auf drei Wellen erhöht, wodurch eine kürzere und, was die Lage betrifft, günstigere Kettenführung erreicht wurde. Die Vorgelegewelle wurde gegen früher viel tiefer eingebaut, so daß der Kettentrieb von der Antriebsmaschine (damals fast ausschließlich eine Dampfmaschine) kürzer und flacher geführt werden konnte. Auf der Vorgelegewelle wurden die ausrückbaren Klauenkupplungen zum Schalten der Geschwindigkeitsstufen der Hebewerkstrommel, wie auch fliegend ein Kettenrad mit einer gleichen Klauenkupplung für den Kettentrieb zum Drehtisch eingebaut. Dieser Kettentrieb erhielt ebenfalls eine viel günstigere Lage, da hier die Kette viel tiefer und näher der Arbeitsbühne lief.

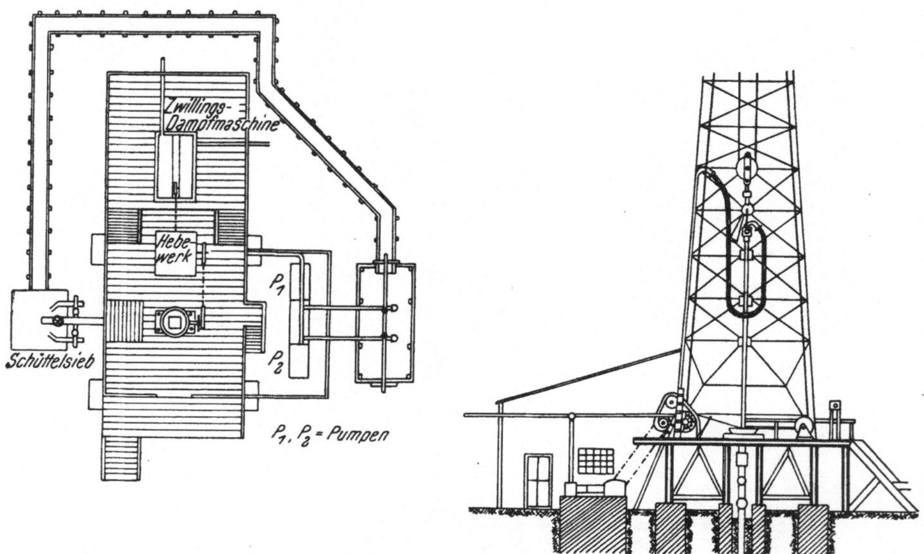

Abb. 138. Schematische Darstellung einer Rotary-Bohranlage mit Dampfantrieb

Von der Vorgelegewelle führten Kettentriebe zur höher gestellten Spillwelle und von dieser zur Trommelwelle, deren Position unverändert blieb (s. Abb. 138).

Diese prinzipielle Bauart des turmfreien Hebewerkes wurde bis zum heutigen Tag beibehalten. Eine gewisse Abweichung bilden die Getriebehebewerke, bei denen die einzelnen Geschwindigkeitsstufen in einem Zahnradgetriebe geschaltet werden können.

Rotaryanlagen mit Kettentrieben werden heute in USA den Getriebehebewerken vorgezogen. Nach amerikanischen Angaben soll die Güte der Verzahnung bei letzteren den bei Bohranlagen auftretenden, stoßenden Beanspruchungen noch nicht genügend entsprechen.

Im Laufe der Jahre wurden allerdings die verschiedensten Verbesserungen an den Hebewerken getroffen, die aus einer ständigen fruchtbaren Zusammenarbeit zwischen Bohrfachleuten und der einschlägigen Industrie resultieren. Diese Entwicklung ist sicherlich noch lange nicht abgeschlossen.

Anforderungen, die an die Anlagen gestellt werden. Bevor die einzelnen Teile der Rotary-Bohranlage besprochen werden, soll zunächst festgestellt werden, welche Anforderungen an diese Anlagen gestellt werden und wie die zuständigen Lieferfirmen diesen Anforderungen gerecht werden.

Wie jede Maschine hat auch die Rotary-Bohranlage, vom wirtschaftlichen Standpunkt gesehen, nur eine beschränkte Lebensdauer. Auch in der Bohrtechnik schreitet die Entwicklung in den letzten Jahren rapid vorwärts. Eine heute moderne Anlage wird in etwa acht bis zehn Jahren durch Neukonstruktionen überholt und nicht mehr voll konkurrenzfähig sein.

Die Bohranlage muß daher innerhalb dieses Zeitraumes weitestgehend ausgenützt werden.

Dieses Gebot wird nur dann erfüllt, wenn mit der Anlage ein Maximum an Bohrmetern innerhalb von acht bis zehn Jahren abgeteuft wird.

Die gesamte Zeitspanne, beginnend mit dem Antransport der Anlage zum nächsten Bohrpunkt, Fertigstellung der Bohrung und Abtransport zum nächsten Einsatz, kann in verschiedene Zeit-Teilabschnitte gegliedert werden, die teils als produktiv, teils als unproduktiv zu werten sind.

Als produktiv sind zu werten:

1. Die Bohrarbeit des Meißels oder des Kerngerätes auf der Bohrlochsohle,
2. als absolut erforderliche, wenn auch nicht gleichzuwertende Zeitspanne, wie 1. das Verrohren und Zementieren der Futterrohre.

Als unproduktiv sind zu werten:

1. Antransport, Auf- und Abbau der Anlage.
2. Die Ausbau- und Einbauarbeiten zwecks Wechsel des Meißels oder der Kernapparatur.
3. Reparaturen an der Bohranlage.
4. Wartezeiten, sowie Zeiten für verschiedene Bohrlochvermessungen, wie Bohrlochabweichungen, Schlumberger usw.
5. Fangarbeiten.

Die als produktiv zu wertende Arbeitszeit soll im Verhältnis zur gesamten Zeitdauer einer Bohrung einen möglichst hohen Prozentsatz ausfüllen.

Die Bohranlage muß also den folgenden Anforderungen gerecht werden:

(Vom Faktor Mensch, also dem Ausbildungsgrad des Personals, den diversen Wartezeiten, die mit der Konstruktion der Anlage in keinem Zusammenhange stehen, sei hier abgesehen.)

1. Die Konstruktion und eingebaute Antriebsleistung der Anlage muß die gewünschte Endteufe bei gegebenem End-Durchmesser sicher und wirtschaftlich erreichen können.
2. Das Gewicht der gesamten Anlage soll dabei so bemessen sein, daß auch die Transport- und Umstellungszeiten sowie die damit verbundenen Kosten möglichst gering sind.
3. Der Aufbau der Anlage muß in kürzester Zeit, und zwar vom Bedienungspersonal einschließlich der normal vorgesehenen Betriebs-Schlosser durchgeführt werden können. Spezialmannschaften sollen nicht erforderlich sein.
4. Die unproduktiven Arbeitsgänge, wie Aus- und Einbau der Bohrgarnitur, sollen möglichst wenig Zeit in Anspruch nehmen.
5. Endlich soll die Anlage einfach und ohne besondere physische Beanspruchung des Personals zu bedienen sein, ihr Unterhalt und die Betriebskosten während der Bohrarbeit sollen sich nicht zu hoch stellen.

Diesen Anforderungen sind nun die zuständigen Lieferwerke, so weit als möglich, im Laufe der letzten Jahre nachgekommen. Naturgemäß spielte dabei die Beanspruchung der greifbaren Werkstoffe eine wesentliche Rolle.

Hohe Festigkeit und geringes Gewicht sind nicht gerade leicht in Übereinstimmung zu bringen.

Für die verschiedensten Teufen, die heute zwischen wenigen hundert und etwa 6000 m variieren, wäre eine einzige Anlage unwirtschaftlich. Es muß daher auch hier eine gewisse Stufenordnung, je nach der zu erreichenden Teufe und den bei der Bohrung zu bewegenden Lasten, vorgenommen werden. Eine einheitliche Typisierung ist leider noch nicht durchgedrungen. Wir werden auf diesen wichtigen Punkt noch später zurückkommen.

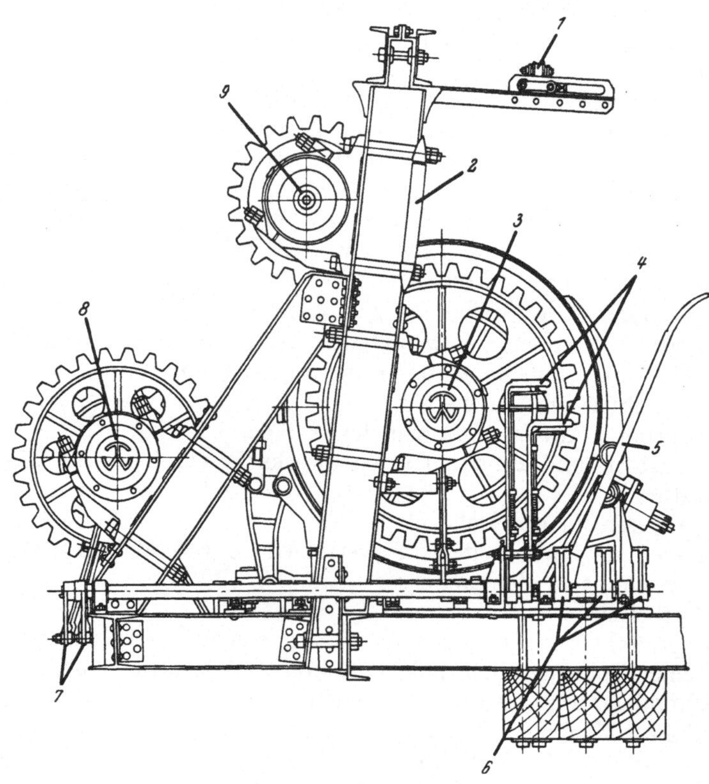

Abb. 139. Rotary-Hebewerk (ältere Bauart), Seitenansicht.
1 Seilführung, *2* Spillseilführung, *3* Trommelwelle, *4* Schalthebel, *5* Bandbremsen-Hebel, *6* Kupplungspedale, *7* Kupplungsgestänge, *8* Vorgelegewelle, *9* Spillwelle

Was den vereinfachten Zusammenbau betrifft, sind erfreuliche Erfolge zu verzeichnen. Die früher voluminösen Fundierungen machen einfacheren, mit Bohlen unterlegten Profileisenrosten Platz. Jede Anlage-Einheit ist mit schlittenkufenartigen Profileisenrahmen ausgestattet, so daß sie leicht vom Transportfahrzeug auf ihren Bestimmungsort geschafft und dort aufgebaut werden kann.

Die einzelnen Rahmenteile werden durch Laschen miteinander verbunden.

Die schweren Einzelteile, wie das Hebewerk und die Antriebsmotoren werden auf Stahlunterbauten aufgestellt, die dieselbe Höhe haben wie die Plattform der Transportfahrzeuge, so daß sie durch ein bloßes horizontales Verschieben an ihren definitiven Standort gebracht werden können.

Um das Umsetzen von Bohranlagen in möglichst kurzer Zeit durchzuführen, sind sowohl in USA als auch in Europa seit Jahren Geräte auf fahrbarem Unterbau in Verwendung.

Es sind die sogenannten „Rambler rigs“.

Anfangs waren es Anlagen für geringe Teufen, die hauptsächlich für Aufwältigungsarbeiten bei Förderbohrungen eingesetzt wurden. Das Bestreben geht aber mehr und mehr dahin, fahrbare Bohranlagen auch für große Teufen einzusetzen.

Diese Type macht sich allerdings nur dann bezahlt, wenn mit einem möglichst kontinuierlichen Einsatz gerechnet werden kann. Zu berücksichtigen sind dabei die Transportvorschriften des betreffenden Landes, die sowohl bezüglich Gewicht als auch Lichtraumprofil keinesfalls einheitlich sind.

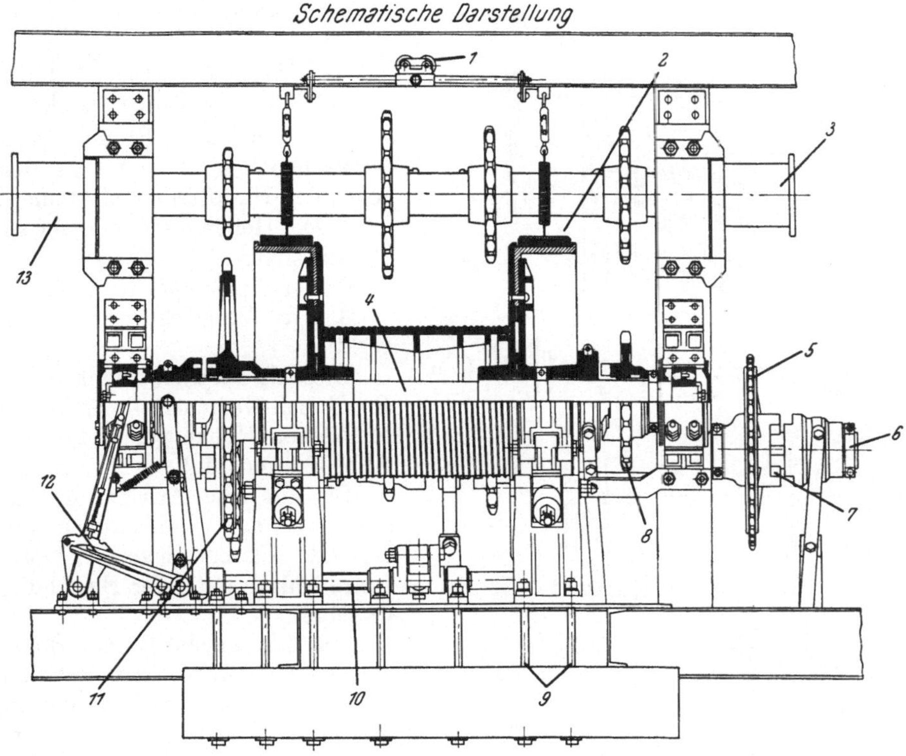

Abb. 140. Rotary-Hebewerk (ältere Bauart), Frontansicht.
1 Seilführung, *2* Bandbremse, *3* Spillwelle, *4* Trommelwelle, *5* Kettenrad auf Vorgelegewelle zum Drehtischantrieb, *6* Vorgelegewelle, *7* Klauenkupplung, *8* Kettenrad für Kettentrieb von Spillwelle, *9* Bandbremsenverankerung, *10* Kupplungsgestänge, *11* Kettenrad für Kettentrieb zur Spillwelle, *12* Fußpedal für Geschwindigkeitskupplungen, *13* Spill auf Spillwelle

Je größer die zu erreichende Teufe, um so schwerer wird die Bohranlage werden, so daß auch die Tragfähigkeit der zu passierenden Brücken berücksichtigt werden muß.

Für kleine Teufen ist fast immer das Hebewerk, der Drehtisch, die Spülpumpe und der Mast auf demselben Lkw. oder Lkw.-Anhänger aufgebaut (s. Abb. **131**).

Bei schwereren Anlagen ist für das Pumpenaggregat und oft auch für den Mast ein eigener Lkw.-Anhänger vorgesehen.

Um eine möglichst große Gewichtsersparnis bei gleicher Tragfähigkeit zu erzielen, werden zur Fertigung von Masten, Fahrzeugrahmen, Pumpen- und Drehtischkörper in den letzten Jahren immer mehr Leichtmetall-Legierungen herangezogen.

Die dabei erreichte Gewichtsersparnis wird nach Angaben aus USA mit etwa 40% angegeben.

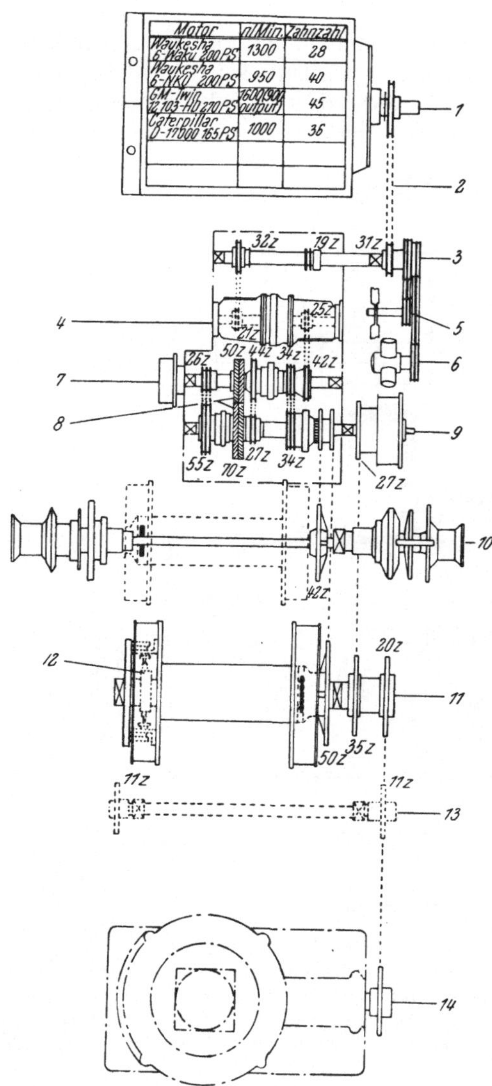

Abb. 141. Rotary-Bohranlage der Fa. National Supply Co., USA, Type T-35, für Teufen bis 1250 m. *1* Antriebsmotoren, *2* Kettentrieb, *3* Erstes Vorgelege (Drive shaft), *4* Drehmomentwandler, *5* Ventilator zur Kühlung der Wandlerflüssigkeit, *6* Luftkompressor, *7* Zweites Vorgelege (Jack shaft), *8* Wendegetriebe, *9* Drittes Vorgelege, *10* Spillwelle, *11* Hebewerks-Trommel, *12* Druckluft-Ballon-Kupplung, *13* Vorgelege für das Bohren des Rattenloches, *14* Drehtisch

Auch bezüglich der Reduzierung der Ein- und Ausbauzeit und der damit verbundenen Kosten sind verschiedene Verbesserungen getroffen worden, die in den nächsten Kapiteln besprochen werden.

Die Hauptbestandteile des Rotary-Hebewerkes

Die normale Rotary-Hebewerksanlage setzt sich aus den folgenden Hauptteilen zusammen:

1. Der Hebewerkstrommelwelle (Drum shaft),
2. der Spillwelle (Cat shaft),
3. der Vorgelegewelle (Jack shaft).

Diese drei Wellen sind in einem Profileisen-Kasten-Rahmen in verschiedenen Höhen gelagert (siehe Abb. **139** und **140**).

Bis auf eine Aussparung für das von der Seiltrommel ablaufende Flaschenzugseil ist die ganze Anlage mit einer Blechhülle verschalt.

Bei den neuen Rotary-Bohranlagen mit Motorantrieb werden von den maßgebenden Lieferfirmen bezüglich Kraftübertragung verschiedene Wege gegangen. So führt z. B. bei der Anlage der National Supply Co. (s. Abb. **141**, **142** und **143**) ein Verbund-Kettentrieb (Compound drive) von den Antriebsmaschinen über zwei Vorgelegewellen (Main drive shaft und Jack shaft) zur Trommelwelle, bzw. zum Drehtisch.

Bei der letzten Konstruktion der Firma Wirth, Erkelenz (s. Abb. **144** und **145**) ist die Auslegung im Prinzip die gleiche, mit dem Unterschied, daß für den Drehtisch ein eigener Motor vorgesehen ist.

Bei der Bohranlage der Firma Haniel & Lueg, Düsseldorf (s. Abb. **146** und **147**) erfolgt die Kraftübertragung von den Motoreinheiten mittels Kardanwellen zum

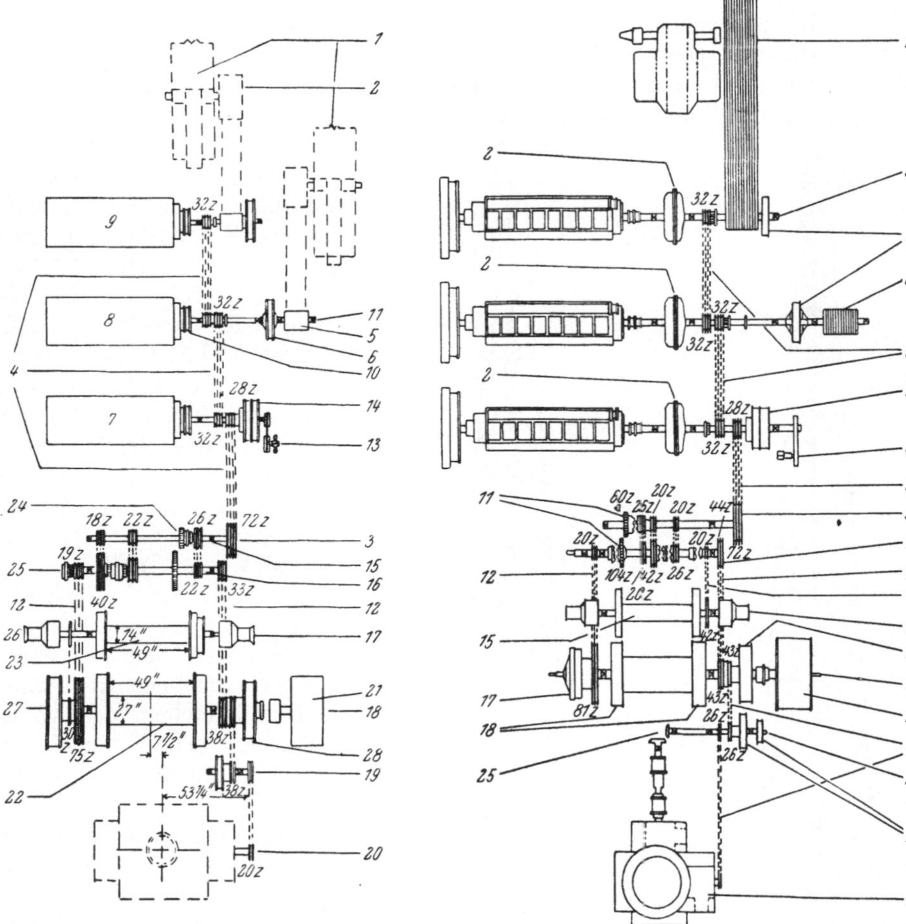

Abb. 142. Rotary-Bohranlage für 2700 bis 3900 m Teufe nach Fa. National Supply Co., USA.

1 Spülpumpe, *2* Keilriemenscheibe, *3* Kettenrad, *4* Kettentrieb $1^1/_2$ Zoll vierfach oder Keilriementrieb, *5* Vorgelege für Spülpumpe, *6* Kupplung für Spülpumpentrieb, *7* Antriebsmaschine 1, *8* Antriebsmaschine 2, *9* Antriebsmaschine 3, *10* Motorkupplung, *11* Verlängerte Motorwelle, *12* Kettentriebe 2 Zoll, *13* Luftkompressor, *14* Hauptkupplung, *15* Hauptvorgelegewelle, *16* Zweite Vorgelegewelle, *17* Spillwelle, *18* Trommelwelle, *19* Zwischenvorgelege, *20* Drehtisch, *21* Automatische Zusatzbremse, *22* Hebewerkstrommel, *23* Schmanttrommel, *24* Wendegetriebe, *25* Kupplung für Hebewerkstrommel, *26* Pneumatisches Spill, *27* Pneumatische Kupplung für Hebewerkstrommel, *28* Kupplung für Schmanttrommel

Abb. 143. Rotary-Bohranlage der Fa. National Supply Co., USA, Type 130 für Teufen bis 4800 m.

1 Keilriementrieb zur Spülpumpe, *2* Hydraulische Kupplung, *3* Verlängerte Motorwelle, *4* Pneumatische Kupplung, *5* Vierfach-Gelenkrollenkette, *6* Keilriemenscheibe (auf Wunsch) für weiteren Pumpenantrieb, *7* Pneumatische Kupplung, *8* Luftkompressor, *9* Hauptvorgelegewelle, *10* Zweite Vorgelegewelle, *11* Schaltbares Wendegetriebe, *12* Dreifach-Gelenkrollenkette, *13* Zweifach-Gelenkrollenkette, *14* Spillwelle, *15* Schmanttrommel, *16* Seiltrommel, *17* Doppel-pneumatische Kupplung, *18* Seiltrommel-Bandbremse, *19* Pneumatische Kupplung, *20* Parkersburger Bremse oder Wirbelstrombremse, *21* Zweifach-Gelenkrollenkette, *22* Drehtisch-Vorgelege, *23* Pneumatische Kupplung, *24* Drehtisch, *25* Kegelradantrieb mit Kardanwelle (auf Wunsch)

Getriebe, von hier mit einem Kettentrieb zur Trommelwelle und einer Kardanwelle zum Drehtisch.

Die Spillwelle (Cat shaft) hat bei diesen Anlagen einen eigenen Kettentrieb, der sie entweder mit der zweiten Vorgelegewelle oder der Trommelwelle verbindet. Die Spillwelle ist manchmal auch mit einer Seiltrommel für ein Förderseil ausgestattet. Diese Einrichtung kann für verschiedene Arbeitsgänge dienen, so z. B. für die Handhabung des Seilkernapparates (Wire line core bit) oder für den Einbau von Fördereinrichtungen (Kolben usw.). Der vorgenannte Kernapparat kann durch das Bohrgestänge, die Schwerstangen und den mit einer entsprechend großen Zentralbohrung ausgestatteten Spezialmeißel eingebaut werden. Nach beendeter Kernarbeit, das heißt, wenn die Länge des Kernapparates abgebohrt ist, wird ein eigener Fänger am Förderseil durch das Gestänge eingebaut, der Apparat gezogen und ein zweiter eingelassen, ohne daß das Gestänge ausgebaut werden muß.

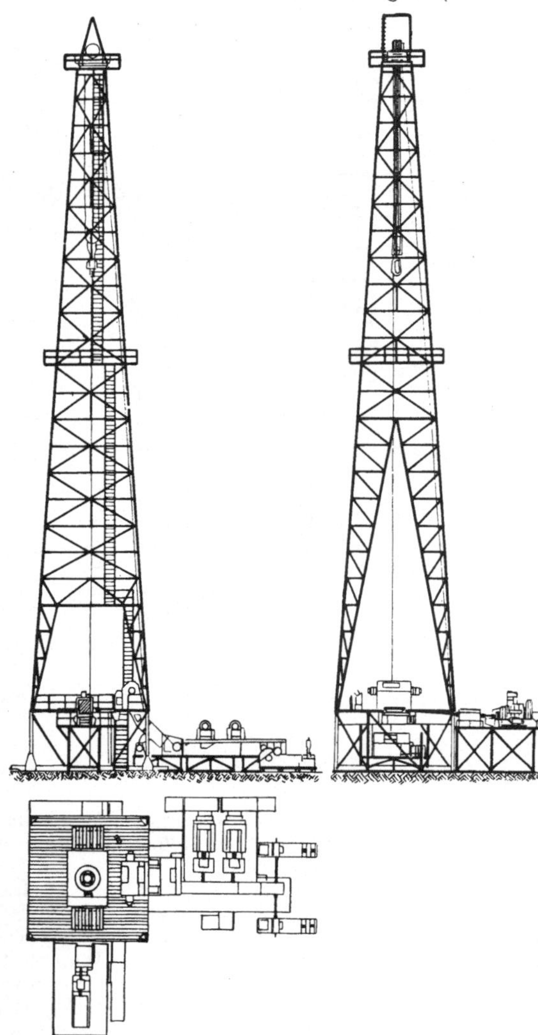

Abb. 144. Rotary-Bohranlage mit Hebewerk GHL-22 -26 a und separatem Drehtischantrieb für 3000 bis 4000 m Teufe der Fa. Wirth & Co., Erkelenz (Rhld.)

Die Hebewerkskonstruktionen sowohl der amerikanischen als auch der europäischen Erzeugerfirmen sind, im Detail gesehen, nicht völlig einheitlich. Die Unterschiede sind aber nicht prinzipieller Art.

Eine generelle Übersicht der Maße der wichtigsten Konstruktionsteile für verschiedene Teufen sind in Tab. 16 ersichtlich.

Der Trommeldurchmesser sollte zur Schonung des aufgespulten Seiles möglichst groß, andererseits zur Herabsetzung des Drehmomentes und des Eigengewichtes wiederum möglichst klein sein. Als minimalster Durchmesser gilt etwa der zwanzigfache Durchmesser des aufgespulten Seiles.

Bei Dampf- oder elektrischem Antrieb werden bei den Hebewerken vorwiegend vier, bei Antrieb mit Verbrennungskraftmaschinen sechs oder acht Geschwindigkeitsstufen vorgesehen. Über die Ausnützung der Geschwindigkeitsstufen wird bei Besprechung der Arbeitsgänge noch näher eingegangen.

Die Hebewerkstrommel (s. Abb. 140). Der Durchmesser der Welle dieser Trommel ist der betreffenden Hebewerkstype, bzw. dem maximal zulässigen Seilzug an der Trommel angepaßt, wobei naturgemäß die jeweils verwendete Materialqualität in Rechnung gestellt ist. Die Trommelwelle ist an den beiden in Wälzlagern eingebauten Enden im Durchmesser schwach abgesetzt. Die eigentliche Seiltrommel sitzt auf einem ringförmigen Ansatz der beiden Bordscheiben (Trommelflanschen), deren Naben auf der Welle verkeilt sind.

Eine der Bordscheiben ist seitlich knapp oberhalb des Trommelumfanges schräg durchbohrt. Durch diese Bohrung wird das Seilende geführt, das an der Außenseite der Bordscheibe in einer Seilklemme gehalten wird.

Die Trommel hat innen Verstärkungsrippen, an ihrer äußeren Mantelfläche mitunter Seilrillen, die, dem verwendeten Seildurchmesser angepaßt, ein gleichmäßiges Aufspulen des Seiles in mehreren Seillagen gewährleisten.

Die Bremseinrichtung. Die beiden Bremsscheiben sind an die Bordscheiben (Trommel-Flanschen) entweder angenietet oder angeschweißt. Die Breite der mit Randwulsten ausgestatteten Bremsscheibenfelgen variiert je nach Hebewerkstype etwa zwischen 200 und 260 mm.

Die Bandbremse selbst ist ein mit einem Bremsbelag besetzter Stahlmantel (s. Abb. 148). Der Bremsbelag besteht aus einem Asbest und Baumwollgewebe, das nach einem besonderen Verfahren imprägniert und gepreßt wird und unter dem Namen „Ferodofiber" in den Handel kommt. Ein zweites Fabrikat ist „Ferodoasbestfiber", ein aus Asbest und Messingdraht bestehendes imprägniertes Gewebe.

Erzeugerfirmen dieser Bremsbeläge sind unter anderem in USA Thermoid Co. in Trenton/N.J., in Europa die Norddeutschen Bremsbandwerke in Nienburg und Klinger in Wien.

Die Reibungszahl dieser Beläge variiert zwischen 0,3 und 0,35. Sie werden in ihrer Reibwirkung durch Wasser, Öle und Dämpfe nicht beeinflußt.

Die beim Bremsen erzeugte Reibungswärme soll bei Ferodofiber die Temperatur von 140°, bei den anderen Belägen 250° C für längere Dauer nicht überschreiten.

Tabelle 16. *Hauptmaße von Rotaryanlagen für verschiedene Teufen*

Teufe	1000 bis 1650 m	1650 bis 2400 m	2400 bis 3000 m	3000 bis 4000 m	4000 bis 6000 m
Trommelwelle ⌀	etwa 150 mm	165 bis 180 mm	215 bis 240 mm	250 bis 300 mm	300 bis 350 mm
Trommel ⌀	etwa 500 mm	500 bis 600 mm	600 bis 660 mm	700 bis 800 mm	820 mm
Bremskranz ⌀	etwa 1000 mm	1100 bis 1160 mm	1200 bis 1300 mm	1400 bis 1600 mm	1600 mm
Spillwelle ⌀	etwa 120 bis 150 mm	150 bis 160 mm	190 bis 200 mm	220 bis 240 mm	260 mm
Vorgelegewelle ⌀	etwa 120 bis 150 mm	etwa 160 mm	etwa 200 mm	230 bis 250 mm	300 mm
Gewicht	etwa 7000 kg	etwa 8000 kg	16 000 kg	19 000 kg	28 000 kg

Die Beläge werden in der Form von Kreisringplatten von 200 bis 300 mm Länge und 25 bis 30 mm Wandstärke am Stahlband der Bandbremse befestigt, und zwar sind die Beläge entweder direkt durch Schrauben mit versenkten Köpfen am Stahlband fixiert, oder aber sie haben schwalbenschwanzförmige Nuten, in die entsprechend geformte dünne Schienenbänder eingelegt und mit Schrauben am äußeren Stahlband befestigt werden.

Abb. 145. Rotary-Bohranlage mit Hebewerk GHL-22-26 a und separatem Drehtischantrieb für 3000 bis 4000 m Teufe der Fa. Wirth & Co., Erkelenz (Rhld.)

Die Bremskraft ist in erster Linie von der Länge des Umfanges abhängig, mit dem das Bremsband die Bremsscheibe umfaßt. Er wird in Bogengraden, bzw. Radianten gemessen. Ferner ist sie abhängig von der Reibungszahl des gewählten Belages.

Im nachstehenden soll das Prinzipielle der Charakteristik einer Bandbremse kurz besprochen werden[1].

Nach Abb. 149 bedeuten:

S_1 = Spannung im auflaufenden Bremsband kg,
S_2 = Spannung im ablaufenden Ende kg,
e = Basis nat. Log. 2,718,
μ = Reibungszahl,
α = umspannter Winkel,

[1] Näheres s. DUBBELS Taschenbuch für den Maschinenbau, Band II, 11. Aufl. Berlin-Göttingen-Heidelberg: Springer-Verlag. 1953.

U = Umfangskraft kg,
K = Kraft am Hebelende kg,
S_z = Seilzug an der Trommel kg,
R = Radius der Bremsscheibe m,
r = Radius der Trommel m,
L = Bremshebellänge,
a = Kniehebellänge m,
N = Drehzahl der Trommel/Min.,
N_{br} = Bremsleistung der Bremse PS.

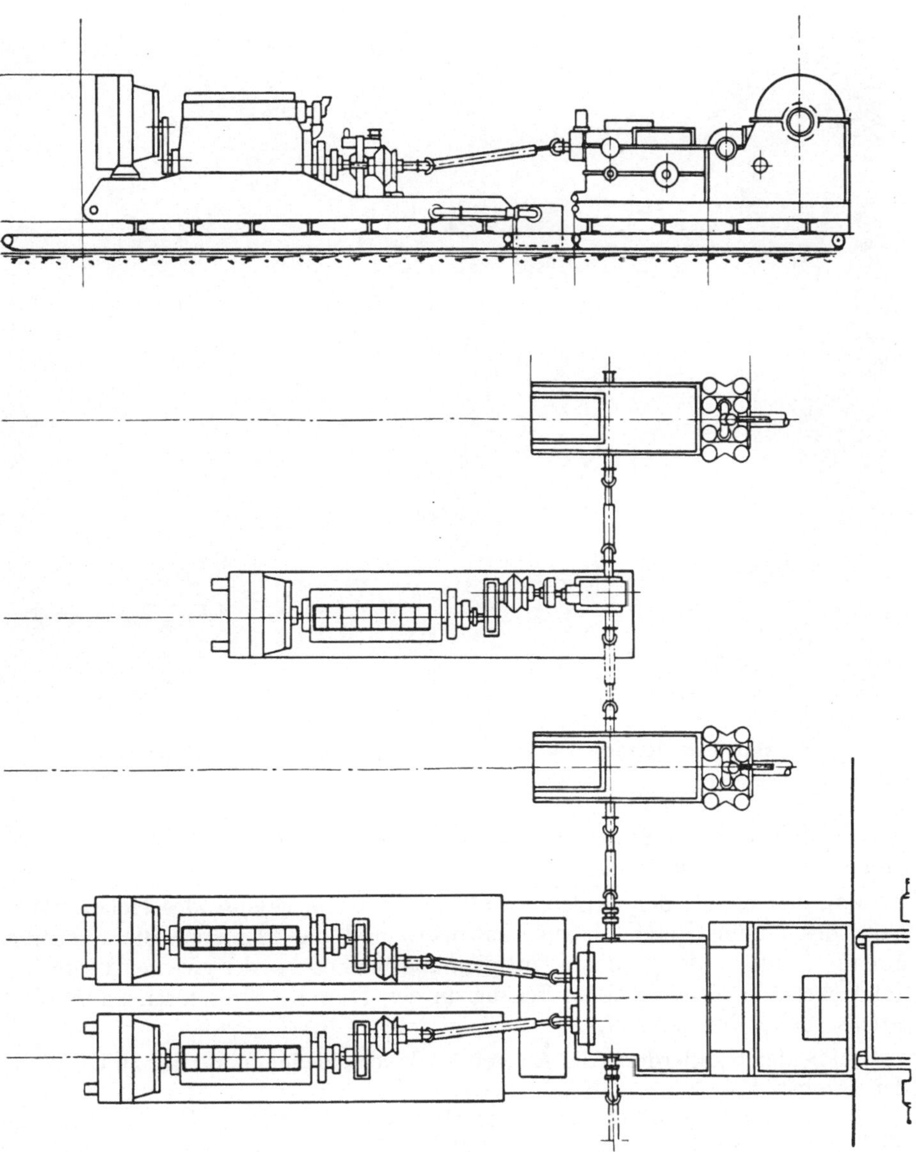

Abb. 146. Rotary-Bohranlage der Fa. Haniel & Lueg, Düsseldorf, im Grundriß

Es gilt:

$$\frac{S_1}{S_2} = e^{\mu a}; \quad S_1 - S_2 = U, \quad S_2 = \frac{U}{(e^{\mu a} - 1)};$$

$$K \cdot L = S_2 \cdot a; \quad K = \frac{U}{(e^{\mu a} - 1)} \cdot \frac{a}{L}; \quad U = K(e^{\mu a} - 1) \cdot \frac{L}{a};$$

$$S_z \cdot r = U \cdot R; \quad S_z = U \cdot \frac{R}{r}, \quad S_z = K \cdot (e^{\mu a} - 1) \cdot \frac{L}{a} \cdot \frac{R}{r};$$

$$N_{br} = \frac{U \cdot v}{75} = \frac{K \cdot (e^{\mu a} - 1) \cdot v}{75} \cdot \frac{L}{a}.$$

Abb. 147. Rotary-Bohranlage der Fa. Haniel & Lueg, Düsseldorf

Ein Beispiel soll hier die Charakteristik zweier verschieden bemessener Bandbremsen veranschaulichen.

Man ersieht aus den beiden Resultaten, daß die Bremse des Hebewerkes B trotz des ungünstigeren Hebelverhältnisses und des kleineren Bremsscheibenumfanges infolge des größeren Umspannungswinkels bei der gleichen Bremskraft am Hebelende einen höheren Seilzug an der Trommel abbremsen kann als die Bremse beim Hebewerk A.

Bei beiden ist allerdings der Anpreßdruck verschieden, und zwar zu Ungunsten der Bremse B.

Je nach der Qualität des Bremsbelages wird von der Erzeugerfirma ein günstiger Anpreßdruck empfohlen. Bei Ferodofiber ist sein Maximum etwa 3,0 kg/cm^2, beim Ferodoasbest etwa 5,0 kg/cm^2.

Hebewerk	A	B
Trommelradius (r)	0,35 m	0,35 m
Bremsscheibenradius (R)	0,625 m	0,6 m
Breite des Bremsbandes (b)	0,26 m	0,2 m
Umspannung der Bremsscheibe (α)	270°	324°
in Radianten	0,75 · 2	0,9 · 2
Reibungsfaktor (μ)	0,3	0,3
Hebelsarmverhältnis (L/a)	52,0	50,0
Kraft am Hebelarm (K)	65,0 kg	65,0 kg

$$U_A = 65 \cdot (4 - 1) \cdot 52 = 10\,140{,}0 \text{ kg}$$
$$S_{zA} = 65 \cdot (4 - 1) \cdot 52 \cdot 1{,}78 = 18\,000{,}0 \text{ kg}$$
$$U_B = 65 \cdot (5{,}3 - 1) \cdot 50{,}0 = 13\,975{,}0 \text{ kg}$$
$$S_{zB} = 65 \cdot (5{,}3 - 1) \cdot 50{,}0 \cdot 1{,}714 = 23\,953{,}0 \text{ kg}$$

Der Anpreßdruck ist bei der Bandbremse am auflaufenden Ende am größten, verringert sich allmählich am Umfang und erreicht am ablaufenden Ende das Minimum.

Abb. 148. Bandbremsen bei Rotary-Hebewerken nach Emsco Derrick & Equipment Co., USA

Wenn b die Breite des Bremsbandes bezeichnet, so ist der maximale Druck pro 1 cm Bremsbandlänge der folgende:

$$P_{max} = \frac{S_1}{R \cdot b} = \frac{U \cdot e^{\mu\alpha}}{(e^{\mu\alpha} - 1)\, R \cdot b}$$

und der minimale Druck

$$P_{min} = \frac{S_2}{R \cdot b} = \frac{U}{(e^{\mu\alpha} - 1) \cdot R \cdot b}.$$

Zurückkommend auf unser Beispiel, ergibt sich für die beiden Hebewerke der folgende Wert:

$$\text{Hebewerk } A\colon\quad P_{max} = \frac{10\,140{,}0 \cdot 4}{3 \cdot 62{,}5 \cdot 26} = 8{,}3 \text{ kg/cm}^2,$$

$$P_{min} = \frac{10\,140{,}0}{3 \cdot 62{,}5 \cdot 26} = 2{,}08 \text{ kg/cm}^2.$$

$$\text{Hebewerk } B\colon\quad P_{max} = \frac{13\,975{,}0 \cdot 5{,}3}{4{,}3 \cdot 60{,}0 \cdot 20} = 14{,}50 \text{ kg/cm}^2,$$

$$P_{min} = \frac{13\,975{,}0}{4{,}3 \cdot 60{,}0 \cdot 20} = 2{,}70 \text{ kg/cm}^2.$$

Jedes Rotary-Hebewerk weist zwei Bandbremsen auf, deren fixe Enden an einem zentrisch im Unterbau des Turmes drehbar gelagerten Waagebalken befestigt sind. Mittels dieses Waagebalkens wird ein gleichmäßiges Anpressen beider Bandbremsen erzielt. Es verteilt sich daher der errechnete Wert des Anpreßdruckes auf beide Bremsen und beträgt pro Flächeneinheit nur die Hälfte.

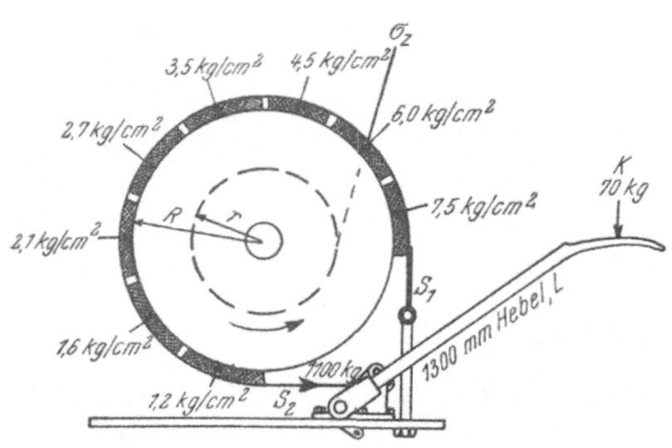

Abb. 149. Prinzip einer Bandbremse beim Rotary-Hebewerk

Damit wird in unserem Beispiel das empfohlene Maß lediglich beim Hebewerk *B* überschritten.

Die ungleiche Anpressung der Bremsbeläge bewirkt naturgemäß auch ihre ungleiche Abnützung. Diesem Umstand wird manchmal dadurch Rechnung getragen, daß die Beläge mit verschiedener, der Lage entsprechender Scheuerfestigkeit am Bremsband angesetzt werden.

Das Bremsband wird bei manchen Konstruktionen in seinem unteren Teil durch einstellbare Rollen abgestützt und ist im oberen Teil mit einer Spiralfeder am Hebewerksrahmen aufgehängt. Auf diese Art wird ein Scheuern des Bremsbelages bei der Hochfahrt verhindert. Die Tragrollen werden bei angezogener Bremse so eingestellt, daß sie etwa 2 mm vom Bremsband entfernt sind und damit auch die radiale Lüftung etwa 2 mm beträgt.

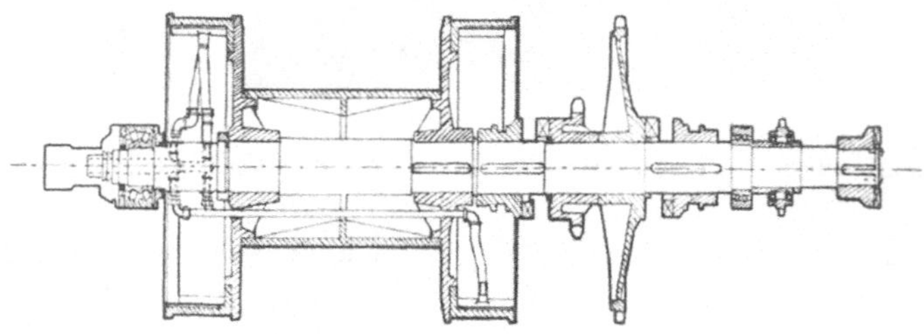

Abb. 150. Wasserkühlung bei Bandbremsenfelge der Hebetrommel nach Fa. Trauzlwerk, Wien

Der Winkel, den der Bremshebel beim Bremsvorgang beschreibt, muß mit der radialen Lüftung, bzw. der Wegstrecke, die das ablaufende Bremsbandende dabei zurücklegt, so eingestellt werden, daß er nicht übermäßig groß wird und eine maximale Bremsleistung ohne physische Überanstrengung erzielt werden kann.

Während der Bohrarbeit selbst erfolgt das Nachlassen der Bohrgarnitur mittels der Bandbremse, falls keine automatische Nachlaßvorrichtung vorgesehen ist. Die Bremse muß besonders zu diesem Zwecke so eingestellt sein, daß auch ein erwünschtes gleichmäßiges Nachlassen erfolgen kann.

Um die beim Bremsen erzeugte Reibungswärme abzuführen, ist die folgende Einrichtung getroffen: In den Bremsscheibenfelgen ist auf ihrem ganzen Umfang ein Hohlraum ausgespart, in dem Frischwasser zirkuliert. Die im Zentrum durchbohrte Trommelwelle ist einerseits mit einer Frischwasserleitung und andererseits durch radial von dieser Bohrung abzweigende Röhrchen mit dem Hohlraum der Bremsfelgen verbunden. Für den Ablauf des Warmwassers ist eine gleiche Konstruktion vorgesehen (s. Abb. 150).

Die beschriebene Bandbremse bietet lediglich bei verhältnismäßig geringen Lasten eine genügende Sicherheit während des Aus- und Einbauzyklus. Bei großen Teufen wäre die physische Beanspruchung des Bohrmeisters und damit auch das Gefahrenmoment zu groß. Aus diesem Grunde werden schon bei Hebewerken für Teufen ab 1500 m automatisch wirkende Bremsen mit der Trommelwelle gekuppelt.

Eine der Typen ist die sogenannte Parkersburgerbremse, die an eines der beiden Wellenenden der Trommelwelle aufgesetzt wird (s. Abb. 151 und 152 *a*, *b*).

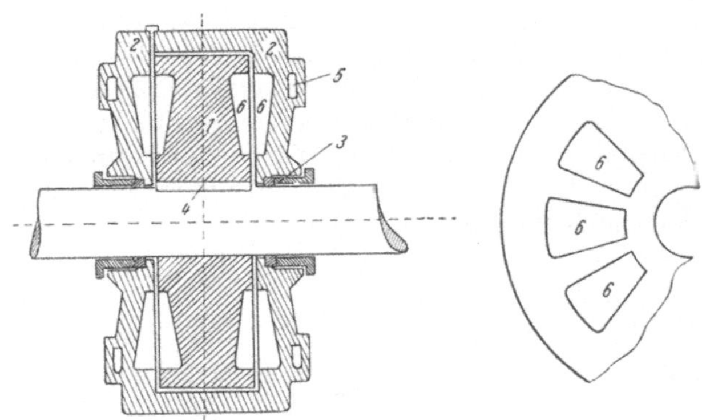

Abb. 151. Schematische Darstellung der Parkersburger-Flüssigkeitsbremse. *1* Rotor, *2* Stator, *3* Stopfbüchse, *4* Keil, *5* Seitenkammern im Stator, *6* Schaufeltaschen

Abb. 152 *a*. Parkersburger-Flüssigkeitsbremse

Abb. 152 *b*. Parkersburger-Flüssigkeitsbremse, im Hebewerk eingebaut, nach Fa. National Supply Co., USA

Das Prinzip ihrer Wirkungsweise ist folgendes:

Der Rotor *1* ist auf der Welle aufgekeilt, der Stator *2* umschließt den Rotor und ist mit entsprechenden Stopfbüchsen gegen die Welle abgedichtet.

Rotor und Stator haben gegenüberliegende radial angeordnete Schaufeltaschen *6*, die durch die Seitenkammern des Stators etwa zu 75% mit Wasser gefüllt werden. Durch die Drehung der Welle und damit des Rotors wird das Wasser durch die Zentrifugalkraft nach außen an die Peripherie des Rotors gedrückt und muß von dort gegen die beiden Statorteile abfließen. Durch die radialen Abteilungsfächer wird der Wasserstrom dabei zerstückelt und auf diese Art die Drehbewegung gebremst.

Im Stator muß der Flüssigkeitsstrom zwangsweise wieder zur Mitte strömen und gelangt durch die Taschen wieder zum Rotor. Durch diese Umwälzung wird Energie verbraucht, die in Wärme umgewandelt und in Kühlrippen abgeführt wird. Die Wärmeabfuhr des dabei erwärmten Wassers kann zusätzlich auch in kleinen Kühltürmen erfolgen.

Abb. 153. Wirbelstrombremse nach Dynamatic Corp., USA

Diese Einrichtung bedeutet eine ganz wesentliche Verbesserung der Bremswirkung und Sicherheit.

Eine andere Konstruktion ist die Wirbelstrombremse, die von der Dynamatic Corp., Kenosha-Wisconsin, gebaut wird. Innerhalb eines Elektromagneten, der stationär gelagert ist, rotiert eine mit der Welle fix verbundene Eisentrommel, wodurch infolge der dabei entstehenden Wirbelströme ebenfalls eine starke Bremswirkung erzielt wird (s. Abb. **153**).

Bei den neuen Konstruktionen ist diese zusätzliche Bremseinrichtung, durch die der Sicherheitsgrad sehr wesentlich erhöht wurde, mit einer automatisch arbeitenden Spezialzahnkupplung einschaltbar. Da diese automatischen Bremsen lediglich beim Einbau der Bohrgarnitur und nicht bei der leeren Hochfahrt

Bremsarbeit zu leisten haben, werden sie bei dem letzten Arbeitsgang automatisch ausgeschaltet.

Kupplungen an der Trommelwelle. Die Einschaltung der Trommelwelle erfolgt mittels ausrückbarer Kupplungen.

Bei den älteren Anlagen sind es durchwegs Klauenkupplungen.

Beiderseits der Seiltrommel sind auf der Welle drehbar gelagerte, mit Kupplungsklauen ausgestattete Kettenräder eingebaut (früher Weichmetall-, später Wälzlager).

Unmittelbar neben letzteren sind eigene Klauenstücke auf der Welle aufgezogen, die entlang Federkeilen gleiten können, die in der Welle teilweise versenkt und mit Schrauben mit versenkten Köpfen fixiert sind.

Durch Verschieben dieser Klauenstücke mittels eigener Hebelübersetzungen, die mit einem Fußpedal betätigt werden, erfolgt der Eingriff der Kupplung und damit die Übertragung der Drehbewegung.

Ein eigener, seitlich am Schalthebel befestigter Federzug löst die Kupplung automatisch, sobald das Fußpedal freigegeben wird.

Beim Einschalten dieser Kupplungen muß die Drehzahl der Antriebsmaschine stark herabgesetzt werden, um die dabei unvermeidliche Stoßwirkung so weit als möglich zu mildern. (Eigentlich sollten diese Kupplungen bei völligem Stillstand ein- und ausgeschaltet werden.)

Bei den neueren Hebewerken sind durchwegs Reibungskupplungen, vorwiegend mit Druckluftsteuerung, eingebaut. Die Reibfläche hat entweder die Form eines Kegelstutz-Mantels, einer Kreisringfläche oder eines Zylindermantels. Die Reibbeläge sind aus einem Kunststoff mit Metall- und Asbesteinlagen gepreßt und bei Temperaturen bis 200° C unempfindlich. An bekannten Konstruktionen wäre unter anderen die Kegelreibungskupplung der Firma Lohmann & Stolterfoht, Witten-Ruhr (s. Abb. 154), in USA die Kupplung in Kreisringform oder Lamellenkupplung der Firma Twin Disc Clutch Co. in Racine, Wisconsin (s. Abb. 155), und die Zylindermantelkupplung der Firma Fawick-Airflex Co. Inc. in Cleveland (s. Abb. 156) hervorzuheben. Der Zylindermantel ist hier durch Luftkissen gebildet, die einzeln auswechselbar sind.

Diese Reibungskupplungen gewährleisten ein verhältnismäßig sanftes Anfahren und sind während des Betriebes ein- und ausrückbar.

Da die Antriebsmaschinen heute fast durchwegs mit hydraulischen Kupplungen oder Drehmomentwandlern ausgestattet sind, erübrigt sich auch beim Kupplungsvorgang ein Drosseln der Maschinen.

Von den Kettenrädern der Trommelwelle gehen die Kettentriebe zu korrespondierenden Kettenrädern auf der Spillwelle.

Die Spillwelle (Cat shaft). Die Spillwelle ist oberhalb der Trommelwelle im Hebewerksrahmen in Wälzlagern eingebaut. Bei den älteren Typen ist diese Welle in den Kettentrieb, der von der Antriebsmaschine zur Hebewerkstrommel führt, über die Vorgelegewelle eingeschaltet.

Die Kettenräder sind bei diesen älteren Hebewerkstypen auf der Spillwelle fix verkeilt, ihre Anzahl hängt von der Zahl der im Hebewerk eingebauten Geschwindigkeitsstufen ab.

Zum Beispiel bei einem vierstufigen Hebewerk (s. Abb. 157) sind insgesamt vier Kettenräder auf der Spillwelle aufgekeilt, von denen je zwei Kettentriebe zu den korrespondierenden Kettenrädern der Trommel- und Vorgelegewelle führen.

Die beiden Wellenenden sind mit je einem fliegend angeordneten Spill ausgestattet. Es sind dies kleine Seiltrommeln, mit einem Durchmesser von 250 bis 300 mm und einer beiderseitigen Randwulst.

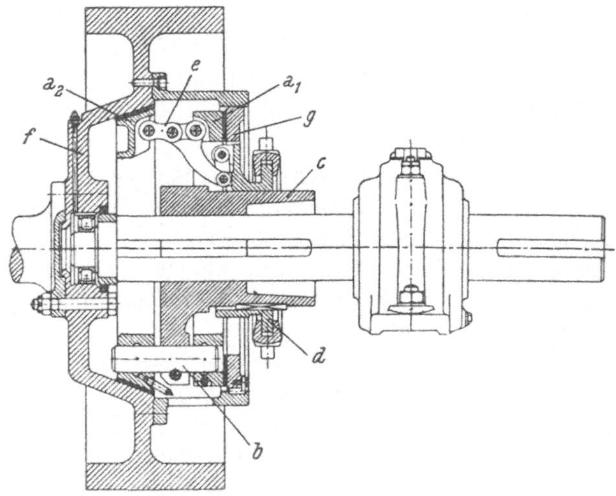

Abb. 154. Kegelreibungs-Kupplung nach Fa. Lohmann & Stolterfoht, Witten-Ruhr. a_1, a_2 Reibscheiben, *b* Mitnehmerbolzen, *c* Abtriebsteil, *d* Verschiebemuffe, *e* Doppel-Kniehebel-System, *f* Schwungrad mit Kegel, *g* Nachstell-Mutter

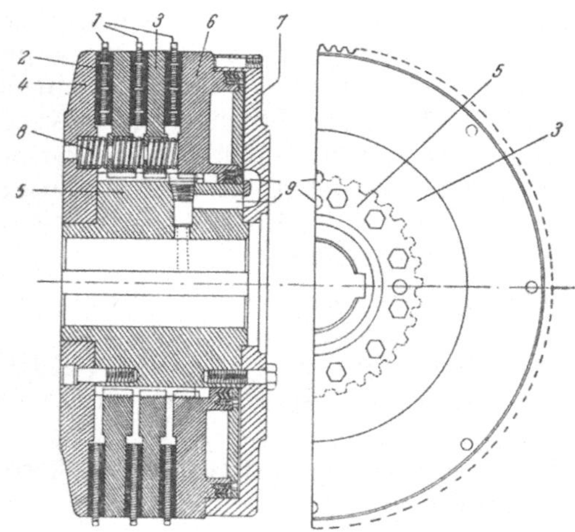

Abb. 155. Lamellenkupplung der Fa. Twin Disc Clutch Co., USA.
1 Gezahnte Lamellenringe, *2* Reibbeläge an den Lamellen, *3* Kupplungsringe, auswechselbar, *4* Kupplungsabschlußring, *5* Kupplungsnabe und Druckzylinderteil, teilweise an Oberfläche gezahnt, *6* Druckkolben mit V-Packung, *7* Abschlußring und Druckzylinderteil, *8* Rückdruckfedern, *9* Druckluftkanal

Die Spille sind wichtige Hilfseinrichtungen sowohl beim An- und Abschrauben der einzelnen Gestängezüge und Futterrohre, als auch für die verschiedensten im Bohrbetrieb erforderlichen Nebenarbeiten, wie Einholen von Bohrstangen und Futterrohren vom Turmpodium zur Arbeitsbühne.

Das Spill auf der Seite des Bohrmeisterstandes dient in erster Linie zum Festziehen aller zu verschraubenden Gestänge und Futterrohr-Verbindungen, die rechtsgängig sind, also im Uhrzeigersinne angeschraubt werden.

Das Stielende der hiezu verwendeten Zange wird mit einem Hanfseil verbunden, das in zwei bis drei Windungen über das Spill gelegt und dessen Ende durch einen Mann gespannt gehalten wird. Beim Drehen des Spills erfolgt der zum Anschrauben erforderliche Seilzug am Zangenstiel. Im umgekehrten Sinne linksdrehend arbeitet das zweite Spill am anderen Ende der Spillwelle.

Zum Einholen von Bohrstangen und Futterrohren sowie sonstigen schweren Stücken vom Turmpodium zur Arbeitsbühne ist die folgende Einrichtung getroffen: An einem Profileisenträger der Turmrollenverlagerung ist in Laschen hängend eine Seilrolle eingebaut, in die ein Hanfseil eingelegt wird. Das eine Seilende wird mit dem abzuhebenden Stück verbunden, das andere in mehreren Windungen um das Spill gelegt und das Seilende vom Bedienungsmann gespannt gehalten. Durch Einschalten der Spillwelle in die Drehbewegung können auch schwere Geräteteile vorübergehend angehoben werden (s. Abb. 158).

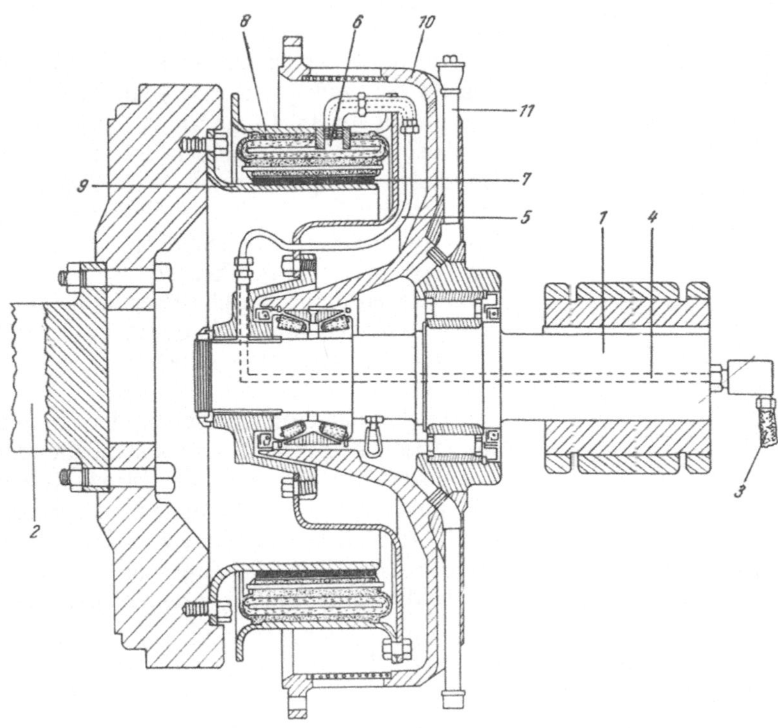

Abb. 156. Druckluft-Ballon-Kupplung (Airflex clutch) der Fa. Fawick Airflex Co. Inc., USA. *1* Antriebswelle, *2* Abtriebswelle, *3* Druckluftanschluß, *4* Druckluftbohrung, *5* Druckluftleitung zum Kautschukdiaphragma (*6*), *7* Reibbeläge, durch Bolzen mit Diaphragma verbunden, *8* Nabenring der Antriebswelle, *9* Nabenring der Abtriebswelle, *10* Kupplungsgehäuse, *11* Schmierölfüllrohr

Bei modernen Rotary-Hebewerken ist wenigstens ein Spillwellenende (das dem Bohrmeisterstand gegenüberliegt) mit einem automatisch wirkenden Spill (Gewinde lösenden Spill = „Break out cathead") ausgestattet, welches das Aufbrechen, das heißt Losschrauben der Gestängeverbindungen viel rascher und für die Bohrmannschaft gefahrloser durchführen läßt. Bei den mittleren und schweren Hebewerken wird auch das andere Wellenende mit einem automatisch wirkenden Verschraubungs-Spill (Spinning cathead) versehen, das zum Spinnen, das heißt raschen Einschrauben der Gestängeverbindungen dient.

Beide Spille können vom Bohrmeisterstand entweder mechanisch oder pneumatisch geschaltet werden.

Fast jede Gerätefirma hat eine eigene automatisch wirkende Spillkonstruktion entwickelt. Eine dieser Konstruktionen ist in der Abb. 159 dargestellt.

Die Konstruktion und Arbeitsweise eines solchen automatischen Spills nach Abb. 159 der National Supply Co. ist folgende:

Am Ende der Spillwelle *1* ist ein fixes Spill *2* aufgekeilt. Sein Außenrand weist wie beim normalen Spill eine Wulst auf. Das der Spillwellenmitte zugekehrte Ende ist als Flansch ausgebildet.

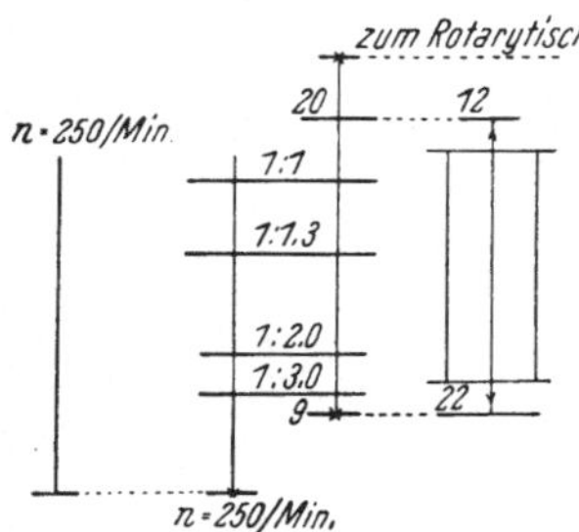

Abb. 157. Prinzip-Skizzen von Rotary-Hebewerken (Zahlen geben die Zähnezahl an)

Auf dem Spillwellenende ist eine Hohlwelle *3* in Wälzlagern aufgesetzt, die mit ihrem Flansch am Außengehäuse *4* des automatischen Spills mit Schrauben verbunden ist.

Im genannten Gehäuse ist auf der obigen Hohlwelle frei gleitend ein Druck-Kolben *6* angeordnet, der ebenfalls einen gestuften flanschenförmigen Ansatz hat und gegen den Flanschenteil des Gehäuses mit einem Diaphragma *7* abgedichtet ist.

Auf dem Druck-Kolben ist die automatisch einschaltbare Spilltrommel *8* in Wälzlagern eingebaut, auf der das Zugseil befestigt und durch eine Aussparung des Gehäuses *5* zum Stielende der Gestängezange geführt ist.

Zwischen dem Flansch dieser Spilltrommel und jenem des fixen Spills, sind, wie in Abb. 159 ersichtlich, Lamellenkupplungen *9* mit eigenen Reibbelägen vorgesehen.

Durch einen Druckluftstrom, der durch die Öffnung *10* am Außenrand des feststehenden Hohlwellenflansches eintritt, wird der Druck-Kolben axial nach außen, also gegen das Spillende verschoben, dadurch die Lamellenkupplung zum Eingriff gebracht und auf diese Weise das Drehmoment als Zugkraft von der drehenden Spillwelle dem Zugseil übertragen.

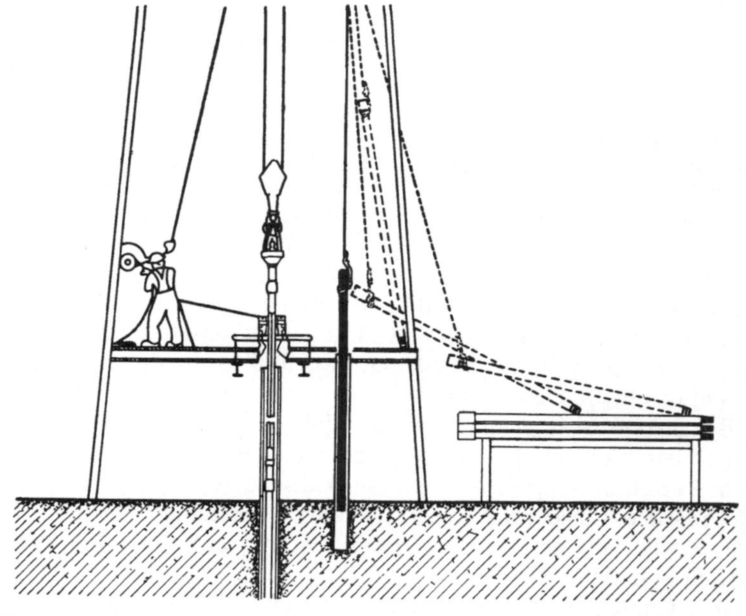

Abb. 158. Einbringen eines Gestänges in das Mausloch mit Hilfe des Spilles

Nach Beendigung des Druckluft-Stoßes, der durch ein eigenes Ventil vom Bohrmeisterstand gesteuert wird, bzw. nach der gesteuerten Entlüftung, lösen Rückdruckfedern *11*, die sowohl zwischen dem Gehäuseansatz und dem Druck-Kolben, als auch zwischen den Lamellen angeordnet sind, die Lamellen-Reibungskupplung, wodurch die mobile Spilltrommel wieder zum Stillstand kommt.

Bei einigen Gerätetypen ist die Leistungsübertragung so gewählt, daß der Kettentrieb nicht von der Vorgelegewelle, sondern von der Trommelwelle zur Spillwelle geführt ist. Bei anderen wiederum ist die Spillwelle eine völlig unabhängige Einheit, die auf der Arbeitsbühne aufgestellt wird, wohingegen das eigentliche Hebewerk unter ihr auf einem niedrigen Unterbau tiefer eingebaut ist. Auch hier ist sie mit einem Kettentrieb mit der Trommelwelle verbunden. Mit einer auf der Spillwelle vorgesehenen pneumatischen Kupplung erfolgt das Einschalten dieses Kettentriebes (s. Abb. 155 und 156).

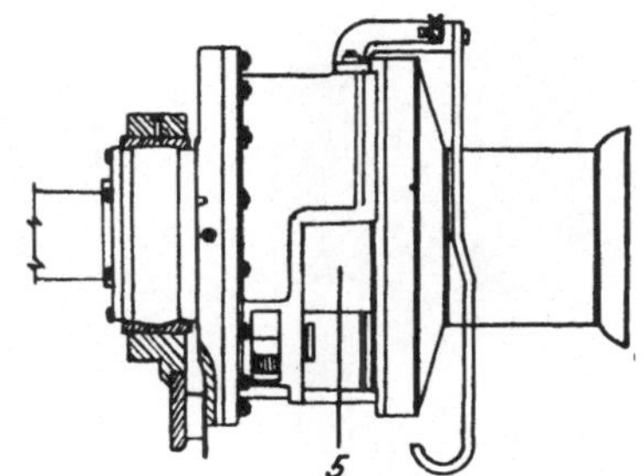

Auf Wunsch kann sie mit einer Seiltrommel ausgestattet geliefert werden, über deren Zweck schon eingangs gesprochen wurde.

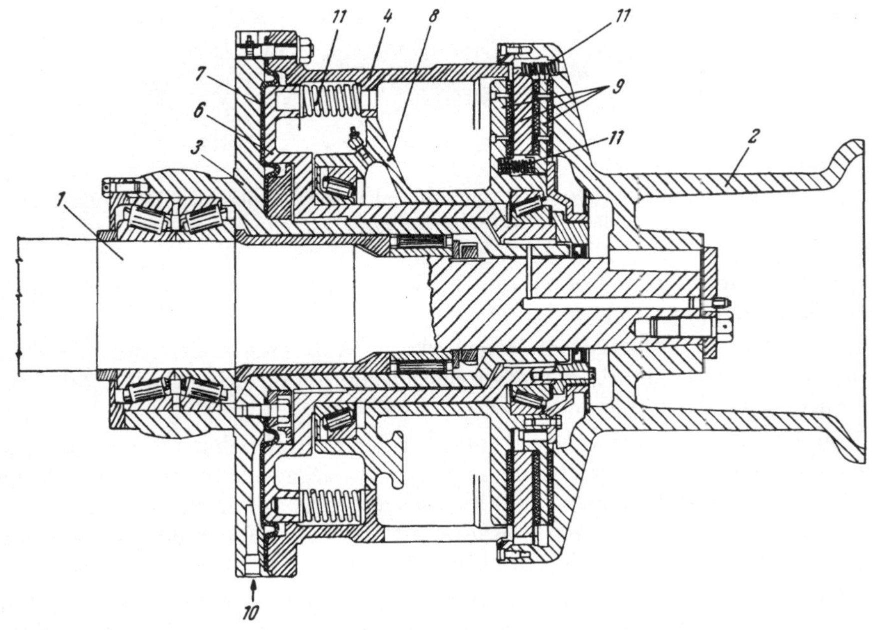

Abb. 159. Automatisches Spill der Fa. National Supply Co., USA.
1 Spillwelle, *2* Fixes Spill, *3* Hohlwelle, *4* Außengehäuse, *5* Schlitz für Zugseil im Außengehäuse, *6* Druck-Kolben, *7* Diaphragma, *8* Mobile Spilltrommel, *9* Lamellenkupplung, *10* Druckluft-Einlaß, *11* Rückdruckfedern

Die Vorgelegewelle. Bei den älteren Typen ist die Vorgelegewelle direkt hinter der Trommelwelle im Hebewerksrahmen in Tonnenlagern eingebaut.

Sie übermittelt die Kraftübertragung von der Arbeitsmaschine über die Spillwelle zur Trommelwelle und zum Rotarytisch.

Zum Unterschied von der Spillwelle sind hier die Kettenräder in Wälzlagern auf der Welle aufgesetzt. Die Schaltung der Kettentriebe erfolgt bei den älteren

Hebewerkstypen meist mit dreiteiliger Klauenkupplung, bei den neuen Konstruktionen mit druckluftgesteuerten Reibungskupplungen nach Abb. 155 und 156.

Die Zahl der Kettenräder hängt auch hier von der Zahl der eingebauten Geschwindigkeitsstufen im Hebewerk ab. So z. B. sind bei einem vierstufigen Hebewerk älterer Konstruktion insgesamt vier Kettenräder vorgesehen, von denen eines für den Kettentrieb zur Antriebsmaschine, zwei für jenen zur Spillwelle und schließlich das vierte für den Antrieb des Rotarytisches dient.

Abb. 160. Vorgelegewellen und Spillwelle mit Seiltrommel einer Bohranlage der Fa. National Supply Co., USA

Der Kettentrieb zum Rotarytisch wird über ein fliegendes Kettenrad mittels einer Klauenkupplung eingeschaltet.

Die neueren amerikanischen Hebewerke (s. Abb. 160) haben zwei Vorgelegewellen, wovon die eine als Hauptvorgelegewelle „Main drive shaft", die zweite Welle als „Jack shaft" bezeichnet wird.

Von der Antriebsmaschine geht zunächst der Kettentrieb zur Hauptvorgelegewelle, von der drei Kettentriebe zur zweiten Vorgelegewelle führen. Beide Wellen sind außerdem mit je einem Zahnrad ausgestattet; diese Zahnräder machen, durch das Verschieben des einen Rades entlang eines Federkeiles zum Eingriff gebracht, ein Wechseln der Drehrichtung möglich.

Zum Einschalten der entsprechenden Geschwindigkeitsstufen sind auf der Hauptvorgelegewelle eine, auf der zweiten Vorgelegewelle zwei druckluftgesteuerte Lamellen-Kupplungen vorgesehen.

Von der zweiten Vorgelegewelle gehen zwei Kettentriebe ab, und zwar ein besonders starker Kettentrieb zur Trommelwelle und ein schwächerer über ein kurzes Vorgelege zum Rotarytisch.

Die Rotaryketten. Bei den älteren Rotary-Bohranlagen wurden für sämtliche Kettentriebe ausschließlich Ketten mit gekröpften Platten in den Nenngrößen 3, 3 1/2 und 4 Zoll nach A.P.I.-Standard eingebaut. Heute wird diese Kettentype lediglich für den Drehtischantrieb verwendet, wohingegen die anderen Kettentriebe aus parallel angeordneten Platten bestehen. Die deutsche Bezeichnung der bei Rotaryanlagen eingebauten Kettenart ist die „Rollenkette“, da der die Platten verbindende Bolzen außer der Distanzbüchse zusätzlich eine Rolle aufgezogen hat.

In den Abb. 161, 162, 163 und 164 sind die nach A.P.I. genormten Kettenkonstruktionen dargestellt und in Tab. 17 bis 20 ihre Standardmaße angegeben.

Diese Ketten werden als Einfach-, Doppel-, Dreifach- und Vierfachketten gebaut.

Die Drei- und Vierfachketten verbinden in erster Linie die einzelnen eingebauten Antriebsmaschinen untereinander (Compound drive), ferner die Antriebsmaschine über die Vorgelegewelle mit der Hebewerkstrommel. Der Antrieb

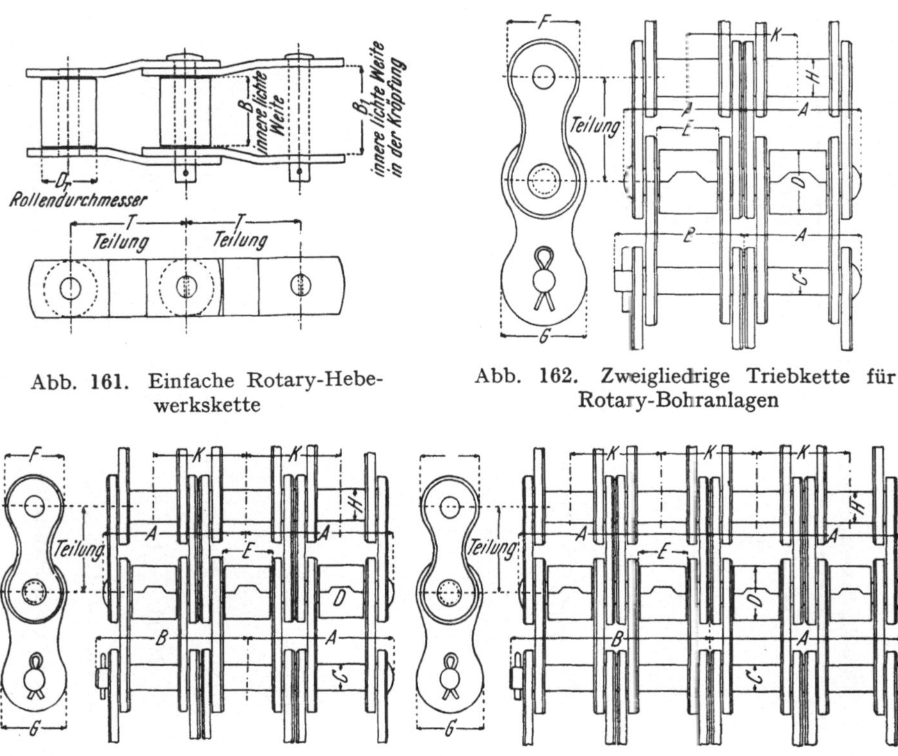

Abb. 161. Einfache Rotary-Hebewerkskette

Abb. 162. Zweigliedrige Triebkette für Rotary-Bohranlagen

Abb. 163. Dreigliedrige Triebkette für Rotary-Bohranlagen

Abb. 164. Viergliedrige Triebkette für Rotary-Bohranlagen

der Spülpumpe erfolgt bei den amerikanischen Anlagen entweder mit Ketten oder Keilriementrieben, bei manchen deutschen Anlagen mit Kardanwellen.

In den Abb. 141, 142, 146 und 147 sind verschiedene Kettenführungen, bzw. Kardanantriebe ersichtlich.

Besonderer Wert muß auf die sehr präzise Ausführung und Qualität sowohl der Kettenräder selbst als auch der Ketten gelegt werden.

Die Schmierung der Ketten mit einem der Außentemperatur entsprechendem, säurefreien Öl ist für ihre Lebensdauer von maßgebender Bedeutung. Tropf- oder Sprühregenschmierungen werden empfohlen.

Ein den Verhältnissen gut angepaßter und einwandfrei gelegter Kettentrieb ermöglicht eine sehr gleichmäßige Leistungsübertragung. Der von den Kettenfirmen angegebene Wirkungsgrad von 98% wird vielleicht bei stabilen Anlagen, aber kaum beim rauhen Betrieb von Rotary-Bohranlagen zu erzielen sein.

Tabelle 17. *Ölfeldkettenmaße nach A.P.I. in Zoll und Millimeter*

<table>
<tr><th colspan="2" rowspan="2"></th><th colspan="3">Ketten-Nummer
3[1]
nach A.P.I.</th><th colspan="2">Ketten-Nummer
3 1/8[2]
nach A.P.I.</th><th colspan="4">Ketten-Nummer
4[3]
nach A.P.I.</th></tr>
<tr><th>Zoll</th><th colspan="2">mm</th><th>Zoll</th><th>mm</th><th colspan="2">Zoll</th><th colspan="2">mm</th></tr>
<tr><td>Teilung</td><td>T</td><td>3,075</td><td colspan="2">78,11</td><td>3,125</td><td>79,38</td><td colspan="2">4,063</td><td colspan="2">103,19</td></tr>
<tr><td>Rollendurchmesser</td><td>Dr</td><td>1 1/4</td><td colspan="2">31,75</td><td>1 5/8</td><td>41,28</td><td colspan="2">1 3/4</td><td colspan="2">44,45</td></tr>
<tr><td>Innere lichte Weite</td><td>B</td><td>1 7/16</td><td colspan="2">36,51</td><td>1 19/32</td><td>40,48</td><td colspan="2">1 7/8</td><td colspan="2">47,63</td></tr>
<tr><td>Innere lichte Weite in der Kröpfung</td><td>B_1</td><td>1 1/2</td><td colspan="2">38,10</td><td>1 5/8</td><td>41,28</td><td colspan="2">1 15/16</td><td colspan="2">49,21</td></tr>
<tr><td colspan="2">Gliederzahl pro 10 Fuß, bzw. 3,05 m</td><td colspan="3">39</td><td colspan="2">39</td><td colspan="4">30</td></tr>
<tr><td colspan="2" rowspan="2">Bruchfestigkeit in kg
für verschiedene Gütegrade</td><td>*a*</td><td>*b*</td><td>*c*</td><td>*d*</td><td>*e*</td><td>*f*</td><td>*g*</td><td>*h*</td><td>*j*</td></tr>
<tr><td>1260,—</td><td>2250,—</td><td>3375,—</td><td>5175,—</td><td>10 350,—</td><td>5040,—</td><td>6750,—</td><td>7650,—</td><td>7875,—</td></tr>
<tr><td colspan="2">Gewicht in kg/m</td><td>10,03</td><td>11,06</td><td>12,24</td><td>18,4</td><td>36,3</td><td>23,3</td><td>23,7</td><td>24,05</td><td>26,26</td></tr>
</table>

[1] Alte Nummer **1030** und SS—**40**; ist als Normal-Handelskette und auch als Präzisionskette erhältlich.
[2] Nur als Präzisionskette erhältlich.
[3] Alte Nummer **1240** und SS—**124**; ist als Normal-Handelskette und auch als Präzisionskette erhältlich.

Tabelle 18. *Maße der Kettenkonstruktion Abb. 162*

Teilung	Mittlere Bruchlast kg	Gewicht kg/m	A	B	Bolzen-Durchmesser C	Rollen-Durchmesser D	Rollen-Breite E	F	G	Büchsen-Durchmesser H	K
			mm								
Standard-Ausführung											
1 1/4	21,600	7,35	36,9	40,1	9,07	19,05	19,05	24,61	28,58	11,58	35,50
1 1/2	30,600	10,83	46,4	50,8	11,10	22,23	25,40	28,58	34,93	16,80	45,10
1 3/4	41,350	13,50	50,8	55,2	12,70	25,40	25,40	33,34	39,69	18,25	49,05
2	52,200	18,70	61,2	64,3	14,28	28,58	31,75	39,69	46,04	20,32	58,55
2 1/2	85,500	31,23	75,2	82,4	19,83	39,69	38,10	49,21	58,74	28,43	72,90
Schwere Ausführung											
1 1/4	21,600	8,31	40,1	43,4	9,07	19,05	19,05	24,61	28,58	11,58	38,75
1 1/2	30,600	11,88	49,5	54,2	11,10	22,23	25,40	28,58	34,93	16,80	48,20
1 3/4	41,350	16,03	53,6	58,5	12,70	25,40	25,40	33,34	39,69	18,25	52,12
2	52,000	24,00	63,5	67,6	14,30	28,58	31,75	39,69	46,04	20,32	61,75
2 1/2	85,500	36,80	81,8	90,7	22,00	39,69	38,10	49,21	58,74	29,83	78,80

Tabelle 19. *Maße der Kettenkonstruktion Abb. 163*

Teilung	Mittlere Bruchlast kg	Gewicht kg/m	A	B	Bolzen-Durchmesser C	Rollen-Durchmesser D	Rollen-Breite E	F	G	Büchsen-Durchmesser H	K
			mm								
Standard-Ausführung											
1 1/4	33,000	11,9	54,7	57,9	8,5	19,05	19,05	24,48	28,58	13,87	35,53
1 1/2	46,000	16,7	69,0	73,5	11,1	22,23	25,40	28,58	34,93	16,66	45,10
1 3/4	63,000	20,7	75,4	79,8	12,7	25,40	25,40	33,34	39,69	18,24	49,00
Schwere Ausführung											
1 1/4	33,000	12,5	59,5	62,7	8,5	19,05	19,05	24,48	28,58	13,87	38,74
1 1/2	46,000	17.8	73,7	78,2	11,1	22,23	25,40	28,58	34,93	16,66	48,23
1 3/4	63,000	24,1	79,8	84,6	12,7	25,40	25,40	33,34	39,69	18,16	52,22

Tabelle 20. *Maße der Kettenkonstruktion Abb. 164*

Teilung	Mittlere Bruchlast kg	Gewicht kg/m	A	B	Bolzen-Durchmesser C	Rollen-Durchmesser D	Rollen-Breite E	F	G	Büchsen-Durchmesser H	K
			mm								
Standard-Ausführung											
1 1/4	43,500	16,1	72,5	75,7	9,5	19,05	19,05	24,61	28,58	13,87	35,53
1 1/2	61,600	22,3	91,5	96,0	11,1	22,23	25,40	28,58	34,93	16,66	45,05
1 3/4	83,300	27,6	99,9	104,3	12,7	25,40	25,40	33,34	39,69	18,24	49,00
Schwere Ausführung											
1 1/4	43,500	16,6	78,8	82,1	9,5	19,05	19,05	24,61	28,58	13,87	38,74
1 1/2	61,600	23,8	97,8	102,3	11,1	22,23	25,40	28,58	34,93	16,66	48,23
1 3/4	83,300	32,1	105,9	110,7	12,7	25,40	25,40	33,34	39,69	18,16	52,22

Die Keilriementriebe. Für die Leistungsübertragung von der Antriebsmaschine zu den Spülpumpen werden an Stelle von Kettentrieben häufig Keilriementriebe gewählt.

Keilriemen sind aus verschiedenen Gewebelagen und einer dicken Gummilage hergestellt und werden sowohl endlos als auch als geteilte Riemen geliefert. Ihre besonderen Vorteile sind der geräuschlose Lauf und minimaler Schlupf. Nachteilig ist das unerläßliche Nachspannen, das durch Verschieben der angetriebenen Pumpe erfolgen muß.

Typen und Maße von Keilriemen und Keilriemenscheiben s. Abb. 165 *a*, 165 *b* und Tab. 21 a, 21 b.

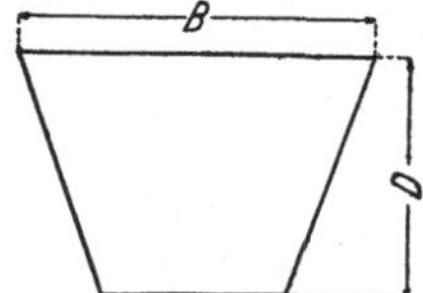

Abb. 165 *a*. Keilriemen

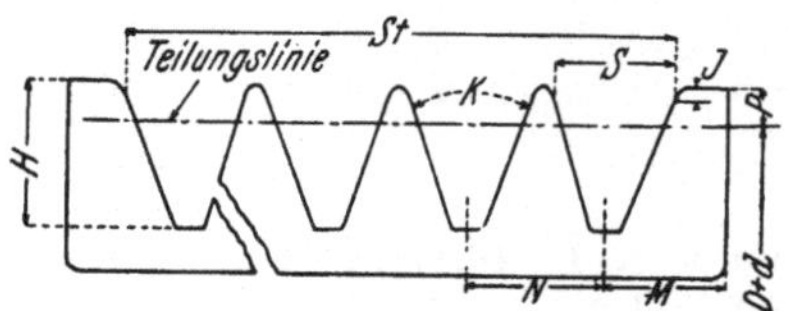

Abb. 165 *b*. Keilriemenscheiben-Felge

Tabelle 21 a. *Keilriemenquerschnitts-Maße nach A.P.I. in mm*

Querschnitt-Bezeichnung	Nomin. Breite *B*	Nomin. Dicke *D*
A	12,7	7,94
B	16,67	10,32
C	22,23	13,49
D	31,75	19,05
E	38,10	22,02

Tabelle 21 b. *Keilriemenscheiben-Maße nach A.P.I.*

Bezeichnung	Teilkreis Durchmesser $D + d$ mm	Keilriemenscheiben-Maße in mm						
		K	*N*	*H*	*M*	*P*	*S*	*J*
A	76,2 bis 127,0 über 127,0	34° bis 36° 38° bis 40°	15,87	14,23	11,11	4,83	12,7	0,39 bis 0,79
B	137,2 bis 203,3 über 203,3	34° bis 36° 38° bis 40°	19,05	17,79	12,70	6,35	16,77	0,39 bis 0,79
C	228,5 bis 302,3 über 302,3	34° bis 36° 38° bis 40°	25,4	23,86	19,05	10,15	22,10	0,39 bis 1,59
D	330,0 bis 406,0 über 406,0	34° bis 36° 38° bis 40°	36,05	29,07	25,4	11,33	31,75	0,39 bis 1,59
E	548,0 bis 609,0 über 609,0	34° bis 36° 38° bis 40°	44,40	36,05	30,16	14,22	38,10	0,39 bis 1,59

Die Getriebehebewerke (s. Abb. 166). Von den Antriebsmaschinen führt ein Ketten- oder Kardanwellentrieb zu einem Zahnradgetriebe, das in einem Profileisenrahmen völlig gekapselt eingebaut ist. Durch Verschieben der dafür vorgesehenen Zahnritzel können, je nach Wahl, die Geschwindigkeitsstufen geschaltet werden.

An der dem Hebewerk zugekehrten Getriebewelle sind Kettenräder aufgekeilt, von denen der Kettentrieb zur Hebewerkstrommel, eventuell ein zweiter zum Drehtisch führt. Nach Abb. 166 erfolgt der Abtrieb zum Drehtisch mittels einer Kardanwelle.

Wie schon früher erwähnt wurde, erfreuen sich die Getriebehebewerke in USA-Fachkreisen keiner großen Beliebtheit, da nach dortigen Angaben die Güte der Getriebeverzahnungen den hohen und wechselnden Beanspruchungen des Bohrbetriebes nicht gewachsen sein soll.

Abb. 166. Getriebe bei Bohranlage der Fa. Haniel & Lueg, Düsseldorf

3. Die Hebeeinrichtung im Turm

Zusammensetzung. Hiezu gehören der Flaschenzug und das in diesem eingescherte Drahtseil.

Der Rotary-Flaschenzug besteht aus den folgenden Hauptteilen:

a) den *fixen Seilrollen*, bzw. dem Turmrollenblock, der auf der Turmkrone gelagert ist.

b) den *beweglichen Seilrollen*, die im Flaschenzugsblock eingeschert sind und

c) dem *Flaschenzugseil.*

Der Turmrollenblock umfaßt die Flaschenzugsrollen, eventuell eine Seilrolle für das Förderseil, das auf der Seiltrommel der Spillwelle aufgespult ist (falls eine solche Trommel vorhanden ist) und die in Laschen hängende Hilfsrolle für das Spillseil.

Die Anzahl der Flaschenzugsrollen hängt von der maximal zu hebenden Last, der betreffenden Bohranlage, sowie von der zulässigen Beanspruchung des verwendeten Drahtseiles ab.

Man kann im allgemeinen zwei verschiedene Bauarten von Turmrollenanordnungen unterscheiden:

1. Die Einstock-Konstruktion, bei der die Achsen aller Flaschenzug-Seilrollen in einer Ebene liegen und

2. die Zweistock-Konstruktion, bei der die Flaschenzug-Seilrollen in zwei Stockwerken übereinander angeordnet sind.

Die Einstock-Konstruktion. Auch hier sind zwei verschiedene Typen in Verwendung. Bei der ersten, älteren Type hat jede Seilrolle ihre Welle, die in zwei auf Profileisen aufgesetzten Lagern ruht. Die einzelnen Wellen haben je nach erforderlicher Hakenlast einen Durchmesser von etwa 60 bis 120 mm.

Diese ältere Turmrollenanordnung ist heute nur noch selten und lediglich bei geringen Teufen gebräuchlich.

Bei der zweiten Type (s. Abb. 167) sind sämtliche Flaschenzugsrollen mit ihren Rollenlagern auf einer gemeinsamen, feststehenden Achse aufgesetzt. Zwischen je zwei Rollen sind Blechschilder angeordnet, die durch eigene Rollenbüchsen, die auf einem durchgehenden Bolzen aufgezogen werden, voneinander entsprechend distanziert sind. Diese Rollenbüchsen sind so bemessen, daß ein Herausgleiten des Seiles aus den Rollenrillen verhindert wird, was bei gewissen Operationen im Bohrloch durch plötzliches Entspannen des Seiles eintreten könnte. Die Schmierung dieser Rollen erfolgt zentral durch eine in der Achsmitte geführte Bohrung, von der radial Verbindungsbohrungen zu den einzelnen Rollenlagern führen. Eine andere neue Konstruktion besteht aus einer hohlen, innen mit Verstärkungsrippen ausgestatteten Achse, in der kleinkalibrige Schmierleitungen für jedes einzelne Seilrollenlager eingebaut sind.

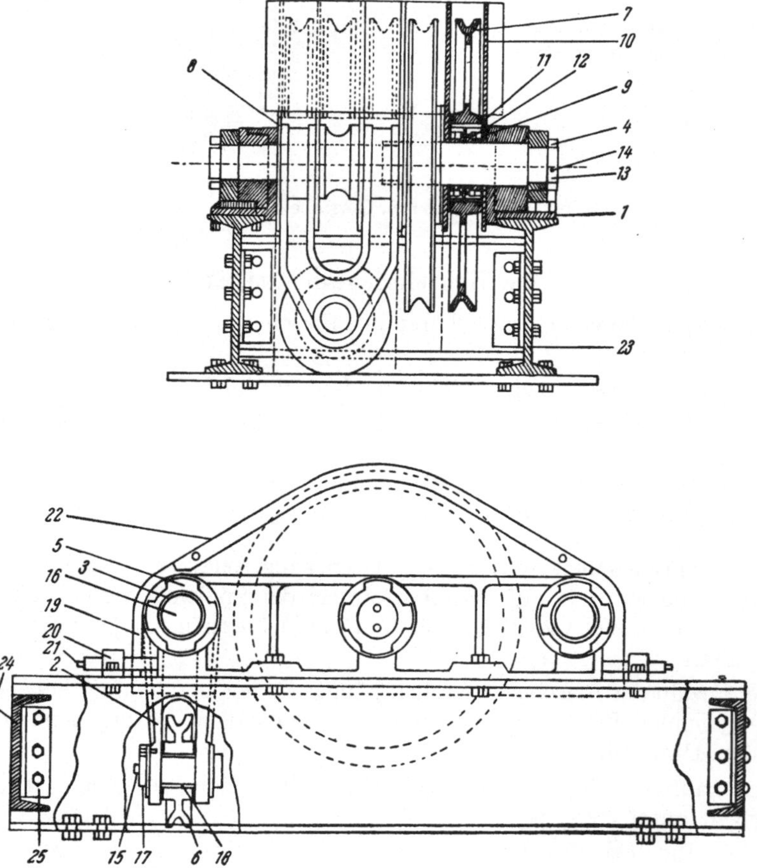

Abb. 167. Rotary-Turm-Seilrollen.
1 Lagerschilde, *2* Gelenkstücke, *3* Distanzrolle, *4*, *5* Kronenmuttern, *6*, *7* Seilrollen, *8*, *9*, *10* Distanzringe, *11* Filzringe, *12* Rollenlager, *13* Rollenachse, *14* Splint, *15* Schmiernippel, *16* Distanzrollenachse, *17* Bolzen zum Gelenkstück, *18* Laufbüchse, *19* Distanzblech, *20* Gewindelager, *21* Druckschrauben, *22* Abdeckblech, *23*, *24* Doppel-T-Träger, *25* Winkeleisen

Die Welle für die Seilrolle des Förderseiles ist erhöht in der Mitte über den anderen Rollen angeordnet.

Eine andere Ausführung der Firma Wirth & Co., Erkelenz (Rhld.), zeigt Abb. 168.

Die Zweistock-Konstruktion. Hier sind ebenfalls zwei Ausführungen möglich. Bei der ersten Ausführung (s. Abb. 169) hat jede Seilrolle ihre eigene Achse. Die einzelnen Achsen sind abwechselnd in zwei Höhenlagen in den zwischen ihnen liegenden Lagerschildern verlagert. Die Lagerschilder sind auch hier an den beiden Stirnseiten der Rollen durch Bolzen mit Distanzbüchsen untereinander verbunden.

Abb. 168. Turmrollenverlagerung der Fa. Wirth & Co., Erkelenz (Rhld.)

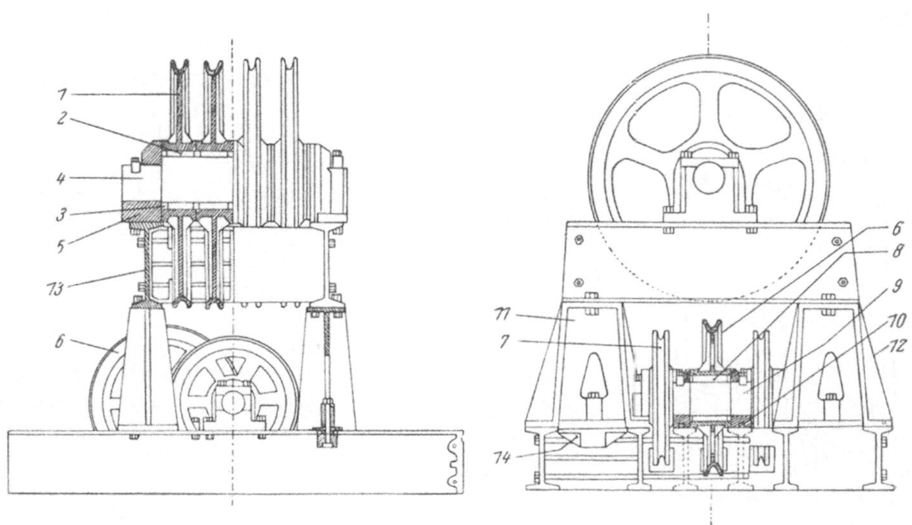

Abb. 169. Rotary-Turm-Seilrollen in Doppeldeck-Anordnung.
1 Seilrollen, *2* Lagerrollen, *3* Abschlußring, *4* Seilrollenachse, *5* Achslager, *6*, *7* Seilrollen, *8* Lagerrollen, *9* Seilrollenachse, *10* Achslager, *11* Doppel-T-Träger, *12* Lagerbock, *13* Doppel-T-Träger, *14* Querbalken

Bei der zweiten Konstruktion (s. Abb. 170) sind die Seilrollen in zwei Stockwerken übereinander angeordnet, wobei die Rollenachsen in den beiden Stockwerken um 90° gegeneinander gedreht sind. Im unteren Stockwerk sind außer zwei Flaschenzugsrollen die Förderseilrolle und die Spill-Hilfsrolle, im oberen vier weitere Flaschenzugsrollen eingebaut. Im unteren Stockwerk hat jede Seilrolle ihre eigene Verlagerung, wohingegen im oberen Stockwerk die Seilrollen auf einer gemeinsamen Achse mit zentraler Schmierung laufen.

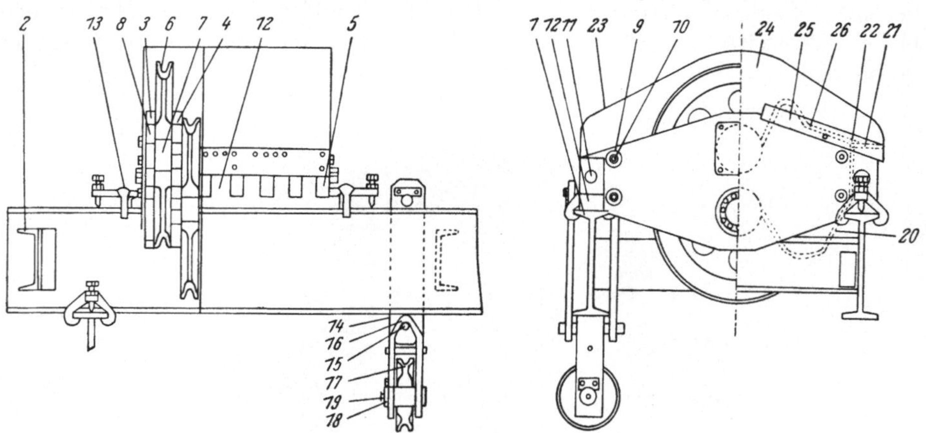

Abb. 170. Rotary-Turm-Seilrollen in zweistufiger Anordnung.
1, *2* Grundrahmenträger, *3*, *4*, *5* Lagerbleche, *6* Seilscheiben, *7* Tragachse, *8* Schulterrollenlager, *9* Distanzrollen, *10* Zugbolzen, *11* Bolzen, *12* Lagerbock, *13* Klemmkreuz, *14*, *15* Tragbolzen, *16* Tragbügel, *17* Spillseilrolle, *18* Tragachse, *19* Schmiernippel, *20*, *21*, *22* Schmierleitung, *23*, *24*, *25* Schutzblechdach, *26* Schmierleitung

Diese Turmrollenverlagerung hat lediglich den Vorteil, daß sich die eingescherten Seilstränge bei gewissen Arbeitsgängen, bei denen eine plötzliche Entspannung der Seile erfolgt, nicht so leicht verdrehen. Nachteilig ist der schwierigere Einbau dieser Konstruktion gegenüber den anderen angeführten Typen.

Die Turmrollen mit ihren Profileisenträgern, kurz auch Turmblock genannt, werden für Hakenlasten von 25 bis 300 t, etwa in Stufen von 25, 50, 70, 100, 125, 150, 175, 200, 300 t gebaut.

Die Gewichte der Turmrollenverlagerungen liegen je nach Konstruktion zwischen etwa 1500 und 6400 kg.

Der Turmrollenblock ist immer mit einem Blechschild zum Schutz gegen Witterungseinflüsse verschalt.

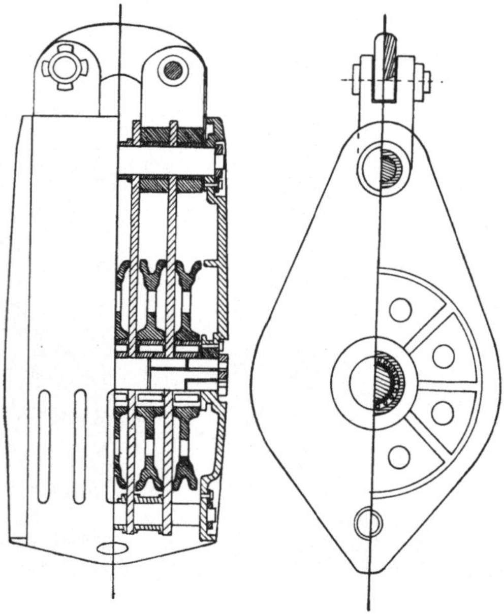

Abb. 171. Flaschenzugskloben für Rotary-Bohrungen

Der Flaschenzugsblock. Ähnlich wie bei den Turmrollen haben sich hier ebenfalls zwei verschiedene Konstruktionen eingeführt (s. Abb. 171 und 172). Bei einer Type haben alle Rollen ihre eigene Welle, mit der sie in Rollenlagern laufen, die wiederum in den einzelnen Trenn- und Hauptschildern abwechselnd in zwei verschiedenen Höhenlagen eingesetzt sind. Bei der zweiten Type laufen alle Rollen in Rollenlagern auf einer feststehenden Achse mit zentraler Schmierung.

Bei beiden Konstruktionen sind die Schilder oberhalb und unterhalb der Seilrollen mit durchgehenden Bolzen und aufgeschobenen Distanzbüchsen verbunden. Der Durchmesser des unteren Bolzens ist der Tragfähigkeit des Flaschenzuges entsprechend gewählt. Der auf diesen Bolzen aufgezogene dreiteilige Hängebügel ist das Verbindungsglied zum Flaschenzugshaken, der mit seinem Tragbügel hier eingehängt wird.

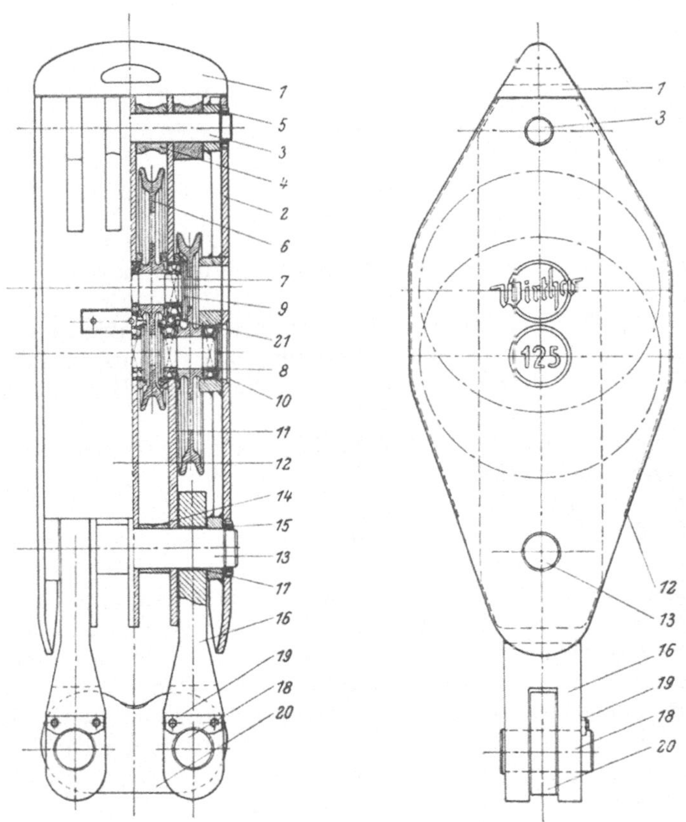

Abb. 172. Flaschenzugsblock mit versetzten Seilrollen der Fa. Wirth & Co., Erkelenz (Rhld.). *1* Kopfstück, *2* Seitenwände, *3* Bolzen, *4* Distanzrollen zu *3*, *5* Muttern zu *3*, *6* Seilscheiben, *7* Achsen, *8* Pendel-Rollenlager, *9* Seeger-Sicherung, *10* Verschlußdeckel, *11* Laschenbleche, *12* Schutzbleche, *13* Tragbolzen, *14* Distanzbüchsen zu *13*, *15* Muttern zu *13*, *16* Hängelaschen, *17* Lagerbüchsen zu *16*, *18* Bolzen für Tragbrücke, *19* Sicherungsbleche mit Schrauben und Federringe, *20* Tragbrücke, *21* Schmiernippel

Die Rollen des Flaschenzugsblocks sind ebenso wie der Turmblock mit einem Stahlblechmantel verkleidet, in dem für die einzelnen Seile entsprechende Schlitze ausgespart sind.

Die Flaschenzugsblöcke werden mit 2, 3, 4, 5, mitunter auch 6 Rollen gebaut. Die Tragfähigkeit ist dem Turmblock angepaßt.

Das Flaschenzugseil für Rotaryanlagen. Es unterliegt den A.P.I.-Vorschriften, mit welchen die DIN-Normen, sowie die ÖNORMen fast völlig übereinstimmen.

Der *Werkstoff* ist saurer oder basischer Siemens-Martin-Stahl ohne bestimmte chemische Eigenschaften.

In Tab. 22 sind die Güteklassen nach A.P.I. ersichtlich.

Tabelle 22. *Gütegrade und Bruchfestigkeiten der Stahldrahtseile nach A.P.I.*

Gütegrad	Bruchfestigkeit kg/mm²		
	Minimum	Maximum	Mittelwert
Soft plow steel[1] Weicher Pflugstahl	120,0	160,0	140,0
Plow steel[1] Pflugstahl	138,0	185,0	161,5
Improved plow steel[1] Verbesserter Pflugstahl	159,0	213,0	186,0

Die obigen Angaben gelten für Einzeldrahtdurchmesser von 0,457 bis 3,302 mm.

Die in Tab. 23 angeführten Werte nach A.P.I. sind Bruchfestigkeiten, die sich für den Einzeldraht oder bei der Zerreißprobe des ganzen Seilquerschnittes, je nach Güteklasse, ergeben, also keine rechnerischen Bruchfestigkeiten pro Flächeneinheit.

Hingegen sind die laut ÖNORM in Tab. 24 angegebenen Werte die rechnerisch ermittelten Bruchlasten, auf eine Nennfestigkeit von 140, 160 und 180 kg/mm² bezogen.

Maßgebend sind bei Drahtseilen nur die physikalischen Eigenschaften.

Seilaufbau. Jedes Drahtseil besteht aus mehreren Litzen, die um eine Hanf-, bei gewissen Spezialseilen auch um eine Drahtseele geschlungen sind.

Die Litze setzt sich aus einem Kerndraht und einer oder mehreren, den Kerndraht umgebenden, Drahtlagen zusammen. Die Durchmesser der einzelnen Litzendrähte können gleich oder untereinander verschieden sein. Je nach Anordnung der Drähte werden nachstehende Macharten unterschieden:

a) *Normale Machart mit Fasereinlage* (s. Abb. 173). Alle Drähte, auch der Kerndraht der Litze, haben gleichen Durchmesser.

b) *Warrington-Machart mit Fasereinlage* (s. Abb. 174). Der Kerndraht der Litze und die ihn umgebende erste Drahtlage haben den gleichen, die folgende Außenlage abwechselnd einen größeren und kleineren Durchmesser.

c) *Seale-Machart* (s. Abb. 175). Die erste Drahtlage hat einen kleineren, die folgende Außenlage einen größeren Drahtdurchmesser.

d) *Fülldraht-Machart* (s. Abb. 176). Hier sind Drahtlagen mit gleichen oder verschieden starken Drähten um den Kerndraht angeordnet. Die Hohlräume sind mit dünnen Fülldrähten ausgefüllt.

---

[1] Es handelt sich um einen Siemens-Martin-Stahl von großer Reinheit mit einem Kohlenstoffgehalt von 0,3 bis 0,9% und damit unterschiedlicher Bruchfestigkeit. „Plow steel“ = „Blow steel“ ist lediglich eine herkömmliche amerikanische Benennung.

Tabelle 23. *A.P.I.-Drahtseile*

Metrische Maße

1		2	3	4	5	6	7	8	9	10	11
Nenn-Durchmesser		Ungefähres Gewicht	Bruchfestigkeit						Rollen- oder Trommelauflage-Durchmesser		Drähte je Litze
			weicher Pflugstahl		Pflugstahl		verbesserter Pflugstahl				
			Mindest-	Nenn-	Mindest-	Nenn-	Mindest-	Nenn-	mindest.	mittel	
Zoll	mm	kg/m	kg						mm		Anz.
Machart 6 × 7, blank, mit Fasereinlage[1]											
3/8	9,525	0,313	3 919	4 019	4 509	4 627	5 171	5 316	42 × Seil-Durchmesser	72 × Seil-Durchmesser	7
7/16	11,113	0,432	5 307	5 443	6 124	6 260	7 031	7 194			
1/2	12,700	0,566	6 895	7 067	7 938	8 128	9 117	9 344			
9/16	14,288	0,714	8 682	8 909	9 979	10 251	11 476	11 793			
5/8	15,875	0,878	10 614	10 886	12 292	12 610	14 061	14 424			
3/4	19,050	1,250	15 195	15 604	17 509	17 962	20 094	20 593			
7/8	22,225	1,711	20 502	21 047	23 632	24 222	27 170	27 851			
1	25,400	2,232	26 535	27 216	30 527	31 298	35 108	36 015			
Machart 6 × 19, blank, mit Fasereinlage[2]											
1/2	12,700	0,595	7 167	7 375	8 255	8 482	9 480	9 707	30 × Seil-Durchmesser	45 × Seil-Durchmesser	mindestens 16 höchstens 25
9/16	14,288	0,759	9 027	9 253	10 433	10 705	11 930	12 247			
5/8	15,875	0,938	11 158	11 431	12 837	13 154	14 787	15 150			
3/4	19,050	1,339	15 921	16 329	18 325	18 779	21 047	21 591			
7/8	22,225	1,830	21 500	22 045	24 766	25 401	28 486	29 211			
1	25,400	2,381	27 941	28 667	32 205	33 022	36 968	37 920			
1 1/8	28,575	3,021	35 199	36 106	40 415	41 458	46 720	47 718			
1 1/4	31,750	3,721	43 182	44 271	49 895	50 984	57 153	58 604			
1 3/8	34,925	4,509	52 163	53 343	59 874	61 235	68 493	70 489			
1 1/2	38,100	5,358	61 689	63 140	70 761	72 575	81 193	83 461			
Machart 6 × 37, blank, mit Fasereinlage[3]											
1/2	12,700	0,580	—	—	7 847	8 029	9 027	9 253	18 × Seil-Durchmesser	27 × Seil-Durchmesser	mindestens 26 höchstens 46
9/16	14,288	0,729	—	—	9 888	10 161	11 385	11 703			
5/8	15,875	0,908	—	—	12 111	12 428	13 971	14 334			
3/4	19,050	1,295	—	—	17 327	17 781	20 003	20 502			
7/8	22,225	1,771	—	—	23 542	24 131	27 080	27 760			
1	25,400	2,307	—	—	30 618	31 389	35 199	36 106			
Machart 18 × 7, blank, mit Fasereinlage, drallfrei											
1/2	12,700	0,640	—	—	7 575	7 775	8 709	8 936			7
9/16	14,288	0,819	—	—	9 571	9 798	10 977	11 249			
5/8	15,875	1,012	—	—	11 748	12 066	13 517	13 880			
3/4	19,050	1,444	—	—	16 783	17 237	19 278	19 777			
7/8	22,225	1,964	—	—	22 725	23 315	26 082	26 762			
1	25,400	2,575	—	—	29 438	30 209	33 883	34 745			

[1] Für Schöpf- und Schlämmseile der Durchmesser 9/16, 5/8 und 3/4 Zoll, Kreuzschlag rechts, aus den drei Stahlsorten.

[2] a) Für Flaschenzugseile der Durchmesser 7/8, 1, 1 1/8 und 1 1/4 Zoll, Seale-Machart, Kreuzschlag rechts, aus Pflugstahl;

b) für Flaschenzugseile der Durchmesser 1 1/8 und 1 1/4 Zoll, Seale-Machart mit Drahtseilseele, Kreuzschlag rechts, aus verbessertem Pflugstahl;

c) für Windenseile mit Hanfseele, Kreuzschlag rechts, aus Pflugstahl.

[3] Für allgemeine Zwecke aus Pflugstahl.

Tabelle 24. *Ölfeldseile*

Bezeichnung eines Ölfeldseiles der Ausführung *E* von 1 1/8 Zoll Nenndurchmesser (6 Litzen zu je 19 Drähten) in Fülldraht-Machart mit 160 kg/mm² Nennfestigkeit in Kreuzschlag, linksgängig gefaltet: Drahtseil 1 1/8 Zoll *E* 160 KL ÖNORM 9536

Querschnitt Flechtformel	Seildurchmesser: Nenndurchmesser Zoll	Seildurchmesser: Grenzwerte mm	Draht-Nenndurchmesser mm [1]			Gewicht [1] [2] kg/m	Rechnerische Bruchlast[1] [3] des Seiles in kg bei einer Nennfestigkeit in kg/mm²: 140	160	180
6 × 7 — *A*	Gewöhnliche Machart mit Hanfseele (*h*)								
	3/8	9,5/10,3	1,0			0,31	4 600	5 280	5 940
	7/16	11,1/11,9	1,2			0,45	6 650	7 600	8 550
	1/2	12,7/13,5	1,4			0,61	9 050	10 350	11 650
	9/16	14,3/15,1	1,5			0,70	10 400	11 900	13 350
	5/8	15,9/16,7	1,7			0,90	13 350	15 250	17 150
	3/4	19,1/19,9	2,0			1,25	18 450	21 100	23 750
	7/8	22,2/23,4	2,4			1,80	26 600	30 400	34 200
h + 6 (1 + 6)	1	25,4/26,6	2,7			2,29	33 700	38 500	43 300
6 × 19 — *B*	Seale-Machart mit Drahtseilseele (*e*)								
			Kern	Innenlage	Außenlage				
	1/2	12,7/13,5	1,3	0,60	1,0	0,68	9 900	11 300	12 700
	9/16	14,3/15,1	1,4	0,65	1,1	0,81	11 800	13 500	15 150
	5/8	15,9/16,7	1,6	0,70	1,3	1,08	15 800	17 950	20 200
	3/4	19,1/19,9	1,8	0,85	1,5	1,45	21 250	24 250	27 300
	7/8	22,2/23,4	2,2	1,00	1,7	1,93	28 300	32 250	36 350
	1	25,4/26,6	2,6	1,20	2,0	2,68	39 450	45 050	50 750
e + 6 (1 + 9 + 9)	1 1/8	28,6/29,8	2,8	1,30	2,2	3,22	47 300	53 950	60 750
e + (1 + 6) + 6 (1 + 6)	1 1/4	31,7/33,3	3,1	1,50	2,5	4,17	61 050	69 850	78 600
6 × 19 — *C*	Seale-Machart mit Hanfseele (*h*)								
	1/2	12,7/13,5	1,3	0,60	1,0	0,62	9 200	10 500	11 800
	9/16	14,3/15,1	1,4	0,65	1,1	0,74	11 000	12 550	14 100
	5/8	15,9/16,7	1,6	0,70	1,3	0,99	14 700	16 700	18 800
	3/4	19,1/19,9	1,8	0,85	1,5	1,33	19 750	22 550	25 400
	7/8	22,2/23,4	2,2	1,00	1,7	1,77	26 300	30 000	33 800
	1	25,4/26,6	2,6	1,20	2,0	2,46	36 700	41 900	47 200
	1 1/8	28,6/29,8	2,8	1,30	2,2	2,95	44 000	50 200	56 500
h + 6 (1 + 9 + 9)	1 1/4	31,7/33,3	3,1	1,50	2,5	3,82	56 800	64 950	73 100
6 × 19 — *D*	Warrington-Machart mit Hanfseele (*h*)								
			Innenlage	Außenlage					
	1/2	12,7/13,5	0,7	0,95	0,7	0,64	9 700	11 050	12 450
	9/16	14,3/15,1	0,75	1,0	0,75	0,72	10 800	12 300	13 850
	5/8	15,9/16,7	0,85	1,15	0,85	0,95	14 300	16 300	18 350
	3/4	19,1/19,9	1	1,35	1,0	1,30	19 600	22 400	25 200
	7/8	22,2/23,4	1,2	1,6	1,2	1,83	27 600	31 500	35 500
	1	25,4/26,6	1,3	1,8	1,3	2,29	34 450	39 350	44 300
	1 1/8	28,6/29,8	1,5	2,05	1,5	2,98	44 950	51 350	57 800
h + 6 (1 + 6 + 12)	1 1/4	31,7/33,3	1,7	2,3	1,7	3,77	57 000	64 800	72 900

Fortsetzung der Tabelle 24

Querschnitt Flechtformel	Seildurchmesser: Nenndurchmesser Zoll	Seildurchmesser: Grenzwerte mm	Draht-Nenndurchmesser mm [1]: Innenlage	Mittellage	Außenlage	Gewicht [1 2] kg/m	Rechnerische Bruchlast[1 3] des Seiles in kg bei einer Nennfestigkeit in kg/mm²: 140	160	180
6 × 19 *E*	Fülldraht-Machart mit Drahtseilseele (*e*)								
	1/2	12,7/13,5	0,9	0,37	0,8	0,68	9 450	10 850	12 200
	9/16	14,3/15,1	1,0	0,40	0,9	0,85	11 800	13 500	15 200
	5/8	15,9/16,7	1,1	0,45	1,0	1,04	14 500	16 550	18 650
	3/4	19,1/19,9	1,3	0,55	1,2	1,48	20 650	23 550	26 500
	7/8	22,2/23,4	1,5	0,65	1,4	1,98	27 850	31 800	35 800
	1	25,4/26,6	1,8	0,75	1,6	2,71	31 950	43 250	48 650
	1 1/8	28,6/29,8	2,0	0,85	1,8	3,40	47 400	54 200	60 950
	1 1/4	31,7/33,3	2,2	0,95	2,0	4,15	58 100	66 350	74 600
e+6 (1+[66]+12)	1 3/8	34,9/36,5	2,4	1,00	2,2	4,98	69 800	79 750	89 700
e+(1+6)+6 (1+6)	1 1/2	38,1/39,7	2,6	1,10	2,4	5,91	82 600	95 300	107 200
6 × 19 *F*	Fülldraht-Machart mit Hanfseele (*h*)								
	1/2	12,7/13,5	0,9	0,37	0,8	0,62	8 800	10 100	11 350
	9/16	14,3/15,1	1,0	0,40	0,9	0,78	11 000	12 550	14 150
	5/8	15,9/16,7	1,1	0,45	1,0	0,95	13 500	15 400	17 350
	3/4	19,1/19,9	1,3	0,55	1,2	1,36	19 200	21 900	24 650
	7/8	22,2/23,4	1,5	0,65	1,4	1,82	25 900	29 600	33 300
	1	25,4/26,6	1,8	0,75	1,6	2,49	35 300	40 250	45 250
	1 1/8	28,6/29,8	2,0	0,85	1,8	3,12	44 100	50 400	56 700
	1 1/4	31,7/33,3	2,2	0,95	2,0	3,81	54 050	61 700	69 400
	1 3/8	34,9/36,5	2,4	1,00	2,2	4,57	64 950	74 200	83 450
h+6 (1+6+[6]+12)	1 1/2	38,1/39,7	2,6	1,10	2,4	5,42	76 850	88 650	99 700
6 × 37 *G*	Seale-Machart mit Drahtseilseele (*e*)								
	1/2	12,7/13,5	0,65	0,50	0,65	0,63		10 500	11 900
	9/16	14,3/15,1	0,75	0,55	0,75	0,82		13 750	15 450
	5/8	15,9/16,7	0,80	0,60	0,80	0,95		15 800	17 800
	3/4	19,1/19,9	1,00	0,75	1,00	1,46		24 600	27 700
e+6 (1+6+15+15)	7/8	22,2/23,4	1,15	0,85	1,15	1,93		32 350	36 400
e+(1+6)+6 (1+6)	1	25,4/26,6	1,30	0,95	1,30	2,45		41 100	46 250
6 × 37 *H*	Seale-Machart mit Hanfseele (*h*)								
	1/2	12,7/13,5	0,65	0,50	0,65	0,58		9 800	11 050
	9/16	14,3/15,1	0,75	0,55	0,75	0,75		12 800	14 350
	5/8	15,9/16,7	0,80	0,60	0,80	0,87		14 700	16 550
	3/4	19,1/19,9	1	0,75	1	1,34		22 900	25 750
	7/8	22,2/23,4	1,15	0,85	1,15	1,77		30 100	33 850
h+6 (1+6+15+15)	1	25,4/26,6	1,30	0,95	1,30	2,25		38 250	43 000
18 × 7 *L*	Litzenspiral-Machart mit Hanfseele (*h*)								
	1/2	12,7/13,5		0,8		0,57		10 100	11 350
	9/16	14,3/15,1		0,9		0,72		12 800	14 400
	5/8	15,9/16,7		1		0,90		15 800	17 800
	3/4	19,1/19,9		1,2		1,30		22 800	25 650
	7/8	22,2/23,4		1,4		1,75		31 000	34 900
h+6 (1+6+12)	1	25,4/26,6		1,6		2,30		40 500	45 600

Anmerkungen zu Tabelle 24:

Die Reihenfolge der Macharten *A* bis *H* entspricht abnehmender Verschleißfestigkeit und zunehmender Biegsamkeit.

[1] Die angegebenen Draht-Nenndurchmesser der Ausführungen *B* bis *H* sind Richtwerte, die mit einer Abweichung von $\pm$ 7% eingehalten werden. Dementsprechend können die Seilgewichte und die Bruchlasten von den angegebenen Richtwerten um $\pm$ 5% abweichen.

[2] Die Gewichte verstehen sich für gefettete Seile; für die Fettung wurden zu dem errechneten Gewicht des blanken Seiles 5% zugeschlagen.

[3] Die rechnerische Bruchlast tritt an die Stelle der entsprechenden wirklichen Bruchlast nach A. P. I. Sie verringert sich bei verzinkten Seilen um 10%. Die Drahtseilseele ist als mittragend berücksichtigt.

Die Schlaglänge beträgt bei den Seilen der Form *A* höchstens das achtfache, bei allen übrigen Formen höchstens das 7 1/4fache des Seil-Nenndurchmessers.

Werkstoff: Seildraht gezogen in Sondergüte ÖNORM M 9503.

Ausführung: Nach den allgemeinen Bestimmungen für Drahtseile ÖNORM M 9500, soweit dieselben diesem Normblatt nicht widersprechen. Wenn nicht anders vorgeschrieben, werden die Seile rechtsgängig (*R*) mit blanken Drähten, gefettet geliefert. Die Flechtart Kreuzschlag (*K*) oder Gleich-(Längs-)schlag (*G*) ist besonders anzugeben.

Prüfung: Nach den Richtlinien für die Prüfung von Drahtseilen ÖNORM M 9504.

Die Angaben dieses Normblattes stimmen weitgehend mit den entsprechenden Vorschriften des „Amerikanischen Petroleum-Institutes" (A.P.I.) überein.

Rollendurchmesser für Seile im Ölfeldbetrieb
(d = Seildurchmesser)

Seilform			Richtwerte für den Durchmesser			
			empfohlen	üblich bei Festigkeit in kg/mm²		
				140	160	180
A	6 × 7	gewöhnliche Machart	$72 \cdot d$	$40 \cdot d$	$43 \cdot d$	$48 \cdot d$
C	6 × 19	Seale-Machart		$30 \cdot d$	$34 \cdot d$	$37 \cdot d$
D	6 × 19	Warrington-Machart	$45 \cdot d$	$28 \cdot d$	$30 \cdot d$	$33 \cdot d$
F	6 × 19	Fülldraht-Machart		$24 \cdot d$	$26 \cdot d$	$29 \cdot d$
H	6 × 37	Seale-Machart	$27 \cdot d$	$18 \cdot d$	$20 \cdot d$	$22 \cdot d$
L	18 × 7	Litzenspiral	$51 \cdot d$	$34 \cdot d$	$37 \cdot d$	$41 \cdot d$

Je nach der Machart des Seiles enthält die Seillitze die folgende Drahtzahl

Machart 6 × 7	7 Drähte/Litze
Machart 6 × 19	16 bis 25 Drähte/Litze
Machart 6 × 37	26 bis 42 Drähte/Litze
Machart 18 × 7	7 Drähte/Litze

Die einzelnen Drähte können um den Kerndraht rechts- oder linksgängig geschlungen sein. Dasselbe gilt für die Richtung des Schlages der einzelnen Litzen untereinander.

Seiltypen. Man unterscheidet daher:

a) Gleichschlagseile (Lang lay), benannt nach dem Engländer Lang, der sie einführte, bei denen sowohl die Litzen als auch die Drähte die gleiche Schlagrichtung haben und

b) Kreuzschlagseile (Regular lay), bei denen die Litzen und ihre Drähte die entgegengesetzte Schlagrichtung aufweisen.

Nach A.P.I. werden für verschiedene Verwendungszwecke die folgenden Macharten empfohlen:

Für Schöpf- und Schmantseile, die vorwiegend einen Durchmesser von 9/16 Zoll, 5/8 Zoll und 3/4 Zoll gleich **14,287**, **15,875** und **19,05** mm haben, rechtsgängige Kreuzschlagseile aus allen drei Stahlsorten.

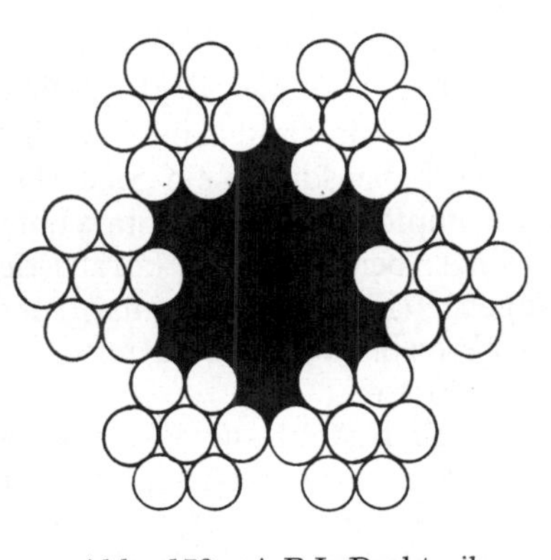

Abb. 173. A.P.I.-Drahtseile, Normalkonstruktion

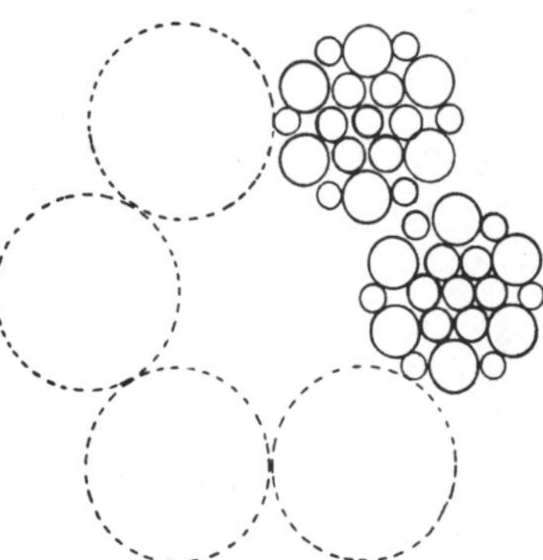

Abb. 174. A.P.I.-Drahtseile, Warrington-Konstruktion

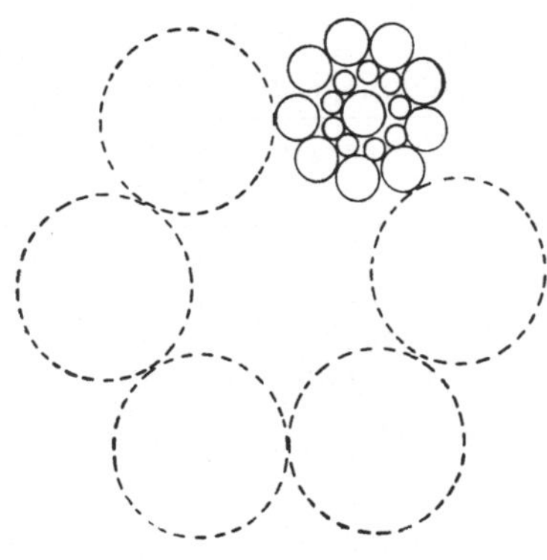

Abb. 175. A.P.I.-Drahtseile, Seal-Konstruktion

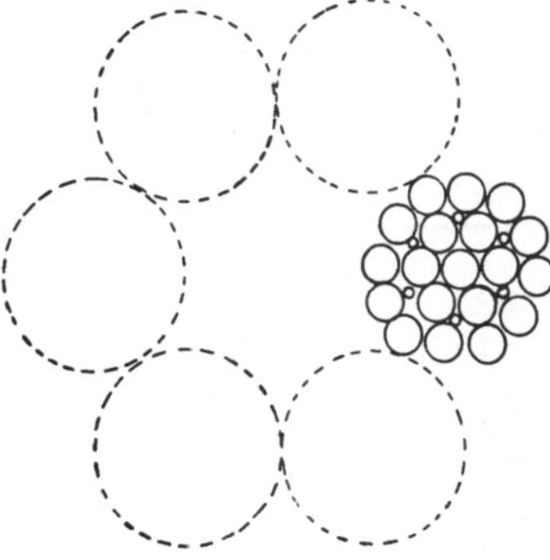

Abb. 176. A.P.I.-Drahtseile, Fülldraht-Konstruktion

Für Flaschenzugseile mit den Durchmessern 7/8 Zoll, 1 Zoll, 1 1/8 Zoll und 1 1/4 Zoll, gleich **22,225**, **25,4**, **28,574** und **31,749** mm, die Machart Seale im rechtsgängigen Kreuzschlag aus dem sogenannten Pflugstahl („Plow steel").

Für Flaschenzugseile mit dem Durchmesser von 1 1/8 Zoll und 1 1/4 Zoll gleich **28,574** und **31,749** mm, die Machart Seale mit Stahldrahtseele, im Kreuzschlag rechtsgängig aus dem verbesserten Pflugstahl („Improved plow steel").

Für Windenseile mit Hanfseele verschiedensten Durchmessers: Kreuzschlag rechtsgängig aus dem sogenannten Pflugstahl („Plow steel").

Lieferlängen. Normalerweise werden Rotary-Bohrseile mit einer Totallänge von über 1000 Fuß = 305 m, in Vielfachen von 250 Fuß = 76,2 m geliefert, Schlämmseile und Bohrseile für das pennsylvanische Bohren in Vielfachen von 500 Fuß = 152,4 m.

In Tab. 23 sind die charakteristischen Angaben von Rotary-Flaschenzugseilen nach dem A.P.I. und in Tab. 24 die Ölfeldseile nach ÖNORM angeführt.

Als Seildurchmesser gilt der Durchmesser des dem Seil umschriebenen Kreises. Toleranzen sind nur im Übermaß, nicht im Untermaß zugelassen.

Im Übermaß betragen sie bei Durchmessern bis 3/4 Zoll = 19,05 mm: 0,794 mm, bei 1 1/8 Zoll-Seilen = 28,575 : 1,19 mm und bei 1 1/2 Zoll-Seilen = 38,1 mm : 1,588 mm.

Für besonders schwere Anforderungen werden in USA Drahtseile mit Stahl-Litzenseele, sogenannte „Independent wire rope center" Seile verwendet. An Stelle der Hanfseele ist hier eine Stahldrahtlitze eingelegt.

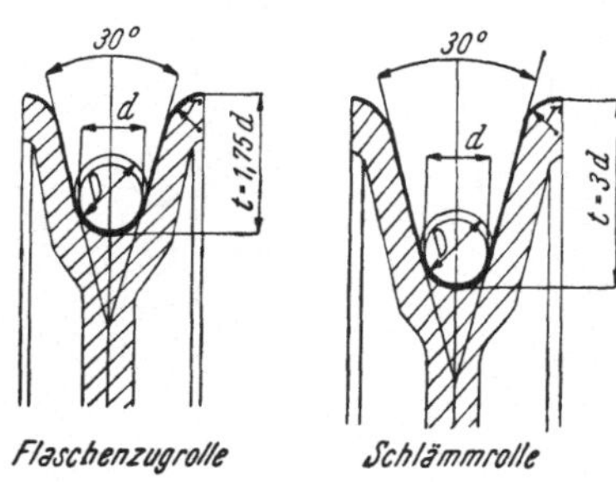

Abb. 177. Seilrollen-Rillenprofile

Sicherheitsfaktor und Unterhalt des Flaschenzugseiles. Von den Drahtseilfirmen wird mit Rücksicht auf eine möglichst wirtschaftliche Lebensdauer ein Sicherheitsfaktor von 5 empfohlen. Beim Rotarybohren wird allerdings bei manchen kurzfristigen Arbeitsgängen (Fangarbeiten usw.) der Sicherheitsfaktor bis auf 3, ja mitunter noch weiter unterschritten.

Das Drahtseil besteht aus vielen Einzeldrähten, die innigst ineinander greifen und einer sehr vielfältigen Beanspruchung auf Zug, Druck, Biegung, dies oft rasch wechselnd, ausgesetzt sind. Eine richtige Schmierung der aneinander reibenden Drähte ist für die Lebensdauer des Seiles von ganz besonderer Wichtigkeit.

Maße zu Abb. 177

Seil	Rille			
Nenn-Durchmesser d	Tiefe t mm		Seilauflage D	Kranz-Abrundung
Zoll	Flaschen-zug	Schlämm-rolle	Grenzwerte mm	r mm
3/8	17,5	27,5	10,9/11,7	5
7/16	20	32,5	12,5/13,3	6
1/2	22,5	37,5	14,1/14,9	6
9/16	25	42,5	15,7/16,5	6
5/8	30	47,5	17,3/18,1	8
3/4	35	57,5	20,4/21,2	8
7/8	40	65	24,2/25,4	10
1	45		27,4/28,6	12
1 1/8	50		30,6/31,8	14
1 1/4	55		34,5/36,1	16
1 3/8	60		37,7/39,3	18
1 1/2	65		40,9/42,5	20

Schon während der Fabrikation erfolgt die erste Schmierung der einzelnen Drähte und Litzen, wobei das Schmiermittel heiß aufgebracht wird.

Auch bei der Bohrung darf die Schmierung des Seiles nicht vergessen werden, denn das bei der Fabrikation zugegebene Schmiermittel wird im Laufe der Bohrarbeit zum Großteil an die Umgebung abgegeben. (Scheuern an der Trommel, den Seilrollen, bei Schmant- oder Förderseilen an der Bohrlochwand und der Bohrspülung usw.)

Das dabei verwendete, absolut säurefreie Schmiermittel muß tatsächlich in das Seilinnere eindringen können. Es wäre falsch, anzunehmen, daß die mit Öl getränkte Hanfseele in der Lage ist, auch die äußeren Drähte des Seiles genügend zu schmieren.

Wie oft diese äußere Schmierung des Seiles zu erfolgen hat, hängt von den lokalen Verhältnissen ab. Je größer die Belastung, je größer und wechselnder die verschiedenen Beanspruchungen auftreten, und je korrosiver die Umgebung, in der es arbeitet, um so häufiger muß die Schmierung erfolgen. (Letzteres gilt allerdings vorwiegend für Förderseile. Drahtseile, die in Flüssigkeiten mit salzigen oder schwefeligen Lösungen arbeiten, sollen mit einem nichtrostenden, angewärmten und leicht flüssigen Öl geschmiert werden.)

Bei Flaschenzugseilen wird wiederum ein etwas viskoseres Öl für die Schmierung empfohlen. Auch dieses Öl soll vorgewärmt werden.

Am schnellen Seil (von der Seiltrommel abgehend) kann das Öl in einem entsprechenden, um das Seil angeordneten Gefäß eingefüllt werden, wobei zwei tiefer liegende und gegeneinander gestellte Stahlbürsten das überflüssige Öl abstreifen. Das Schmieröl soll nicht zu dickflüssig sein, da sonst eine Krustenbildung sein tieferes Eindringen behindern würde. Rohöl darf keineswegs für die Seilschmierung verwendet werden.

Auch die Seile, die längere Zeit im Magazin lagern, bei denen das Schmieröl zum größten Teil ausgetrocknet ist, sollen kontrolliert und mit frischem Öl geschmiert werden.

Beim Auf- und Abspulen von Seilen muß jedwede Schlingenbildung vermieden werden.

Die wirtschaftliche Lebensdauer der Flaschenzug- und Förderseile ist unter anderem auch vom gewählten Durchmesser der Seiltrommel und den Seilrollen maßgebend beeinflußt. Über Seilrollendurchmesser und Rillenform gibt Abb. 177 Aufschluß. Zur Herstellung der Seilrollen, bzw. Verkleidung der Laufflächen soll Manganstahl gewählt werden. Nach welchen Gesichtspunkten die Arbeit des Flaschenzugseiles zu beurteilen ist, wird nach Besprechung der Arbeitsgänge bei Rotary-Bohranlagen auf S. 286 erläutert werden.

Das Seilfassungsvermögen der Hebewerkstrommeln bei Rotary-Hebewerksanlagen ergibt sich nach der Gleichung:

$$L = (A + D) \cdot A \cdot C \cdot K;$$

Es bedeuten:

L = aufspulbare Seillänge in m,
A = Höhe der Trommel, bis zu welcher das Seil aufgespult werden kann, in m,
D = Trommeldurchmesser in m,
C = Trommellänge in m,
K = Faktor, abhängig vom Seildurchmesser.

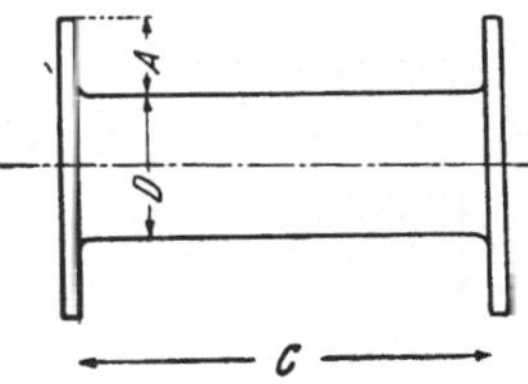

Tabelle für Faktor K

Seildurchmesser Zoll	Faktor
3/8	34610
1/2	19468
5/8	12460
3/4	8652
7/8	6357
1	4867
1 1/8	3846
1 1/4	3115
1 1/2	2163

Einscheren des Seiles in den Flaschenzug. Das Flaschenzugseil wird von der Hebewerkstrommel über die Turm- und Flaschenzugsrollen geführt und ist mit dem anderen Ende auf einer eigenen Seiltrommel, der toten Reserveseiltrommel, aufgespult und hier in einer besonderen Konstruktion verankert (s. Abb. 178). Das Seil wird stets in einer größeren Länge eingebaut, als es für die Hebearbeit im Bohrturm an und für sich erforderlich wäre.

In jedem Flaschenzugsystem sind gewisse Seilstrecken besonders stark beansprucht. Um diese Beanspruchung möglichst gleichmäßig auf die ganze Seillänge zu verteilen, bzw. die Lebensdauer des

Seiles so weit als möglich zu verlängern, soll die Lage des eingescherten Seiles im Flaschenzug nach einer bestimmten Arbeitsleistung geändert werden.

Das Seil muß nachgezogen und die am meisten abgenützten Teile müssen in gewissen Zeitabständen ausgeschieden — geschnitten — werden. Um diesem Erfordernis Rechnung zu tragen, wird die Seillänge größer sein müssen, als dies für den im Turm notwendigen Flaschenzugweg erforderlich wäre. Das Nachziehen und Schneiden des Seiles wird ebenfalls nach Erläuterung der Arbeitsgänge im Kapitel XI/E auf S. 291 ausführlich besprochen werden.

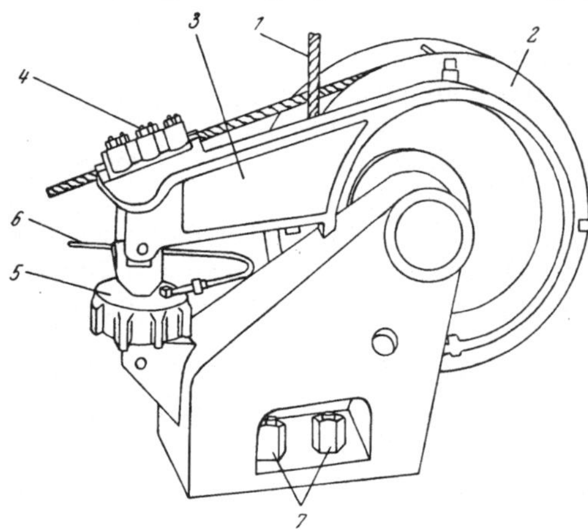

Abb. 178. Verankerung des toten Seilendes beim Rotary-Flaschenzug nach Fa. National Supply Co., USA.

1 Totes Seilende des Flaschenzuges, *2* Seiltrommel, *3* Hebelarm der Seiltrommel, *4* Seilschelle, *5* Druckdose mit Diaphragma, *6* Druckleitung zum Gewichtsanzeiger, *7* Befestigungsschrauben mit Muttern

Die zusätzliche Seillänge wird aber nicht auf der Hebewerkstrommel aufgespult, denn hier würde eine große Seillagezahl den Trommeldurchmesser und dadurch das Drehmoment vergrößern, sondern sie wird, wie schon erwähnt, auf einer eigenen Reservetrommel aufgespult, über deren Position im Turm schon gesprochen wurde.

Die Reserve-Seiltrommel ist normalerweise gesperrt, macht also keinerlei Drehbewegung mit.

Für das Einscheren des Seiles in das Flaschenzugsystem gelten die folgenden prinzipiellen Regeln:

1. Jene Turmrolle, über die das schnelle Seil von der Hebewerkstrommel geführt ist, soll so gelagert sein, daß sie möglichst lotrecht über der Mitte der Hebewerkstrommel zu stehen kommt.

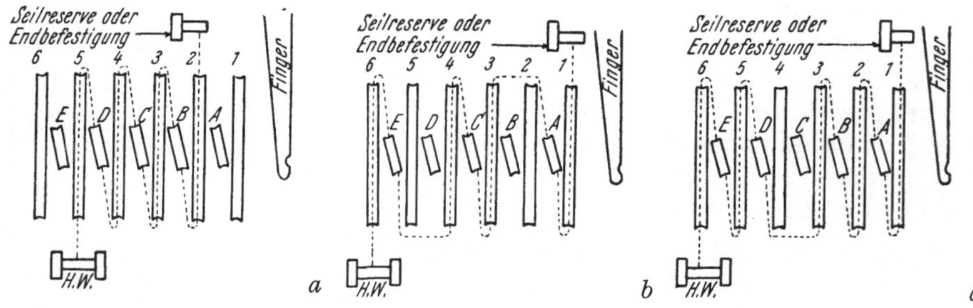

Abb. 179. Einscherschaubilder des Flaschenzugseiles. Die Schaubilder stellen empfehlenswerte Anordnungen dar. Bei der Wahl der Anordnungen sind als Grundvoraussetzungen zu berücksichtigen: *a)* Aus Sicherheitsgründen für den Turmmann die nahe Lage des toten Seilendes zum Finger. *b)* Der genaue Lauf des Flaschenzugsblocks und der Turmrollenverlagerung. *c)* Die Möglichkeit des bequemen Wechsels der tragenden Seile von einer geringeren zu einer größeren Anzahl oder umgekehrt. In den Figuren beziehen sich die Buchstaben auf den Flaschenzugskloben, die Ziffern auf die Turmrollenverlagerung

2. Die letzte Turmrolle, von der das tote Seilende zur toten Reserve-Seiltrommel, bzw. zum Verankerungspunkt führt, soll möglichst lotrecht über der Mitte der letzteren eingebaut liegen.

In den Abb. 179 und 180 sind verschiedene Einscherschemen ersichtlich.

Der Wirkungsgrad des Flaschenzuges. Er ist von der Anzahl der eingescherten Seile abhängig. Bei älteren Konstruktionen mit Gleitlagern galt hierfür die Gleichung:

$$\eta = \frac{1}{1{,}04^{(s-1)}};$$

$s =$ die Anzahl der im Flaschenzug eingescherten Seile.

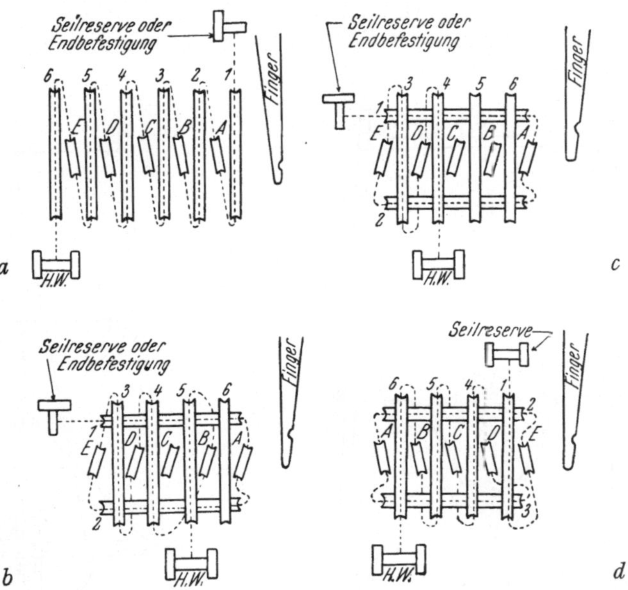

Abb. 180. Einscherschemen von Rotary-Flaschenzugseilen.
a) Mit zehn eingescherten Seilen, *b)* mit acht eingescherten Seilen, *c)* mit sechs eingescherten Seilen, *d)* mit zehn eingescherten Seilen in gekreuzter Zweistock-Turmrollen-Konstruktion

Bei einem vierrolligen Flaschenzug mit acht eingescherten Seilen war somit der Wirkungsgrad:

$$\eta = \frac{1}{1{,}04^{(8-1)}} = 0{,}77$$

und beim dreirolligen Flaschenzug, also sechs Seilen:

$$\eta = \frac{1}{1{,}04^{(6-1)}} = 0{,}82.$$

Heute wird bei einwandfreier Flaschenzugszentrierung, gut gehaltener und geschmierter Rollenlagerung am Turmblock und Flaschenzugskloben, mit einem Leistungsverlust von 2% pro eingeschertem Seil gerechnet. Demnach ergibt sich das η für einen vierrolligen Flaschenzug mit

$$\eta = 1{,}00 - (8 \cdot 0{,}02) = 0{,}84.$$

Der Zugfaktor. Der Seilzug, den das rasch laufende Seil an der Trommel mit Rücksicht auf diesen Wirkungsgrad aufnehmen kann, ist vom Zugfaktor F abhängig, der sich aus der folgenden Gleichung ergibt:

$$F = \frac{1}{\eta \cdot s}.$$

Das Produkt aus der am Flaschenzug hängenden Last und dem Zugfaktor ergibt den Seilzug an der Trommel.

Ein *Beispiel:* Die Last am Haken sei = 100 000 kg, gezogen wird mit einem vierrolligen Flaschenzug, also acht Seilen, somit ist $\eta = 0{,}84$ und

$$F = \frac{1}{8 \cdot 0{,}84} = 0{,}1488 = \text{rund } 0{,}149.$$

Somit ist der Seilzug an der Trommel:

$$P = 100\,000{,}0 \times 0{,}149 = 14\,900{,}0 \text{ kg}.$$

Dieser Seilzug, der um etwa 20% höher ist als die statische Last pro eingeschertes Seil, muß bezüglich des Sicherheitsfaktors des hier verwendeten Seiles in Rechnung gestellt werden.

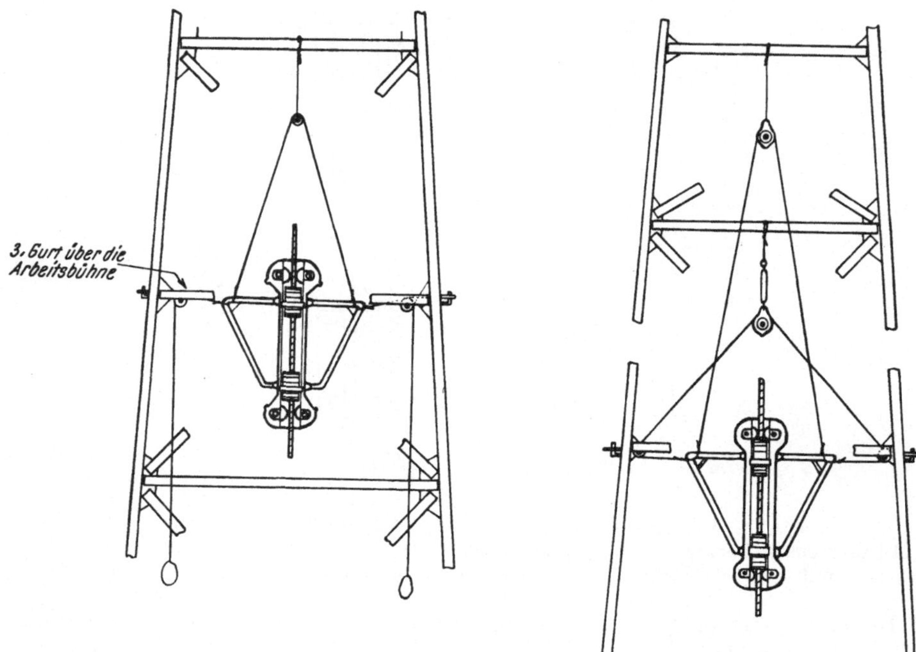

Abb. 181. Seilschwingungsdämpfer (Seilführung)

Es muß also das Produkt aus dem ermittelten Seilzug und dem Sicherheitsfaktor kleiner sein als die Bruchlast des betreffenden Seiles.

Die Beurteilung des Gütegrades von Drahtseilen verschiedener Erzeugerfirmen erfolgt durch die Angabe der geleisteten Tonnenkilometer, deren Berechnung im Kapitel XI/E besprochen wird.

Einrichtung zur Dämpfung der Schwingungen am schnellen Seil. Das Seil, das von der Hebewerkstrommel zur ersten Turmrolle führt, wird bei den Arbeitsgängen mit dem Flaschenzug in starke Schwingungen versetzt. Dadurch werden sich die einzelnen Seilwindungen nicht gleichmäßig auf der Trommel aufwickeln, es wird ein Pressen und Scheuern der Seilwindungen aneinander erfolgen und damit die Lebensdauer des Seiles herabgesetzt werden. Um dem zu begegnen, werden eigene Schwingungsdämpfer oberhalb der Trommel im Bohrturm angebracht, mittels deren die Schwingungen wesentlich gedämpft werden und das Seil auf der Trommel gleichmäßig geführt und aufgespult wird.

Konstruktionen verschiedenster Art stehen in Verwendung (s. Abb. 181 und 182). Eine vielfach gebräuchliche ist die der amerikanischen Firma Patterson-Ballagh Corp., Los Angeles.

Der Flaschenzugshaken (s. Abb. 183). Der einfache Einmaulhaken (Fischhaken) wurde schon bei Besprechung der anderen Bohrgeräte beschrieben. Für Rotary-Bohranlagen ist er stärker und mechanisch besser ausgebildet. In einem Gehäuse ist der tragende Hakenschaft eingebaut und sitzt hier mit seinem Abschlußkopf auf einem Kugellager, das von einer Spiralfeder getragen wird.

Das Hakenmaul kann durch eine Sperrklinke geschlossen werden.

Diese Lagerung des Hakenschaftes gestattet eine drehende Bewegung, die bei Aus- und Einbau des Gestänges erwünscht ist. Durch eine eigene Sperrvorrichtung kann diese Drehbewegung unterbunden werden.

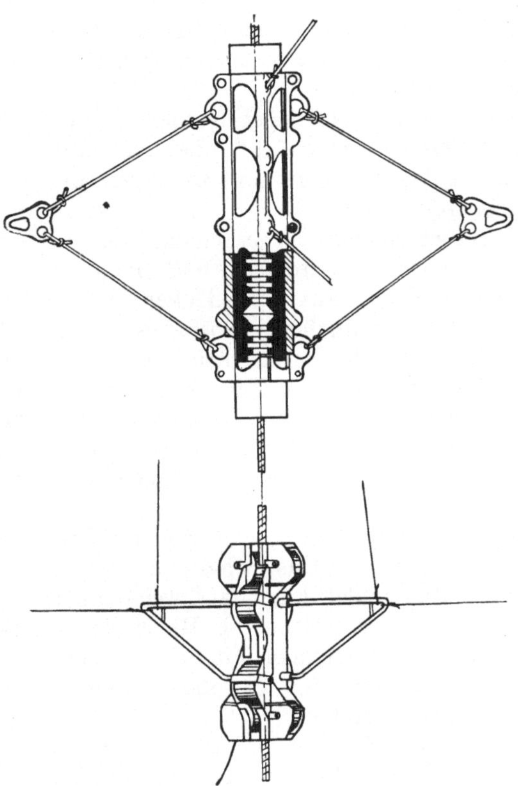

Abb. 182. Anordnung der Seilführung beim Rotary-Hebewerk, oben ältere Ausführung, unten neuere Ausführung

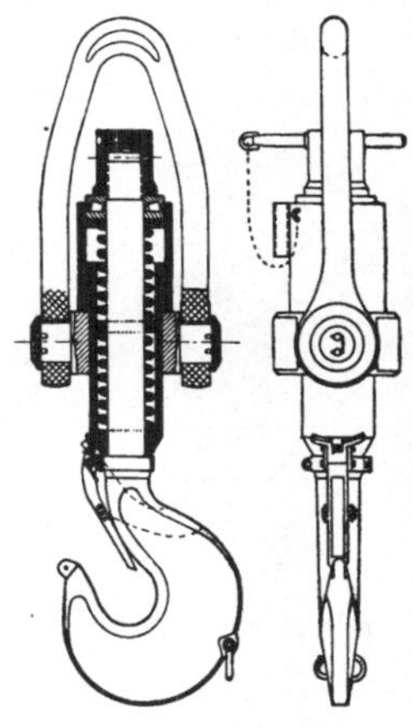

Abb. 183. Förderhaken

Während des Bohrens bleibt der Schaft gesperrt, die Drehbewegung der Bohrgarnitur erfolgt in den Lagern des angeschlossenen Spülkopfes.

Das Gehäuse selbst hat zwei Tragbolzen diametral angeordnet, in welche die Ösen der Hängebügel eingebaut sind.

Der Durchmesser des Hakenschaftes muß entsprechend der zu tragenden Last und der zulässigen Beanspruchung der dabei verwendeten Stahlqualität gewählt werden.

Diese Einmaul-Hakentype wird für Lasten bis etwa 250 t gebaut.

Der Hakenschaft-Durchmesser wird für die verschiedenen Lasten wie folgt bemessen:

Last	50 t	100 t	150 t	200 t	300 t
Schaft-⌀	5 Zoll	6 Zoll	6½ Zoll	7 Zoll	8 Zoll

Die den Hakenschaft stützende Feder ist in der Lage, einen Gestängezug (etwa 27 m, 6 5/8 Zoll Bohrgestänge) nach dem Abschrauben aus der anschließenden Gestängemuffe hochzuheben. Zur Schmierung der Kugellager ist ein eigener Schmierkanal mit Verschlußschraube vorgesehen.

Bei dieser Ausführung hängen während des Bohrens im Hakenmaul sowohl der Bügel des Spülkopfes als auch die beiden Bügel des Gestänge-Elevators.

Der Hakenschaft, ebenso wie der Hängebügel, sind aus hochwertigem Stahl geschmiedet.

Eine neuere Konstruktion ist der sogenannte Dreimaul-Haken (s. Abb. 184).

Abb. 184. Dreimaul-Rotary-Bohrhaken, Type R-H-25, der Fa. Wirth & Co., Erkelenz (Rhld.)

Der untere große Haken ist lediglich für den Spülkopfbügel bestimmt.

Die beiden Elevatorbügel werden in zwei hakenförmige Konsolen eingehängt, die am selben Schaft oberhalb des Haupthakens und zu diesem um 90° versetzt, angeordnet sind.

Alle Haken haben Sicherheitsklappen, die durch Federdruck gesteuert werden, so daß ein nichtgewolltes Abheben der Bügel aus dem Hakenmaul verhindert wird. Das Hakenmaulstück ist bei dieser Konstruktion mit dem Hakenschaft durch einen starken Bolzen verbunden. Auch hier ist der Hakenschaft auf einem von zwei Spiralfedern getragenem Kugellager aufgesetzt.

Diese Typen werden für Lasten von 150 bis 450 t gebaut. Die Länge eines solchen Hakens beträgt etwa 2700 bis 3300 mm.

In den letzten Jahren ist eine weitere Neuerung auf dem Markt erschienen. Das Schaftende, das früher als Hakenmaul ausgebildet war, hat zwei diametral angesetzte Konsolen, in welche die Bügel des Gestängeelevators eingehängt werden. Mit diesem Elevator wird auch der Spülkopf gehalten, der oben mit einem eigenen Tragschaft ausgestattet ist.

Ferner werden Flaschenzugshaken gebaut, die direkt mit dem Flaschenzugsblock verbunden sind, so daß bei dieser Konstruktion die langen Hakenbügel entfallen und dadurch an Bauhöhe gespart wird (s. Abb. 185).

Der Bohrgestänge- und Futterrohr-Elevator (s. Abb. 186, 187, 188 und 189). In den Flaschenzugshaken oder in die beschriebenen hakenförmigen Konsolen des Dreimaulhakens werden die beiden Tragbügel des Elevators eingehängt, mit dem die Bohrgestänge oder Futterrohre eingebaut werden.

Der Gestänge- oder Futterrohr-Elevator ist ein mit einem Drehbolzen verbundenes Schellenpaar, das den ganzen Umfang der Bohrgestänge oder der Futterrohre unterhalb deren Muffen umschließt.

Die beiden Elevatorhälften sind mit diametral gegenüberliegenden konsolartigen, gerundeten Ansätzen ausgestattet, in welche die beiden Hängebügel eingelegt werden. Um ein Herausgleiten der Bügel zu verhindern, sind bei den Ansätzen Sperrbolzen durchgeführt. Das Schließorgan der zwei Elevatorteile ist ein besonders geformtes, in einem eigenen Drehbolzen schwenkbares Klauenstück, das in passende, vorstehende Ansätze des zweiten Elevatorteiles eingreift.

Dieses Klauenstück wird durch eine über dem Drehbolzen angebrachte Spiralfeder zum Eingriff gezwungen.

An beiden Elevatorhälften ist je ein Handgriff zum Schließen und Öffnen vorgesehen.

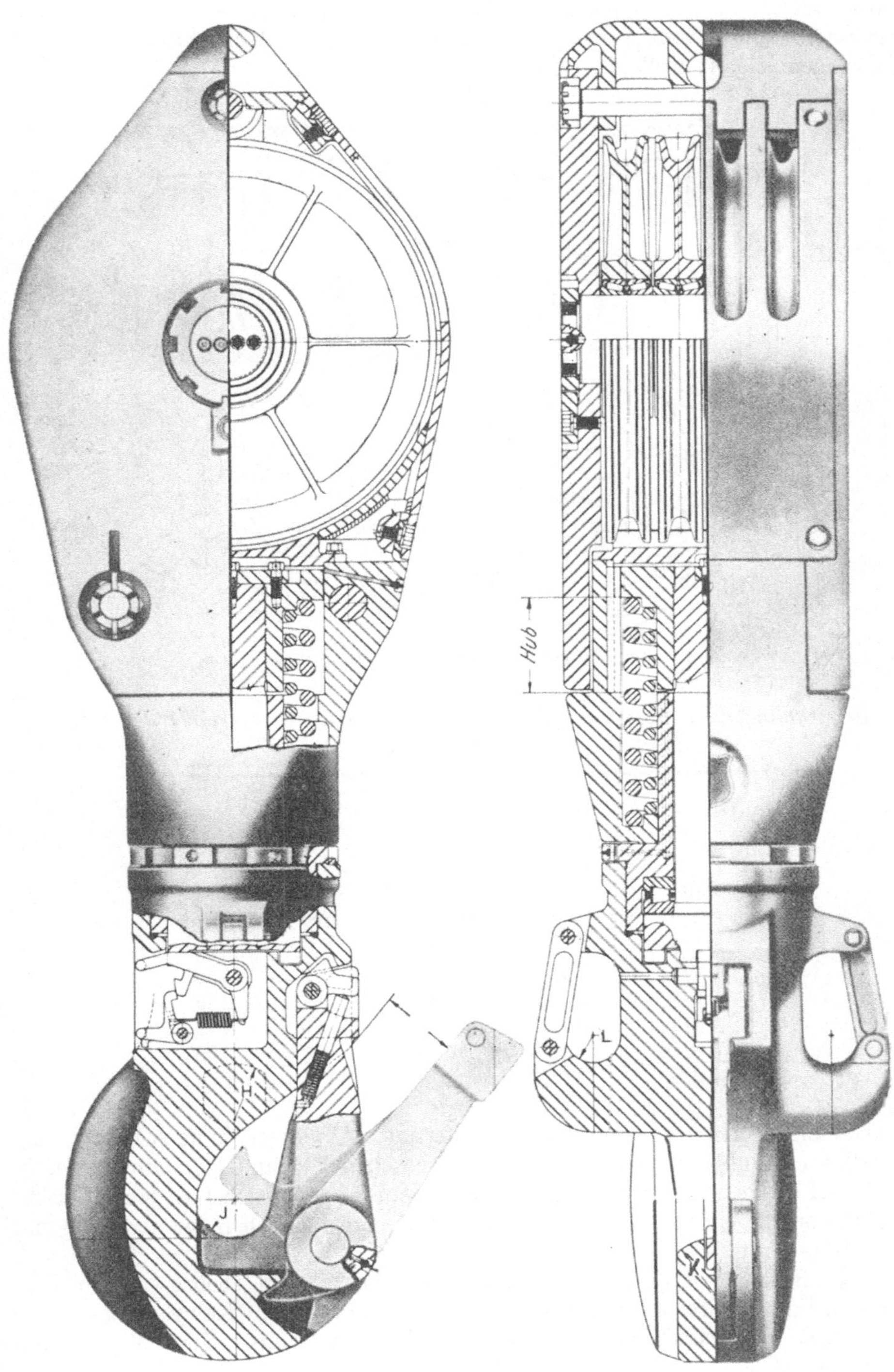

Abb. 185. Flaschenzugskloben mit Haken nach Fa. National Supply Co., USA

Beim Ein- und Ausbau des Bohrgestänges kommt die Oberkante des Elevators an die darüberstehende Gestängemuffe zum Anliegen. Sie erfährt eine besonders starke Abnützung, da der Eingriff, bzw. die Kontaktnahme mit der Gestängemuffe oft stoßartig erfolgt.

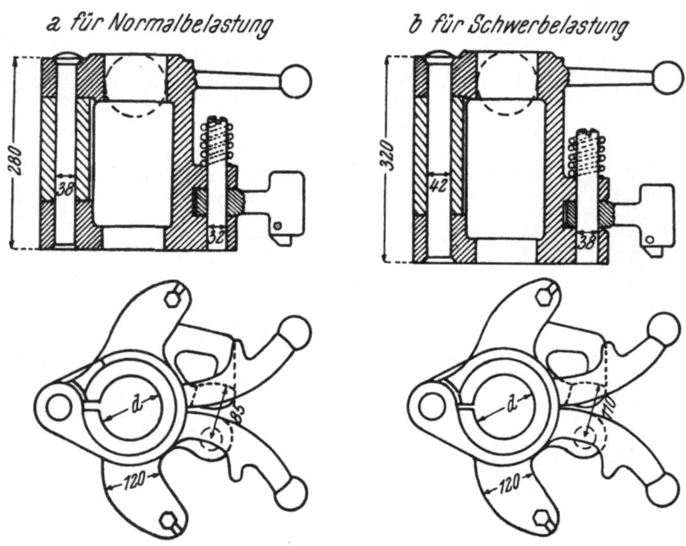

Abb. 186 und 187. Rotary-Bohrgestänge-Elevatoren

Bezeichnung eines Bohrgestänge-Elevators Form a für Gestängerohr 4 1/2 Zoll: Bohrgestänge-Elevator 4 1/2 Zoll DIN 5777

Für Gestängerohr Zoll	Für Gestängerohr mm	*d*	Gewicht (7,85 kg/dm³) kg ≈ Form *a*	Gewicht (7,85 kg/dm³) kg ≈ Form *b*
2 3/8	60,3	64	71	160
2 7/8	73,0	76	70	158
3 1/2	88,9	93	68	155
4 1/2	114,3	119	80	172
5 9/16	141,3	146	100	190
6 5/8	168,3	173	112	210

Die Elevatoren sind aus Stahlguß gefertigt und werden je nach Last in verschiedenen Bauhöhen geliefert, die etwa zwischen 280 und 350 mm variieren.

Die Hängebügel sind aus Stahl geschmiedet, haben je nach Last einen Durchmesser von 22 bis 80 mm und eine Baulänge, die etwa zwischen 450 und 3000 mm variiert (s. Abb. 189).

Beim Einbau von Futterrohren für Teufen über 3000 m, ebenso wie zum Einbau von Futterrohren ohne eigene Muffen werden besondere Keiltopf-Elevatoren verwendet. Hier fassen die in einem innen konisch geformten Keiltopf geführten und innen gezahnten Keile die Futterrohrwand unterhalb der Futterrohr-Gewindeverbindung an. Diese Art der Aufhängung ist bei großen Lasten sicherer, da die Futterrohre im vollen Querschnitt und auf die Länge, bzw. die Fläche der Keile gefaßt werden.

Bezeichnung eines Bohrrohr-Elevators für Futterrohr 9 5/8 Zoll: Bohrrohr-Elevator 9 5/8 Zoll DIN 5779 (Abb. 188)

Für Futterrohr		d	l_1	l_2	l_3	Gewicht (7,85 kg/dm³) kg ≈
Zoll	mm					
7	178	182	810	730	600	260
8 5/8	219	224	860	780	650	330
9 5/8	244	250	880	800	670	360
11 3/4	298	304	930	850	720	420
13 3/8	340	345	980	900	770	480
16	406	413	1040	960	830	570
18 5/8	473	480	1090	1010	880	660

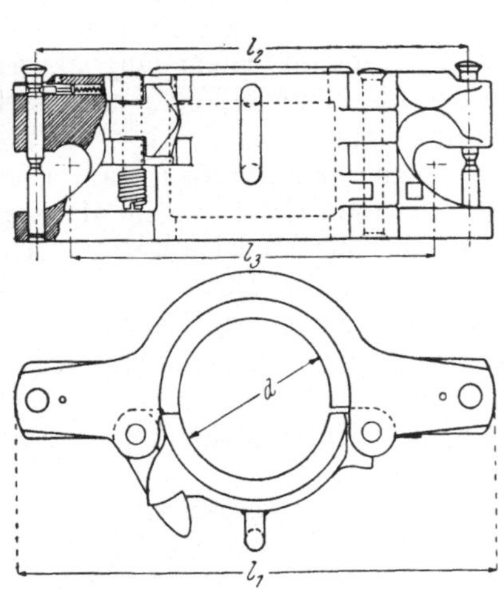

Abb. 188. Futterrohr-Elevatoren für Schwerstbelastung

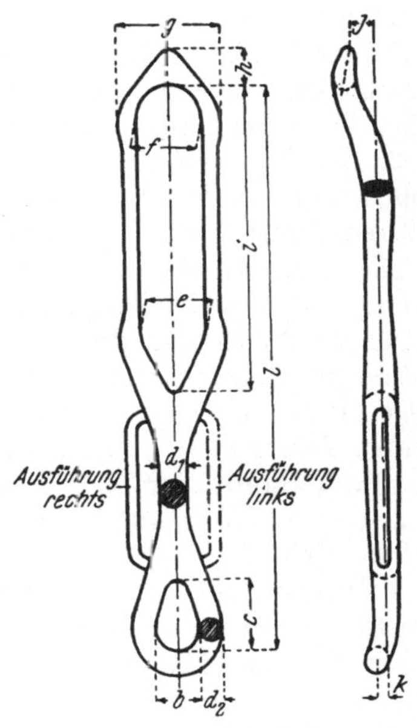

Abb. 189. Elevator-Hängebügel

Bezeichnung eines Satzes Elevator-Bügel (Ausführung links und rechts) für 250 t Tragkraft und Länge l = 1800 mm: Elevator-Bügel 250 × 1800 DIN 5780 (Abb. 189)

Für Tragkraft je Satz t	Länge l	b	c	d_1	d_2	e	f	g	h	i	j	k	Gewicht je Satz kg =
60	900 1800	110	165	60	45	114	130	220	82	406	90	20	78,0 126
100/150	1800 2400	134	203	73	57	190	203	317	102	635	100	30	208 252
250	1800 2800	140	203	90	70	190	203	343	127	920	100	30	288 408

4. Der Rotary- oder Drehtisch

Funktionen. Er hat die folgenden Funktionen zu erfüllen:

1. Übertragung der Drehbewegung von der Arbeitsmaschine an die Bohrgarnitur und damit an das auf Sohle arbeitende Bohrwerkzeug.

2. Festklemmen der Bohrgestänge mit Abfangkeilen während des Ein- und Ausbaues.

Hauptbestandteile. Der Rotary- oder Drehtisch besteht aus den folgenden *Hauptteilen* (s. Abb. 190 und 191).

1. Dem Drehtischunterbau mit schlittenförmig gestaltetem Profileisenrahmen,
2. dem eigentlichen Drehtischkörper mit dem Zahnkranz,
3. dem Drehtischhauptlager,
4. der Antriebswelle mit dem Kegel-, Ketten- und Sperrad sowie den beiden Wellenlagern,
5. der Haupteinsatzbüchse.

1. Der *Drehtischunterbau* ist das eigentliche Gehäuse der gesamten Drehtischeinrichtung. Er ist mit diversen Verstärkungsrippen ausgestattet und gleichzeitig der Behälter für das Schmieröl des eingebauten Drehtischlagers. Eine entsprechende Aussparung in diesem Gehäuse dient zur Aufnahme des eigentlichen Drehtischkörpers, der die drehende Bewegung der Bohrgarnitur mitteilt.

2. Der *Drehtischkörper* ist in seiner äußeren Form mit einem langhalsigen Rohrflansch vergleichbar. An der Unterseite des Flanschtellers oder an dessen äußerem Umfang ist ein konischer Zahnkranz angebaut.

Die konzentrische Bohrung des Drehtischkörpers bestimmt den maximalen Durchmesser des einzubauenden Bohrwerkzeuges. Diese Bohrung ist im obersten Viertel des Flanschenhalses auf einen quadratischen Querschnitt erweitert. Die Unterseite des Flanschentellers ist am äußeren Umfang mit Nuten und Federn ausgestattet, die in korrespondierende Nuten und Federn des Gehäuses eingreifen. Durch diese Labyrinthdichtung soll das Eintreten von Bohrspülung zum Ölbad des Hauptlagers verhindert werden.

3. Das *Drehtischhauptlager* ist ein Kugellager, das den Drehtischkörper trägt und im Gehäuse eingebaut ist.

4. In den Zahnkranz des Drehtischkörpers greift das *Kegelrad* ein, das auf der *Antriebswelle* in zwei auf dem Gehäuse aufgesetzten Pendelrollenlagern eingebaut ist. Am äußeren Ende der Welle ist fliegend ein *Kettenrad* und zwischen den beiden Lagern ein *Sperrad* aufgekeilt. Vom Kettenrad geht der Kettentrieb zur Vorgelegewelle.

Das Sperrad hat beiderseits zwei Sperrklinken, die am Gehäuse in Drehbolzen eingebaut sind.

Mit dieser Einrichtung kann jede Drehbewegung des Rotarytisches unterbunden werden (An- und Abschrauben von Gestängen, die in den Keilen des Drehtisches geklemmt sind, mittels der Gestängezangen).

5. Die zweiteilige *Haupteinsatzbüchse* (Master bushing), die in den Drehtischkörper eingebaut ist, hat ebenfalls eine konzentrisch angeordnete Bohrung, die in ihrem unteren Teil konisch ist, im oberen hingegen einen quadratischen Querschnitt hat.

Jede Hälfte der zweiteiligen Einsatzbüchse kann mittels eigener Hakenbügel, die in die dafür vorgesehenen Schlitze an ihrer Oberfläche eingreifen, aus dem Drehtischkörper abgehoben werden.

Zwecks Gewichtserleichterung ist die Einsatzbüchse hohl und innen mit Verstärkungsrippen ausgestattet.

Um die Bohrmannschaft bei den diversen Arbeitsgängen nicht zu gefährden, ist der äußere Rand des Drehtischkörpers mit einem am Gehäuse befestigten, kreisförmigen und geriffelten Schutzblech abgedeckt.

Einbau des Drehtisches. Beim Einbau des Rotarytisches in den Bohrturm ist zu beachten, daß die Mitte seiner Bohrung in die lotrechte Verbindungslinie vom freihängenden Flaschenzugshaken und Bohrlochmitte zu stehen kommt, daß der Kettentrieb sowohl in bezug auf die Vorgelege als auch die Drehtischwelle lotrecht geführt ist.

Unrichtige Zentrierung bedingt ein Schwingen der durch den Drehtisch geführten Mitnehmerstange. Schiefe Kettenführung hat seitliches Schlagen des Drehtisches, starke Abnützung der Kette und der Kettenradverzahnung zur Folge.

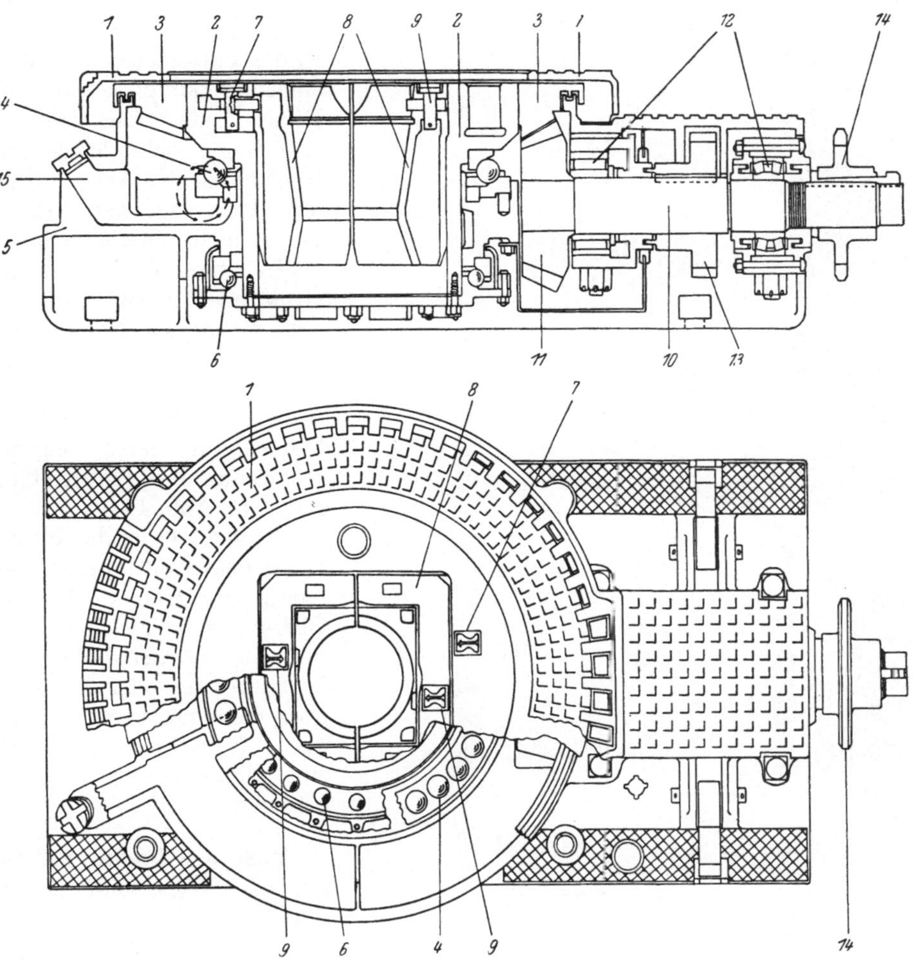

Abb. 190. Rotary-Drehtisch.
1 Schutzring, *2*, *3* Drehtisch-Traghülse mit Zahnkranz, *4* Drehtisch-Hauptlager, *5* Drehtisch-Rahmen, *6* Gegendruck-Lager, *7* Sperrklinke zur Fixierung der Haupteinsatzbüchse, *8* Haupteinsatzbüchse, *9* Sperrklinke zur Fixierung der Mitnehmerstangenbüchse, *10* Kegelrad-Antriebswelle, *11* Kegelrad, *12* Rollenlager, *13* Sperrad, *14* Kettenrad, *15* Öleinlaß mit Pfropfenabschluß

Der Drehtisch muß auf seinem Unterbau absolut waagrecht aufliegen und so eingebaut sein, daß Lageveränderungen bei der Bohrarbeit ausgeschlossen sind.

Die weitaus häufigste Antriebsart des Rotarytisches ist ein Kettentrieb von der Antriebsmaschine über die Vorgelegewelle des Hebewerkes oder eine kurze Zwischenwelle (s. Abb. 133 und 134).

Bei manchen Anlagen ist statt eines Kettentriebes eine Kardanwelle senkrecht zur Hebewerkstrommel vorgesehen, die über ein Getriebe mit der Antriebsmaschine verbunden ist (s. Abb. 146).

Um dabei geringfügige Verschiebungen des Rotarytisches zu berücksichtigen, sind in dieser Welle zwei Gelenke eingebaut.

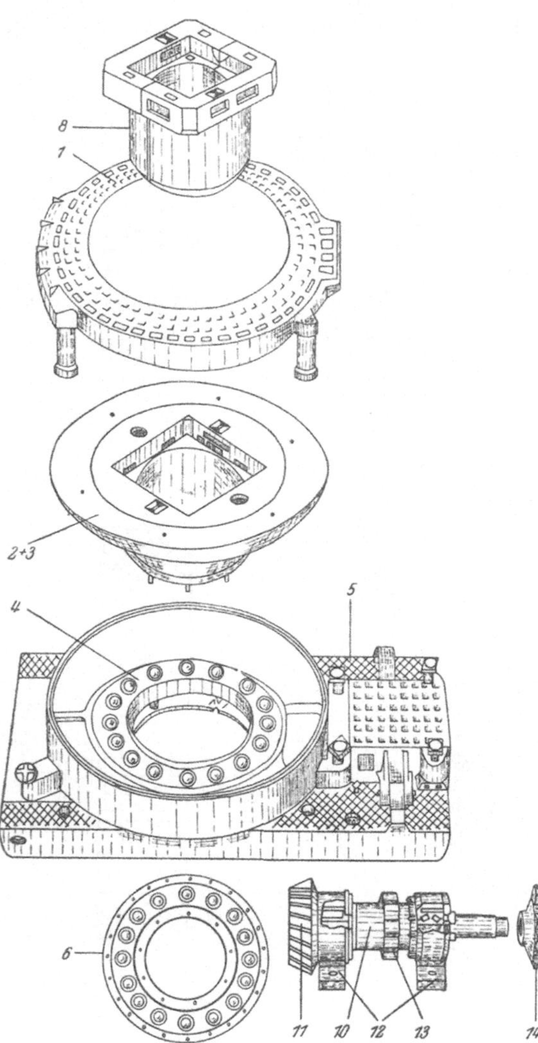

Abb. 191. Details eines Drehtisches bei Rotary-Bohranlagen nach Fa. National Supply Co., USA. Legende wie Abb. 190

Vielfach wird aber auch eine vom Hebewerksantrieb völlig unabhängige Arbeitsmaschine für den Drehtisch vorgesehen (s. Abb. 144). Es ist dies entweder eine kleinere stehende Dampfmaschine, ein Diesel- oder Elektromotor. Allerdings behinderten die bisher üblichen Anordnungen den Platz auf der Arbeitsbühne nicht unerheblich.

In letzter Zeit sind Konstruktionen entwickelt worden, die diesen Nachteil dadurch beheben, daß die Antriebsmaschine für den Drehtisch außerhalb der Arbeitsbühne auf einem eigenen Unterbau ihre Aufstellung findet (s. Abb. 144).

Weiters werden die Rotarytische heute auf ihrem Unterbau so tief gelagert, daß ihre Oberkante in gleicher Höhe mit der Arbeitsbühne zu liegen kommt oder nur wenig über diese herausragt. Auch diese Einrichtung bedeutet eine Verbesserung des Arbeitsplatzes.

Maße der Drehtische. Die folgenden Maße sind für den Drehtisch bestimmend:

a) Der Drehtischdurchgang: Je größer der Durchgang im Drehkörper ist, um so größer ist auch der Durchmesser der Rollenverlagerung und damit auch bei einer gegebenen Drehzahl die Geschwindigkeit/Min. in der Verlagerung.

Übliche Maße sind hier: 12 1/2 Zoll = **317,49** mm, 17 1/2 Zoll = **444,49** mm, 20 1/2 Zoll = **520,69** mm und 27 1/2 Zoll = **698,49** mm.

b) Die Entfernung der Drehtischmitte vom Kettenrand. Nach A.P.I. Standard soll diese Entfernung wie folgt bemessen sein: Bei einem Meißeldurchgang kleiner als 20 Zoll soll die Entfernung zwischen 36 und 44 Zoll = 0,914 und 1,117 m liegen.

Bei Meißeldurchgang größer als 20 Zoll ist die Entfernung mit 53,25 Zoll = 1,353 m gegeben.

c) Die Grundrahmenlänge variiert zwischen 62 und 97 Zoll = 1,549 m und 2,463 m.

d) Die Breite des Schlittens zwischen 32 und 48 Zoll = 0,812 m und 1,219 m.

e) Die Höhe der Unterkante des Schlittens bis Tischoberkante zwischen 18 1/4 und 29 Zoll = 0,463 und 0,736 m.

f) Der Wellendurchmesser der Drehtischwelle variiert zwischen 3,7 und 5,2 Zoll = 94,0 und 132,0 mm.

g) Die Kegelradübersetzung beträgt 3,05 : 1 bis 3,33 : 1.

h) Das Gewicht des Drehtisches variiert zwischen 1330,0 kg und 4410,0 kg.

Die Drehzahlen des Rotarytisches bei der Bohr- und Kernarbeit liegen etwa zwischen 40 und 350 U/Min., abhängig von der Gesteinshärte und von der Art des Bohrwerkzeuges. (Hierüber Näheres in der „Tiefbohrtechnik".)

Abb. 192. Mitnehmerstück nach Fa. National Supply Co., USA

Ein besonderes Augenmerk ist den im Ölbad laufenden Haupttraglagern zuzuwenden. Nach Beendigung einer jeden Bohrung wird eine Überprüfung und gründliche Reinigung empfohlen.

Der Inhalt des Ölbades ist während der Bohrarbeit bezüglich Volumen und Reinheit periodisch zu überprüfen. Die hierzu dienenden verschließbaren Kontrollöffnungen müssen leicht zugänglich sein.

Um seitliches Schlagen des Drehkörpers im Gehäuse zu vermeiden, werden bei Drehtischen für mittlere und große Teufen zusätzlich seitlich angeordnete Führungslager vorgesehen. Sie sind im unteren Gehäuseteil eingebaut und abgedichtet.

Das Mitnehmerstück. Beim Bohren muß die Drehbewegung durch den Drehtisch an das Gestänge übertragen werden.

Die kantige Mitnehmerstange (Kelly) als oberster Teil der Bohrgarnitur ist daher mit einem ebenfalls kantigen, auf ihr lose aufgesetzten Mitnehmerstück (Kelly bushing; s. Abb. 192) ausgestattet, das in die Haupteinsatzbüchse des Drehtisches paßt.

Dieses Mitnehmerstück wird bei manchen Anlagen im unteren Teil, der in die Haupteinsatzbüchse eingreift, mit einer Anzahl von vierkantigen Klauen ausgestattet, die in entsprechende Nuten der Haupteinsatzbüchse eingreifen.

Beim Ein- und Ausbau des Bohrstranges wird beim Ausholen der Mitnehmerstange auch das Mitnehmerstück mit dieser gleichzeitig aus dem Drehtisch abgehoben. Es bleibt auf der im Durchmesser größeren Muffe des Übergangsstückes der Mitnehmerstange lose hängen.

Die Abfangkeile für Bohrgestänge und Schwerstangen (Slips). Zum Abfangen der runden Bohrgestänge werden außen konisch geformte Keile mit gezahnten Innenflächen in die im untersten Teil ebenfalls konische Öffnung der Haupteinsatzbüchse des Drehtisches um die Bohrgestänge gesetzt.

Den anfangs verwendeten Drei-Mann-Keilen, die, wie schon der Name sagt, drei Mann beim Einsetzen erforderlich machten, folgten die Zwei-Mann-Keile (s. Abb. 193), bei denen je zwei Keilteilstücke mit Laschen und Bolzen miteinander verbunden sind.

Abfangkeile, die die gesamte Ringfläche in einem drei- bis vierteiligen zusammenhängenden Keilstück umfassen, sind seit einigen Jahren in Verwendung. Der Vorteil liegt darin, daß sie das Gestänge in gleicher Höhe fassen und dadurch ein Verbiegen vermieden wird.

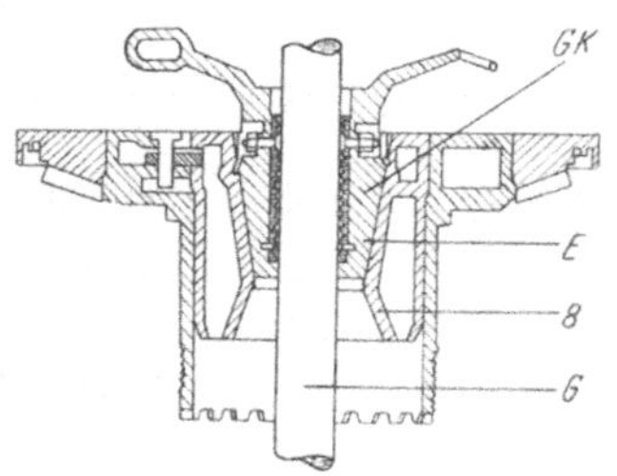

Abb. **193**. Gestänge-Abfangkeile nach Fa. National Supply Co., USA. *GK* Dreiteiliger Keil mit drei Handgriffen, konische Kontaktfläche 7 3/4 Zoll, *E* Einsatzstücke gezahnt, 12 1/8 Zoll lang, *8* Haupteinsatzbüchse des Drehtisches, *G* Rotary-Bohrgestänge. (Bei sehr schweren Bohrgarnituren wird Type „Bk" empfohlen, mit Einsatzstücklängen von 17 1/8 Zoll und Kontakthöhe 13 Zoll)

Die inneren Keilangriffsflächen sollen nicht gewindeartig gezahnt ausgebildet sein, um eine gefährliche Kerbbildung im Gestänge zu verhüten. Es werden daher die zahnhöckerartig ausgebildeten Keile vorgezogen.

In USA wurden in den letzten Jahren maschinell gesteuerte Keilsetzeinrichtungen eingeführt. An einem pneumatisch gesteuerten Arm, der nach Wunsch gehoben oder gesenkt werden kann, sind die Keile aufgehängt (s. Abb. 194).

Eine neu erschienene Konstruktion der National Supply Co. zeigt Abb. 195, bei der die gesamte Keilanordnung direkt im Drehtisch pneumatisch gehoben und gesenkt werden kann. Während der eigentlichen Bohrarbeit wird die Keileinrichtung ausgebaut, um dem Mitnehmerstück Platz zu machen. Diese Einrichtungen beseitigen die bisher bestandene Gefahr, daß Keilteile, deren Laschen und Bolzen brechen, ins Bohrloch fallen und unangenehme Fangarbeiten zur Folge haben können.

Abb. **194**. Pneumatische Keilsetzeinrichtung nach Fa. Mission Mfg. Co., USA

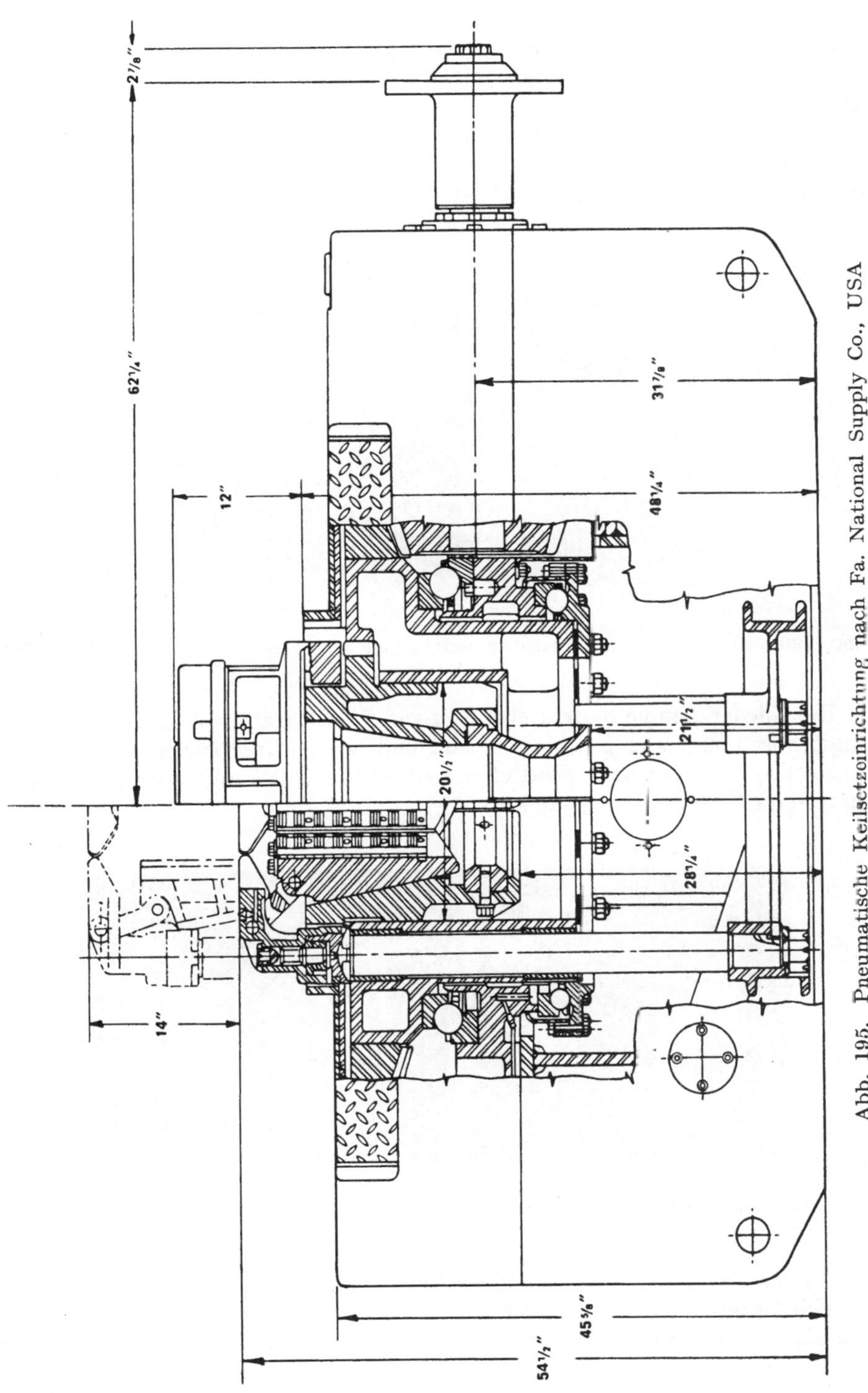

Abb. 195. Pneumatische Keilsetzeinrichtung nach Fa. National Supply Co., USA

Zum Abfangen von Schwerstangen werden besondere Abfangkeile nach Abb. **196** empfohlen, die aus einer Vielzahl von scharnierartig miteinander verbundenen Einzelsegmenten bestehen, die mit Greifern ausgestattet sind.

Sie haben den Vorteil, daß die Umfassung des zu haltenden Stückes, auch bei gewissen Durchmesser-Differenzen (hervorgerufen durch Abscheuern der Schwerstangen), erheblich besser ist als mit Keilen, die aus bloß vier Keilstücken bestehen.

Weiters werden beim Einbau und Ausbau glatter Schwerstangen besondere Sicherheits-Gliederklemmen verwendet, die unmittelbar oberhalb der Abfangkeile um die Schwerstange gelegt werden (s. Abb. **197** und **198**).

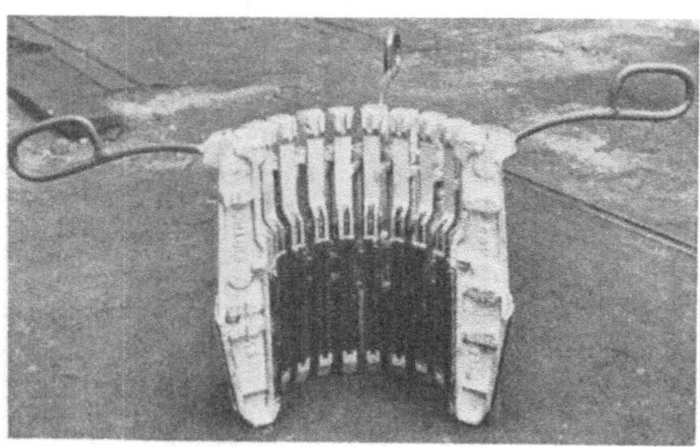

Abb. 196. Keile zum Abfangen der Schwerstangen der Fa. Wirth & Co., Erkelenz (Rhld.)

Die Gliederklemme besteht ebenfalls aus einer Anzahl von Einzelgliedern, die ringförmig aneinander geschlossen sind und eigene Greifbacken haben. Jedes Einzelglied hat einen federbelasteten Keil, wodurch bei zunehmender Belastung ein festerer Griff gewährleistet wird.

Abb. 197. Sicherheits-Gliederklemmen der Fa. Wirth & Co., Erkelenz (Rhld.)

Der an einem Kettchen hängende Verschlußbolzen wird nach dem Anlegen der Gliederkette durch die beiden Ösen der Abschlußglieder eingeführt und das eine als Spannbolzen ausgebildete Abschlußglied mittels einer Mutter festgezogen.

5. Antriebsmaschinen für Rotary-Bohranlagen

Es werden Dampfmaschinen, Verbrennungskraftmaschinen und Elektromotoren als Antriebsmaschinen eingesetzt.

a) Der Dampfantrieb

Dampfkessel. Zur Dampferzeugung dienen fast ausnahmslos Heizrohrlokomobil-Kessel, die verhältnismäßig leicht zu transportieren sind[1].

Leistung der Kessel. Die Heizfläche dieser Kessel variiert etwa zwischen 80 und 140 m² mit Druckstufen zwischen 12 und 25 Atm., in Ausnahmsfällen auch 35 Atm.

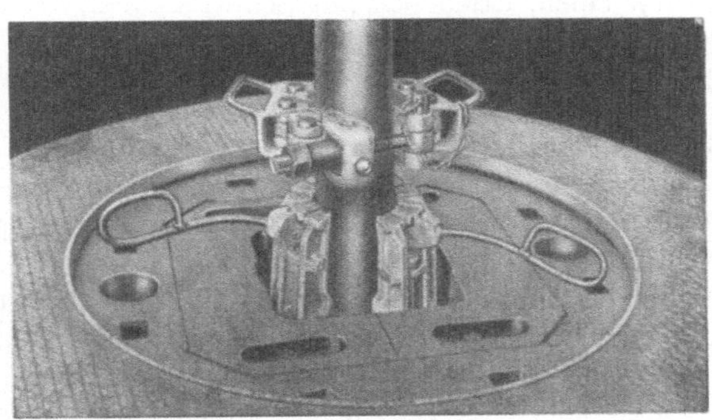

Abb. 198. Einsatz der Abfangkeile und Sicherheits-Gliederklemme nach Fa. Wirth & Co., Erkelenz (Rhld.)

Nach einer älteren Faustformel wurde 1 m² Kessel-Heizfläche der Leistung von 1 PS gleichgesetzt. Bei den neuen in USA verwendeten Kesseln für Rotary-Bohranlagen kann nach dortigen Angaben 0,7 m² Heizfläche der Leistung eines PS gleichgesetzt werden. Diese höhere Leistung wurde durch verschiedene Verbesserungen der Kesselkonstruktion erzielt, wie z. B. durch Vergrößerung der Feuerbüchsen, Verbesserung der Brenner, bessere Wärmeübertragung, gute Isolierung der Kesselmantelfläche (Kieselgur, Glaswolle mit Weißblech verkleidet) und schließlich durch eine entsprechende Aufbereitung und Vorwärmung des Kesselspeisewassers.

Brennstoff und Wasserbedarf. Der Brennstoffbedarf, hier fast ausschließlich Erdölgase mit etwa 10 000,0 kcal, beträgt im Durchschnitt pro PS und Bohrtag 33,5 m³, das sind rund 2,0 m³ Gase pro Quadratmeter Heizfläche und Stunde.

Der Wasserbedarf stellt sich im Durchschnitt pro PS und Bohrtag auf 0,32 m³, somit auf etwa 13,30 kg pro Quadratmeter Heizfläche und Stunde.

Zum Ausfahren von Spitzen kann die Leistung auf das zwei- bis dreifache gesteigert werden, wobei dann auch der Gas- und Wasserverbrauch in ungefähr gleichem Maße ansteigt.

Für eine Tiefbohrung von etwa 2500 m werden etwa vier Kessel mit einer Heizfläche von je 120 m² eingesetzt.

Der Bedarf an Brennstoff und Wasser stellt sich dabei wie folgt:

Gase	etwa 22 850,0 m³ pro Tag
Wasser	etwa 216,0 m³ pro Tag

Durch Einbau von Überhitzern erhöht sich bekanntlich das Dampfvolumen je nach dem Grad der Überhitzung. So wird z. B. bei einer Überhitzung um etwa 65° C eine Volumsvergrößerung um etwa 27% erzielt. Bei überhitztem

[1] Näheres s. DUBBELS Taschenbuch für den Maschinenbau, Band II, 11. Aufl. Berlin-Göttingen-Heidelberg: Springer-Verlag. 1953.

Dampf sind auch die Wärmeverluste geringer und damit auch der Druckabfall in den Dampfleitungen kleiner. Ob nun die zusätzliche Anschaffung eines Überhitzers von Vorteil ist, der etwa 60% an Brennstoff eines 120 m^2-Kessels erfordert, oder ein weiterer Kessel eingesetzt werden soll, ist eine Frage der Wirtschaftlichkeit, die von den jeweiligen lokalen Verhältnissen abhängig ist[1].

Die Aufstellung der Kessel soll so erfolgen, daß ihre Umstellung zum nächsten Bohrpunkt auch leicht bewerkstelligt werden kann. Der dem Schornstein zugekehrte Teil wird mit einem Eisenbock mit Schlittenkufen, die Feuerbüchse mit Profileisen unterfangen.

Zum Transport wird der Kessel auf ein zweiachsiges Fahrgestell aufgesetzt.

Vor der meist unüberdachten Kesselbatterie (vorausgesetzt gute Isolierung und Weißblechverkleidung der Kessel) wird eine Wellblechbaracke aufgestellt, in der die beiden Kesselwasserspeisepumpen, Enthärtungsmaterial, Registriermanometer und die nötigen Werkzeuge und Ersatzteile für den laufenden Unterhalt untergebracht sind.

Der Aufstellungsort der Kesselbatterie soll topographisch möglichst höher liegen als die zu bedienende Bohranlage, um den Zutritt von Dampf mit Wasserschaum zur Dampfmaschine so weit als möglich auszuschließen. Vor der Dampfmaschine ist jedenfalls ein Wasserabscheider aufzustellen, der sowohl das mitgerissene Wasser abscheiden als auch eine Art Pufferraum bilden und damit eine gleichmäßige Dampfströmung herbeiführen soll.

Den Dienst bei der Kesselbatterie versieht je ein geprüfter Kesselwärter pro Schicht.

Jeder Dampfkessel muß vor Inbetriebnahme von der Behörde geprüft werden. Dabei wird der Kessel mit dem Genehmigungsdruck (höchst zulässiger Dampfdruck) abgedrückt. Über diese Prüfung wird ein eigenes Protokoll im Kesselbuch verfaßt.

Dampfleitungen und ihre Bemessung. Der Durchmesser der Dampfleitungen muß dem Bedarf an der Bohrung und den Leitungsverlusten entsprechend ermittelt werden. Für Bohrungen bis etwa 3000 m Teufe und eine Entfernung von maximal 200 m von der Kesselbatterie zur Bohranlage genügt nach praktischen Erfahrungen eine 4-Zoll-Leitung. Für hohe Leistungen und größere Entfernungen werden auch Leitungen von 5 und 6 Zoll erforderlich werden.

Beim Fluß durch Rohrleitungen ergibt sich ein Druckverlust Z_d, dessen Größe von der Leitungslänge, dem Leitungsdurchmesser und vom Widerstandskoeffizienten abhängig ist. Es bedeuten:

Z_d = Druckverlust in Atm.,
λ_d = Widerstandsfaktor,
l = Leitungslänge in m,
d = Rohrdurchmesser in m,
v = Dampfgeschwindigkeit in m/Sek.,
γ_d = spez. Gewicht des Dampfes in kg/m^3.

$$Z_d = \lambda_d \cdot \frac{l}{d} \cdot v^2 \cdot \gamma_d;$$

λ_d ist z. B. bei einem Dampfgewicht von 10 000 kg/Stunde bei einem Rohrleitungsdurchmesser von:

$$4 \text{ Zoll} = 1{,}136 \cdot 10^{-6}$$
$$5 \text{ Zoll} = 1{,}116 \cdot 10^{-6}$$
$$6 \text{ Zoll} = 1{,}111 \cdot 10^{-6}$$

[1] Näheres s. DUBBELS Taschenbuch für den Maschinenbau, Band II, 11. Aufl. Berlin-Göttingen-Heidelberg: Springer-Verlag. 1953.

γ_d variiert je nach dem Dampfdruck wie folgt:

5 Atm.	2,621 kg/m³
10 Atm.	5,05 kg/m³
12 Atm.	6,010 kg/m³
14 Atm.	6,967 kg/m³
16 Atm.	7,925 kg/m³
18 Atm.	8,886 kg/m³
20 Atm.	9,846 kg/m³
22 Atm.	10,81 kg/m³
24 Atm.	11,78 kg/m³
28 Atm.	13,72 kg/m³

Ein Beispiel: Eine Kesselanlage liefert 8000 kg Dampf/Stunde mit einem Druck von 14 Atm. Dieser Dampf soll durch eine Dampfleitung mit einem Durchmesser $d = 4$ Zoll $= 0{,}1$ m zu einer 100 m entfernten Bohrung geleitet werden. Frage: Mit welchem Druck kommt der Dampf bei der Bohrung an?

Gegeben haben wir somit: G/Stunde = 8000 kg

$d = 0{,}1$ m

γ_d bei 14 Atm. = 6,967

$l = 100$ m

$\lambda_d = 1.136 \cdot 10^{-6}$

$Z_d = 1.136 \cdot 10^{-6} \cdot 100/0{,}1 \cdot 42{,}08^2 \cdot 6{,}967 = 1{,}39$ Atm.

Der Dampfdruck bei der Bohrung ist somit $14 - 1{,}39 = 12{,}61$ Atm.

Für die Berechnung der stündlichen Dampfmenge G/Stunde gilt die folgende Beziehung:

$$G/\text{Stunde} = \frac{\pi \cdot d^2}{4} \cdot 3600 \cdot v \cdot \gamma_d.$$

Aus der obigen Beziehung ergibt sich der Leitungsdurchmesser:

$$d = \sqrt{\frac{G/\text{Stunde}}{2826 \cdot \gamma_d \cdot v}}.$$

Ferner ergibt sich die Dampfgeschwindigkeit:

$$v = \frac{G/\text{Stunde}}{2826 \cdot d^2 \cdot \gamma_d}.$$

Für das v werden nun die folgenden Werte als zweckmäßig empfohlen:

a) Für gesättigten Dampf 20 bis 40 m/Sek.,

b) für überhitzten Dampf bis maximal 70 m/Sek.

Die Leitungen werden auf Holz- oder Rohrböcken etwa 2,0 m über dem Erdboden verlegt, mit Kieselgur oder Glaswolle isoliert und mit Dachpappe oder Weißblech verkleidet.

Die Distanz von der Kesselbatterie zur Bohrung wird lokal von der Bergbehörde vorgeschrieben, normalerweise beträgt sie mindestens 40 m. Bezüglich Bemessung der Dampfleitungen, berücksichtigend den Druckabfall, s. Diagramm Abb. 199.

Dampfmaschinen für Rotary-Bohranlagen. Es werden durchwegs Zweizylinder-Auspuffmaschinen, vorwiegend liegender, seltener stehender Bauart verwendet. Früher wurden, allerdings für verhältnismäßig geringe Teufen, Einzylindermaschinen mit einer Zylinderbohrung von 11 Zoll und Kolbenhublänge von 11 Zoll, später 12 × 12 Zoll eingesetzt.

Die heute verwendeten Zweizylinderdampfmaschinen haben für Teufen von 1800 bis etwa 3000 m die Abmessungen 12 × 12 Zoll.

Für größere Teufen über 3000 m werden Dampfmaschinen 14 × 14 Zoll, ja sogar 15 × 16 Zoll eingesetzt.

Tab. 25 gibt eine Übersicht über die gebräuchlichsten Dampfmaschinen zum Antrieb von Bohranlagen und ihre PS-Leistung bei verschiedenen Dampfdrücken und Drehzahlen. Eine Rotary-Bohranlage mit Dampfantrieb ist in der Abb. 198 ersichtlich[1].

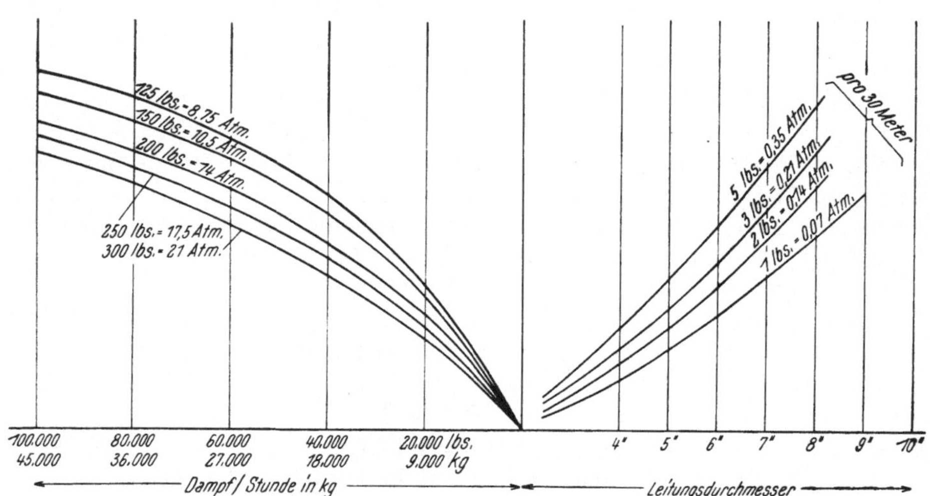

Abb. 199. Druckverlust in Dampfleitungen (Naßdampf) für je 30,5 m (100 Fuß) Leitungslänge, in Abhängigkeit von Dampfvolumen/Stunde, Dampfdruck und Leitungsdurchmesser

Alle Teile der Dampfmaschinen sind gekapselt, so daß jede Verschmutzung durch Spülung usw. praktisch ausgeschaltet ist.

In der Mitte der Kurbelwelle sind ein oder zwei Kettenräder aufgekeilt, je nachdem, wieviel Geschwindigkeitsstufen am Hebewerk vorgesehen sind. Für den Dampfeinlaß ist oberhalb der Maschine ein Spezialeinlaßventil eingebaut, dessen Spindel durch eine entsprechend lange Stange bis zum Bohrmeisterstand geführt ist. An dieser Stange, die innen mit einer Vierkantführung als Hohlgestänge ausgebildet ist, wird ein Hebelarm zur Umsteuerung der Kulisse auf Links- oder Rechtsgang angeschlossen (s. Abb. 200).

Je ein Manometer ist vor und hinter dem Dampfeinlaßventil vorgesehen. Die Fundamente der Dampfmaschine waren früher Holzbalkenlagen, die tief in den gewachsenen Boden eingebaut und hier eingestampft wurden. Heute sind es Betonfundamente, auf denen der als Profileisen-Schlitten ausgebildete Unterbau der Dampfmaschine aufgesetzt und mit Schrauben verankert wird. Besonderes Augenmerk ist darauf zu lenken, daß abzulassendes Kondenswasser abgeleitet wird, um die Standfestigkeit des Fundamentes nicht zu beeinträchtigen.

Eine Überholung der bei der Bohranlage einzubauenden Dampfmaschine sollte vor Beginn jeder Bohrung gründlich durchgeführt werden, da sich ein Defektwerden während der Bohrarbeit sehr verhängnisvoll auswirken kann (Meißel fest, Fangarbeit). Eine Reserve an Packungen (Asbest- und Graphitpackungen) muß stets an Ort und Stelle bereitgestellt sein. Die Ölumlaufpumpe muß aufmerksam beobachtet und das Kondenswasser vor Belastung der Maschine abgelassen werden (Wasserschlag).

[1] Über die Details der Dampfmaschinen s. DUBBELS Taschenbuch für den Maschinenbau, Band II, 11. Aufl. Berlin-Göttingen-Heidelberg: Springer-Verlag. 1953.

Tabelle 25. *Übersicht über die bei Bohranlagen gebräuchlichsten Dampfmaschinen und ihre PS-Leistung bei verschiedenen Dampfdrücken und Drehzahlen/Min.*

Kolbendurchmesser × Kolbenhub Zoll	Dampfdruck Atm.	U/Min.	Brems-PS bei $\eta = 75\%$
8 × 8 vertikale Bauart für direkten Drehtischantrieb	12,0	400	220
11 × 11 horizontale Bauart	10,0	200	270
	16,0	200	315
	16,0	350	560
12 × 12 vertikale Bauart	10,0	250	370
	16,0	250	550
	16,0	350	725
	21,0	350	1020
12 × 12 horizontale Bauart	14,0	200	300
	16,0	350	730
	21,0	400	1090
14 × 14 horizontale Bauart	10,0	200	400
	12,0	275	600
	16,0	200	650
	16,0	275	900
	21,0	275	1200
	28,0	400	1650

Für den Antrieb des Rotarytisches wird häufig eine eigene kleinere, vertikale (8 × 8 Zoll) Dampfmaschine unmittelbar neben dem Rotarytisch aufgestellt.

Abb. 200. Zweizylinder-Dampfmaschine 14 × 14 Ideal-Ajax

Allerdings wird der Raum auf der Arbeitsbühne dadurch nicht unerheblich eingeschränkt, auf welchen Umstand schon im Kapitel XI/B/4, S. **164** hingewiesen wurde.

Auch andere Wege wurden gegangen, schon zu dem Zweck, einen zweiten Antrieb als Reserve bereit zu haben. Eine eigene Bohrdampfmaschine wurde unter der Arbeitsbühne angeordnet, die mittels Kettentrieb den Drehtisch bediente. In diesem Fall mußte ein Schutzdach vorgesehen werden, um die Maschine gegen die beim Gestängeausbau von der Arbeitsbühne herabfließende Bohrspülung abzuschirmen.

Die eigenen Drehtischmaschinen haben entschieden ihren Vorteil, da weniger Ketten, Wellen und Lager beansprucht werden, der Dampfverbrauch beim Bohren geringer ist als für den Ausbau der Bohrgarnitur und nicht zuletzt auch einer Überbeanspruchung des Gestänges (Abdrehen) vorgebeugt wird.

b) Verbrennungskraftmaschinen für Rotary-Bohranlagen

Der Dampfbetrieb erfordert genügend gutes Kesselspeisewasser und billige Heizgase oder Heizöle. Der Gesamtwirkungsgrad ist bei dem heutigen Dampfantrieb für Rotary-Bohranlagen verhältnismäßig schlecht.

Sowohl das entsprechende Kesselwasser als auch billige Heizmittel können in vielen Bohrgebieten nicht wirtschaftlich bereitgestellt werden.

Aus diesen Gründen mußte man sich schon vor etwa zwei Jahrzehnten auch im Bohrbetrieb allmählich auf eine Antriebsmaschine umstellen, die einen wirtschaftlich tragbaren Antrieb gewährleistet. Es war dies der Dieselmotor.

Dieselmotor-Typen. Anfangs wurden Zweitakter mit einer verhältnismäßig kleinen Drehzahl eingesetzt.

Die ersten Ergebnisse mit diesen damaligen Motortypen waren allerdings nicht gerade befriedigend und wurden von den Bohrleuten, die auf den sehr anpassungsfähigen Dampfantrieb eingestellt waren, skeptisch beurteilt.

Die Variierung der Drehzahl war beschränkt, ein Anfahren unter Last nicht möglich, die Drehrichtung konnte ohne zusätzliche Wendegetriebe nicht geändert werden und schließlich war das Gewicht der damals eingesetzten Motoren recht groß, ein besonderer Nachteil beim Überstellen der Bohranlage von einem Bohrpunkt zum anderen.

An Stelle der Zweitakter schwerer Bauart traten dann leichtere Viertakter mit einem etwas weiteren Drehzahlbereich.

Dank einer fruchtbaren Zusammenarbeit zwischen den Bohrfachleuten und der einschlägigen Industrie ist es gelungen, den Antrieb mit Dieselmotoren so weit zu perfektionieren, daß er dem Dampfantrieb, was Anpassungsfähigkeit betrifft, sehr nahe gekommen ist. Es kann angenommen werden, daß in dieser Hinsicht sicher noch weitere Verbesserungen zu erwarten sind.

Heute finden wir sowohl Zweitakter als auch Viertakter für Bohranlagen auf dem Markt.

So baut z. B. die Firma Klöckner-Humboldt-Deutz A.G. die folgenden Motortypen, die sich im Bohrbetrieb bewähren:

1. *Viertakter* mit Luftkühlung mit 4, 6 und 8 Zylindern mit Leistungen von 60, 90 und 120 PS, und zwar mit Drehzahlen von 1000 bis 1800 U/Min. und einem Brennstoffbedarf von etwa 190 g/PS/Stunde.

Diese luftgekühlten Motoren haben ein sehr günstiges Leistungsgewicht von etwa 8,5 kg/PS; sie haben sich bei Außentemperaturen von $-40°$ C bis $+60°$ C sehr gut bewährt.

Als besonders vorteilhaft werden ihr leichtes Anspringen, die schnelle Betriebsbereitschaft, der geringe Kraftstoffbedarf, geringer Schmierölbedarf (da das Schmieröl hier eine längere Haltbarkeit aufweist), und schließlich auch ein geringerer Zylinderverschleiß angeführt.

Ein gewisser Nachteil ist der um etwa 4 bis 6% geringere Ansaugliefergrad gegenüber den wassergekühlten Motoren, was durch ein größeres Hubvolumen ausgeglichen werden mußte, ferner der lautere Gang des Motors, da hier der dämpfende Wassermantel fehlt.

Diese Motoren werden hauptsächlich für leichte, fahrbare Bohranlagen eingesetzt, können aber auch in Motorgruppen für mittlere und schwere Anlagen verwendet werden.

2. *Zweitakt-Dieselmotoren* für Leistungen bis zu 500 PS, mit einem Drehzahlbereich von etwa 400 bis 700 U/Min. und einem Leistungsgewicht von etwa 13 kg/PS. Ein besonderes Spülsystem erzielt einen Wirkungsgrad von etwa 40% bei einem Kraftstoffverbrauch bei Vollast von 160 g/PS/Stunde.

Diese Motoren werden in Ausführungen von 4, 8 und 12 Zylindern gebaut. In Abb. 201 ist die Charakteristik dieser Motoren zu ersehen.

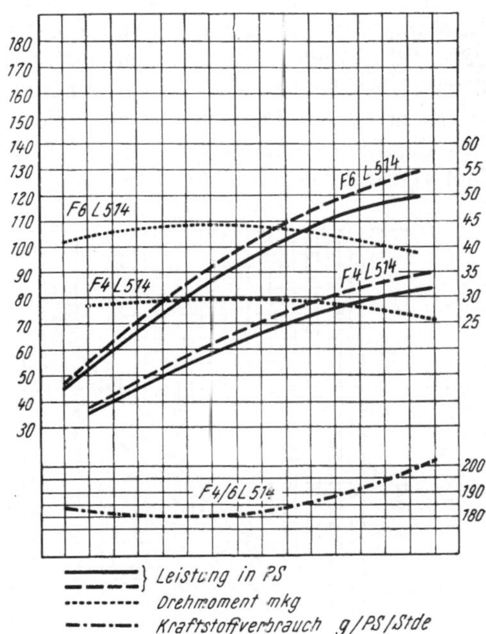

Abb. 201. Charakteristik eines Zweitakt-Dieselmotors mit 4 und 6 Zylindern der Type F4L 514 und F6L 514 der Fa. Klöckner-Humboldt-Deutz A.G., Köln

Die Firma M.A.N. baut Viertakt-Dieselmotoren mit 6 bis 8 Zylindern, und zwar mit und ohne Aufladung.

Die Sechszylinder-Dieselmotoren werden in zwei Typen gebaut. Die kleinere Type hat ohne Aufladung bei einer Drehzahl von 1500 U/Min. eine Leistung von 170 PS und mit Aufladung bei gleicher Drehzahl eine Leistung von 240 PS.

Bei der zweiten Type mit 6 Zylindern werden bei einer Drehzahl von 900 bis 1000 U/Min. ohne Aufladung 225 PS, mit Aufladung 330 PS angegeben.

Die Achtzylinder-Dieselmotoren weisen bei einer Drehzahl von 900 bis 1000 U/Min. ohne Aufladung eine Leistung von 300 PS und mit Aufladung eine solche von 440 PS auf.

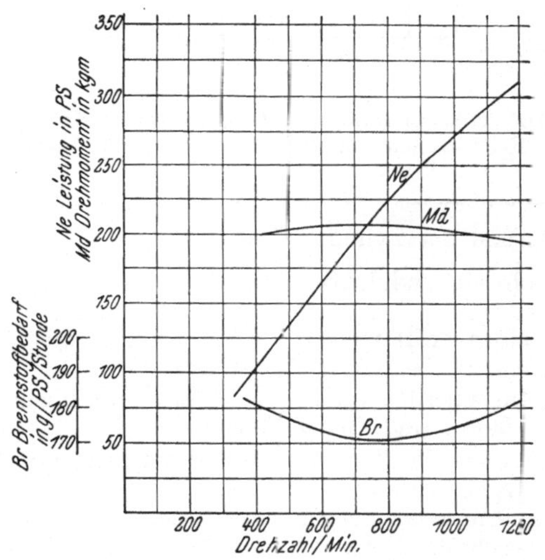

Abb. 202. Schaubild der Charakteristik eines M.A.N.-Viertakt-Dieselmotors Bautype WV

Ein Diagramm der Charakteristik eines Sechszylinder-Dieselmotors der zweiten Type zeigt Abb. 202.

Bei den Motoren mit Aufladung wird die Verbrennungsluft durch ein Gebläse in die Zylinder eingepreßt und damit mehr Sauerstoff zugeführt. Solche Motoren ergeben eine Leistungssteigerung von etwa 40 bis 60%. Zur Erzielung der gleichen Leistung ergibt sich daher gegenüber Motoren ohne Aufladung eine Gewichtsersparnis.

In USA werden hauptsächlich Viertakter gebaut. Die Einheiten haben Leistungen von etwa 150 bis 600 PS, der Brennstoffverbrauch ist etwa 190 bis 220 g/PS/Stunde. Die Zylinderzahl für den Bohrbetrieb ist fast ausschließlich 6 und 8. Der Drehzahlbereich variiert etwa in den Grenzen von 400 bis 1100 U/Min.

In den Abb. 203 und 204 sind die Charakteristiken von Sechs- und Achtzylinder-Dieselmotoren der Firma General Motors zu sehen, und zwar auch für Motoren mit und ohne Aufladung.

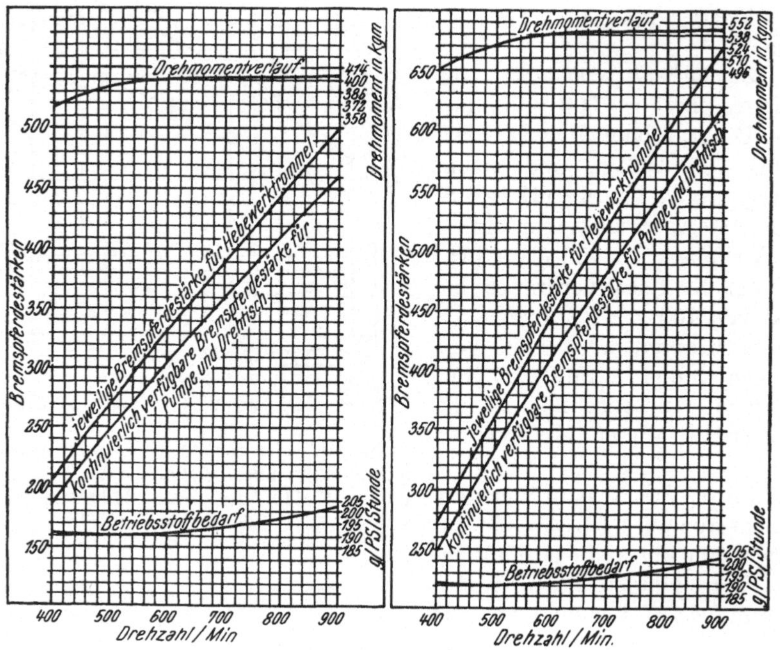

Abb. 203. Charakteristiken der Superior-Dieselmotoren mit Aufladung, Type PTDS, nach Fa. National Supply Co., USA. Links Viertakt-6 Zylinder, rechts Viertakt-8 Zylinder

Anzahl der Zylinder (Viertakt)	6	8
Bohrung und Hub	8 1/2 × 10 1/2 Zoll	8 1/2 × 10 1/2 Zoll
Kolbenverdrängung/Hub cm³ total für alle Zylinder	58 584	78 117
Drehzahl bei voller Belastung	900	900
Kontinuierlich verfügbare Bremspferdestärke bei leerem Motor und Drehzahl 900/Min.	485	650
Vorübergehend verfügbare Bremspferdestärke bei leerem Motor	525	700
Kontinuierlich verfügbare Bremspferdestärke, berücksichtigend Antrieb des Radiators, der Kühlwasserpumpe usw.	460	620
Vorübergehend verfügbare Bremspferdestärke, berücksichtigend Antrieb des Radiators, der Kühlwasserpumpe usw.	500	670

Abb. 203 bezieht sich auf Dieselmotoren mit Radiator, Kühlwasserpumpe, Luftfilter und Dieselöl als Brennstoff, bei einer Außentemperatur von 15° C.

In letzter Zeit scheint in USA das Bestreben dahin zu gehen, sich beim Bohrbetrieb immer mehr der rasch laufenden und damit verhältnismäßig leichteren Motoren bedienen zu wollen. Es wurden rasch laufende Zweitakter mit 8 bis 12 Zylindern und einer Drehzahl von 1600 bis 1800 U/Min. entwickelt und im Bohrbetrieb eingesetzt.

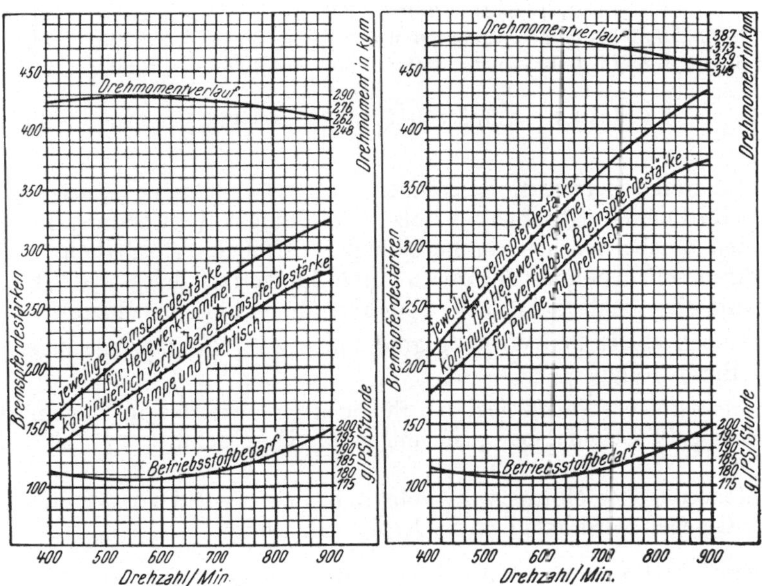

Abb. 204. Charakteristiken der Superior-Dieselmotoren ohne Aufladung, Type PTDS, nach Fa. National Supply Co., USA. Links Viertakt-6 Zylinder, rechts Viertakt-8 Zylinder

Anzahl der Zylinder (Viertakt)	6	8
Bohrung und Hub	8 1/2 × 10 1/2 Zoll	8 1/2 × 10 1/2 Zoll
Kolbenverdrängung/Hub cm³ total für alle Zylinder	58 584	78 117
Drehzahl bei voller Belastung	900	900
Kontinuierlich verfügbare Bremspferdestärke bei leerem Motor und Drehzahl 900/Min.	300	400
Vorübergehend verfügbare Bremspferdestärke bei leerem Motor	345	460
Kontinuierlich verfügbare Bremspferdestärke, berücksichtigend Antrieb des Radiators, der Kühlwasserpumpe usw.	280	375
Vorübergehend verfügbare Bremspferdestärke, berücksichtigend Antrieb des Radiators, der Kühlwasserpumpe usw.	325	435

Abb. 204 bezieht sich auf Dieselmotoren mit Radiator, Kühlwasserpumpe, Luftfilter und Dieselöl als Brennstoff, bei einer Außentemperatur von 15° C.

Betriebsstoffe für Dieselmotoren. Dieselmotoren können sowohl mit flüssigen als auch mit gasförmigen Treibstoffen betrieben werden.

Flüssige Betriebsstoffe und deren Charakteristiken sind in Tab. 26 ersichtlich. Für die schweren Betriebsstoffe wie dickflüssiges Rohöl, Rohölrückstände, Steinkohlenteeröl sind besondere Einrichtungen bei den Motoren vorgesehen.

Tabelle 26

Bezeichnung	Spez. Gewicht	Siedegrad	Verdampfbarkeit	Heizwert kcal	Flammpunkt
Erdöl	0,73 bis 0,9	250 bis 300° C	20% bis 350° C	9800	über 65° C
Gasöl	0,82 bis 0,91	250 bis 300° C	30% bis 350° C	9900	über 65° C
Ölrückstände	0,89 bis 0,95	verschieden	20% bis 350° C	9700	über 80° C
Paraffinöl	0,82 bis 0,92	250 bis 350° C	50% bis 300° C	10000	45 bis 125° C
Steinkohlenteeröl	1,0 bis 1,1	250 bis 350° C	75% bis 300° C	9200	über 65° C

Als gasförmige Betriebsstoffe können Erdgas, Leuchtgas, Koksgase, Hochofengase, Raffinerie-, Generator-, Holz- und Faulgas Verwendung finden.

Für den Gasbetrieb ist ein geringfügiger Umbau erforderlich, und zwar werden für diese Umstellung die Düsen durch Zündkerzen ersetzt, die Brennstoffpumpe wird abgeschaltet und eine Spezialzündmaschine eingebaut.

Bei Gasbetrieb ist der Wirkungsgrad um etwa 7 bis 20% geringer als bei flüssigen Brennstoffen.

Der Brennstoffverbrauch liegt bei flüssigen Brennstoffen im allgemeinen bei 170 bis 250 g/PS/Stunde, bei gasförmigen im Durchschnitt 0,17 bis 0,25 m^3/PS/Stunde.

Die Steuerung des Motors wird vom Bohrmeisterstand von Hand aus fernbetätigt. Geregelt wird lediglich die Kraftstoffzufuhr.

Die Kraftübertragung vom Antrieb zur Bohranlage. Die Kraftübertragung vom Dieselmotor zur Bohranlage erfolgt durch Schaltung einer ausrückbaren Kupplung. Anfangs wurden Reibungskupplungen verschiedenster Konstruktion, heute fast ausnahmslos Flüssigkeitskupplungen oder Drehmomentwandler, die ebenfalls als Flüssigkeitskupplungen angesprochen werden können, eingebaut.

Der Nachteil der Reibungskupplungen liegt vor allem darin, daß durch den Schlupf, der beim Einschalten, das heißt beim Überwinden des Massenwiderstandes und Übertragen des Drehmomentes auftritt, ein starkes Scheuern und Abnützen sowohl der Reibbeläge als auch der Reibbacken erfolgt und ferner, daß Erschütterungen und Stöße von der Bohranlage zum Motor nicht genügend gedämpft werden.

Diese Kupplungstypen wurden schon auf S. 131 behandelt.

Strömungsgetriebe als Kupplungen beim Antrieb von Rotary-Bohranlagen mit Verbrennungskraftmaschinen. In den Jahren 1903 und 1904 entwickelte der deutsche Ingenieur Hermann Föttinger ein Strömungsgetriebe, und zwar zunächst zu dem Zweck, die Leistung der hochtourigen Dampfturbinen beim Schiffsantrieb auf die langsam laufende Schraubenwelle zu übertragen. Zu dieser Zeit konnte ein brauchbares Zahnrad-Untersetzungsgetriebe noch nicht gebaut werden. Als man jedoch bald darauf solche Zahnradgetriebe bauen konnte, blieb Föttingers Erfindung lange Jahre unbenützt. Erst mit der Entwicklung der Triebwagen mit Dieselantrieb wurde sie wieder hervorgeholt und fand auch bald für die bessere und leichtere Bedienung der Kraftwagen, in erster Linie in Amerika, Verwendung.

Die Föttinger-Kupplung oder Strömungskupplung. Nach Föttingers Erfindung wurde die sogenannte Föttinger-Kupplung oder Strömungskupplung entwickelt, die heute unter anderem bei modernen Rotary-Bohranlagen als Übertragungsglied des Kraftflusses von den Antriebsmaschinen zu den einzelnen Kraftverbrauchern dieser Anlagen Verwendung findet.

Bei dieser Kupplung wird die Eigenschaft der Flüssigkeit ausgenützt, kinetische Energie zu speichern und diese wieder abzugeben.

Die Strömungsgeschwindigkeit der dabei verwendeten Flüssigkeit, und zwar eines möglichst temperaturbeständigen Öles, wird auf ein gewisses Maß gesteigert, um nach geleisteter Arbeit wieder zu fallen.

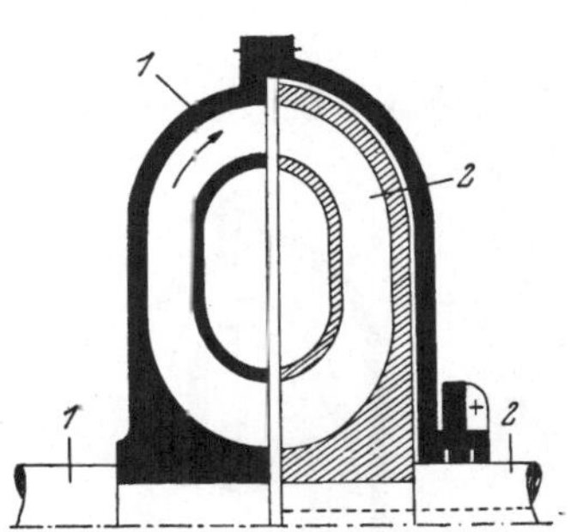

Abb. 205. Schema einer Flüssigkeitskupplung. *1* Turbopumpenrad auf Antriebswelle *1*, *2* Turbinenrad auf Abtriebswelle *2*

Die Kupplung besteht aus zwei Teilen (s. Abb. 205), und zwar aus einer Kreiselpumpe (Turbopumpenrad) und der Turbine (Turbinenrad), die in entsprechender Weise unmittelbar miteinander verbunden sind.

Das Pumpenrad ist auf der Antriebswelle, das Turbinenrad direkt gegenüber auf der Abtriebswelle mit Flachkeil befestigt. Ersteres ist meist mit dem rotierenden Gehäuse verbunden. Gehäuse und Pumpenrad sind gegen die Wellen abgedichtet und, wie schon gesagt wurde, mit einem möglichst temperaturbeständigen Öl bis etwa zu 90% gefüllt.

Der freibleibende Raum ist für die Volumszunahme der Flüssigkeit bestimmt, die durch die Wärmeentwicklung bedingt ist.

Die Schaufeln der Pumpe und Turbine sind meist ebene und radial angeordnete Rippen.

Beginnt die Drehbewegung der Antriebswelle und damit des Pumpenrades, so wird die Flüssigkeit gegen seine Peripherie gedrückt und nimmt von hier ihren Weg gegen die Schaufeln des Turbinenrades, das auf Grund der Druck- und Geschwindigkeitsenergie der Flüssigkeit angetrieben wird.

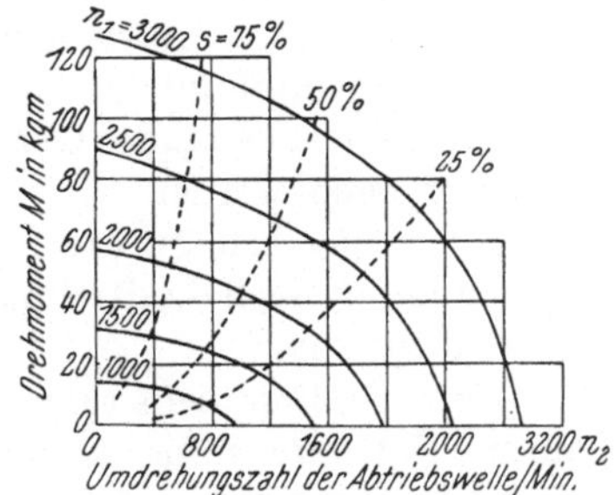

Abb. 206. Schaubild des übertragbaren Drehmomentes, in Abhängigkeit von der Drehzahl der Abtriebswelle, n_1 = Drehzahl der Antriebswelle, s = Flüssigkeitsschlupf in %

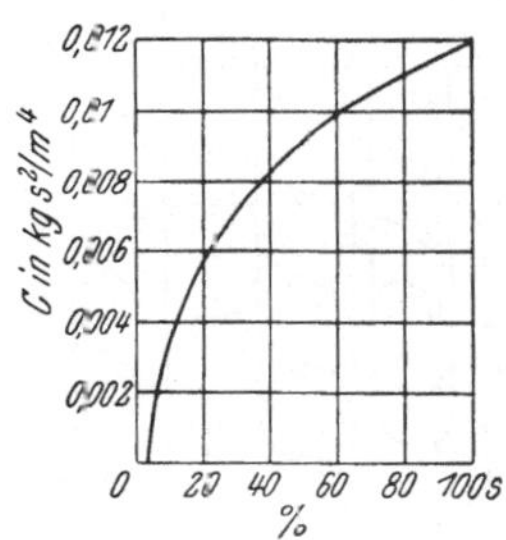

Abb. 207. Schaubild der Abhängigkeit des Beiwertes C vom Flüssigkeitsschlupf s in %

Vom Turbinenrad gelangt die Flüssigkeit im ständigen Kreislauf wieder zum Pumpenrad.

In den Turbinenschaufeln wird somit die im Pumpenrad erzeugte kinetische Energie verbraucht und der Flüssigkeitsstrom abgebremst.

Infolge des Flüssigkeitsschlupfes wird das Pumpenrad immer schneller laufen als das Turbinenrad. Ohne Schlupf kann auch kein Drehmoment übertragen werden, wie dies auch aus den Diagrammen Abb. 206, bzw. 207 ersichtlich ist.

Bei gleicher Drehzahl der An- und Abtriebswelle ist das Drehmoment gleich Null, es findet in diesem Falle kein Flüssigkeitskreislauf statt.

Der Wirkungsgrad hängt mit der Größe des Schlupfes zusammen:

$$\eta = 100 - s, \qquad \text{und der Schlupf} \qquad s = \frac{n_1 - n_2}{n_1};$$

Er beträgt bei diesen Kupplungen etwa 95% bis 98%.

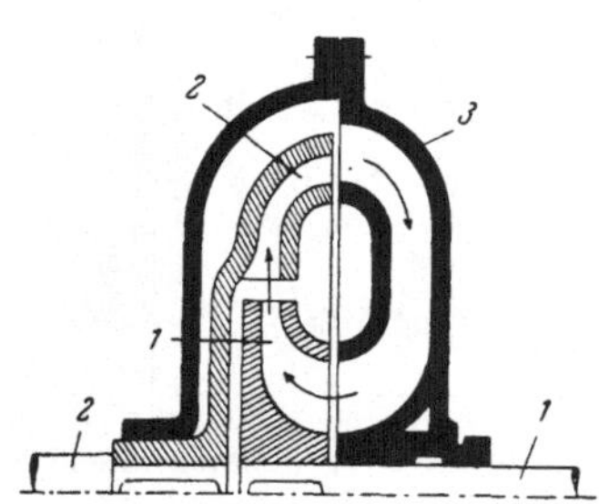

Abb. 208. Schema eines Drehmomentwandlers (Flüssigkeitsgetriebe). *1* Pumpenrad aufgekeilt auf der Antriebswelle *1*, *2* Turbinenrad aufgekeilt auf der Abtriebswelle *2*, *3* feststehendes Leitrad

Die auftretenden Leistungsverluste werden in Wärme umgewandelt, die abgeführt werden muß. Das Öl wird in einem Nebenkreislauf zwischen Pumpe und Turbine zu einem Kühler geleitet.

Eine gesteuerte Füllungsänderung oder Drosselung kann die Kennlinie beeinflussen. Eine Veränderung = Wandlung des Drehmomentes, erfolgt bei dieser Strömungskupplung nicht.

Die Vorteile dieser Kupplung sind folgende[1]:

1. Sie bildet einen Schutz der Bohranlage gegen auftretende Schwingungen.
2. Sie ermöglicht ein stoßfreies Anlaufen der Anlage, die Abtriebswelle kommt in kurzer Zeit auf die mögliche Drehzahl und überträgt auch rasch das Drehmoment.
3. Ein Drosseln des Motors zwecks Einschaltung der Kupplung ist nicht erforderlich.
4. Sie bildet ein dämpfendes Bindeglied und damit eine Sicherheitseinrichtung gegen Überlastungen des Motors.
5. Die Lebensdauer der Anlage wird erhöht.

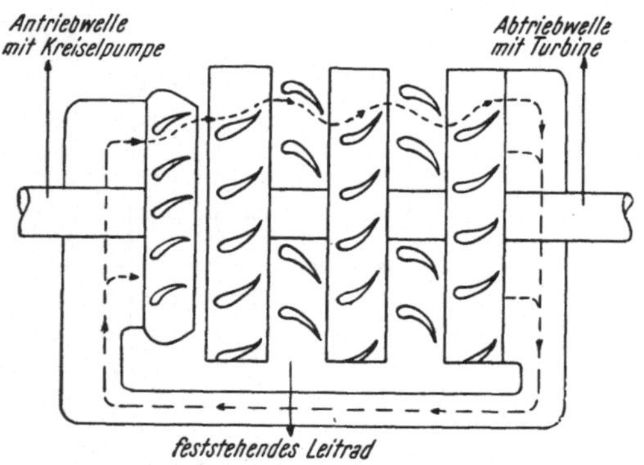

Abb. 209. Prinzip eines Drehmomentwandlers

Das Föttinger-Getriebe oder Drehmomentwandler (s. Abb. 208 und 209). Dieses Getriebe kann sowohl als Kupplung als auch als automatisch arbeitendes Getriebe angesprochen werden.

Auch hier erfolgt die Kraftübertragung nach hydrodynamischem Prinzip.

Das Drehmoment der mit ihrer Normdrehzahl laufenden Antriebsmaschine wird hier, der erforderlichen Arbeit an der Antriebswelle entsprechend, gewandelt, bzw. vervielfältigt.

Diese Wandlung erfolgt absolut stufenlos und ohne jede Verzögerung, da Antrieb und Abtrieb lediglich durch den Wandler ohne jedwede mechanische Verbindung miteinander gekuppelt sind.

Die Kraftübertragung erfolgt ebenso wie bei der Föttinger-Kupplung durch einen zirkulierenden Ölstrom, wodurch Stöße und Schwingungen von der An-

[1] Näheres s. Dubbels Taschenbuch für den Maschinenbau, Band II, **11.** Aufl. Berlin-Göttingen-Heidelberg: Springer-Verlag. **1953**, und Krekler, H.: Erdöl und Kohle **2** (1949).

triebs- auf die Abtriebsseite und umgekehrt nicht übertragen werden. Darüber hinaus bietet sie den Vorteil, daß der Antriebsmotor auch bei plötzlicher Überlastung der Abtriebswelle nicht abgewürgt werden kann.

Beim Drehmomentwandler ist es wesentlich, daß für jede Type und Größe seine Antriebsdrehzahl und die übertragbare Leistung in einem ganz starren Verhältnis stehen. Um somit eine bestimmte Leistung zu übertragen, muß der Wandler auch mit einer bestimmten Drehzahl angetrieben werden.

Die an der Abtriebswelle abgegebene Leistung wächst ebenso wie bei Kreiselpumpen mit der dritten Potenz der Antriebsdrehzahl.

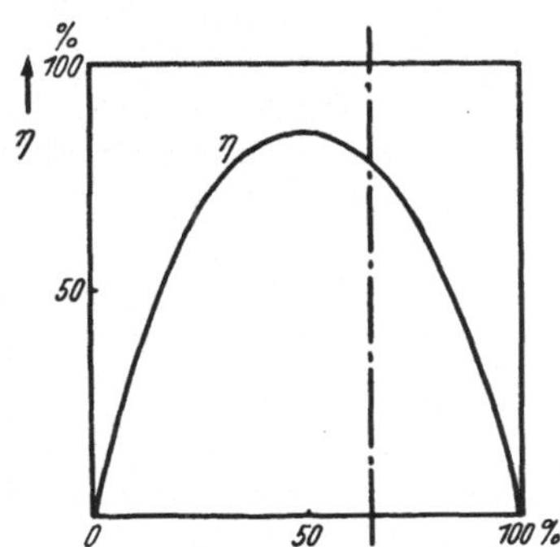

Abb. 210. Wirkungsgrad-Kurve eines Drehmomentwandlers

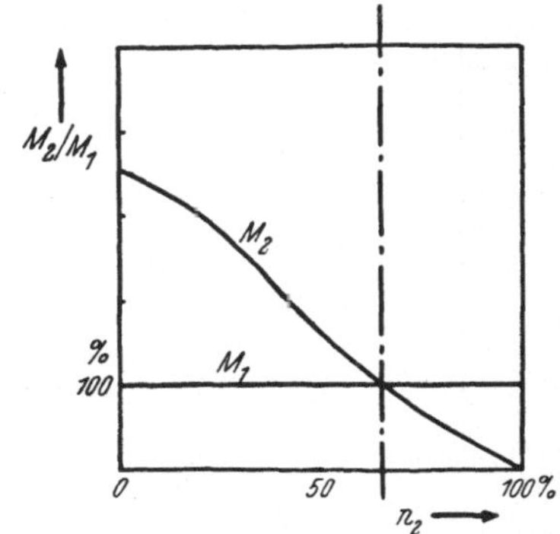

Abb. 211. Drehmomente an der Antriebs- und Abtriebsseite eines Drehmomentwandlers

Das hier geltende Gesetz ist wie folgt wiedergegeben:

$$M_d = C \cdot n^2 \cdot D^5, \qquad \text{und} \qquad N = C \cdot n^3 \cdot D^5.$$

Es bedeuten: M_d = Drehmoment, C = Umlaufkonstante (abhängig vom Schlupf), n = Drehzahl der Antriebswelle in U/Min., D = Schaufeldurchmesser, N = Leistung kg m/Sek.

Mit der Antriebswelle ist die Kreiselpumpe, mit der Abtriebswelle die Turbine verbunden. Zwischen der Turbine und der Kreiselpumpe ist ein feststehendes, mit dem Gehäuse zusammenhängendes Leitrad eingebaut. Ist der Wandler auf der Abtriebsseite mit mehreren Turbinenrädern ausgestattet, so sind auch zwischen ihnen feststehende Leiträder vorgesehen.

Im Leitrad wird der Flüssigkeitsstrom in die Richtung des Eintrittswinkels der Schaufeln des nächsten Elementes (Pumpe oder nächste Turbine) umgelenkt.

Nach dem mechanischen Grundgesetz muß im Falle des Gleichgewichtes die Summe aller hier auftretenden Momente gleich Null sein. Da das Moment der Pumpe positiv, jenes der Turbine als negativ anzusprechen ist, muß das im Leitrad auftretende Moment positiv sein. Es ergibt sich daher die Beziehung:

$$M_p - M_t + M_L = 0; \qquad \text{bzw.} \qquad M_t = M_p + M_L.$$

Das Leitrad vergrößert somit das Moment der Turbine.

Da der Ölstrom nur bei einem bestimmten Verhältnis der Drehzahlen von Pumpe und Turbine in der genauen Richtung der Eintrittskanten den Schaufeln zugeführt werden kann, wird sich der maximale Wirkungsgrad auch nur in diesem bestimmten Punkt ergeben. Von diesem Scheitelpunkt fällt der Wirkungsgrad nach beiden Seiten ab und wird sowohl bei Turbinendrehzahl 0 gleich 0 sein, als auch beim völlig unbelasteten Lauf der Turbine, dem sogenannten Freilaufpunkt.

Die Wirkungsgradkurve verläuft annähernd in Form einer Parabel (siehe Abb. 210). Unmittelbar bei Beginn des Kraftflusses, das heißt bei noch stillstehender Turbine, wird das Drehmomentmaximum erreicht, das im weiteren Verlauf stetig bis auf Null abfällt (Freilaufpunkt).

Die Drehmomentkurven der Antriebs- und Abtriebswelle schneiden sich bei einem gewissen Verhältnis ihrer Drehzahlen n_2/n_1 (s. Abb. 211).

In diesem Punkte sind beide Drehmomente gleich, das Leitrad steigert hier nicht mehr das Drehmoment, es findet auch keine Strömungsumlenkung mehr statt.

Eine Verwendung des Wandlers über diesen Punkt hinaus wäre daher unwirtschaftlich, da das Drehmoment auf der Abtriebswelle kleiner wird als jenes auf der Antriebsseite. In der Abb. 212 ist ein Schaubild des übertragbaren Drehmomentes und des Wirkungsgrades wiedergegeben.

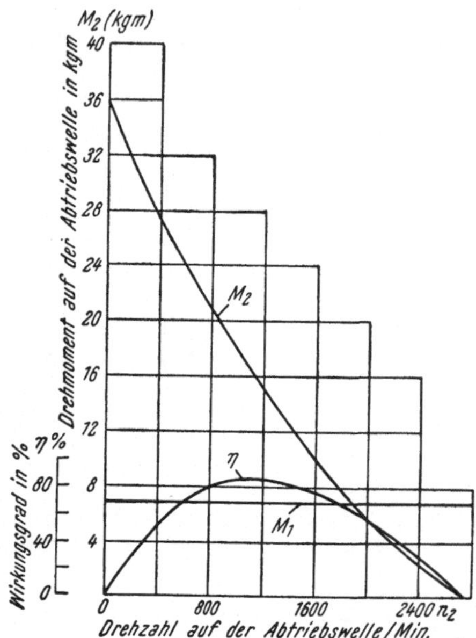

Abb. 212. Schaubild des übertragbaren Drehmomentes und des Wirkungsgrades eines Drehmomentwandlers, M_1 = Drehmoment auf der Antriebswelle

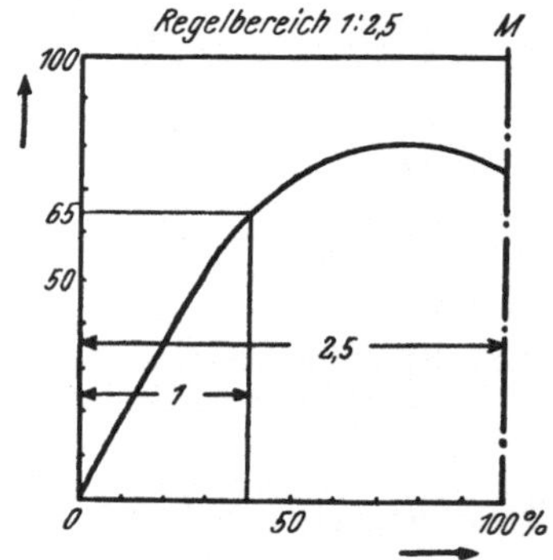

Abb. 213. Regelbereich eines Drehmomentwandlers

In Abb. 213 sind die Verhältnisse eines Drehmomentwandlers für einen Wirkungsgrad von 65% im Dauerbetrieb ersichtlich. Man ersieht aus dem Diagramm, daß der Wandler nur zwischen 40 und 100% der höchsten Antriebsdrehzahl betrieben werden kann. Der Restbereich wäre nur zum Ausfahren von Spitzen zu verwenden. Das wirtschaftliche Drehzahlverhältnis beträgt in diesem Beispiel 1 : 2,5. Bei kleinerem Dauer-Wirkungsgrad kann der Regelbereich erweitert werden.

Bei Rotary-Bohranlagen werden heute verschiedene Typen dieses Wandlers verwendet. So z. B. der Wandler nach Schneider, das Kruppsche Strömungsgetriebe nach Lysholm Smith und das Strömungsgetriebe nach Ljungström (s. Abb. 214, 215 und 216).

Die beiden letzteren haben verstellbare Pumpenschaufeln, wodurch ein günstiger Verlauf der Wirkungsgradkurve erzielt wird. Das Anfahren erfolgt sehr weich, ersetzt die Anfahrkupplung und arbeitet auch als Bremse stoßfrei. Die Schalthäufigkeit ist zeitlich und zahlenmäßig unbegrenzt, die Reaktion augenblicklich.

Bei den Bohrunternehmungen in USA ist man über die Nützlichkeit, bzw. die mit der Anschaffung des Drehmomentwandlers verbundenen Kosten noch geteilter Meinung. Es wird unter anderem auf den geringeren Wirkungsgrad von etwa 50% gegenüber einer hydraulischen Kupplung und auf die Empfindlich-

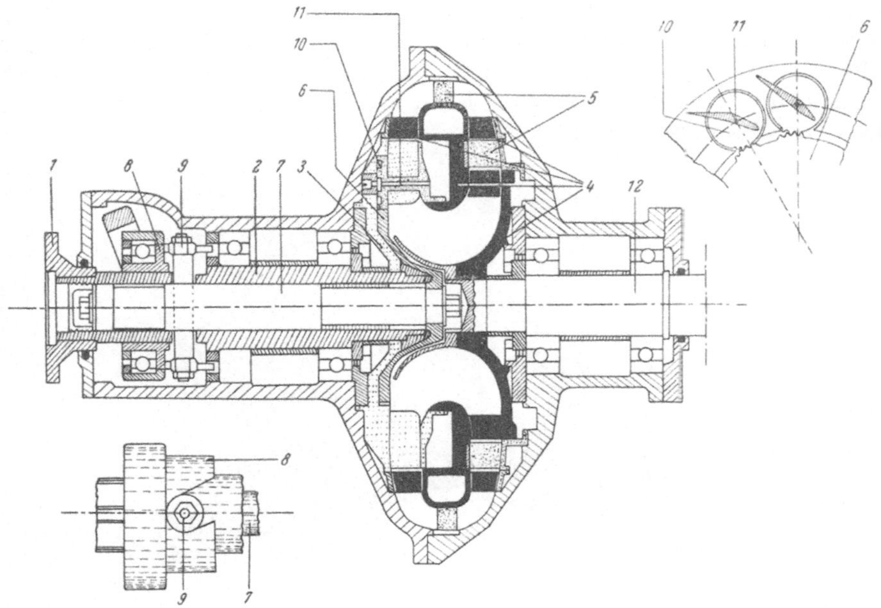

Abb. 214. Strömungs-Getriebe (Drehmomentwandler) mit verstellbaren Pumpenschaufeln (nach LJUNGSTRÖM).
1 Antriebsflansch, *2* Antriebswelle, *3* Pumpenrad, *4* Dreistufige Turbine, *5* Leitschaufeln, *6* Verstellrad, *7* Verstellwelle, *8* Verschiebemuffe, *9* Verstellhebel, *10* Pumpenschaufel mit Ritzel, *11* Pumpenschaufelachse, *12* Abtriebswelle

Abb. 215. Drehmomentwandler, Bauart LJUNGSTRÖM, für Bohranlagen der Fa. Haniel & Lueg, Düsseldorf

keit der heutigen Konstruktionen hingewiesen. Ferner wird angeführt, daß die automatische Erhöhung des Drehmomentes sowohl am Drehtisch als auch bei der Pumpe eine Überlastung des Bohrgestänges und der Pumpe zur Folge haben kann.

Andererseits wird von den Erzeugerfirmen ins Treffen geführt, daß der Wirkungsgrad höher als 80% liegt, die Antriebsmaschinen immer mit ihrer Normaldrehzahl laufen und dadurch den wirtschaftlichsten Brennstoffverbrauch aufweisen, weiters, daß beim Aus- und Einbau-Zyklus infolge der automatischen Regelung des Drehmomentes, wobei Kraft mal Geschwindigkeit immer konstant bleibt, viel Zeit gespart wird.

Abb. 216. Drehmomentwandler, Bauart LJUNGSTRÖM, für Bohranlagen der Fa. Haniel & Lueg, Düsseldorf, im geöffneten Zustand

Wie aus dem Schaubild Abb. 217 ersichtlich ist, kommt der tatsächliche Kurvenverlauf eines zweistufigen Hebewerkes mit Drehmomentwandler der Idealkurve einer Hyperbelfunktion (Kraft mal Geschwindigkeit) sehr nahe. Die Gefahr einer Überlastung des Bohrgestänges und der Pumpe wird bei einigermaßen geschultem Personal als sehr gering gewertet.

Man hat bis heute noch zu wenig Vergleichsdaten an der Hand, um hier ein abschließendes Urteil abgeben zu können. Es kommt ja bei der Entscheidung auf die gesamte Wirtschaftlichkeit an, die den wichtigen Faktor Zeit, der für die Kosten einer Bohrung maßgebend ist, berücksichtigen muß.

Die Überlastungsgefahr ließe sich sicherlich durch die entsprechende Einstellung des Wandlers und durch heute verfügbare Sicherheitseinrichtungen bannen.

FÖTTINGER-Getriebe mit Elektromotor-Antrieb werden von der Elektromechanik G. m. b. H. (Wendenerhütte über Olpe in Westfalen) unter anderem auch für Bohranlagen gebaut.

Bei dieser Konstruktion ist in der Regel dem Wandler ein Zahnradgetriebe (Hochtrieb) vorgeschaltet und ein Untersetzungs-Getriebe nachgeschaltet, mit dem das gewandelte Moment den jeweiligen Verhältnissen angepaßt werden kann. Ferner ist auch eine Umschaltung auf Direktgang vorgesehen, und zwar in der Weise, daß bei Momentengleichheit der beiden Wellen der Wandler völlig ausgeschaltet ist und die beiden Triebe mechanisch gekuppelt werden.

Das MEKYDRO-Getriebe, das bisher nur zum Antrieb von Schienenfahrzeugen verwendet wird und ebenfalls auf dem Prinzip des FÖTTINGER-Getriebes basiert, soll nun auch bei Rotary-Bohranlagen erprobt werden. Es wurde vom Maybach-Motorenbau unter Mitwirkung der Firmen Voith und AEG. entwickelt.

Der Wandler bleibt bei dieser Konstruktion ständig mit Öl gefüllt, die Pumpe wird vom Antriebsmotor über eine ins schnelle übersetzte, mit Zahnradpaar getriebene Hohlwelle angetrieben. Durch die hohe Drehzahl verringert sich die Ab-

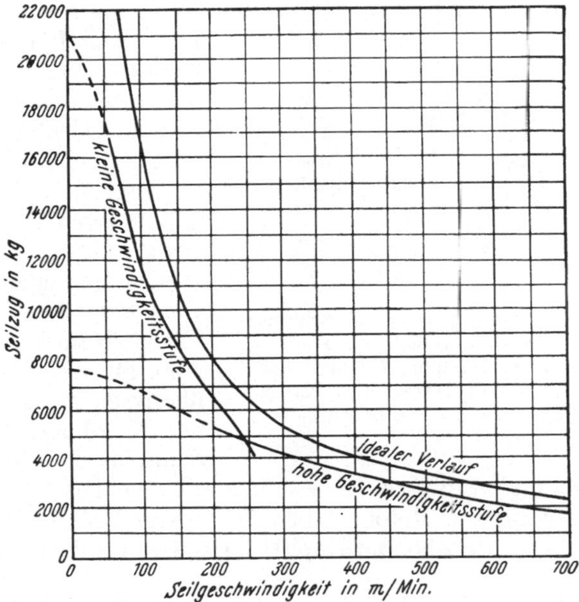

Abb. 217. Prinzipielles Verhältnis des Seilzuges und der Seilgeschwindigkeit bei einem Rotary-Hebewerk mit zwei Geschwindigkeitsstufen

messung des Wandlers. Das Turbinenrad ist ausrückbar und erfüllt die Funktion einer Trennkupplung. Der sekundäre Teil wird hydraulisch ein- und ausgerückt. Vom sekundären Teil aus erfolgt der Antrieb des Vierganggetriebes, das aus vier Zahnradpaaren besteht, wodurch sich ein Wirkungsgradverlauf nach Abb. 218 ergibt. Die Gangschaltung erfolgt absolut automatisch mittels spezieller Wechselkupplungen. In Abhängigkeit von der Fahrgeschwindigkeit und der Motordrehzahl wird der Gangwechsel durch die mit Öldruck arbeitende Steuerung vollkommen selbständig durchgeführt.

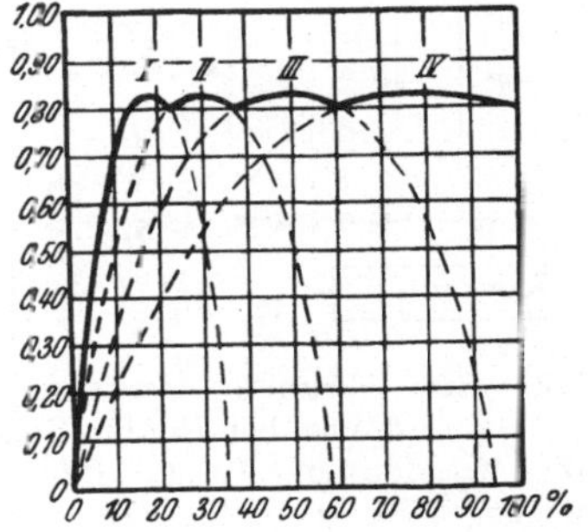

Abb. 218. Wirkungsgrad eines Drehmomentwandlers bei vier Geschwindigkeitsstufen nach Elektromechanik G. m. b. H. Wendenerhütte, Olpe, Westfalen

Durch die vier Gänge ergibt sich hier ein sehr günstiger Wirkungsgrad. Die Zugkraftkurve verläuft in der Form der ideellen Hyperbel, was für den Ausbauzyklus beim Rotary-Hebewerk von großem Vorteil wäre. Es bleibt abzuwarten, wie sich diese Konstruktion in der Praxis bewähren wird.

Anordnung der Dieselmotoren bei Rotary-Bohranlagen. Die anfangs üblichen Anordnungen sind aus den Abb. 219 und 220 zu ersehen. Die Motoren waren nebeneinander angeordnet und versorgten über eine Vorgelegewelle das Hebewerk sowie den Drehtisch und die Spülpumpen.

Heute werden die Motoren vorwiegend hintereinander angeordnet, wie dies in den Abb. 221 bis 223 sowie in den Abb. 141 bis 144 ersichtlich ist.

Die Kraftübertragung der einzelnen Motoren zum Hebewerk, Drehtisch und zu den Spülpumpen ist aus den angegebenen Abbildungen zu ersehen. Hauptsächlich sind es Kettentriebe oder eine Kombination von Ketten- und Zahnradgetrieben. Für den Antrieb des Drehtisches und der Spülpumpe werden von einigen Lieferfirmen Kardan-Gelenkwellen vorgesehen.

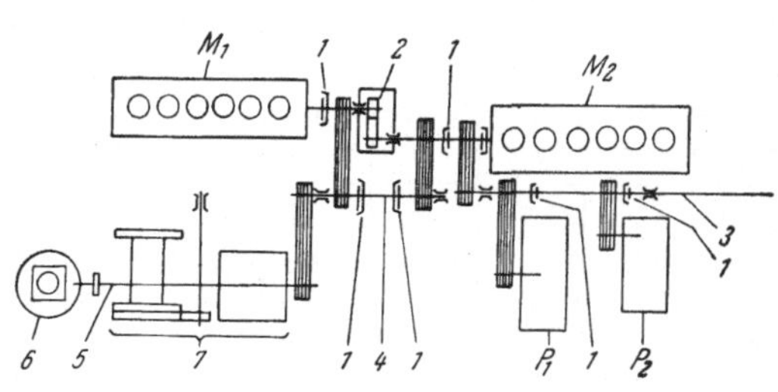

Abb. 219. Frühere amerikanische Dieselmotor-Anordnung bei Rotary-Bohrungen.
M_1, M_2 Motoren, P_1, P_2 Pumpen, *1* Kupplungen, *2* Wendegetriebe, *3, 4* Vorgelegewelle, *5* Kardanwelle, *6* Rotarytisch, *7* Hebewerk

Durch eine Verbundschaltung — Compound drive — können alle Motoren für einen Arbeitszyklus, z. B. Gestängeausbau, gemeinsam eingesetzt werden. Eine besondere Anordnung der Firma Haniel & Lueg ist in Abb. 146 ersichtlich. Die Kraftübertragung erfolgt hier teils mit Kardanwellen, teils über Zahnrad- und Kettentriebe.

Bei mittleren und schweren Hebewerken erhalten zusätzlich erforderliche Spülpumpen ihren eigenen Motor. Über die Vor- und Nachteile eines eigenen Drehtischantriebes wurde schon im Kapitel XI/B/4 gesprochen.

c) Elektromotoren als Antriebsmaschinen von Rotary-Bohranlagen

Der Einsatz von Elektromotoren für den Antrieb fand und findet lediglich dort statt, wo Kraftstrom wirtschaftlicher ist als jede andere Kraftquelle, und zwar vorwiegend in schon erschlossenen Erdöl- und Erdgasfeldern. Die Stromlieferung erfolgt von einer Überlandzentrale, einer betriebseigenen Zentrale des Feldes oder seltener von einer mobilen Generatoranlage, die in der Nähe der Bohrung aufgebaut wird.

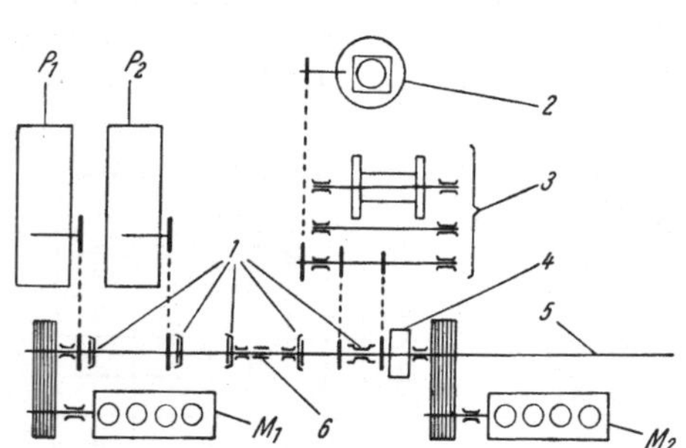

Abb. 220. Frühere deutsche Dieselmotor-Anordnung bei Rotary-Bohrungen.
M_1, M_2 Motoren, P_1, P_2 Pumpen, *1* Kupplungen, *2* Rotarytisch, *3* Hebewerk, *4* Wendegetriebe, *5* Vorgelegewelle, *6* Kardanverbindung

Die Ursache, warum der elektrische Antrieb von Rotary-Bohranlagen eigentlich recht selten verwendet wird, ist zum Teil der ungünstige Strompreis in gewissen Gebieten, aber auch der Umstand, daß die beim Bohrbetrieb erwünschte und erforderliche Regelbarkeit bisher nicht wirtschaftlich befriedigend gelöst wurde.

Motor-Typen. Die für die verschiedensten Hebeanlagen sonst verwendeten Gleichstrom-Nebenschlußmotoren wurden lange Zeit von den Bergbehörden nicht zugelassen. Der Grund war die Gefahr der Bürstenfeuer, die in einer vergasten Atmosphäre ein großes Gefahrenmoment bedeuteten.

Heute ist allerdings diese Gefahr durch eine explosionssichere Bauart oder eine ständige Frischluftspülung, die durch eigene Lutten dem Motor zugeführt wird, beseitigt.

Im Bohrbetrieb wurden Kurzschluß-, vorwiegend aber Schleifringläufer (also Asynchronmotoren) eingesetzt.

Die Regelung der erwünschten Drehzahlen sowohl bei den Gleichstrom-Nebenschlußmotoren als auch bei den Asynchronmotoren erfolgt durch Vorschaltwiderstände, wobei Energieverluste (Wärme) nicht zu umgehen sind.

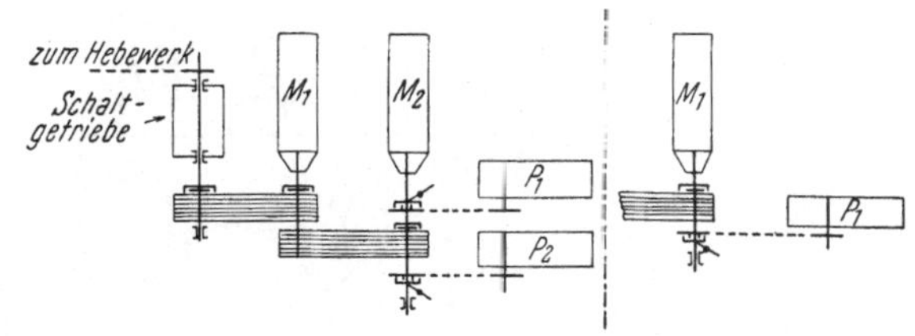

Abb. 221 und 222. Deutsche Anordnung von Dieselmotoren für Rotary-Bohranlagen nach Fa. Eisenwerke Wülfel

Die polumschaltbaren Motoren ergeben wohl eine beschränkte, aber bei weitem nicht die erwünschte Regelbarkeit.

Bei Verwendung der LEONARD-Schaltung kann die Drehzahl des Arbeitsmotors, unabhängig von der Stromart des Netzes, in sehr weiten Grenzen geregelt werden, ohne daß dabei ein ins Gewicht fallender Verlust auftritt.

Diese Antriebsart wäre wohl für den Bohrbetrieb an und für sich sehr geeignet, hat aber den großen Nachteil, daß die Anlage sehr voluminös und schwer ist und daher die Umstellungskosten von einer Bohrstelle zur anderen recht hoch werden.

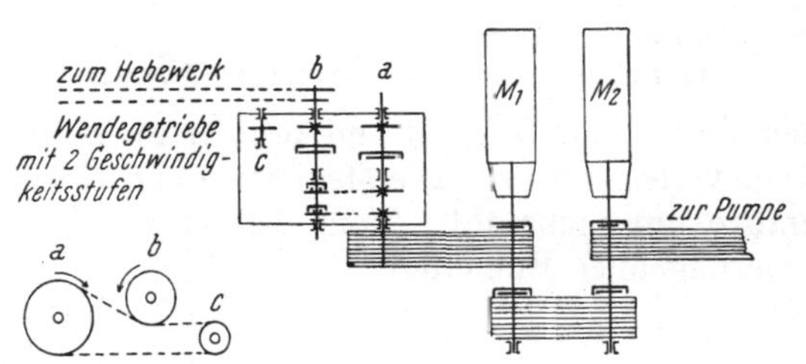

Abb. 223. Amerikanische Anordnung von Dieselmotoren für Rotary-Bohranlagen nach International Derrick & Equipment Co.

Eine andere Lösung wäre der Einsatz von gittergesteuerten Quecksilberdampf-Gleichrichtern. Diese Umformertype ist gegenüber der LEONARD-Anlage erheblich leichter und benötigt auch viel weniger Platz zu ihrer Aufstellung.

Allerdings wird angeführt, daß sie gegen mechanische Einflüsse empfindlich ist.

Das Technische Büro Dr. SCHWEDLER in Hannover entwickelte in Zusammenarbeit mit der Erdölgesellschaft Gewerkschaft Elwerath, den Firmen Pintsch und Conz eine solche Anlage, die für die genannte Erdölgesellschaft gebaut wurde.

Nach den zugegangenen Unterlagen zeigt die Anlage einen sehr vorteilhaften gedrungenen Bau (s. Abb. 224).

Die Steuerung erfolgt auf elektrischem Wege vom Steuerpult am Bohrmeisterstand. Es ist vorgesehen, daß die Motoren in Verbund-Compoundschaltung einmal das Hebewerk oder aber geteilt die Spülpumpe und den Drehtisch bedienen können.

In Abb. 225 ist das Blockschaltbild der Anlage ersichtlich. Der Stromrichter, die Steuersätze und Umformer sind in eigenen Blechbehältern auf Schlittenkufen eingebaut und werden außerhalb der Gefahrenzone auf etwa 15 m aufgestellt.

Im ersten Einsatz zeigte diese Anlage allerdings eine hohe Empfindlichkeit.

Kostspieliger Ausbau einer Verbindung mit dem Starkstrom-Überlandnetz, ferner plötzliche Störungen innerhalb dieses Netzes, die sich während der Bohrarbeit sehr nachteilig auswirken können (Festwerden des Meißels auf Sohle), führte in vereinzelten Fällen zum Ausbau einer eigenen Diesel-Generatoranlage, die in unmittelbarer Nähe der Bohrung Aufstellung findet.

Im allgemeinen wurde diese Art von Kraftzentralen im Bohrbetrieb als zu schwerfällig gefunden und wird daher nur selten verwendet.

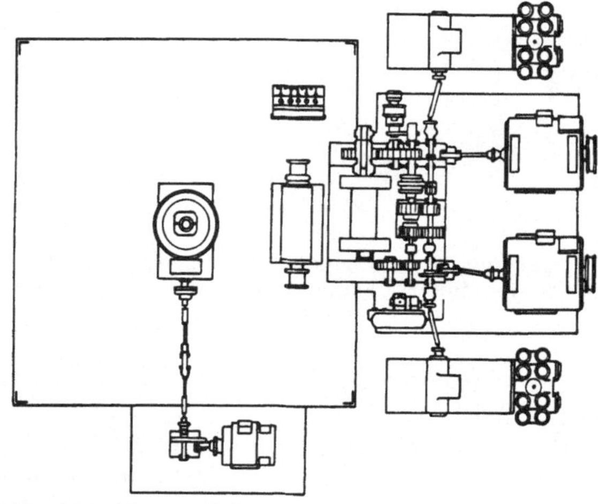

Abb. 224. Rotary-Bohranlage mit Gleichstrom-Nebenschluß-Motorantrieb und gittergesteuerten Quecksilbergleichrichtern nach Gewerkschaft Elwerath

Eine der ersten Anlagen wurde im Jahre 1929 in den Vereinigten Staaten von der General Electric Co. gebaut (s. Abb. 226). Es wurden Ausführungen für verschiedene Teufen vorgesehen. In der Tab. 27 ist eine Zusammenstellung der dabei verwendeten Motoreinheiten für drei Teufenstufen angegeben.

Der Antrieb gestattet eine Drehmomentübertragung von 2 : 1. Die Generatoren können parallelgeschaltet werden und den entsprechend bemessenen Motor gemeinsam bedienen.

Die Verbindungskabel werden bei diesen Anlagen auf einer Trommel aufgespult und können am Bohrpunkt in der jeweils gewünschten Länge verlegt werden. Die Meßgeräte und Nebenanlagen sind in einer Wellblechbaracke untergebracht. Vom Schaltpult beim Bohrmeisterstand erfolgt die Steuerung aller Einheiten.

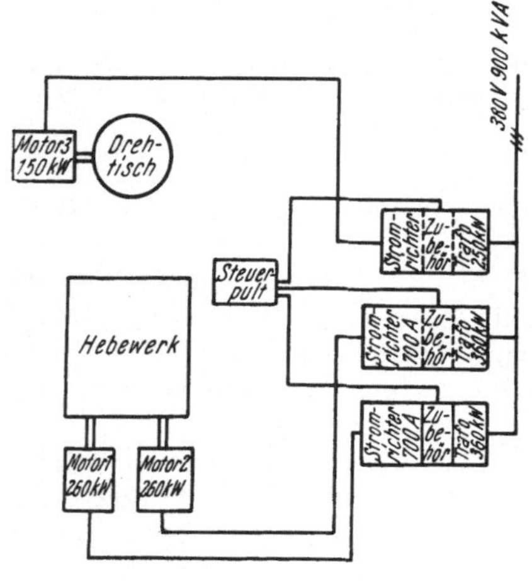

Abb. 225. Blockschaltbild der Anlage Abb. 224

Beim dritten Welt-Erdöl-Kongreß im Jahre 1951 im Haag hielt HOWARD L. SHATTO einen Vortrag über die Verwendung einer Diesel-Generatoranlage mit der WARD-LEONARD-Schaltung beim Antrieb von Rotary-Bohranlagen. Er kam zu der Schlußfolgerung, daß diese Anlagetype gegenüber den anderen, mechanisch und hydraulisch gesteuerten Anlagen günstigere Charakteristiken aufwies und an der Golfküste auch eine bessere Wirtschaftlichkeit erzielen ließ.

Gesichtspunkte beim Antrieb mit Elektromotoren. Bei elektrischem Antrieb der Bohranlagen müssen folgende Gesichtspunkte beachtet werden:

1. Gleichstrommotoren müssen explosionssicher gebaut (gekapselt) oder mit Frischluft versorgt werden.

2. Die Kraftstromleitungen müssen so gewählt und verlegt sein, daß sie den Verkehr nicht behindern und jede Berührung und Beschädigung ausgeschlossen ist.

3. Die Stromzufuhr muß durch einen Mast-Ölschalter abschaltbar sein, der sich in genügender Entfernung von der Bohranlage befindet.

4. Innerhalb der Bohranlage müssen die isolierten Leitungen in Rohren oder armierten Schläuchen verlegt werden.

Tabelle 27. *Diesel-Generatoranlagen nach General Electric Co. für verschiedene Teufen*

Motoren	Teufen		
	2000 bis 3000 m	3000 bis 4000 m	4000 bis 5000 m
Dieselmotoren	3 je 300 PS	3 je 450 PS oder 5 je 300 PS	3 je 600 PS oder 6 je 300 PS
Mögliche Spitzenleistung obiger Motoren	335	530 bzw. 335	655 bzw. 335
Drehzahlen/Min.	900 bis 1200 U/Min.		
Generatoren	3 je 200 KW	3 je 300 KW oder 5 je 200 KW	3 je 400 KW oder 6 je 200 KW
Drehzahl/Min.	900 bis 1200 U/Min.		
Elektromotor für Hebewerk	500 PS	800 PS	1000 PS
Mögliche Spitzenleistung	833 PS	1333 PS	1667 PS
Drehzahl des Hebewerksmotors	725 U/Min.		
Elektromotor für Drehtisch	250 PS	300 PS	300 PS
Drehzahl des Drehtischmotors	900 U/Min.	875 U/Min.	875 U/Min.
Elektromotoren für Spülpumpen	2 je 400 PS	2 je 400 PS	2 je 500 PS
Drehzahl der Pump-Motoren	750 U/Min.		

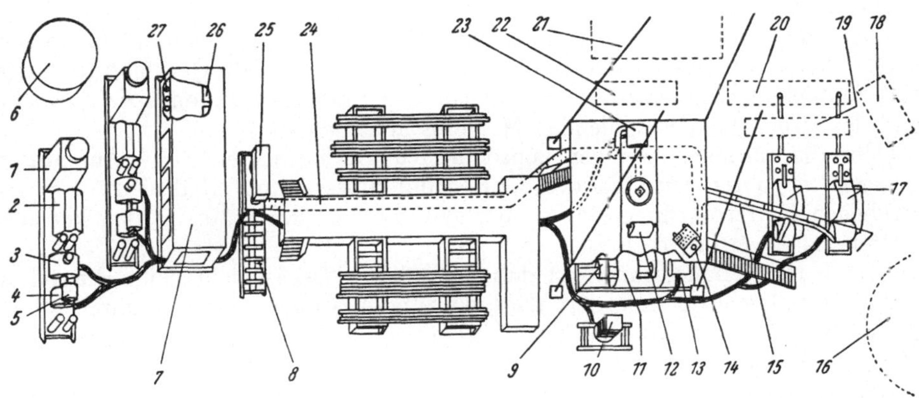

Abb. 226. Rotary-Bohranlage mit Diesel-Elektro-Antrieb der Standard Oil Co. California. *1* Motor-(Radiator)Kühler, *2* Dieselmotor 1200 PS bei $n = 750$/Min., *3* 1200 kW-Gleichstrom-Generator, *4* 300 kW-Gleichstrom-Generator, *5* 150 kW-Gleichstrom-Generator, *6* Dieselölbehälter, *7* Hauptkontrollanlage, *8* Kabel-Haspel, *9* Elektrobremse, *10* Kühlturm, *11* Hebewerk unterhalb der Arbeitsbühne, *12* Spilleinrichtung, *13* Hebewerksmotor, *14* Bohrmeister-Apparaten-Pult und Sitz, *15* Leitung für Frischluft zu den Pumpenmotoren, *16* Behälter für Reservespülung, *17* Spülpumpe, *18* Spülton-Depots, *19* Verteileranlage der Spülleitungen, *20* Saugbecken, *21* Spülungsbehälter, *22* Spülungsmischer, *23* Rotarytischmotor, *24* Luftleitung für Frischluft unter dem Turmlaufsteg, *25* Ventilator für Frischluft, *26* 440 Volt-Umspanner, *27* Spannungsregler

5. Sämtliche Steuer- und Schaltgeräte müssen explosionssicher sein.

Da der weitaus größte Prozentsatz der gesamten Bohrungen auf Förder- und Erweiterungsbohrungen in schon erschlossenen Erdöl-Erdgasfeldern entfällt und diese ohnehin sehr häufig an ein Stromnetz angeschlossen sind, wäre es sehr wünschenswert, wenn es gelänge, einen dem Bohrbetrieb entsprechenden, in weiten Grenzen regelbaren, rein elektrischen Antrieb zu entwickeln; bei jeder anderen Antriebsart werden die eingesetzten Kraftmaschinen aus praktischen Gründen (Umständlichkeit des Neuanlassens usw.) ständig in Betrieb gehalten, obwohl in zahlreichen Zeitspannen (wie z. B. Ab- und Anschrauben des Meißels, Entleeren des Kernapparates usw.) eine Kraftabgabe nicht benötigt wird, was wiederum mit einem unnötigen Brennstoffverbrauch verbunden ist.

Ein rein elektrischer Antrieb könnte dagegen durch einen einfachen Schaltvorgang, je nach Bedarf, ein- und ausgeschaltet werden.

Leider ist nach den bisherigen Erkenntnissen eine derartige, wirtschaftliche, rein elektrische Antriebsart, vor allem zufolge der schwierigen Regelbarkeit, nicht erzielbar[1].

6. Die Spülpumpen bei Rotary-Bohranlagen

Allgemeines. Das beim Bohren nötige Pumpvolumen muß jene Fließgeschwindigkeit im Ringraum ergeben, die erforderlich ist, um den Bohrschmant von der Sohle zu Tage zu fördern. Hier sei bemerkt, daß nicht beliebig große Fließgeschwindigkeiten angewendet werden dürfen, da in lockeren Gesteinsschichten die Gefahr des Auskolkens der Bohrlochwand besteht, was zum Einfallen der Hangendschichten führen könnte.

Der aus den Meißeldüsen austretende Spülstrahl hat ferner die Aufgabe, die Bohrlochsohle vom Bohrschmant reinzufegen, so daß das Bohrwerkzeug stets im festen Gestein arbeitet und damit einen wirtschaftlich optimalen Bohrfortschritt erzielen läßt.

Der Pumpendruck ergibt sich aus einer Reihe von Fließwiderständen, die von der Fließgeschwindigkeit, der Teufe, den zu durchfließenden Querschnitten, der Rohrrauhigkeit, den verschiedenen Umlenkungen und endlich vom spez. Gewicht und der Viskosität des spülenden Mediums abhängig sind.

Um die untiefen, weniger konsolidierten Deckschichten ohne Aufenthalt sicher zu verrohren, wird hier der Bohrlochdurchmesser im Verhältnis zu der vorgesehenen Futterrohrdimension größer gewählt, als dies später in den konsolidierten Lagen erforderlich ist.

Der Durchflußquerschnitt ist daher bei diesen Deckschichten im Ringraum verhältnismäßig groß, erfordert dadurch zum Austragen der hier anfallenden, großen Bohrschmantbrocken auch ein großes Spülvolumen, wohingegen der Pumpdruck noch niedrig ist.

Mit zunehmender Teufe ändern sich die Verhältnisse. Die Ringraumquerschnittflächen werden kleiner, die zu durchfließenden Strecken länger, es steigt damit der Pumpdruck und es vermindert sich bei gegebener Antriebsleistung das Pumpvolumen.

Beim Durchteufen von Hochdruckschichten müssen Schwerspülungen eingesetzt werden, die eine zusätzliche Steigerung des Pumpdruckes zur Folge haben.

Nähere Details über das heute sehr weite Gebiet der Bohrspülungen werden in einem speziellen Kapitel der „Tiefbohrtechnik“ behandelt.

Generelle Beschreibung der verwendeten Pumpentypen. Bei Rotary-Bohranlagen werden vorwiegend doppeltwirkende Zwillingskolbenpumpen liegender Bauart verwendet.

---

[1] Näheres über elektrische Antriebe s. DUBBELS Taschenbuch für den Maschinenbau, Band II, 11. Aufl. Berlin-Göttingen-Heidelberg: Springer-Verlag. 1953.

In letzter Zeit werden auch Drillingspumpen eingesetzt und sogar Versuche mit Sechszylinderpumpen durchgeführt, die aus zwei gegeneinandergestellten Drillingspumpen bestehen.

Was die Antriebskraft betrifft, sind bei Rotary-Bohranlagen sowohl Dampf- als auch Getriebepumpen im Gebrauch, je nachdem, welcher Gesamt-Antrieb für die Anlage gewählt wurde.

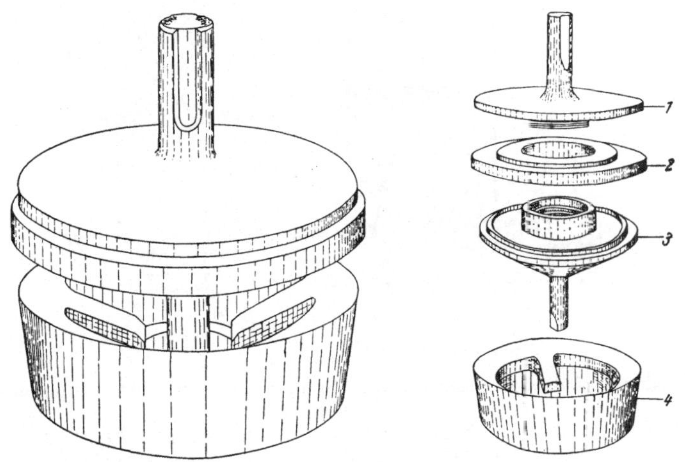

Abb. 227. Tellerventil und Ventilsitz einer Rotary-Spülpumpe.
1 Ventilteller-Oberteil, *2* Gummieinsatz, *3* Ventilteller-Unterteil, *4* Ventilsitz

Bei den Dampfpumpen ist die Kolbenstange der Pumpe mit der des Kolbens im Dampfzylinder, also der Dampfmaschine, in ihrer Verlängerung direkt verbunden, wohingegen bei den Getriebepumpen die Kolbenbewegung von der Antriebsmaschine über ein Reduktionsgetriebe, den Kurbeltrieb, Schubstange, Kreuzkopf und Kolbenstange, erfolgt.

Bei beiden Typen ist der Pumpkörper je nach der Beanspruchung entweder aus Gußeisen mit $\sigma = 150$ bis 350 kg/cm^2 oder aus Stahlguß mit $\sigma = 250$ bis 500 kg/cm^2 hergestellt.

Jeder Zylinder der Zwillingskolbenpumpen ist mit je zwei Saug- und zwei Druckventilen ausgestattet. Es sind selbsttätige Tellerventile mit Federbelastung. Der Ventilteller ist außen, an den Kontaktflächen mit dem Ventilsitz, mit einem abnehmbaren Gummiring ausgestattet (s. Abb. 227).

Die massiven Ventildeckel werden mit vier bis sechs Schrauben am Pumpenkörper befestigt.

Unterhalb der Saugventile befindet sich der Sauganschluß, oberhalb der Druckventile der Druckleitungsanschluß, der meistens auch mit einem eigenen Siebrohrstück ausgestattet ist.

In den zwei Zylindergehäusen werden die Einsatzzylinder eingebaut, die aus einem scheuerfesten Stahlguß hergestellt sind und an ihrem dem Zylinderdeckel zugekehrten Ende einen schmalen Flanschansatz haben. Zwischen einer entsprechenden Ringnut im Gehäuse und dem Flanschenansatz ist eine Ringpackung eingelegt.

Die Zylinderdeckel sind am Pumpengehäuse mit Schrauben befestigt und mit Dichtungs-Ringscheiben abgedichtet. In der Mitte der Zylinderdeckel ist eine Bohrung für eine Druckschraube vorgesehen, die ebenfalls gedichtet durchgeführt wird und mit ihrem innen gabelförmigen Ende ein Anpressen der Einsatzzylinder gegen die beschriebene Ringpackung besorgt (s. Abb. 228).

Der Pumpenkolben hat eigene selbstdichtende und einfach auswechselbare Gummimanschetten (s. Abb. 229).

Durch eine Bohrung im Pumpenzylinder ist die Kolbenstange geführt und hier mit einer speziellen Stopfbüchse abgedichtet (s. Abb. 230).

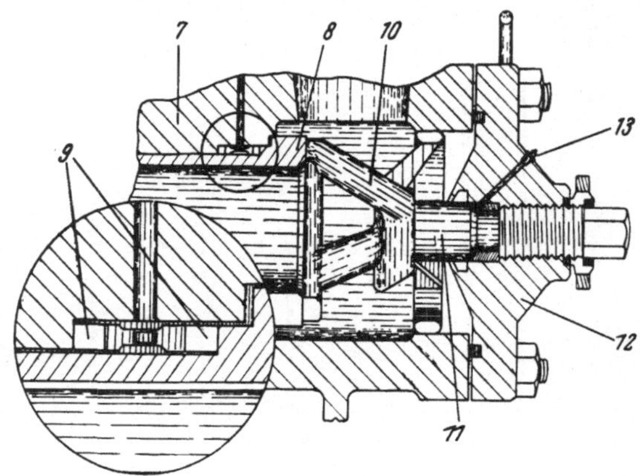

Abb. 228. Einsatz-Zylinder einer Rotary-Spülpumpe mit Abdichtung gegenüber dem Zylinderkörper.
7 Zylinderkörper, *8* Einsatzbüchse, *9* Einsatzbüchsendichtung, *10* Preßstück, *11* Preßschraube, *12* Zylinderdeckel, *13* Schmiernippel

Am Druckteil der Pumpe ist ein Windkessel, mit einem Manometer und einem Sicherheitsventil ausgestattet, eingebaut.

Um den jeweiligen Anforderungen bezüglich Liefervolumen und Druck zu entsprechen, können Einsatzzylinder von verschiedenen Durchmessern mit den dazugehörigen Kolben eingesetzt werden.

In den Tab. 28 bis 32 sind gebräuchliche Pumpengrößen für verschiedene Teufen mit den jeweils möglichen Einsatzzylinderdurchmessern, Hubzahlen, Liefermengen und Drücken ersichtlich.

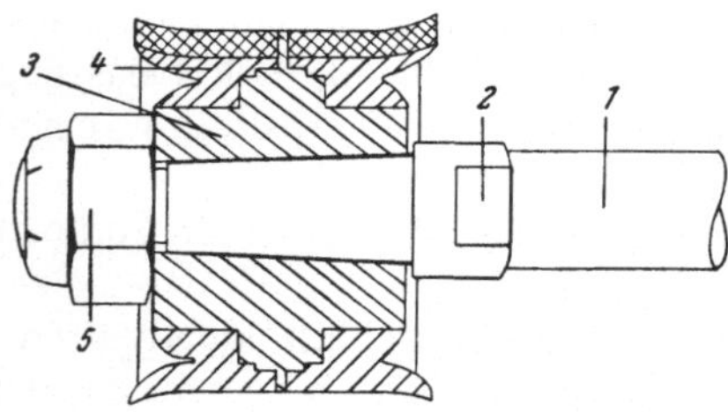

Abb. 229. Pumpenkolben nach Fa. National Supply Co., USA.
1 Kolbenstange, *2* Gegenmutter, *3* Kolben-Metallhülse, *4* Kautschukring, *5* Endmutter

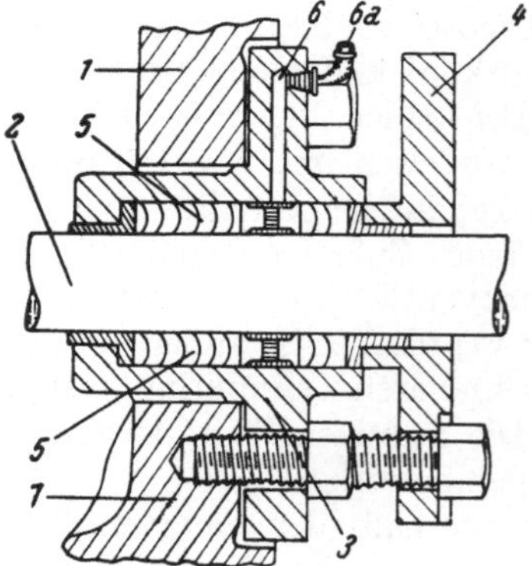

Abb. 230. Kolbenstangen-Dichtung bei Rotary-Spülpumpen.
1 Zylinderkörper, *2* Kolbenstange, *3* Zylinderdeckel, *4* Stopfbüchsenbrille, *5* Dichtung, *6* Schmierkanal, *6a* Schmiernippel

Die gemittelte Hubzahl ist etwa 50/Min., der Gesamtwirkungsgrad beträgt bei Getriebepumpen etwa 0,8 bis 0,9, bei Dampfpumpen 0,9 bis 0,97. Er setzt sich bekanntlich aus dem volumetrischen, dem hydraulischen und dem mechanischen Wirkungsgrad zusammen.

Die Liefermenge/Min. ergibt sich wie folgt:

$$Q = \lambda \cdot n \cdot s \cdot \pi \cdot (2 R_1^2 - R_2^2).$$

Es bedeuten: Q = l/Min., R_2 = Kolbenstangen-Radius dm,
s = Kolbenhub dm, λ = Liefergrad,
R_1 = Kolbenradius dm, n = Hubzahl/Min.

Der volumetrische Wirkungsgrad ist in erster Linie von der Füllung der Pumpe beim Saughub abhängig.

Wird aus Becken gesaugt, die in der Erde eingegraben sind, soll die innere Querschnittsfläche der Saugleitung um mindestens 40% größer sein als die Querschnittsfläche des Flüssigkeitszylinders.

Je höher das Spülbecken liegt, um so günstiger wird auch der Füllungsgrad und damit auch der volumetrische Wirkungsgrad der Pumpe sein.

Eine zu hohe Hubzahl bringt eine unzulängliche Füllung mit sich. Wird allerdings in die Saugleitung eine Zubringerpumpe eingeschaltet, so kann auch bei hoher Hubzahl ein guter volumetrischer Wirkungsgrad erzielt werden.

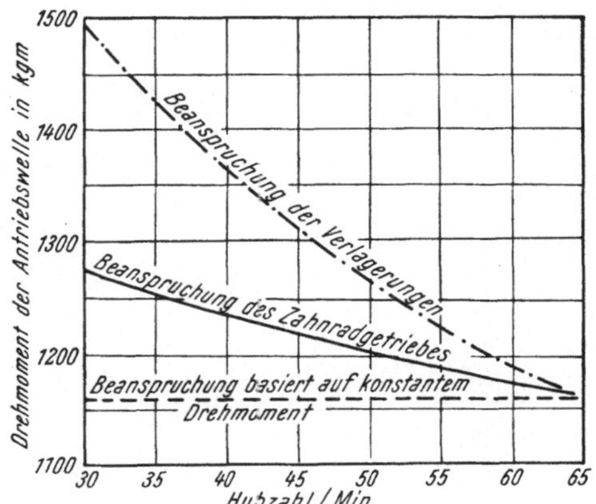

Abb. 231. Beanspruchung der Lagerung und des Zahnradgetriebes bei verschiedenen Hubzahlen und verschiedenen Drehmomenten

Eine Erhöhung des Wirkungsgrades kann auch durch den Einbau eines Saugwindkessels oder durch ein Hochstellen des Spülbeckens erreicht werden.

Die Nutzleistung in PS ist:

$$N = \frac{Q \cdot \gamma \cdot Hman \text{ (in m } H_2O)}{75 \cdot 60 \cdot \eta}.$$

Hier bedeutet *Hman* den Pumpdruck in Meter Wassersäule[1].

Das Diagramm Abb. 231 zeigt das Verhältnis von Hubzahl zum Drehmoment und die sich daraus ergebenden Beanspruchungen.

Unterschiedliche Verhältnisse bei Dampf- und Getriebepumpen. Die Dampfpumpe paßt sich den beim Bohrbetrieb wechselnden Anforderungen sehr gut an. Die Hubzahl, bzw. das Liefervolumen regelt sich automatisch nach dem erforderlichen Druck. Massen werden hier nicht beschleunigt, die Lieferkurve verläuft sehr gleichmäßig (s. Abb. 232). Das Diagramm Abb. 233 zeigt das Verhältnis Volumen, Druck und Hubzahl bei verschiedenen Teufen.

Bei der Getriebepumpe hingegen wird das Liefervolumen durch die Massenbeschleunigung bei jeder Umdrehung beeinflußt (s. Abb. 234).

Die Lieferkurve ist eine verzerrte Sinus-Cosinus-Kurve. Die Verzerrung ergibt sich aus der laufenden Winkelveränderung zwischen Kurbel und Pleuelstange, woraus periodische Variationen des Pumpdruckes resultieren.

In Abb. 235 ist das Verhältnis Volumen, Druck und Hubzahl einer Getriebepumpe für verschiedene Teufen ersichtlich.

[1] Näheres s. DUBBELS Taschenbuch für den Maschinenbau, Band II, 11. Aufl. Berlin-Göttingen-Heidelberg: Springer-Verlag. 1953.

Wenn zwei Pumpen mit der gleichen Liefermenge miteinander verglichen werden, wobei Pumpe *A* mit einem kleinen Zylinder-Durchmesser und großer Hubzahl, hingegen die Pumpe *B* mit großem Zylinder-Durchmesser und kleiner Hubzahl arbeitet, so zeigt „*A*“ eine viel stärkere Pulsation als „*B*“, da der periodische Wechsel hier häufiger ist.

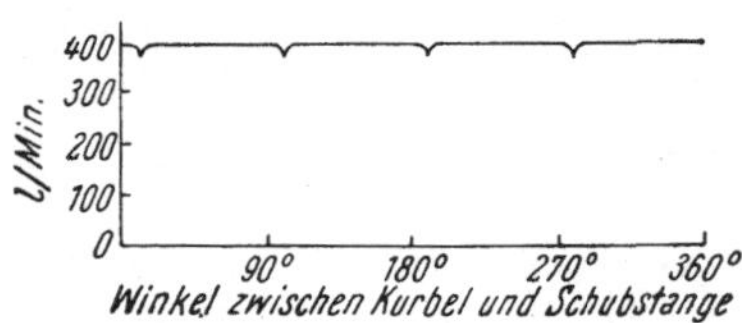

Abb. 232. Fördercharakteristik einer doppeltwirkenden Dampf-Zwillings-Kolbenpumpe

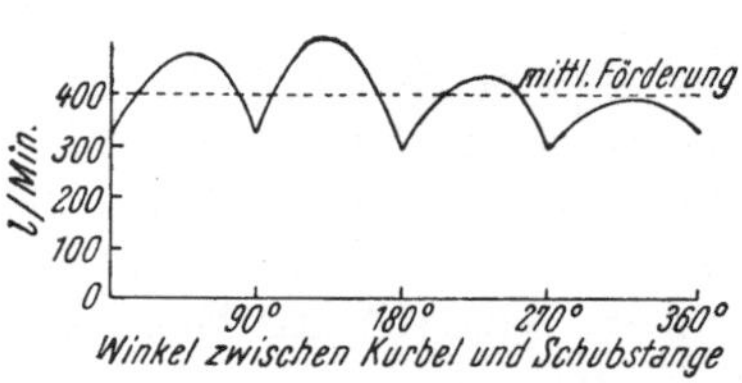

Abb. 234. Fördercharakteristik einer doppeltwirkenden Zwillings-Kolbenpumpe mit Kurbeltrieb

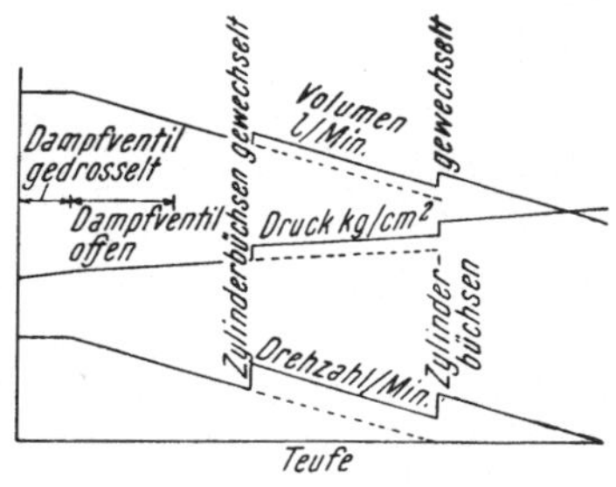

Abb. 233. Schaubild, darstellend das Verhältnis von Volumen, Druck und Drehzahl/Min. zur Teufe bei einer doppeltwirkenden Dampf-Zwillings-Kolbenpumpe

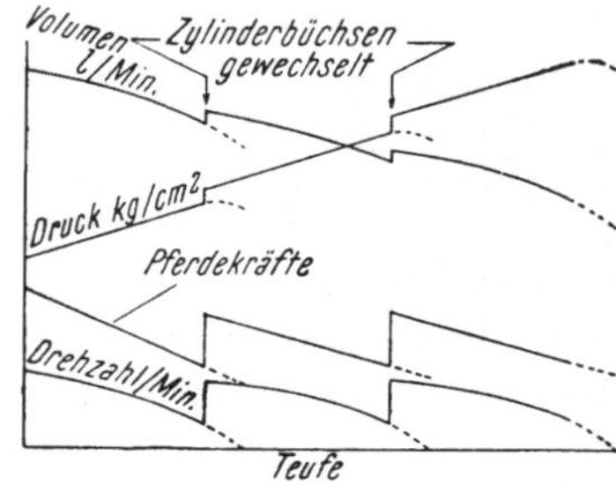

Abb. 235. Schaubild, darstellend das Verhältnis von Volumen, Druck und Drehzahl/Min. zur Teufe bei einer doppeltwirkenden Zwillings-Kolbenpumpe mit Kurbelantrieb

Die Pulsationen verursachen eine stoßende Beanspruchung der Pumpe, die auf ihre Lebensdauer nicht ohne Einfluß bleiben kann.

Bei den Drillingspumpen ist die Pulsation wesentlich schwächer.

Mit zunehmender Teufe der Bohrung wird der Pumpdruck allmählich ansteigen. Die zu durchfließende Wegstrecke wird länger und damit auch der Fließwiderstand größer.

Die Getriebepumpen sind heute noch vielfach über eine Reibungskupplung mit einer Verbrennungskraftmaschine gekuppelt. Letztere arbeitet nur in einem gegebenen Drehzahlbereich wirtschaftlich. Steigt der Pumpdruck, wird die Drehzahl fallen, das Drehmoment ansteigen, bis schließlich der Antriebsmotor abgewürgt wird.

Um dem vorzubeugen, muß der eingebaute Einsatzzylinder mit Kolben durch einen im Durchmesser entsprechend kleineren rechtzeitig ausgetauscht werden. In Abb. 236 ist für eine Pumpe 7 1/4 × 12 Zoll der Wechsel der Einsatzzylinder eingezeichnet.

Es wurde versucht, die Perioden der schlechteren Ausnützung des Antriebsmotors durch Einbau von zwei Geschwindigkeitsstufen im Pumpantrieb zu verringern. In Abb. 237 ist das Diagramm einer Getriebepumpe 7 1/2 × 16 Zoll zu ersehen, die für 65 und 37 Hub/Min. ausgelegt war. Man ersieht aus dem Diagramm die Liefermenge und den Druck bei den obigen Hubzahlen und verschiedenen Zylinderdurchmessern.

Tabelle 28

Übersicht über verschiedene gebräuchliche Rotary-Spülpumpentypen mit Angabe der Liefermenge, des Pumpdruckes, des Leistungsbedarfes, bzw. des erforderlichen Arbeitsdampfdruckes

Erzeuger-Firma	Pumpen-Typen Bezeichnung	Hub-zahl/Min.	Einsatz-Zylinder Durchmesser in Zoll	Liefer-menge l/Min.	Maximaler Pumpen-druck in Atm.	Leistung PS bzw. Dampf-druck Atm.	Leitungen Durchmesser in Zoll		Gewicht in kg
							Saug	Druck	
Haniel & Lueg, Düsseldorf	Getriebepumpe Type GP 120 6 3/4 × 12	60	6 3/4 5 3/4 5 1/2 5 4 1/2	1600 1170 1035 840 660	52 70 80 98 125	215	6	3	5750,0
	Getriebepumpe Type GP 120 7 1/4 × 16	50	7 1/4 6 3/4 5 3/4 5 4 1/2	2080 1800 1285 945 750	65 75 105 143 180	350	8	3 bis 4	7570,0
Wirth & Co., Erkelenz (Rheinland)	Getriebepumpe Type LK 6 3/4 × 14/50	65	6 3/4 6 1/4 5 3/4 5 4 1/2	2010 1715 1430 1050 830	43 51 60 80 100	225	6	3	6850,0
	Getriebepumpe Type LK 7 1/4 × 16/50	60	7 1/4 6 3/4 6 1/4 5 3/4 5 4 1/2	2460 2110 1775 1490 1090 860	50 58 68 80 108 132	317	8	4	10 500,0
	Getriebepumpe Type Lk 7 1/4 × 18/52	60	7 1/4 6 3/4 6 5 3/4	2680 2330 1760 1610	109 126 160 175	770	10	4	17 600,0

Tabelle 29

Erzeuger-Firma	Pumpen-Typen Bezeichnung	Hub-zahl/Min.	Einsatz-Zylinder Durchmesser in Zoll	Liefer-menge l/Min.	Maximaler Pumpen-druck in Atm.	Leistung PS bzw. Dampf-druck Atm.	Leitungen Durchmesser in Zoll		Gewicht in kg
							Saug	Druck	
Wirth & Co., Erkelenz (Rheinland)	Dampfpumpe Type LD 12 × 6 3/4 × 14	45	6 3/4	1390	40	18	6	3	4000,0
			6 1/4	1190	48				
			5 3/4	990	57				
			5	730	75				
			4 1/2	575	94				
	Dampfpumpe Type LD 14 × 7 1/4 × 18	40	7 1/4	1840	50	18	8	4	6250,0
			6 3/4	1580	57,5				
			6 1/4	1330	68				
			5 3/4	1120	79				
			5	820	94				
			4 3/4	730	127				
Schoeller-Bleckmann, Stahlwerk A.G. Wien	Getriebe Triplex 7 1/4 × 16	60	7 1/4	3650	61,5	500	8	4	18 000,0
			6 3/4	3180	70,5				
			5 3/4	2260	100,0				
			4 3/4	1480	152,0				
			4	1010	205,0				
National Supply Co.	Getriebepumpe Type C-100 6 1/4 × 10	75	6 1/4	1430	36	115	6	3	4500,0
			6	1325	39				
			5 3/4	1210	43				
			5 1/2	1125	47				
			5 1/4	1015	52				
			5	910	57				
	Getriebepumpe Type C-250 7 1/4 × 15	65	7 1/4	2500	49	270	8 5/8	4	13 900
			6 3/4	2150	57				
			6 1/4	1730	67				
			5 3/4	1530	80				
			5 1/4	1240	98				

Tabelle 30

Erzeuger-Firma	Pumpen-Typen Bezeichnung	Hub-zahl/Min.	Einsatz-Zylinder Durchmesser in Zoll	Liefer-menge l/Min.	Maximaler Pumpen-druck in Atm.	Leistung PS bzw. Dampf-druck Atm.	Leitungen Durchmesser in Zoll		Gewicht in kg
							Saug	Druck	
National Supply Co.	Getriebepumpe Type C-350 7 3/4 × 18	60	7 3/4 7 1/4 6 3/4 6 1/4 5 3/4 5 1/4	3180 2885 2505 2025 1685 1380	60 69 80 95 113 140	420	10 3/4	4	18 500,0
	Getriebepumpe Type E-702 8 1/2 × 16	65	8 1/2 7 3/4 7 1/4 6 3/4 6 1/4	3710 2950 2690 2175 1935	88 107 125 146 174	700	10 3/4	4	23 800,0
Gardner-Denver Co.	Getriebepumpe 7 1/4 × 12	70	7 1/4 7 6 3/4 6 1/2 6 5 1/2 5	2230 2060 1920 1750 1530 1240 1010	33 35 38 41 48 57 69	185	8	4	6700,0
	Getriebepumpe 7 1/4 × 14	70	7 1/4 7 6 3/4 6 1/2 6 5 1/2 5	2600 2410 2240 2060 1740 1450 1180	39 42 45 48 56 67 81	255	8	4	10 300,0

Tabelle 31 a

Erzeuger-Firma	Pumpen-Typen Bezeichnung	Hub-zahl/Min.	Einsatz-Zylinder Durchmesser in Zoll	Liefer-menge l/Min.	Maximaler Pumpen-druck in Atm.	Leistung PS bzw. Dampf-druck Atm.	Leitungen Durchmesser in Zoll		Gewicht in kg
							Saug	Druck	
Gardner-Denver Co.	Getriebepumpe 7 3/4 × 16	65	7 3/4	3170	40	320	8	4	12 000,0
			7 1/4	2760	46				
			7	2560	49				
			6 3/4	2380	53				
			6 1/2	2190	57				
			6	1850	67				
			5 1/2	1540	80				
			5	1250	97				
	Getriebepumpe 8 × 20	55	8	3510	57	510	10	4	22 000,0
			7 3/4	3280	61				
			7 1/4	2850	69				
			7	2640	75				
			6 3/4	2450	80				
			6 1/2	2250	86				
			6	1900	100				
			5 1/2	1560	120				
			5	1260	145				
	Dampfpumpe 16 1/4 × 8 × 20	40	8	2550	81	28	10	4	10 200,0
			7 3/4	2380	87				
			7 1/4	2070	99				
			7	1920	106				
			6 3/4	1770	113				
			6 1/2	1640	122				
			6	1380	143				
			5 1/2	1140	169				
			5	910	188				

Tabelle 31 b

Erzeuger-Firma	Pumpen-Typen Bezeichnung	Hubzahl/Min.	Einsatz-Zylinder Durchmesser in Zoll	Liefermenge l/Min.	Maximaler Pumpendruck in Atm.	Leistung PS bzw. Dampfdruck Atm.	Leitungen Durchmesser in Zoll		Gewicht in kg
							Saug	Druck	
Gardner-Denver Co.	Dampfpumpe 18 × 8 × 20	40	8	2530	100				
			7 3/4	2360	106				
			7 1/4	2040	121				
			7	1900	130				
			6 3/4	1740	140	28	10	4	12 000,0
			6 1/2	1610	150				
			6	1350	176				
			5 1/2	1110	210				
			5	890	210	24			
	Dampfpumpe 14 × 5 × 12	50	5	720	135	25	4	3	2450,0
			4 1/2	640	165				
			4	440	210				
			3 1/2	320	270				
Clark Ideco	Triplex-Pumpe T-440-B Antrieb mit Drehmomentwandler	65	7 1/4	3010	61,7	490	8	3 bis 4	
			6 1/2	2390	77,7				
			6	2010	92,1				
			5 1/2	1670	111,4				
			5	1350	137,2				
		55	7 1/4	2550	64,8	435	8	3 bis 4	
			6 1/2	2020	81,7				
			6	1700	96,9				
			5 1/2	1410	117,2				
			5	1140	144,1				

Tabelle 32

Erzeuger-Firma	Pumpen-Typen-Bezeichnung	Hubzahl/Min.	Einsatz-Zylinder Durchmesser in Zoll	Liefermenge l/Min.	Maximaler Pumpendruck in Atm.	Leistung PS bzw. Dampfdruck Atm.	Leitungen Durchmesser in Zoll		Gewicht in kg
							Saug	Druck	
Clark Ideco	Triplex-Pumpe T-440-B Antrieb mit Drehmomentwandler	45	7 1/4 6 1/2 6 5 1/2 5	2080 1660 1390 1150 930	69,3 87,2 103,4 125,2 154,1	380	8	3 bis 4	
		35	7 1/4 6 1/2 6 5 1/2 5	1620 1280 1080 900 730	75,8 95,5 113,1 136,9 168,3	323	8	3 bis 4	
		27	7 1/4 6 1/2 6 5 1/2 5	1250 990 830 710 550	82,7 104,5 123,8 145,3 179,8	271	8	3 bis 4	
Mannesmann-Trauzl A.G.	Getriebespülpumpe Type G 16 7 1/4 × 16	60	7 1/4 6 3/4 5 3/4 5 4 1/2 3 1/2	2493 2167 1534 1140 898 510	45 55 75 100 130 210	288	8	4	8150,0
	Getriebespülpumpe 6 3/4 × 14	60	6 3/4 5 3/4 5 4 1/2 4	1896 1343 996 786 612	35 46 62 78 100	165	6	4	6800,0
	Getriebespülpumpe 5 × 12	60	5 4 1/2 4 3 1/2	868 688 539 396	35 40 52 70	78	6	4	4500,0

Diese Lösung erwies sich jedoch nicht als befriedigend, da damit weder die schädlichen Pulsationen noch eine Überlastung der Pumpe auszuschalten waren. Auch konnte der Wechsel von Zylinder- und Kolben-Durchmesser nicht umgangen werden.

Eine gute Dämpfung der Pulsationen wurde mit hydraulischen Kupplungen und Drehmomentwandlern erzielt (s. Abb. 238 bis 241).

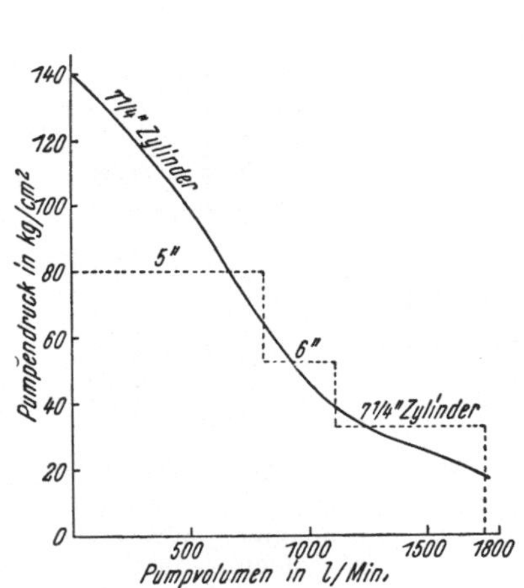

Abb. 236. Schaubild, darstellend das Verhältnis von Pumpvolumen und Druck einer 7 1/4 × 12 Zoll-Zwillings-Kolbenpumpe mit Kurbelantrieb, wobei die Antriebsmaschine über einen Drehmomentwandler arbeitet

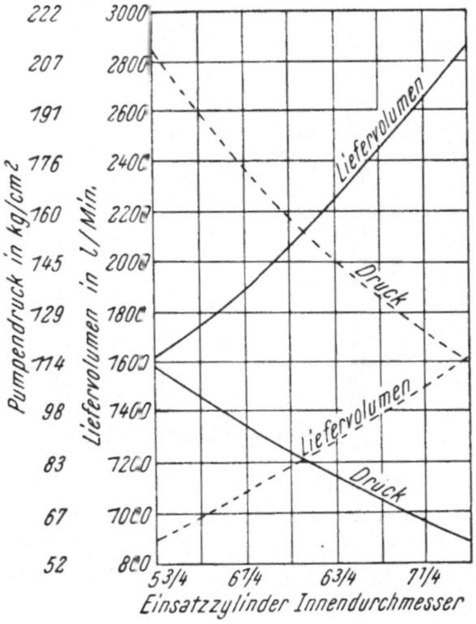

Abb. 237. Charakteristik einer doppeltwirkenden Zwillings-Kolbenpumpe mit Kurbelantrieb und zwei Geschwindigkeitsstufen

Bei der hydraulischen Kupplung muß allerdings auch mit häufigem Wechsel der Zylinder und Kolben gerechnet werden. Bei ansteigendem Pumpdruck fällt die Drehzahl des Motors, der damit in einen ungünstigen Wirkungsbereich kommt.

Der Drehmomentwandler hingegen hat wohl einen geringeren Wirkungsgrad als die hydraulische Kupplung, hat aber den Vorteil, daß sich Volumen und Pumpdruck immer den gegebenen Verhältnissen gut anpassen und der Wechsel des Pumpzylinders und Kolbens auf ein Mindestmaß reduziert wird (s. Abb. 236). Plötzlich auftretende Widerstände — Nachfall oder Verlegung des Meißels — können gut überwunden werden.

Der Antriebsmotor kann stets mit der Nenndrehzahl laufen und hat dabei den günstigsten Brennstoffverbrauch. Das Diagramm Abb. 242 zeigt das Verhältnis zwischen Antriebsleistung, Spülvolumen, Druck und Wirkungsgrad bei Verwendung eines Drehmomentwandlers.

Die mitunter geäußerten Bedenken, daß die Pumpe durch plötzlich auftretende Überlastungen Schaden nehmen kann, erscheinen nicht berechtigt. Der Drehmomentwandler kann auf ein maximales Drehmoment eingestellt werden und außerdem stehen der Technik heute genügend Hilfsmittel zur Verfügung, um diese Gefahr auszuschließen (Sicherheitsventile). Pumpenantriebe mit zwei Geschwindigkeitsstufen und Drehmomentwandlern werden in USA schon vielfach verwendet.

Die Anordnung der Spülpumpen in der Bohranlage wird sich je nach Antriebsart und Teufe des betreffenden Bohrpunktes ergeben.

Eine Anordnung, wie sie für Dampf- und Getriebepumpen mit Elektromotorantrieb üblich war, ist in Abb. **243** dargestellt. Heutige Einbautypen sind aus den Abb. **141** bis **144** und **146** zu ersehen.

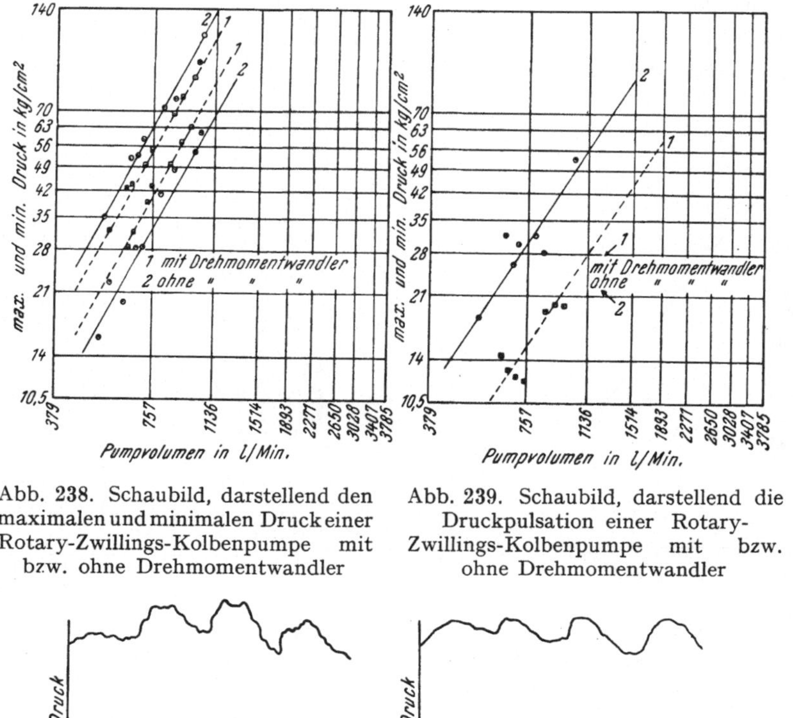

Abb. **238**. Schaubild, darstellend den maximalen und minimalen Druck einer Rotary-Zwillings-Kolbenpumpe mit bzw. ohne Drehmomentwandler

Abb. **239**. Schaubild, darstellend die Druckpulsation einer Rotary-Zwillings-Kolbenpumpe mit bzw. ohne Drehmomentwandler

Abb. **240** und **241**. Schaubilder, darstellend die Spülpumpendrücke von Zwillings-Kolbenpumpen mit Kurbeltrieb, wobei die Kraftübertragung in einem Falle direkt, im anderen über einen Drehmomentwandler erfolgt

Für kleinere Teufen bis etwa 1000 m (abhängig allerdings vom Charakter der zu durchteufenden Schichten) kann die Bohrung mit bloß einer Spülpumpe durchgeführt werden. Bei Bohranlagen für mittlere und große Teufen, besonders aber für Bohrungen in unerschlossenen Gebieten werden zwei Pumpen für den Bohrbetrieb und sehr häufig noch zusätzlich eine dritte Pumpe für die Aufbereitung der Bohrspülung vorgesehen.

Die zweite Pumpe repräsentiert eine Reserveeinheit, sie kann aber auch zur Erzielung eines optimal wirtschaftlichen Bohrfortschrittes mit der ersten Pumpe parallel oder in Serie geschaltet eingesetzt werden.

Als Saugleitung wird ein bezüglich Durchmesser und Länge entsprechend bemessener armierter Schlauch verwendet, der an den kurzen Saugstutzen der Pumpe angeschlossen ist.

Im Rohrstutzen der Saugleitung wird häufig ein eigener Schmutzfilter eingebaut.

Die Durchmesser der Druckleitungen werden je nach den zu erwartenden Pumpdrücken zwischen **3** und **4** Zoll gewählt. Bei kleinen Teufen und geringen Drücken genügen **3**-Zoll-Leitungen, für größere Teufen, ab etwa **1500** m, werden vierzöllige Leitungen vorgesehen.

Stoßdämpfer. Bei größeren Pumpvolumen und größeren Pumpdrücken macht sich eine unangenehme Stoßwirkung im gesamten Leitungssystem wie auch bei der Pumpe selbst bemerkbar, und dies ganz besonders bei den Getriebepumpen. Das Getriebe und die Lagerungen haben dabei hohe Stöße aufzunehmen.

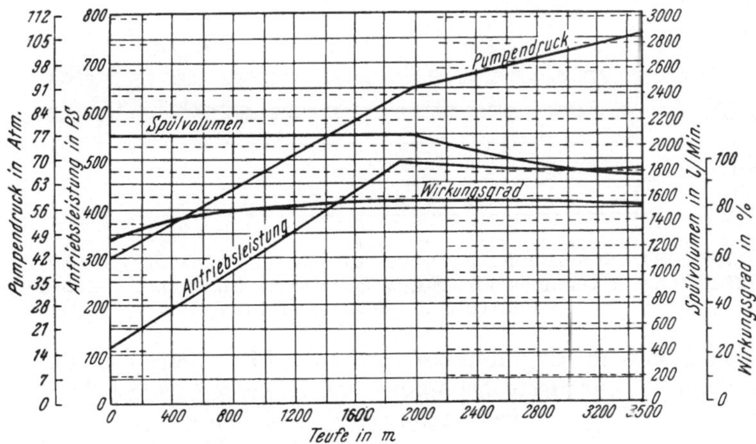

Abb. 242. Schaubild, darstellend das Spülvolumen, den Pumpendruck, die Antriebsleistung und den Gesamtwirkungsgrad einer Rotary-doppeltwirkenden Zwillings-Kolbenpumpe mit Kurbelantrieb und Drehmomentwandler

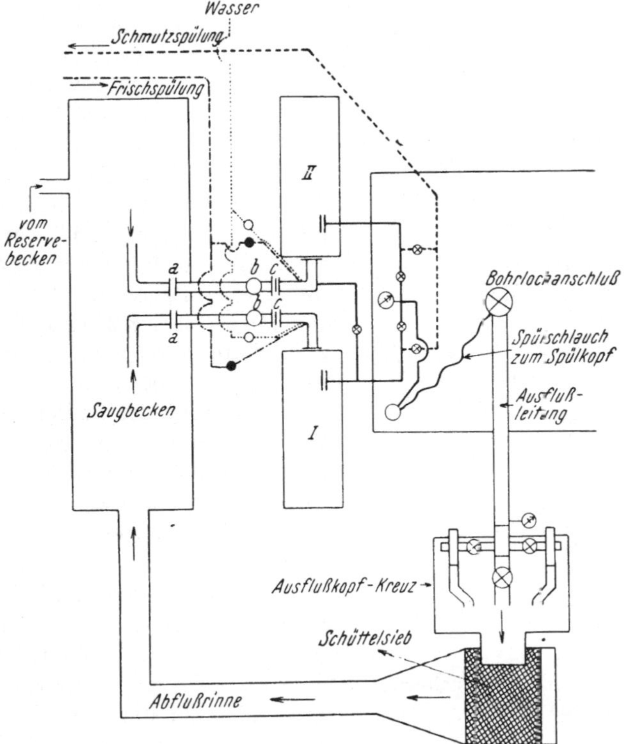

Abb. 243. Frühere Anordnung von Dampf- und Getriebepumpen mit eigenen Elektromotoren

Die Lebensdauer der Pumpe und des ganzen Leitungssystems wird dadurch sehr ungünstig beeinflußt.

Um diese Stöße auf ein Mindestmaß zu beschränken, werden in die Druckleitung eigene Stoßdämpfer eingebaut.

In Abb. 244 ist die Konstruktion eines solchen Stoßdämpfers dargestellt. Der Ringraum zwischen dem Mantelrohr und dem Gummimantel wird mit komprimiertem Stickstoff gefüllt.

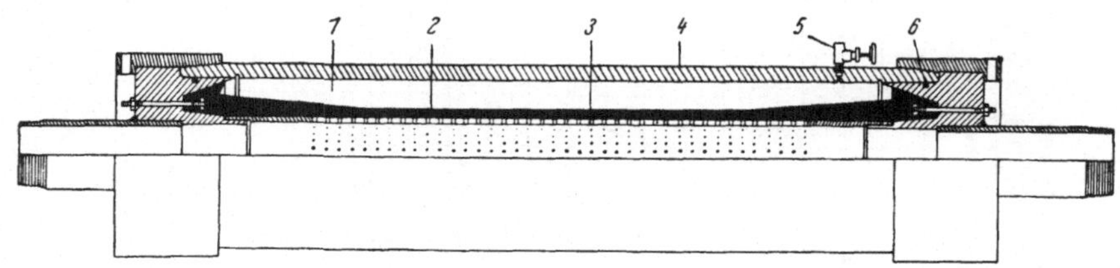

Abb. 244. Stoßdämpfer in Druckleitungen bei Rotary-Spülpumpen. *1* Stickstoff-Füllung, *2* Gummimantelrohr, *3* Perforiertes Innenrohr, *4* Außenmantelrohr, *5* Füllventil, *6* Kautschukdichtung

Wird der Druck im Ringraum etwa zwischen 75 und 80% des Pumpdruckes gehalten, kann die günstigste Dämpfung erzielt werden, wobei die Druckstöße um etwa 78% herabgesetzt werden können (s. Abb. 245).

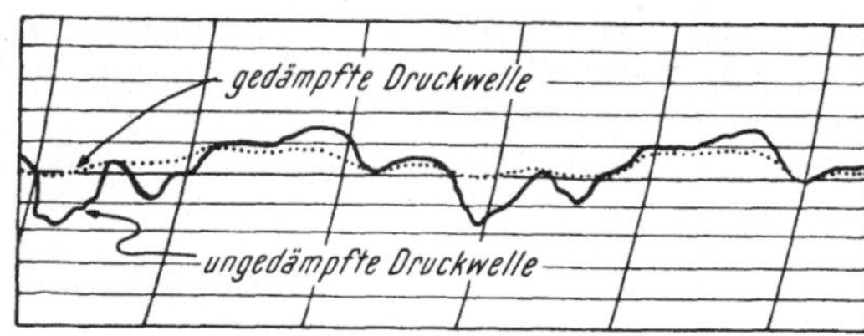

Abb. 245. Druckwellen in Druckleitungen bei Rotary-Spülpumpen mit und ohne Stoßdämpfer

Die Anordnung der Stoßdämpfer kann in verschiedener Art erfolgen (s. Abb. 246, 247 und 248). Die Anordnung nach Abb. 247 soll sich nach angestellten Versuchen am besten bewährt haben.

Durch den Einbau solcher Stoßdämpfer soll nach den bisherigen Erfahrungen die Lebensdauer des Getriebes und der Lagerung um etwa 25% erhöht worden sein. Es wurde ferner festgestellt, daß dabei eine Erhöhung des Arbeitsdruckes um etwa 7 bis 8% erzielt werden kann, ohne dadurch die Lebensdauer der Pumpe ungünstig zu beeinflussen.

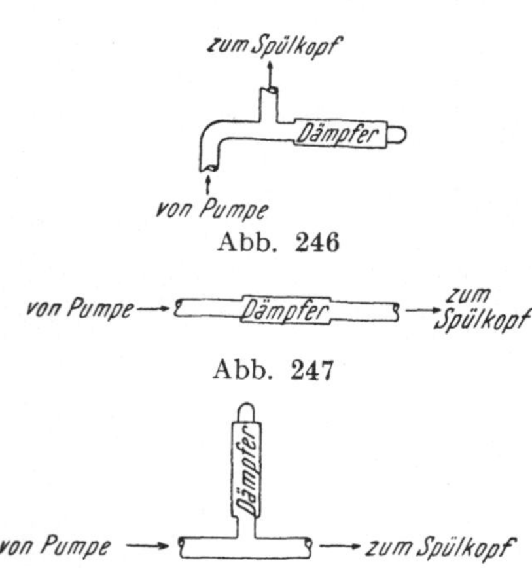

Abb. 246 bis 248. Einbaumöglichkeiten der Stoßdämpfer

Anordnung der Spülpumpen. Um die beiden Pumpen in Serie schalten zu können, wobei die Druckleitung der einen — Zubringerpumpe — mit der Saugleitung der zweiten — Hauptpumpe = Hochdruckpumpe — verbunden wird, muß in der Saugleitung der letzteren ein Sperrorgan gegen das Saugbecken vorgesehen werden. Es kann entweder ein Schieber oder eine Sperrblende sein, die zwischen zwei Flanschen im Rohrstutzen eingesetzt wird (s. Abb. 243).

Bei der Serienschaltung zweier Dampfpumpen stellt sich das Liefervolumen der Zubringerpumpe automatisch auf das Saugvolumen der Hochdruckpumpe ein. Bei Getriebepumpen ist dies ohne zusätzliche Einrichtungen nicht ohne weiteres möglich.

Hier wird z. B. in die Druckleitung der Zubringerpumpe ein Windkessel mit etwa 120 l Inhalt eingebaut, der je nach Anforderungen für den entsprechenden Arbeitsdruck gebaut ist. Ein ähnlicher Windkessel wird in der Druckleitung der Hochdruckpumpe vorgesehen (s. Abb. 249). Der Druckverlauf bei dieser Anordnung ist in Abb. 250 wiedergegeben.

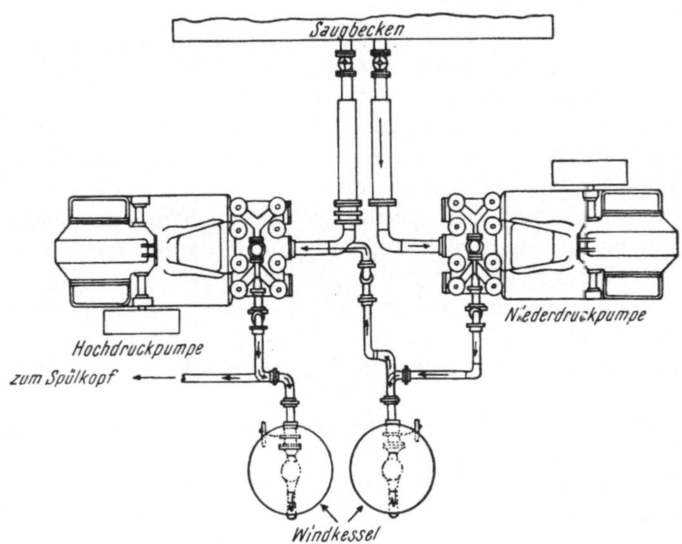

Abb. 249. Serienanordnung zweier Rotary-Spülpumpen mit Kurbelantrieb

Eine andere Lösung wurde folgendermaßen getroffen:

Die Saugleitung der Zubringerpumpe ist mit einem Windkessel ausgestattet. An die als Schlauch ausgebildeten Druckleitungen der beiden Pumpen sind Stoßdämpfer angeschlossen.

Etwa auftretende Überdrücke in den beiden Druckleitungen werden über die eingebauten Sicherheitsventile und anschließende Leitungen in das Saugbecken abgelassen.

Es wird ferner empfohlen, die Steigleitung im Turm sechszöllig auszuführen und an der Einmündung der Druckleitung in die Steigleitung ebenfalls einen Stoßdämpfer einzubauen.

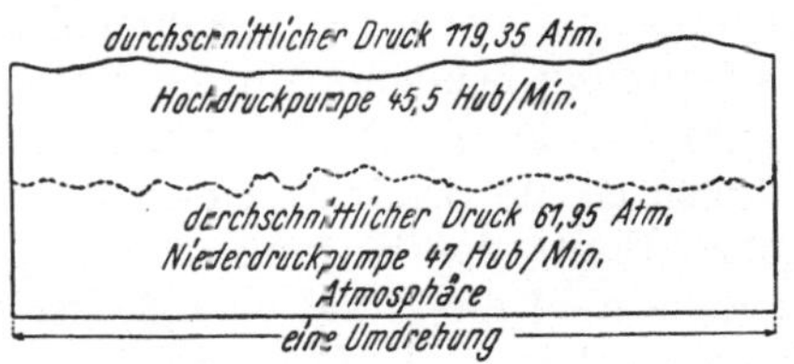

Abb. 250. Verlauf der Druckwelle der beiden in Serie geschalteten Rotary-Spülpumpen mit Kurbeltrieb bei einer Umdrehung

Leitungsverbindungen der Spülpumpen. Die folgenden Leitungsverbindungen sind bei Bohranlagen mit zwei Pumpen vorzusehen (s. Abb. 243).

1. Jede der beiden Pumpen ist an die Steigleitung angeschlossen und kann somit für die beim Bohren erforderliche Spülungszirkulation eingesetzt werden.

2. Die Saugleitungen der Pumpen erhalten Anschluß an die Betriebs-Wasserleitung, ein Erfordernis zum Aufbereiten frischer Spülung oder bei Zementierungen zum Anmischen des Zements, falls keine eigene Zementierungseinrichtung im Bohrfeld vorhanden ist.

3. Die Saugleitungen erhalten ferner Verbindung zur Frischspülleitung einer zentralen Aufbereitungsanlage für Bohrspülung — falls eine solche vorhanden —, um die unbrauchbar gewordene Spülung durch neue zu ersetzen.

4. Die Druckleitung der einen Pumpe (Zubringerpumpe) erhält eine Verbindung mit der Saugleitung der zweiten Hauptpumpe, um eine Serienschaltung der beiden zu ermöglichen, wobei die schon erwähnten Einrichtungen bei Getriebepumpen empfohlen werden.

5. Eine oder beide Pumpen sind auf der Druckseite mit einer Schmutzspülleitung verbunden, um die unbrauchbar gewordene Spülung zum Aufbereiten und Regenerieren zur Zentralstation zu verpumpen.

Wo keine zentrale Aufbereitungsanlage für Bohrspülung vorhanden ist, werden die Leitungen 3 und 5 entfallen, dafür aber andere Verbindungen für die lokale Spülungsaufbereitung erforderlich werden.

Alle Leitungen sind mit Absperrorganen (Schiebern oder Hähnen) ausgestattet, um die jeweils erforderlichen Arbeitsgänge durchführen zu können. Diese Organe müssen übersichtlich und gut zugänglich eingebaut sein. Für einen möglichst zeitsparenden Auf- und Abbau sind in diesem System leicht lösbare Verbindungselemente (Unit bolt couplings) vorzusehen.

Die Hauptpumpe soll während der Zeit des Meißelwechsels stets gründlich überprüft werden.

Die Spülbecken und Spülrinnen wurden früher als Erdbehälter und Gräben angelegt und mit Bohlen ausgekleidet. Bei jeder Umstellung der Bohranlage mußte bei dieser Ausführung mit Materialverlusten gerechnet werden.

Heute werden sowohl die Becken als auch die Spülrinnen aus Stahlblech verfertigt, die in Teilstücken bei jeder Bohrung leicht mit Schrauben zusammengesetzt werden können.

Dem eigentlichen Pump-Saugbecken werden meistens Absatzbecken vorgeschaltet, in denen sich die am Schüttelsieb nicht ausgeschiedenen feinsten Bohrschmantteilchen absetzen sollen.

Es werden bei jeder Bohrung mindestens zwei Becken benötigt, deren Fassungsvermögen von Bohrloch-Durchmesser und Teufe abhängig ist. Die Becken sollen wenigstens das halbe maximale Bohrlochvolumen an Spülung fassen können.

Um ein gutes Absetzen der Bohrlochschmantteilchen weitestgehend zu gewährleisten, besonders bei sehr feinen Sanden, muß die Strömungsgeschwindigkeit in diesem Becken auf ein Minimum herabgesetzt werden. Das kann in der Art erfolgen, daß die Rinne vor ihrer Einmündung in das erste Becken eine konische Erweiterung bekommt, in der Verteilerleisten eingebaut sind, so daß der Spülstrom auf die ganze Breite des Beckens verteilt wird. Ferner können in den Becken eigene Schützen eingebaut werden, um den Spülstrom zu zwingen, die ganze Breite des Beckens sehr langsam zu durchfließen. Die erste Überfallschütze steht direkt auf dem Beckenboden, so daß die Spülung über dieses Wehr hinwegfließen muß. Die nächstfolgende steht über dem Flüssigkeitsniveau, sitzt aber nicht auf der Beckensohle auf, sondern läßt hier einen genügend hohen Spalt frei. Die Spülung ist genötigt, unten durchzufließen und muß zur nächsten Schütze wieder langsam hochsteigen.

Durch die Anordnung dieser Schützen wird der Spülstrom gezwungen, einen möglichst langen Weg sehr langsam zu durchfließen, wodurch das Abscheiden des noch mitgeführten feinen Bohrschmantes, vor allem des Sandes, begünstigt wird.

Die in der Pumpe von der Spülflüssigkeit umspülten Teile werden heute aus sehr widerstandsfähigem, scheuerfestem Material hergestellt.

Der Sandgehalt der Spülung soll womöglich 8% nicht übersteigen. Es sind Versuche im Gange, die Einsatzzylinder und Kolben aus keramischem Material herzustellen, die vielversprechend sind.

Die Abnützung der Pumpenkolben steigt stark, wenn der Pumpdruck 100 Atü übersteigt.

Die Abnützung der Kolbenstangen kann durch entsprechende Ölschmierung oder konstantes Spülen mit Wasser weitgehend reduziert werden.

Ein Lecken, sowohl zwischen dem Einsatzzylinder und dem Pumpkörper als auch zwischen dem Pumpkolben und dem Zylinder, muß unbedingt verhindert werden. Wird der Einsatzzylinder gewechselt, soll auch ein neuer Kolben, das heißt Kolben mit neuen Kolbengummis, eingebaut werden.

Alle Gummiteile, wie Ventilteller-Kolbengummis sowie Packungen bei den Einsatzzylindern und Kolbenstangen, sind Verbrauchsartikel, die häufig gewechselt werden müssen.

Wirtschaftlichkeit. Um die höchste Wirtschaftlichkeit zu erzielen, sind die folgenden Gesichtspunkte zu beachten:

1. Richtige Wahl der Pumpe für die gestellte Aufgabe.
2. Jeweils richtige Wahl der Einsatzzylinder.
3. Periodische, gründliche Kontrolle der Pumpe, bzw. ihre rechtzeitige Überholung.
4. Die Sicherheitsventile sind genau nach Vorschrift der Erzeugerfirmen einzustellen, ihre Funktion ist periodisch zu überprüfen.

Die Überwachung dieser Ventile bezüglich ihrer Funktion ist die wichtigste Aufgabe des betreffenden Bohrarbeiters.

7. Die Rotary-Bohrgarnitur

Die am Flaschenzugshaken hängende Bohrgarnitur setzt sich zusammen aus:

a) Dem *Bohrmeißel,*

b) den anschließenden *Schwerstangen,*

c) dem *Bohrgestänge,*

d) der *Mitnehmerstange* mit

e) dem *Spülkopf,* dessen Hängebügel im Flaschenzugshaken eingehängt ist.

An den Spülkopf schließt der *Spülschlauch* an, der die Verbindung über die Steig- und die Druckspülleitung zu den Spülpumpen herstellt.

a) Der Rotarymeißel

Die verschiedenen Blattmeißel-Typen. Bei den ersten Rotary-Bohrungen wurden Blattmeißel verwendet, die noch keine einheitliche Form hatten.

Ein noch heute erhaltener Typ, der hauptsächlich zum Durchbohren von weichem Gestein verwendet wird, ist der sogenannte *Fischschwanzmeißel* (Fishtailbit, s. Abb. 251).

Dieser Type folgte sodann in USA der sogenannte „Drag bit", wörtlich übersetzt „Ausräumemeißel", der sich vom Fischschwanzmeißel dadurch unterscheidet, daß an einem massiven Meißelrumpf, durch den die Bohrungen für den Spülstrom geführt sind, zwei oder mehr verhältnismäßig kurze Meißelblätter angesetzt sind. Der Spülungsaustritt ist hier viel näher an die Meißelschneiden verlegt, als dies beim klassischen Fischschwanzmeißel der Fall ist (s. Abb. 252).

In weiterer Folge wurden die verschiedensten Typen von Blattmeißeln entwickelt, so unter anderem der sogenannte „Gumbo bit", ein starkwandiger, etwas kürzerer Fischschwanzmeißel, der die Spülkanäle bis tief zu den Meißelschneiden geführt hat, weiters verschiedene Formen von Drei- und Vierblattmeißeln.

Die einzelnen Blätter sind mitunter fingerartig geteilt in zwei oder drei Höhenlagen angeordnet (s. Abb. 253).

Eine andere Type ist der sogenannte *Pilotmeißel* (s. Abb. 254), der am unteren Ende einen im Durchmesser kleineren Vorschneidemeißel und über diesem am Meißelschaft zwei oder drei Schneideblätter angesetzt hat, die den verlangten Bohrlochdurchmesser nachschneiden.

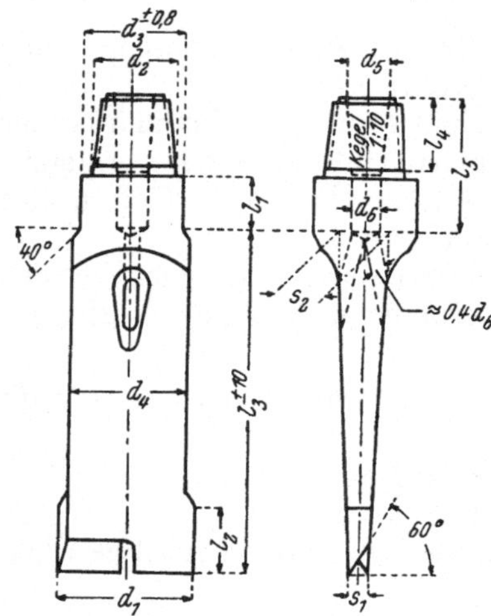

Abb. 251. Fischschwanz-, bzw. Rotary-Zweiblatt-Meißel

Endlich wird der sogenannte *B-Meißel* für mittelharte Schichten gebaut, dessen Blattschneiden einen parabolischen Verlauf haben (s. Abb. 255).

Eine dem B-Meißel ähnliche Meißelform ist der *Spitzmeißel* (s. Abb. 256). Er wird für Spezialarbeiten eingebaut, wie z. B. zum seitlichen Verdrängen von Eisenteilen, die ins Bohrloch fielen, zum Ausbohren von Zementpfropfen aus Futterrohren usw.

Alle diese Meißel haben oben einen entsprechenden Gewindeanschluß, meist einen Gewindezapfen (die Mehrblattmeißel häufig ein Muffengewinde), mit dem sie an die Schwerstange angeschraubt sind. Nach amerikanischen Angaben sollen die „Drag bits" mit Muffenanschluß eine längere Betriebsdauer haben als Meißel mit Gewindezapfen.

Maße in mm (zu Abb. 251 und 256)

Schneid-durchmesser d_1	Gewinde GVG DIN 5840 d_2 Zoll	$d_3 \pm 08$	d_4	d_5	d_6	l_1	l_2	$l_3 \pm 10$	l_4	l_5	s_1	s_2	Anwendung für Futterrohr Zoll	Anwendung in Futterrohr Zoll	Gewicht kg ≈ Form A	Gewicht kg ≈ Form B
98	2 3/8	79	80	25	22	50	80	400	30	110	16	45	—	4 3/4	13,0	12,0
120	2 3/8	79	100	25	22	50	80	400	30	110	18	50	—	5 3/4	16,0	15,0
142	3 1/2	117	120	38	33	50	100	400	50	140	20	55	4 3/4	6 5/8	24,0	23,0
152	3 1/2	117	125	38	33	50	100	400	50	140	20	55	4 3/4	7	25,0	24,0
193	4 1/2	146	165	57	47	75	100	450	100	170	25	65	6 5/8	8 5/8	47,0	46,0
216	4 1/2	146	190	57	47	75	100	450	100	170	25	65	7	9 5/8	52,0	51,0
267	5 9/16	178	240	70	60	100	150	450	100	200	30	70	8 5/8	11 3/4	80,0	78,0
308	5 9/16	178	275	70	60	100	150	450	100	200	30	70	9 5/8	13 3/8	90,0	88,0
374	6 5/8	197	340	89	79	100	150	600	100	200	35	75	11 3/4	16	140,0	137,0
438	6 5/8	197	405	89	79	100	150	600	100	200	35	75	13 3/8	18 5/8	155,0	152,0
508	6 5/8	197	475	89	79	100	150	700	100	200	35	75	16	21 1/2	200,0	195,0
584	6 5/8	197	550	89	79	100	150	700	100	200	35	75	18 5/8	24 1/2	225,0	220,0

Werkstoff: St C 35.61.

Die Meißelschneiden sind in der Drehrichtung konvex geformt. Über die Bedeutung verschiedener Schneidewinkel wird in der „Tiefbohrtechnik“ Näheres ausgeführt werden.

Die Entfernung der Spüldüsen von der Bohrlochsohle, die Richtung des austretenden Spülstrahles gegenüber den Meißelschneiden und nicht zuletzt die Geschwindigkeit des aus den Meißeldüsen austretenden Spülstrahles beeinflussen in vielen Gesteinsschichten den wirtschaftlichen Bohrfortschritt wesentlich.

Alle diese Faktoren hängen von der entsprechenden Anordnung und Formgebung der Spüldüsen am Bohrlochmeißel ab.

Auch über dieses Kapitel soll in der „Tiefbohrtechnik“ Näheres ausgeführt werden.

Die Durchmesser obiger Meißel variieren etwa zwischen 100 und 600 mm, ihre Gewichte zwischen 10 und 250 kg.

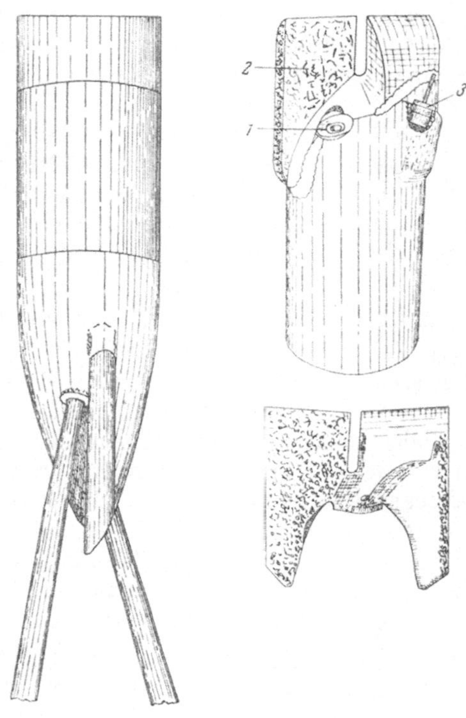

Abb. 252. Blattmeißel mit Spezialdüse für hohe Flüssigkeitsströmungen nach Fa. Reed Roller Bit Co., USA.
1 Meißeldüse aus Hartmetall, *2* Panzerung des Meißelblattes mit Hartmetallpulver, *3* Meißelschneide-Abnützungs-Indikator

Der Disk-Meißel. Eine völlig abweichende Meißelform ist der Disk-Meißel (s. Abb. 257).

Die zweiteilige, gabelförmig ausgebildete Meißelschulter trägt innen zwei kurze Achsen, auf denen je eine Stahlscheibe in Rollenlagern eingebaut ist. Die Stahlscheiben können auf ihrem Umfang entweder mit Schneiden oder gezahnt ausgebildet sein.

Die zwei Spülkanäle sind zwischen den beiden Disken angeordnet. Der Disk-Meißel hat sich für mittelhartes, nicht am Meißel haftendes Gestein gut bewährt.

In den letzten Jahren wird diese Meißelform allerdings seltener eingebaut.

Die Rollenmeißel. Die ersten Rollenmeißel wurden von Howard R. Hughes im Jahre 1909 in USA entwickelt.

An verlängerten Meißelschultern waren die Drehachsen von konisch geformten und gezahnten Rollen verlagert.

Abb. 253. Dreiblatt-Meißel, mit Hartmetall gepanzert, nach Fa. Gebr. Böhler & Co., Düsseldorf

Durch einen der jeweiligen Gesteinshärte entsprechenden Bohrdruck werden die Zähne der Rollen in das Gestein gedrückt, pressen auf diese Art Gesteinsteile aus ihrem ursprünglichen Verband und meißeln, bzw. stemmen sie bei der Drehung des Meißels von der Unterlage ab. Dieser Bohrdruck kommt dadurch zustande, daß man einen Teil des Schwerstangengewichtes auf den Meißel wirken läßt.

Abb. 254. Pilotmeißel

Mit diesen Spezialmeißeln erfuhr der Bohrfortschritt, vor allem im harten Gestein, eine wesentliche Steigerung.

Im Laufe der Jahre wurden bei diesen Meißeln verschiedene Verbesserungen durchgeführt, dies insbesondere in der Verlagerung der Rollen auf ihren Drehachsen, in der Form und Zahl der Zähne, die dem jeweils zu durchteufenden Gestein angepaßt wurden und schließlich auch in der Anordnung der Spüldüsen.

Rollenmeißel werden heute nicht nur zum Durchteufen von hartem und sehr hartem Gestein eingesetzt, sondern finden auch beim Bohren im mittelharten und sogar weichen Gestein vielfach Verwendung.

Im allgemeinen sind für weiches Gestein die Zahnflanken spitzer, die Zahnzahl kleiner, das heißt die Abstände zwischen den einzelnen Zähnen verhältnismäßig groß gewählt. Der spitze Zahn dringt schon bei geringem Bohrdruck genügend tief in das Gestein ein. Ein weiches, plastisches Gestein würde bei kleinem Zahnabstand in den Zahnlücken haften bleiben, ein Aufballen der Rollen verursachen und dadurch den Bohrfortschritt wesentlich herabsetzen.

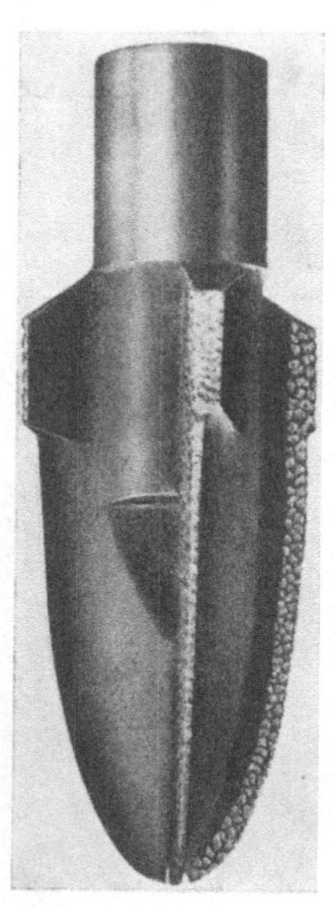

Abb. 255. B-Meißel der Fa. Haniel & Lueg, Düsseldorf

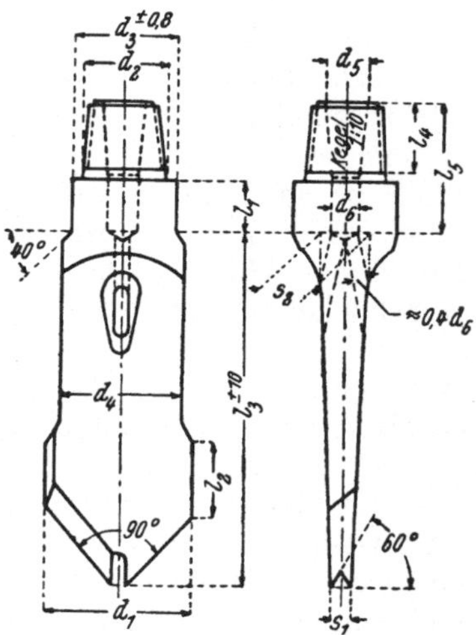

Abb. 256. Rotary-Spitzmeißel

Bei sehr hartem Gestein sind die Zähne wiederum in den Flanken stumpfer, die Abstände zwischen den Zähnen enger gewählt. Die hier anfallenden Bohrschmantbrocken sind erheblich kleiner, ein Aufballen ist daher bei hartem Gestein nicht zu befürchten.

Zwischen diesen beiden Extremen wird eine ganze Anzahl von Zwischenstufen gebaut, die je nach Gesteinshärte, Gesteinsbindung und Gesteinsbrüchigkeit von den Erzeugerfirmen empfohlen werden.

Die Zähne der einzelnen Rollen übergreifen sich derart, daß die Zahnlücken der einen Rolle von den Zähnen der folgenden bestrichen werden. Nur eine der eingebauten Rollen ist bis zur Meißelmitte geführt.

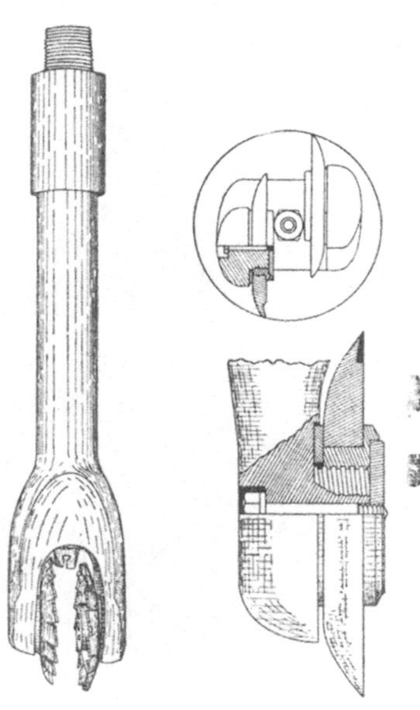

Abb. 257. Disk-Meißel

Abb. 258. Zweirollenmeißel

Die Kegelspitze, in Verlängerung des Rollenkonus, kann näher oder weiter von der Meißel-Drehachse zu liegen kommen.

Würde die ideelle Kegelspitze der Rollen mit der Meißelachse zusammenfallen, so würde lediglich ein Einpressen der Rollenzähne in die Bohrlochsohle erfolgen. Liegt aber, wie dies durchwegs der Fall ist, die Kegelspitze außerhalb der Drehachse, das heißt, ist der Abroll-Radius der Rollen größer als der Radius des Meißels, erfolgt zusätzlich ein fräsendes Bearbeiten der Bohrlochsohle.

Je weicher das zu durchteufende Gestein ist, um so größer kann die Differenz der eben besprochenen Radien werden.

Näheres über die Wirkungsweise von Rollenmeißeln wird ebenfalls in der „Tiefbohrtechnik" besprochen.

Auch der Flankenwinkel des Rollenkonus selbst kann variieren und hat eine ähnliche Wirkung wie die oben erwähnte Entfernung der Kegelspitze von der Meißelachse.

Detailbesprechung der Rollenmeißel. Wir unterscheiden die folgenden Rollenmeißeltypen:

1. Zweirollenmeißel,
2. Dreirollenmeißel und
3. Vierrollenmeißel oder Zylinderrollenmeißel (s. Abb. 258 bis 263).

1. *Der Zweirollenmeißel.* Bei diesem Meißel sind die beiden konischen Rollen im Winkel von 180° einander gegenübergestellt und laufen in einer Kombination von Rollen- und Kugellagern auf je einer Achse. Jede dieser Achsen ist in der ver-

längerten Meißelschulter einseitig fixiert. Die Spüldüsen sind zwischen den Rollen so angeordnet, daß der austretende Spülstrahl keine Auskolkungen der Bohrlochwand verursacht.

Die Zweirollenmeißel werden in erster Linie zum Durchteufen von hartem und gebrochenem Gestein eingesetzt. Sie bewähren sich auch in plastischen Ton- und Grobsandbänken. Auch dort, wo ein möglichst lotrechter Bohrlochverlauf erwünscht ist, sind Zweirollenmeißel vorteilhaft einzusetzen, da schon bei geringem Bohrdruck infolge der hier geringen Zahnzahl der Flächendruck pro Zahn verhältnismäßig hoch ist und daher auch ein entsprechender Bohrfortschritt erzielt werden kann.

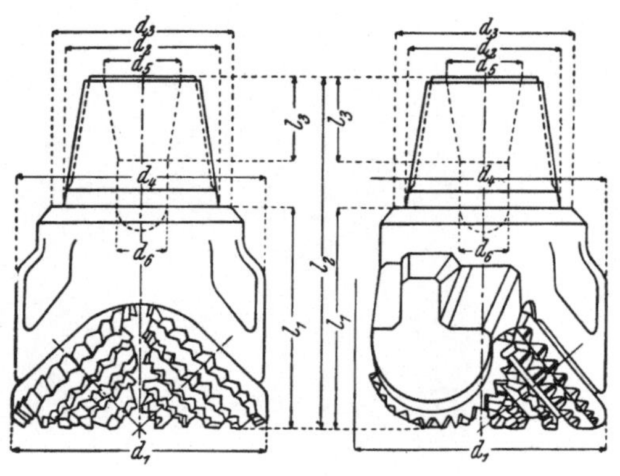

Abb. 259 und 260. Dreirollenmeißel

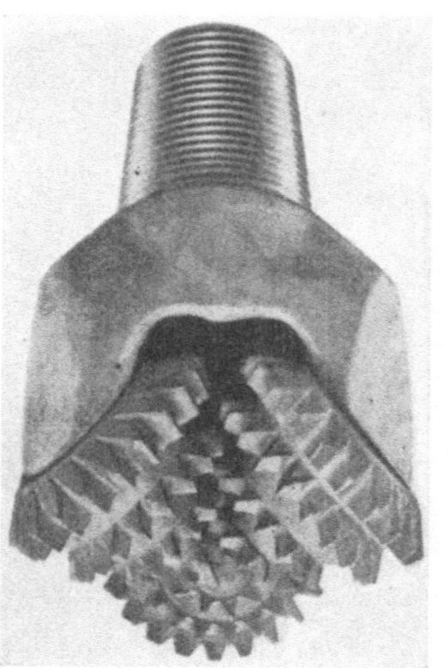

Abb. 261. Dreirollenmeißel

Maße in mm (zu Abb. 259 und 260)

Form	Schneid-durchmesser d_1	Gewinde GVG DIN 5840 d_2 Zoll	d_3	d_4	d_5	d_6	l_1	l_2	l_3	Anwendung für Futterrohr Zoll	Anwendung in Futterrohr Zoll	Gewicht kg ≈ Form A	Gewicht kg ≈ Form B
— B	140	3 1/2	117	134	38	33	115	210	50	—	6 5/8	—	14,0
— B	142	3 1/2	117	134	38	33	115	210	50	4 3/4	6 5/8	—	14,0
— B	148	3 1/2	117	143	38	33	120	215	50	—	7	—	16,5
— B	152	3 1/2	117	143	38	33	120	215	50	4 3/4	7	—	17,0
— B	190	4 1/2	146	182	57	47	163	265	100	—	8 5/8	—	24,5
A B	193	4 1/2	146	182	57	47	163	265	100	6 5/8	8 5/8	22,0	25,0
— B	214	4 1/2	146	208	57	47	183	285	100	—	9 5/8	—	31,0
A B	216	4 1/2	146	208	57	47	183	285	100	7	9 5/8	33,0	32,0
— B	250	5 9/16	178	240	70	60	210	340	100	—	11 3/4	—	52,0
A B	267	5 9/16	178	256	70	60	218	345	100	8 5/8	11 3/4	55,0	58,0
A B	308	5 9/16	178	294	70	60	258	385	100	9 5/8	13 3/8	70,0	85,0
A —	374	6 5/8	196	356	80	70	254	381	100	11 3/4	16	100,0	—

Der Zwischenraum zwischen den beiden Rollen ist recht groß, so daß auch größere Bohrschmantbrocken leicht vom Spülstrom von der Sohle hochgespült werden können.

2. *Der Dreirollenmeißel.* Hier sind die einzelnen Rollen um 120° gegeneinander versetzt. Jede der drei Rollen-Achsen ist ebenfalls in drei verlängerten Meißelschultern fixiert, auf denen die Rollen in Tonnen- und Kugellagern laufen.

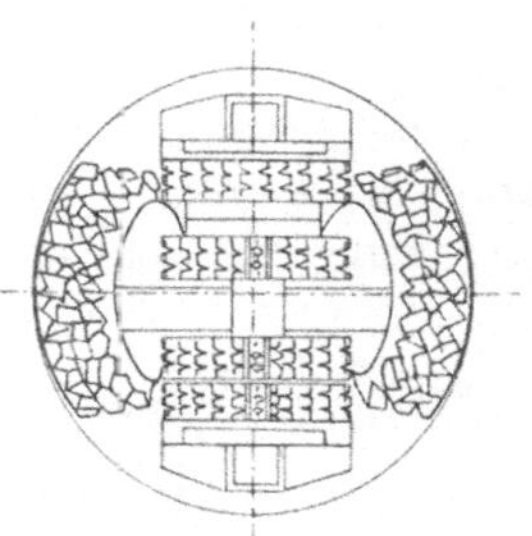

Die Dreirollenmeißel werden heute vorwiegend für mittelharte und harte Gesteine eingesetzt. Der Zwischenraum zwischen den einzelnen Rollen am äußeren Umfang läßt das Austragen auch von mittelgroßen Bohrschmantteilen zu. Die Spüldüsen sind zwischen den Rollen angeordnet, so daß der Spülstrahl den Bohrschmant vor der Rolle von der Sohle fegen kann.

3. *Der Vierrollenmeißel, auch Zylinderrollenmeißel genannt.* Die einzelnen Rollen sind um 90° gegeneinander versetzt. Die zwei Achsen, die sich in der Meißelmitte kreuzen, sind in je zwei Schulterstücken des Meißels fixiert. Daher auch die in USA übliche Bezeichnung „Crossing bit“ = Kreuzmeißel. Zwei der eingebauten Rollen sind im Durchmesser größer, in der Breite schmäler und bestreichen einen äußeren Kreisring der Sohle, wohingegen die zwei kleineren die restliche Innenfläche bearbeiten. Die Vierrollenmeißel werden für hartes und sehr hartes Gestein eingesetzt.

Maße zu Abb. 262

Schneid-Durchmesser d_1	d_2	l_1	l_2	Anwendung für Futterrohr	Anwendung in Futterrohr	Gewicht kg ≈
374	340	365	605	11 3/4	16	228
438	406	525	765	13 3/8	18 5/8	455

Ausführung: Rollen auswechselbar, Maße in mm

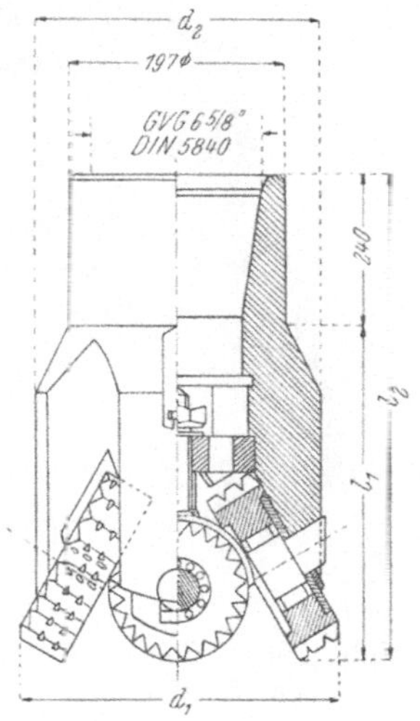

Abb. 262. Zylinderrollenmeißel

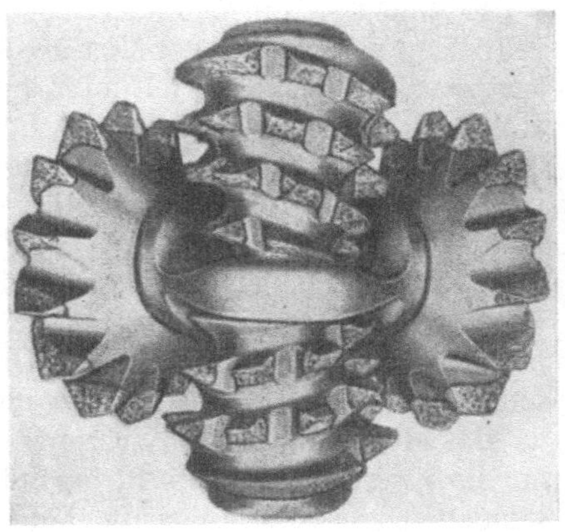

Abb. 263. Vierrollenmeißel

Neue Meißeltypen. Eine Neuerscheinung ist der sogenannte „Chert bit“ oder „Cobra bit“ der Firma Reed Roller Bit Co.

An Stelle der Zähne sind die einzelnen Rollen mit eigenen Hartmetallstiften besetzt, die einen halbkugelförmigen Kopf haben und mit ihrem zylindrischen Schaft in entsprechende Bohrungen des Rollenstahles eingepreßt werden (s. Abb. 264 *a* und *b*).

Nach Angaben aus USA konnte mit dieser Meißeltype der Bohrfortschritt gegenüber normalen Rollenmeißeln in sehr hartem, mit Hornstein und quarzitischen Einlagen durchsetztem Gestein erheblich gesteigert werden. (Es wurde der fünf- bis siebenfache Bohrfortschritt gegenüber den normalen Rollenmeißeln erzielt.)

Eine weitere Neukonstruktion ist der sogenannte Barracuda bit nach Abb. 265 *a* und *b* (National Supply Co.), mit dem ebenfalls eine wesentliche Steigerung des Bohrfortschrittes erreicht wurde.

Der sogenannte „Zublin bit" = Zublinmeißel stellt eine besondere Type dar (s. Abb. **123**).

Der gezahnte Meißelkopf kann je nach der zu durchteufenden Gesteinsschichte ausgewechselt werden. Durch die Drehung des wenig exzentrischen Meißelkopfes rotiert sowohl der gesamte Kopf beim Drehen des Gestänges, als auch der Kopf selbst in seiner schiefgestellten Verlagerung.

Abb. **264** *a*. Chert- oder Cobra-Meißel der Fa. Reed Roller Bit Co., USA

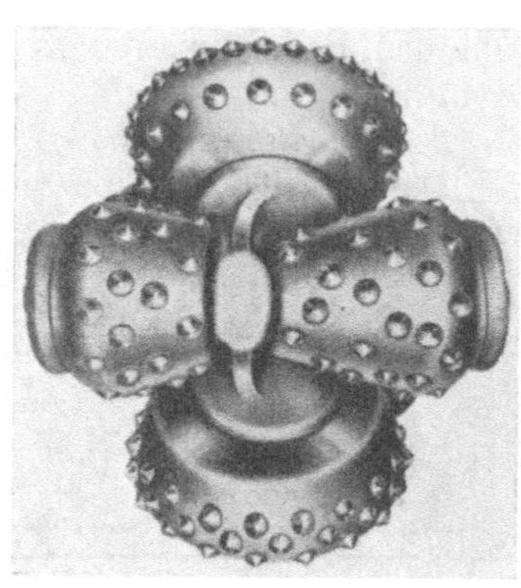

Abb. **264** *b*. Chert- oder Cobra-Meißel der Fa. Reed Roller Bit Co., USA

Er eignet sich insbesondere zur Begradigung von Knicken im Bohrloch, zum seitlichen Verdrängen von Eisenteilen, die ins Bohrloch fielen, zum Ausbohren von Zementbrücken, ja mitunter auch zum Auswalzen von schwach gedrückten Rohren. In diesem Falle ist der Bohrkopf allerdings zahnlos ausgebildet.

Als Neuerung ist der sogenannte „Zublin differential bit" = Zublin-Differential-Meißel noch zu erwähnen. Bei diesem Meißel sind auf dem in Kugellagern laufenden Bohrkopf eigene, gezahnte Rollen, ebenfalls in Kugellagern laufend, angesetzt. Wir haben es hier mit drei verschiedenen Drehungen zu tun, und zwar: Drehung des Gestänges und damit des Bohrschaftes, Drehung des Bohrkopfes im Meißelschaft und schließlich Drehung der gezahnten Rollen im Bohrkopf selbst. Die Sohle erhält mit diesem Meißel die Form einer sphärischen Mulde.

Das Meißelmaterial. Zur Herstellung von Bohrmeißeln aller Typen werden nur hochwertige Siemens-Martin-Stähle mit einer Festigkeit bis 70 kg/mm² verwendet. Diese verhältnismäßig hohe Festigkeit ist erforderlich, um bei der hohen Druckbelastung eine Verformung — ein Verbiegen — und dadurch ein Abblättern der Hartmetallpanzerung auszuschließen. Die Meißel werden entweder gepreßt oder geschmiedet.

Da auch diese Spezialstähle beim Bohren stark abgenützt werden, ist man seit etwa 35 Jahren darangegangen, die Meißelschneiden mit besonderen Hartmetallen zu panzern oder mit kleinen Formstücken von Hartmetallen zu belegen (s. Kapitel V/B, S. 44).

Jeder Meißel soll vor seinem Einsatz gründlich überprüft und bezüglich seiner Form schabloniert werden.

Die größte Abnützung erfahren die Rollenmeißel in der Verlagerung, die gegen den körnigen Bohrschmant nicht abgedichtet werden kann. Eine besonders geringe Betriebsleistung haben die Rollenmeißel ab etwa 4 3/4 Zoll und kleinerem Durchmesser, bei denen die Zahnrolle ohne Rollenverlagerung direkt auf der Achse aufgesetzt wird und diese Meißel im sandhaltigen Bohrschmant sehr rasch unbrauchbar werden.

Abb. 265 *a*. Barracuda-Meißel der Fa. National Supply Co., USA

Abb. 265 *b*. Barracuda-Meißel der Fa. National Supply Co., USA

Bohrmeißel, die mit Industriediamanten besetzt sind, werden bei Tiefbohrungen heute noch selten verwendet. Hingegen werden die Industriediamanten zum Besetzen von Kernbohrkronen auch bei Tiefbohrungen zusehends mehr eingesetzt. Sie weisen im Durchschnitt einen besseren Bohrfortschritt, einen sehr guten Kerngewinn und schließlich gegenüber Rollenkronen eine bessere Wirtschaftlichkeit auf.

Alle Meißelzapfen oder Muffen sind mit einem Standardgewinde ausgestattet, das mit den Gewinden der „Tool joints" = Bohrgestängeverbindern identisch ist.

b) Rotary-Schwerstangen (Drill collar — Drill stem)

Der Meißel muß gegen die Bohrlochsohle gedrückt werden, um überhaupt einen Bohrfortschritt zu erzielen. Wie schon der Name Schwerstange besagt, hat ihr Gewicht diesen Bohrdruck zu liefern.

Darüber hinaus hat der Schwerstangenstrang die Aufgabe, dem Bohrmeißel eine Führung zu geben.

Die Schwerstangen sind sehr starkwandige, nach A.P.I. genormte Rohre. Die verschiedenen, heute in Verwendung stehenden Typen sind in den Abb. 266 bis 270 dargestellt.

Sie werden aus einem Chromnickelstahl mit einer Bruchfestigkeit von etwa 9000 kg/cm² geschmiedet. Die Dehnung bei einem Probestück von 2 Zoll liegt bei 16 bis 18%.

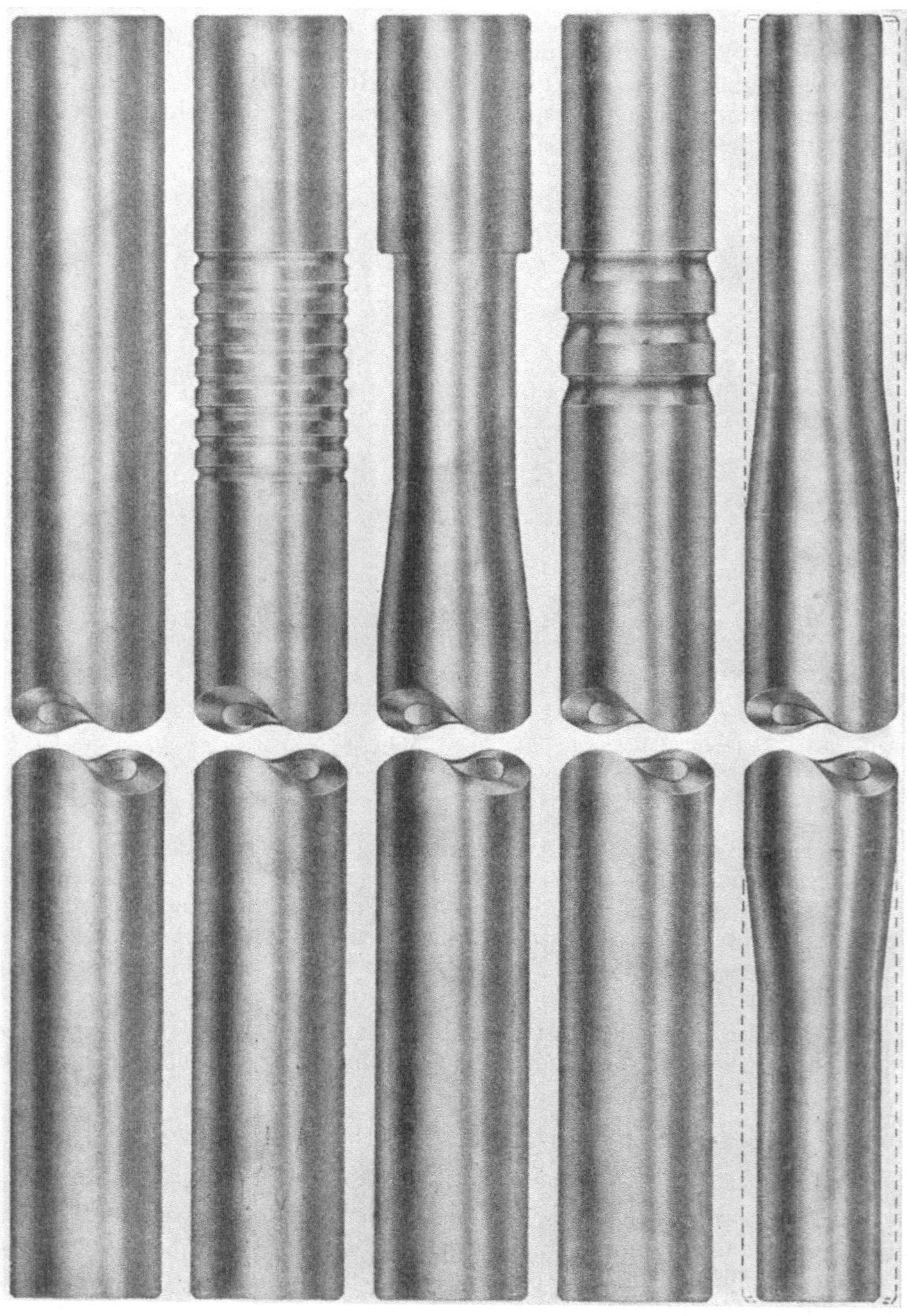

Abb. 266 Abb. 267 Abb. 268 Abb. 269 Abb. 270

Abb. 266 bis 270. Schwerstangentypen nach A.P.I.

Tabelle 33. *Rotary-Schwerstangen nach A.P.I.-Standard*

1	2	3	4	5	6	7	8	2	3	4	5	6	7	8
Nenn-Größe und Art	Metrische Maße							Amerikanische Maße						
	Außendurchmesser	Bohrung	Gewicht	Bohrung	Gewicht	Bohrung	Gewicht	Außendurchmesser	Bohrung	Gewicht	Bohrung	Gewicht	Bohrung	Gewicht
Zoll	mm		kg/m	mm	kg/m	mm	kg/m	Zoll		lbs/ft.	Zoll	lbs/ft.	Zoll	lbs/ft.
2 3/8 Reg	**79,4**[1]		**34,8**		35,9		36,6	**3 1/8**[1]		**23,4**		24,1		24,6
	82,6	**25,4**	38,1	22,2	39,0	19,0	39,7	3 1/4	**1**	25,6	7/8	26,2	3/4	26,7
	85,7		41,4		42,3		43,0	3 3/8		27,8		28,4		28,9
2 3/8 I.F.	**85,7**		**39,1**		40,3		41,4	**3 3/8**		**26,3**		27,1		27,8
	88,9	**31,8**	42,6	28,6	43,8	25,4	44,8	3 1/2	**1 1/4**	28,6	1 1/8	29,4	1	30,1
	92,1		46,0		47,2		48,2	3 5/8		30,9		31,7		32,4
2 7/8 Reg	**95,2**[1]		**49,7**		50,9		51,9	**3 3/4**[1]		**33,4**		34,2		34,9
	98,4	**31,8**	53,6	28,6	54,6	25,4	55,8	3 7/8	**1 1/4**	36,0	1 1/8	36,7	1	37,5
	101,6		57,4		56,6		59,7	4		38,6		39,4		40,1
2 7/8 I.F.	**104,8**		**55,5**		57,1		58,8	**4 1/8**		**37,3**		38,4		39,5
	108,0	**44,4**	59,7	41,3	61,3	38,1	63,0	4 1/4	**1 3/4**	40,1	1 5/8	41,2	1 1/2	42,3
	111,1		64,0		65,6		67,1	4 3/8		43,0		44,1		45,1
3 1/2 Reg	**108,0**		**63,0**		64,3		65,6	**4 1/4**		**42,3**		43,2		44,1
	111,1	**38,1**	67,1	34,9	68,6	31,8	69,9	4 3/8	**1 1/2**	45,1	1 3/8	46,1	1 1/4	47,0
	114,3		71,6		73,1		74,3	4 1/2		48,1		49,1		49,9
3 1/2 F.H.	**117,5**		**64,9**		67,1		69,2	**4 5/8**		**43,6**		45,1		46,5
	120,6	**57,2**	69,6	54,0	71,7	50,8	73,8	4 3/8	**2 1/4**	46,8	2 1/8	48,2	2	49,6
	123,8		74,4		76,5		78,6	4 7/8		50,0		51,4		52,8
3 1/2 I.F.	**120,6**		**69,6**		71,7		73,8	**4 3/4**		**46,8**		48,2		49,6
	123,8	**57,2**	74,4	54,0	76,5	50,8	78,6	4 7/8	**2 1/4**	50,0	2 1/8	51,4	2	52,8
	127,0		79,3		81,4		83,5	5		53,3		54,7		56,1
4 I.F.	**136,5**		**82,0**		84,8		87,5	**5 3/8**		**55,1**		57,0		58,8
	139,7	**73,0**	87,5	69,8	90,2	66,7	92,9	5 1/2	**2 7/8**	58,8	2 3/4	60,6	2 5/8	62,4
	142,9		93,0		95,8		98,4	5 5/8		62,5		64,4		66,1
4 1/2 Reg	**139,7**		**100,2**		102,4		104,5	**5 1/2**		**67,3**		68,8		70,2
	142,9	**57,2**	105,7	54,0	107,9	50,8	110,0	5 5/8	**2 1/4**	71,0	2 1/8	72,5	2	73,9
	146,0		111,3		113,5		115,6	5 3/4		74,8		76,3		77,7
4 1/2 F.H.	**146,0**		**98,7**		101,5		104,2	**5 3/4**		**66,3**		68,2		70,0
	149,2	**73,0**	104,5	69,8	107,2	66,7	109,8	5 7/8	**2 7/8**	70,2	2 3/4	72,0	2 5/8	73,8
	152,4		110,3		113,1		115,8	6		74,1		76,0		77,8
4 1/2 I.F.	**155,6**		**107,2**		110,4		113,4	**6 1/8**		**72,0**		74,2		76,2
	158,8	**82,6**	113,4	79,4	116,5	76,2	119,5	6 1/4	**3 1/4**	76,2	3 1/8	78,3	3	80,3
	161,9		119,7		122,8		125,9	6 3/8		80,4		82,5		84,6
5 1/2 Reg	**171,4**		**151,2**		153,9		156,4	**6 3/4**		**101,6**		103,4		105,1
	174,6	**69,8**	157,9	66,7	160,6	63,5	163,1	6 7/8	**2 3/4**	106,1	2 5/8	107,9	2 1/2	109,6
	177,8		164,9		167,4		170,1	7		110,8		112,5		114,3
5 1/2 F.H.	**177,8**		**146,1**		149,6		152,8	**7**		**98,2**		100,5		102,7
	181,0	**88,9**	153,1	85,7	156,6	82,6	160,0	7 1/8	**3 1/2**	102,9	3 3/8	105,2	3 1/4	107,5
	184,2		160,3		163,7		167,1	7 1/4		107,7		110,0		112,3
5 1/2 I.F.	**187,3**		**160,4**		164,0		167,6	**7 3/8**		**107,8**		110,2		112,6
	190,5	**95,2**	167,9	92,1	171,4	88,9	175,0	7 1/2	**3 3/4**	112,8	3 5/8	115,2	3 1/2	117,6
	193,7		175,3		179,0		182,6	7 5/8		117,8		120,3		122,7
6 5/8 Reg	**196,8**		**190,2**		193,6		196,9	**7 3/4**		**127,8**		130,1		132,3
	200,0	**88,9**	197,9	85,7	201,4	82,6	204,6	7 7/8	**3 1/2**	133,0	3 3/8	135,3	3 1/4	137,5
	203,2		205,8		209,2		212,5	8		138,3		140,6		142,8
6 5/8 F.H.	**203,2**		**182,8**		186,9		190,9	**8**		**122,8**		125,6		128,3
	206,4	**108,0**	190,8	104,8	195,0	101,6	199,0	8 1/8	**4 1/4**	128,2	4 1/8	131,0	4	133,7
	209,6		198,8		203,0		207,0	8 1/4		133,6		136,4		139,1

Die fett gedruckten Außendurchmesser und Bohrungen entsprechen den A.P.I.-Grenzwerten, das ist dem kleinsten Außendurchmesser und der größten Bohrung für die jeweilige Schwerstangengröße.

[1] Nicht A.P.I.-Norm, jedoch empfohlen.

Die Länge variiert in der Größenordnung von 2,5 bis 8,0 m, wobei die üblichsten Längen 6,0 und 8,0 m betragen.

Der Außendurchmesser der Schwerstangen entspricht normalerweise jenem der Spezialverbinder (Tool joints) im anschließenden Bohrgestänge.

Bei großen Meißeldurchmessern, wie auch zur Erzielung eines möglichst geraden Bohrloches werden vielfach Schwerstangen mit größerem Außendurchmesser gewählt, wodurch eine bessere Geradeführung des Bohrwerkzeuges im Bohrloch erreicht wird. In diesem Falle ist zwischen der obersten Schwerstange und dem Gestänge ein entsprechendes Übergangsstück eingebaut.

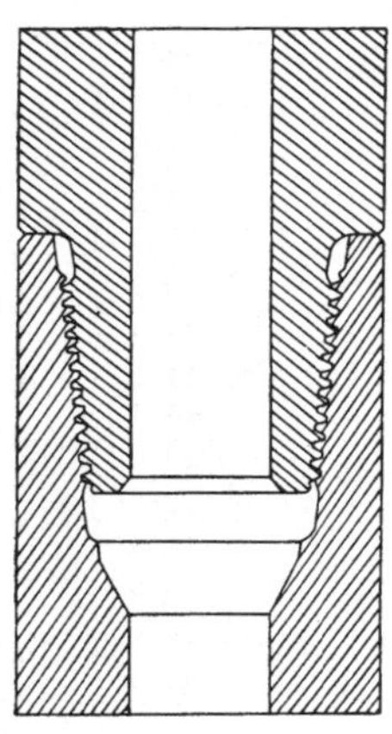

Abb. 271. Schwerstangen-Zapfen mit Hohlkehle

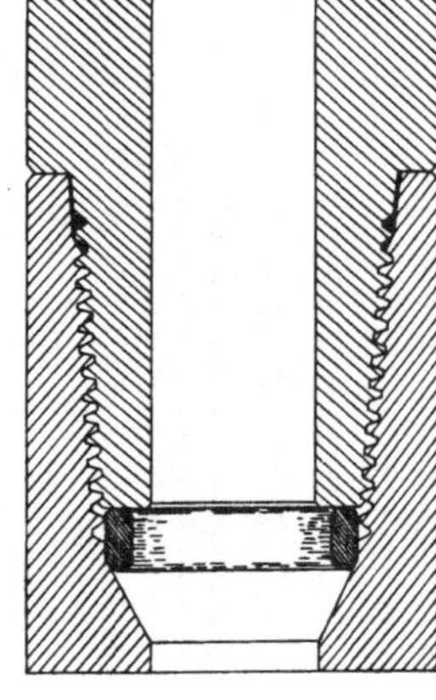

Abb. 272. Schwerstangen-Verbindung mit eingelegtem Magnesium-Anodenring

Wie aus Tab. 33 hervorgeht, ist die Bohrung der Schwerstangen erheblich enger als jene der anschließenden Bohrgestänge. Sie muß genau konzentrisch in der Schwerachse angeordnet sein, um eine möglichst gleiche Verteilung der Massen um die Drehachse zu erreichen und ein seitliches Schlagen bei der Drehbewegung auszuschließen.

Die Standardtype hat beiderseits Muffengewinde. Die Verbindung mehrerer Schwerstangen untereinander erfolgt bei dieser Ausführung mittels eigener Verbindungsnippel (beiderseits Zapfengewinde).

Jede Gewindeverbindung bedeutet beim Bohren einen gefährlichen Querschnitt. Einwandfrei geschnittene Gewinde, sowie ihre Verschraubung mit dem richtigen Drehmoment, sind maßgebende Faktoren.

Ungenaue Gewinde, nicht entsprechender Handanzug, ein zu kleines Drehmoment bei der Verschraubung, führen bei der stets wechselnden Beanspruchung auf Druck und Zug, verbunden mit Verdrehung, zum Bruch des Gewindezapfens. Ein großes Drehmoment ruft wiederum gefährliche Spannungen hervor, die ebenfalls beim Bohren Muffenaufweitungen und Gewindezapfenbrüche zur Folge haben können.

Ein weiterer Faktor, der die Lebensdauer der Schwerstangen sehr ungünstig beeinflussen kann, ist die Korrosionsgefahr. Ein Salzgehalt der Bohrspülung von 1 bis 3% hat eine viel korrosivere Wirkung als eine mit Salz gesättigte Spülung.

Um all diesen Gefahren zu begegnen, werden die folgenden Maßnahmen vorgeschlagen:

a) Die Gewinde müssen sehr genau ausgeführt sein.

b) Um den Spannungsverlauf in der Gewindeverbindung möglichst günstig zu gestalten, soll am Grunde des Gewindezapfens eine Hohlkehle geschnitten werden (s. Abb. 271).

c) Beim Verschrauben soll das dem jeweiligen Durchmesser entsprechende Drehmoment genau eingehalten werden.

d) Die Gewinde sind in kurzen Zeiträumen zu kontrollieren, vor ihrer Verschraubung gründlichst zu reinigen und mit einem entsprechenden, säurefreien Schmiermittel mit Bleibasis zu schmieren.

e) Um Korrosionen hintanzuhalten, werden nach Berichten aus USA am Grunde des Gewindezapfens Magnesium-Anoden eingebaut (s. Abb. 272).

Aus USA wird berichtet, daß die obigen Maßnahmen zu einer erheblichen Verlängerung der Lebensdauer der Schwerstangenverbindungen geführt haben. Praktische Erfahrungen ergaben früher eine Lebensdauer von etwa 1000 Betriebsstunden (ohne Gewindeüberholung), wohingegen heute 4000 bis 6000 Betriebsstunden erreicht werden.

Ein Vorschlag geht dahin, bei den Schwerstangen spezielle Gewinde zu verwenden, die nur 3 1/2 Gang pro Zoll und einen Konus von 1 : 6 aufweisen. Die Gewindespitzen sollen stark gerundet werden, die Gewindeflanken einen Winkel von 90° einschließen.

Jede Gewindeverbindung ist nun einmal eine schwache Stelle im Bohrstrang. Heute wird mit Schwerstangenlängen gebohrt, die sich aus 10 bis 20 Schwerstangen-Einzelstücken zusammensetzen. Dies bedeutet bei normalen Schwerstangen (beiderseits Muffe) 18 bis 38 Nippelgewindeverbindungen. Bei Verwendung von Schwerstangen mit Zapfen (unten), Muffe (oben) reduziert sich diese Zahl auf die Hälfte. In diesem Falle müßte nur die an den Meißel anschließende Schwerstange beiderseits Muffengewinde haben, oder aber es wird lediglich hier ein Nippel mit beiderseitiger Muffe vorgesehen. Diese Schwerstangentypen stehen schon heute, allerdings nicht allgemein, in Verwendung.

Zu beachten ist die richtige Lagerung der Schwerstangen beim Transport, um ein Verbiegen zu vermeiden. (Näheres über die Schwerstangen in der „Tiefbohrtechnik".)

c) Das Bohrgestänge (Drill pipe)

Allgemeines. Die folgenden Bohrgestängetypen sind für Rotary-Bohrungen die gebräuchlichsten:

1. Bohrgestänge mit innen verdickten Enden,
2. Bohrgestänge mit außen verdickten Enden.

Beide sind nach A.P.I. genormt.

Es sind nahtlos gezogene Rohre, die in folgenden Längengruppen hergestellt werden:

Längengruppe 1 = 5,49 bis 6,71 m,
Längengruppe 2 = 8,23 bis 9,14 m,
Längengruppe 3 = 11,58 bis 13,72 m.

Die Längengruppe 2 wird weitaus bevorzugt eingesetzt. Die Längengruppe 1 erfordert zu viel Verschraubungen, die Längengruppe 3 wird beim Transport und den zahlreichen Verlade- und Entladearbeiten leicht verbogen.

Gütegrade. Die physikalischen Eigenschaften des Bohrgestänges sind in Tab. 34 angegeben.

Tabelle 34. *Übersicht über die Charakteristiken des Rotary-Bohrgestänges nach den heute gültigen Gütegraden*

	Gütegrad		
	C	D	E
Mindeststreckgrenze[1] kg/mm²	31,6	38,7	52,7
Mindestfestigkeit kg/mm²	52,7	66,8	70,3
Mindestdehnung auf (2 Zoll) = 50,8 mm für Streifenprobe %	20	18	18
Dehnungsprobe mit vollem Rohrquerschnitt	22	20	20

[1] Mindeststreckgrenze ist jene Spannung, durch die ein Probestab um 0,5% seiner ursprünglichen Länge gedehnt wird.

Tabelle 35. *A.P.I.-Bohrgestänge, außen verdickt*
Metrische Maße. Abbildung und Anmerkungen s. S. 222

					Zoll	2 3/8	2 7/8	3 1/2		4	4 1/2	
1	Rohr		Außendurchmesser	D	mm	60,325	73,005	88,900		101,600	114,300	
2	Rohr		Innendurchmesser	d	mm	46,101	54,635	70,206	66,091	84,836	97,180	92,456
3	Rohr		Wanddicke	t	mm	7,112	9,195	9,347	11,405	8,382	8,560	10,922
4	Rohr		Querschnitt		cm²	11,89	18,44	23,36	27,77	24,55	28,44	35,47
5	Rohr		Nenngewicht je Fuß		lb	6,65	10,40	13,30	15,50	14,00	16,60	20,00
6	Rohr		Gewicht je Meter mit Gestängeverbindern[2]	*Reg*	kg	—	—	—	—	23,60[4]	—	—
				F.H.	kg	—	—	—	—	23,90[4]	—	—
				I.F.	kg	10,63	16,55	20,98	24,44	23,69	26,95	32,47
7	Rohr	Verdickung	Außendurchmesser	D_4	mm	67,462	81,763	97,130	97,130	114,300	127,000	127,000
8	Rohr	Verdickung	ganze Länge höchstens	L_{eu}	mm	130,175	142,875	142,875	142,875	161,925	161,925	161,925
9	Rohr	Verdickung	ganze Länge mindestens	L_{eu}	mm	104,775	117,475	117,475		136,525	136,525	
10	Rohr	Verdickung	Länge: Übergang mindestens	m_{eu}	mm	63,500	63,500	63,500		63,500	63,500	
11	Gewinde		Flankendurchmesser in der Handanzugebene	E_1	mm	65,0665	79,3668	94,7338		111,9042	124,6043	
12	Gewinde	Längen	Rohrende bis E_1	L_1	mm	30,886	43,586	43,586		62,637	62,637	
13	Gewinde	Längen	vollkommenes Gewinde	L_2	mm	47,981	60,681	60,681		79,731	79,731	
14	Gewinde	Längen	Gesamt	L_4	mm	53,975	66,675	66,675		85,725	85,725	
15	Muffe		Außendurchmesser	W	mm	85,725	104,775	117,475		139,700	152,400	
16	Muffe		Länge	N_L	mm	139,700	165,100	165,100		203,200	203,200	
17	Muffe		Aussparung Durchmesser	Q	mm	70,637	84,938	100,305		117,475	130,175	
18	Muffe		Aussparung Tiefe	q	mm	3,175	3,175	3,175		3,175	3,175	
19	Muffe		Länge: Muffenstirn bis E_1	M	mm	13,564	13,564	13,564		13,564	13,564	
20	Muffe		Breite der Auflagefläche	R	mm	3,969	4,762	6,350		6,350	6,350	

Fortsetzung der Tabelle 35

Nr.											
21	Verschraubung	Handanzug	A	Gänge	3	3	3		3	3	
22		bei Kraftverschraubung	J	mm	14,288	14,288	14,288		14,288	14,288	
23	Werksprobedruck[3]			kg/cm²	210,9	210,9	210,9	210,9	210,9	210,9	210,9
24	Kritischer Außendruck (mindestens)[1]		Güte D		712,8	754,3	644,7	766,3	518,8	475,2	591,9
			Güte E		877,3	928,7	793,7	943,4	638,3	584,2	729,0
25	Innendruck (mindestens)[1]		Güte D		797,9	852,0	711,4	868,2	558,2	506,9	646,8
			Güte E		1087,5	1162,1	970,1	1183,9	761,3	691,1	881,6
26	Zugfestigkeit im Rohrkörper bis zur Streckgrenze[5]		Güte D	Tonnen	45,8	71,2	90,3	107,5	94,8	109,8	137,0
			Güte E		62,6	97,1	123,4	146,5	129,3	150,1	186,9
27	Inhalt je Meter		*Reg*	Liter	—	—	—	—	5,639[4]	—	—
			F. H.		—	—	—	—	5,659[4]	—	—
			I. F.		1,675	2,357	3,884	3,458	5,670	7,439	6,761
28	Verdrängung offen je Meter		*Reg*		—	—	—	—	2,906[4]	—	—
			F. H.		—	—	—	—	2,971[4]	—	—
			I. F.		1,325	2,059	2,605	3,031	2,952	3,348	4,026
29	Verdrängung geschlossen je Meter		*Reg*		—	—	—	—	8,545[4]	—	—
			F. H.		—	—	—	—	8,630[4]	—	—
			I. F.		3,000	4,416	6,489	6.489	8,622	10,787	10,787
30	Querschnitt		F	cm²	11,89	18,44	23,36	27,77	24,55	28,44	35,47
31	Axiales Trägheits-Moment[6]		J	cm⁴	42,8	95,8	187,3	212,9	268,7	399,9	479,0
32	Widerstands-Moment		$W=2J/D$	cm³	14,2	26,2	42,1	47,9	52,9	70,0	83,8
33	Trägheits-Halbmesser		$i=\sqrt{J/F}$	cm	1,90	2,28	2,83	2,77	3,31	3,75	3,68
34	Polares Trägheits-Moment		$J_p=2J$	cm⁴	85,6	191,6	374,6	425,8	537,4	799,8	958,0
35	Polares Widerstands-Moment		$W_p=2W$	cm³	28,4	52,5	84,3	95,8	105,8	139,9	167,6
36	Drehmoment M_t bis zur Streckgrenze für Gütestufe[7]		D	mkg	824	1532	2445	2778	3068	4057	4860
37			E		1122	2074	3330	3784	4179	5526	6620
38	Aufschraub-Drehmoment für Gestängeverbinder[8]		mindestens		450	700	1050	1050	1200	1450	1450
39			höchstens		600	900	1250	1250	1400	1650	1650

Anmerkungen zu Tabelle 35:

Gewindeform: Mit gerundeter Spitze
Gangzahl/Zoll: 8 Gänge für alle Rohrgrößen
Kegel: 1 : 16

[1] Sicherheitsfaktor = 1
[2] Längensorte 2 = 30 Fuß
[3] Nicht vorgeschrieben
[4] Mit 4 1/2 Zoll-Gestängeverbindern
[5] Abstreiffestigkeit des Gestängegewindes ist ungefähr 100% höher als die Zugfestigkeit im Stangenkörper
[6] Trägheitsmoment $J = \pi/64\,(D^4 - d^4)$
[7] Drehmoment

$$M_t = \frac{\pi}{16} \cdot \frac{D^4 - d^4}{D} \cdot \tau = 2\,W\tau = W_p \cdot \tau$$

[8] Erfahrungswerte der Westdeutschen Mannesmannröhren A.G.
a) Verdrehungsspannung τ $= 0{,}75 \times$ Streckgrenze
b) τ für Gütestufe D $= 0{,}75 \times 3870 = 2900$ kg/cm²
c) τ für Gütestufe E $= 0{,}75 \times 5270 = 3950$ kg/cm²
d) Die angegebenen Werte beziehen sich auf die Nennwanddicke ohne Berücksichtigung der zulässigen Wanddickentoleranz von $12^1/_2\%$

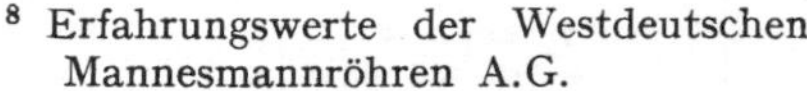

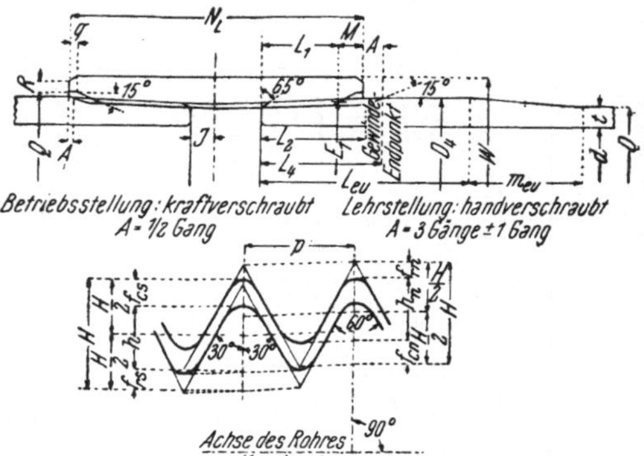

Gewindemaße in mm	
Gewindehöhe	8 Gang/Zoll $p = 3{,}1750$
$H = 0{,}866\,p$	2,7496
$h = h_n = 0{,}626\,p - 0{,}1778$	1,8098
$f_{rs} = f_{rn} = 0{,}120\,p + 0{,}0508$	0,4318
$f_{cs} = f_{cn} = 0{,}120\,p + 0{,}1270$	0,5080

Die heutigen, als Standard nach A.P.I. geltenden Bohrgestänge haben die folgenden Nenndurchmesser: 2 3/8, 2 7/8, 3 1/2, 4, 4 1/2, 5, 5 1/2, 6 5/8 Zoll. Die genauen Maße, Gewichte, Außen- und Innendruck, Zugfestigkeit, äquatoriales, polares Trägheitsmoment, polares Widerstandsmoment, Verdrängung und Inhalt je Meter sind aus den Tab. 35 und 36 ersichtlich.

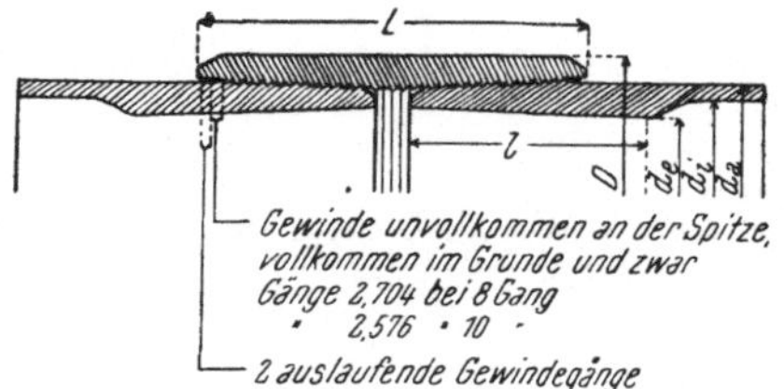

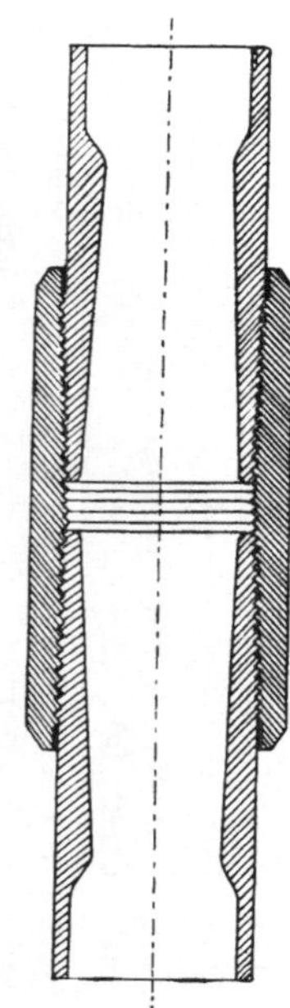

Abb. 273. Normale Rotary-Bohrgestänge-Muffe

Die chemische Zusammensetzung des Stahles für Bohrgestänge soll sich in den folgenden Grenzen halten:

Kohlenstoff	0,02 bis	0,44%
Mangan	0,3 bis	1,5 %
Silizium	0,01 bis	0,85%
Phosphor	nicht über	0,08%
Schwefel	nicht über	0,06%

Gewindekonstruktion. Das Gewinde ist bei normalem A.P.I.-Bohrgestänge nach BRIGGschem Standard genormt, der Gewindeflankenwinkel beträgt 60°, die Ecken sind abgerundet (s. Tab. 35 und 36).

Bei besonderen Spezialgewindeverbindern finden wir das „Acmee"-Gewinde, es ist trapezförmig mit ebenfalls abgerundeten Ecken.

Das BRIGGsche Standard-Gewinde wird am Gestängeende konisch geschnitten. Die Konizität beträgt bei den Normdurchmessern von 3 1/2 Zoll bis 6 5/8 Zoll 3/4 Zoll pro Fuß, das ist etwa 1 : 16, bei den kleineren Normdurchmessern von 2 3/8 und 2 7/8 Zoll 3/8 pro Fuß, das ist 1 : 31,8. Die Gewindegangzahl ist bei allen Normdurchmessern bis auf 2 3/8 Zoll, der 8 Gang/Zoll hat, 10 Gang/Zoll.

Maße zu Abb. 273

Nenndurchmesser	Außendurchmesser *da*	Innendurchmesser *di*	Stauchdurchmesser *de*	Rohrgewicht		Muffe Außendurchmesser *D*	Muffe Länge *L*	Muffe Gewicht	
Zoll	mm	mm	mm	kg/m	lbs./ft.	mm	mm	kg	lbs.
2 3/8	60,325	50,799	36,513	6,53	4,80	79,375	139,7	2,53	5,58
2 3/8	60,325	46,101	28,575	9,33	6,65	79,375	139,7	2,53	5,58
2 7/8	73,025	62,713	47,625	8,63	6,45	95,250	165,1	4,20	9,26
2 7/8	73,025	59,005	41,275	11,41	8,35	95,250	165,1	4,20	9,26
2 7/8	73,025	54,635	30,163	14,47	10,40	95,250	165,1	4,20	9,26
3 1/2	88,900	77,790	61,913	11,42	8,50	107,950	165,1	4,40	9,70
3 1/2	88,900	73,660	53,975	15,27	11,20	107,950	165,1	4,40	9,70
3 1/2	88,900	70,208	47,625	18,34	13,30	107,950	165,1	4,40	9,70
4 1/2	114,300	101,600	82,550	16,91	12,75	139,700	203,2	9,04	19,93
4 1/2	114,300	100,534	80,109	18,23	13,75	139,700	203,2	9,04	19,93
4 1/2	114,300	97,180	71,438	22,32	16,60	139,700	203,2	9,04	19,93
5 9/16	141,305	126,364	104,775	24,65	19,00	171,450	215,9	13,96	30,77
5 9/16	141,305	123,418	96,838	29,18	22,20	171,450	215,9	13,96	30,77
5 9/16	141,305	120,218	88,900	33,99	25,25	171,450	215,9	13,96	30,77
6 5/8	168,275	154,051	131,763	28,27	22,20	196,850	228,6	16,59	36,57
6 5/8	168,275	151,511	127,000	33,35	25,20	196,850	228,6	16,59	36,57
6 5/8	168,275	146,329	117,475	42,57	31,90	196,850	228,6	16,56	36,57

Um jeden Meißelwechsel in möglichst kurzer Zeit zu bewerkstelligen, werden die Bohrstangen in Gestängezügen ein- und ausgebaut, wobei sich jeder Zug, je nach vorhandenen Längengruppen der Stangen aus vier, drei oder zwei Gestängelängen zusammensetzt (fourble, triple, double). Vorausgesetzt, die Turmhöhe übersteigt nicht die heute übliche Normhöhe von 42,7 bzw. 44,83 m.

Auf diese Art wird die Zahl der jeweils erforderlichen Verschraubungen und damit die Arbeitszeit für diese wesentlich herabgesetzt.

Die einzelnen Gestängelängen sind untereinander mit Muffen, bzw. eigenen Gestängeverbindern („Tool joints“) verschraubt.

Werden nun Gestängestücke von der Längengruppe 1 verwendet, also Längen von 5,45 bis 6,71, so sind je zwei solche Stücke mit einer sogenannten Normalmuffe (s. Abb. 273) zu einem Halbzug verbunden, wohingegen die beiden Halbzüge mit einem speziellen zweiteiligen Gestängeverbinder („Tool joints“, Vater- und Mutterstück) verschraubt werden. Ebenso wird an den beiden Enden der beiden Halbzüge je ein Vater-, bzw. Mutterstück angesetzt, um so die Verbindung mit dem nächstfolgenden Gestängezug herzustellen.

Bei den anderen Längengruppen werden lediglich die zweiteiligen Gestängeverbinder — Tool joints — zwischen die einzelnen Bohrstangen als Verbindungsglieder eingesetzt.

Die besondere Bedeutung dieser Gestängeverbinder geht aus der folgenden Überlegung hervor:

(Fortsetzung S. 226)

Tabelle 36. *A.P.I.-Bohrgestänge, innen verdickt*
Metrische Maße. Abbildung und Anmerkungen s. S. 226

Nr.	Gruppe	Bezeichnung	Zeichen	Zoll	2 3/8	2 7/8	3 1/2		4	4 1/2		5 [1]	5 1/2 [2]		6 5/8
1		Außendurchmesser	D	mm	60,325	73,025	88,900		101,600	114,300		127,000	139,700		168,275
2	Rohr	Innendurchmesser	d	mm	46,101	54,635	70,206	66,091	84,836	97,180	92,456	108,610	121,361	118,618	151,511
3	Rohr	Wanddicke	t	mm	7,112	9,195	9,347	11,405	8,382	8,560	10,922	9,195	9,169	10,541	8,382
4	Rohr	Querschnitt		cm²	11,89	18,44	23,36	27,77	24,55	28,43	35,47	34,03	37,60	42,77	42,10
5	Rohr	Nenngewicht je Fuß		lb.	6,65	10,40	13,30	15,50	14,00	16,60	20,00	19,50	21,90	24,70	25,20
6	Rohr	Gewicht je Meter mit Gestängeverbindern[4]	*Reg*	kg	10,61	16,37	20,57	23,99	—	26,80	32,15	—	36,64	40,87	42,35
			F.H.	kg	—	—	21,07	24,48	—	27,10	32,44	—	36,59	40,82	42,10
			I.F.	kg	—	—	—	—	—	—	—	31,06[7]	—	—	—
7	Rohr, Verdickung	Innendurchmesser Rohrende	d_{ou}	mm	34,925	39,688	60,325	57,150	66 675	76,994	76,994	103,188	105,569	98,425	135,731
8	Rohr, Verdickung	Innendurchmesser	d_{iu}	mm	28,575	30,162	47,625	44,450	60,325	71,438	71,438	93,662	96,838	88,900	127,000
9	Rohr, Verdickung	Mindestlänge	L_{iu}	mm	82,550	88,900	88,900		114,300	127,000		127,000	127,000		127,000
10	Rohr, Verdickung	Länge: Übergang	m_{iu}	mm	38,100	38,100	38,100		50,800	50,800		50,800	50,800		50,800
11	Gewinde	Flankendurchmesser in der Handanzugebene	E_1	mm	57,9291	70,6292	86,5042		99,2042	111,9042		124,6043	138,9045		165,8793
12	Gewinde, Längen	Rohrende bis E_1	L_1	mm	30,886	43,586	43,586		53,111	62,637		62,637	68,987		75,337
13	Gewinde, Längen	vollkommenes Gewinde	L_2	mm	47,981	60,681	60,681		70,206	79,731		79,731	86,081		92,431
14	Gewinde, Längen	Gesamt	L_4	mm	53,975	66,675	66,675		76,200	85,725		85,725	92,075		98,425
15	Muffen	Außendurchmesser	W	mm	79,375	95,250	107,950		127,000	139,700		152,400	171,450		196,850
16	Muffen	Länge	N_L	mm	139,700	165,100	165,100		184,150	203,200		203,200	215,900		228,600
17	Muffen, Aussparung	Durchmesser	Q	mm	63,500	76,200	92,075		104,775	117,475		130,175	144,462		171,450
18	Muffen, Aussparung	Tiefe	q	mm	3,175	3,175	3,175		3,175	3,175		3,175	3,175		3,175
19	Muffen	Länge: Muffenstirn bis E_1	M	mm	13,564	13,564	13,564		13,564	13,564		13,564	13,564		13,564
20	Muffen	Breite der Auflagefläche	R	mm	3,969	4,763	6,350		6,350	6,350		6,350	6,350		7,938

Fortsetzung der Tabelle 36

Nr.														
21	Verschraubung: Handanzug	A	Gänge	3	3	3	3	3	3	3	3	3	3	3
22	Verschraubung: bei Kraftverschr.	J	mm	14,288	14,288	14,288	14,288	14,288	14,288	14,288	14,288	14,288	14,288	14,288
23	Werksprobedruck[5]		kg/cm²	210,9	210,9	210,9	210,9	210,9	210,9	210,9	210,9	210,9	210,9	210,9
24	Kritischer Außendruck (mindestens)[3]	Güte D	kg/cm²	712,0	754,3	644,7	766,3	518,8	475,2	591,9	460,5	405,6	478,0	270,0
		Güte E	kg/cm²	877,3	928,7	793,7	943,5	638,3	584,2	729,0	566,6	499,1	588,4	331,8
25	Innendruck (mindestens)[3]	Güte D	kg/cm²	797,9	852,0	711,4	868,2	558,2	506,9	646,8	489,3	444,3	510,4	337,4
		Güte E	kg/cm²	1087,5	1162,1	970,1	1183,9	761,3	691,0	881,6	667,8	606,0	696,0	459,8
26	Zugfestigkeit im Rohrkörper bis zur Streckgrenze[7]	Güte D	Tonnen	45,8	71,2	90,3	107,5	94,8	109,8	137,0	131,5	145,6	165,6	162,8
		Güte E	Tonnen	62,6	97,1	123,4	146,5	129,3	150,1	186,9	179,6	198,2	225,4	221,8
27	Inhalt je Meter	*Reg*	Liter	1,633	2,296	3,796	3,374	—	7,233	6,578	—	11,291	10,775	17,595
		F. H.	Liter	—	—	3,816	3,395	—	7,251	6,597	—	11,349	10,832	17,699
		I. F.	Liter	—	—	—	—	—	—	—	9,156[6]	—	—	—
28	Verdrängung offen je Meter	*Reg*	Liter	1,318	2,029	2,557	2,979	—	3,307	3,962	—	4,506	5,022	5,187
		F. H.	Liter	—	—	2,620	3,041	—	3,373	4,027	—	4,555	5,072	5,212
		I. F.	Liter	—	—	—	—	—	—	—	3,860[6]	—	—	—
29	Verdrängung geschlossen je Meter	*Reg*	Liter	2,951	4,325	6,353	6,353	—	10,540	10,540	—	15,797	15,797	22,782
		F. H.	Liter	—	--	6,436	6,436	—	10,624	10,624	—	15,904	15,904	22,911
		I. F.	Liter	—	—	—	—	—	—	—	13,016[6]	—	—	—
30	Axiales Trägheits-Moment[8]	J	cm⁴	42,8	95,8	187,3	212,9	268,7	399,9	479,0	593,8	804,6	897,7	1349,0
31	Widerstands-Moment	$W = 2\,J/D$	cm³	14,2	26,2	42,1	47,9	52,9	70,0	83,8	93,5	115,2	128,5	160,3
32	Trägheits-Halbmesser	$i = \sqrt{J/F}$	cm	1,90	2,28	2,83	2,77	3,31	3,75	3,68	4,18	4,63	4,58	5,66
33	Polares Trägheits-Moment	$J_p = 2\,J$	cm⁴	85,6	191,6	374,6	425,8	537,4	799,8	958,0	1187,6	1609,2	1795,4	2698,0
34	Polares Widerstands-Moment	$W_p = 2\,W$	cm³	28,4	52,5	84,3	95,8	105,8	139,9	167,6	187,0	230,4	257,0	320,7
35	Drehmoment M_t bis zur Streckgrenze für Gütestufe[9]	D	mkg	824	1532	2445	2778	3068	4057	4860	5423	6682	7453	9300
36		E	mkg	1122	2074	3330	3784	4179	5526	6620	7386	9101	10152	12668
37	Aufschraub-Drehmoment für Gestängeverbinder[10]	mindestens	mkg	450	700	1050	1050	1200	1450	1450	1600	1800	1800	2000
38		höchstens	mkg	600	900	1250	1250	1400	1650	1650	1800	2100	2100	2300

Anmerkungen zu Tabelle 36:

Gewindeform: Mit gerundeter Spitze

Gangzahl pro Zoll: 8 Gänge für alle Rohrgrößen

Kegel: 1 : 16

1 Versuchsweise

2 Die Rohrgröße 5 1/2 Zoll ist auch außen verdickt
Außendurchmesser der Verdickung
$D_u = 141{,}300$ mm
Länge der Verdickung $L_{eu} = 117{,}475$ mm mindestens
Länge des Überganges $m_{eu} = 25{,}400$ mm mindestens

3 Sicherheitsfaktor = 1

4 Längensorte 2 = 30 Fuß

5 Nicht vorgeschrieben

6 Mit 4 1/2 Zoll I. F.-Gestängeverbindern

7 Die Abstreiffestigkeit des Gestängegewindes ist ungefähr 100% höher als die Zugfestigkeit im Stangenkörper

8 $J = \frac{\pi}{64}(D^4 - d^4)$

9 $M_t = \frac{\pi}{16} \cdot \frac{D^4 - d^4}{D} \cdot \tau = 2\,W \cdot \tau = W_p\,\tau$

10 Erfahrungswerte der Westdeutschen Mannesmannröhren A.G.
a) Verdrehungsspannung τ
$= 0{,}75 \times$ Streckgrenze
b) τ für Gütestufe D
$= 0{,}75 \times 3870 = 2900$ kg/cm²
c) τ für Gütestufe E
$= 0{,}75 \times 5270 = 3950$ kg/cm²
d) Die angegebenen Werte beziehen sich auf die Nennwanddicke ohne Berücksichtigung der zulässigen Wanddickentoleranz von $12\frac{1}{2}$%

Gewindemaße in mm	
Gewindehöhe	8 Gang/Zoll $p = 3{,}1750$
$H = 0{,}886\,p$	2,7496
$h = h_n = 0{,}626\,p - 0{,}1778$	1,8098
$f_{rs} = f_{rn} = 0{,}120\,p + 0{,}0508$	0,4318
$f_{cs} = f_{cn} = 0{,}120\,p + 0{,}1270$	0,5080

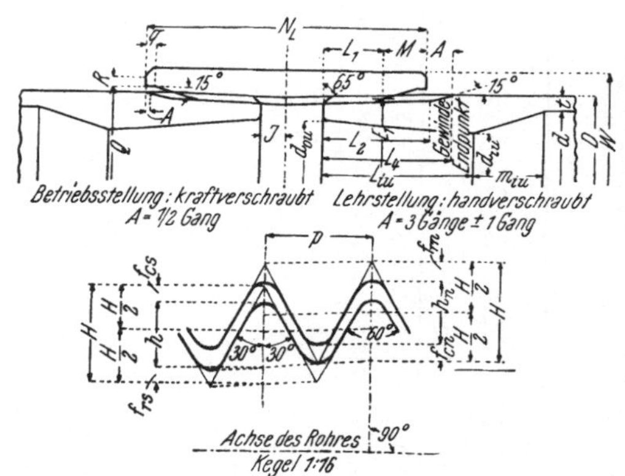

Eine Gestängegarnitur von z. B. 4 1/2 Zoll sollte unter normalen Verhältnissen etwa 40 000 m bohren können, bis sie wegen Übermüdung als Bohrgestänge auszuschalten ist (Materialermüdung und Brüche). Für diese Bohrmeterzahl können 1000, ja sogar 2000 Meißelwechsel erforderlich werden.

Für ein so häufiges An- und Abschrauben und die beim Bohren auftretende Beanspruchung müssen besonders widerstandsfähige Gewindeverbinder vorgesehen werden, deren Materialgüte dieser Beanspruchung gewachsen ist.

Die Spezialverbinder. Das Material der Spezialverbinder („Tool joints") ist ein hochwertiger Chromnickelstahl mit einer Bruchfestigkeit von 84,38 bis 120 kg/mm² und einer Festigkeit auf Verdrehung von 63,29 kg/mm². Sie werden aus einem Block gepreßt oder geschmiedet. Ein Satz besteht aus zwei Teilen, dem Vater- und Mutterstück (s. Abb. 274 und 275).

Beim Bohrgestänge der Längengruppe 2 und 3 ist an jedem Gestängezapfen ein Vater-, bzw. Mutterstück des Gestängeverbinders angeschraubt. Sowohl das Vater- als auch das Mutterstück hat an einem Ende ein Muffengewinde, das mit dem Zapfengewinde des Gestänges korrespondiert. Das beim Einbau untere Gestängeende hat das Vaterstück, das obere das Mutterstück angesetzt.

Für Bohrgestänge mit innen verstärkten Gestängeenden sind die folgenden zwei Verbindertypen genormt:

a) „Regular“ nach A.P.I. = Normalverbinder nach A.P.I. (s. Abb. 274).

b) „Full hole“ nach A.P.I. = Verbinder mit gleichem Durchflußquerschnitt (s. Abb. 275).

Der prinzipielle Unterschied dieser beiden Typen ist folgender: Die Bohrung der Gestängeverbinder ist bei „Regular“-Type kleiner als der Innendurchmesser der verdickten Gestängeenden, wohingegen er bei der „Full-hole“-Type um weniges größer ist. Der Fließwiderstand des Spülstromes ist bei Full-hole-Verbindern wesentlich geringer. Sie werden daher aus diesem Grunde heute vorgezogen.

Eine besondere Type sind Spezialverbinder mit gleichem oder fast gleichem Außendurchmesser wie jener des Gestänges (s. Abb. 276 und 277). Sie wurden mitunter dort eingesetzt, wo beim Bohren unter Druck beim Ein- oder Ausbau der Bohrstrang durch eine besondere Stopfbüchsenanordnung am Bohrlochmund durchgeschleust werden mußte.

Beim Bohrgestänge, das die Enden nach außen verstärkt hat, ist der Durchmesser der Verbinderbohrung ebenso groß wie der Innendurchmesser des Gestänges. Hier erfährt der Spülstrahl überhaupt keine Einschnürung und damit ist der Fließwiderstand noch kleiner als bei den Full-Hole-Verbindern. Das Gestänge wird als „internal flush“ = „innen glatt“ bezeichnet (s. Abb. 278).

Die Maße der Gestängeverbinder sind in Tab. 37 zu ersehen.

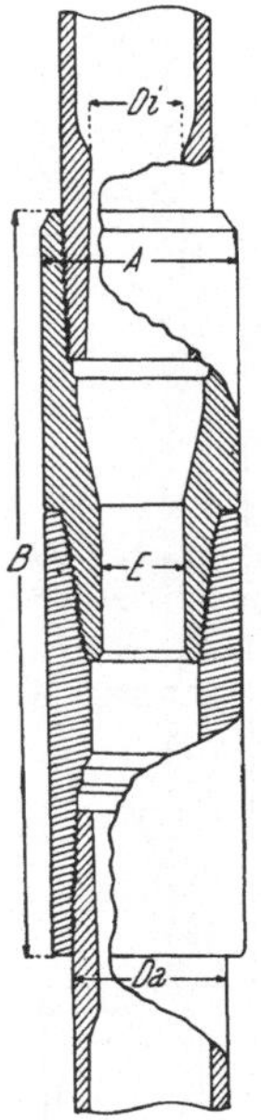

Abb. 274. Normal-Rotary-Gestängeverbinder (Regular tool joint)

Aufschrauben der Verbinder. Bevor das Bohrgestänge in die Bohrung eingebaut wird, müssen die Verbinder mit einem für jeden Nenndurchmesser gegebenen Drehmoment auf die Gestängeenden aufgeschraubt werden (s. Tab. 35, 36 und Abb. 279). (Zum Beispiel bei 4 1/2 Zoll Gestänge wird als Minimum 1450 mkg, als Maximum 1650 mkg vorgeschrieben.)

Maße zu Abb. 274

Nennmaß *Da*	*A*		*E*		*B*		Gewicht per Paar		*Di*	
Zoll	mm	Zoll	mm	Zoll	mm	Zoll	kg	lbs.	mm	Zoll
2 3/8	79,4	3 1/8	25,4	1	406,4	16	11,50	25,4	28,6	1 1/8
2 7/8	95,1	3 3/4	31,8	1 1/4	431,8	17	16,30	36,0	30,2	1 3/16
3 1/2	108,0	4 1/4	38,1	1 1/2	457,2	18	20,40	45,0	47,6 44,5	1 7/8 1 3/4
4 1/2	139,7	5 1/2	57,2	2 1/4	508,0	20	33,50	74,0	71,4 96,8	2 13/16 3 13/16
5 9/16	171,5	6 3/4	70,2	2 3/4	558,8	22	55,30	122,0	88,9	3 1/2
6 5/8	196,9	7 3/4	88,9	3 1/2	609,6	24	78,50	173,0	127,0	5

Nach dem Aufschrauben der Verbinder verbleiben doch noch einzelne, insbesondere die unvollständigen Gewinde am Gestängezapfen frei und bilden gefährliche Kerben. Hier konnten auch infolge der sehr wechselnden Beanspruchung beim Bohren die meisten Gestängebrüche registriert werden.

Um diesem Übelstand abzuhelfen, hat man die Gestängeverbinder an diesen Stellen zunächst an das Gestänge elektrisch verschweißt (s. Abb. 280).

Da das Gestänge und die Verbinder aus verschieden legierten Stählen hergestellt sind, müssen zur Verschweißung die entsprechenden Elektroden verwendet werden, um ein Aufbrechen der Schweißnaht bei der Bohrarbeit auszuschließen.

Besondere Gestängeverbinder. Andere Möglichkeiten, dem oben genannten Übelstand abzuhelfen, sind die sogenannten Schrumpfverbinder, „Shrink-grip"-Verbinder (s. Abb. 281). Hier sind die Verbinder in ihrem Anschlußteil an den Gestängezapfen etwas länger gehalten und haben neben dem am Gestängezapfen passenden Muffenteil noch einen gewindelosen Fortsatz. Vor dem Aufschrauben mit vorgesehenem Drehmoment werden die Verbinder erwärmt, dadurch geweitet, und in diesem Zustande mit dem verlangten Drehmoment auf die Gestängeenden aufgeschraubt. Nach dem Erkalten und der damit verbundenen Schrumpfung wird eine sehr gute und starre Verbindung mit dem Gestängezapfen erzielt.

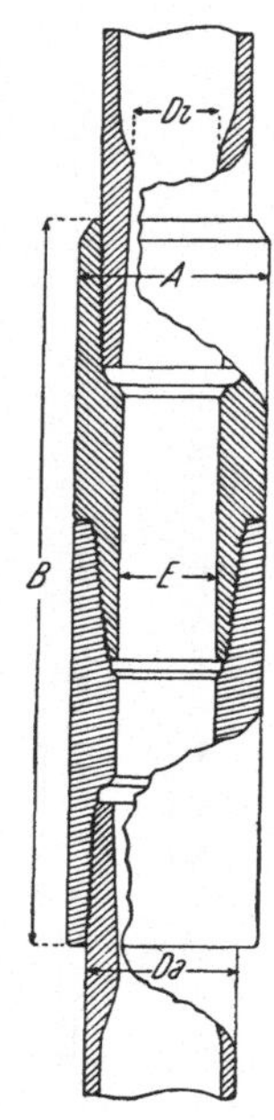

Abb. 275. Gestängeverbinder mit gleichem Innendurchmesser nach A.P.I.-Standard (A.P.I. Full hole tool joint)

Nach dem gleichen Prinzip, mit nur geringen Abweichungen sind in USA die folgenden Typen entwickelt worden: „Super shrink grip" der Firma Reed Roller Bit Co., „Seal grip" der Firma Hughes Tool Co. und „Straight grip" der Firma American Iron & Machine Works Co.

Die Firma Schoeller und Bleckmann (Ternitz, Niederösterreich) wendet eine andere Methode an, die ebenfalls eine sehr gute Verbindung gewährleistet. Es werden die Verbinder mit dem erforderlichen Drehmoment kalt aufgeschraubt, ihre verlängerten glatten Enden sodann auf Schmiedetemperatur erwärmt und in einem speziellen Gesenke auf das kalte Gestängeende aufgepreßt. Auf diese Art werden Steigungsfehler des Gewindes zwischen dem erwärmten Verbinder und kaltem Gestänge vermieden, ferner wird die Fertigung der sonst erforderlichen Schrumpfsitze überflüssig.

Maße zu Abb. 275

Nennmaß *Da*	*A*		*E*		*B*		Gewicht per Paar		*Di*	
Zoll	mm	Zoll	mm	Zoll	mm	Zoll	kg	lbs.	mm	Zoll
2 7/8	108,0	4 1/4	54,0	2 1/8	431,8	17	20,30	44,8	30,2	1 3/16
3 1/2	117,5	4 5/8	61,9	2 7/16	457,2	18	24,04	53,0	47,6 44,5	1 7/8 1 3/4
4 1/2	146,1	5 3/4	80,2	3 5/32	508,0	20	35,83	79,0	71,4 96,8	2 13/16 3 13/16
5 9/16	177,8	7	101,6	4	558,8	22	60,78	134,0	88,9	3 1/2
6 5/8	203,2	8	127,0	5	609,6	24	82,10	181,0	127,0	5

Eine weitere Verbindertype ist die „Hydrill"-Konstruktion (s. Abb. 282). Hier ist das Gestängeende entweder innen, außen oder beiderseits aufgestaucht. Also entweder innen glatt = „internal flush" oder beiderseits wenig gestaucht. Diese gestauchten Enden erhalten nun ein gestaffeltes Muffengewinde, wobei die Acme-Gewindeform gewählt wird. Die Verbindung zwischen diesen beiden Muffenteilen wird durch eigene Nippelstücke besorgt, die eine gegen die Rohrachse etwas schräg gestellte Sitzfläche erhalten und hier eine gute Abdichtung besorgen. Der Nippel bleibt sodann (im weiteren Ein- und Ausbau) am unteren Ende des Gestängezuges angeschraubt, so daß er nur vom Muffenstück des anderen Gestängeendes loszuschrauben ist.

Die hier beschriebenen Verbinder haben im unteren Teil des Mutterstückes, also dort, wo der Elevator beim Anheben angreift, eine flache,

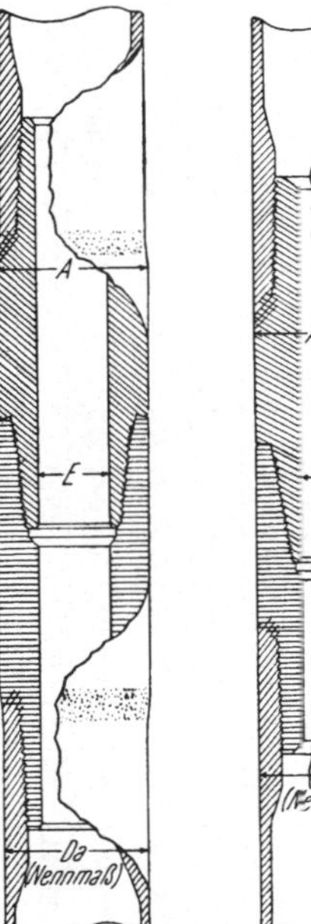

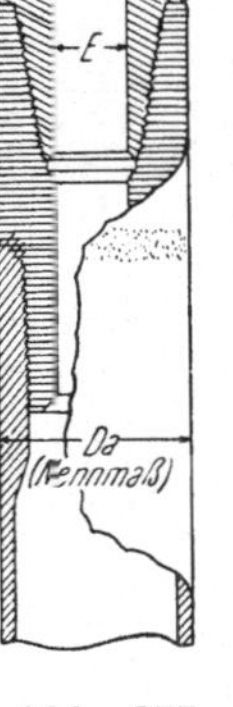

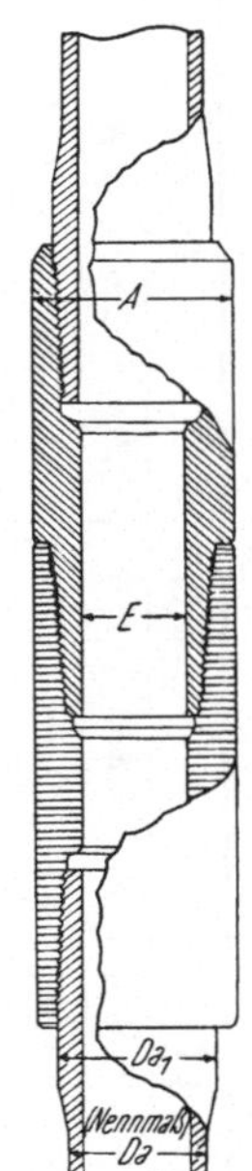

Abb. 276 Abb. 277 Abb. 278

Abb. 276 bis 278. Spezialverbinder. Abb. 276 Type Full hole, außen glatt, Abb. 277 Mit Acme-Gewinde, außen glatt, Abb. 278 Nach Standard A.P.I., innen glatt

Maße zu Abb. 276

Nennmaß	*A*		*E*		*Da*	
Zoll	mm	Zoll	mm	Zoll	mm	Zoll
2 3/8	63,5	2 1/2	25,4	1	60,3	2 3/8
2 7/8	76,2	3	27,0	1 1/16	73,0	2 7/8
3 1/2	93,6	3 11/16	38,1	1 1/2	88,9	3 1/2
4 1/2	119,1	4 11/16	55,6	2 3/16	114,3	4 1/2

Maße zu Abb. 277

Nennmaß	*A*		*E*		*Da*	
Zoll	mm	Zoll	mm	Zoll	mm	Zoll
2 3/8	60,3	2 3/8	22,2	7/8	60,3	2 3/8
2 7/8	73,0	2 7/8	22,2	7/8	73,0	2 7/8
3 1/2	89,7	3 17/32	31,8	1 1/4	88,9	3 1/2
4 1/2	115,1	4 17/32	44,5	1 3/4	114,3	4 1/2
5 9/16	141,3	5 9/16	63.5	2 1/2	144,3	5 9/16
6 5/8	168,3	6 5/8	76.2	3	168,3	6 5/8

Maße zu Abb. 278

Nennmaß	*A*		*E*		Da_1	
Zoll	mm	Zoll	mm	Zoll	mm	Zoll
2 3/8	85,7	3 3/8	44,5	1 3/4	67,5	2,656
2 7/8	104,8	4 1/8	54,0	2 1/8	81,7	3.218
3 1/2	127,0	4 3/4	68,3	2 11/16	97,1	3,824
4 1/2	155,6	6 1/8	95,3	3 3/4	127,0	5,000
5 9/16	187,3	7 3/8	122,2	4 13/16	154,0	6,062
6 5/8	215,9	8 1/2	150,0	5 29/32	181,0	7,125

Tabelle 37. *A.P.I.-Rotary-Gestängeverbinder*

Metrische Maße

1	Nenn-Größe und Art		Zoll	2 3/8 Reg	2 3/8 I.F.	2 7/8 Reg	2 7/8 I.F.	3 1/2 Reg	3 1/2 F.H.	3 1/2 I.F.	4 I.F.	4 1/2 Reg	4 1/2 F.H.	4 1/2 I.F.	5 1/2 Reg	5 1/2 F.H.	5 1/2 I.F.[1]	6 5/8 Reg	6 5/8 F.H.	Toleranzen
2	Durchmesser: Außendurchmesser Standard	*OD*[2]	mm	79,375	85,725	95,250	104,775	107,950	117,475	120,650	146,050	139,700	146,050	155,575	171,450	177,800	—	196,850	203,200	± 0,794
3	Außendurchmesser wahlweise	*OD*[2]	mm	—	—	—	—	114,300	—	—	152,400	146,050	—	—	—	171,450	—	—	196,850	
4	Bohrung Standard	*ID*[2]	mm	25,400	44,450	31,750	53,975	38,100	61,913	68,263	82,550	57,150	80,169	95,250	69,850	101,600	—	88,900	127,000	+ 0 397
5	Bohrung wahlweise	*ID*[2]	mm	—	—	—	—	—	—	—	84,138	—	76,200	—	—	—	—	—	—	− 0,794
6	Gewicht je Paar		kg	10,4	10,4	15,4	16,8	18,1	22,7	21,8	35,4	34,5	27,2	36,7	57,2	56,7	—	75,8	73,8	—
7	Längen: Zapfenstück	*LP*	mm	241,300		260,350		276,225	276,225	279,400	311,150	307,975	301,625	311,150	339,725		—	368,300		+ 3,175 −12,700
8	Rohrende bis Stoßfläche	*LC*	mm	165,100		171,450		180,975	180,975	177,800	196,850	200,025	200,025	196,850	219,075	212,725	—	241,300		—
9	Muffenstück	*LB*	mm	241,300		260,350		276,225	276,225	279,400	311,150	307,975	317,500	311,150	339,725	349,250	—	368,300		+ 3,175 −12,700
10	verschraubt	*L*	mm	406,400		431,800		457,200			508,000	508,000	517,525	508,000	558,800	561,975	—	609,600		+ 9,525 −25,4
11	Aussparung: Durchmesser	*Q*	mm	63,500	70,644	76,200	84,931	92,075	92,075	100,012	117,475	117,475	117,475	130,175	144,463		—	171,450		—
12	Tiefe ohne Schräg.	*QC*	mm	8,731		8,731		8,731			8,731	8,731			8,731		—	8,731		—
13	ganze Tiefe	*QT*	mm	14,288		14,288		14,288			14,288	14,288			14,288		—	14,288		—
14	Breite der Stirnfläche	*RC*	mm	4,763		4,763		4,763			4,763	4,763			4,763		—	4,763		—
15	Zapfenmaße: großer Durchmesser	*DL*	mm	66,675	73,051	76,200	86,132	88,900	101,448	102,007	122,784	117,475	121,717	133,350	140,208	147,955	162,484	152,197	171,527	—
16	kleiner Durchmesser	*DS*	mm	47,625	60,351	53,975	71,323	65,075	77,623	85,065	103,734	90,475	96,317	114,300	110,058	126,797	141,326	131,039	150,368	—
17	Länge	*GP*	mm	76,20		88,90		95,25	95,25	101,60	114,30	107,95	101,60	114,30	120,65	127,00	127,00	127,00		+ 0,000 − 3,175
18	Gewinde: Flankendurchmesser in der Meßebene	*C*	mm	60,081	67,767	69,606	80,848	82,293	94,844	96,723	117,501	110,868	115,113	128,059	132,944	142,012	157,201	146,248	165,598	—
19	Gänge je Zoll		—	5	4	5	4	5	5	4	4	5	5	4	4			4		—
20	Gewindetiefe $h_s = h_n$		mm	2,993	2,831	2,993	2,831	2,993	2,993	2,831	2,831	2,993	2,993	2,831	3,742	3,754	2,831	3,754		—
21	Kegel		—	1 : 4	1 : 6	1 : 4	1 : 6	1 : 4	1 : 4	1 : 6	1 : 6	1 : 4	1 : 4	1 : 6	1 : 4	1 : 6	1 : 6	1 : 6		—
22	verschraubbar mit Bohrgestänge innen verdickt		Zoll	2 3/8	—	2 7/8	—	3 1/2	3 1/2	—	4 1/2	4 1/2	4 1/2	5	5 1/2	5 1/2	—	6 5/8		—
23	verschraubbar mit Bohrgestänge außen verdickt		Zoll	—	2 3/8	—	2 7/8	—	—	3 1/2	4	4	4	4 1/2	—	—	—	—	—	—

[1] 5 1/2 Zoll I.F.-Gestängeverbinder sind nicht genormt; es sind daher nur die Zapfen- und Gewindemaße angegeben.

[2] Nur auf besondere Bestellung: Gestängegewinde: Gewindeform: mit gerundeter Spitze — Gangzahl/Zoll: 8 Gänge — Kegel: 1 : 16.

senkrecht auf die Rohrachse stehende kreisringförmige Anschlagfläche, wohingegen das Vaterstück oben konisch ausgebildet ist, um beim Ausbau möglichst glatt entlang der Bohrlochwand gleiten zu können.

Details der Rotary-Gestängeverbinder nach A.P.I. (zu Tab. 37):

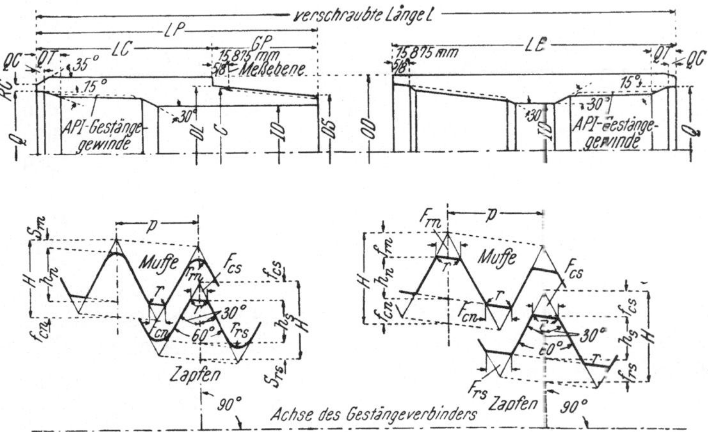

Normalverbinder (Regular tool joint), Standardbezeichnung Reg, und Verbinder mit erweitertem Innendurchmesser (Full hole tool joint), Standardbezeichnung *F. H.* Verbinder mit gleichem Innendurchmesser wie Gestänge (außen verdickte Enden, Internal flush tool joint), Standardbezeichnung *I. F.*

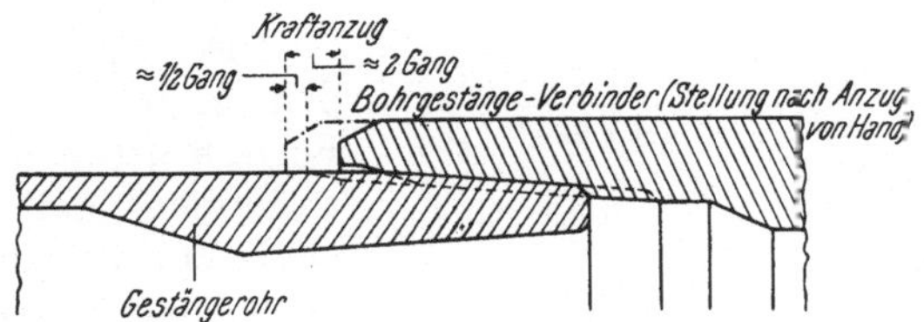

Abb. 279. Stellung der Rotary-Gestängeverbinder im Gestängegewinde bei Hand- und Kraftanzug

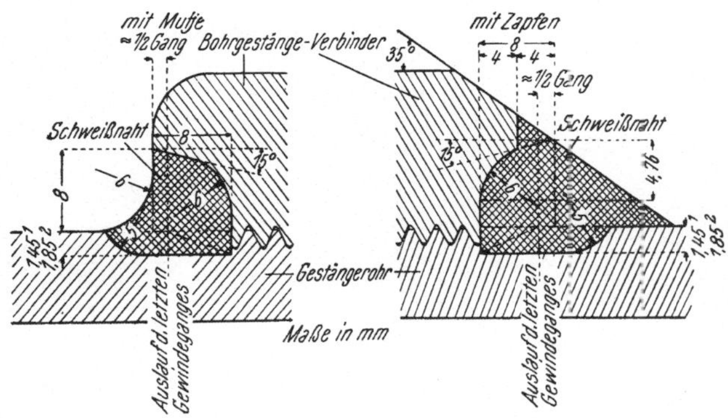

Abb. 280. Darstellung der Verschweißung der Rotary-Bohrgestänge mit den Gestängeverbindern. Links bei Gestängegewinde 2 3/8, rechts bei Gestängegewinde 2 7/8 bis 6 5/8

In den letzten Jahren geht das Bestreben dahin, die Verbinder an die gewindelosen Gestängeenden direkt stumpf anzuschweißen (s. Abb. 283 und 284).

Zur Erreichung der Kraftstellung sind nachstehende Aufschraubdrehmomente anzuwenden:

Rohr-Außendurchmesser		Drehmomente für	
		Aufschrauben	Aufschrauben und Verschweißen
Zoll	mm	kg · m	
2 3/8	60,3	450	600
2 7/8	73,0	650	900
3 1/2	88,9	950	1250
4 1/2	114,3	1300	1650
5 9/16	141,3	1600	2100
6 5/8	168,3	1800	2300

Das gerade geschnittene Gestängeende und das stumpfe gewindelose Ende des Gestängeverbinders werden in eine eigene Schweißmaschine eingeführt, im elektrischen Lichtbogen erhitzt und unter hohem Druck aneinandergepreßt. Es sind die sogenannten „Flash welded tool joints“. Diese geschweißten Gestängeverbinder sind konisch angesetzt, ein solches Gestänge muß daher mit einem entsprechend angepaßten Elevator eingebaut werden.

Die Schweißtechnik hat in den letzten Jahren gewaltige Fortschritte gemacht und es ist zu hoffen, daß diese Methode allgemein Eingang finden wird, denn jede Verschraubung bedeutet, wie schon gesagt wurde, im Bohrloch eine schwache Stelle und damit Bruchgefahr. Es handelt sich nicht allein um die Festigkeit für die vielfachen Beanspruchungen, sondern auch um eine möglichst vollständige Abdichtung in jeder Gewindeverbindung. Ein Durchbruch der Spülung, die bei größeren Teufen mit recht hohem Druck durchgepumpt wird, kann die Spülungszirkulation kurzschließen, der Spülstrom gelangt nicht mehr zum Meißel, der dann leicht

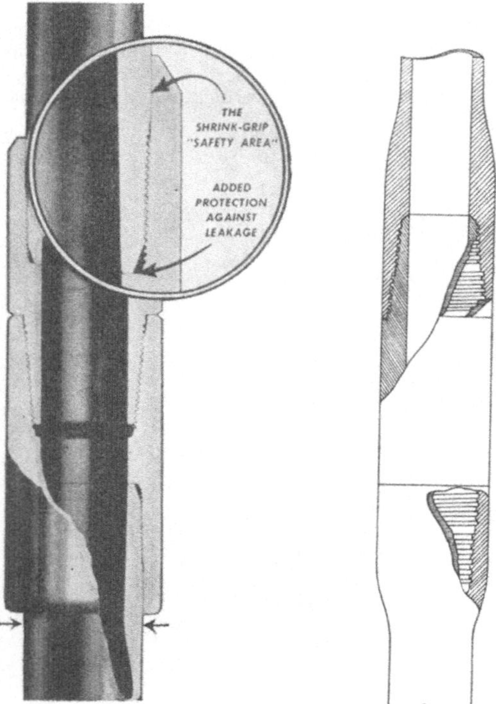

Abb. 281. Schrumpfverbinder („Shrink grip“)

Abb. 282 *a*. Hydrill-Rotary-Gestängeverbinder

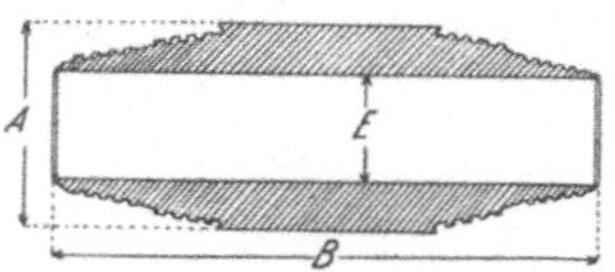

Abb. 282 *b*. Hydrill-Verbindungsnippel

Maße zu Abb. 282 b

Nennmaß	A		E		B		Gewicht per Paar	
Zoll	mm	Zoll	mm	Zoll	mm	Zoll	kg	lbs.
2 3/8	95,250	3 3/4	46,101	1,815	346,075	13 5/8	9,1	20,2
2 7/8	104,775	4 1/8	54,635	2,151	381,080	15	12,5	27,8
3 1/2	120,650	4 3/4	70,206	2,764	400,050	15 3/4	15,5	34,4
4 1/2	158,750	6 1/4	97,180	3,826	444,500	17 1/2	20,0	44,5
5 9/16	187,325	7 3/8	123,418	4,859	501,650	19 3/4	37,0	82,0
6 5/8	215,900	8 1/2	151,511	5,965	533,400	21	44,5	99,0

Nenndurchmesser	Außendurchmesser	Innendurchmesser	Stauchungsdurchmesser	Rohrgewicht	
Zoll	mm		mm	kg/m	lbs./ft.
2 3/8	60,325	46,101	95,250	9,6	6,65
2 7/8	73,025	54,635	104,775	15,0	10,40
3 1/2	88,900	70,206	120,650	19,2	13,30
4 1/2	114,300	97,180	158,750	23,9	16,60
5 9/16	141,300	123,418	187,325	32,0	22,20
6 5/8	168,275	151,511	215,900	36,3	25,20

in der Sohle festgebrannt wird, was eine zeit- und kostspielige Fangarbeit zur Folge haben kann.

Evidenz der Bohrgestänge. Jeder neue Gestängestrang soll vor seiner Verwendung eine Kartei erhalten. In dieser Kartei ist seine genaue Dimension, Länge, bzw. Gestängestückzahl, Lieferfirma, Einsatzdatum, Preis und die von ihm durchgeführte Bohrarbeit evident zu führen. Brüche sollen unter genauen Angaben, in welcher Bohrung und Teufe und an welcher Gestängestelle der Bruch erfolgte, vermerkt werden. Es müssen somit aus dieser Evidenz die gebohrten Meter und die Zahl und Art der Brüche jederzeit hervorgehen.

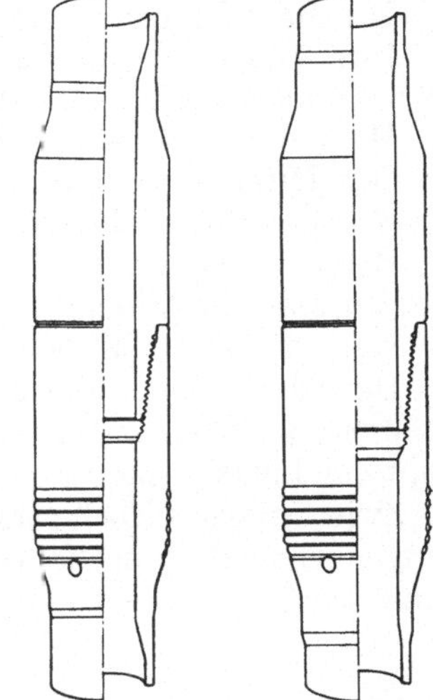

Abb. 283 und 284. Angeschweißte Gewindeverbinder

Die Verbinder erleiden im Laufe der Zeit eine gewisse Abscheuerung. Sie werden dann entweder elektrisch aufgeschweißt oder mit eigenen angeschweißten Schrumpfringen wieder auf ihren früheren Durchmesser gebracht. Bei starker Abscheuerung ist ein völliger Wechsel und Ersatz durch neue Verbinder notwendig.

Um ein zu rasches Abscheuern zu verhüten, werden drei bis vier konzentrische Hartmetallraupen auf die Spezialverbinder aufgeschweißt und nach dieser Panzerung auf eine Brinellhärte von rund 300 vergütet (s. Abb. 283 und 284).

Gestängebrüche und die daraus resultierenden, oft sehr kostspieligen Fangarbeiten können auf die folgenden Ursachen zurückgeführt werden:

1. Korrosionsherde, die eine Schwächung des tragenden Querschnittes zur Folge haben.

2. Durch obige Korrosionsherde verursachte Haarrisse.
3. Einkerbungen durch schlechten Einsatz der Abfangkeile.
4. Materialermüdung und damit verbundene Strukturänderung des Materials.

Die Praxis hat gezeigt, daß eine aufmerksame Beobachtung der Gestängeoberflächen beim Aus-Einbauzyklus durch das Bohrpersonal, weiters eine mit Frischwasser aufbereitete Bohrspülung, Ton- oder Ölspülung und nicht zuletzt genügende Schwerstangen, sowie ein richtiges Einsetzen der Abfangkeile die Bruchgefahr herabsetzt und die Lebensdauer des Gestänges verlängert.

Darüber hinaus wird aber empfohlen, das Bohrgestänge in bestimmten Zeiträumen, insbesondere wegen der schwierigen Beobachtung von Korrosionsherden und Haarrissen an der Innenwand, mit besonderen Apparaten zu überprüfen. Es gibt heute eine ganze Reihe von hierzu geeigneten Spezialgeräten, die auf elektrischem oder magnetischem Wege, ferner mit Röntgen- und Gammastrahlen usw. Materialfehler rechtzeitig aufdecken können.

d) Mitnehmerstange

Sie bildet das Verbindungsglied zwischen dem Bohrgestänge und dem Spülkopf. Um die Drehbewegung der Bohrgarnitur durch den Drehtisch übertragen zu können, ist sie kantig ausgebildet.

Das auf der Mitnehmerstange lose aufgezogene Mitnehmerstück paßt in die kantige Öffnung der Haupteinsatzbüchse des Drehtisches, so daß dessen Drehbewegung auch der Mitnehmerstange und damit der ganzen Bohrgarnitur übermittelt wird.

Bei Bohranlagen für kleinere Teufen sind an der Mitnehmerstange halbrunde Führungsnuten vorgesehen, die in eigene Führungsbolzen im Einsatzstück am Rotarytisch eingreifen.

Die Materialqualität ist die gleiche wie für Schwerstangen.

Ihre Länge ist mit 12,192 m standardisiert, doch können auf speziellem Wunsch auch Längen von 16,459 m geliefert werden.

Die weiteren Maße s. Tab. 38.

Der Mitnehmerteil (das ist der kantige Teil) mißt bei der Normallänge 11,278 m, bei der Speziallänge 15,45 m.

Beim Transport, den Verlade- und Abladearbeiten muß darauf geachtet werden, daß die Mitnehmerstange nicht verbogen wird. Werden Verbiegungen konstatiert, soll die Mitnehmerstange in eigenen Biegepressen begradigt werden.

Da sich der Drehtisch und damit auch die Mitnehmerstange beim normalen Bohren im Sinne des Uhrzeigers dreht, muß die Gewindeverbindung zum Spülkopf ein Linksgewinde haben.

Zwischen der Mitnehmerstange und dem Bohrgestänge wird ein eigener Übergang eingeschaltet, der je nach dem Durchmesser des Gestänges in seiner Länge bemessen ist (400 bis 610,0 mm, s. Tab. 39).

e) Der Spülkopf

Der Spülkopf (s. Abb. 285, 286 und 287) ist das oberste und gleichzeitig das die gesamte Last tragende Abschlußstück der Bohrgarnitur. Bei den normalen Konstruktionen sind die Tragbügel des Spülkopfes im Flaschenzugshaken eingehängt. Er hat somit die Aufgabe, die gesamte Last der Bohrgarnitur in seinem Drehlager zu tragen und zu drehen und darüber hinaus das Durchgangsorgan für den zum Meißel gepumpten Spülstrom zu bilden.

Tabelle 38. *A.P.I.-Mitnehmerstangen, quadratisch.* Metrische Maße

				Nenngröße		Zoll	2 1/2	3	3 1/2	4 1/4	5 1/4	6	Toleranzen
1				Nenngröße		Zoll	**2 1/2**	**3**	**3 1/2**	**4 1/4**	**5 1/4**	**6**	Toleranzen
2		Gesamtlänge		Normal	*LK*	m	12,192						+ 152,4 mm — 0
3		Gesamtlänge		wahlweise	*LK*	m	—			16,459			
4		Bohrung			*ID*	mm	31,75	44,75	57,15	69,85	82,55	88,90	+ 1,588 — 0
5	Obere Verdickung	G.V.-Gewinde linksgängig Größe und Art		Normal		mm	6 5/8 *Reg*						—
6	Obere Verdickung	G.V.-Gewinde linksgängig Größe und Art		wahlweise		mm	4 1/4 *Reg*				—		—
7	Obere Verdickung	Außendurchmesser		Normal	*OU*	mm	196,85						
8	Obere Verdickung	Außendurchmesser		wahlweise	*OU*	mm	146,50				—		
9	Obere Verdickung	Länge			*LM*	mm	406,4						+ 63,5 — 0
10	Mitnehmerteil	Maß über die		Flächen	*OF*	mm	63,50	76,20	88,90	107,95	133,35	152,40	[1]
11	Mitnehmerteil	Maß über die		Ecken	*OC*	mm	83,344	100,013	115,094	141,288	175,419	200,025	[2]
12	Mitnehmerteil	Rundung Radius *R*				mm	7,938	9,525	12,700	12,700	15,875	19,050	± 1,588
13	Mitnehmerteil	Länge		Normal	*LJ*	m	11,278						+ 152,4 mm — 0
14	Mitnehmerteil	Länge		wahlweise	*LJ*	m	—			15,545			
15	Untere Verdickung	*I. F.*-Muffengewinde	Größe			Zoll	2 3/8 *IF*	2 7/8 *IF*	3 1/2 *IF*	4 1/2 *IF*	5 1/2 *IF*	—	—
16	Untere Verdickung	*I. F.*-Muffengewinde	Außendurchmesser		*OD*	mm	85,725	104,775	120,650	155,575	187,325	—	± 0,794
17	Untere Verdickung	*F. H.*-Muffengewinde	Größe			Zoll	—	—	3 1/2 *FH*	4 1/2 *FH*	5 1/2 *FH*	6 5/8 *FH*	—
18	Untere Verdickung	*F. H.*-Muffengewinde	Außendurchmesser		*OD*	mm	—	—	117,475	146,050	177,800	203,200	± 0,794
19	Untere Verdickung	Länge			*LN*	mm	508,00						+ 63,5 — 0

[1] Toleranzen für *OF*: für die Größen 2 1/2 — 3 1/2 Zoll + 1,984 — 0,
für die Größen 4 1/4 — 6 Zoll + 2,181 — 0.

[2] Toleranzen für *OC*: für die Größen 2 1/2 — 3 1/2 Zoll + 3,375 — 0,
für die Größen 4 1/4 — 6 Zoll + 3,969 — 0.

Tabelle 39. *A.P.I.-Übergänge für Mitnehmerstangen*
Metrische Maße

1	Größe der Mitnehmerstange				Zoll	**2 1/2**	**3**	**3 1/2**	**4 1/4**	**5 1/4**	**6**	Toleranzen
2	Obere Zapfen aller Formen	*I. F.*-Gewinde	Größe		Zoll	2 3/8 *I.F.*	2 7/8 *I.F.*	3 1/2 *I.F.*	4 1/2 *I.F.*	5 1/2 *I.F.*	—	—
3			Außendurchmesser	*OD*	mm	85,725	104,775	120,650	155,575	187,325	—	± 0,794
4		*F.H.*-Gewinde	Größe		Zoll	—	—	3 1/2 *F.H.*	4 1/2 *F.H.*	5 1/2 *F.H.*	6 5/8 *F.H.*	—
5			Außendurchmesser	*OD*	mm	—	—	117,475	146,050	177,800	203,200	± 0,794
6	Untere Zapfen	Formen	*A*-Größe			wie oberer Zapfen (Sp. 2 bis 5)						—
7			*B* und *C*	*OJ*		[1]						± 0,794
8	Länge		*A*	*LR*	mm	406,4	406,4	508,0	508,0	609,6	609,6	Mindestmaß
9			*B* und *C*	*LS*		[2]						+ 3,175 — 12,700
10	Bohrung		*A* und *B*	*ID*		31,750	41,275	50,800	63,500	76,200	88,900	+ 0,397 — 0,794
11			*C*			[3]						+ 0,397 — 0,794

[1] Nach Bestellung: Größe und Art des Anschlußgewindes, *OJ*-Außendurchmesser des entsprechenden Gestängeverbinders.

[2] *LS* = der Länge *LB* des entsprechenden Gestängeverbinder-Muffenstückes. *LS* für 5 1/2 *I.F.* = 342,0 + 3,175 — 0.

[3] *ID* = der Bohrung des kleineren Gestängeverbinder-Anschlusses. *ID* für 5 1/2 *I.F.* = 122,24.

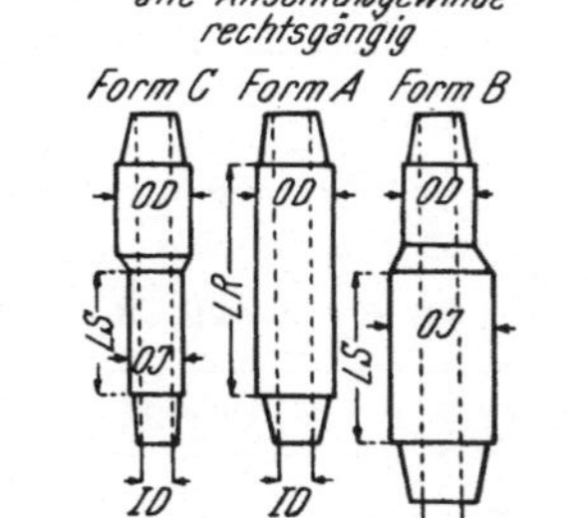

Seine Hauptbestandteile sind die folgenden:

1. Das *Spülkopfgehäuse,* das gleichzeitig der Schmierölbehälter ist, mit den zwei diametral gegenüberliegenden Tragzapfen.

2. Die *Tragspindel,* die im Spülkopfgehäuse auf Kugel-, Tonnen- oder sphärischen Rollenlagern aufsitzt.

3. Das *Spülrohr,* das in die hohle Tragspindel hineinragt und gegen diese mit einer besonderen Dichtung abgeschlossen ist.

4. Die *Spülkopfhaube,* die auf dem Spülkopfgehäuse aufgesetzt ist und in ihrem Zentrum oben das Spülrohrstück einfaßt.

5. Das *Krümmerstück,* das mit dem Spülrohr verbunden ist und gleichzeitig das Verbindungsglied zum anschließenden Spülschlauch bildet.

Um eine gerade Führung der Tragspindel im Gehäuse beim Bohrvorgang zu gewährleisten, sind unterhalb und auch oberhalb des Traglagers noch weitere Kugel-, bzw. Rollenlager vorgesehen.

Die Tragspindel hat am unteren Ende, entsprechend der Nenngröße, ein linksgängiges „Tool joint"-Muffen- oder Zapfengewinde.

Nach dem A.P.I.-Standard sind die Nenngrößen 6 5/8, 5 1/2, 4 1/2 und 3 1/2 Zoll.

In das obige Gewinde ist ein Übergangsstück als Verbindungsglied zur anschließenden Mitnehmerstange eingeschraubt.

In den Tragzapfen des Spülkopfgehäuses sind die Ösen des Tragbügels eingehängt.

Von besonderer Wichtigkeit ist die einwandfreie *Abdichtung* des Spülrohres (Wash pipe) gegenüber der Tragspindel und dem Spülkopfgehäuse, in dem sich das in einem Schmierölbad laufende Traglager befindet. Hier hat sich die sogenannte V-Packung aus einem speziellen imprägnierten Gewebe am besten bewährt (s. Abb. 287).

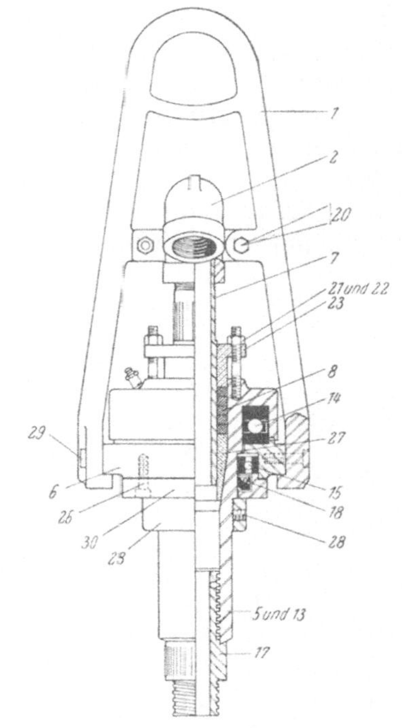

Abb. 285. Leichter Spülkopf für untiefe Rotary-Bohrungen.

1 Tragbügel, *2* Spülkopfkrümmer, *3* Abdichtung, *4* Spülkopfoberteil, *5* Spülkopfgehäuse, *6* Haupttragzapfen, *7* Spülrohr, *8* Dichtung, *9* Dichtungsring-Muffenstück, *10* Dichtung, *11* Oberes Rollenlager, *12* Kugellager, *13* Tragspindel, *14* Haupttraglager, *15* Unteres Rollenlager, *16* Dichtung, *17* Übergangsstück, linksgängig, *18* Abschlußdeckel mit Dichtung, *19* V-Dichtung für Spülrohr, *20* Schelle mit Schrauben, *21* Schraube für Stopfbüchsenbrille, *22* Mutter, *23* Stopfbüchsenbrille, *24* Dichtungsring, *25* Schmieröffnungspfropfen, *26* Deckelschraube, *27* Sitzbüchse für Packung, *28* Abschlußdeckel, bzw. -mutter mit Fixierschraube, *29* Kopfschraube für Tragzapfen, *30* Bodenplatte

Diese Dichtungen sind so gestaltet, daß die von unten gegen sie drückende Spülung die V-förmigen Dichtungsringe noch stärker gegen das Spülrohrstück und die hohle Tragspindel preßt.

Um die Reibungsverluste bei der drehenden Tragspindel auf ein Mindestmaß zu beschränken, ist eine entsprechende Ölschmierung dieser Dichtung vorgesehen.

Weitere Dichtungen sind sowohl zwischen der Spülkopfhaube und der Außenwand der Tragspindel als auch am unteren Ende der Tragspindel gegenüber dem Spülkopfgehäuse eingebaut.

Sowohl das obere Traglager als auch die Führungslager laufen in einem Ölbad. (Ölfüllung bei schweren Spülköpfen etwa 70 l.)

Entsprechende Öffnungen, die mit Schrauben verschlossen werden, sind sowohl für das Nachfüllen des frischen, als auch für das Ablassen des verbrauchten Schmieröles vorgesehen.

Die Traglast und mögliche Drehzahl müssen in einem bestimmten Verhältnis stehen, um eine wirtschaftliche Lebensdauer des Traglagers zu gewährleisten. Ein diesbezügliches Diagramm zeigt Abb. 288.

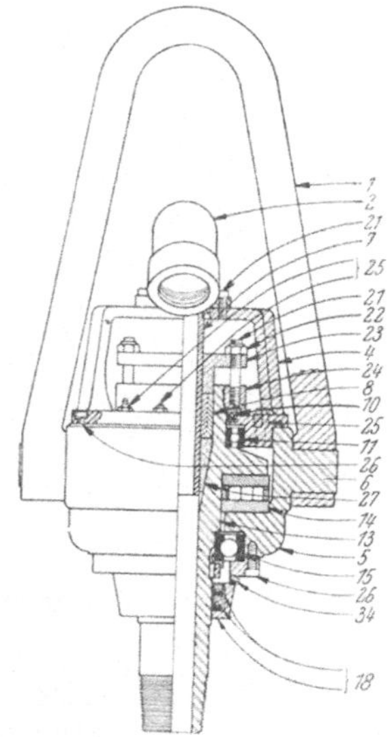

Abb. 286. Spülkopf für Rotary-Bohrungen. Legende wie Abb. 285, außerdem *34* Schmieröffnung-Abschlußschraube

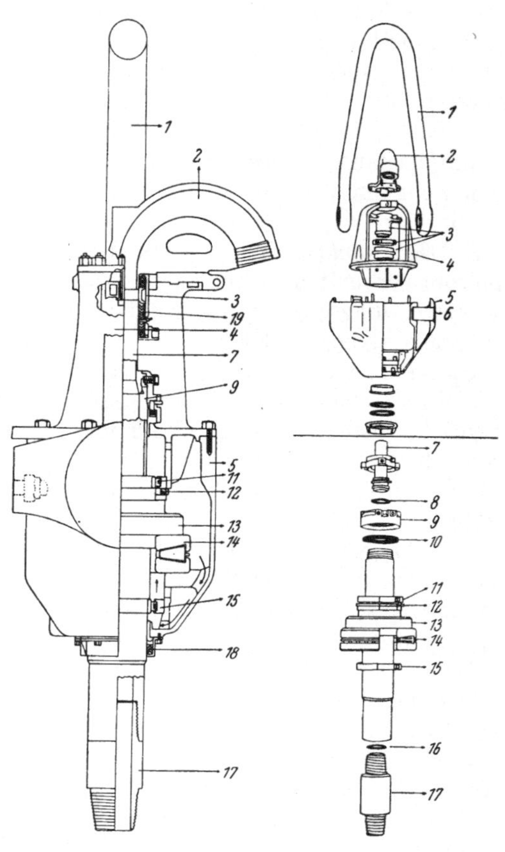

Abb. 287. Spülkopf für Rotary-Bohrungen. Legende wie Abb. 285

f) Die Spülschläuche

Die Schläuche sind teils aus Kautschuk, teils aus verschiedenen, vulkanisierten Lagen von Geweben hergestellt. Sie werden mit einem lichten Durchmesser von 2, 2 1/2, 3 Zoll geliefert, und zwar für Drücke von 60 bis etwa 350 Atm.

Nach A.P.I. sind folgende Maße standardisiert:

Nenngröße Zoll	Länge m	Rohranschluß ⌀ Zoll	Grad
2	10,67 bis 12,2	2 1/2	A
2 1/2	15,25 bis 16,77	3	B C
3	19,77 bis 18,30	4	C

Grad A mit 2 Gewebelagen für Probedrücke bis 210 Atm.
Grad B mit 2 Gewebelagen für Probedrücke bis 280 Atm.
Grad C mit 3 Gewebelagen für Probedrücke bis 350 Atm.

Sehr wichtig ist beim Spülschlauch die gute Verbindung sowohl mit dem Krümmer des Spülkopfes als auch mit der Steigleitung im Turm.

Zwei sehr gebräuchliche Typen sind in den Abb. 289 und 290 ersichtlich. Die erforderliche Länge des Spülschlauches ergibt sich nach vielen praktischen Versuchen wie folgt (siehe Abb. 291):

Die Länge der im Turm stehenden Steigleitung (SR) in m soll wie folgt gewählt werden:

$$SR = \frac{H + 4{,}5}{2};$$

H ist die Summe aus der Länge der Mitnehmerstange, der Bauhöhe des Spülkopfes, Höhe des Krümmers und Länge einer Bohrstange.

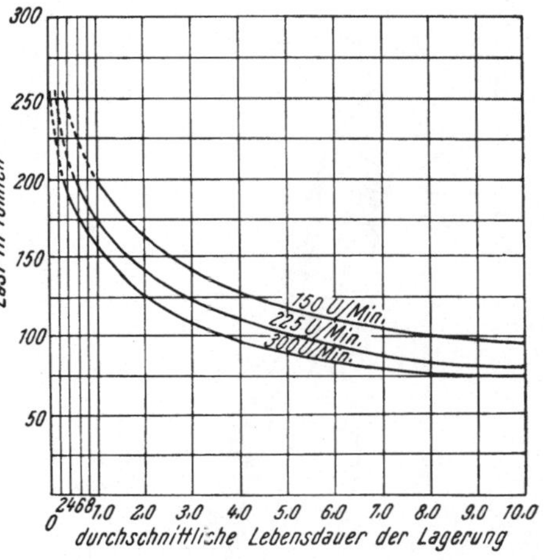

Abb. 288. Schaubild, darstellend das Verhältnis der Zugbelastung am Spülkopf zu der Lebensdauer des Spülkopflagers bei verschiedenen Drehzahlen/Min.

Die Länge des Spülschlauches (L) ergibt sich darin aus der Summe von $SR + 3{,}0$ in m. Zum Beispiel $H =$ Mitnehmerstange + Spülkopf + Krümmer + 1 Gestänge = 25,5 m,

so ist

$$SR = \frac{25{,}5 + 4{,}5}{2} = 15{,}0 \text{ m}$$

und

$$L \;= 15{,}0 + 3{,}0 = 18{,}0 \text{ m}.$$

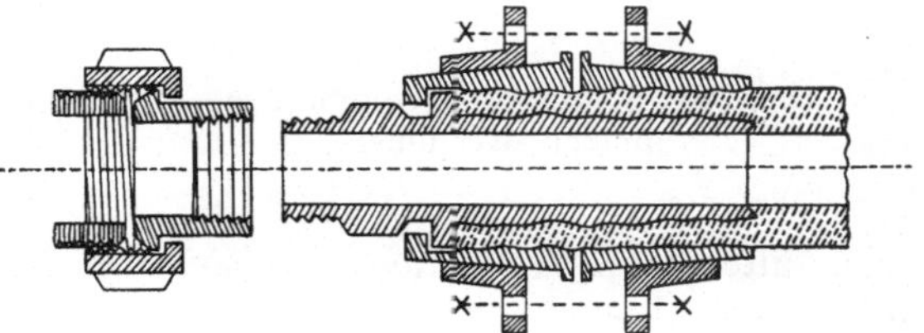

Abb. 289. Spülschlauch-Anschluß am Spülkopf-, bzw. Standrohr-Krümmer

Der Winkel, den die Krümmermittellinie mit der Lotrechten einschließt, muß mindestens 15°, womöglich aber größer sein. In der tiefsten Stellung des Spülkopfes soll der tiefste Punkt des Schlauches etwa 1,5 m unterhalb des Krümmerendes zu stehen kommen.

Für sehr hohe Pumpdrücke werden an Stelle der Druckschläuche eigene Gelenkrohre eingebaut. Die einzelnen Stahlrohrstücke sind durch gelenkartig ausgebildete Kniestücke, die mit Kugellagern ausgestattet sind, miteinander verbunden (s. Abb. 292 und 293).

g) Rotary-Gestänge- und Futterrohrzangen

Zum Verschrauben sowohl der einzelnen Gestängezüge als auch der Futterrohre werden besondere Zangen verwendet. Je zwei solcher Zangen des jeweils verwendeten Gestängedurchmessers sind im Bohrturm für das An- und Abschrauben der Gestängezüge vorgesehen.

Es sind aus Stahlguß gefertigte Gliederzangen, deren Glieder mit Bolzen drehbar verbunden sind (s. Abb. 294, 295 und 296).

Zwei dieser Glieder haben innen schwalbenschwanzförmige Nuten, in denen gehärtete und vertikal gezahnte Stahleinsätze eingeschoben werden, die bei geschlossener Zange an der Gestängeaußenfläche eingreifen.

Die beiden Schließglieder sind so konstruiert, daß die Innenklaue des einen Gliedes, durch Spiralfedern gesteuert, in die korrespondierende Außenklaue des Gegengliedes eingreift. Durch zwei Handgriffbügel, die an den Schließgliedern außen angesetzt sind, wird die Zange geschlossen und nach Lüften der Klaue geöffnet.

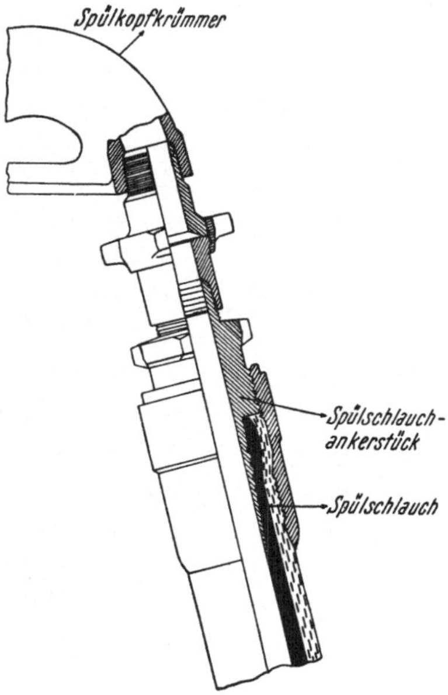

Spülkopfkrümmer
Spülschlauch-ankerstück
Spülschlauch

Abb. 290. Spülschlauch-Anschluß am Spülkopf-Krümmer

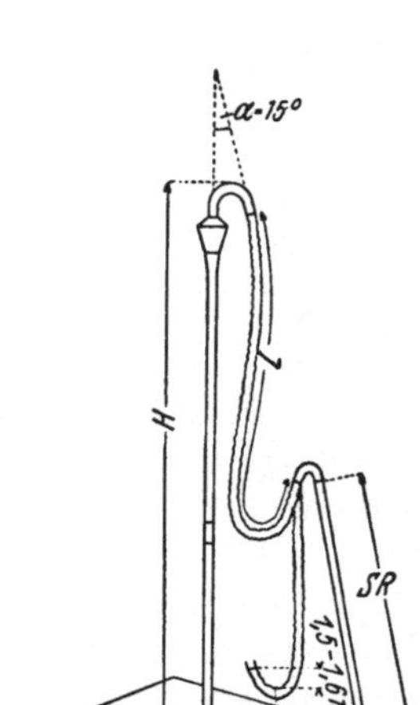

Abb. 291. Spülschlauch-Anordnung im Rotary-Bohrturm

Die ältesten Konstruktionen haben zwei Klauenstufen und können sowohl am Gestänge als auch am Spezialverbinder, also auf einem größeren Durchmesser angesetzt werden.

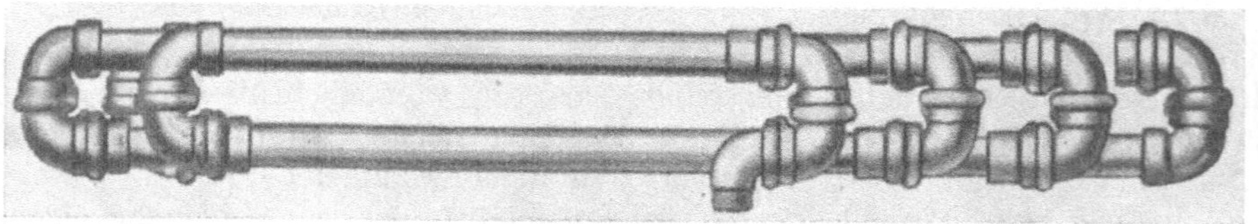

Abb. 292. Metallgliederschlauch der Fa. Chicksan Co., USA

Bei den neuen Typen kann durch eine besondere Konstruktion, welche die Durchmesserweite variieren läßt, ein noch größerer Verwendungsbereich, z. B. für Durchmesser von 3 1/2 bis 5 1/2 Zoll, mit der gleichen Zange erreicht werden.

Um der Bohrmannschaft die Handhabung der immerhin schweren Zangen möglichst zu erleichtern, ist die folgende Einrichtung getroffen: Die mit Handbügeln ausgestatteten Zangen sind auf dünnen Drahtseilen aufgehängt, die über Seilrollen geführt sind, die in einer Höhe von etwa 8 bis 12 m an den dem Hebewerk gegenüberliegenden Turmfüßen befestigt sind. Die anderen Seilenden tragen unterhalb der Arbeitsbühne entsprechende Gegengewichte.

Auf diese Art kann die Zange in beliebiger Höhenlage eingesetzt und während des Bohrens in den Turmecken seitlich abgestellt werden.

Das mit einer Öse ausgestattete Stielende der Zange ist mittels eines Seilschäckels mit einem Zugseil verbunden. Ist ein automatisches Spill am Hebewerk eingebaut, ist dieses Zugseil ein Drahtseil, das am anderen Ende an der einschaltbaren Spilltrommel befestigt ist. Wenn kein automatisches Spill vorhanden ist, wird als Zugseil ein Hanfseil gewählt, das um das fixe Spill in zwei bis vier Windungen gespult wird.

Da das Verschrauben der Gestänge im Uhrzeigersinne erfolgt, das Abschrauben in der entgegengesetzten Richtung, wird daher im ersten Fall das Spill beim Bohrmeisterstand, im zweiten Fall das gegenüberliegende Spill für diesen Arbeitsgang verwendet.

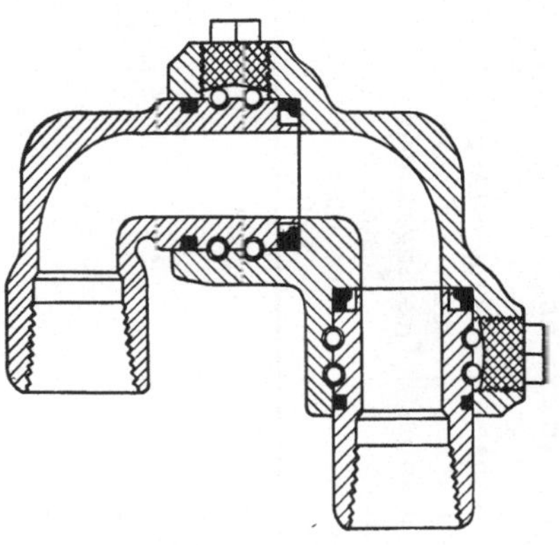

Abb. 293. Kugellager der Kniestücke bei Metallschläuchen der Fa. Chicksan Co., USA

In den letzten Jahren erschienen auf dem amerikanischen Markt Gestängezangen, die das An- und Abschrauben selbsttätig pneumatisch besorgen. Es ist eine ziemlich komplizierte Konstruktion, die eine gute Wartung und Bedienung erfordert.

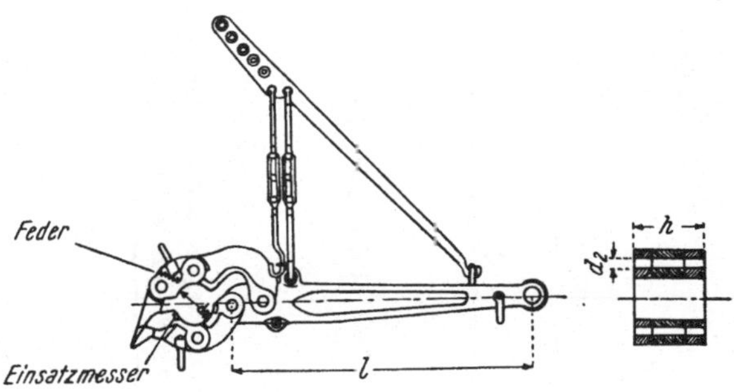

Abb. 294. Bohrgestänge-Zange

8. Nebenanlagen bei Rotary-Bohrungen

Zu einer modernen Rotary-Bohranlage gehört eine Reihe von Nebenanlagen, und zwar folgende:

1. Einrichtungen für den Spülungskreislauf und die Spülungsaufbereitung.
2. Ein Kompressor zur Drucklufterzeugung mit einem entsprechenden Luftdruckbehälter zum Anlassen der Dieselmotoren sowie für die pneumatischen Kupplungen.

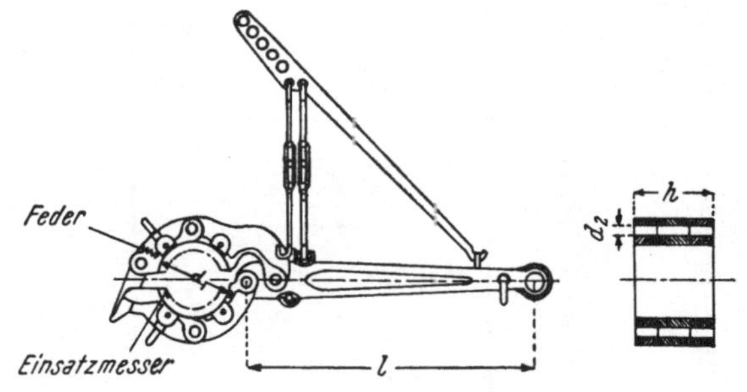

Abb. 295. Futterrohr-Zange

3. Spezielle, automatisch arbeitende Nachlaßvorrichtungen.
4. Ein Lichtaggregat zur Beleuchtung der Anlage bei Nacht.
5. Einrichtungen zum Schutz der Bohrmannschaft gegen Witterungseinflüsse.
6. Sicherheitseinrichtungen am Bohrlochmund gegen unvorhergesehene Eruptionen.
7. Vorkehrungen gegen Feuer.

Bezeichnung einer Zange Form A mit Aufhängevorrichtung von Klauendurchmesser $d_1 = 4\,1/2$ *Zoll: Zange A 4 1/2 Zoll DIN 5771* (s. Abb. 294)

Form		Klauendurchmesser d_1 Nenngröße Zoll	Größtmaß	Kleinstmaß	Bolzenlochdurchmesser d_2 Form A	B	Backenhöhe h Form A	B	l Form A	B	Bolzen DIN 5772 Form A	B	Anwendung für Bohrgestänge (glatte Rohre, Gestängemuffen, Gestänge-Verbinder) Zoll	Anwendung für Fanggestänge (glatte Rohre, Gestängemuffen, Gestänge Verbinder) Zoll	Gewicht (7,65 kg/dm³) kg ≈ Form A	B
A	—	2 3/8	79,4	60,3	38	45	150	160	1050	1150	38	45	2 3/8	—	121	—
A	—	2 7/8	108,0	73,0									2 7/8	—	123	—
A	*B*	3 1/2	117,5	88,9									3 1/2	3 1/2	126	170
A	*B*	4 1/2	146,1	114,3									4 1/2	4 1/2	130	175
A	*B*	5 9/16	177,8	141,3									5 9/16	5 9/16	135	180
A	*B*	6 5/8	196,9	168,3									6 5/8	—	138	185

Bezeichnung einer Zange Form A mit Aufhängevorrichtung und ohne Einsatzschalen von Klauendurchmesser $d_1 = 9\,5/8$ *Zoll: Zange A 9 5/8 Zoll DIN 5773* (s. Abb. 295)

Form	Klauendurchmesser d_1 Nenngröße Zoll	Größtmaß	Kleinstmaß	Bolzenlochdurchmesser d_2	Backenhöhe h	l	Bolzen DIN 5772	Anwendung für Futterrohre ohne Einsatzschalen (glatte Rohre, Rohrmuffen) Zoll	Anwendung für Futterrohre mit Einsatzschalen (glatte Rohre, Rohrmuffen) Zoll	Gewicht (7,85 kg/dm³) ohne Einsatzschalen kg ≈
B	4 1/4	136	121	45	160	1150	45	4 3/4	—	175
	5 3/4	167	146					5 3/4	4 3/4	180
	6 5/8	188	168					6 5/8	4 3/4; 5 3/4	185
	7	194	178					7	4 3/4 bis 6 5/8	185
	8 5/8	244	219					8 5/8	4 3/4 bis 7	195
A	9 5/8	270	244	38	150	1050	38	9 5/8	4 3/4 bis 8 5/8	155
	11 3/4	327	298					11 3/4	4 3/4 bis 9 5/8	165
	13 3/8	365	340					13 3/8	4 3/4 bis 11 3/4	175
	16	432	406					16	4 3/4 bis 13 3/8	185
	18 5/8	502	473					18 5/8	4 3/4 bis 16	200

8. Einrichtungen für Kleinreparaturen und Unterhalt der Anlage.
9. Büro- und Umkleideräume für Mannschaften.
10. Zufahrtswege und Verladerampen.

Über die Einrichtungen zum Spülungskreislauf wurde im Kapitel Spülpumpen schon generell gesprochen. Zu ergänzen wäre noch, daß mitunter eigene Spülbecken oder Reservoire für Reservespülung, bzw. zur Aufbereitung dieser Spülung vorgesehen sein müssen.

Näheres über die beim Bohren mit Rotary-Anlagen verwendeten Spülflüssigkeiten, ferner über die automatisch wirkenden Nachlaßeinrichtungen wird in der „Tiefbohrtechnik" besprochen werden.

Hier sei vorweggenommen, daß letztere es ermöglichen, einen gewünschten Bohrdruck des Meißels auf die Sohle automatisch einzustellen.

Da beim Rotarybohren fast immer in Tag- und Nachtschicht gearbeitet wird, muß auch für eine entsprechende Beleuchtung der Anlage Sorge getragen werden.

Es werden hier zwei bis drei Lichtleitungen eingebaut, da bei den verschiedenen Arbeitsgängen nicht alle Teile der Anlage gleichzeitig beleuchtet werden müssen.

Beim Bohren genügt im Turm die Beleuchtung der unteren Arbeitsbühne, des Kellerraumes, die Beleuchtung der Turmkrone, ferner des Maschinenraumes bei den Motoren, den Spülpumpen, des Schüttelsiebes und des Saugbeckens.

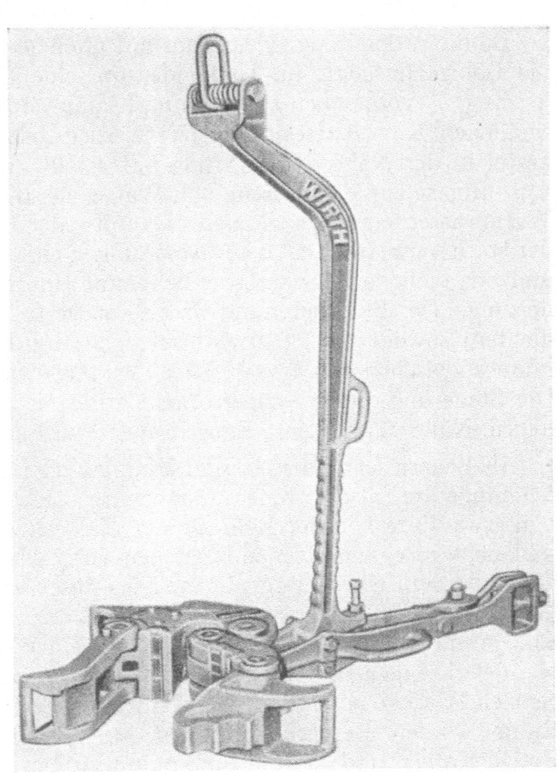

Abb. 296. Rotary-Gestängezange nach Fa. Wirth & Co., Erkelenz (Rhld.)

Beim Gestänge-Aus- und Einbau muß zusätzlich noch das ganze Innere des Bohrturmes beleuchtet werden. Beim Einholen von Gestängeteilen vom Turmpodium, Zusammensetzen und Auseinandernehmen von Kernrohren, beim Einbau von Futterrohren und Zementierungen muß auch das Turmpodium, also der Lagerplatz vor dem Bohrturm, beleuchtet sein.

Die Leuchten, meist mit etwa 100 Watt bemessen, sind an allen genannten Stellen entsprechend verteilt, so daß alle Arbeitsgänge gut übersehen werden können und auch Kontrollen der Maschinen und Pumpen ohne Schwierigkeiten möglich sind.

Zur Beleuchtung der Hauptarbeitsbühne sind in den Turmecken vier Lampen, auf der Gestängebühne und auf der Turmkrone mindestens zwei Leuchten vorgesehen. An der inneren Turmwand sind die Leuchten in gleichen Abständen verteilt. Häufig werden außen, mitunter auch im Turm selbst, eigene Reflektoren zur Beleuchtung eingesetzt. Der elektrische Strom wird von einer kleinen Generatoranlage oder vom Netz geliefert. Die einzelnen Leuchten, in stoßsicherer Ausführung, werden mit einem eigenen Schutzglas und darüber mit einem Drahtgitter ausgestattet. Die Leitungen sind gasdicht verlegt. Steckkontakte sind in den meisten Ländern bergbehördlich verboten.

Was den Schutz gegen Witterungseinflüsse betrifft, wäre folgendes zu sagen: In der warmen Jahreszeit bleiben die Türme völlig unverschalt, lediglich die Maschinenanlage erhält ein Schutzdach. In der kalten Jahreszeit werden der untere Teil der Arbeitsbühne, ferner die Gestängebühne und der ganze Maschinenraum mit Holz oder Zeltbahnen verkleidet. Auch die Turmrollenverlagerung erhält in diesem Falle ein Dach.

Bei sehr kalter Witterung muß oft auch der Kellerraum verschalt werden.

Da die Aufstellung eines Ofens mit offenem Feuer nicht statthaft ist, wird für die Bohrmannschaft im Umkleideraum eine Heizung — Dampf- oder Elektroheizung — vorgesehen. Der Dampf kann entweder von einer in der Nähe befindlichen Kesselbatterie geliefert werden oder es werden eigene kleine Heizkessel in der Nähe der Bohrung aufgestellt. Bei Dieselanlagen kann man die Auspuffgase zur Erwärmung von Wasser heranziehen und auf diese Art eine Art Warmwasserheizung einrichten. Dampf- oder Heißwasser ist auch zum Reinigen der stark vereisten Gestängeverbindungen eine Notwendigkeit. Der Bohrmeister und oft auch der Turmsteiger bekommt eine eigene, mitunter elektrische Fußheizung. Der Bohrlochmund wird so ausgestattet, daß ein völliges Sperren (Abdichten) sowohl des ganzen obertägigen Rohrquerschnittes als auch des Ringraumes zwischen den eingebauten Gestängen und den Futterrohren möglich ist. Die Steuerung dieser Absperrorgane kann mechanisch wie auch hydraulisch erfolgen. Näheres über diese Einrichtungen wird in der „Tiefbohrtechnik“ gebracht.

Als Feuerlöschrequisiten sind Minimax oder ähnliche Apparate wie auch Luftschaumgeräte im Maschinenraum bereitgestellt. Ferner sollen in einer Entfernung von etwa 40 m von der Bohrung ein Wasserhydrant und bei diesem Feuerwehrschläuche in einem eigenen Kästchen vorgesehen sein. Jedes größere Bohrfeld hat außerdem eine entsprechende Feuerlöschorganisation mit einem zentral gelegenen Feuerlösch-Depot. Für Kleinreparaturen und laufenden Unterhalt der Anlage soll jede Bohrung mindestens mit einer Werkbank und allen notwendigen Handwerkzeugen ausgestattet sein, die entweder im Maschinenraum, einer eigenen Baracke oder einem Werkstättenwagen eingebaut ist. In einem weiteren Raum werden Reservematerialien, wie Packungen, Dichtungen, Garnituren, fertige Kolben und Ventile für Spülungen usw. bereitgestellt.

Ferner ist auch Vorsorge zu treffen, daß der nötige Betriebsstoff, wie Dieselöl und Schmieröle, in eigens dafür gebauten Behältern, übersichtlich geordnet, einen entsprechenden Platz findet. Geeignete Schmierkannen und Pressen, die einen wirtschaftlichen Verbrauch ermöglichen, sind ebenfalls am richtigen Ort aufzubewahren.

Besonderes Augenmerk ist darauf zu richten, daß alle diese Gegenstände und Werkzeuge nach Gebrauch immer wieder auf ihren Platz zu stehen kommen und vor ihrer Abstellung gut gereinigt werden. Dieses Ordnunghalten ist ein sehr wichtiges Moment, das sich besonders in Gefahrfällen reichlich bezahlt macht.

Büro und Umkleideräume und womöglich auch eine Waschgelegenheit sind bei jeder Bohrung vorzusehen.

Eine Telephonverbindung von der Bohrung zur Betriebsleitung des Feldes hat sich als sehr vorteilhaft erwiesen.

Jede Bohrung soll mit den Zentren des Betriebes, wie der Werkstätte, dem Magazin usw. durch gute Straßen verbunden sein. Bei der Bohranlage selbst ist der Zufahrtsweg so anzulegen, daß ein reibungsloser An- und Abtransport, auch mit langen Lasten, möglich ist. Für Kleinteile wie Meißel, Übergänge, Betriebsmittel usw. sollen entsprechende Laderampen vorhanden sein.

Bei marinen Bohrungen sind für die notwendigen Verladearbeiten eigene Schiffskräne am Turmpodium eingebaut.

9. Die Bohrmannschaft

Die Bohrmannschaft einer Rotary-Bohranlage setzt sich je nach der Teufe und den lokalen Verhältnissen aus einem Bohrmeister (Schichtführer) und vier bis sechs Mann pro Schicht zusammen.

C. Gesichtspunkte bei der Beurteilung von Rotary-Bohranlagen

Allgemeines

Der maßgebende Faktor bei der Beurteilung einer Bohranlage ist ihre *Wirtschaftlichkeit.*

Ein objektiver Vergleich der Wirtschaftlichkeit verschiedener Konstruktionen wäre, streng genommen, nur dann möglich, wenn die zu vergleichenden Anlagen für die gleiche Teufe und den gleichen Enddurchmesser ausgelegt wären und unter gleichen Bohrbedingungen eingesetzt werden würden.

Entscheidend wäre dabei der Preis des Bohrmeters, wobei allerdings von Spezialarbeiten, die bei den Vergleichsbohrungen nicht in derselben Weise durchgeführt werden, wie Bohrlochneigungsmessungen, geoelektrischen Messungen, Fangarbeiten und Wartezeiten, die mit der Auslegung der Anlage und Antriebsleistung nichts zu tun haben, abzusehen wäre.

Maßgebende Bedeutung hätte dabei das Verhältnis der aufzuwendenden Zeiten für die produktiven und unproduktiven Arbeitsgänge, die von der Konstruktion der Anlage und Auslegung der Antriebsleistung abhängig sind.

Als produktiver Arbeitsgang ist nur das Bohren mit Meißel oder das Kernen auf Sohle, als unproduktiv sowohl der Antransport, Auf- und Abbau der Anlage, als auch der Aus-Einbauzyklus zum Wechsel des Bohrwerkzeuges zu werten.

In den folgenden Ausführungen soll lediglich die effektive Bohrarbeit den erforderlichen Aus-Einbauzyklen gegenübergestellt werden, da diese beiden Arbeitsgänge mit dem vorzusehenden Leistungsbedarf der Bohranlage innigst zusammenhängen.

Die reine Bohrarbeit und der Aus-Einbauzyklus beanspruchen bei einer Förderbohrung in bekannten Gebieten durchschnittlich 65%, bei einer Schurfbohrung etwa 55% der Gesamtzeit, gerechnet vom Aufbaubeginn bis zur Beendigung der Bohrung, bzw. bis zum Abbauende der Bohranlage.

Auf die effektive Bohrzeit entfallen von der Gesamtzeit bei Förderbohrungen etwa 50%, bei Schurfbohrungen etwa 35% der Gesamtzeit.

Der unterschiedliche Prozentsatz ist damit zu erklären, daß bei Schurfbohrungen infolge häufigerer Kernarbeit und verschiedenen Bohrlochkontrollen (Neigung, Schlumberger, Teste) der Bohrstrang öfter aus- und eingebaut werden muß. Die Angaben, die sich auf Förderbohrungen beziehen, können auch nur als grober Durchschnitt gewertet werden, da auch hier die Anzahl der Aus-Einbauzyklen von der Gesteinshärte abhängig ist und stark variieren kann.

Das Verhältnis der produktiven Bohrzeit zur unproduktiven Aus-Einbauzeit liegt somit heute, je nach den oben angeführten Verhältnissen, etwa zwischen 3,3 : 1 und 1,75 : 1.

Um ein möglichst günstiges Verhältnis der hier betrachteten Arbeitszyklen und damit auch die beste Wirtschaftlichkeit beim Abteufen von Bohrungen zu erreichen, muß man sich über die Anforderungen klar werden, die an die Bohranlage bezüglich Konstruktion, Antriebsleistung und Kombinationsmöglichkeiten der Antriebseinheiten im gegebenen Falle gestellt werden.

Maßgebend sind dabei die folgenden Faktoren: Die zu erzielende Endteufe, der Enddurchmesser, die Bohr- und Standfestigkeit der zu durchteufenden Gesteinsschichten und nicht zuletzt die geforderten Kernarbeiten.

Bei der Wahl der Bohranlage muß man sich im klaren sein, ob sie vorwiegend für Förderbohrungen in bekannten Gebieten oder hauptsächlich für Schurfbohrungen zum Erschließen neuer Felder einzusetzen ist.

Bei Förderbohrungen ist das mechanische Kernen heute auf ein Mindestmaß beschränkt, da mit Hilfe der allgemein eingeführten geoelektrischen Vermessung eines jeden Bohrloches eine einwandfreie Korrelation mit den schon erbohrten Nachbarbohrungen möglich ist.

Bei Schurfbohrungen werden noch immer viel Kerne gezogen, ferner während der Bohrarbeit selbst häufige Messungen der Lotabweichung, geoelektrische Messungen und Förderproben (Teste) durchgeführt, die oft ein vorzeitiges Ausbauen der Bohrgarnitur erforderlich machen. Hier ist somit im allgemeinen mit einem viel häufigeren Aus- und Einbau zu rechnen als bei Förderbohrungen.

Aber auch bei gleich tiefen Förderbohrungen werden der Leistungsbedarf und die Verteilung der Antriebsleistung nicht immer die gleichen sein können.

In weichen und mittelharten Schichten, die verhältnismäßig leicht zu bohren sind, ist die Spülpumpe der hauptsächlichste Leistungsverbraucher. Ihr Leistungsbedarf wird hier ausschlaggebend sein, der Aus- und Einbau wird seltener erfolgen müssen. Beim Durchteufen von hartem Gestein wiederum ist eine kleinere Leistung bei Spülpumpe und Drehtisch erforderlich, dafür muß aber das Bohrwerkzeug viel häufiger gewechselt werden. In diesem Falle muß die Leistung am Hebewerk maßgebend sein, um die unproduktiven Aus-Einbauzyklen möglichst zeitsparend durchführen zu können.

Vom wirtschaftlichen Standpunkt wäre es allerdings nicht tragbar, für die oft stark wechselnden Verhältnisse stets eine in jeder Hinsicht hundertprozentig entsprechende Anlage verfügbar zu haben. Wenn aber die Anlage als solche den Anforderungen bezüglich Beanspruchung für die gegebene Teufe und dem Durchmesser entspricht, kann durch Einbau einer zusätzlichen Motoreinheit und einer leistungsfähigeren oder einer zusätzlichen Pumpe den jeweiligen Verhältnissen doch weitestgehend Rechnung getragen werden.

Die Leistungsverbraucher sind bei der reinen Bohrarbeit der Rotarytisch und die Spülpumpe, beim Aus- und Einbau die Hebewerkstrommel und zu einem geringen Teil die Spille.

Es ist nicht selten der Fall, daß man in Erdölfeldern bei fast den gleichen Bohrbedingungen Anlagen im Einsatz findet, die mit sehr unterschiedlichen Antriebsleistungen arbeiten. Der Grund ist teilweise darin zu suchen, daß vielfach noch ältere Typen von Bohranlagen eingesetzt werden, ferner darin, daß auch stärkere Anlagen, als im gegebenen Falle notwendig wären, Verwendung finden und umgekehrt.

Im nachstehenden soll der Leistungsbedarf besprochen werden, und zwar in der Reihenfolge des Anteiles an der Gesamtzeit einer Bohrung.

1. Der Leistungsbedarf bei der effektiven Bohrarbeit

Faustregeln. Eine Faustregel lautet, daß für jede Umdrehung des Rotarytisches pro Minute ungefähr 1 PS erforderlich ist.

Eine andere besagt, daß sich die beim Drehtisch erforderlichen PS zu jenen der gleichzeitig arbeitenden Spülpumpe wie 1 : 3,5 bis 1 : 5 verhalten (ohne Düsenmeißel).

Diese ganz allgemeinen Faustregeln sind eben als solche zu werten, sie werden sicher nicht für alle Verhältnisse Geltung haben können.

a) Leistungsbedarf am Rotarytisch

Dem auf Sohle arbeitenden Bohrwerkzeug muß die erforderliche Leistung von ober Tage über einen langen Bohrstrang in einem mitunter stark gekrümmten Bohrloch übermittelt werden. Die Leistungsverbraucher sind somit sowohl der Bohrmeißel als auch die vielfachen Reibungswiderstände des langen Kraftübertragungsgliedes im Bohrloch.

Der wirtschaftlichste Bohrfortschritt wird in den verschiedenen Gesteinsschichten durch unterschiedliche Bohrdrücke, Drehzahlen und Spülgeschwindigkeiten erzielt werden.

Erstere variieren etwa zwischen 50 und 700 kg pro cm Meißeldurchmesser, die Drehzahlen zwischen 50 und 350 U/Min. und schließlich die Spülgeschwindigkeiten in der Meißeldüse zwischen etwa 3 und 100 m/Sek.

Die Reibungswiderstände des Bohrstranges im Bohrloch werden von der Größe der Abweichung des Bohrloches von der Lotrechten, der Viskosität, dem spezifischen Gewicht und der Geschwindigkeit des Spülstromes und nicht zuletzt vom Verhältnis des Gestängedurchmessers zum Bohrlochdurchmesser abhängen.

Alle diese Faktoren werden den Leistungsbedarf am Drehtisch beeinflussen.

Die Firma Hughes (vermutlich auch andere Firmen) hat Untersuchungen mit Rollenmeißeln mit einem Durchmesser von 8 3/4 Zoll = 222 mm im Laboratorium durchgeführt und den Leistungsbedarf am Meißel für verschiedene Drehzahlen, verschiedene Bohrdrücke und verschieden harte Gesteine ermittelt und veröffentlicht[1].

Nach diesen Ergebnissen wurden die am Meißel erforderlichen PS für verschiedene Meißeldurchmesser errechnet und in Tab. 40 zusammengestellt, sowie in Form von Diagrammen in Abb. 297 ersichtlich gemacht.

Aus den Tabellen ist zu ersehen, daß die Verdoppelung der Drehzahl bei gleichbleibendem Durchmesser und Bohrdruck eine Erhöhung des PS-Bedarfes vor Ort um etwa 110 bis 120% zur Folge hat, wohingegen bei gleichbleibendem Durchmesser und gleichbleibender Drehzahl die Verdoppelung des Bohrdruckes den PS-Bedarf lediglich um etwa 30 bis 50% erhöht.

Viel schwieriger gestaltet sich die Schätzung des Leistungsbedarfes, der zur Überwindung der Reibungswiderstände des Bohrstranges im Bohrloch erforderlich ist.

Um hier einigermaßen entsprechende Werte zu erhalten, müßten Drehmomentmessungen bei einer Vielzahl von Bohrungen unter den verschiedensten Bohrlochverhältnissen durchgeführt werden.

Meßgeräte zur Ermittlung des Drehmomentes bei Antrieb mit Verbrennungskraftmaschinen sind im Bohrbetrieb erst in den letzten Jahren eingeführt worden

---

[1] BRANTLY, J. E.: Rotary Drilling Handbook, 5. Aufl. Los Angeles-New York-London 1952.

und es ist zu hoffen, daß man in naher Zukunft auf Grund dieser Messungen genauere Anhaltspunkte erhalten wird.

Eine sehr rohe Schätzung ergibt sich aus den folgenden Angaben verschiedener Firmen, bei denen der Drehtischantrieb zum Teil von einer Antriebsmaschine des Compound-Triebes erfolgt, zum Teil ein eigener Drehtischmotor vorgesehen ist. Es wurden nur solche Anlagen ins Auge gefaßt, die für mittlere, große und größte Teufen ausgelegt sind, bzw. für solche Teufen verwendet wurden.

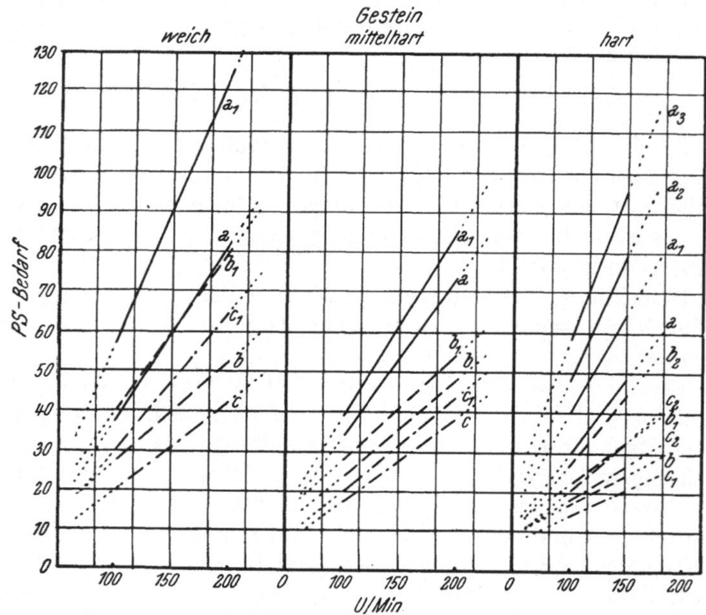

Abb. 297. PS-Bedarf von Rollenmeißeln vor Ort, mit Durchmessern von 310, 280 und 222 mm und verschiedenen Bohrdrücken, in weichem, mittelhartem und hartem Gestein

Die mit Buchstaben bezeichneten Linien entsprechen den in der Tabelle angeführten Bohrlochdurchmessern und Bohrdrücken.

Bohrloch-durchmesser in mm	Bohrdruck			
	10 000 lbs. = 4 536 kg	20 000 lbs. = 9 072 kg	30 000 lbs. = 13 608 kg	40 000 lbs. = 18 144 kg
310	a	a_1	a_2	a_3
280	b	b_1	b_2	—
222	c	c_1	c_2	—

Die hier in Betracht gezogenen Anlagen haben bis auf die Type der Firma Wirth, Erkelenz, und der Ohio Oil Co. die Antriebsmotoren so angeordnet, daß alle, gegebenenfalls verbunden, das Hebewerk bedienen können — Compound-Trieb. Wirth und Ohio haben einen eigenen Drehtischmotor eingebaut. Während der Bohrarbeit ist ein Motor dazu bestimmt, den Drehtisch anzutreiben. Berücksichtigend einen Wirkungsgrad von der Motorabtriebswelle bis zum Obertageende des Bohrstranges von $\eta = 0{,}76$, ferner einen maximalen PS-Bedarf eines Rollenmeißels vor Ort, mit einem Durchmesser von 222 mm; einer Drehzahl von $n = 200$ U/Min. in weichem Gestein mit rund 65 PS (s. Tab. 40), verblieben bei den nachstehenden Bohranlage-Typen zur Überwindung der Reibungswiderstände des Bohrstranges im Bohrloch die folgenden PS pro 100 m Bohrstranglänge.

1. National Supply Co. Type 110 für 2700 m Teufe (4 1/2 Zoll Gestänge) mit 4 Motoren à 300,0 PS, 6,04 PS/100 m.

2. National Supply Co. Type 130 für 3600 m Teufe (4 1/2 Zoll) mit 4 Motoren à 325,0 PS, 5,05 PS/100 m.

Tabelle 40. *PS-Bedarf am Rollenmeißel (vor Ort) für weiches, mittelhartes und hartes Gestein bei gegebenem Bohrdruck und gegebener Drehzahl*

Bohrdruck		Bohrmeißel-Durchmesser in mm										
		310			280[1]			222			195	
a) weiches Gestein												
lbs.	kg	200	150	100	200	150	100	200	150	100	150	100
10 000	4536	82,5	63,0	38,0	53,0	40,0	27,0	42,5	32,0	20,0	25,0	15,0
20 000	9072	126,0	96,0	57,0	81,0	61,0	40,0	65,0	50,0	30,0	38,0	23,0
b) mittelhartes Gestein												
10 000	4536	74,0	56,0	34,0	48,5	35,5	24,0	38,5	29,0	17,0	23,0	13,0
20 000	9072	86,0	65,0	39,0	55,0	41,0	28,5	44,0	34,0	20,0	26,0	16,0
c) hartes Gestein												
10 000	4536		49,0	30,0		25,0	17,0		21,0	14,0		10,0
20 000	9072		65,0	40,0		33,0	22,5		27,0	18,0		13,0
30 000	13 608		80,0	48,0		45,0	27,5		33,0	21,0		16,0
40 000	18 144		96,0	58,0								

3. Oil Well Supply Co. Type 96 für 4500 m (4 1/2 Zoll), mit 4 Motoren à 370,0 PS, 5,0 PS/100 m.

4. Emsco Type I - 1600 für 4200 m (4 1/2 Zoll), mit 4 Motoren à 400,0 PS, 5,7 PS/100 m.

5. Firma Wirth Type LH 22/6a für Teufe von 3000 m (4 1/2 Zoll) mit eigenem Drehtischmotor à 220 PS und Kardanantrieb, 4,4 PS/100 m.

6. Bohranlage der Superior Tool Co., die mit 3 1/2 Zoll eine Teufe von 6150,0 m erzielte und 620 PS für den Drehtisch vorgesehen hatte, 6,55 PS/100 m.

7. Brewster Co. Inc. für 3600,0 m (4 1/2 Zoll) mit Drehtischantrieb durch einen Motor mit 350,0 PS, 5,5 PS/100 m.

8. Die Anlage der Ohio Co. hatte für die bisher tiefste Bohrung der Welt einen eigenen Drehtischantriebsmotor mit 300,0 PS vorgesehen. Zur Überwindung der eingangs erwähnten Reibungswiderstände verbleiben daher 3,1 PS/100 m.

[1] Der Durchmesser von 280 mm = 11 Zoll wurde einbezogen, um einen Vergleich mit Angaben aus USA zu haben, die in den folgenden Ausführungen besprochen werden.

Es fragt sich allerdings, ob die oben angeführten Motorleistungen auch tatsächlich voll ausgelastet waren, was wohl in den meisten Fällen nicht der Fall sein dürfte.

Man kann mit einer Leistungsreserve von mindestens 10% mit Sicherheit rechnen.

Das arithmetische Mittel der oben angeführten Leistungen für je 100 m Bohrstranglänge abzüglich 10% Leistungsreserve ergibt rund 4,65 PS.

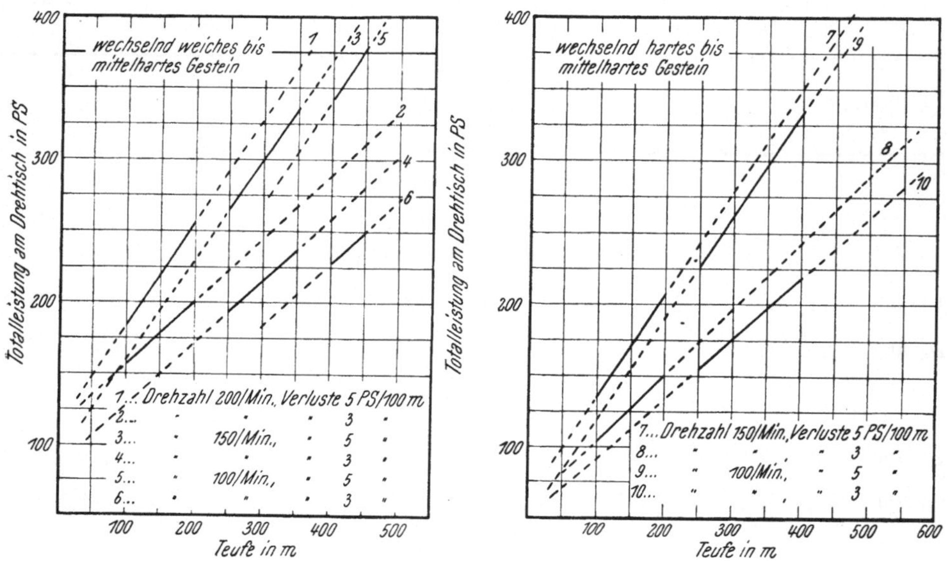

Abb. 298 und 299. PS-Bedarf der Drehtisch-Antriebsmaschine bei $\eta = 0{,}7$ für verschiedene Drehzahlen/Min., unter Berücksichtigung eines Leistungsverlustes von 3, bzw. 5 PS/100 m Bohrstranglänge zur Überwindung der Reibungswiderstände des Bohrstranges im Bohrloch, bei wechselnd weichem bis mittelhartem und wechselnd mittelhartem bis hartem Gestein

Der Leistungsbedarf für je 100 m dürfte nach den obigen Angaben etwa in den Grenzen 3,0 PS bis 5,0 PS liegen.

In Tab. 41 wurde der Leistungsbedarf des Drehtischantriebes für einen Rollenmeißeldurchmesser von 11 Zoll $\cong$ 280 mm für mittelhartes bis weiches sowie hartes bis mittelhartes Gestein für verschiedene Teufen zusammengestellt, wobei zur Überwindung der Reibungswiderstände im Bohrloch 3, bzw. 5 PS/100 m eingesetzt wurden. Der Wirkungsgrad vom Antriebsmotor zum Obertageende des Bohrstranges wurde mit $\eta = 0{,}7$, bzw. $\eta = 0{,}76$ in Rechnung gestellt.

In den Abb. 298 und 299 ist der totale Leistungsbedarf nach Tab. 41 für $\eta = 0{,}7$ und Reibungsverluste von 3 und 5 PS/100 m für verschiedene Schichtenhärten, Drehzahlen und Teufen in Diagrammform ersichtlich gemacht.

C. H. Oberg, Standard Oil Co. of California, bespricht in der Fachzeitschrift „World Oil" vom Juli 1950 die Verteilung der Antriebsleistungen bei Bohranlagen für verschiedene Teufen, wobei stets eine Motoreinheit für den Drehtischantrieb vorgesehen ist. Der Bohrstrang besteht bei allen diesen Angaben aus 5- und 5 1/2-Zoll-Gestängen und einem Schwerstangengewicht von 20 000 lbs. = 9060 kg, der Bohrlochdurchmesser ist 11 Zoll = etwa 280,0 mm (s. Abb. 300 bis 306). Unter der Voraussetzung, daß vor Ort, das heißt am Bohrmeißel 80 PS maximal benötigt werden (s. Tab. 40, für Meißeldurchmesser 280 mm, Bohrdruck 30 000 lbs., 200 U/Min.), der Wirkungsgrad vom Motor über eine

Tabelle 41. *PS-Bedarf für Drehtisch-Antrieb in gegebener Teufe für verschiedene Gesteinshärten bei gegebenem Bohrdruck für Meißeldurchmesser 280 mm, und η vom Antrieb zum Drehtisch, bzw. Bohrstrang-Obertage-Ende* $= \eta = 0{,}7$ *und* $0{,}76$

Teufe m	Bohrdruck kg	Drehzahl/Min. max.	PS am Meißel max.	Reibungsverluste Bohrstrang/100 m		Total PS Drehtisch-Antriebsmaschine			
				3 PS/100	5 PS/100	bei Reibungsverlust 3 PS/100 m		bei Reibungsverlust 5 PS/100 m	
						$\eta = 0{,}7$[1]	$= 0{,}76$[1]	$\eta = 0{,}7$[1]	$= 0{,}76$[1]
a) Mittelhart bis weich									
1000	9000	200	80	30	50	157	146	186	171
1500	9000	200	80	45	75	179	165	221	204
2000	9000	200	80	60	100	200	185	257	237
2500	9000	150	60	75	125	193	187	265	244
3000	9000	150	60	90	150	215	198	300	276
3500	9000	150	60	105	175	236	217	335	310
4000	9000	100	40	120	200	228	212	343	316
4500	9000	100	40	135	225	250	230	379	349
b) Hart bis mittelhart									
1000	14 000	150	45	30	50	105	98	136	125
1500	14 000	150	45	45	75	129	119	171	158
2000	14 000	150	45	60	100	150	138	207	191
2500	14 000	100	33	75	125	155	142	226	208
3000	14 000	100	33	90	150	176	162	262	242
3500	14 000	100	33	105	175	198	182	296	274
4000	14 000	100	33	120	200	218	202	333	307

hydraulische Kupplung, zwei Kettentriebe und den Kegelradtrieb am Drehtisch mit 0,76 angenommen wird, ergibt sich die in der nachstehenden Tabelle ersichtliche PS-Zahl, die zur Überwindung der Reibungswiderstände des Bohrstranges für je 100 m Länge verbliebe.

In dieser Aufstellung ist offensichtlich die Antriebsleistung für den Drehtischantrieb bei den ersten beiden Teufenstufen nicht wirtschaftlich ausgenützt. Der für den Drehtisch eingesetzte Motor ist nur beim Aus-Einbauzyklus ausgelastet.

Für die Teufen von 9000 bis 15 000 Fuß beträgt der Leistungsbedarf rund 6,22 PS/100 m, bzw. bei Abzug von 10% als Leistungsreserve = 5,8 PS/100 m.

Da die Krümmungsverhältnisse, das Verhältnis des Bohrstranges zum Bohrlochdurchmesser, ferner die Charakteristik des spülenden Mediums und die Strömungsgeschwindigkeit sehr verschieden sein können, kann man mit einer Streuung der Reibungsverluste pro 100 m von etwa 3 bis 6 PS rechnen.

[1] Abhängig von der Zahl der Kettentriebe.

Teufe in		Motor PS	PS am Bohrstrang ober Tage $\eta = 0{,}76$	Max. PS am Meißel	PS/100 m Bohrstranglänge
Fuß	m				
3000	915,0	320	243	80	17,8
6000	1830,0	320	243	80	8,9
9000	2745,0	320	243	80	5,9
12000	3660,0	400	304	80	6,12
15000	4575,0	500	380	80	6,55

b) Leistungsbedarf der Spülpumpe

Die Hauptaufgabe des von der Pumpe zirkulierten Spülstromes ist, abgesehen von der Ableitung der am Meißel beim Bohren erzeugten Wärme, vor allem der Transport des Bohrschmantes von der Bohrlochsohle zu Tage.

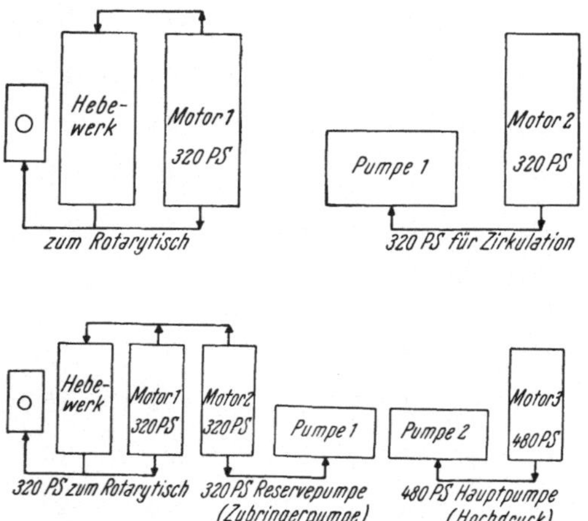

Abb. 300 und 301. Verteilung der Antriebsleistung bei Rotary-Bohranlagen mit Dieselmotoren nach C. H. Oberg der Standard Oil Co., California.

Bohrlochdurchmesser 11 Zoll = 279,4 mm für 7 Zoll-Futterrohre, Bohrgestänge 5 Zoll à 28,38 kg/m (einschließlich Tool joints), Schwerstangengewicht 20 000 lbs. = etwa 9000 kg, Ringraumgeschwindigkeit 3 Fuß/Sek. = etwa 0,9 m/Sek., Spülungsgewicht 10 lbs./Gallon = 1,19 kg/l, Ausbaugeschwindigkeit ab größter Teufe durchschnittlich 100 Fuß/Min. = 30,5 m/Min.

Die Spülung hat dabei verschiedene Durchflußquerschnitte zu durchströmen (Druckleitung, Steigrohr im Turm, Spülschlauch, Spülkopf, Mitnehmerstange, Bohrgestänge, Schwerstangen, Meißeldüsen und den Ringraum zwischen Gestänge und Bohrlochwand) und nach jeweiliger Teufe verschieden lange Wegstrecken zurückzulegen. Der Durchflußquerschnitt bedingt bei gegebenem Volumen die Strömungsgeschwindigkeit.

Diese, sowie die zu durchfließenden Wegstrecken, das spezifische Gewicht und die Viskosität der Spülflüssigkeit sind neben der Rohrwand-Rauhigkeit die maßgebenden Faktoren für den Fließwiderstand und damit für den Leistungsbedarf der Pumpe.

Nun bedingt die zulässige Beanspruchung des Bohrstranges ein bestimmtes Verhältnis zwischen dem jeweiligen Meißeldurchmesser und jenem des verwendeten Bohrgestänges.

Für die ersten Teufenstrecken einer Durchschnittsbohrung werden im allgemeinen große Meißeldurchmesser und damit auch großkalibrige Gestänge eingesetzt. Mit zunehmender Teufe werden beide Durchmesser kleiner gewählt.

In den letzten Jahren wurde die Erfahrung gemacht, daß die Strömungsgeschwindigkeit in den Meißeldüsen und damit die des Spülstrahles auf der Sohle bei weichem bis mittelhartem Gestein einen wesentlichen Einfluß auf den Bohrfortschritt hat. Es wurde beobachtet, das letzterer bei Geschwindigkeiten über 50 m/Sek. ungefähr proportional der Geschwindigkeit in der Meißeldüse ansteigt.

Die hohe Geschwindigkeit des aus dem Meißel tretenden Spülstrahles kann entweder durch die Wahl von kleinkalibrigen Meißeldüsen bei gleichbleibendem Spülvolumen oder aber durch dessen Vergrößerung erreicht werden. In beiden Fällen muß der Fließwiderstand und damit der Pumpdruck ansteigen.

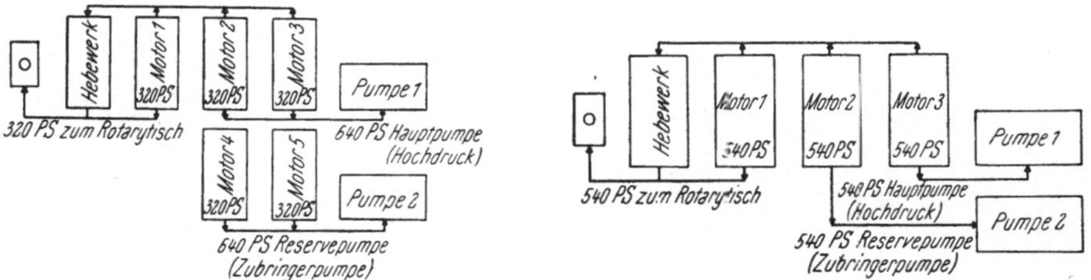

Abb. 302 und 303. Verteilung der Antriebsleistung bei Rotary-Bohranlagen mit Dieselmotoren nach C. H. Oberg der Standard Oil Co., California. Bohrlochdurchmesser 11 Zoll = 279,4 mm für 7 Zoll-Futterrohre, Bohrgestänge Alternative I: 5 1/2 Zoll à 28,38 kg/m (einschließlich Tool joints), Alternative II: 5 Zoll à 28,38 kg/m (einschließlich Tool joints), Schwerstangengewicht 20 000 lbs. = etwa 9000 kg, Ringraumgeschwindigkeit 3 Fuß/Sek. = etwa 0,9 m/Sek., Spülungsgewicht 10 lbs./Gallon = 1,19 kg/l, Ausbaugeschwindigkeit ab größter Teufe durchschnittlich 100 Fuß/Min. = 30,5 m/Min.

Zum guten Austragen des Bohrschmantes im Ringraum darf die Geschwindigkeit ein gewisses Minimum nicht unterschreiten. Nach praktischen Erfahrungen werden hier, je nach der Standfestigkeit der durchteuften Gesteinsschichten, Geschwindigkeiten von etwa 0,5 bis 1,2 m/Sek. gewählt. Ein zu rascher Spülstrom kann in sehr lockerem, weichem Gestein Auskolkungen und damit Einfallen des Hangenden verursachen.

Die günstigste Spülstrahlgeschwindigkeit und die für den Ringraum entsprechendste Steiggeschwindigkeit müssen nun so weit als möglich in Übereinstimmung gebracht werden.

Eine Analyse der Druckverluste in den einzelnen Teilstrecken, die vom Spülstrom durchflossen werden, zeigt bei Tiefbohrungen mit Düsenmeißel der Größenordnung nach das folgende Bild: An erster Stelle stehen die Druckverluste in den Meißeldüsen, an zweiter jene im Bohrgestänge, an dritter jene ober Tage zwischen der Pumpe und Mitnehmerstange, an vierter jene im Schwerstangenstrang mit normaler Bohrung (nach Standard A.P.I.) und an letzter Stelle der Druckverlust im Ringraum (Detailanalyse in der „Tiefbohrtechnik").

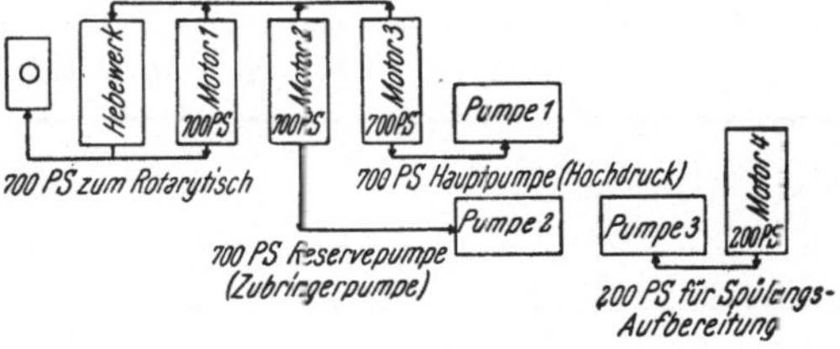

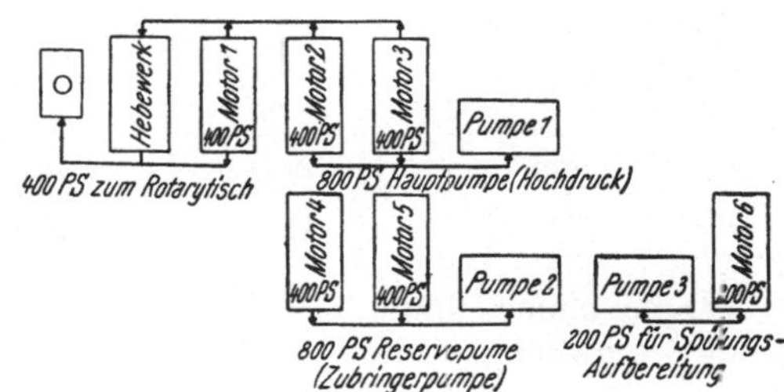

Abb. 304 und 305. Verteilung der Antriebsleistung bei Rotary-Bohranlagen mit Dieselmotoren nach C. H. Oberg der Standard Oil Co., California. Legende wie Abb. 302 und 303

Bei jeder Bohrung muß damit gerechnet werden, daß die Verhältnisse in den oft wechselnden Gesteinsschichten und Durchflußquerschnitten unterschiedlich sein können.

Im Deckgebirge sind in der Hauptsache weniger konsolidierte Schichten zu durchteufen. Mit zunehmender Teufe werden sie im allgemeinen standfester, können aber bezüglich ihrer Bohrfestigkeit noch große Unterschiede aufweisen. All diesen wechselnden Faktoren bei der Auslegung und Regelung der Spülpumpe immer Rechnung zu tragen, ist kaum möglich.

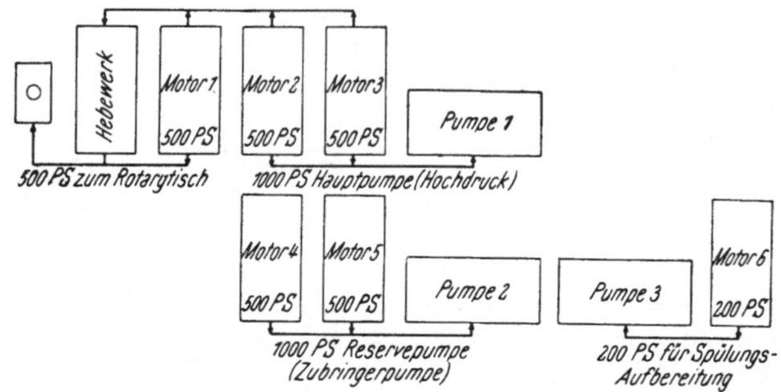

Abb. 306. Verteilung der Antriebsleistung bei Rotary-Bohranlagen mit Dieselmotoren nach C. H. OBERG der Standard Oil Co., California. Legende wie Abb. 300 und 301

Die Spülpumpe und deren Antriebsleistung soll so gewählt werden, daß sie in der längsten Teufenstrecke einer Bohrung, die eine ungefähr gleiche Bohrfestigkeit aufweist und mit gleichbleibenden Durchflußquerschnitten durchbohrt wird, auch den wirtschaftlichsten Bohrfortschritt erreichen läßt.

Tabelle 42. *Leistungsbedarf des Spülpumpenantriebes bei einem Bohrlochdurchmesser von 11 Zoll = 280 mm und gegebenem Bohrstrang mit Düsenmeißel für wechselnd weiche bis mittelharte Gesteinsschichten*

		Teufe in m				
		1000	1500	2000	2500	3000
Bohrstrang bestehend aus		Bohrgestänge 5 9/16 Zoll F.H. à 36,6 kg/m, 90 m Schwerstangen 5 9/16 Zoll F.H. à 156,6 kg/m, Bohrdruck = 10 000 kg				
Meißel-Type	A	Zweiblatt-Meißel mit zwei Düsen à 7/8 Zoll				
	B	Dreirollenmeißel mit drei Düsen à 11/16 Zoll				
Spülvolumen l/Min. v_g = Geschwindigkeit im Gestänge m/Sek.		2800,0 l/Min. $v_g = 3{,}9$ m/Sek.				
Fließgeschwindigkeit in Meißel-Düse m/Sek.	A	$v_d = 59{,}0$ m/Sek.				
	B	$v_d = 64{,}6$ m/Sek.				
Fließgeschwindigkeit im Ringraum m/Sek.		$v_R = 1{,}0$ m/Sek.				
PS-Bedarf der Spülpumpe bei Meißel-Type	A	440,0	520,0	600,0	670,0	740,0
	B	480,0	550,0	630,0	700,0	760,0

In den Tab. 42 und 43 ist der Leistungsbedarf der Spülpumpe für verschiedene Teufen und einen Bohrlochdurchmesser von 11 Zoll = 280 mm für wechselnd weiche bis mittelharte, bzw. für wechselnd harte bis mittelharte Gesteins-Schichten ersichtlich, wobei Bohrdrücke und Meißel-Typen, die der betreffenden Bohrfestigkeit entsprechen, berücksichtigt wurden.

In der Abb. 307 sind diese Angaben in Form von Diagrammen dargestellt.

Wie aus Tab. 42 und 43 hervorgeht, erhöht sich der Leistungsbedarf für die Spülpumpe bei Verwendung von Düsenmeißeln gegenüber den normalen Standardmeißeln um ein Vielfaches.

Nach Angaben aus USA (West Texas z. B.) wurde in der gleichen Gesteinsformation mit Düsenmeißeln mehr als der doppelte Bohrfortschritt/Stunde und mehr als die doppelte Meterleistung/Meißel erzielt, als dies mit normalen Standardmeißeln möglich war.

Um auch beim Bohren mit Düsenmeißeln den Leistungsbedarf der Spülpumpe herabzusetzen, werden in USA verschiedene Wege gegangen.

Einmal sind es die Versuche, das normale Bohrgestänge durch Steigrohre (Tubing) oder Futterrohre (Casing) von 3 1/2 bis 5 1/2 Zoll zu ersetzen, die in verschiedenen Gebieten gute Erfolge zeitigten, ferner

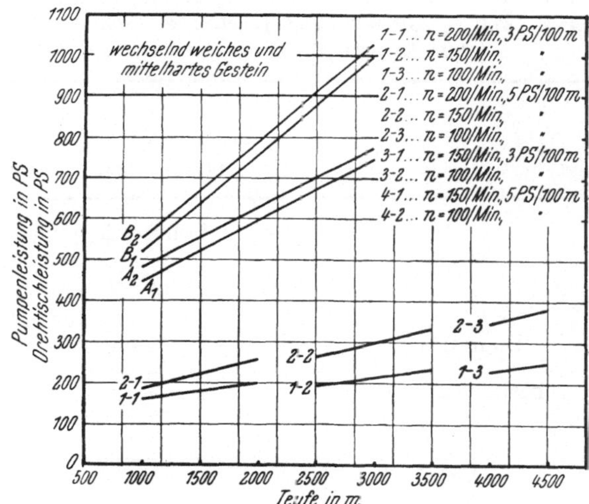

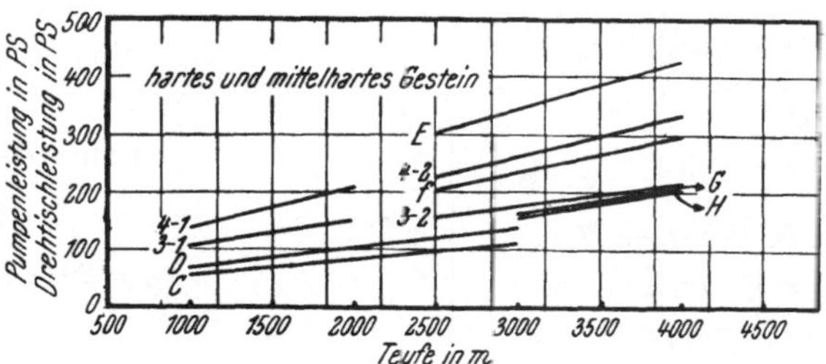

Abb. 307. Verhältnis des Leistungsbedarfes der Antriebsmaschinen für den Drehtisch und die Spülpumpe bei einem Meißeldurchmesser von 280 mm, Drehzahlen 200, 150 und 100/Min. in verschiedenen Teufen und verschieden hartem Gestein

A_1 Pumpleistung 5 9/16 Zoll Gestänge *F.H.*, 90 m Schwerstangen 5 9/16 Zoll, Bohrung 82 mm, Blattmeißel, 2 Düsen à 7/8 Zoll, v-Düse 59 m/Sek., v-Ringraum 1,0 m/Sek.; A_2 Pumpleistung wie A_1, doch Dreirollenmeißel mit 3 Düsen à 11/16 Zoll, v-Düse 64,6 m/Sek.; B_1 Pumpleistung 5 Zoll Gestänge *I.F.*, 85 m Schwerstangen 5 1/2 Zoll, Bohrung 95,2 mm, Blattmeißel, 2 Düsen à 7/8 Zoll, v-Düse 68,0 m/Sek., v-Ringraum 1 m/Sek.; B_2 Pumpleistung wie B_1, doch Dreirollenmeißel mit 3 Düsen à 11/16 Zoll, v-Düse 67 m/Sek.; *C* Pumpleistung 5 9/16 Zoll Gestänge *F.H.*, 130 m Schwerstangen 5 9/16 Zoll, Bohrung 82 mm, Vierrollenmeißel, 4 Düsen à 3/4 Zoll, v-Düse = 20 m/Sek., v-Ringraum = 95 m/Sek.; *D* 5 Zoll-Gestänge *I.F.*, 120 m Schwerstangen 5 1/2 Zoll, Bohrung 95,2 mm, Vierrollenmeißel, 4 Düsen à 3/4 Zoll, v-Düse = 21 m/Sek., v-Ringraum 95 m/Sek.; *E* Pumpleistung 4 1/2 Zoll Gestänge *F.H.*, 200 m Schwerstangen 4 1/2 Zoll, Bohrung 70 mm, Vierrollenmeißel, 4 Düsen à 3/4 Zoll, v-Düse = 23 m/Sek., v-Ringraum 0,5 m/Sek.; *F* Pumpleistung 4 1/2 Zoll Gestänge *I.F.*, 180 m Schwerstangen 4 1/2 Zoll, Bohrung 82 mm, sonst wie *E*; *G* Pumpleistung 3 1/2 Zoll Gestänge *F.H.*, 200 m Schwerstangen 3 1/2 Zoll, Bohrung 54 mm, Vierrollenmeißel, 4 Düsen à 3/4 Zoll, v-Ringraum 0,5 m/Sek.; *H* Pumpleistung wie bei *G*, doch mit Schwerstangenbohrung 57,2 mm

Tabelle 43. *Leistungsbedarf des Spülpumpenantriebes bei einem Bohrlochdurchmesser von 11 Zoll = 280 mm und gegebenem Bohrstrang mit normalem Vierrollenmeißel (ohne Düsen) für wechselnd harte bis mittelharte Gesteinsschichten*

		Teufe in m						
		1000	1500	2000	2500	3000	3500	4000
Bohrstrang bestehend aus	Variante A	Bohrgestänge 5 9/16 Zoll F.H. à 36,6 kg/m, 130 m Schwerstangen 5 9/16 Zoll à 156,6 kg/m, Bohrdruck = 15 000 kg					—	—
	Variante B	—	—	—	Bohrgestänge 4 1/2 Zoll F.H. à 27,1 kg/m, 200 m Schwerstangen 4 1/2 Zoll à 111,6 kg/m, Bohrdruck = 18 000 kg			
Meißel-Type		Vier-Rollen-Normal-Meißel						
Spülvolumen/Min., v_g = Geschwindigkeit im Gestänge m/Sek., v_m = Geschwindigkeit in der Meißelbohrung	Variante A	1350,0 l/Min. v_g = 1,9 m/Sek. $v_m \cong$ 20,0 m/Sek.					—	—
	Variante B	—	—	—	1550,0 l/Min. v_g = 3,5 m/Sek. $v_m \cong$ 25,0 m/Sek.			
Fließgeschwindigkeit im Ringraum v_r m/Sek.		0,5 m/Sek.						
PS-Bedarf der Spülpumpe bei	Variante A	54,0	70,0	82,0	100,0	110,0		
	Variante B	—	—	—	300,0	345,0	390,0	430,0

werden Schwerstangen mit größerer Bohrung, als es der Standard vorsieht, im Bohrstrang eingebaut und der verhältnismäßig geringe Gewichtsverlust durch zusätzliche Längen ausgeglichen.

C. H. Oberg[1] errechnete ebenfalls den Leistungsbedarf für den Spülungskreislauf bei verschiedenen Bohrstrang-Durchmessern und Teufen von 3000 bis 15 000 Fuß, wobei er normale Standardmeißel (keine Düsenmeißel) in Rechnung stellte.

[1] World Oil, Juli 1950.

Seine Angaben sind in Tab. 44 wiedergegeben.

Beim Vergleich der Tab. 43 und 44 ist der Mehraufwand an PS bei der OBERGschen Aufstellung zunächst auffallend. Bei näherer Untersuchung ergibt sich allerdings, daß die Geschwindigkeit der Spülung bei OBERG im 5 1/2 Zoll F.H.-Gestänge um rund 26% und jene im Ringraum um etwa 22% größer ist, als bei Berechnung der Werte in Tab. 43 angenommen wurde. Da sich nun der Druckverlust mit dem Quadrat der Fließgeschwindigkeit steigert, sind die höheren PS-Werte bei OBERG erklärlich.

Tabelle 44. *PS-Bedarf für den Antrieb der Spülpumpe nach C. H. Oberg (Standard Oil Co. of California)*

	Spülpumpen PS bei Ringraumgeschwindigkeit von:								
	0,610 m/Sek.			0,915 m/Sek.			1,22 m/Sek.		
Gestänge-Nenndurchmesser in Zoll und Gestängetype	4 1/2 I.F.	5 I.U.	5 1/2 F.H.	4 1/2 I.F.	5 I.U.	5 1/2 F.H.	4 1/2 I.F.	5 I.U.	5 1/2 F.H.
Teufe									
3000 Fuß = 915,0 m	160	105	80	460	300	260	1100	760	570
6000 Fuß = 1830,0 m	250	160	130	750	460	390	1790	1120	830
9000 Fuß = 2745,0 m	350	220	180	1050	610	510	2460	1480	1100
12000 Fuß = 3660,0 m	440	280	230	1350	760	640	3140	1840	1350
15000 Fuß = 4575,0 m	540	340	280	1640	920	700	3820	2220	1610
Spülvolumen Gallons/Min.	500	470	440	740	710	670	980	940	880
l/Min.	1900	1780	1660	2800	2680	2530	3700	3550	3320

Der Rotarytisch und die Spülpumpe als Leistungsverbraucher bei der Bohrarbeit können von einem aus mehreren Motoreinheiten gleicher Motortype bestehenden Maschinensatz angetrieben werden (Compound-Trieb) oder aber der Drehtisch erhält eine eigene Antriebseinheit.

Setzt sich dieser Maschinensatz aus einer größeren Anzahl kleinerer Einheiten zusammen, hat dies den Vorteil, daß dadurch eine bessere Anpassung der erforderlichen Antriebskraft bei den Verbrauchsstellen möglich ist. Sind wiederum wenige, aber größere Einheiten eingebaut, so wird z. B. die für den Drehtischantrieb bestimmte Motoreinheit selten wirtschaftlich ausgenützt werden können. Die Verteilungsmöglichkeit und Anpassung an den jeweiligen Leistungsbedarf ist hier sehr beschränkt.

Größere Einheiten haben wohl einen etwas besseren Wirkungsgrad, was aber durch den oben angeführten Vorteil sicher aufgehoben wird.

Um den oft stark wechselnden Anforderungen bei der Bohrarbeit gerecht zu werden, muß die Anlage beim gemeinsamen Maschinensatz so ausgelegt sein, daß eine oder ein Teil der eingebauten Motoreinheiten den Drehtisch, eine andere die Spülpumpe mit verschiedenen Drehzahlen bedienen kann.

Durch Einbau von Schaltstufen wird eine gewisse Anpassung der erforderlichen Drehzahlen, insbesondere beim Rotarytisch (zwei bis acht Schaltstufen), erreicht.

Die beste Anpassung an das gerade erforderliche Drehmoment wird allerdings durch den Einbau von Drehmomentwandlern bei den Antriebsmaschinen erzielt. In diesem Falle werden zwei Geschwindigkeitsstufen für den Drehtisch genügen.

Ganz ähnlich liegen die Verhältnisse bei der Spülpumpe, wie dies schon im Kapitel XI/B/6 besprochen wurde.

Die zweite Möglichkeit, dem Drehtisch eine eigene Motoreinheit zuzuteilen, wird von manchen Firmen bevorzugt.

Diese Einheit kann dem zu erwartenden maximalen Drehmoment gut angepaßt werden, der Wirkungsgrad wird besser sein, weil in diesem Fall die diversen Kettentriebe vom gemeinsamen Maschinensatz wegfallen.

Wird der Antriebsmotor außerhalb der normalen Arbeitsbühne aufgestellt, fällt auch der Einwand weg, daß er den Arbeitsraum einengt.

Die Bedienung moderner Rotary-Bohranlagen erfordert große Aufmerksamkeit und Umsicht und dies oft unter recht ungünstigen Verhältnissen. Es soll daher alles getan werden, um dem Personal die Arbeit weitestgehend zu erleichtern und damit den besten Gesamtwirkungsgrad der Anlage zu erreichen. Ebenso wie heute Arbeitsgänge, die früher von Hand aus mit physischer Beanspruchung der Bohrmannschaft durchgeführt wurden, zusehends mehr durch mechanisch gesteuerte Vorrichtungen geleistet werden, sollte auch eine automatisch wirkende Regelung der Drehmomente bei der Pumpe und dem Drehtisch angestrebt werden.

Allerdings muß dabei darauf geachtet werden, daß die gesamte Apparatur für den immerhin rauhen Bohrbetrieb nicht zu kompliziert wird und damit in Unterhalt und Amortisation den Bohrmeter verteuert.

2. Der Leistungsbedarf beim Aus- und Einbauzyklus

Analyse dieses Arbeitszyklus. Bei diesem Arbeitsgang sind die Leistungsverbraucher in erster Linie die Hebe-, bzw. Fördereinrichtung, in zweiter Linie — und dies in einem weit geringeren Maße — die Spille.

Auch hier wurden aus verschiedenen praktischen Erfahrungen gewisse *Faustregeln* aufgestellt.

Eine davon gibt an, daß für eine wirtschaftliche Ausbaugeschwindigkeit der Bohrgarnitur für je 305 m (1000 Fuß) Gestänge, mit einem Nenndurchmesser von 4 1/2 Zoll und einem Gewicht von 27,10 kg/m (18,21 lbs./Fuß), etwa 100 PS erforderlich sind.

Eine andere besagt, daß das Verhältnis der beim Drehtisch während der Bohrarbeit erforderlichen PS zu jenen für die Hebeeinrichtung beim Ausbau notwendigen mit etwa 1 : 6 angenommen werden kann. C. H. OBERG berechnete[1] auch diesen Leistungsbedarf für verschiedene Bohrstrangtypen und Teufen, wobei er eine durchschnittliche Anfangsgeschwindigkeit bei Ausbau aus der jeweils maximalen Teufe mit 0,5 m/Sek. annahm (s. Tab. 45).

Nach C. H. OBERG kann die von ihm angegebene PS-Zahl dort, wo mit einer geringen Zahl von Aus-Einbauzyklen zu rechnen ist, also z. B. in weichen Schichten, vermindert, im gegenteiligen Falle erhöht werden.

Allgemeines über die Zeitdauer der einzelnen Arbeitsphasen. Es sollen nun im nachstehenden die beiden Arbeitsgänge, Ausbau und Einbau der Bohrgarnitur, in die dabei durchzuführenden Teilphasen zergliedert werden, um festzustellen, in welchen Phasen die Auslegung der Hebeeinrichtung und die Leistung des Antriebes die Zeitdauer dieser unproduktiven Arbeitsgänge maßgebend beeinflussen kann.

[1] World Oil, Juli 1950.

Tabelle 45. *Leistungsbedarf in PS einer Rotary-Bohranlage, um einen gegebenen Bohrstrang mit einer durchschnittlichen Anfangsgeschwindigkeit von 0,5 m/Sek. auszubauen* (nach C. H. OBERG)

Teufe in m	Wirkungsgrad vom Antrieb zum Flaschenzugshaken	Schwerstangen-Gewichte								
		9000,0			18 000,0			27 000,0		
		Bohrgestänge — Nenndurchmesser Zoll								
		I.F. 4 1/2	I.U. 5	F.H. 5 1/2	I.F. 4 1/2	I.U. 5	F.H. 5 1/2	I.F. 4 1/2	I.U. 5	F.H. 5 1/2
900	70%	310	340	370	380	410	440	440	470	520
1800	70%	555	620	700	620	680	770	680	750	840
2700	65%	860	970	1100	930	1040	1180	1000	1110	1260
3600	65%	1120	1270	1450	1190	1340	1530	1260	1410	1610

I.F. Abkürzung für Internal flush. Diese Gestänge sind an den Enden außen angestaucht. Die Spezialverbinder sind so gestaltet, daß der Durchflußquerschnitt durchwegs der gleiche ist.

I.U. Abkürzung für Internal upset. Es sind besondere, erst vor kurzer Zeit in USA probeweise eingeführte Gestänge, die an den Enden innen mehr, außen weniger angestaucht sind. Die Spezialverbinder haben den gleichen Durchflußquerschnitt wie die innen verdickten Gestängeenden.

F.H. Abkürzung für Full hole. Die Gestängeenden sind hier innen angestaucht. Die Spezialverbinder haben eine etwas größere Bohrung als die innen angestauchten Gestängeenden.

Der Ausbau der Bohrgarnitur kann in die folgenden Teilphasen gegliedert werden (s. Abb. 308):

1. Der am Flaschenzug hängende Bohrstrang wird aus dem Bohrloch so weit angehoben (Last-Hochfahrt), daß das obere Ende des an die Mitnehmerstange anschließenden Gestängezuges, unterhalb der Verbindungsmuffe, mit den Abfangkeilen im Drehtisch geklemmt und damit hier die gesamte Last des Bohrstranges gehalten werden kann.

2. Die Mitnehmerstange wird vom Gestänge abgeschraubt, etwa 20 cm angehoben, gegen das Rattenloch geschwenkt und in dieses eingelassen. Das Rattenloch ist ein verrohrtes Bohrloch, das meist in einer Ecke der Arbeitsbühne auf die Länge der Mitnehmerstange abgeteuft wird. Es ist nicht lotrecht, sondern schief, etwa parallel zur Richtung des neben ihm befindlichen Turmfußes geführt (s. Abb. 308).

3. Der Flaschenzugshaken wird aus dem Hängebügel des Spülkopfes ausgehängt und mit dem im Hakenmaul eingehängten Elevator zur Bohrlochmitte geführt, hier so weit tiefer gelassen, daß der Elevator unterhalb der Gestängemuffe (Tool joint) an das Gestänge angelegt und geschlossen werden kann.

Das nun folgende Anheben des Bohrstranges (Last-Hochfahrt) spielt sich, im Zeitlupentempo gesehen, in drei Stufen ab, und zwar:

4. a) In der ersten Stufe nimmt der Gestängeelevator, durch verhältnismäßig langsames Anheben des Flaschenzugsblockes, Kontakt mit der Gestängemuffe, wobei die im Haken eingebauten Spiralfedern als Stoßdämpfer wirken.

b) In der zweiten Stufe übernehmen die im Flaschenzugsblock eingescherten Seile die gesamte Last des Bohrstranges, so daß die Abfangkeile im Drehtisch gelöst werden können. Die Übernahme der gesamten Last durch den Flaschenzugsblock bedingt eine Dehnung, bzw. Längung der Flaschenzugseile.

c) In der dritten Stufe wird die Last auf die maximale mögliche Geschwindigkeit beschleunigt und mit dieser der Gestängezug so weit hochgezogen, daß der nächste unterhalb seiner oberen Verbindungsmuffe wieder im Drehtisch in Keilen abgefangen werden kann (Last-Hochfahrt).

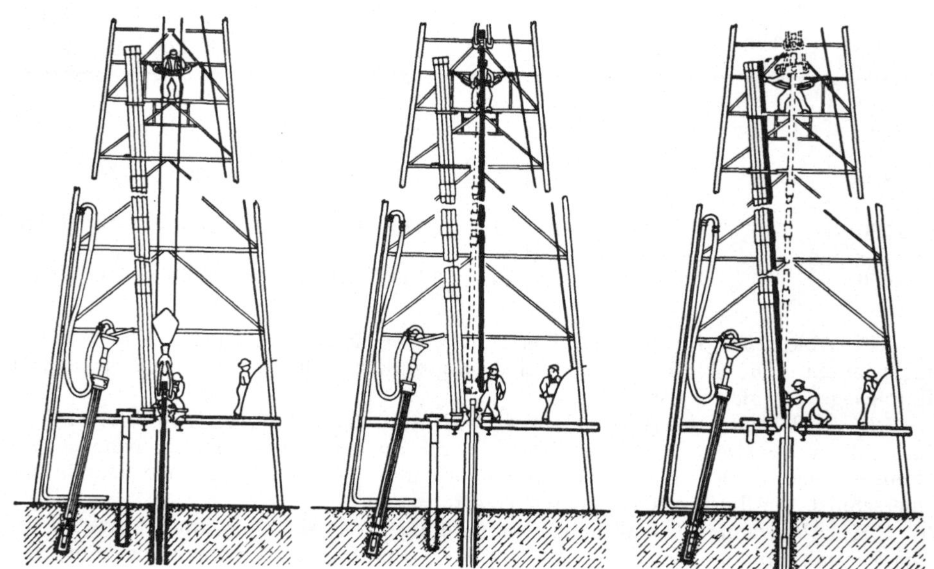

Abb. 308. Ausbau des Bohrgestänges

5. Nach dem Abschrauben des Gestängezuges wird dieser leicht angehoben, seitlich ausgeschwenkt und tiefer gelassen, so daß er unten am Gestängepodium abgestellt und bei der oberen Arbeitsbühne an den Gestängefinger gelehnt werden kann.

6. Der Elevator wird am oberen Gestängezugende gelöst und im geöffneten Zustand mit dem Flaschenzugsblock zur unteren Arbeitsbühne heruntergelassen, um den nächsten Zug zu fassen und in der gleichen Weise hochzuziehen (Leer-Talfahrt).

7. Nach dem Ausbau der Gestängezüge erfolgt in gleicher Weise der Ausbau, das Abschrauben und Abstellen der Schwerstangenzüge.

8. Nach dem Ausbau des letzten Schwerstangenzuges wird der abgenützte Meißel abgeschraubt.

Der Einbau der Bohrgarnitur (s. Abb. 309) erfolgt in folgender Weise:

1. Der Flaschenzugskloben mit eingehängtem Elevator wird zur oberen Arbeitsbühne hochgefahren (Leer-Hochfahrt). Der Elevator wird an das obere Ende des ersten Schwerstangenzuges angelegt, geschlossen, der Zug angehoben und zur Drehtischmitte geschwenkt.

2. Der neue Meißel wird an den Schwerstangenzug angeschraubt und mit diesem in das Bohrloch eingelassen (Tal-Lastfahrt, Bremsarbeit). Das obere Ende des Schwerstangenzuges wird in Keilen im Drehtisch abgefangen.

3. Nach Lösen des Elevators wird wieder hochgefahren (Leer-Hochfahrt), um den nächsten Schwerstangenzug zu fassen, anzuheben, mit dem schon einge-

bauten zu verschrauben und in das Bohrloch einzulassen (Tal-Lastfahrt, Bremsarbeit). Diese Operation wiederholt sich, bis sämtliche Schwerstangenzüge eingebaut sind.

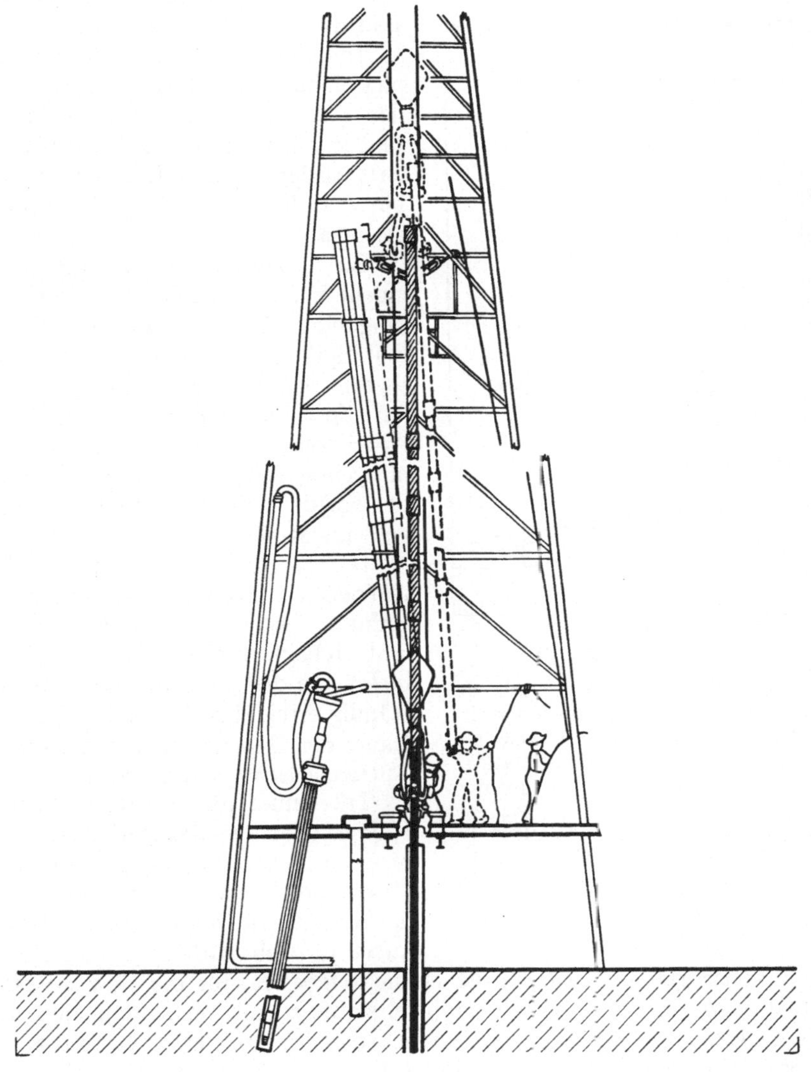

Abb. 309. Einbau eines Gestängezuges

4. Es folgen nun die Hochfahrten des Flaschenzugsklobens zum Einhängen des Elevators in die im Turm abgestellten Gestängezüge, Anheben derselben, Schwenken zur Bohrlochmitte, Verschrauben mit dem letzten Schwerstangenzug, bzw. Gestängezug und Einbau in das Bohrloch (Leer-Hochfahrten und Tal-Lastfahrten mit Bremsarbeit). Auch hier wird das jeweils obere Ende des eingebauten Gestänges im Drehtisch mit Keilen abgefangen.

5. Nach dem Einbau des letzten Gestängezuges wird der Flaschenzugsblock zum Rattenloch geschwenkt und sein Haken in den Spülkopfbügel eingehängt.

6. Die Mitnehmerstange wird aus dem Rattenloch hochgezogen, zur Drehtischmitte gependelt und an das im Drehtisch abgefangene Gestängeende (Tool joint) eingeschraubt.

7. Die nun vollständige Bohrgarnitur wird angehoben und die Keile im Drehtisch gelöst.

8. Durch langsames Nachlassen der Bohrgarnitur, unter Beobachtung des Gewichtsanzeigers, wird sie zur Sohle gelassen, der Spülungskreislauf durch Einschalten der Spülung in Gang gesetzt und die Bohrarbeit begonnen.

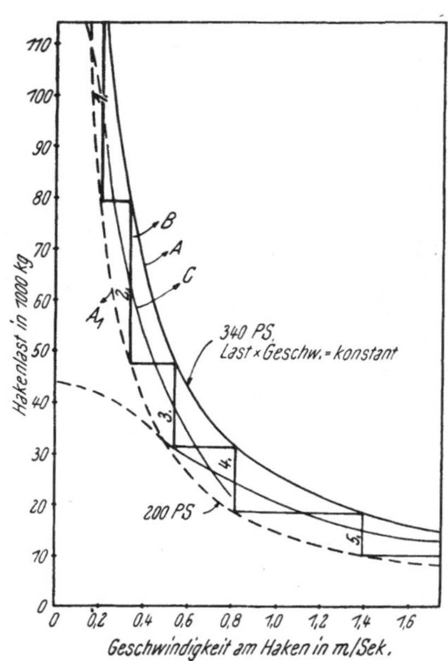

Abb. 310. Prinzipielles Verhältnis der Hakenlast zur Hakengeschwindigkeit eines Rotary-Hebewerkes mit sechs Geschwindigkeitsstufen, sowie Idealkurve bei Last mal Geschwindigkeit = konstant.
A, A_1 Idealer Verlauf, *B* Verlauf bei sechsstufigem Hebewerk, *C* Verlauf bei Drehmomentwandler mit zwei Geschwindigkeitsstufen

Die Zeitdauer der einzelnen Arbeitsphasen hängt sowohl von der Konstruktion der Hebeeinrichtung und der hier verfügbaren Antriebsleistung als auch von der Art, Auslegung und Handhabung der dabei erforderlichen Hilfsgeräte und Werkzeuge ab.

Zu letzteren gehören die schon in einem früheren Kapitel besprochenen Abfangkeile, Gestängezangen, Elevatoren und Spille.

Die Schulung des Personals, wie auch der Zustand und die Beleuchtung des Arbeitsplatzes spielen für die zu benötigende Zeitdauer bei der Handhabung der obigen Hilfseinrichtungen eine maßgebende Rolle.

Die für die Hebearbeit erforderliche Antriebsleistung ist dann am besten ausgenützt, wenn das Produkt aus Last und Hebegeschwindigkeit stets konstant bleibt. In diesem heute noch nicht vollständig erreichten Idealfall wäre auch die Dauer der Hebearbeit bei einer gegebenen Antriebsleistung die kürzeste.

Trägt man die jeweiligen Lasten am Haken oder die dazugehörigen Seilzüge in einem Diagramm auf der Ordinate und die entsprechenden Geschwindigkeiten auf der Abszisse auf, ergibt sich eine Hyperbelkurve (s. Abb. 310).

Aus konstruktiven Gründen ist es nicht möglich, für die Gewichtsdifferenz jedes Gestängezuges eine Geschwindigkeitsstufe einzubauen. Man muß sich daher je nach der Steuerbarkeit der Antriebsmaschine mit einer vertretbaren Zahl von Schaltstufen abfinden. Ist die Anlage mit Drehmomentwandlern ausgestattet, die ein jeweils erforderliches Drehmoment gewährleisten, sind nur zwei Schaltstufen erforderlich. Die sich dabei ergebenden Lastgeschwindigkeitskurven passen sich der Idealkurve gut an.

Verhältnis des Trommel- und Seil-Durchmessers. Das Gewicht des Bohrstranges muß stets um die Länge eines Gestängezuges, das sind 26 bis 30 m, angehoben werden. Diese Länge, multipliziert mit der Anzahl der im Flaschenzug eingescherten Seile, ergibt jene Seillänge, die auf der Hebewerkstrommel aufgespult werden muß.

Gleiche Seilqualität vorausgesetzt, wird das im Durchmesser stärkere Seil auch eine größere Last tragen und heben können. Je größer der Seildurchmesser wird, um so weniger Seile müssen im Flaschenzug eingeschert werden, um so kleiner wird die auf der Trommel aufzuspulende Seillänge sein. Andererseits erfordert aber ein großer Seildurchmesser einen größeren Trommeldurchmesser und bedingt damit auch ein größeres Drehmoment.

Werden hingegen im Durchmesser schwächere Seile verwendet, müssen mehr Seile eingeschert werden, um die gleiche Last zu heben. Die aufzuspulende Seillänge wird größer. Es muß für diesen Fall entweder eine längere Trommel gewählt werden oder aber es müssen mehr Seillagen auf ihr aufgespult werden, wodurch ebenfalls das Drehmoment erhöht wird.

Sowohl ein zu großer Durchmesser als auch eine zu lange Hebewerkstrommel bedeuten eine sperrigere und schwerere Konstruktion, die, abgesehen vom größeren Herstellungspreis, auch größere Kosten bei jeder Umstellung der Bohranlage verursacht.

Welche Vorteile andererseits ein größerer Trommeldurchmesser und Trommellänge haben, soll an Hand eines Beispieles ersichtlich gemacht werden.

Angenommen, das im Flaschenzug eingescherte Seil habe einen Durchmesser von 32 mm, die Hebewerkstrommel einen solchen von 20×32 mm $= 640{,}0$ mm $=$ 0,64 m.

Wie hoch stellen sich die Drehmomente in vier Seillagen bei gleichbleibendem Seilzug?

Der Angriffspunkt des Seilzuges ist stets die Mitte des Seiles in der betreffenden Seillage. Der für das Drehmoment maßgebende Durchmesser in den vier Seillagen ist folgender (es sei hier davon abgesehen, daß z. B. die Seile der zweiten Seillage sich vielfach zwischen je zwei Seilen der ersten Seillage einlegen):

1. Lage: $0{,}64 + 0{,}032 = 0{,}672$ m und $D/2 = 0{,}336$ m,
2. Lage: $0{,}64 + 3 \cdot 0{,}032 = 0{,}736$ m und $D/2 = 0{,}368$ m,
3. Lage: $0{,}64 + 5 \cdot 0{,}032 = 0{,}800$ m und $D/2 = 0{,}400$ m,
4. Lage: $0{,}64 + 7 \cdot 0{,}032 = 0{,}864$ m und $D/2 = 0{,}432$ m.

Die Differenz der Trommel-Radien zwischen den einzelnen Seillagen beträgt somit 9,523%.

Das Drehmoment ($M_d = P \cdot D/2$) erhöht sich bei den gegebenen Verhältnissen ebenfalls um rund 9,5% pro Seillage.

Ist der Trommeldurchmesser kleiner als der 20fache Seildurchmesser, wird die Differenz größer, im anderen Falle kleiner (Seildurchmesser bleibt gleich, Trommeldurchmesser variiert).

Unter der Voraussetzung, daß sowohl der Seilzug als auch die Drehzahl an der Trommel gleich bleiben, muß auch der Leistungsbedarf, ebenso wie das Drehmoment, in jeder Seillage eine Steigerung von rund 9,5% erfahren.

$$\left(N_{kg \cdot m/Sek.} = M_d \cdot w, \qquad w = \frac{\pi \cdot n}{30}\right).$$

Der Leistungsbedarf erfährt somit eine Erhöhung um 9,5% pro Seillage.

Die Anzahl der Seillagen hängt nun von der Länge der Hebestrecke, der Länge einer Windung und der möglichen Anzahl der Windungen auf der Hebewerkstrommel ab.

Um mit möglichst wenig Seillagen das Auslangen zu finden, ergibt sich die Länge der Hebewerkstrommel aus der folgenden Überlegung:

Es sei angenommen, daß die Hebestrecke 30 m lang ist, das Seil einen Durchmesser von 32 mm und die Trommel einen Durchmesser von 20×32 mm $=$ 640 mm habe.

In der tiefsten Stellung des Flaschenzuges bleibt auf der Trommel eine gewisse Windungszahl, meist 10 bis 15 Windungen, selten die volle erste Seillage aufgespult.

(In USA wird vielfach nur 1/3 bis maximal 1/2 der ersten Seillage als Blindlage belassen.)

Bei einer Hebestrecke von 30 m, einem Flaschenzug, der in vier Rollen eingeschert ist, ergeben sich in den einzelnen Seillagen die folgenden Längen pro Seilwindung:

$$\begin{aligned}
&1.\ \text{Lage:}\quad (0{,}64 + 0{,}032) \cdot 3{,}14 = 2{,}11\ \text{m},\\
&2.\ \text{Lage:}\quad (0{,}64 + 3 \cdot 0{,}032) \cdot 3{,}14 = 2{,}31\ \text{m},\\
&3.\ \text{Lage:}\quad (0{,}64 + 5 \cdot 0{,}032) \cdot 3{,}14 = 2{,}51\ \text{m},\\
&4.\ \text{Lage:}\quad (0{,}64 + 7 \cdot 0{,}032) \cdot 3{,}14 = 2{,}71\ \text{m}.
\end{aligned}$$

Bei der Annahme, daß die Blindlage nur die halbe Trommel in Anspruch nimmt, können in den einzelnen Seillagen die folgenden Seillängen aufgespult werden:

$$\begin{aligned}
&1.\ \text{Lage:}\quad 1/2 \cdot \frac{X}{0{,}032} \cdot 2{,}11\ \text{m},\\
&2.\ \text{Lage:}\quad \frac{X}{0{,}032} \cdot 2{,}31\ \text{m},\\
&3.\ \text{Lage:}\quad \frac{X}{0{,}032} \cdot 2{,}51\ \text{m},\\
&4.\ \text{Lage:}\quad \frac{X}{0{,}032} \cdot 2{,}71\ \text{m}.
\end{aligned}$$

Aus der Beziehung

$X/0{,}032 \cdot (1/2 \cdot 2{,}11 + 2{,}31 + 2{,}51 + 2{,}71) = 8 \cdot 30$ m resultiert für $X = 0{,}894$ m als die Trommellänge, falls vier Seillagen aufgespult werden.

Soll mit drei Seillagen das Auslangen gefunden werden, müßte eine Trommellänge von 1,30 m vorgesehen werden.

Wird der Trommeldurchmesser gleich dem 22fachen Seildurchmesser gewählt, was für die Lebensdauer des Seiles sicher vorteilhaft wäre, ergibt sich, unter sonst gleichen Bedingungen, eine Trommellänge von 0,827 m bei vier Lagen, bzw. 1,206 m bei drei Lagen.

Die Ersparnis einer Seillage bedeutet Ersparnis an Antriebsleistung. Es wäre daher zu erwägen, ob dieser Vorteil die nur wenig schwerere Konstruktion nicht rechtfertigt.

Flaschenzugseile mit einem Durchmesser von 32 mm werden vorwiegend für mittlere und schwere Hebewerke eingebaut, mit denen Teufen bis zu etwa 3000 m mit 4 1/2 Zoll Gestänge erreicht werden.

Für den Einbau der Futterrohre, die schwerer sind als der Bohrstrang, wird das Seil in einem fünfrolligen Flaschenzug eingeschert und es ergeben sich hier zwangsläufig auch mehr Seillagen.

Dabei werden aber — normale Verhältnisse vorausgesetzt — nur kleine Lasten in Hebestrecken von etwa 20 m (Futterrohrdoppelstücke), die gesamte Last hingegen nur in sehr kurzen Wegstrecken angehoben.

Bei einer Bohrung werden heute höchstens vier, meist nur drei Futterrohr-Stränge eingebaut, so daß die Zeitdauer des Einbaues, die von der Antriebsleistung abhängt, im Verhältnis zur Gesamtdauer der Bohrung von untergeordneter Bedeutung ist.

Amerikanische Rotary-Bohranlagen, die für Teufen von etwa 3000 m ausgelegt sind, wobei der Bohrstrang aus 4 1/2 Zoll Gestängen besteht, haben die folgenden Trommelmaße:

1. Type 110 der National Supply Co. wird für eine Teufe von 2,700,0 m mit 4 1/2 Zoll Gestängen empfohlen. Bei Gestängezügen von 90 Fuß = 27,45 m ist bei vierrolligem Flaschenzug, einem 1 1/4 Zoll Seil = 32 mm der Trommeldurchmesser 27 Zoll = 685,8 mm, das ist der 21,4fache Seildurchmesser. Die Trommel ist 1146 mm lang, so daß bei einer Blindlage von nur 13 Windungen mit drei Seillagen das Auslangen gefunden wird.

2. Type 130 der gleichen Firma, für eine maximale Teufe von 3050,0 m mit 4 1/2 Zoll Gestängen, den gleichen Gestängezugslängen, einem 1 1/4 Zoll = 32 mm starken Seil und vierrolligem Flaschenzug ist der Trommeldurchmesser 30 Zoll = 762 mm, das ist der 23,8fache Seildurchmesser. Die Trommellänge beträgt 1430,0 mm. Auch hier sind maximal drei Seillagen erforderlich, wobei die Blindlage die ganze erste Seillage beanspruchen kann.

3. Type 76 der Oil Well Supply Co. ist für eine maximale Teufe von 3050,0 m mit 4 1/2 Zoll Gestängen, den gleichen Gestängezugslängen, einem Seildurchmesser von 1 1/8 Zoll = 28,57 mm und vierrolligem Flaschenzug ausgelegt. Der Trommeldurchmesser beträgt 24 Zoll = 610 mm, das ist der 21,4fache Seildurchmesser. Die Trommellänge ist 913 mm. Hier sind vier Seillagen erforderlich.

4. Type JB-1250 der Firma Emsco, für eine Teufe von 3050,0 m mit 4 1/2 Zoll Gestänge, gleiche Gestängezugslänge, einem Seil von 1 1/4 Zoll = 32 mm und vierrolligem Flaschenzug hat einen Trommeldurchmesser von 710 mm, das ist der 22,2fache Seildurchmesser. Die Trommellänge ist 1040 mm.

Bei dieser Konstruktion sind ebenfalls vier Seillagen notwendig.

5. Die Firma Haniel & Lueg baut mittlere und schwere Anlagen für Teufen von 2500,0 bis 3000,0 m für 4 1/2 Zoll Gestänge. Der Trommeldurchmesser beträgt 610 mm. Bei den mittleren Anlagen wird ein Seil von 1 1/8 Zoll = 28,6 mm verwendet, wobei der Trommeldurchmesser etwa dem 21,3fachen Seildurchmesser entspricht.

Bei schweren Anlagen und einem 1 1/4-Zoll-Seil = 32 mm ist der Trommeldurchmesser bloß der 19,06fache Seildurchmesser. Die Trommellänge beträgt 1080,0 mm. Auch hier werden vier Seillagen benötigt.

Aus dieser Übersicht ist zu ersehen, daß das Verhältnis von Trommeldurchmesser zum Seildurchmesser fast durchwegs höher liegt als 20 : 1, ferner, daß angestrebt wird, mit bloß drei Seillagen das Auslangen zu finden.

Bei konstanter Drehzahl und konstantem Seilzug erhöht sich, wie schon besprochen, der Leistungsbedarf bei jeder Seillage um einen gewissen Prozentsatz.

Um die für den Aus-Einbauzyklus erforderliche Zeit so weit als möglich abzukürzen, soll die Antriebsleistung so bemessen werden, daß die Last mit konstanter Drehzahl an der Trommel gehoben werden kann.

Beschleunigung der Last beim Ausbau der Bohrgarnitur. Bei jedem Anheben des Bohrstranges muß die Last aus der Ruhelage auf eine gegebene Geschwindigkeit beschleunigt werden. Auch beim Übergang des schnellen Seiles von einer Seillage zur nächsthöheren wird eine, wenn auch minimale Beschleunigung erfolgen müssen.

Das Anheben aus der Ruhelage geschieht im Zeitlupentempo gesehen wie folgt: Der Elevator ist wenige Zentimeter unterhalb der Gestängemuffe (Spezialverbinder-Muffenstück) des in den Abfangkeilen hängenden Bohrstranges angesetzt und muß zunächst an dieses Muffenstück angehoben werden. Dieses Anheben soll mit gedrosseltem Motor erfolgen, um den dabei unvermeidlichen Stoß auf ein Mindestmaß zu verringern. Harte Stöße sind für die Lebensdauer des Seiles, Elevators, der Gestängemuffe und der gesamten Konstruktion der Kraftübertragung nachteilig.

Die im Flaschenzugshaken eingebauten Spiralfedern wirken dabei als Stoßdämpfer. Die Hebegeschwindigkeit ist in dieser Phase abhängig von der Drosselbarkeit der Antriebsmaschine.

Beim weiteren Anheben übernimmt das Flaschenzugseil die gesamte Last, wobei die Abfangkeile im Drehtisch gelöst werden.

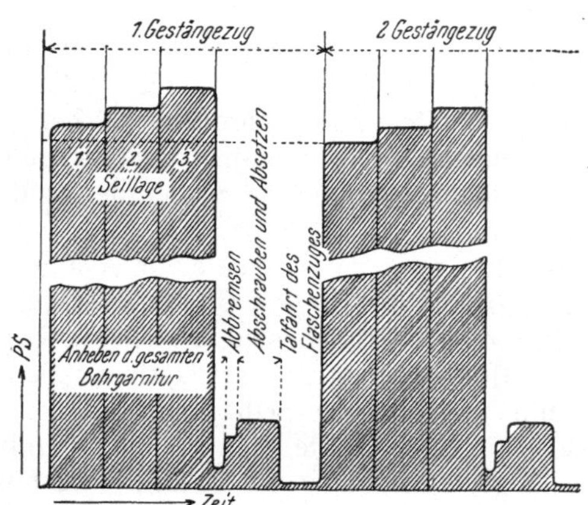

Abb. 311. Ausbau der Bohrgarnitur

In dieser Phase wird die Last beschleunigt, und zwar von einer geringen Geschwindigkeit auf die Geschwindigkeit, die sich aus der Drehzahl der betreffenden Schaltstufe ergibt.

Wie diese beiden Phasen ineinandergreifen, wie hoch die Geschwindigkeit beim Übergang von einer Phase zur anderen ist, hängt von der Regelbarkeit der Antriebsmaschinen und dem Temperament des Bohrmeisters (Kranführers) ab.

Es ist auch nicht genau festzustellen, ob die Beschleunigung dabei eine gleichförmige oder ungleichförmige ist.

Unter der Voraussetzung, daß die Last aus der Ruhelage gleichförmig beschleunigt wird, kommt man zu Ergebnissen, die im folgenden besprochen werden sollen.

Befindet sich der Flaschenzug in der tiefsten Stellung, so ist das Seil von der Trommel bis auf die Blindlage abgespult. Es sei angenommen, daß die Blindlage nur die erste halbe Seillage beansprucht und die Beschleunigungsperiode in der ersten Seillage beendet wird.

Während der Beschleunigungsperiode erhöht sich der Zug am schnellen Seil um den Massendruck $= (P/g \cdot b)$.

Außer der Antriebsleistung, die für die Hebearbeit bei gleichbleibendem Seilzug und Geschwindigkeit in der ersten Seillage erforderlich wäre, muß daher für die Beschleunigungsperiode eine gewisse Leistungsreserve vorgesehen werden.

Inwieweit die bei der Hebearbeit erforderliche Leistung vom Trommeldurchmesser bei gleichbleibender Drehzahl und Seilzug abhängig ist, wurde in den vorangegangenen Ausführungen besprochen. Bei einem Trommeldurchmesser, der dem zwanzigfachen Seildurchmesser entspricht, ergab sich eine Erhöhung der Leistung um **9,5%**/Seillage, somit von der ersten zur dritten Lage um **19%** (s. Abb. **311** und **312**).

Um eine möglichst kurze Hebezeit zu erreichen, wird die Antriebsleistung so gewählt, daß sie dem Produkt aus dem maximal möglichen Seilzug und der Seilgeschwindigkeit in der höchsten erforderlichen Seillage, die sich aus der gleichbleibenden Drehzahl der Trommel ergibt, entspricht.

Liegt der Beschleunigungsweg, wie angenommen wurde, in der ersten Seillage, so können diese **19%** zur Überwindung der Beschleunigungsperiode in der ersten Seillage herangezogen werden.

In den folgenden Ausführungen bedeutet:

P_m = maximal zulässige Zugbelastung des eingescherten Seiles in kg, berücksichtigend seine Bruchlast und einen gegebenen Sicherheitsfaktor.

P = Seilzug in kg, außerhalb der Beschleunigungsperiode.

N_t = Erforderliche Leistung in kg m/Sek., um die Last P (kg) mit der Geschwindigkeit der dritten Seillage V_3 (m/Sek.) zu heben.
N_1 = Erforderliche Leistung in kg m/Sek., um die Last P kg mit der Geschwindigkeit der ersten Seillage V_1 (m/Sek.) zu heben.
g = Erdbeschleunigung, m/Sek.².
b_1, b_2, b_3 = gefragte Beschleunigung (in m/Sek.²) der Last von $v = 0$, auf v_1, von v_1 auf v_2 und v_2 auf v_3.

Es bestehen die folgenden Beziehungen:

$$N_t = P \cdot v_3, \tag{1}$$
$$N_1 = P \cdot v_1, \tag{2}$$
$$N_t = N_1 + 0{,}19\, N_1, \tag{3}$$
$$N_t = 1{,}19 \cdot N_1, \tag{4}$$
$$P \cdot v_3 = P \cdot v_1 \cdot 1{,}19. \tag{5}$$

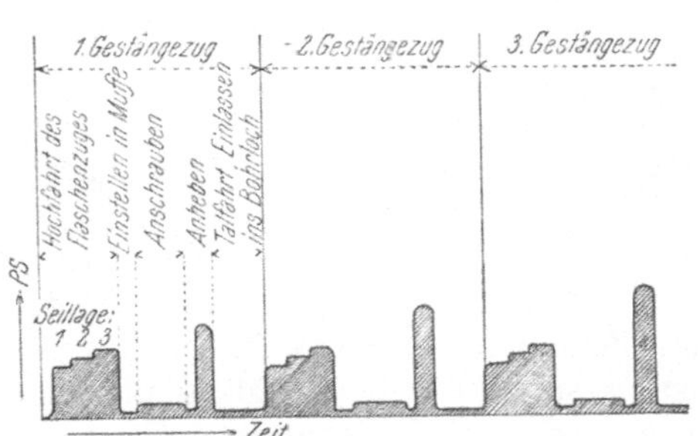

Abb. 312. Einbau der Bohrgarnitur

Um die Last von $v = 0$ auf v_1, das ist die Geschwindigkeit in der ersten Seillage, zu beschleunigen, ist daher $1{,}19\ N_1$ verfügbar.

Für die Beschleunigung von v_0 auf v_1 ergibt sich:

$$N_t = P \cdot v_1 + \frac{P}{g} \cdot b_1 \cdot v_1, \tag{6}$$

$$b_1 = \frac{(N_t - P \cdot v_1) \cdot g}{P \cdot v_1} = \frac{(P \cdot v_3) \cdot g}{(P \cdot v_1)} - g; \tag{7}$$

$$t_1 = \frac{v_1}{b_1}, \qquad \text{und} \qquad s_1 = \frac{b_1 \cdot t_1^2}{2}. \tag{8}$$

Für die Beschleunigung von v_1 der ersten auf v_2 der zweiten Seillage gilt:

$$N_t = P \cdot v_1 + \frac{P}{g} \cdot b_2 \cdot (v_2 - v_1), \tag{9}$$

$$b_2 = \frac{(N_t - P \cdot v_1) \cdot g}{P \cdot (v_2 - v_1)}; \tag{10}$$

$$t_2 = \frac{v_2 - v_1}{b_2}; \qquad s_2 = \frac{v_2^2 - v_1^2}{2\, b_2}. \tag{11}$$

Analog ergibt sich bei der Beschleunigung von der zweiten auf die dritte Seillage:

$$b_3 = \frac{(N - P \cdot v_2) \cdot g}{P \cdot (v_3 - v_2)}, \tag{12}$$

die Zeit und der Beschleunigungsweg,

$$t_3 = \frac{v_3 - v_2}{b_3}, \qquad s_3 = \frac{v_3^2 - v_2^2}{2\, b_3}. \tag{13}$$

Höhe des Seilzuges an der Trommel. Sie ist abhängig von der Bruchlast des gewählten Seiles (s. Tab. 23 und 24) und dem erwünschten Sicherheitsfaktor.

Mit zunehmender Teufe der Bohrung wird der Seilzug ansteigen. Für die dabei resultierende Mehrbelastung werden entweder mehr Seile in das Flaschenzug-System eingeschert oder aber es wird ein stärkeres Seil eingelegt.

Außer der statischen Last hat nun das Seil in den Beschleunigungs- und Verzögerungsperioden eine zusätzliche Mehrbelastung — den Massendruck — aufzunehmen.

Die Erzeugerfirmen schreiben, wie dies schon im Kapitel XI/B/3 besprochen wurde, einen Sicherheitsfaktor von 5 vor, der allerdings in der Praxis nicht immer eingehalten werden kann. Die Lebensdauer des Seiles wird naturgemäß bei größerer Belastung, das heißt bei einem kleineren Sicherheitsfaktor, verkürzt.

Andererseits ergibt sich eine kürzere Ausbauzeit, wenn weniger Seile im Flaschenzug eingeschert werden, die dann allerdings einen höheren Seilzug aufnehmen müssen. Der Entscheid über die Höhe des Sicherheitsfaktors ist daher vor allem eine Kostenfrage, allerdings unter der Voraussetzung, daß die Bohrung keinesfalls gefährdet werden darf.

Je kleiner der Sicherheitsfaktor gewählt wurde, um so öfter und gründlicher muß der Zustand des Seiles kontrolliert werden.

Während des Ausbaues aus der maximal möglichen Teufe vermindert sich die Last nach jedem abgesetzten Gestängezug.

Die Antriebsleistung soll dabei über eine gewisse Reserve verfügen, um die Beschleunigungszeit abzukürzen. Durch diese Abkürzung wird sich auch die Belastungsspitze durch den Massendruck auf eine während des Ausbaues immer kleiner werdende Zeitspanne, und zwar auf Bruchteile von Sekunden, auswirken. Der Sicherheitsfaktor des Seiles wird damit während des Ausbaues bei jedem Gestängezugausbau eine gewisse Steigerung erfahren.

Im folgenden Beispiel sollen der mögliche Seilzug, die Beschleunigungswerte, der Massendruck und die an der Hebewerkstrommel erforderliche Antriebsleistung behandelt werden.

Gegeben sei die Rotary-Bohranlage der National Supply Co. Type 110, die mit 4 1/2 Zoll Bohrgestänge eine Teufe von 2700,0 m erzielen läßt. Der Trommeldurchmesser ist 686,0 mm = 27 Zoll, die Trommellänge 1146,0 mm = 49 Zoll. Der vierrollige Flaschenzug hat ein Drahtseil von 32 mm = 1 1/4 Zoll eingeschert, mit einer Mindestbruchlast von 57 000,0 kg (Nennbruchlast 58 000,0 kg). Das Hebewerk hat sechs Geschwindigkeitsstufen mit den folgenden Seilgeschwindigkeiten in der zweiten Seillage:

1. Stufe = 1,624 m/Sek.
2. Stufe = 3,05 m/Sek.
3. Stufe = 4,29 m/Sek.
4. Stufe = 5,95 m/Sek.
5. Stufe = 11,10 m/Sek.
6. Stufe = 15,55 m/Sek.

Auf der Trommel verbleibt eine Blindlage von zehn Windungen, die mögliche Windungszahl je Seillage ist rund 36.

Bei einer Bruchlast von 57 000,0 kg soll der Sicherheitsfaktor mit 3 gewählt werden, der nur für ganz kurze Zeiten unterschritten werden darf. (National Supply Co. wählt als minimalsten Sicherheitsfaktor 1,61 laut Angabe im Prospekt.)

Die erforderliche Antriebsleistung ergibt sich aus dem Produkt des maximalen Seilzuges und der Seilgeschwindigkeit in der höchsten, hier dritten Seillage.

Der maximale Seilzug sei mit $\frac{57\,000{,}0}{3} = 19\,000$ kg gegeben.

Der Durchmesser der Seilwindungen in den drei Seillagen beim gegebenen Seildurchmesser von 0,032 m und Trommeldurchmesser von 0,686 m ist folgender:

1. Seillage: $0{,}686 + 0{,}032 = 0{,}718$ m,
2. Seillage: $0{,}686 + 3 \cdot 0{,}032 = 0{,}782$ m,
3. Seillage: $0{,}686 + 5 \cdot 0{,}032 = 0{,}846$ m.

Der Durchmesser der Seilwindungen vergrößert sich somit um je 8,9%/Seillage.

Bei gleicher Umdrehungszahl der Hebewerkstrommel/Min. muß daher auch die Seilgeschwindigkeit um 8,9% je Seillage verschieden sein.

Aus der gegebenen Seilgeschwindigkeit in der zweiten Seillage errechnen sich daher die Geschwindigkeiten in den beiden anderen, die um 8,9% kleiner, bzw. größer sind.

Sie sind daher in der gegebenen ersten Geschwindigkeitsstufe wie folgt:

$$1.\ \text{Seillage:}\quad v_{1/1} = 1{,}624 - \frac{1{,}624}{100} \cdot 8{,}9 = 1{,}48\ \text{m/Sek.}$$

$$2.\ \text{Seillage:}\quad v_{1/2} = \text{gegeben mit} \qquad = 1{,}624\ \text{m/Sek.}$$

$$3.\ \text{Seillage:}\quad v_{1/3} = 1{,}624 + \frac{1{,}624}{100} \cdot 8{,}9 = 1{,}77\ \text{m/Sek.}$$

Analog ergeben sich die Werte für die anderen Geschwindigkeitsstufen. Beim Bruchindex von v bedeutet der Zähler die Geschwindigkeitsstufe, der Nenner die Seillage. Zum Beispiel $v_{1/3}$ ist die Seilgeschwindigkeit in der ersten Geschwindigkeitsstufe und der dritten Seillage.

Berechnung der Beschleunigungswerte. *Beschleunigungswerte in der ersten Geschwindigkeitsstufe.* Da bloß 10 Windungen auf der ersten Seillage als Blindlage angenommen wurden, wird das Beschleunigen der Last aus der Ruhelage auf $v_{1/1} = 1{,}48$ m/Sek. noch in der ersten Seillage erfolgen.

Die erforderliche Antriebsleistung an der Trommel ist somit:

$$N_t = 19\,000{,}0 \cdot 1{,}77 = 33\,600{,}0\ \text{kg m/Sek.}$$

Nach der Gleichung $N_t = P_1 \cdot v_{1/1} + \frac{P_1}{g} \cdot b_{1/1} \cdot v_{1/1}$ ergibt sich:

$$33\,600{,}0 = 19\,000{,}0 \cdot 1{,}48 + \frac{19\,000{,}0}{9{,}81} \cdot b_1 \cdot 1{,}48,$$

$$b_1 = 1{,}91\ \text{m/Sek.}^2, \qquad t_1 = 0{,}77\ \text{Sek.}, \qquad s_1 = 0{,}57\ \text{m.}$$

Bei der Beschleunigung von der ersten zur zweiten Seillage ergeben sich die folgenden Werte:

$$33\,600{,}0 = 19\,000{,}0 \cdot 1{,}48 + \frac{19\,000{,}0}{9{,}81} \cdot b \cdot (1{,}624 - 1{,}48).$$

$$b = 19{,}7\ \text{m/Sek.}^2, \qquad t = 0{,}007\ \text{Sek.}, \qquad s = 0{,}01\ \text{m.}$$

Hier sind die Beschleunigungszeiten und Wege so gering, daß man sie bei der Berechnung der Ausbauzeiten völlig vernachlässigen kann.

Beschleunigungswerte in der zweiten Stufe. Nach dem Grundsatz Last × Geschwindigkeit = konstant beträgt der Seilzug in dieser Stufe mit

$$\frac{19\,000{,}0 \cdot 1{,}48}{2{,}79} = 10\,080{,}0\ \text{kg.}$$

Hier ist $v_{2/1} = 2{,}79$ die Geschwindigkeit in der ersten Seillage. Analog wie oben ist:

$$33\,600{,}0 = 10\,080{,}0 \cdot 2{,}79 + \frac{10\,080{,}0}{9{,}81} \cdot b_2 \cdot 2{,}79,$$

$$b_2 = 1{,}91\ \text{m/Sek.}^2, \qquad t_2 = 1{,}45\ \text{Sek.}, \qquad s_2 = 2{,}0\ \text{m.}$$

Beschleunigungswerte in der dritten Stufe.

$$\text{Seilzug} = \frac{19\,000{,}0 \cdot 1{,}48}{3{,}91} = 7200{,}0\ \text{kg}, \qquad v_{3/1} = 3{,}91\ \text{m/Sek.},$$

$$b_3 = 1{,}91\ \text{m/Sek.}^2, \qquad t_3 = 2{,}04\ \text{Sek.}, \qquad s_3 = 3{,}84\ \text{m}.$$

Beschleunigungswerte in der vierten Stufe.

$$\text{Seilzug} = \frac{19\,000{,}0 \cdot 1{,}48}{5{,}42} = 5200{,}0\ \text{kg}, \qquad v_{4/1} = 5{,}42\ \text{m/Sek.},$$

$$b_4 = 1{,}91\ \text{m/Sek.}^2, \qquad t_4 = 2{,}87\ \text{Sek.}, \qquad s_4 = 7{,}61\ \text{m}.$$

Beschleunigungswerte in der fünften Stufe.

$$\text{Seilzug} = 2800{,}0\ \text{kg}, \qquad v_{5/1} = 10{,}01\ \text{m/Sek.},$$

$$b_5 = 1{,}91\ \text{m/Sek.}^2, \qquad t_5 = 5{,}28\ \text{Sek.} \qquad s_5 = 25{,}77\ \text{m}.$$

Beschleunigungswerte in der sechsten Stufe.

$$\text{Seilzug} = 1980{,}0\ \text{kg}, \qquad v_{6/1} = 14{,}17\ \text{m/Sek.},$$

$$b_6 = 1{,}91\ \text{m/Sek.}^2, \qquad t_6 = 7{,}43\ \text{Sek.}, \qquad s_6 = 51{,}06\ \text{m}.$$

Aus den obigen Berechnungen ist zu ersehen, daß bei gleichbleibender Antriebsleistung die Beschleunigung in allen Geschwindigkeitsstufen dieselbe bleibt, hingegen die Beschleunigungszeiten und Wege je Stufe ansteigen.

Bei der gleichen Geschwindigkeitsstufe verringern sich die Beschleunigungszeiten und Wege im Verlaufe des Ausbaues wie folgt: Erste Stufe mit maximalem Seilzug = 19 000,0 kg, war $t_1 = 0{,}77$ Sek., $s_1 = 0{,}5$ m. Nach Ausbau von 10 Zügen à 973,0 kg erniedrigt sich der Seilzug um $9730{,}0 \cdot \frac{1}{0{,}84 \cdot 8}$ [1] = 1450,0 kg, das heißt er beträgt 17 550,0 kg. Hier dauert die Beschleunigung nur 0,51 Sek. und $s = 0{,}37$ m. Nach dem Ausbau von 20 Gestängezügen ist die Beschleunigungszeit bloß 0,36 Sek. und $s = 0{,}26$ m.

Der Seilzug und der Sicherheitsfaktor in der Beschleunigungsspitze.

Erste Stufe.

$$19\,000{,}0 + \frac{19\,000{,}0}{9{,}81} \cdot 1{,}91 = 22\,700{,}0\ \text{kg}.$$

$$\text{Der Sicherheitsfaktor ist } \frac{57\,000{,}0}{22\,700{,}0} = 2{,}51.$$

Außerhalb dieser Periode ist er, wie schon gesagt wurde, = 3. Nach dem Ausbau von 10 Gestängezügen ist die Lastspitze in der Beschleunigungsperiode = 22 700 kg und der Sicherheitsfaktor = 2,51. Außerhalb der nur 0,5 Sek. währenden Beschleunigungsperiode ist der Sicherheitsfaktor schon 3,23.

Nach dem Ausbau von 20 Gestängezügen errechnet sich analog der Sicherheitsfaktor in der Lastspitze mit 2,51, außerhalb derselben mit 3,5.

Zweite Stufe. Hier ist die Spitzenlast 12 040,0 kg, daher der Sicherheitsfaktor = 4,7.

Dritte Stufe. Der maximale Seilzug ist 8600,0 kg, der Sicherheitsfaktor = 6,6.

Der Sicherheitsfaktor 3 wird somit nur in der ersten Geschwindigkeitsstufe und nur in Bruchteilen von Sekunden unterschritten und steigt in den weiteren Stufen zusehends an.

In den am meisten beanspruchten ersten zwei Stufen liegt er vorwiegend zwischen 3 und 4,7, somit in tragbaren Grenzen.

---

[1] Siehe S. 155, Berechnung des Zugfaktors.

Zu bemerken wäre noch, daß sich die Spitzenbelastung nicht auf alle im Flaschenzug eingescherten Seile auswirkt, sondern vorwiegend vom schnellen Trommelseil aufgenommen wird.

Ausbauzeit mit dem Rotary-Hebewerk Type 110 der National Supply Co. Angenommen sei, daß der Bohrstrang mit Spülung gefüllt ist (Meißel verstopft) und gezogen werden muß.

Der maximale Seilzug betrage bei dem hier eingescherten 1 1/4 Zoll-Seil $\frac{57\,000{,}0}{3}$ kg $= 19\,000{,}0$ kg, dabei ergibt sich eine maximale Hakenlast von $19\,000{,}0 : 0{,}149$[1] $= 127\,500{,}0$ kg. Der Schwerstangenstrang besteht aus 4 Zügen à 30,0 m, mit einem Gewicht voll mit Spülung von spez. Gewicht 1,2 von rund 110 kg/m.

Das Gesamtgewicht der Schwerstangen ist daher 120,0 m à 110 kg	=	13 200 kg
Der Flaschenzug mit Haken + Elevator wiege	=	9 500 kg
Die Mitnehmerstange + Spülkopf	=	3 000 kg
Total		25 700 kg

Es verbleibt für das Gestänge 127 500,0 — 25 700 = 101 800 kg. Das 4 1/2 Zoll-Gestänge F.H. habe ein Gewicht von 32,44 kg/m in Luft (Auftrieb = Reibungsverluste werden nicht berücksichtigt). Ein Gestängezug wiegt in Luft = 973 kg, gefüllt mit Spülung vom spez. Gewicht = 1,2 = 1212,0 kg; 101 800 : 1212,0 kg = 84 Gestängezüge.

Totale Teufe : Gestänge = 84,0 Züge à 30 m	=	2520 m
120 m Schwerstangen	=	120 m
Mitnehmerstange rund	=	15 m
Total		2655 m

Unter der Voraussetzung, daß in der ersten Seillage 10 Windungen auf der Hebetrommel als Blindlage verbleiben und die Trommelbreite für 36 Windungen (nach Angabe) Platz bietet, ergeben sich die folgenden aufspulbaren Seillängen in drei Seillagen:

1. Lage $D_1\pi \cdot$ Windungszahl $= 0{,}718 \cdot 3{,}14 \cdot (36 - 10)$	=	58,60 m
2. Lage $D_2\pi \cdot$ Windungszahl $= 0{,}782 \cdot 3{,}14 \cdot 36$	=	88,38 m
3. Lage $D_3\pi \cdot$ Windungszahl $= 0{,}846 \cdot 3{,}14 \cdot 36$	=	95,74 m
Total		242,72 m

Benötigt werden beim vierrolligen Flaschenzug und Gestängezugslängen von 30,0 m, $8 \cdot 30 = 240{,}0$ m.

Bei drei erforderlichen Seillagen kann somit die Seilgeschwindigkeit der zweiten Seillage als Durchschnittsgeschwindigkeit in allen sechs Geschwindigkeits-Stufen angenommen werden. Es sind dies folgende:

Geschwindigkeit am schnellen Seil zweite Seillage:	Geschwindigkeit am Flaschenzugshaken:
$V_{1/2} = 1{,}624$ m/Sek.	0,203 m/Sek.
$V_{2/2} = 3{,}05$ m/Sek.	0,381 m/Sek.
$V_{3/2} = 4{,}29$ m/Sek.	0,536 m/Sek.
$V_{4/2} = 5{,}95$ m/Sek.	0,743 m/Sek.
$V_{5/2} = 11{,}10$ m/Sek.	1,387 m/Sek.
$V_{6/2} = 15{,}55$ m/Sek.	1,943 m/Sek.

[1] Siehe S. 155, Berechnung des Zugfaktors.

Das gesamte Gewicht setzt sich zusammen aus:

84 Gestängezügen à 1212,0 kg	= 101 808,0 kg	
120 m Schwerstangen à 110,0 kg	= 13 200,0 kg	
Flaschenzug usw.	9 500,0 kg	
Mitnehmerstange + Spülkopf	3 000,0 kg	
Total	127 508,0 kg	= 127 500,0 kg

Als tote Last ist der Flaschenzug + Haken + Elevator anzusprechen, daher reine Bohrstranglast + Mitnehmerstange + Spülkopf 127 500,0 — 9500,0 = 118 000,0 kg.

Nach dem Gesetz: Produkt aus Last (Q) und Geschwindigkeit (v) konstant, ergeben sich für die einzelnen Geschwindigkeitsstufen die folgenden Bohrstranglasten:

		Differenz:
$Q_1 =$	$= 118\,000$ kg	
		55 130 kg
$Q_2 = \frac{118\,000{,}0 \cdot 0{,}203}{0{,}381}$	$= 62\,870$ kg	
		18 180 kg
$Q_3 = \frac{118\,000{,}0 \cdot 0{,}203}{0{,}536}$	$= 44\,690$ kg	
		12 450 kg
$Q_4 = \frac{118\,000{,}0 \cdot 0{,}203}{0{,}734}$	$= 32\,240$ kg	
		14 970 kg
$Q_5 = \frac{118\,000{,}0 \cdot 0{,}203}{1{,}387}$	$= 17\,270$ kg	
		4 940 kg
$Q_6 = \frac{118\,000{,}0 \cdot 0{,}203}{1{,}943}$	$= 12\,330$ kg	
		12 330 kg
	0 kg	

1. Mit der ersten Geschwindigkeitsstufe soll ein Bohrstranggewicht von . . . . 55 130 kg
gezogen werden. Abzüglich das Gewicht der Mitnehmerstange mit dem Spülkopf . . . . 3 000 kg
verbleiben für den Bohrstrang . . . . 52 130 kg

Bei einem Gestängezugsgewicht von 1212 kg ergeben sich daher 52 130 : 1212 = 43 Gestängezüge + 14 kg. Es müssen folglich mit dieser Geschwindigkeitsstufe 43 Gestängezüge gezogen werden, die insgesamt . . . . 52 116 kg
wiegen.

Es wurden daher 52 130 kg — 52 116 kg = 14 kg weniger gezogen, die mit der zweiten Geschwindigkeitsstufe gezogen werden.

Die totale, mit dieser Stufe gezogene Bohrstranglänge ist (exklusive Mitnehmerstange) 43 Züge à 30,0 m . . . . = 1 290,0 m

2. Mit der zweiten Geschwindigkeitsstufe soll ein Bohrstranggewicht von . . . . 18 180 kg
gezogen werden. Zuzüglich der noch vorhandenen . 14 kg
verbleiben . . . . 18 194 kg

18 194 kg : 1212 kg = 15 Gestängezüge + 14 kg.

Es müssen folglich 15 Züge gezogen werden mit einem Gewicht von . . . . 18 180 kg
Es wurden 18 194 — 18 180 = 14 kg weniger gezogen, die die Stufe 3 übernimmt.

Die totale Bohrstranglänge, die mit der ersten und zweiten Stufe gezogen wurde, beträgt 43 + 15 Züge à 30,0 m . . . . = 1 740,0 m

3. Mit der dritten Stufe soll ein Bohrstranggewicht von 12 450 kg gezogen werden. Zuzüglich . . . . 14 kg
Es sind daher zu ziehen . . . . . 12 464 kg

12 464 : 1212 = 10 Gestängezüge + 344 kg.

Es müssen 11 Züge à 1212 kg gezogen werden, das sind . . . . 13 332 kg
Mehr gezogen wurden 13 332 — 12 464 kg = ... 868 kg

Die totale Bohrstranglänge, die mit der ersten, zweiten und dritten Stufe gezogen wurde, ist (43 + 15 + 11) Züge à 30,0 m . . . . = 2 070,0 m

4. Mit der vierten Stufe sollen gezogen werden . . 14 970 kg
Abzüglich . . . . 868 kg
verbleiben . . . . 14 102 kg

14 102 : 1212 = 11 Züge + 770 kg,
daher werden 12 Züge gezogen, mit einem Gewicht von 14 544 kg
Mehr gezogen wurden 14 544 — 14 102 = 442 kg.
Die totale bisher gezogene Bohrstranglänge ist . . . . 2 430,0 m

5. Mit der fünften Stufe sollen gezogen werden . . 4 940 kg
Abzüglich . . . . 442 kg
verbleiben . . . . 4 498 kg

Es sind noch zu ziehen 3 Gestänge- und die Schwerstangenzüge.
3 Gestängezüge wiegen . . . . 3 636 kg
1 Schwerstangenzug . . . . 3 300 kg
Total . . . . 6 936 kg

die mit dieser Stufe gezogen werden.

Mehr gezogen wurden 6936 — 4498 = 2438 kg.
Die bisher gezogene Bohrstranglänge . . . . = 2 550,0 m

6. Mit der letzten, sechsten Stufe könnten gezogen werden . . . . 12 330 kg
Abzüglich . . . . 2 438 kg
verbleiben zu ziehen . . . . 9 892 kg

9892 : 3300 kg = 3 Schwerstangenzüge.
(Differenz 8 kg, Fehler bei Abrundung, s. S. 272.)
Die gesamte gezogene Bohrstranglänge . . . . = 2 640,0 m

Die Hebezeiten ergeben sich zunächst in jeder Geschwindigkeitsstufe aus dem Quotienten der Lastwegstrecken und der Durchschnittsgeschwindigkeit am Haken für jede einzelne Geschwindigkeitsstufe. Es sind die folgenden:

1. Geschwindigkeitsstufe $\frac{1290{,}0\ \text{m}}{0{,}203\ \text{m/Sek.}} = 6\,354$ Sek.

2. Geschwindigkeitsstufe $\frac{450{,}0\ \text{m}}{0{,}381\ \text{m/Sek.}} = 1\,181$ Sek.

3. Geschwindigkeitsstufe $\dfrac{330{,}0\ \text{m}}{0{,}536\ \text{m/Sek.}} =$ 616 Sek.

4. Geschwindigkeitsstufe $\dfrac{360{,}0\ \text{m}}{0{,}743\ \text{m/Sek.}} =$ 485 Sek.

5. Geschwindigkeitsstufe $\dfrac{120{,}0\ \text{m}}{1{,}387\ \text{m/Sek.}} =$ 87 Sek.

6. Geschwindigkeitsstufe $\dfrac{90{,}0\ \text{m}}{1{,}943\ \text{m/Sek.}} =$ 46 Sek.

Total 8 769 Sek.

Hinzu kommen die Beschleunigungszeiten mit rund 98 Sek., so daß sich die gesamte, ausschließliche Hebezeit auf 8867 Sek. stellt.

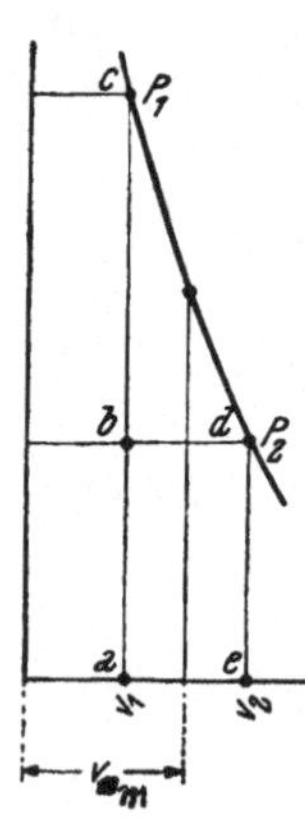

Bei der Hebezeit-Berechnung mit der Durchschnittsgeschwindigkeit wurde bewußt der Beschleunigungsweg nicht berücksichtigt. Der Unterschied ist völlig bedeutungslos. Die reine Hebezeit beträgt somit 2 Stunden, 27 Min., 47 Sek.

Auf die ersten zwei Geschwindigkeitsstufen entfallen etwa 85% der gesamten Hebezeit und ein Gewichtsanteil von etwa 62%.

Ausbauzeit mit Drehmomentwandler. Wenn der Antrieb mit Drehmomentwandlern ausgestattet ist, ergibt sich eine Zeitersparnis, die im folgenden überschlägig für den Bereich der ersten drei Geschwindigkeitsstufen, die etwa 91% der gesamten Hebezeit ausfüllen, ermittelt werden soll.

Aus der Grundgleichung $P \cdot v =$ konstant $= y \cdot x =$ konstant erklärt sich nach nebenstehender Abbildung für die einzelnen Teilbereiche die folgende Relation:

1. Bereich, $v = 1{,}624$ bis $3{,}05$ m/Sek., $N = 33\,600$ kg m/Sek.,

$$x \cdot y = 33\,600{,}0; \quad y = \frac{33\,600{,}0}{x}; \quad dy = \frac{33\,600{,}0}{x} \cdot dx;$$

$$y = \int \frac{33\,600{,}0}{x} \cdot dx; \quad y = 33\,600{,}0 \cdot \int \frac{dx}{x};$$

$$y = 33\,600{,}0\,(\ln x)_{1{,}624}^{3{,}05}$$

$$F_1 = acde, \quad F_2 = abde, \quad F_3 = bcd,$$

$$F_1 = 33\,600{,}0\,(1{,}115 - 0{,}485) = 21\,150{,}0 \text{ kg m/Sek.}$$

$$F_2 = 10\,080{,}0\,(3{,}05 - 1{,}624) = 14\,350{,}0 \text{ kg m/Sek.}$$

$$F_3 = F_1 - F_2 = 21\,150{,}0 - 14\,350{,}0 = 6800{,}0 \text{ kg m/Sek.}$$

$$(P_1 - P_2) \cdot v_x = 6800{,}0;$$

$$(19\,000{,}0 - 10\,080{,}0) \cdot v_x = 6800{,}0 \text{ kg m/Sek.}$$

$$v_x = \frac{6800{,}0}{8920{,}0} = 0{,}763 \text{ m/Sek.}$$

$$v_m = 1{,}624 + 0{,}763 = 2{,}387 \text{ m/Sek.}$$

2. Bereich, $v = 3{,}05$ bis $4{,}29$ m/Sek. Analog ergibt sich:

$$F_1 = 33\,600{,}0\,(\ln x)_{3,05}^{4,29} = 10\,450{,}0 \text{ kg m/Sek.}$$
$$F_2 = 7200{,}0\,(4{,}29 - 3{,}05) \cong 8920{,}0 \text{ kg m/Sek.}$$
$$F_3 = 10\,450{,}0 - 8920{,}0 \cong 1530{,}0 \text{ kg m/Sek.}$$
$$(10\,080{,}0 - 7200{,}0) \cdot v_x \cong 1530{,}0 \text{ kg m/Sek.}$$
$$v_x = 1530/2880 \simeq 0{,}531 \text{ m/Sek.}$$
$$v_m = 3{,}05 + 0{,}531 \cong 3{,}581 \text{ m/Sek.}$$

3. Bereich, $v = 4{,}29$ bis $5{,}95$ m/Sek.

$$F_1 = 33\,600{,}0\,(\ln x)_{4,29}^{5,95} = 11\,090{,}0 \text{ kg m/Sek.}$$
$$F_2 = 5\,200{,}0\,(5{,}95 - 4{,}29) \cong 8\,640{,}0 \text{ kg m/Sek.}$$
$$F_3 = 11\,090{,}0 - 8640{,}0 \cong 2\,450{,}0 \text{ kg m/Sek.}$$
$$(7200{,}0 - 5200{,}0) \cdot v_x \cong 2\,400{,}0 \text{ kg m/Sek.}$$
$$v_x = \frac{2450{,}0}{2000{,}0} \cong 1{,}225 \text{ m/Sek.}$$
$$v_m = 4{,}29 + 1{,}225 \cong 5{,}515 \text{ m/Sek.}$$

Damit ergeben sich für den Bereich dieser drei Geschwindigkeitsstufen die folgenden Hebezeiten:

1. Stufe 43 Gestängezüge à 30,0 m =	1290 m : 2,387/8 =	4325	Sek.
2. Stufe 15 Gestängezüge à 30,0 m =	450 m : 3,581/8 =	942	Sek.
3. Stufe 11 Gestängezüge à 30,0 m =	330 m : 5,515/8 =	480,0	Sek.
		5747,0	Sek.

Ohne Drehmomentwandler sind in diesen drei Stufen 8151,0 Sek. errechnet worden. Die Differenz 8141,0 – 5747,0 = 2394,0 Sek. bedeutet eine Zeitersparnis von etwa 30%, bzw. von 39 Min. und 54 Sek.

Bei häufigerem Meißelwechsel stellt sich daher eine ins Gewicht fallende Zeitersparnis ein, dies um so mehr, als auch die Beschleunigungsverhältnisse günstiger sind.

Der totale Zeitaufwand für den Ausbau-Zyklus. Die hier ermittelte Zeitdauer ist lediglich der Zeitaufwand, der von der Antriebsleistung und den vorhandenen Geschwindigkeitsstufen abhängt.

Der gesamte Arbeitszyklus enthält aber noch zusätzlich die Zeitspannen, die für die manuellen Arbeitsphasen der Bohrmannschaft erforderlich sind.

Die gesamte Zeitdauer für diesen Zyklus setzt sich demnach zusammen:

a) aus der oben errechneten reinen Hebezeit und

b) aus der Zeitspanne, die für die folgenden Arbeitsphasen notwendig ist:

Einsetzen der Abfangkeile, Ansetzen der Gestängezangen, Abschrauben, Anheben des abgeschraubten Gestängezuges aus der Gewindeverbindung, Schwenken des Zuges zur Abstellbühne, Lösen des Elevators vom abgestellten Gestängezug, Leertalfahrt des Flaschenzugsblockes und Ansetzen des Elevators am nächsten Gestängezug.

Für diese Arbeitsphasen sind bei jedem Zug mit normalen Gestängezangen und Abfangkeilen etwa 90 Sek. erforderlich.

Ferner müssen für das Abschrauben der Mitnehmerstange, Ausschwenken zum Rattenloch, Einlassen in das Rattenloch etwa 120 Sek. gerechnet werden.

Auf unser Beispiel zurückkommend, errechnet sich für den Ausbau:

a) ein Zeitaufwand von . . . . 8 867 Sek. und

b) bei insgesamt 88 Zügen (inklusive Schwerstangen) und Mitnehmerstange . . . . 8 040 Sek.

Die totale Ausbauzeit somit . . . . 16 907 Sek., bzw. 4 Stunden, 41 Min. und 47 Sek.

Dabei entfallen auf die von der Antriebsleistung und Auslegung der Anlage abhängigen Zeit rund 50%.

Zeitverhältnisse beim Einbau der gegebenen Bohrgarnitur. Die reine Hebezeit zum Hochfahren des leeren Flaschenzuges setzt sich auch hier aus dem Quotienten von Wegstrecke und durchschnittlicher Geschwindigkeit und aus der Beschleunigungszeit zusammen.

Letztere ist bei diesem Arbeitsgang erheblich höher und beträgt in der sechsten Geschwindigkeitsstufe 2,14 Sek.

In dieser Zeit ist der Beschleunigungsweg am schnellen Seil $= 15{,}16$ m, somit am Flaschenzugshaken $15{,}16 : 8 = 1{,}89 \text{ m} \cong 2{,}0$ m. Erst nach dieser Strecke wird die volle Geschwindigkeit erreicht, die sich damit auf die Wegstrecke von $30{,}0 - 2{,}0 \text{ m} = 28{,}0$ m beschränkt.

Mit 28,0 m ist die erste Seillage noch nicht ausgefüllt, so daß für die Wegstrecke von 28,0 m am Haken eine durchschnittliche Geschwindigkeit von 15,55 m/Sek. (Geschwindigkeit der zweiten Seillage) am schnellen Seil, bzw. 1,94 m/Sek. am Flaschenzugshaken ergibt.

Der Zeitaufwand für die Wegstrecke von 30,0 m ist somit

1. Beschleunigungszeit	2,14 Sek.
2. 28/1,94	14,43 Sek.
Für einen Gestängezug	16,57 ≅ 16,6 Sek.

a) Für die reinen Leerhochfahrten ergeben sich bei 88 Gestänge- und Schwerstangenzügen $88 \cdot 16{,}6 = 1460$ Sek.,

b) für die restlichen Arbeiten pro Zug inklusive Einbau und Verzögerungszeit etwa 60 Sek., die Mitnehmerstange 120 Sek., das sind insgesamt für b

$$88 \cdot 60 = 5280 + 120 = 5400 \text{ Sek.}$$

Die gesamte Einbauzeit beträgt somit 6860 Sek., bzw. 1 Stunde, 54 Min. und 20 Sek.

Es entfallen auf a) 21,3%,
auf b) 78,7%.

Der einmalige Aus-Einbauzyklus aus der Teufe von 2655,0 m benötigt bei den gegebenen Verhältnissen daher 6 Stunden, 35 Min., 49 Sek. Davon entfallen rund 43% auf die von der Antriebsleistung und Auslegung der Kraftübertragung abhängigen Arbeitsphasen.

Hilfseinrichtungen für einen möglichst zeitsparenden Aus- und Einbau. Die für b) erforderlichen Hilfseinrichtungen, wie Elevatoren, Keile, Gestängezangen und Spille wurden schon im Kapitel XI/B/3 und XI/B/7 besprochen. Es soll aber bei dieser Gelegenheit besonders darauf hingewiesen werden, daß es gerade bei diesen Hilfseinrichtungen darauf ankommt, Konstruktionen zu wählen, die leicht und einfach zu handhaben sind und den Zeitaufwand bei diesen Arbeitsgängen so weit als nur möglich abkürzen.

Diesem Umstand wird in den letzten Jahren in USA durch Verwendung von pneumatisch gesteuerten Abfangkeilen und Gestängezangen Rechnung getragen.

Natürlich spielen auch der Ausbildungsgrad des Personals, ein sauberer Arbeitsplatz und gute Beleuchtung eine sehr maßgebende Rolle.

Schlußfolgerung. Auf Grund von praktischen Angaben aus den Vereinigten Staaten von Amerika und der hier durchgeführten Zeitanalysen ergibt sich bezüglich des Zeitaufwandes für die reine *produktive Bohrarbeit* und die bei jeder Bohrung durchzuführenden Aus-Einbauzyklen der nachstehende Vergleich.

Von der Gesamtdauer einer Bohrung (vom Beginn des Aufbaues bis zur Beendigung des Abbaues) entfallen auf die reine Bohrarbeit 35 bis 50%, das sind im Durchschnitt rund 42%, auf die Aus-Einbauzyklen 15 bis 20%, im Durchschnitt rund 18%. Von diesen 18% kommt aber bestenfalls nur die Hälfte auf das Konto der Antriebsleistung und Auslegung der Kraftübertragung.

Wenn man die ausschließlich von der Antriebsleistung und Auslegung der Anlage abhängigen prozentuellen Zeiten für die reine Bohrarbeit und die Aus-Einbauzyklen miteinander vergleicht, ergibt sich im Durchschnitt ein Verhältnis von 42 : 9, bzw. 1 : 0,214.

Bei Förderbohrungen in weichen und mittelharten Schichten wird der Unterschied noch größer, etwa 1 : 0,1, sein.

Aus dieser Gegenüberstellung ist zu ersehen, daß im allgemeinen zur wirtschaftlichen Ausnützung einer Bohranlage vor allem auf die für die reine Bohrarbeit erforderliche richtige Auslegung der Kraftübertragung und Antriebsleistung das größte Gewicht zu legen ist.

Andererseits darf allerdings nicht übersehen werden, daß schwierige Bohrverhältnisse, ferner viel Kernarbeit in großen Teufen, den Anteil der unproduktiven Aus-Einbauzyklen stark ansteigen lassen.

3. Bemerkungen über die Höchstgeschwindigkeiten am schnellen Seil

Bei der Wahl der Höchstgeschwindigkeit für die Hochfahrt des leeren Flaschenzuges muß bedacht werden, daß die Anlage von Menschen bedient wird, die oft unter sehr ungünstigen Witterungsverhältnissen arbeiten müssen und nicht in der Lage sind, beliebige Geschwindigkeiten mit genügender Sicherheit zu meistern.

Heute sind bei den neuen Hebewerken Seilgeschwindigkeiten von 10 bis maximal 20 m/Sek. vorgesehen, die von einem gut geschulten Bohrmeister mit entsprechender Sicherheit gehandhabt werden können. In USA, allerdings noch sehr selten, werden Anlagen für große Teufen mit einer Seilgeschwindigkeit bis zu 25 m/Sek. gebaut.

Im Durchschnitt werden für die verschiedenen Teufen die folgenden höchsten Seilgeschwindigkeiten gewählt:

Für leichte Hebewerke und Teufen bis etwa 1500 m . . . 10 m/Sek.,
für mittlere Teufen bis etwa 2500 m . . . . 15 bis 17 m/Sek.,
für große und sehr große Teufen, 3000 bis 6000 m . . . 17 bis 25 m/Sek.

4. Der Leistungsbedarf am Hebewerk

Dieser Leistungsbedarf hängt ab vom Seilzug und der Seilgeschwindigkeit des schnellen Flaschenzugseiles. Nach welchen prinzipiellen Gesichtspunkten diese beiden Faktoren zu wählen sind, wurde in den vorhergehenden Ausführungen besprochen.

Die Grundbedingungen sind dabei: Das richtige Verhältnis von Trommel zum Seildurchmesser, der entsprechende Sicherheitsgrad des gewählten Seiles und eine möglichst kurze Ausbauzeit des Bohrstranges aus der jeweils größten Teufe.

In den Tab. 46 und 47 sind die errechneten PS für verschiedene Teufen und einen Bohrlochdurchmesser von 11 Zoll ≅ 280 mm zu ersehen, wobei die Drehzahl an der Trommel in der ersten Geschwindigkeitsstufe mit 33 U/Min. (Durchschnitt der National Supply Co.-Anlagen) und Schwerstangenlängen für unterschiedliche Gesteinshärten gewählt wurden.

Es wurde dabei der Auftrieb, als durch die Reibungsverluste aufgehoben, vernachlässigt. Für den möglichen Fall, daß der Bohrstrang, bei verstopftem Meißel, mit Spülung gefüllt gezogen werden muß, wurde auch dieser Leistungsbedarf ermittelt und in der Tabelle angeführt.

Tabelle 46. *Leistungsbedarf der Antriebsmaschine für das Hebewerk bei einem Bohrgestänge 5 9/16 Zoll F.H. à 36,6 kg/m, 90 m Schwerstangen 5 9/16 Zoll à 156,6 kg/m und einer konstanten Drehzahl an der Trommel von 33 U/Min.*

(Gesteinsformation wechselnd weich bis mittelhart)

Teufe in m	Seildurchmesser in Zoll	Trommeldurchmesser in m	v in vierter Seillage in m/Sek.	Anzahl der eingescherten Seile	Totale Last kg		Seilzug kg	PS für	
					a Gestänge leer	b Gestänge voll Spülung[1]		Fall a	Fall b[1]
1000	1 1/4	0,635	1,473	6	57 400,0		10 900,0	282,0	
	1 1/4	0,635	1,473	4	57 400,0		15 600,0	403,0	
	1 1/4	0,635	1,473	6		70 300,0	13 320,0		344,0
1500	1 1/8 1 1/4	0,635	1,473	6	75 700,0		14 300,0	370,0	
	1 1/4	0,635	1,473	6		85 500,0	16 200,0		418,0
2000	1 1/4	0,635	1,473	6	94 100,0		17 800,0	460,0	
	1 1/4	0,635	1,473	8		120,700,0	18 000,0		464,0
2500	1 1/4	0,635	1,473	8	112 400,0		16 650,0	429,0	
	1 3/8	0,700	1,63	8		154 700,0	22 900,0		654,0
3000	1 3/8	0,700	1,63	8	130 600,0		19 300,0	552,0	
	1 1/2	0,874	1,73	8		181 400,0	27 000,0		818,0

C. H. Oberg hat in der schon genannten Zeitschrift auch den Leistungsbedarf am Hebewerk für verschiedene Bohrstranggewichte veröffentlicht. Die dabei vorausgesetzte, durchschnittliche Ausbaugeschwindigkeit von 0,5 m/Sek. (am Flaschenzug), beim Heben der jeweils maximalen Last, muß allerdings als weit über dem Durchschnitt liegend angesehen werden. Dementsprechend ergeben sich bei Oberg sehr hohe Leistungsziffern für diesen Arbeitszyklus, die in Tab. 45 wiedergegeben sind.

[1] Spez. Gewicht der Spülung 1,2.

Vergleich des Leistungsbedarfes am Drehtisch : Spülpumpe : Hebewerk. In Tab. 49 wurde nun der PS-Bedarf für den Drehtisch, Spülpumpe und Hebewerk einander gegenübergestellt.

Es wurden für diese Gegenüberstellung aus den Tab. 41, 42 und 46 jene Daten entnommen, die den praktischen Verhältnissen am ehesten entsprechen werden, und zwar:

a) Für den Antrieb des Drehtisches wurden aus Tab. 41 jene PS-Werte entnommen, die bei mittelhartem bis weichem Gestein und einem Wirkungsgrad von 0,76 und je 3 PS zur Überwindung der Reibungsverluste/100 m Bohrstranglänge ermittelt wurden.

Tabelle 47. *Leistungsbedarf der Antriebsmaschine für das Hebewerk bei einem Bohrgestänge 5 9/16 Zoll F.H. à 36,6 kg/m bis zur Teufe von 3000 m und Bohrgestänge 5 9/16 Zoll F.H. à 40,8 kg/m für die größeren Teufen, 130 m Schwerstangen 5 9/16 Zoll F.H. à 156,6 kg/m und einer konstanten Drehzahl an der Trommel von 33 U/Min.*

(Gesteinsformation wechselnd hart bis mittelhart)

Teufe in m	Seildurchmesser in Zoll	Trommeldurchmesser in m	v in vierter Seillage in m/Sek.	Anzahl der eingescherten Seile	Totale Last kg		Seilzug kg	PS	
					a leerer Bohrstrang	b mit Spülung voll		Fall a	Fall b
1000	1 1/4	0,635	1,473	4	62 150,0		16 900,0	436,0	
	1 1/4	0,635	1,473	6	62 150,0		11 800,0	304,0	
	1 1/4	0,635	1,473	6		75 900,0	14 400,0		362,0
1500	1 1/4	0,635	1,473	6	80 450,0		15 200,0	392,0	
	1 1/4	0,635	1,473	6		101 000,0	19 100,0		493,0
2000	1 1/4	0,635	1,473	6	98 850,0		18 700,0	482,0	
	1 1/4	0,635	1,473	8		126 200,0	18 730,0		485,0
2500	1 1/4	0,635	1,473	8	127 150,0		18 900,0	487,0	
	1 3/8	0,700	1,630	8		149 600,0	22 200,0		633,0
3000	1 3/8	0,70	1,63	8	147 350,0		21 900,0	624,0	
	1 1/2	0,76	1,73	8		186 700,0	27 700,0		838,0

b) Für den Antrieb der Spülpumpe sind aus Tab. 42 die PS-Werte entnommen worden, die beim Bohren in mittelhartem bis weichem Gestein und einem Drei-Rollen-Düsenmeißel erforderlich sind.

c) Für den Antrieb des Hebewerkes wiederum wurde aus Tab. 46 der maximale PS-Bedarf für die einzelnen Teufenstrecken zur Gegenüberstellung gewählt.

Bei Gegenüberstellung der durchschnittlichen Werte nach Oberg ergibt sich hier das folgende Verhältnis:

Drehtisch PS : Pumpen PS : Hebewerk PS = 1 : 0,45 : 2,82.

Wie schon bei der Besprechung der einzelnen Werte gesagt wurde, hat Oberg den Leistungsbedarf am Drehtisch für die Teufenstufen von 3000 bis 9000 Fuß als gleich angenommen, und zwar mit je 320 PS, der von ihm angenommene Bohrstrang hatte keine Düsenmeißel und schließlich hat er für den Ausbau der Bohrgarnitur eine überdurchschnittliche Hebegeschwindigkeit vorausgesetzt.

Tabelle 48. *Leistungsbedarf der Antriebsmaschine für das Hebewerk bei einem Bohrgestänge von 4 1/2 Zoll F.H. à 27,1 kg/m bis Teufe von 3000 m und 32,44 kg/m für die weiteren Teufen, 200 m Schwerstangen 4 1/2 Zoll à 107,0 kg/m, Drehzahl an der Trommel 33 U/Min.*
(Gesteinsformation wechselnd hart bis mittelhart)

Teufe in m	Seildurchmesser in Zoll	Trommeldurchmesser in m	v in vierter Seillage in m/Sek.	Anzahl der eingescherten Seile	Totale Last kg		Seilzug kg	PS	
					a leerer Bohrstrang	b mit Spülung voll		Fall a	Fall b
2500	1 1/4	0,635	1,473	6	93 800,0		17 800,0	460,0	
	1 1/4	0,635	1,473	8		114 700,0	17 050,0		440,0
	1 3/8	0,700	1,630	6		114 700,0	21 700,0		620,0
3000	1 3/8	0,700	1,630	6	107 400,0		20 300,0	580,0	
	1 3/8	0,700	1,630	8		132 300,0	19 680,0		560,0
	1 3/8	0,700	1,630	6	122 400,0		23 200,0	663,0	
	1 1/4 1 3/8	0,700	1,630	8	122 400,0		18 200,0	520,0	
	1 3/8	0,700	1,630	8		145 300,0	21 600,0		620,0
3500	1 3/8	0,700	1,630	8	138 400,0		20 500,0	586,0	
	1 1/2	0,760	1,730	8		165 500,0	24 600,0		745,0
4000	1 3/8	0,700	1,630	8	154 900,0		23 000,0	658,0	
	1 1/2	0,760	1,730	8		185 500,0	27 600,0		835,0

Tabelle 49. *Gegenüberstellung des Leistungsbedarfes an Drehtisch, Spülpumpe und Hebewerk für einen Bohrstrang, der für mittelhartes bis weiches Gestein bestimmt ist*
(mit Düsenmeißel)

Leistungsbedarf in PS

Teufe in m	Drehtisch		Spülpumpe		Hebewerk	Verhältnis
1000	146,0	:	480,0	:	403,0	1 : 3,29 : 2,27
1500	165,0	:	550,0	:	418,0	1 : 3,34 : 2,53
2000	185,0	:	630,0	:	464,0	1 : 3,40 : 2,51
2500	187,0	:	700,0	:	654,0	1 : 3,75 : 3,52
3000	198,0	:	760,0	:	818,0	1 : 3,85 : 4,12

Im Durchschnitt ist das Verhältnis 1 : 3,87 : 3,15.

D. Bohranlagen für seismische Untersuchungsbohrungen mit maschinellem Antrieb

Diese Gerätetype für drehendes und spülendes Bohren wird allerdings auch für untiefe Strukturbohrungen mit Kerngewinnung eingesetzt und arbeitet nach dem gleichen Prinzip wie die besprochene Rotary-Bohranlage.

Abb. **313.** Fahrbare Bohranlage für seismische Bohrungen der Fa. Conrad-Stork, Haarlem, mit maschinellem Antrieb auf einem Lkw. für Teufen bis 300 m

Die Anlage ist entweder auf einem Lkw., einem Lkw-Anhänger oder aber auf einem Unterbau mit Schlittenkufen aufgebaut und daher leicht zu transportieren und aufzustellen (s. Abb. **313**, **314** und **315**).

Sie setzt sich aus den folgenden Hauptteilen zusammen:

1. Dem Drehtisch,
2. der Hebeeinrichtung, bestehend aus zwei Seiltrommeln und den dazugehörigen Drahtseilzügen,
3. der Spülpumpe,
4. der Antriebsmaschine,

5. dem Bohrmast mit den erforderlichen Seilrollen,
6. einer besonderen Einrichtung — „Pull down“ — zur Übermittlung des erforderlichen Bohrdruckes an das Bohrwerkzeug,
7. der Bohrgarnitur.

1. Der Drehtisch

In einem in der Mitte röhrenförmig durchbrochenen Gehäuse ist der eigentliche, ebenfalls in der Mitte durchbrochene Drehkörper auf Kugellagern eingebaut, der mit einem schwach konisch geformten Zahnkranz verbunden ist. Ein Kegelrad, das auf der Drehtischantriebswelle aufgekeilt ist, greift in den obigen Zahnkranz ein. Das Gehäuse ist gleichzeitig auch der Schmierölbehälter für die Verlagerung (s. Abb. 316).

Abb. 314. Fahrbare Bohranlage für etwa 90 m Teufe für seismische Untersuchungsbohrungen mit maschinellem Antrieb nach Fa. Conrad-Stork, Haarlem

Die in der Mitte des Drehkörpers vorgesehene Öffnung ist so ausgebildet, daß sowohl die außen konisch geformten Abfangkeile zum Abfangen des Bohrgestänges und der Futterrohre, als auch ein kantiges Mitnehmerstück hier eingesetzt werden können.

Dieses Mitnehmerstück (Kelly bar) umschließt bei der Bohrarbeit die vierkantige Mitnehmerstange und überträgt damit die Drehbewegung des Tisches über die Mitnehmerstange dem angeschlossenen Bohrgestänge, bzw. dem Bohrmeißel.

Die Kraftübertragung von der Antriebsmaschine zur Kegelrad-Antriebswelle erfolgt über ein entsprechendes Zahnradgetriebe, eine Kardanwelle oder einen Kettentrieb.

Die Drehtisch-Durchgangsöffnung bestimmt den Durchmesser des hier einzubauenden Bohrwerkzeuges und beträgt bei diesen Anlagen je nach Konstruktion etwa 120 bis 127 mm. Die Drehzahlen des Tisches können etwa in den Grenzen von 25 bis 300 U/Min. geschaltet werden.

2. Die Hebeeinrichtung

Sie besteht aus zwei, zur Gerätemitte symmetrisch angeordneten Seiltrommeln, die unmittelbar hinter dem Drehtisch auf der Plattform der Anlage in einem Profileisenrahmen eingebaut sind (s. Abb. 317).

Jede dieser Seiltrommeln ist mit einer Bandbremse ausgestattet.

Auf einer der beiden Trommeln wird das Tragseil (ein Drahtseil mit Durchmesser 1/2 Zoll) aufgespult, das über eine Turmseilrolle geführt und am Spülkopf befestigt ist. Es dient lediglich zum Halten, bzw. Bewegen der Bohrgarnitur während der Bohrarbeit. Soll die Bohrgarnitur ausgebaut werden, so wird zunächst die Mitnehmerstange hochgezogen, das obere Ende des folgenden Bohrgestänges in Keilen im Drehtisch abgefangen, die Gewindeverbindung mit der Mitnehmerstange gelöst und diese sodann mit dem Spülkopf und dem Tragseil seitlich ausgeschwenkt und abgestellt.

Die Kraftübertragung von der Antriebsmaschine zu den beiden Seiltrommeln erfolgt über eine Reibungskupplung zur Hauptantriebswelle der Anlage, von der Kettentriebe in vier bis acht Geschwindigkeitsstufen geschaltet werden können. Die dabei erzielten Seilgeschwindigkeiten betragen in der kleinsten Stufe etwa 0,2, in der höchsten 1,4 m/Sek.

Als Hebe- und Tragseile werden Drahtseile mit einem Durchmesser von etwa 1/2 Zoll eingeschert.

Bei kleinen Anlagen wie in Abb. 315 ist an Stelle der Seilhebetrommel ein einfaches Spill vorgesehen, auf dem das Tragseil, ein Hanfseil, aufgespult wird; auf diese Weise kann die Bohrgarnitur aus- und eingebaut werden.

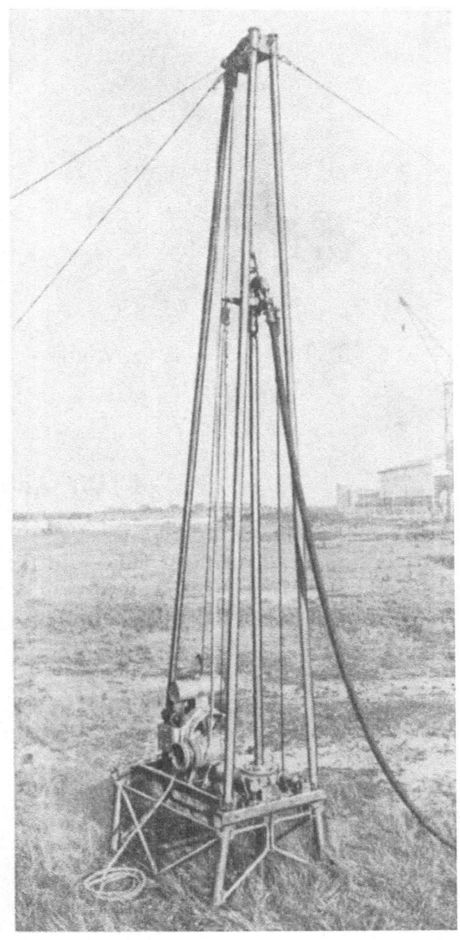

Abb. 315. Bohranlage für seismische Untersuchungsbohrungen für Teufen von etwa 90 m mit stählernem Unterbau auf Schlittenkufen nach Fa. Conrad-Stork, Haarlem

3. Die Spülpumpe

Es ist eine doppeltwirkende Zwillings-Kolbenpumpe der Nenngröße 4 1/2 mal 6 Zoll oder 4 mal 5 Zoll (Kolben-Durchmesser × Hublänge), und einer Liefermenge von etwa 200 l/Min. bei einer Hubzahl von etwa 65/Min. und einem Arbeitsdruck von etwa 35 Atü.

Die Pumpe kann in vier Geschwindigkeitsstufen geschaltet werden. Die Kraftübertragung erfolgt hier ebenfalls von der Hauptwelle mittels Ketten- oder Keilriementrieb.

Der Saugstutzen ist mit einem Saugschlauch verbunden, die Druckleitung (2 Zoll) führt über eine Steigleitung, die entlang eines Mastfußes hochgeführt ist, zum Druckschlauch, bzw. Spülkopf.

Für Gerätetypen, die eine maximale Teufe von etwa 90,0 m erreichen lassen, ist das Pumpenaggregat mit einem Benzinmotor von 7 PS auf einem eigenen tragbaren Gestell aufgesetzt (s. Abb. 318).

Abb. 316. Drehtisch nach Fa. Winter-Weiss Co., USA

Abb. 317. Hebeeinrichtung, bestehend aus zwei Seiltrommeln, nach Fa. Winter-Weiss Co., USA

4. Die Antriebsmaschine

Falls die Anlage auf einem Lkw. aufgebaut ist, so ist auch der Lkw.-Motor der Antriebsmotor der Anlage. Die Kraftübertragung erfolgt über ein entsprechendes Übersetzungsgetriebe zur Hauptwelle, von der die diversen Kettentriebe zum Drehtisch, Pumpe und Seiltrommel abzweigen.

Abb. 318. Tragbares Pumpenaggregat nach Fa. Conrad-Stork, Haarlem

Bei Anlagen auf Lkw.-Anhänger oder einem Unterbau mit Schlittenkufen ist ein eigener Antriebsmotor, Benzin- oder Dieselmotor vorgesehen. Es werden vorwiegend leichte, rasch laufende Motoren mit Drehzahlen bis etwa 3000 U/Min. vorgezogen.

Für Bohrteufen bis zu 90,0 m werden für das Hebewerk und den Drehtisch rund 7,0 PS, für Teufen bis zu 300 m etwa 90 PS vorgesehen (letztere inklusive Pumpantrieb).

5. Der Bohrmast

Für Teufen über etwa 200 m werden vornehmlich einseitig offene Klappmaste mit einem Lichtraum (oberhalb des Drehtisches) von rund 6,5 m verwendet. Die Tragfähigkeit variiert zwischen 3000,0 und 13 000,0 kg.

Die Mastfüße und Verstrebungen sind aus Rohren gebaut und verschweißt.

Abb. 319. Bohranlage für seismische Bohrungen der Fa. Conrad-Stork, Haarlem, mit maschinellem Antrieb auf Lkw. für Teufen bis 300 m, transportbereit

Während des Transportes kann der Mast über den Lkw. oder Lkw.-Anhänger geklappt werden (s. Abb. 319). Die Aufstellung erfolgt hydraulisch. Auf der Mastkrone sind vier Seilrollen vorgesehen, wovon zwei, die schräg gestellt sind, für die beiden Tragseile, die anderen beiden für die Zugstränge der Bohrdruck-Einrichtung ,,Pull down" bestimmt sind (s. Abb. 320).

Abb. 320. Turmrollenanordnung nach Fa. Winter-Weiss Co., USA

Bei Anlagen bis zu Teufen von 90,0 m werden verstrebte und verankerte A-Maste geliefert (s. Abb. 314 und 315).

6. Einrichtung zur Übermittlung des erforderlichen Bohrdruckes (Pull down)

Um dem auf Sohle arbeitenden Bohrwerkzeug einen gewissen Bohrdruck zu übermitteln, der sich nach der Gesteinshärte richtet, wird bei diesen Anlagen der Bohrstrang mittels einer besonderen Einrichtung im Bohrmast nach unten gezogen.

An der dem Drehtisch zugekehrten Mast-Konstruktion sind rechts und links der Mitnehmerstange Führungsschienen aus Rohren eingebaut.

Das Spülkopfgehäuse hat am unteren Ende einen flanschenförmigen Ansatz (s. Abb. 321), auf dem ein langarmiger Elevator aufgesetzt ist, der den Spülkopf umschließt und mit einer Sperrklinke in der geschlossenen Lage gehalten wird. Die klauenförmigen Enden der Elevatorarme können entlang der vorgenannten Führungsschienen lotrecht gleiten und verhindern dadurch ein seitliches Schwingen der Mitnehmerstange.

Außerdem sind diese beiden Arme mit je einem endlosen Zugstrang verbunden, der zur Hälfte aus einer Rollenkette und einem Drahtseil zusammengesetzt ist. Beide Zugstränge verlaufen parallel zu den Führungsschienen, über Turmseilrollen und die Spanneinrichtung, die unterhalb der Drehtischplattform eingebaut ist.

Die Rollenketten, die den vom Spülkopf lotrecht nach abwärts führenden Zugstrangteil bilden, laufen über ein Kettenrad der Spann-, bzw. Zug-Einrichtung, die vom Bohrmeisterstand mit einer hydraulischen Pumpe betätigt werden kann. Die Pumpe ist an die Antriebsmaschine angeschlossen, die Regelung des Pumpdruckes erfolgt mittels besonderer Steuerventile. Der als Drahtseil ausgebildete Zugstrangteil, der von den Spülkopf-Schellenarmen nach aufwärts über die Turmseilrollen eingeschert ist, ist mit den Schellenarmen durch eine dämpfende Spiralfeder verbunden (s. Abb. **313**).

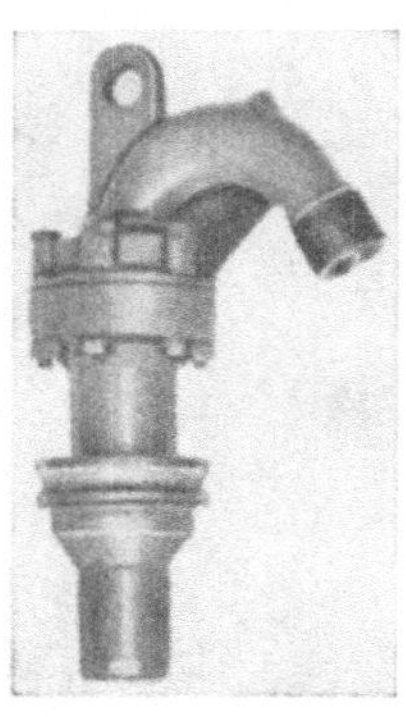

Abb. 321. Spülkopf nach Fa. Conrad-Stork, Haarlem

Soll die Bohrgarnitur während der Bohrarbeit bewegt werden, bzw. das Bohrloch nachgebohrt oder gespült werden, kann die Druck-, bzw. Spanneinrichtung vom Bohrstrang jederzeit ausgeschaltet werden. Durch Lösen der Sperrklinke am Spülkopf-Elevator wird auch die Verbindung zwischen dem Spülkopf und der Spanneinrichtung gelöst und der Bohrstrang kann mittels des Tragseiles, bzw. der entsprechenden Seiltrommel auf- und abwärts bewegt werden.

Bei kleinen Anlagen für Teufen bis etwa **90** m ist diese Einrichtung einfacher ausgebildet und wird von Hand aus gesteuert (s. Abb. **315**).

7. Die Bohrgarnitur

Das Bohrwerkzeug kann ein Blatt- (Zwei-, Drei- oder Vierblatt-)Meißel, ein Rollenmeißel oder aber ein Kernapparat sein. Angeschlossen wird ein Hohlgestänge mit einem Nenndurchmesser von **50** bis **60** mm. Die Gestängeenden sind aufgestaucht und mit einem schwach konischen Zapfen- und Muffengewinde ausgestattet. Der Einbau erfolgt mit Elevatoren, das Abfangen im Drehtisch mittels Abfangkeilen ähnlicher Konstruktion, wie sie schon in den früheren Kapiteln besprochen wurden.

Für die kleinsten Anlagen (Teufen bis maximal **90** m) werden Gestängedurchmesser von etwa **40,0** mm (**1 9/16** Zoll) verwendet. Ähnliche Geräte wie in Abb. **313**, **314** und **315** werden auch von österreichischen, deutschen, englischen und amerikanischen Firmen gebaut.

E. Bestimmung der geleisteten Arbeit von Rotary-Flaschenzugseilen

Allgemeines. Die vom A.P.I.-Ausschuß empfohlene Formel zur Bestimmung der geleisteten Arbeit von Rotary-Bohrseilen basiert auf den nachstehenden Annahmen:

a) Wenn das Gestänge im Bohrloch hängt, macht sich der volle Auftrieb der im Bohrloch befindlichen Spülung geltend.

b) Das Einheitsgewicht des Gestänges schließt das Gewicht der Gewindeverbinder mit ein.

c) Der Bohrmeißel hat dasselbe Einheitsgewicht wie die Schwerstange.

d) Die Reibung beim Einbau wird durch jene beim Ausbau ausgeglichen.

e) Das Schwerstangenstrang- und Meißelgewicht ist als erster Gestängezug zusammengefaßt.

f) Das Einheitsgewicht des Bohrgestänges entspricht dem in der A.P.I.-Vorschrift Std. 5-A angegebenen Nenngewicht, und zwar für die Gestängelängen von:

1. 21 Fuß — 6,041 m,
2. 29 Fuß — 8,839 m und
3. 42 Fuß — 12,802 m entsprechend den Längensorten 1, 2 und 3 (mit Rücksicht auf die verschiedenen Gewindeverbinder, bzw. deren Anzahl, die das Gestängegewicht pro laufenden Meter beeinflussen)[1].

Reihenfolge der Arbeitsgänge, die für die Arbeit beim Bohren und Kernen berücksichtigt werden muß.

1. Die Länge der Mitnehmerstange wird abgebohrt.
2. Die Mitnehmerstange wird hochgefahren.
3. Das Bohrloch wird auf die Länge der Mitnehmerstange nachgebohrt.
4. Die Mitnehmerstange wird hochgefahren, um neue Stangen anzusetzen.
5. Die Mitnehmerstange wird nach dem Abschrauben vom Gestänge in das Rattenloch eingeführt.
6. Eine neue Stange oder ein Halbzug wird angesetzt und angeschraubt.
7. Die angesetzten Stangen werden mit dem Bohrstrang in das Bohrloch eingelassen.
8. Die Mitnehmerstange wird aus dem Rattenloch hochgezogen und an den Bohrstrang angesetzt.

In der Formel, die die Arbeit des Seiles ausdrückt, bedeutet:

C = Gewicht des Schwerstangenstranges in Spülung, abzüglich dem Gewicht des gleichlangen Bohrgestänges in Spülung in kg/m.
T = Teufe des Bohrloches in m,
T_1 = Teufe des Bohrloches beim jeweiligen Bohrbeginn in m,
T_2 = Teufe des Bohrloches beim Einstellen der Bohrarbeit in m,
T_1/k = Teufe beim Beginn der Kernarbeit in m,
T_2/k = Teufe bei Beendigung der Kernarbeit in m,
G_L = Länge eines Gestängezuges in m,
M = Gesamtgewicht des Flaschenzuges, des Hakens, des Elevators samt Bügel in kg,
W = Gewicht des Bohrgestänges in Spülung in kg/m,
N = Anzahl der Gestängezüge,
tkm = Tonnenkilometer.

Umrechnungswerte aus der amerikanischen Aufstellung waren folgende:

1 Fuß = 0,3048 m, 1 Meile = 5280 Fuß = 1,609 km.
1 Pfund = 0,453594 kg, 1 Pfund/Fuß = 1,4882 kg/m.
1 engl. to = 2000 Pfund = 907,188 kg.

Arbeit in Tonnenkilometern bei einem Ein- und Ausbau aus gegebener Teufe. Diese Arbeit ist in nachstehender Formel von ANDERSON wie folgt ausgedrückt:

$$\text{tkm} = T \cdot (G_L + T) \cdot K_1 + T(K_2);$$

[1] A.P.I.-Bull. 7, Vol. 9, January 31, 1928.

hierin ist

$$K_1 = \frac{W}{1000 \cdot 1000}, \quad K_2 = \frac{4 \cdot (M + 0{,}5\,C)}{1000 \cdot 1000}.$$

Obige Formel beruht auf der Original-ANDERSON-Formel mit Änderungen, die sich aus den Bewegungen der Schwerstangen ergeben haben, sowie unter Berücksichtigung des Auftriebes durch die Spülung.

Für den ersten Summanden dieser Formel wurde angenommen, daß der Einbau in der folgenden chronologischen Reihenfolge erfolgt.

1. Beim Einbau der Bohrgarnitur ist der Flaschenzug mit dem Elevator auf die Länge eines Gestängezuges im Turm hochgezogen. Der erste Gestängezug (wobei der erste Schwerstangenzug mit dem Meißel auch als Gestängezug angesehen wird) wird in den Elevator eingehängt und diese Last vom Gestängestuhl eine gewisse Strecke, z. B. 1,0 m, angehoben und zur Bohrlochmitte gependelt. Last mal Weg ergibt hier die geleistete Arbeit X_1.

2. Es folgt das Einlassen dieser Last in das Bohrloch, und damit die Seilarbeit X_2. (Der Zug wird im Drehtisch abgefangen.)

3. Der leere Flaschenzug mit dem Elevator wird auf die Gestängezugslänge hochgefahren und die Seilarbeit X_3 dabei geleistet.

4. Nach Einhängen des Elevators in den nächsten Gestängezug wird dieser wieder etwa 1,0 m angehoben, zur Bohrlochmitte gependelt und damit wieder eine Seilarbeit X_1 geleistet.

5. Der im Flaschenzug hängende Gestängezug wird in den im Drehtisch abgefangenen angeschraubt, leicht angehoben, die Keile gelöst und sodann mit diesem auf die Länge eines Gestängezuges in das Bohrloch eingelassen. Dies ergibt wieder eine Seilarbeit X_4.

Dieser Vorgang wiederholt sich nun laufend bei jedem Gestängezug.

Beim Ausbau der Bohrgarnitur wiederholt sich derselbe Vorgang in der umgekehrten Reihenfolge.

Für den zweiten Summanden wurde angenommen (A. B. HOCKMANN, Shell Oil Company Inc.), daß das Gewicht M die Entfernung G_L für jeden Gestängezug viermal durchläuft und damit die geleistete Arbeit je Aus- und Einbau gleich ist $= \frac{4 \cdot N \cdot G_L \cdot M}{1000 \cdot 1000}$ (in tkm) ferner das Gewicht C die Entfernung G_L für jeden Zug nur zweimal durchläuft und damit die Arbeit pro Aus- und Einbau $= \frac{2 \cdot N \cdot G_L \cdot C}{1000 \cdot 1000}$ erfordert.

Da $N \cdot G_L = T$ ist, ergibt sich die für M geleistete Arbeit: $A_M = \frac{4 \cdot T \cdot M}{1000 \cdot 1000}$ und für die Arbeit für $A_C = \frac{2 \cdot T \cdot C}{1000 \cdot 1000}$.

Diese beiden Teile zusammengezogen ergeben:

$$= T \cdot \frac{4\,(M + 0{,}5\,C)}{1000 \cdot 1000}.$$

Es gilt somit als Arbeit in tkm die nachstehende Formel:

$$\text{tkm} = T \cdot (G_L + T) \cdot \frac{W}{1000 \cdot 1000} + T \cdot \frac{4 \cdot (M + 0{,}5\,C)}{1000 \cdot 1000} =$$

$$\text{tkm} = 10^{-6}\,[T \cdot W \cdot (G_L + T) + 4\,T\,(M + 0{,}5\,C)].$$

Wie schon eingangs angegeben, sind T und G_L in Metern, W, M und C in kg einzusetzen.

Auf Grund dieser Formel ist die Fluchtlinientafel Abb. 322 konstruiert. Der Gewichtsverlust (Auftrieb) ist hier für eine Spülung von 1,2 kg/L berücksichtigt. In der Tafel ist ferner der Wert G_L mit 100 Fuß = 30,48 m als Mittelwert zwischen 90 und 120 Fuß langen Gestängezügen angenommen.

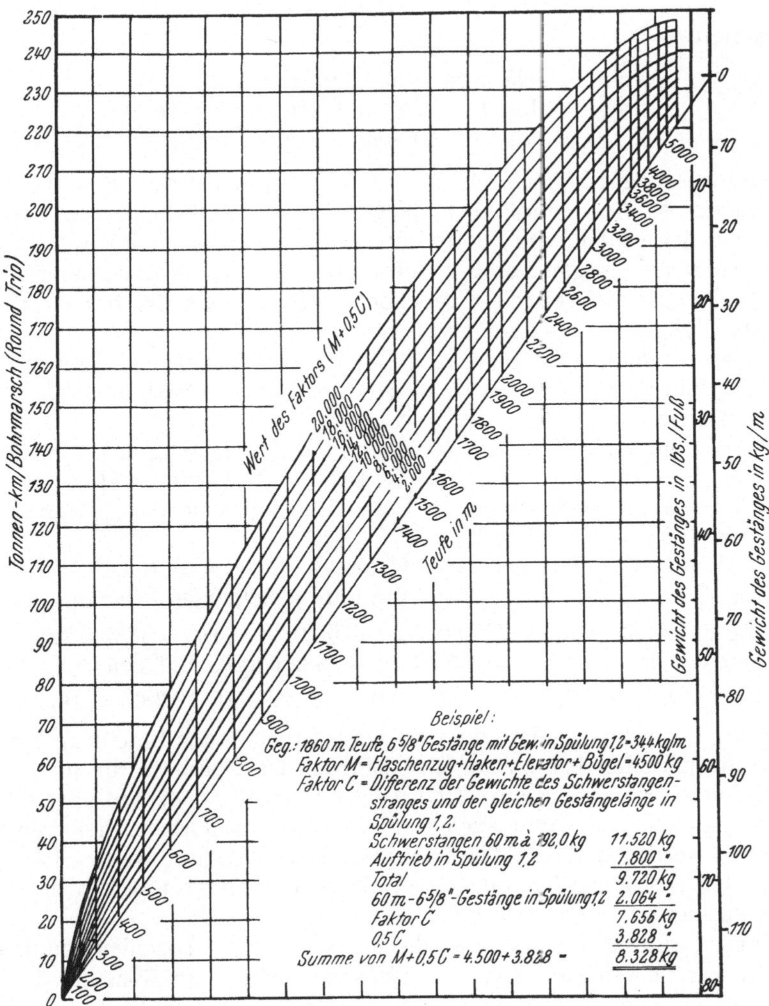

Abb. 322. Diagramm zur Bestimmung der geleisteten Seilarbeit in tkm

Tonnenkilometer beim Bohren. Das Verhältnis zwischen tkm beim Ein- und Ausbau und jenem beim Bohren wird durch folgende Formel ausgedrückt:

$$\text{tkm}/B = 3 \cdot (\text{tkm}_2 - \text{tkm}_1);$$

es bedeuten: tkm/B = tkm beim Bohren, tkm_1 = tkm für den Ausbau und Einbau aus der Teufe T_1, tkm_2 = tkm für den Ein- und Ausbau bei Teufe T_2.

Dieses einfache Verhältnis geht aus dem Studium der Arbeitsgänge hervor. Bei jedem Bohrloch ist die Summe der eingangs unter 1 und 2 angeführten Arbeitsgänge gleich einem Aus- und Einbau, die Summe von 5, 6, 7 und 8 entspricht je einem halben Aus- und Einbau. Die Arbeit des Seiles während des Bohrens auf Sohle von Teufe T_1 auf Teufe T_2 ist somit die Differenz der dreifachen Ein- und Ausbauarbeiten für diese beiden Teufen.

Die Fluchtlinientafel ist daher auch für diese tkm benützbar.

Tonnenkilometer für das Kernbohren. Wenn ein langer Kern gebohrt wird (mehr als 4 m), kann die zusätzliche Arbeit wie folgt errechnet werden:

$$\text{tkm}/k = 2 \cdot (\text{tkm}_4 - \text{tkm}_3).$$

Es bedeuten

tkm/k = geleistete tkm beim Kernen,
tkm_3 = tkm für Aus- und Einbau bei Teufe T_3,
tkm_4 = tkm für Aus- und Einbau bei Teufe T_4.

Auch diese Werte können aus der Fluchtlinientafel entnommen werden. Die Gesamtarbeit ist die Summe aller obigen aus der Fluchtlinientafel bestimmten Werte. Für den Einbau von Futterrohren wird der halbe Tonnenwert eines Aus- und Einbaues für ein gleichgroßes Bohrgestängegewicht angenommen.

Folgendes Beispiel soll die Größenordnung der Tonnenkilometer bei einem Aus-Einbauzyklus veranschaulichen.

Gegeben sei die gleiche Bohranlage Type 110 der National Supply Co. Der Bohrstrang, mit dem dieser Zyklus ausgefahren wird, sei 2570 m lang.

Er besteht aus:

Bohrgestänge 4 1/2 Zoll Eigengewicht in Luft 32,44 kg/m, in Spülung mit einem spez. Gewicht von 1,2 ist das Gewicht = 27,6 kg/m = W. Die 100,0 m 4 1/2 Zoll Schwerstangen wiegen in Luft 110,0 kg/m, in der gleichen Spülung 95,25 kg/m, 100,0 m = 9525,0 kg.

Faktor M = Flaschenzug + Haken + Elevator = 10 000,0 kg.

Faktor C = Schwerstangengewicht minus gleichlanges Gestängegewicht in Spülung ist = 9525,0 kg − 2760,0 kg = 6765,0 kg, 0,5 C = 3382,5 kg.

Die Summe von M + 0,5 C = 10 000,0 kg + 3382,5 kg = 13 382,5 kg.

$$\text{tkm} = 10^{-6} \cdot (2570{,}0 \cdot 27{,}6\,(30{,}0 + 2570{,}0) + 4 \cdot 2570{,}0 \cdot 13\,382) = \text{tkm} = 321{,}99.$$

In dieser Formel wird allerdings der Massendruck in den Beschleunigungs- und Verzögerungsperioden beim Aus- und Einbau der Bohrgarnitur nicht berücksichtigt. Diese Mehrbelastungen sind wohl kurzfristig, bedeuten aber erhebliche Stöße für das Seil und damit auch eine zusätzliche Seilarbeit, die eigentlich berücksichtigt werden müßte. Wie hoch diese Mehrbelastung werden kann, hängt wohl von der Auslegung der Anlage, vor allem aber vom Temperament des Bohrmeisters ab, der das Hebewerk bedient.

Auf unser früheres Beispiel über die Berechnung der Beschleunigung zurückkommend, ergeben sich die folgenden Massendrücke beim Ausbau:

Beim ersten Anhub des Bohrstranges aus der maximalen Teufe von 2755,0 m beträgt der Seilzug 16 000 kg. Der Massendruck beim Anhub von v_0 auf v_1 = 3200 kg, das sind rund 20% der Last am schnellen Seil. Beim Ausbau des 25. Gestängezuges beträgt der Seilzug 12 300,0 kg und der Massendruck etwa 6640 kg, somit 54% des normalen Seilzuges. Beim Ausbau des 52. Gestängezuges ist der Seilzug 8700 kg und der Massendruck beim Anhub 6440 kg, bzw. 74% des Seilzuges.

Ganz ähnlich, ja vielleicht noch krasser werden die Verhältnisse beim Einbau der Bohrgarnitur sein, wenn der Bohrmeister den in das Bohrloch einzubauenden Strang mit großer Geschwindigkeit einläßt und sehr plötzlich abbremst.

Da die Größen der Beschleunigung und des dabei entstehenden Massendruckes schwer mit den heute bei der Bohranlage vorhandenen Mitteln gemessen werden können, wäre es vielleicht angezeigt, die Berechnung der Tonnenkilometer auf das Bohrstranggewicht in Luft zu basieren und den Auftrieb zu vernachlässigen.

Es spielen vor allem beim Ausbau auch noch andere Faktoren hier mit. In einem sehr krummen Bohrloch werden die Zugkräfte aus einer gegebenen Teufe andere sein, als bei einem verhältnismäßig geraden Bohrloch. Die Charakteristik der Bohrspülung spielt ebenfalls eine gewisse Rolle.

Jedenfalls kann gesagt werden, daß die heutige Bestimmung der Seilarbeit sehr roh und ungefähr ist und bei gleicher Seilqualität sich infolge der oben angeführten sehr variablen Faktoren eine unterschiedliche Lebensdauer der Seile ergeben kann.

Empfehlungen, um die Lebensdauer des Flaschenzugseiles, bzw. seine wirtschaftliche Ausnützung zu erhöhen. 1. Um auch bei der Leer-Hochfahrt beim Gestängeeinbau ein möglichst gespanntes Aufspulen zu ermöglichen, sollte die Leerlast, das ist die Last des Flaschenzugskloben + Haken + Elevator mit Bügeln ein gewisses Minimum nicht unterschreiten.

Ein zu geringer Seilzug hat ein sehr lockeres Aufspulen des Seiles auf der Trommel zur Folge. Bei Übernahme der Last erfolgt in diesem Falle ein unerwünschtes Schlüpfen und Scheuern des Seiles auf der Trommel.

Es wird daher die folgende Leerlast für die verschiedenen Seildurchmesser empfohlen:

Bei einem Seildurchmesser von **1** bis **1 1/8** Zoll und sechs eingescherten Seilen, Minimum **3600** kg, bei acht eingescherten Seilen **5400** kg.

Bei Seilen von **1 1/8** bis **1 1/4** Zoll Durchmesser sechsfach eingeschert, als Minimum **6700** kg, wenn achtfach eingeschert, **9000** kg.

Bei Seilen von **1 3/8** bis **1 1/2** Zoll Durchmesser, sechsfach eingeschert als Minimum **9000** kg, wenn achtfach eingeschert **13 500** kg.

2. Der Winkel, den das schnelle Seil mit der durch die Trommelmitte geführten Lotrechten einschließt, darf ein gewisses Maß nicht überschreiten. Bei zu großem Winkel scheuert das Seil stark in der Rollenrille und es scheuern auch im verstärkten Maße die Seile auf der Trommel aneinander.

Bei glatter Trommel soll der obige Winkel 1 1/2°, bei gerillten Trommeln 2° nicht überschreiten.

Das Durchziehen und Schneiden des Flaschenzugseiles. Die Beanspruchung des Seiles hängt nicht allein von der rein statischen Last der Bohrgarnitur ab, sondern auch von dem oft stoßend auftretenden Beschleunigen und Abbremsen dieser Last. Sie wird ferner beeinflußt vom gewählten Durchmesser der Trommel und der Seilrollen, von der Art und Weise der Seilführung und schließlich auch von der Befestigungsart der Seilenden.

Im eingescherten Flaschenzug ist die Seilbeanspruchung bei den diversen Arbeitsgängen nicht auf der ganzen eingescherten Seillänge die gleiche.

Die größte Beanspruchung erfährt das Seil — vorausgesetzt eine gute Aufspulung — in der Seilstrecke, die von der Trommel über die schnelle Turmrolle zur korrespondierenden Flaschenzugsrolle, und zwar von der höchsten bis zur tiefsten Flaschenzugstellung, reicht.

In dieser Teilstrecke wirkt sich auch der Massendruck vorwiegend aus.

Die Beanspruchung des Seiles ist in der schnellen Seilstrecke am größten und fällt allmählich im restlich eingescherten Teil gegen das tote Ende ab.

Um daher eine möglichst optimale Seilausnützung zu erzielen, wird das Flaschenzugseil nach einer gewissen Arbeitsleistung in der Richtung zur Hebewerkstrommel durchgezogen und schließlich auch an diesem Ende gekappt.

In welchen Perioden, und welche Seillängen nachzuziehen sind, muß aus genauen Beobachtungen und statistischen Daten ermittelt werden.

Angaben aus USA besagen, daß etwa 1,0 bis 1,5 m pro effektiven Bohrtag nachzuziehen sind.

Durch dieses Nachziehen wird auch die Stelle des Seiles gewechselt, die über der letzten toten Turmrolle aufliegt, wo ebenfalls starke Beanspruchungen beobachtet werden.

Wenn nun auf diese Art etwa 13 bis 16 m nachgezogen wurden, soll das Seil an der Hebewerkstrommel mit zusätzlich 1 bis 2 m geschnitten werden.

Die Perioden des Seilschneidens (Kappen) ergeben sich noch am sichersten, wenn die Arbeit des betreffenden Seiles in tkm statistisch erfaßt wird.

Aus USA werden die in Tab. 50 ersichtlichen Angaben empfohlen.

Welche Seillänge ist zu empfehlen, um ein Maximum an Tonnenkilometern zu erzielen?

Tabelle 50. *Angabe der Anzahl von Aus-Einbauzyklen, nach denen eine gewisse Seillänge zu kappen ist, für die angegebenen Seildurchmesser und Lasten*

Seil-∅ in Zoll	1	1	1 1/8	1 1/8	1 1/4	1 1/4	1 1/4
Gestänge-∅ in Zoll	3 1/2	3 1/2	3 1/2	4 1/2	3 1/2	4 1/2	4 1/2
Fixe Last[1]	5700,0	13 600,0	6800,0	18 000,0	6800,0	11 350,0	22 650,0
Zu kappende Seillänge m	15,0	15,0	18,0	18,0	18,0	18,0	18,0
Mittlere tkm/ Kappenlänge	1000	1110	1800	1850	2225	2225	2225

Zahl der Aus-Einbauzyklen, nach denen obige Längen zu kappen sind

Teufenstufen in m							
1000 bis 1200	20	13	30	18	42	28	15
1200 bis 1500	12	8	20	10	24	17	10
1500 bis 1800	9	6	16	8	18	13	8
1800 bis 2100	7	5	12	7	14	10	6
2100 bis 2400	6	4	10	6	11	8	5
2400 bis 2700	5	3	8	5	9	6	4
2700 bis 3000	—	—	6	4	7	5	4
3000 bis 3300	—	—	4	3	6	5	3
3300 bis 3600	—	—	—	—	5	4	3
Erforderliche Seillänge in m	525,0 bis 750,0		750,0 bis 1050,0		1050,0 bis 1500,0		

[1] Die fixe Last enthält das Gewicht des Flaschenzuges + Haken + Elevator + Mitnehmerstange und Spülkopf.

Beispiel: Angenommen eine Hebewerkstrommel von 24 Zoll = 0,6096 m, Durchmesser und 36 Zoll = 0,9144 m Länge. Das Flaschenzugseil mit einem Durchmesser von 1 1/4 Zoll sei 1500 m lang, der Turm sei 41,48 m hoch, die Bohrlochteufe sei 1200 m. Eingebaut wären 3 1/2 Zoll Gestänge, die fixe Last betrage 6800 kg.

Gang der Rechnung:

Seillänge	1500 m
Abzüglich eingescherte Länge plus tote Windungen auf der Trommel .	420 m
Rest	1080 m
Abzüglich Sicherheitsfaktor für 1 bis 2 längere Schnitte	180 m
Verbleibt für Seilschnitte . . .	900 m

Für jeden Schnitt ist zu rechnen 18 m/2225 tkm (s. Tab. 50).

900 m : 18 = 50 Schnitte möglich, daher 2225 tkm × 50 = 111 250 tkm ist die mögliche Seilarbeit.

111 250 : 1500 m = 74,2 tkm/1 m Seillänge.

Angenommen gleiches Hebewerk und Angaben wie oben, die Seillänge sei nur 750 m.

Seillänge	750 m
Eingeschert sind	420 m
Rest	330 m
Abzüglich Sicherheitsfaktor für zusätzlich *einen* Schnitt (knapp bemessen)	60 m
Verbleibt für Schnitte	270 m

270 m : 18 m = 15 Schnitte, daher 2225 tkm × 15 = 33 375 tkm als totale Seilarbeit.

33 375 : 750 m = 44,5 tkm/1 m Seil.

Das längere Seil ergibt somit eine viel höhere Zahl von tkm/m und ist damit auch besser ausgenützt.

XII. Schlußfolgerung

Die Bohrgeräte für drehendes und spülendes Bohren haben die schlagend, bzw. stoßend arbeitenden Anlagen fast völlig verdrängt.

Vor allem hat sich die Rotary-Bohranlage für Tiefbohrungen auf Erdöl und Erdgas in aller Welt führend durchgesetzt.

Gegenüber ihrer Erstausführung, die erstmalig von Kapitän LUKAS 1901 in Spindletop-Feld an der Golfküste von USA erprobt wurde, hat diese Bohranlage im Laufe der Jahre zahlreiche Entwicklungsstadien durchgemacht.

Mit zunehmender Teufe der zu erbohrenden Lagerstätten steigerte sich sowohl der Leistungsbedarf ober Tage, als auch die Beanspruchung des Bohrstranges unter Tage.

Obwohl alle hier erforderlichen Konstruktionsteile bezüglich der dabei verwendeten Materialqualität, wie auch der Wirkungsgrad der Antriebsmaschinen und der Kraftübertragung, eine laufende Verbesserung erfuhren, wurden erstere dennoch zusehends sperriger und schwerer.

Die ständig ansteigende Konkurrenz am Erdölmarkt zwang die Erdölindustrie, die Erschließungskosten und damit den Bohrmeterpreis so weit als möglich herabzusetzen.

Die unproduktive Zeit, die für den Antransport, Auf- und Abbau der Anlage erforderlich ist, wie auch jene für den Aus- und Einbau beim Wechsel des Bohrwerkzeuges, wurde durch Verbesserung der Konstruktionen und Hilfseinrichtungen seitens der Lieferfirmen laufend reduziert (Verrollen der Türme und Anlagen, leicht und rasch aufstellbare Bohrmaste usw.).

Auch die Meterleistung des Bohrwerkzeuges selbst wurde durch neue Meißelformen und bessere Hartmetall-Besetzung gesteigert.

Hand in Hand damit ging die Entwicklung eines besseren Bohrstrangmaterials, um den steigenden Anforderungen zu genügen.

Aus der Erkenntnis, daß der gegen die Bohrlochsohle gerichtete Spülstrahl bei hoher Geschwindigkeit den Bohrfortschritt in weichen und mittelharten Gesteinsschichten sehr günstig beeinflußt, ergab sich die Konstruktion von Düsenmeißeln (Jet bits).

Um den Spülstrahlstoß bei dieser Meißeltype wirksam zu gestalten, also Düsengeschwindigkeiten von 50 bis 100 m/Sek. zu erreichen, erwiesen sich die bisherigen Pumpleistungen als zu schwach und erforderten eine nicht unerhebliche Steigerung.

Aus diesem Grunde wurde vielfach der Vorteil des Düsenmeißels nicht ausgenützt, da man die höheren Investitions- und Betriebskosten für ein entsprechend leistungsfähigeres Pumpaggregat scheute.

Um aber dennoch mit den bisherigen Pumpen den besseren Bohrfortschritt, den die Düsenmeißel ergaben, auszunützen, geht nun das Bestreben dahin, den Fließwiderstand im Bohrstrang so weit als möglich herabzusetzen.

An Stelle der Full-hole-Bohrgestänge sind Versuche im Gang, Tubing und Futterrohre mit innen glatten Spezialverbindern als Bohrstrang zu verwenden und darüber hinaus auch Schwerstangen mit größerer Bohrung einzubauen, als es dem bisherigen A.P.I.-Standard entspricht.

Durch diese Maßnahme konnte mit einem geringeren Leistungsbedarf sowohl bei der Spülpumpe als auch bei der Hebewerksanlage das Auslangen gefunden werden. Letzteres durch die damit erreichte Gewichtsverminderung des Bohrstranges.

Endgültige Resultate sind hierüber noch nicht bekannt.

Es erhob sich aber auch die Frage, ob die großkalibrigen Bohrlöcher, die bei Teufen über etwa 2000 m schon eine recht schwere Bohranlage erforderlich machen, unter allen Umständen notwendig sind.

Versuche ergaben, daß besonders für Schurfbohrungen unter vielen Verhältnissen kleinkalibrige Bohrlöcher völlig entsprechen und vielfach wirtschaftlich vorteilhafter sind.

Für diese Bohrlöcher genügen kleinere, billigere Bohranlagen, die, auf Lkw. oder Lkw.-Anhänger aufgebaut, viel einfacher zu transportieren und in wenigen Stunden betriebsbereit sind.

Abschließend sei gesagt, daß die heutigen Rotary-Bohranlagen keinesfalls als eine ideale Lösung zum Abteufen von Bohrlöchern betrachtet werden können. Der immer länger werdende Bohrstrang als Kraftübertragungsglied wird sicherlich in Zukunft einem Antrieb vor Ort Platz machen müssen.

An Pionieren, die dies erkannten und deren Namen im Kapitel II angeführt wurden, hat es nicht gefehlt.

Hervorzuheben wäre der in russischen und in letzter Zeit auch in den österreichischen Erdölfeldern eingeführte Turbinenantrieb, der sich nach Angaben gut bewähren soll und einen erheblich größeren Bohrfortschritt ermöglicht als eine normale Rotary-Bohranlage.

Der Bohrstrang dient dabei lediglich als Druckleitung zur Turbine, macht keinerlei Drehbewegung mit und kann daher auch bedeutend leichter gewählt werden als ein drehend kraftübertragendes Bohrgestänge.

Dadurch kann auch die Leistung am Hebewerk wesentlich herabgesetzt werden und der Drehtisch durch eine einfache Abfangeinrichtung ersetzt werden. Das Hauptaggregat ist die Spülpumpe mit ihrer Antriebsmaschine.

Allerdings muß auf eine einwandfreie Behandlung der Bohrspülung, gründliche Sandbefreiung, das Hauptgewicht gelegt werden.

Es sollte somit die Aufgabe der Maschinen- und Bohringenieure sein, die Erfahrungen mit dieser Bohrmethode zu verwerten und der Bohrindustrie eine entsprechende Bohranlage zur Verfügung zu stellen, die das bisherige, vielfach unzulängliche Bohrgestänge überflüssig macht.

Literaturverzeichnis

A.P.I. Vorschriften für Rotary-Bohrgeräte, herausgegeben vom American Petroleum Institute, Division of Production, Dallas/Texas. Übersetzt vom Wirtschaftsverband Erdölgewinnung e.V. Celle.

A.P.I. Vorschriften für Futterrohre und Bohrgestänge, herausgegeben vom American Petroleum Institute, Division of Production, Dallas/Texas. Übersetzt vom Wirtschaftsverband Erdölgewinnung e.V. Celle.

BECKER, W.: Antriebe von Rotary-Bohranlagen und Stand ihrer Weiterentwicklung in Deutschland. Bohrtechnik und Brunnenbau **1953**, Heft 4.

BENDEL, L.: Ingenieurgeologie. 1. Hälfte, 2. Aufl. 1949. 2. Hälfte 1948. Wien: Springer-Verlag.

BIESKE, E.: Bohrbrunnen, 5. Aufl. München: R. Oldenbourg. 1953.

BODYNSKI, F.: Zur Entwicklungsgeschichte der Drahtseile. Erdöl-Zeitung **70** (1954), Heft 10/11.

BRANTLY, J. E.: Rotary Drilling Handbook, 5. Aufl. Los Angeles-New York-London: Palmers Publications. 1952.

Composite-Katalog, Jahrgang 1952 und 1953. Houston/Texas: Gulf Publishing Co.

CUMMING, J. D.: Diamond Drill Handbook, 1. Ed. Toronto, Ontario: J. K. Smit & Sons of Canada, Ltd. 1951.

DUBBELS Taschenbuch für den Maschinenbau, Band I und II, 11. Aufl. Berlin-Göttingen-Heidelberg: Springer-Verlag. 1953. Berichtigter Neudruck 1955.

ELFERT, C.: Die Herstellung von Drahtseilen für die Erdölindustrie. Erdöl-Zeitung **70** (1954), Heft 10/11.

ENGLER, C. und H. HÖFER: Das Erdöl, 2. Aufl. Leipzig: S. Hirzel. 1930.

Erdöltechnisches Handbuch, herausgegeben vom Wirtschaftsverband Erdölgewinnung e.V. Celle, 1950, mit Nachträgen.

HAGER, D.: Fundamentals of the Petroleum Industry, 4. Aufl. New York-London: McGraw-Hill Book Company, Inc. 1939.

Hütte, des Ingenieurs Taschenbuch, 27. Aufl. Berlin: Wilhelm Ernst & Sohn. 1949.

KERN, J.: Das Schrotbohren. Wien: Hans Urban. 1933.

KIEFFER, R. und P. SCHWARZKOPF: Hartstoffe und Hartmetalle. Wien: Springer-Verlag. 1953.

KREKLER, H.: Tiefbohranlagen mit Kraftübertragung durch Strömungsgetriebe. Erdöl und Kohle **2** (1949), Nr. 10.

LOGIGAN, ST.: Die Behandlung von Drahtseilen im Ölfeld. Erdöl-Zeitung **70** (1954), Heft 10/11.

PETUCH, B.: Fahrbare Bohranlagen. Erdöl-Zeitung **71** (1955), Heft 5/6.

Prospekte der Gerätefirmen: Oil Well Supply, National Supply, Haniel & Lueg, Wirth & Co., Bade & Co., Winter-Weiss Co., Salzgitter, Lohmann & Stolterfoht, AEG, Deutz, MAN, Trauzl, Schoeller & Bleckmann, Failing, Calyx, Ingersoll-Rand.

SCHNEIDERS, G.: Die Gewinnung von Erdöl. Berlin: Springer-Verlag. 1927.

The Science of Petroleum. London-New York-Toronto: Oxford University Press. 1938.

SPANG CHALFANT: Engineering Data. Pittsburgh.

ULRIK, H. G.: Das Drahtseil im Ölfeldbetrieb. Erdöl-Zeitung **70** (1954), Heft 10/11.

UREN, L. CH.: Petroleum Production Engineering, 3. Aufl. New York-London: McGraw-Hill Book Company, Inc. 1946.

ZABA, J. und W. T. DOHARTY: Practical Petroleum-Engineers' Handbook, 3. Aufl. Houston/Texas: Gulf Publishing Co. 1949.

Zeitschrift „World Oil". Houston/Texas: Gulf Publishing Co. Vor allem folgende Hefte:

Jahrgang 1948: Oktober, August, Dezember.
Jahrgang 1949: Juni, August, November, Dezember.
Jahrgang 1950: Januar, Februar, März, Mai, Juni, Juli, August, September, Oktober, November, Dezember.
Jahrgang 1951: Januar, Februar, Mai, Juni, Juli, September, Oktober.
Jahrgang 1952: Januar, Februar, März, Juni August, Oktober, November, Dezember.
Jahrgang 1953: Januar, März, April, Mai, November, Dezember.
Jahrgang 1954: Februar, Mai, Juni, Juli, August, Dezember.

Firmenverzeichnis

AEG. Allgemeine Elektrizitätsgesellschaft, Berlin-Grunewald, Deutschland (S. 184).

American Iron & Machine Works Co., Oklahoma City, Oklahoma, USA (S. 228).

Bade & Co., G. m. b. H., Hannover-Lehrte, Bundesrepublik Deutschland (S. 74).

Gebr. Böhler & Co., A.G., Düsseldorf, Bundesrepublik Deutschland (S. 209).

Gebr. Böhler & Co., A.G., Kapfenberg und Wien, Österreich.

The Brewster Co. Inc., Shreveport, Louisiana, USA (S. 249).

Carboloy Co., Detroit, Michigan, USA (S. 40).

Cardwell Mfg. Co., Inc., Wichita, Kansas, USA (S. 74, 111).

Chicksan Co., Brea, California, USA (S. 240, 241).

Conrad-Stork, vormals Werf-Conrad, Haarlem, Holland (S. 83, 281, 282, 283, 284, 285, 286).

Conz Elektrizitätsgesellschaft m.b.H., Hamburg-Bahrenfeld, Bundesrepublik Deutschland (S. 187).

Deutsche Edelstahlwerke A.G., Krefeld, Bundesrepublik Deutschland (S. 40).

Dynamatic Corporation, Kenosha, Wisconsin, USA (S. 130).

Elektromechanik G. m. b. H., Wendenerhütte über Olpe in Westfalen, Bundesrepublik Deutschland (S. 184, 185).

Emsco Derrick & Equipment Company, Houston, Texas, USA (S. 127, 249, 265).

Fawick Airflex Co., Inc., Cleveland, Ohio, USA (S. 131, 133).

Franks Mfg.-Corp., Tulsa, Oklahoma, USA (S. 111).

Gardner-Denver Co., Quincy, Illinois, USA (S. 197, 198, 199).

General Electric Co., New York, N.Y., USA (S. 40, 188, 189).

General Motors Corp., Detroit, Michigan, USA (S. 176).

Haniel & Lueg G. m. b. H., Düsseldorf-Grafenberg, Bundesrepublik Deutschland (S. 22, 85, 86, 87, 88, 89, 90, 120, 125, 126, 141, 183, 184, 186, 195, 210, 265).

Hughes Tool Company, Houston, Texas, USA (S. 209, 228).

Ingersoll-Rand Co., New York, N.Y., USA (S. 48).

International Derrick & Equipment Co., Dallas, Texas, USA (S. 187).

Richard Klinger A.G., Wien, Österreich (S. 123).

Klöckner-Humboldt-Deutz A.G., Köln, Bundesrepublik Deutschland (S. 174, 175).

Fried. Krupp Widia Fabrik, Essen, Bundesrepublik Deutschland (S. 40).

Lange & Lorcke, Heidenau, Sachsen, Deutsche Demokratische Republik (S. 22).

Lohmann & Stolterfoht A.G., Witten-Ruhr, Bundesrepublik Deutschland (S. 131, 132).

E. J. Longyear Company, Minneapolis, Minnesota, USA; Canadian Longyear Limited, North Bay, Ontario, Canada (S. 19, 23).

Mannesmann-Rohrbau G. m. b. H., Düsseldorf, Bundesrepublik Deutschland.

Mannesmann-Trauzl A.G. (bzw. Trauzlwerk, Aktiengesellschaft für Tiefbohrtechnik und Maschinenbau, vormals Trauzl & Co.), Wien, Österreich (S. 22, 77, 78, 83, 128, 200).

M.A.N. Maschinenfabrik Augsburg-Nürnberg, Werk Augsburg, Bundesrepublik Deutschland (S. 175).

Maybach Motorenbau G. m. b. H., Friedrichshafen/Bodensee, Bundesrepublik Deutschland (S. 184).

Metallwerk Plansee Ges. m. b. H., Reutte, Tirol, Österreich (S. 40).

Mission Manufacturing Co., Houston, Texas, USA (S. 166).

Lee C. Moore Corporation, Pittsburgh, Pennsylvania, und Tulsa, Oklahoma, USA (S. 111, 113, 114, 115).

The National Supply Co., Zentralbüro: New York 20, N.Y., USA. Etwa 130 Zweigstellen (S. 109, 112, 120, 121, 129, 134, 135, 136, 154, 159, 164, 165, 166, 167, 176, 177, 192, 196, 197, 214, 215, 249, 265, 268, 271, 278, 290). Von der National Supply Co. wird auch vertreten die Firma Clark Ideco, Dallas, Texas, USA (S. 111, 199, 200).

Norddeutsche Bremsbandwerke, Nienburg/Weser, Bundesrepublik Deutschland (S. 123).

Oil Well Supply Co., Dallas, Texas, USA (S. 249, 265).

Patterson-Ballagh Corp., Division of Byron Jackson Co., Los Angeles, California, USA (S. 156).

Pintsch Oel G. m. b. H., Berlin-Britz, Deutschland (S. 187).

Reed Roller Bit Company, Houston, Texas, USA (S. 83, 209, 213, 214, 228).

Salzgitter Maschinen-A.G. (SMG), Salzgitter-Bad, Bundesrepublik Deutschland (S. 94, 95, 97, 111, 112, 113).

Schoeller-Bleckmann Stahlwerke A.G., Wien und Ternitz, Österreich (S. 196, 228).

Schwedische Diamant-Tiefbohr A.G., Stockholm, Schweden (S. 19, 23, 25, 30, 35).

J. K. Smit & Sons Ltd., London, ferner in Paris, Amsterdam, New York, Detroit, Toronto (S. 34, 37, 38).

Stoody Co., Whittier, California, USA (S. 40).

Sullivan Machinery Co., Inc., Chicago, Illinois, USA (S. 22).

Thermoid Co., Trenton, N. J., USA (S. 123).

Twin Disc Clutch Co., Racine, Wisconsin, USA (S. 131, 132).

J. M. Voith, G. m. b. H., Heidenheim (Brenz), Bundesrepublik Deutschland (S. 184).

Wallram-Hartmetall G. m. b. H., vorm. Meutsch-Voigtländer & Co., Essen, Bundesrepublik Deutschland (S. 39).

Westdeutsche Bohr- und Baugesellschaft m. b. H., Wietze, Kreis Celle, Bundesrepublik Deutschland (S. 95, 96, 97).

The Winter-Weiss Co. Manufacturers, Denver, Colorado, USA (S. 91, 92, 97, 284, 285).

A. Wirth & Co., K.-G., Erkelenz (Rhld.), Bundesrepublik Deutschland (S. 20, 24, 25, 78, 96, 97, 98, 99, 120, 122, 124, 142, 143, 145, 158, 168, 169, 195, 196, 243, 248, 249).

Eisenwerk Wülfel, Hannover-Wülfel, Bundesrepublik Deutschland (S. 108, 110, 111, 113, 187).

Namen- und Sachverzeichnis

Abfanggabel 7, 11
Abfangkeile 165, 166, 167, 168
Antriebsmaschinen für Counter-flush-Bohranlagen 83, 87, 92, 96, 98
— — kanadische Bohranlagen 76
— — Pennsylvan-Bohranlagen 52, 55
— — Rotary-Bohranlagen 100, 168 ff.
— — Rotations-Schurfbohranlagen 16, 21, 22
— — Schnell-Schlagbohranlagen 77
— — Schußbohranlagen 281
Arbeitsbühnen bei Bohranlagen 108
Arbeitszyklen beim Bohren mit Counter-flush-Bohranlagen 85, 95
— — — — dem Pennsylvan-Bohrkran 63
— — — — Rotary-Bohranlagen 258 ff.
— — — — Rotations-Schurfbohranlagen 48 ff.
— — — — dem Schnell-Schlagbohrkran 80
Ardoloy 40
Asynchronmotoren für Bohranlagen 187
Aus- und Einbauzeitberechnung bei Rotary-Bohrungen 258 ff.
Aus- und Einbauzyklen bei Rotations-Schurfbohranlagen 48
Automatisches Spill 133, 134

Bandbremse 53, 54, 123
Bassinger 6
Baumont 6
Beleuchtung bei Bohranlagen 243
Beschleunigen der Last bei Rotary-Bohranlagen 265
Betriebsstoffe für Dieselmotoren 177
Beurteilung von Rotary-Bohranlagen 245
Blackor 41
Bodine 6
Böhlerit 41
Bohranlagen für seismische Untersuchungsbohrungen 281 ff.
Bohrbock 14, 54
Bohrdruck 12, 13, 17, 46, 50, 248, 285
Bohrer: Hohl- oder Spitzbohrer 8, 9
— Sackbohrer 10
— Schneckenbohrer 10
— Schotter- und Kiesbohrer 9
Bohrer: Spiralbohrer 9
— Tellerbohrer 10
— Zylindrischer Spiralbohrer 9
Bohrfestigkeit der Gesteine 2, 5
Bohrfortschritt bei Counter-flush-Bohrungen 85, 97, 98
— — Handbohren 10, 12, 14
— — kanadischem Bohren 76
— — Pennsylvan-Bohrungen 75
— — Rotations-Schurfbohrungen 34, 37, 50, 51
— — Rotary-Bohrungen 210 ff.
— — Schnell-Schlagbohrungen 81
— — Schrotbohrungen 45, 46
— — Schußbohrungen 13
Bohrgestänge 5
— Abfangkeile 165 ff.
— Bühne 108
— Counter-flush 90, 91, 93, 94
— Elevatoren 158
— Evidenz 233
— Gewinde der Rotary-Bohrgestänge 222
— Gütegrade der Rotary-Bohrgestänge 219
— Hand-Bohrgestänge 4, 7
— Hohl-Bohrgestänge für drehendes Bohren 12, 16, 17, 24, 29, 30, 90
— — — stoßendes Bohren 77, 80
— kanadisches 76, 80
— Rotary-Bohrgestänge 219
— Spezialverbinder der Rotary-Bohrgestänge 226 ff.
— Stahlqualitäten der Rotary-Bohrgestänge 219
Bohrkrone 12, 25, 49, 90
— Hartstift-Bohrkrone 25, 30, 42
— Industriediamanten 5, 25, 30, 34
— Schrot-Bohrkrone 30, 45, 46, 48
— Wasserwege 35
— Zahn-Bohrkrone 25, 42, 43, 84, 90
Bohrloch-Abschluß 85, 88, 90
Bohrlöffel 8, 15
Bohrmannschaft 10, 13, 15, 51, 74, 81, 91, 245
Bohrmaste 100, 109, 285
— freistehende 110, 111
— mit tragender Verankerung 110, 111
— Unterbau 113

Bohrmeißel 4, 5, 57, 63, 66, 85, 207
— B-Meißel 208
— Barracuda-Meißel 214
— Blatt-Meißel 14, 15, 76, 207
— Cobra-Meißel 213
— Disk-Meißel 209
— Exzenter-Meißel 57, 58, 76, 80
— Fischschwanz-Meißel 39, 207
— Material 43, 214
— Mehrblatt-Meißel 39, 43
— Pilot-Meißel 208
— Rollen-Meißel 5, 13, 39, 209 ff.
— Spitz-Meißel 208
— Zublin-Meißel 93, 98, 214
Bohrmethoden 4
Bohrschmantpumpe 11, 12
Bohrschwengel 54, 55, 62, 71
Bohrspülung, Kreislauf, allgemein 243
Bohrtechnisches 2
Bohrtürme für Counter-flush-Bohranlagen 83, 92
— — Handbohrungen 11, 13
— — kanadischen Bohrkran 76
— — Pennsylvan-Bohranlagen 53, 57, 63
— — Rotary-Bohranlagen 100, 101
— — — Arbeitsbühnen 108
— — — Baustähle 102, 104
— — — Belastung 105
— — — aus Holz 101
— — — — Stahl 102
— — — — Stahlrohr 109
— — — Typen 103, 104
— — — Unterbau 106
— — Rotations-Schurfbohranlagen 16
— — den Schnell-Schlagbohrkran 79
— — Schußbohrungen 285

Bohrungen für Baugrunduntersuchungen 4
— Förderbohrungen 4
— Hilfsbohrungen 4
— Schurfbohrungen 4, 16
— Schußbohrungen 4, 7, 12, 13, 281
— Strukturbohrungen 4, 7
Bohrwagen 82
Borium 40, 41
Brennstoffbedarf bei Dampfkesseln für Bohranlagen 169
— der Dieselmotoren für Bohranlagen 56
Bruchfestigkeit der Seile 60, 61, 146, 148, 149

Calyx-Schrotbohranlage 48
Carboloy 40, 41
Carbon 41
Celsit 41
Cobalt-Borium 41
Composite-Rods 41
Counter-flush-Bohranlage 6, 82
— für großkalibrige Bohrungen 91
Craelius 16, 58
Craelius-Bohranlage 16
Cutonit 40

Dampfantrieb für Bohranlagen 55, 56, 169
Dampfkessel für Bohranlagen 169, 170
Dampfleitung bei Bohranlagen 170, 171
Dampfmaschinen für Bohranlagen 55, 56, 171
Davis 45
Diamantbohrkronen 34, 35
— Bohrdruck 36, 37
— Bohrleistung 32, 37, 38
— Bohrregel 38
— Drehzahlen 37
— Formentypen 34
— Karatverbrauch 37, 38
— Wasserwege 35
Diamanten, Industrie- 30, 34, 39
— Ballas 31
— Boarts 30, 31, 34
— Carbone 31, 34
— Härte 31
— Setzmethoden 31 ff.
— Zahl pro Bohrkrone 32, 33, 34
Diaweld B 41
Dieselgeneratoren für Antrieb von Bohranlagen 188, 189
Dieselmotoren für Bohranlagen 56, 174, 175, 176
— — — Anordnung 185
— — — Betriebsstoffe 177
Drehmomentwandler 180, 181, 182, 183, 201
Drehtisch, Rotary- 100, 162, 283
Druckfestigkeit verschiedener Gesteine 2, 5
Druckverluste in Dampfleitungen für Bohranlagen 172

Einbauzeit-Berechnung bei Rotary-Bohrungen 276
Einbauzyklus bei Rotary-Bohranlagen 260
— — Rotations-Schurfbohranlagen 49
Elektrische Beleuchtung bei Bohranlagen 243
Elektromotoren für Antrieb von Bohranlagen 56, 186, 187
Elevatoren für Rotary-Gestänge und Futterrohre 158, 160
Englisches Handbohren (Empire drill) 11
Erweiterungs-Bohrmeißel 95

Fangarbeiten beim Bohren mit dem Pennsylvankran 72

Fangkrone 72, 73
Fauck 6, 82
Fauvelle 5
Ferodoasbestfiber 123
Feuerlöscheinrichtungen 244
Flaschenzugsblock 54, 144
Flaschenzugshaken 24, 71, 157, 158
Fontana 5
Förderbohrungen 4
Förderstuhl 11
Fördertrommel 53, 54, 70, 71, 75
Föttinger-Getriebe 178 ff.
— mit elektrischem Antrieb 184
— Wirkungsgrad 180, 182
Föttinger-Hydraulische Kupplung 178, 179
Freifallvorrichtung 5, 6
Fuchs 40
Fußklemme, Gestänge- 11, 49
Futterrohre, Elevator 71, 158, 160
— Keiltopf 71, 160
— Schellen 71
— beim Bohren mit Counter-flush 85, 100
Futterrohr-Einbau beim Bohren mit dem Pennsylvankran 70
— — — — — Schnell-Schlagbohrkran 81

Gegenstrom-Bohranlage s. Counter-flush
Geodurit 41
Geschichtliches über Bohrgeräte 5
Geschwindigkeitsstufen bei Rotary-Bohranlagen 268 ff.
Gesichtspunkte bei Beurteilung von Rotary-Bohranlagen 245
Gestängefußklemme 11, 49
Gestängezange 8
Gesteinshärte 3, 5
Getriebehebewerke 140
Gleichstrommotoren für Bohranlagen 186

Hampelmann 79
Handbohren, drehendes 7, 10
— englisches 11
— stoßendes 13, 15
Hanfseile 4, 14, 15, 24, 60
Hängebügel 71, 80, 157
Hartal 41
Hartmetall-Besetzung 39
— bei Bohrkronen 42
— — Rollenmeißeln 44
— — Rotary-Blatt-Meißeln 43
— — Schlagmeißeln 43
Hartmetalle, Geschichtliches 39, 40
— Marktbezeichnung 41
Hartstifte 42
Haupteinsatzbüchse des Drehtisches 162
Hayes 39
Haystellite 41
Hebeeinrichtung bei Rotary-Bohranlagen im Turm 100, 283
Hebekappe 11, 49
Hebetrommel 18
Hebewinde 16, 18, 24
Hirschl 40
Hohlbohrer 8, 9
Hohlspindel bei Rotations-Schurfbohranlagen 16, 17, 18, 49, 50, 51
Hughes 209
Hydraulische Kupplungen 178, 179, 180, 201
— Regelung des Bohrdruckes bei Rotations-Schurfbohrungen 50
Hydraulischer Widder 6

Imbert 5

Kanadischer Bohrkran 75
Kapelyuschnikoff 6
Kardanwellen 87, 164
Keilriemen 137, 140
Kernapparate für drehendes Bohren 24 ff.
— — schlagendes Bohren 58
Kernfänger 26 ff.
Kernfangmuffe 26, 27, 28, 29
Kernrohre 49
— Doppelkernrohre 25, 28, 29
— Einfachkernrohre 25, 27,
— für drehendes Bohren 49
Kernziehen beim Schrotbohren 47
Ketten 135, ff.
Kiesbohrer 9
Kiesbüchse 4
Kiespumpe 15
Kind 5
Knoopsche Härte 3
Köbrich-Schönebeck 6
Kompressoren 98, 99
Kopietz 40
Krückelstück 7, 10, 11, 14, 80

Laufsteg 109
Leistungsbedarf beim Bohren mit Pennsylvankran 65
— — — — Rotary-Bohranlagen 246 ff.
— am Drehtisch 247 ff.
— — Hebewerk 277
— der Spülpumpe 252 ff.
Leonard-Schaltung 187
Leschot 5, 30
Löffel, Bohrschmant- 4, 14, 54, 70
Lohmann 39, 40
Lokomobil-Kessel 56, 169
Lukas 6, 100

Massendruck 64, 67
McCaslin 6
Mekydro-Getriebe 184
Mitnehmerschale bei Rotations-Schurfbohranlagen 16, 49, 51
Mitnehmerstange 90, 93, 98, 165, 234
Mitnehmerstück 165
Modell 73
Mohs-Härte 31

Nachlaßeinrichtung beim Pennsylvan-Bohrkran 55, 62
Nachschneidemeißel 58, 70
Nachsetzen der Futterrohre beim Trockenbohren 70
Nachziehen des Flaschenzugseiles 291
Nebenanlagen bei Rotary-Bohrungen 100, 241
Nienhaus 6

Oberg 250, 252, 253, 254, 258, 278
Oeyenhausen 5
Öl zum Schmieren der Drahtseile 152, 153
Ölmastschalter 188
Öl-Schmierung der Drehtischlager 165
— — Kettentriebe 137
— — Spülkopflager 237, 238

Pallisy 5
Parkersburgerbremse 129
Parsons 6
Pennsylvan-Bohrkran 52
— Bestandteile 52
— Beurteilung 75
— Bohrgarnitur 53, 57, 63
— Bohrseile 53, 57, 60, 61, 63
— Bohrtrommel 53, 63, 71
— Bohrturm 53, 57, 63
— Flaschenzug 53
— Fördertrommel 53, 54, 70, 71
— Hauptwelle 53, 54
— Hubhöhe beim Bohren 67 ff.
— Hubzahl beim Bohren 67, 69, 70
— Nachlaßvorrichtung 55, 62
— Schlageinrichtung 53, 54
— Schmanttrommel 53, 54, 70
— Seilbeanspruchung beim Bohren 60, 61, 63
— Seilflasche 57, 60, 66, 70
— Seilschloß 53, 62, 63, 71
Perkins 6
Perzit 41
Pneumatische Kupplungen bei Bohranlagen 131
Polypgreifer 91, 94, 98
Przibilla 6

Quecksilberdampf-Gleichrichter 187

Raky 6
Ramet 40
Rammbohren 15
Raney 32
Rapid-Schnellschlagkran 77
Raupenschlepper 108
Reibungs-Bremsbelag 123
Reserveseiltrommel 153
Rettungsseil 109
Riementrieb 16, 21, 54, 78
Rohrschuh 11, 49, 71
Rotary-Bohranlage 100
— automatische Spille 133, 134
— Bremseinrichtung der Hebewerkstrommel 123
— Drehtische 100, 162
— — Antrieb 163, 164
— Flaschenzugsblock 144, 145
— Flaschenzugshaken 157, 158
— Getriebe 178 ff.
— Hauptmaße 123
— Hebewerke 100, 114, 120
— Hebewerkstrommel 122
— Keilriementriebe 137, 140
— Kettentrieb 135
— Kupplungen der Trommelwelle 130, 131
— Seilfassung der Hebewerkstrommel 153
— Spillwelle 120, 131
— Turmroller 141
— Vorgelege 120, 135
Rotations-Schurfbohranlagen 16
— Antriebswelle 16, 17
— Bohrdruckregelung 50
— Bohrgarnitur 16
— Hebeeinrichtung 16, 24
— Hebewinde 16, 18
— Schraubenrad 16, 17
— Typen 16
— Zahnstange 17
Rutschscheren 5, 57, 59, 63, 66, 69, 76

Sackbohrer 10
Sandpumpe 4, 12, 15
Schappe, normale 4, 7, 8, 9, 10, 11, 15, 49, 85
— Ventil-Drehschappe 9
Scherfestigkeit vom Gestein 2
Schlagbaum 13, 14
Schleppboote 107
Schlüssel für Bohrgestänge 8
Schmantlöffel 4, 14, 54, 70
Schneckenbohrer 10

Schnell-Schlagbohrkran 6, 77
— Bohrbetrieb 80
— Bohrgarnitur 80
— Fördertrommel 77, 78
— Schlageinrichtung 77 ff.
Schotter- und Kiesbohrer 9
Schrotbohren 45 ff.
— großkalibriges 48
Schroteinbringung 47
SCHRÖTER 40
Schrotkörner 45
SCHWARZKOPF 40
Schwerstangen 5, 57, 59, 60, 76, 80, 93, 94
— für Rotary-Bohrungen 215 ff.
Sedimentrohr 27, 28, 49
Seil-Blindlagen auf der Hebewerkstrommel 264, 271
Seile, Arbeit der Flaschenzugseile 286
— Beanspruchung 60, 61, 63, 146 ff.
— Bohrseile 55, 57, 60, 61, 63, 66, 145 ff.
— Bruchfestigkeit 60, 61
— Einscheren 154, 163
— Fanghaken 73
— Flaschenzugseile 54, 70, 145 ff.
— Führung 156
— Gütegrade 146
— Kappen 291
— Lieferlängen 151
— Macharten 60, 61, 146 ff.
— Nachziehen 291
— Schmantseile 91
— Schneidemesser 72
— Sicherheitsfaktor 61, 152
— Unterhalt 152
Seilfassungsvermögen der Hebewerkstrommel 153
Seilflasche 53, 57, 60, 66, 70
Seilgeschwindigkeiten 268
Seilhaken 73
Seilkernapparat 58
Seillagen auf der Hebewerkstrommel 263
Seilmesser 72
Seilrollen 11, 13, 57, 142, 150
Seil-Schlagbohranlagen 52, 74
Seilschloß 55, 62, 63, 71
Seilschwingungen 66, 67, 156
Seilverankerung im Turm 153
Seilzug am Flaschenzug 155
SHARPENBERG 6
SHUMILOFF 6
Spülbohren mit Schappe 10
Spülköpfe für Counter-flush-Bohren 92
— — Rotary-Bohrungen 234 ff.
— — Rotations-Schurfbohranlagen 12, 24, 49, 84
— — schlagendes Bohren 80
Spülpumpen bei kleinkalibrigen Bohrungen 12, 16, 20, 83, 88
— — schlagenden Bohrungen 79
— für Rotary-Bohrungen 100, 190 ff., 283
— — — Anordnung 202, 204, 205
— — — Dampf-Spülpumpen 191 ff.
— — — Druckleitungen 202
— — — Einsatzzylinder 191
— — — Getriebe 193 ff.
— — — Leitungsverbindung 205, 206
— — — Liefermengen 193
— — — Saugleitungen 202
— — — Spülbecken 206
— — — Spülrinnen 206
— — — Stoßdämpfer 203, 204
— — — Ventile 191
Spülschläuche 12, 79, 238 ff.
Spülschlauchverbinder 239
Stahlschläuche 239
Standrohr 7, 11, 49, 66, 71, 80, 85
Stellit 39, 41
Stoßdämpfer 203, 204

Tellerbohrer 20
Tellerkastenbohrer 20
Tiefbohrgeräte, Geschichtliches 5
Tiefbohrungen, Zweck 4
Titanit 40, 41
Tizit 40, 41
Tonnenkilometer, Arbeitsmaße der Flaschenzugseile 286
Tragfähigkeit der Rotary-Bohrtürme s. Bohrtürme für Rotary-Bohranlagen
Triamant 41
Trockenbohren 52
Trommelwelle s. Rotary-Hebewerkstrommel
Türme s. Bohrtürme
Turmhöhe 103
Turmrollenverlagerung 57, 141, 142, 143, 144, 285
Turmschwinge 79, 80
Turm-Unterbau s. Bohrtürme für Rotary-Bohranlagen

Übergangsstücke vom Spülkopf zur Mitnehmerstange 237
— von der Schwerstange zum Gestänge 218
Umstellung von Rotary-Bohranlagen 115, 117

Vakuumaggregat 92
Verbrennungskraftmaschinen für Bohranlagen 174

Verdur 41
Vergußmethode s. Diamantsetzmethoden
Verhältnis Trommel und Seildurchmesser bei Rotary-Bohranlagen 262
Verrohrung bei großkalibrigen Bohrungen 100
— — Schnell-Schlagbohrungen 81
VOIGTLÄNDER 39
Vorgang beim drehenden Handbohren 10

Wallramit 41
Waschrohr 93
Wasserbedarf für Dampfkessel bei Bohranlagen 169
Wasserwege bei Bohrkronen s. Diamantkronen
Wendegetriebe 56, 78
WESTINGHOUSE 6
Widia 40, 41
Winddruck 105
Wirbelstrombremse 129
Wirbelstück 7, 11, 14, 15
Wirkungsgrad der Dieselmotoren 175, 178
— des Drehmomentwandlers 182
— — Flaschenzuges 155
— der hydraulischen Kupplung 180
— — Spülpumpen 192
WITTIG 83
Wolfram-Karbide 40
WOLSKI 6
WOODELL 31

Zahnkronen 25, 42, 43, 84, 90
Zahnradgetriebe 16, 21, 78
Zangen, Futterrohrzangen 239 ff.
— Gestängezangen 239 ff.
— Rotary-Zangen 239 ff.
Zeitersparnis bei Ausbau mit Drehmomentwandler 274, 275
Zentrifugalpumpe 92
ZOBEL 6
Zugfaktor des schnellen Flaschenzugseiles 155
Zugstange 54, 55